住房和城乡建设部"十四五"规划教材
教育部高等学校工程管理和工程造价专业教学指导分委员会规划推荐教材
高等学校智能建造专业系列教材

丛书主编　丁烈云

工程管理智能优化决策算法

Intelligent Optimization and Decision Algorithm
for Construction Management

张　宏　主编
李　恒　主审

中国建筑工业出版社

图书在版编目（CIP）数据

工程管理智能优化决策算法 = Intelligent Optimization and Decision Algorithm for Construction Management / 张宏主编. -- 北京：中国建筑工业出版社，2024. 12. --（住房和城乡建设部"十四五"规划教材）（教育部高等学校工程管理和工程造价专业教学指导分委员会规划推荐教材）（高等学校智能建造专业系列教材 / 丁烈云主编）. -- ISBN 978-7-112-30618-3

Ⅰ. TU71

中国国家版本馆 CIP 数据核字第 2024X8J358 号

本书为住房和城乡建设部"十四五"规划教材，同时入选教育部战略性新兴领域"十四五"高等教育教材体系智能建造领域教材。本书属于新编教材，是在传统工程管理专业基础课教材"运筹学"内容和工程管理问题解决能力脱节、新知识点缺乏和数智化工程管理亟待算法支撑背景下编写的。全书内容涉及优化、决策、预测，以及数据处理、分析和挖掘等相关算法，包含智能优化算法、决策分析、系统仿真、机器学习、深度学习和三维模型重构等六章。本书结合工程管理实际问题介绍有关知识及其应用，强调有关知识的掌握及其应用能力的培养。

本书可作为高等院校工程管理、智能建造、土木工程等相关专业本科生和研究生的教材或参考书，也可供相关研发和行业人士学习参考。

为更好地支持相应课程的教学，我们向采用本书作为教材的教师提供教学课件，有需要者可与出版社联系，邮箱：jckj@cabp.com.cn，电话：(010) 58337285，建工书院：https://edu.cabplink.com （PC端）。

总 策 划：沈元勤

责任编辑：张 晶

责任校对：赵 力

住房和城乡建设部"十四五"规划教材
教育部高等学校工程管理和工程造价专业教学指导分委员会规划推荐教材
高等学校智能建造专业系列教材
丛书主编 丁烈云

工程管理智能优化决策算法
Intelligent Optimization and Decision Algorithm for Construction Management
张 宏 主编
李 恒 主审
*
中国建筑工业出版社出版、发行（北京海淀三里河路9号）
各地新华书店、建筑书店经销
北京红光制版公司制版
天津安泰印刷有限公司印刷
*
开本：787 毫米×1092 毫米 1/16 印张：28 字数：699 千字
2025 年 6 月第一版 2025 年 6 月第一次印刷
定价：**75.00** 元（赠教师课件）
ISBN 978-7-112-30618-3
(43903)

高等学校智能建造专业系列教材编审委员会

主　任：丁烈云

副主任（按姓氏笔画排序）：

朱合华　李　惠　吴　刚

委　员（按姓氏笔画排序）：

王广斌　王丹生　王红卫　方东平　邓庆绪　冯东明

冯　谦　朱宏平　许　贤　李启明　李　恒　吴巧云

吴　璟　沈卫明　沈元勤　张　宏　张　建　陆金钰

罗尧治　周　迎　周　诚　郑展鹏　郑　琪　钟波涛

骆汉宾　袁　烽　徐卫国　翁　顺　高　飞　鲍跃全

出　版　说　明

智能建造是我国"制造强国战略"的核心单元，是"中国制造 2025 的主攻方向"。建筑行业市场化加速，智能建造市场潜力巨大、行业优势明显，对智能建造人才提出了迫切需求。此外，随着国际产业格局的调整，建筑行业面临着在国际市场中竞争的机遇和挑战，智能建造作为建筑工业化的发展趋势，相关技术必将成为未来建筑业转型升级的核心竞争力，因此急需大批适应国际市场的智能建造专业型人才、复合型人才、领军型人才。

根据《教育部关于公布 2017 年度普通高等学校本科专业备案和审批结果的通知》（教高函〔2018〕4 号）公告，我国高校首次开设智能建造专业。2020 年 12 月，住房和城乡建设部办公厅印发《关于申报高等教育职业教育住房和城乡建设领域学科专业"十四五"规划教材的通知》（建办人函〔2020〕656 号），开展了住房和城乡建设部"十四五"规划教材选题的申报工作。由丁烈云院士带领的智能建造团队共申报了 11 种选题形成"高等学校智能建造专业系列教材"，经过专家评审和部人事司审核所有选题均已通过。2023 年 11 月 6 日，《教育部办公厅关于公布战略性新兴领域"十四五"高等教育教材体系建设团队的通知》（教高厅函〔2023〕20 号）公布了 69 支入选团队，丁烈云院士作为团队负责人的智能建造团队位列其中，本次教材申报在原有的基础上增加了 2 种。2023 年 11 月 28 日，在战略性新兴领域"十四五"高等教育教材体系建设推进会上，教育部高教司领导指出，要把握关键任务，以"1 带 3 模式"建强核心要素：要聚焦核心教材建设；要加强核心课程建设；要加强重点实践项目建设；要加强高水平核心师资团队建设。

本套教材共 13 册，主要包括：《智能建造概论》《工程项目管理信息分析》《工程数字化设计与软件》《工程管理智能优化决策算法》《智能建造与计算机视觉技术》《工程物联网与智能工地》《智慧城市基础设施运维》《智能工程机械与建造机器人概论（机械篇）》《智能工程机械与建造机器人概论（机器人篇）》《建筑结构体系与数字化设计》《建筑环境智能》《建筑产业互联网》《结构健康监测与智能传感》。

本套教材的特点：（1）本套教材的编写工作由国内一流高校、企业和科研院所的专家学者完成，他们在智能建造领域研究、教学和实践方面都取得了领先成果，是本套教材得以顺利编写完成的重要保证。（2）根据教育部相关要求，本套教材均配备有知识图谱、核心课程示范课、实践项目、教学课件、教学大纲等配套教学资源，资源种类丰富、形式多样。（3）本套教材内容经编写组反复讨论确定，知识结构和内容安排合理，知识领域覆盖全面。

本套教材可作为普通高等院校智能建造及相关本科或研究生专业方向的课程教材，也可供土木工程、水利工程、交通工程和工程管理等相关专业的科研与工程技术人员参考。

本套教材的出版汇聚高校、企业、科研院所、出版机构等各方力量。其中，参与编写的高校包括：华中科技大学、清华大学、同济大学、香港理工大学、香港科技大学、东南大学、哈尔滨工业大学、浙江大学、东北大学、大连理工大学、浙江工业大学、北京工业大学等共十余所；科研机构包括：交通运输部公路科学研究院和深圳市城市公共安全技术研究院；企业包括：中国建筑第八工程局有限公司、中国建筑第八工程局有限公司南方公司、北京城建设计发展集团股份有限公司、上海建工集团股份有限公司、上海隧道工程有限公司、上海一造科技有限公司、山推工程机械股份有限公司、广东博智林机器人有限公司等。

本套教材的出版凝聚了作者、主审及编辑的心血，得到了有关院校、出版单位的大力支持，教材建设管理过程严格有序。希望广大院校及各专业师生在选用、使用过程中，对规划教材的编写、出版质量进行反馈，以促进规划教材建设质量不断提高。

中国建筑出版传媒有限公司

2024 年 7 月

序　言

　　教育部高等学校工程管理和工程造价专业教学指导分委员会（以下简称教指委），是由教育部组建和管理的专家组织。其主要职责是在教育部的领导下，对高等学校工程管理和工程造价专业的教学工作进行研究、咨询、指导、评估和服务。同时，指导好全国工程管理和工程造价专业人才培养，即培养创新型、复合型、应用型人才；开发高水平工程管理和工程造价通识性课程。在教育部的领导下，教指委根据新时代背景下新工科建设和人才培养的目标要求，从工程管理和工程造价专业建设的顶层设计入手，分阶段制定工作目标、进行工作部署，在工程管理和工程造价专业课程建设、人才培养方案及模式、教师能力培训等方面取得显著成效。

　　《教育部办公厅关于推荐2018—2022年教育部高等学校教学指导委员会委员的通知》（教高厅函〔2018〕13号）提出，教指委应就高等学校的专业建设、教材建设、课程建设和教学改革等工作向教育部提出咨询意见和建议。为贯彻落实相关指导精神，中国建筑出版传媒有限公司（中国建筑工业出版社）将住房和城乡建设部"十二五""十三五""十四五"规划教材以及原"高等学校工程管理专业教学指导委员会规划推荐教材"进行梳理、遴选，将其整理为67项，118种申请纳入"教育部高等学校工程管理和工程造价专业教学指导分委员会规划推荐教材"，以便教指委统一管理，更好地为广大高校相关专业师生提供服务。这些教材选题涵盖了工程管理、工程造价、房地产开发与管理和物业管理专业主要的基础和核心课程。

　　这批遴选的规划教材具有较强的专业性、系统性和权威性，教材编写密切结合建设领域发展实际，创新性、实践性和应用性强。教材的内容、结构和编排满足高等学校工程管理和工程造价专业相关课程要求，部分教材已经多次修订再版，得到了全国各地高校师生的好评。我们希望这批教材的出版，有助于进一步提高高等学校工程管理和工程造价本科专业的教学质量和人才培养成效，促进教学改革与创新。

教育部高等学校工程管理和工程造价专业教学指导分委员会

2023年7月

前　言

　　工程管理涉及建设工程的策划、计划、实施、监测和控制等管理过程，需要通过优化决策、模拟预测、数据挖掘和机器学习等相关算法来实现。随着建筑工业化、工程总承包、全过程和全寿命周期管理、PPP模式的推广，特别是智能建造方向的驱动，亟待现代信息和人工智能技术基础上的数字智能化工程管理，相应的科学算法愈发重要。

　　我国工程管理专业有关优化决策算法的知识，主要来源于专业基础课"运筹学"，但是其内容大多局限于几十年前的知识，少有包括智能优化、仿真模拟、人工智能和大数据分析等最新知识点。为此，个别学校配置"程序语言与科学计算""系统仿真""数据挖掘：方法与应用"和"人工智能"等课程来补充"运筹学"内容。然而，这些有关工程管理算法的"运筹学"和补充教材，基本上独立于建设工程背景而编写，没有结合工程管理具体问题来展开，造成算法知识与实际能力的脱节，十分不利于工程管理专业读者对有关算法的掌握和实际问题解决能力的培养。

　　因此，针对目前工程管理专业基础课教材"运筹学"存在的缺陷和智能建造等建筑业发展背景，亟待编写一本新型教材，既包括工程管理有关算法的基础理论和知识，也能反映有关算法的最新知识点，同时结合工程管理实际问题。另外，作者长期从事工程管理领域的学术工作，曾经讲授"Operational Techniques for Construction Management""Construction Simulation""Construction Project Management""运筹学""高级运筹学""智能优化与仿真模拟""工程项目管理""工程合同管理""工程总承包管理"等本科生和研究生课程。同时长期致力于工程管理有关优化、决策、预测、监测方面的研究工作，强调智能优化、系统仿真、数据挖掘和机器学习等算法与信息技术的结合。这些背景使作者了解到编写本书的必要性和紧迫性，也为编写工作提供了积累和基础。

　　本书围绕工程管理有关的智能化全局优化、动态和序贯决策、不确定型和复杂系统模拟预测，以及数据挖掘、数据学习分析和点云图片数据处理等环节展开有关算法的介绍，包含智能优化算法、决策分析、系统仿真、机器学习、深度学习和三维模型重构等六章内容。各章均配有相应的工程管理应用介绍和练习题。本书主要特点，是结合工程管理实际问题和实际案例来介绍有关理论知识及其应用，强调有关知识的掌握及其应用能力的培养。注意到，第4章内容（即机器学习），是第5章内容（即深度学习）的基础。书中只有决策分析中的"不确定型和风险型分析"，以及系统仿真中的"排队论"在传统《运筹学》教材中可以见到，但都是结合工程管理问题展开介绍。本书的主要内容旨在指导教学并能应用到实际项目中，已建成配套核心课程、配套建设项目、配套课件并上传至虚拟教研室，很好地完成了纸数融合的课程体系建设。

　　本书可作为高等院校工程管理、智能建造、土木工程等相关专业本科生和研究生的教材或参考书，也可供相关研发人士学习参考。讲授全书内容大约需要72~84学时，可根据不同专业背景或不同专业特点选择有关章节学习参考。

本书为住房和城乡建设部"十四五"规划教材，同时入选教育部战略性新兴领域"十四五"高等教育教材体系智能建造领域教材。本书的编写，希望能够促进我国工程管理专业（包括智能建造、土木工程、工程管理方向和新工科相关专业）读者对工程管理智能优化决策计算方法从理论知识到实际问题解决能力的有效掌握。同时，促进我国知识型和应用型工程管理人才的培养质量，让工程管理专业读者在我国智能建造、建筑工业化、工程总承包、全过程和全寿命周期管理和 PPP 模式等发展趋势中发挥重要作用，提升工程管理专业在实现我国建筑业高质量发展和转型升级战略中的专业地位。

本书由浙江大学张宏主编、总撰和修改，香港理工大学李恒审稿。第 1～5 章由张宏编写，第 6 章由浙江大学苏星编写，浙江工业大学颜旭众参与第 5 章第 5.3 和 5.5 节内容的编写。书中有关算法和案例的参考文献分别列入每章末尾，谨向有关作者表示谢意。在本书编写过程中，林伊磊、林晨、于露、刘胜威、吴烨飞、张维聪、沈浩然等博士和硕士研究生参与了大量工作，同时得到了浙江大学有关部门、华中科技大学丁烈云等老师和中国建筑工业出版社的大力支持，对此表示深切的谢意。由于内容涉及面广，作者水平有限，加之时间仓促，书中难免有不足和错误之处，恳请读者批评指正。

2025 年 6 月

目　　录

智能优化算法

知识图谱

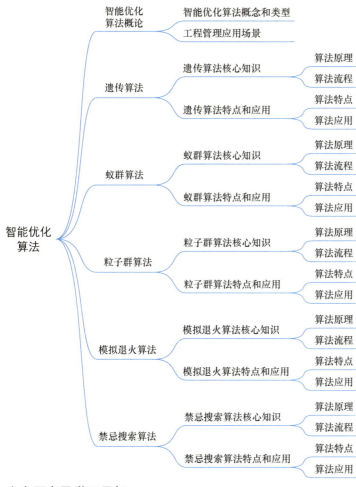

本章要点及学习目标

本章的主要内容，在介绍智能优化算法有关概念的基础上，分别介绍遗传算法、蚁群算法、粒子群算法、模拟退火算法和禁忌搜索算法。通过本章的学习，让读者了解智能优化算法的基本概念和基本类型，掌握各种智能优化算法的思想和原理、实施流程或步骤，厘清各算法特点，能够利用其解决工程管理优化问题。

1.1 智能优化算法概论

1.1.1 智能优化算法概念和背景

1. 最优化问题概述

优化问题是指在满足一定条件的情况下，在众多方案或参数值中寻找最优方案或参数值，以使得某个或多个功能指标达到最优，或使系统的某些性能指标达到最大值或最小值。

二次函数的极值问题，就是一类最简单的优化问题。例如，求二次函数 $y=(x-1)^2+5$ 的极值，这是一个确定函数表达式的优化问题，容易求解。然而，在许多科学研究、工程技术及工程管理等领域中存在着大量优化问题，通常可以归结为有约束条件下的最优化问题，即

$$\begin{cases} \min f(x) \\ \text{s.t} \quad g(x) \geqslant 0, \, x \in S \end{cases} \tag{1.1-1}$$

其中，x 是决策变量，简称为变量；S 是解域（集）；$f(x)$ 是目标函数；$g(x)$ 是约束函数。变量是在求解过程中选定的基本参数，对变量取值的种种限制称为约束，衡量可行解的标准函数称为目标函数。因此，变量、约束和目标函数称为最优化问题的三要素。

各种最优化问题可以根据 S、f、g 的不同加以分类，如 f 与 g 均为线性函数，则式（1.1-1）为线性最优化问题；如果 f 与 g 至少有一个是非线性函数，则为非线性最优化问题。线性规划是一类典型的线性最优化问题，其约束条件形式为 $g(x) \geqslant 0$ 或 $g(x)=0$。

线性规划是处理在线性等式及不等式组的约束条件下，求线性函数极值问题的方法；非线性规划是处理在非线性等式及不等式组的约束条件下，求非线性函数极值问题的方法。线性规划、非线性规划问题的一般形式分别描述为：

$$\begin{cases} \max \quad C^T X \\ \text{s.t} \quad AX = B \\ \qquad X \geqslant 0 \end{cases} \tag{1.1-2}$$

$$\begin{cases} \min f(x) \quad (\text{或} \max f(x)) \\ \text{s.t} \qquad g_j(x) \leqslant 0, \, j=1,2,\cdots,p \end{cases} \tag{1.1-3}$$

其中，$C=(c_1, c_2, \cdots, c_n)^T$；$A=(a_{ij})_{m \times n}$；$B=(b_1, b_2, \cdots, b_m)^T$；$X=(x_1, x_2, \cdots, x_n)^T$，为决策向量。

最优化问题根据目标函数的表达情况又可分为函数优化问题与组合优化问题两大类。

1）函数优化问题

可以通过数学表达式建立目标函数的优化问题，称之为函数优化问题。函数优化问题的对象或决策变量，是在一定区间内的连续变量。函数优化问题通常可描述为：

设 S 为 R^n 上的有界子集，$f: S \to R$ 为 n 维实值函数。函数 f 在 S 域上全局最小化，

就是寻找点 $X_{\min} \in S$ 使得 $f(X_{\min})$ 在 S 域上全局最小，即 $\forall X \in S : f(X_{\min}) \leqslant f(X)$。

　　一种优化算法的性能往往通过对于一些典型的函数优化问题来评价，这类问题称为 Benchmark 问题。例如 Schaffer 函数

$$f(x) = 0.5 + \frac{\sin^2\sqrt{x_1^2 + x_2^2} - 0.5}{[1.0 + 0.001(x_1^2 + x_2^2)]^2}, \ |x_i| \leqslant 100$$

就是一种常用的测试函数。

　　2）组合优化问题

　　有些优化问题，难以建立基于数学表达式的目标函数，而其对象或决策变量是面对某种目标（如时间或成本最小等）的离散事件或离散参数。该优化问题称之为组合优化问题，属于运筹学的一个重要分支。典型组合优化问题如旅行商问题（TSP）、调度问题（JSP）、物流分配等。

　　TSP 问题是指有 n 个城市并已知两两城市之间的距离，要求从某一城市出发不重复经过所有城市并回到出发地的最短距离。调度问题是设有 n 个工件在 m 个平台上加工，在确定的技术约束条件下求加工所有件的加工次序，使加工性能指标最优。组合优化问题通常描述如下：

　　设所有状态构成的解空间 $\Omega = |S_1, S_2, \cdots, S_n|$，$C(S_i)$ 为状态 S_i 对应的目标函数值，组合优化问题是要寻求最优解 $S^{\cdot}$，使得 $\forall S_i \in \Omega, C(S) = \min C(S_i), i = 1, 2, \cdots, n$。

　　针对离散决策变量的组合优化问题，其优化求解过程就是寻求离散事件（或参数）的最优组合或排序等，使其某种目标（如时间或成本最小等）得到满足。

　　2. 智能优化算法的发展

　　如前述一样，优化问题是指在满足一定条件的情况下，在众多方案或参数值中寻找最优方案或参数值，以使得某个或多个功能指标达到最优，或使系统的某些性能指标达到最大值或最小值。优化问题广泛地存在于生产调度、任务分配、模式识别、信号处理、图像处理、自动控制和工程设计等众多领域。优化方法是一种以数学为基础，用于求解各种优化问题的应用技术。各种优化方法在上述领域得到了广泛应用，并且已经产生了巨大的经济效益和社会效益。实践证明，通过优化方法，能够提高系统效率，降低能耗，合理地利用资源，并且随着处理对象规模的增加，这种效果也会更加明显。

　　现代社会经济的发展，形成了具有非线性、多样性、多重性（多层性）、多变性、整体性等特性的复杂系统。制造业、工程建设、电子通信、计算机、经济学和管理学等领域普遍存在这些复杂系统，会产生许多诸如前述的组合优化问题。面对这些复杂组合优化问题，传统的优化方法（如图形法、牛顿法、单纯形法等）需要遍历整个搜索空间，无法在短时间内完成搜索，且容易产生搜索的“组合爆炸”。因此，寻求高效的优化算法已成为相关学科的主要研究内容之一。受到人类智能、生物群体社会性或自然现象规律的启发，人们发明了很多智能优化算法来解决上述复杂优化问题。这些优化算法有个共同点，即都是通过模拟或揭示某些自然界的现象和过程或生物群体的智能搜索行为而得到发展。在优化领域称它们为智能优化算法，相对于传统优化算法具有以下优点或特点：

　　（1）无须建立被优化对象的精确模型，均为基于数据（输入、输出）的优化方法。

　　（2）智能优化算法具有模拟人类、生物、自然等智能特点。

（3）具有进化优化、启发式搜索、自学习性等特点。

（4）具有非常强的非线性映射能力，表现为智能逼近特性。

1.1.2　智能优化算法类型

目前，受到人类智能、生物群体社会性或自然现象规律的启发产生的智能优化算法，主要包括：模仿自然界生物进化机制的遗传算法；模拟蚂蚁集体寻径行为的蚁群算法；模拟鸟群和鱼群群体行为的粒子群算法；源于固体物质退火过程的模拟退火算法；模拟人类智力记忆过程的禁忌搜索算法，等等。

1. 遗传算法

自然界的生物体在遗传、选择和变异等一系列作用下，优胜劣汰，不断地由低级向高级进化和发展，人们将这种"适者生存"的进化规律的实质加以模式化而构成一种优化算法，即进化计算。进化计算是一系列的搜索技术，包括遗传算法、进化规划、进化策略等，它们在函数优化、模式识别、机器学习、神经网络训练、智能控制等众多领域都有着广泛的应用。其中，遗传算法是进化计算中具有普遍影响的模拟进化优化算法。

遗传算法（Genetic Algorithm，GA）是模拟生物在自然环境中的遗传和进化过程而形成的自适应全局优化搜索算法。GA 最早由美国的 Holland 教授提出，起源于 20 世纪 60 年代对自然和人工自适应系统的研究。20 世纪 80 年代，Goldberg 在一系列研究工作的基础上归纳总结形成了遗传算法。

遗传算法是通过模仿自然界生物进化机制而发展起来的随机全局搜索和优化方法。它借鉴了达尔文的进化论和孟德尔的遗传学说，本质上是一种并行、高效、全局搜索的方法，它能在搜索过程中自动获取和积累有关搜索空间的知识，并自适应地控制搜索过程以求得最优解。遗传算法操作：使用"适者生存"的原则，在潜在的解决方案种群中逐次产生一个近似最优的方案。在每一代中，根据个体在问题域中的适值和从自然遗传学中借鉴来的再造方法进行个体选择，产生一个新的近似解。这个过程导致种群中个体的进化，得到的新个体比原个体更能适应环境。

2. 蚁群算法

蚁群算法（Ant Colony Optimization，ACO）是由意大利学者 Dorigo、Maniezzo 和 Colorni 于 20 世纪 90 年代初期通过模拟自然界中蚂蚁集体寻径行为而提出的一种基于种群的启发式随机搜索算法，是群智能理论研究领域的一种主要算法。

蚂蚁有能力在没有任何提示的情形下找到从巢穴到食物源的最短路径，并且能随环境的变化，自适应地搜索新的路径。其根本原因是蚂蚁在寻找食物时，能在其走过的路径上释放一种特殊的分泌物——信息素。随着时间的推移，该物质会逐渐挥发，后来的蚂蚁选择该路径的概率与当时这条路径上信息素的强度成正比。当一条路径上通过的蚂蚁越来越多时，其留下的信息素也越来越多，后来的蚂蚁选择该路径的概率也就越高，从而更增加了该路径上的信息素强度。而强度大的信息素会吸引更多的蚂蚁，从而形成一种正反馈机制。通过这种正反馈机制，蚂蚁最终可以发现最短路径。蚁群算法具有分布式计算、无中心控制和分布式个体之间间接通信等特征，易于与其他优化算法相结合。它通过简单个体之间的协作，表现出了求解复杂问题的能力，已经广泛应用于优化问题的求解。

3. 粒子群算法

群智能算法是一种基于生物群体行为规律的计算技术，其受社会昆虫（如蚂蚁、蜜蜂）和群居脊椎动物（如鸟群、鱼群和兽群）的启发，用来解决分布式问题。它在没有集中控制并且不提供全局模型的前提下，为寻找复杂的分布式问题的解决方案提供了一种新的思路。

粒子群优化（Particle Swarm Optimization，PSO）算法（本书统称为粒子群算法）是 Kennedy 和 Eberhart 受人工生命研究结果的启发，通过模拟鸟群觅食过程中的迁徙和群聚行为而提出的一种基于群体智能的全局随机搜索算法；1995 年 IEEE 国际神经网络学术会议上发表了题为 Particle Swarm Optimization 的论文，标志着粒子群算法的诞生。像其他群智能算法如蚁群算法一样，粒子群算法易于实现，算法中仅涉及各种基本的数学操作，其数据处理过程对 CPU 和内存的要求也不高。所以，粒子群算法一出现，立刻引起了进化计算领域学者们的广泛关注，成为一个研究热点。

粒子群算法与其他进化算法一样，也是基于"种群"和"进化"的概念，通过个体间的协作与竞争，实现复杂空间最优解的搜索。同时，它又不像其他进化算法那样对个体进行交叉、变异、选择等进化算子操作，而是将群体中的个体看成是在 D 维搜索空间中没有质量和体积的粒子，每个粒子以一定的速度在解空间运动，并向自身历史最佳位置 p_{best} 和邻域历史最佳位置 g_{best} 聚集，实现对候选解的进化。粒子群算法因具有很好的生物社会背景而易于理解，由于参数少而容易实现，对非线性、多峰问题均具有较强的全局搜索能力，在科学研究与工程实践中得到了广泛关注。

4. 模拟退火算法

模拟退火算法（Simulated Annealing，SA）的思想最早由 Metropolis 等于 1953 年提出。Kirkpatrick 等在 1983 年第一次使用模拟退火算法求解组合最优化问题。模拟退火算法是一种基于 Monte Carlo 迭代求解策略的随机寻优算法，其出发点是基于物理中固体物质的退火过程与一般组合优化问题之间的相似性。其目的在于：为具有 NP（Non-deterministic Polynomial）复杂性的问题提供有效的近似求解算法，它克服了传统算法优化过程容易陷入局部极值的缺陷和对初值的依赖性。

模拟退火算法是一种通用的优化算法，是局部搜索算法的扩展。它与局部搜索算法的不同之处，是以一定的概率选择邻域中目标值大的状态。从理论上来说，它是一种全局最优算法。模拟退火算法具有十分强大的全局搜索性能，这是因为它采用了许多独特的方法和技术：基本不用搜索空间的知识或者其他辅助信息，而只是定义邻域结构，在邻域结构内选取相邻解，再利用目标函数进行评估；采用概率的变迁来指导它的搜索方向，它所采用的概率仅仅是作为一种工具来引导其搜索过程朝着更优化解的区域移动。因此，虽然看起来它是一种盲目的搜索方法，但实际上有着明确的搜索方向。

5. 禁忌搜索算法

搜索是人工智能的一个基本问题，一个问题的求解过程就是搜索。人工智能在各应用领域中，被广泛地使用。现在，搜索技术渗透在各种人工智能系统中，可以说没有哪一种人工智能的应用不用搜索技术。

禁忌搜索算法（Tabu Search or Taboo Search，TS）的思想最早由美国国家工程院院士 Glover 教授在 1986 年提出，并在 1989 年和 1990 年对该方法作出了进一步的定义和发展。在自然计算的研究领域中，禁忌搜索算法以其灵活的存储结构和相应的禁忌准则来避免迂回搜索，在智能算法中独树一帜，成为一个研究热点，受到了国内外学者的广泛关注。禁忌搜索算法是对局部邻域搜索的一种扩展，是一种全局逐步寻优算法，是对人类智力过程的一种模拟。它通过禁忌准则来避免重复搜索，并通过藐视准则来赦免一些被禁忌的优良状态，进而保证多样化的有效搜索，以最终实现全局优化。

1.1.3　工程管理应用场景

优化问题广泛地存在于信号处理、图像处理、生产调度、任务分配、模式识别、自动控制和工程设计等众多领域。工程管理涉及许多优化问题，是工程管理的核心任务之一，是实现或提升工程管理水平的基本途径之一。工程管理的智能优化算法应用场景包括：

（1）策划阶段：基于投资限制或效益目标最大化的建设投资方案优化，包括建设项目类型、项目规模、项目场地的确定。基于项目目标（工期、成本或社会价值）的融资模式优化，涉及融资方式、还款方式的确定。

（2）招标投标阶段：基于成本控制、投标成功率和效益最大化的项目建设方案优化，特别是工程总承包模式下的设计、采购和施工方案优化问题。基于各种目标（盈利或市场宣传等）下的投标方案优化。

（3）设计阶段：基于成本、质量（强度）、安全和碳排放控制下的设计方案优化，特别是智能建造战略目标下的逆向设计优化问题；设计空间内找到最佳结构形态（形状、材料和尺寸）以满足性能指标要求。

（4）采购阶段：基于成本和工期等目标下的供应链优化问题，涉及供应方选择、运输线路或运输方案优化，以及提前采购时间或采购量的优化，包括建筑工业化背景下的装配式建筑部品部件的供应链方案优化。

（5）施工阶段：基于成本、工期、安全或碳排放目标下的施工方案优化问题，涉及工序的排序优化、设备或人员的调配优化，现场堆放优化；智能化监测基础上的设备或人员的调配方案或运行路线的优化问题。建造机器人面对时间和任务目标下的运行线路优化和行为优化控制。

（6）运维阶段：维护成本和运行效益目标下的工程设施维护方案优化，涉及维护程度、维护时间、材料选择、设施不停止运行限制下的维护方案优化，包括维护现场设备和人员调度以及车辆运行线路优化。

1.2　遗传算法

遗传算法是模拟生物在自然环境中的遗传和进化的过程而形成的自适应全局优化搜索算法。遗传算法操作使用"适者生存"的原则，在潜在的解决方案种群中逐次产生一个近似最优的方案。

1.2.1　遗传算法概述

遗传算法是模拟生物在自然环境中的遗传和进化的过程而形成的自适应全局优化搜索算法。它借用了生物遗传学的观点，通过自然选择、遗传和变异等作用机制，实现各个个体适应性的提高。遗传算法最早由美国的 Holland 于 20 世纪 60 年代基于自然和人工自适应系统的研究而提出，70 年代 Jong 在计算机上通过纯数值函数优化对遗传算法进行了计算试验，80 年代 Goldberg 在一系列研究工作的基础上对遗传算法给予了归纳总结。

因为其高效、实用和鲁棒性等优点，遗传算法从 20 世纪 90 年代开始发展十分迅速，在机器学习、模式识别、神经网络、控制系统优化及社会科学等不同领域得到广泛应用，引起了许多学者的广泛关注。进入 21 世纪以后，遗传算法因能有效地求解 NP 问题以及非线性、多峰函数优化和多目标优化问题，得到了众多学科学者的高度重视，同时这也极大地推动了遗传算法理论研究和实际应用的不断深入与发展。

遗传算法借用了生物遗传学的观点，通过自然选择、遗传和变异等作用机制，实现各个个体适应性的提高。同时，遗传算法借鉴了达尔文的进化论和孟德尔的遗传学说，其本质是一种并行、高效、全局搜索的方法，它能在搜索过程中自动获取和积累有关搜索空间的知识，并自适应地控制搜索过程以求得最优解。在遗传算法的每一代中，根据个体在问题域中的适值和从自然遗传学中借鉴来的再造方法进行个体选择，产生一个新的近似解。这个过程导致种群中个体的进化，得到的新个体比原个体更能适应环境，就像自然界中的改造一样。

相对于传统的优化算法，遗传算法具有对参数的编码进行操作、不需要推导和附加信息、寻优规则非确定型、自组织、自适应和自学习性等特点。当染色体结合时，双亲的遗传基因的结合使得子女保持父母的特征；当染色体结合后，随机的变异会造成子代同父代的不同。

1.2.2 遗传算法原理——遗传算法求解过程和有关概念

问题：求二次函数 $f(x) = x^2$ 的最大值，设 $x \in [0, 31]$。

该优化问题利用代数运算得到的解显然为 $x = 31$，现通过遗传算法求解来说明遗传算法求解过程和有关概念。

1. 个体和群体

每个字符串称为个体，相当于遗传学中的染色体。每一遗传代次中个体的组合称为群体，表示可行解集。个体是组成群体的单个生物体，表示可行解。由于 x 的最大值为 31，只需 5 位二进制数组成个体。

2. 染色体和基因

染色体是包含生物体所有遗传信息的化合物，表示可行解的编码。基因是控制生物体某种性状（即遗传信息）的基本单位，表示可行解编码的分量。

3. 编码

编码指将优化变量转化为基因的组合表示形式，优化变量的编码机制有二进制编码、十进制编码（实数编码）等。对于二进制编码，表示用二进制码字符串表达所研究的问题。

4. 产生初始群体

采用随机方法，假设得出初始群体分别为 01101、11000、01000、10011。其中 x 值分别对应为 13、24、8、19，如表 1.2-1 所示。

遗传算法的初始群体

表 1.2-1

个体编号	初始群体	x_i	适值 $f(x_i)$	$f(x_i)/\sum f(x_i)$	$f(x_i)/\overline{f}$（相对适度）	下代个体数目
1	01101	13	169	0.14	0.58	1
2	11000	24	576	0.49	1.97	2
3	01000	8	64	0.06	0.22	0
4	10011	19	361	0.31	1.23	1

注：适值总和 $\sum f(x_i) = 1170$；适值平均值 $\overline{f} = 293$；$f_{max} = 576$；$f_{min} = 64$。

5. 计算适值

为了衡量个体（字符串、染色体）的好坏，采用适值（Fitness）作为指标，又称目标函数。

本例中用 x^2 计算适值，对于不同 x 值，适值如表 1.2-1 中 $f(x_i)$ 所示。

$$\sum f(x_i) = f(x_1) + f(x_2) + f(x_3) + f(x_4) = 1170$$

平均适值 $\overline{f} = \sum f(x_i)/4 = 293$，反映了群体整体的平均适应能力。相对适值 $f(x_i)/\overline{f}$ 反映个体之间的优劣性。

显然，2 号个体相对适值最高，为优良个体，而 3 号个体为不良个体。

6. 选择（Selection，又称复制 Reproduction）

从种群中按一定标准选定适合作亲本的个体，通过交配后繁殖出子代来，并删掉适值小的个体。选择有多种方法：

（1）适值比例法：利用比例于各个个体适值的概率决定于其子孙遗留的可能性。

（2）期望值法：计算各个个体遗留后代的期望值，然后再减去 0.5。

（3）排位次法：按个体适值排序，对各位次预先已被确定的概率决定遗留为后代。

（4）精华保存法：无条件保留适值大的个体不受交叉和变异的影响。

本例中，2 号个体最优，在下一代中占 2 个；3 号个体最差，删除；1 号与 4 号个体各保留 1 个，新群体分别为：01101、11000、11000、10011。对新群体适值计算如表 1.2-2 所示。

遗传算法的复制与交换

表 1.2-2

个体编号	复制初始群体	x_i	复制后适值	交换对象	交换位置	交换后群体	交换后适值 $f(x_i)$
1	01101	13	169	2 号	3	01100	144
2	11000	24	576	1 号	3	11001	625
3	11000	24	576	4 号	2	11011	729
4	10011	19	361	3 号	2	10000	256
适值总和 $\sum f(x_i)$			1682				1754
适值平均值 $\overline{f}$			421				439
适值最大值 f_{max}			576				729
适值最小值 f_{min}			169				256

由表 1.2-2 可看出，复制后淘汰了最差个体 3 号，增加了优良个体 2 号，使个体的平均适值增加。复制过程体现优胜劣汰原则，使群体的素质不断得到改善。

7. 交叉（Crossover）

模仿生物中杂交产生新品种的方法，对字符串（染色体）的某些部分进行交叉换位。交叉是把两个染色体换组（重组）的操作，交叉有多种方法，如单点交叉、多点交叉、部分映射交叉（PMX）、顺序交叉（OX）、循环交叉（CX）、基于位置的交叉、基于顺序的交叉和启发式交叉等。

对个体利用随机配对方法决定父代，如 1 号和 2 号配对；3 号和 4 号配对，以 3 号和 4 号交叉为例：

$$父代（3 号）\quad 11 \vdots 000 \longrightarrow 11 \vdots 011 \text{ 个体（新 3 号）}$$
$$父代（4 号）\quad 10 \vdots 011 \longrightarrow 10 \vdots 000 \text{ 个体（新 4 号）}$$

经交叉后出现的新个体 3 号，其适值高达 729，高于交换前的最大值 576，同样 1 号与 2 号交叉后新个体 2 号的适值由 576 增加为 625，如表 1.2-2 所示。此外，平均适值也从原来的 421 提高到 439，表明交叉后的群体正朝着优良方向发展。

8. 变异（Mutation）

遗传算法的变异是为了实现局部搜索的功能，表示个体的字符串或基因某位由 1 变为 0，或由 0 变为 1。例如，将个体 10000 的左侧第 3 位由 0 突变为 1，则得到新个体 10100。随机选择几个位置，子代的这些位置继承父代第 1 亲本相位基因，余下的基因由第 2 亲本中出现的次序填入，并跳过已含有的基因，这种交叉保留亲本的绝对位置信息。

在遗传算法中，以什么方式变异，由事先确定的概率决定。一般，取变异概率在 0.01 左右。

在选择、交叉和变异的三个基本操作中，选择体现了优胜劣汰的竞争进化思想，而优秀个体从何而来，还靠交叉和突然变异操作获得，交叉和变异实质上都是交叉。

9. 反复上述 5～8 的工作，直到得到满意的最优解为止

从上述用遗传算法求解函数极值过程可以看出，遗传算法仿效生物进化和遗传的过程，从随机生成的初始可行解出发，利用复制（选择）、交叉（交换）、变异操作，遵循优胜劣汰的原则，不断循环执行，逐渐逼近全局最优解。

实际上给出具有极值的函数，可以用传统的优化方法进行求解，当用传统的优化方法难以求解，甚至不存在解析表达、隐函数不能求解的情况下，用遗传算法优化求解就显示出巨大的潜力。

1.2.3 遗传算法流程

1989 年 Goldberg 总结出一种最基本的遗传算法，或称简单的遗传算法，记为 SGA，它的构成要素如下：

（1）染色体编码方法：采用固定长度二进制符号串表示个体，初始群体个体的基因值由均匀分布的随机数产生。

（2）个体适值评价：采用与个体适值成正比例的概率来决定当前群体中个体遗传下一代群体的机会（概率）是多少。

（3）基本遗传操作——选择、交叉、变异（3种遗传算子）。

（4）基本运行参数：M 为群体的大小，所包含个体数量一般取 $20\sim100$；T 为进化代数，一般取 $10\sim500$；P_c 为交叉概率，一般取 $0.4\sim0.99$；P_m 为变异概率，一般取 $0.001\sim0.1$；I 为编码长度，当用二进制编码时长度取决于问题要求的精度；G 为代沟，是表示各群体间个体重叠程度，即一代群体中被换掉个体占全部个体的百分率。

下面举例（即求 Rosenbrock 函数全局最大值）说明基本遗传算法在函数优化中的应用。

$$\begin{cases} \max f(x_1, x_2) = 100\,(x_1^2 - x_2)^2 + (1 - x_1)^2 \\ \text{s.t.} \ -2.048 \leqslant x_i \leqslant 2.048 \quad (i = 1, 2) \end{cases} \tag{1.2-1}$$

步骤1： 确定决策过程和约束条件。式（1.2-1）给出了决策变量及其约束条件。

步骤2： 式（1.2-1）给出了优化问题模型。

步骤3： 确定编码方法：用长度为10位的二进制码串分别表示两个决策变量 x_1 和 x_2，将它们的定义域离散化为1023个均等区域（因为10位二进制码可表示 $0\sim1023$ 之间的1024个不同数），从离散点 -2.048 到 2.048 依次对应从 $0000000000\sim1111111111$ 之间的二进制码，再将分别表示 x_1 和 x_2 的两个10位长码串联在一起组成20位长二进制码串，这就构成了函数优化问题的染色体编码方法，这样，解空间和遗传算法的搜索空间具有一一对应关系，如

$$x: \underbrace{0\,0\,0\,0\,1\,1\,0\,1\,1\,1}_{x_1} \quad \underbrace{1\,1\,0\,1\,1\,1\,0\,0\,0\,1}_{x_2}$$

表示一个个体的基因型。

步骤4： 确定解码方法：解码时将20位长二进制码切断成两个10位长二进制码串，再分别变换成十进制整数代码，记为 y_1 和 y_2。本例中代 y_i 转换为 x_i 的解码公式为

$$x_i = 4.096 \times \frac{y_i}{1023} - 2.048 (i = 1, 2) \tag{1.2-2}$$

如 　　$x: 0000110111 \quad 1101110001$

$$y_1 = 55, \qquad y_2 = 881$$

由 y_1 和 y_2，可求得 $x_1 = -1.828$，$x_2 = 1.476$

步骤5： 确定个体评价方法：因为给定函数的值域总是非负的，故将个体适值直接取对应的目标函数。

$$F(x) = f(x_1, x_2) \tag{1.2-3}$$

步骤6： 设计遗传算子：选择运算使用比例选择算子，交叉运算使用单复交叉，变异使用基本位变异。

步骤7： 确定遗传算法运行参数：群体大小 $M = 80$；终止代数 $T = 200$；交叉概率 $P_c = 0.6$，变异概率 $P_m = 0.001$。通过上述7个步骤，构成对 Rosenbrock 函数优化的遗传算法。

以上遗传算法的流程可总结如图1.2-1所示。

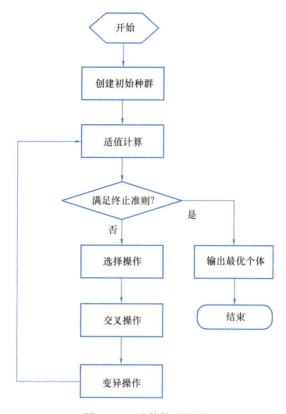

图 1.2-1　遗传算法流程

1.2.4　遗传算法特点

与传统优化方法相比，遗传算法（GA）具有以下特点：

（1）遗传算法以决策变量编码作为运算对象，传统优化算法往往直接利用决策变量的实际值本身来进行优化计算，但遗传算法不是直接以决策变量的值为运算对象，而是以决策变量的某种形式的编码为运算对象。

（2）遗传算法直接以目标函数值作为搜索信息，传统的优化算法不仅需要目标函数值，而且往往需要目标函数的导数及一些辅助信息，才能确定搜索方向。

（3）遗传算法同时使用多个搜索点搜索信息，传统优化往往从解空间中一点开始。

（4）遗传算法使用概率搜索技术，传统优化使用确定型的搜索方法，从一点到另一点都具有确定型方法和转移关系。

基于遗传算法的特点，它被广泛地应用于下述多个领域：

（1）函数优化：对于一些非线性、多模型、多目标的函数优化问题，用其他优化方法难求解。

（2）组合优化：旅行商问题，背包问题，装箱问题，图形划分等。

（3）生产调度问题。

（4）自动控制：应用遗传算法进行航空控制系统的优化，使用遗传算法设计空间交会控制器，基于遗传算法的模糊控制器优化设计，系统辨识、学习模糊控制规则。

（5）机器人学：用于遗传算法的机器人路径规划，机器人轨迹规划，机器人逆动态求解等。

（6）图像处理：用于模式识别、图像恢复、图像边缘特征提取。

（7）机器学习。

1.2.5   遗传算法应用

1. 问题描述

钢筋物流配送路径优化问题：从钢筋配送中心（或钢筋生产工厂）用多辆卡车向多个需求点（或称工地）送货，每个需求点的位置和钢筋需求量一定，每辆卡车的载重量一定，要求合理安排钢筋运行路线，使总运距最短，并满足以下条件：①每条配送路径上各工地的需求量之和不超过卡车载重量；②每条配送路径的长度不超过卡车一次配送的最大行驶距离；③每个工地的需求必须满足，且只能由一辆卡车送货。

2. 模型构建

设钢筋配送中心有 K 辆卡车，每辆卡车的载重量为 $Q_k(k=1,2,\cdots,K)$，其一次配送的最大行驶距离为 D_k，需要向 L 个工地送货，每个工地的需求量为 $q_i(i=1,2,\cdots,L)$，工地 i 到 j 的运距为 $d_{ij}(i,j=1,2,\cdots,L)$，钢筋配送中心到各工地的距离为 $d_{0j}(j=1,2,\cdots,L)$，再设 n_k 为第 k 辆卡车配送的工地数（$n_k=0$ 表示未使用第 k 辆卡车），用集合 R_k 表示第 k 条路径，其中的元素 r_{ki} 表示工地 r 在路径 k 中的顺序为 i（不包括配送中心）。令 $r_{k0}=0$ 表示配送中心，则可建立如下钢筋物流配送路径优化问题的数学模型：

$$\min Z = \sum_{k=1}^{K}\left[\sum_{i=1}^{n_k} d_{r_{k(i-1)}r_{ki}} + d_{r_{kn_k}r_{k0}} \cdot \operatorname{sign}(n_k)\right] \tag{1.2-4}$$

s. t.

$$\sum_{i=1}^{n_k} q_{r_{ki}} \leqslant Q_k \tag{1.2-5}$$

$$\sum_{i=1}^{n_k} d_{r_{k(i-1)}r_{ki}} + d_{r_{kn_k}r_{k0}} \cdot \operatorname{sign}(n_k) \leqslant D_k \tag{1.2-6}$$

$$0 \leqslant n_k \leqslant L \tag{1.2-7}$$

$$\sum_{k=1}^{K} n_k = L \tag{1.2-8}$$

$$R_k = \langle r_{ki} \mid r_{ki} \in \{1,2,\cdots,L\}, i=1,2,\cdots,n_k \rangle \tag{1.2-9}$$

$$R_{k_1} \bigcap R_{k_2} = \varnothing \, \forall \, k_1 \neq k_2 \tag{1.2-10}$$

$$\operatorname{sign}(n_k) = \begin{cases} 1, & n_k \geqslant 1 \\ 0, & \text{其他} \end{cases} \tag{1.2-11}$$

上述模型中，式（1.2-4）为目标函数；式（1.2-5）保证每条路径上各工地的钢筋需求量之和不超过卡车的载重量；式（1.2-6）保证每条配送路径的长度不超过卡车一次配送的最大行驶距离；式（1.2-7）表明每条路径上的需求点数不超过总需求点数；式（1.2-8）表明每个工地都得到钢筋配送服务；式（1.2-9）表示每条路径的工地的组成；式（1.2-10）限制每个工地仅能由一辆卡车送货；式（1.2-11）表示当第 k 辆卡车服务的客户数不小于 1 时，说明该辆卡车参加了配送，则取 $\text{sign}(n_k) = 1$，当第 k 辆卡车服务的客户数小于 1 时，表示未使用该辆卡车，因此取 $\text{sign}(n_k) = 0$。

3. 编码解码

针对钢筋物流配送路径优化问题的特点，构造了求解该问题的遗传算法。

（1）编码方法的确定。根据物流配送路径优化问题的特点，采用简单直观的自然数编码方法，用 0 表示配送中心，用 1、2、…、L 表示各工地（需求点）。由于在配送中心有 K 辆卡车，则最多存在 K 条配送路径，每条配送路径都始于配送中心，也终于配送中心，为了在编码中反映卡车配送的路径，采用增加 $K-1$ 个虚拟配送中心的方法，分别用 $L+1$、$L+2$、…、$L+K-1$ 表示。这 $L+K-1$ 个互不重复的自然数的随机排列就构成一个个体，并对应一种配送路径方案。例如，对于一个有 7 个需求点，用 3 辆卡车完成配送任务的问题，则可用 0、1、2、…、7、8、9（8、9 表示配送中心）10 个自然数的随机排列，表示钢筋配送路径方案。如个体 129638547 表示的配送路径方案为：路径 1：0-1-2-9（0），路径 2：9（0）-6-3-8（0），路径 3：8（0）-5-4-7-0，共有 3 条配送路径。

（2）初始群体的确定。随机产生 $L+K-1$ 个互不重复的自然数的排列，即形成一个个体。设群体规模为 N，则通过随机产生 N 个这样的个体，即形成初始群体。

（3）适值评估。对于某个个体所对应的配送路径方案，要判定其优劣，一是要看其是否满足配送的约束条件；二是要计算其目标函数值（即各条配送路径的长度之和）。根据所采用的钢筋配送路径优化问题的特点所确定的编码方法，隐含能够满足每个需求点都得到配送服务及每个工地仅由一辆汽车配送的约束条件，但不能保证满足每条路径上各工地需求量之和不超过卡车载重量及每条配送路线的长度不超过卡车一次配送的最大行驶距离的约束条件。为此，对每个个体所对应的配送路径方案，要对各条路径逐一进行判断，看其是否满足上述两个约束条件，若不满足，则将该条路径定为不可行路径，最后计算其目标函数值。对于某个个体 j，设其对应的配送路径方案的不可行路径数为 M_j（$M_j = 0$ 表示该个体对应一个可行解），其目标函数值为 Z_j，则该个体的适值 F_j 可用下式表示：

$$F_j = \frac{1}{Z_j + M_j + G}$$

式中：G 为对每条不可行路径的惩罚权重，可根据目标函数的取值范围取一个相对较大的正数。

（4）选择操作。将每代群体中的 N 个个体按适值由大到小排列，排在第一位的个体性能最优，将它复制一个直接进入下一代，并排在第一位。下一代群体的另 $N-1$ 个个体需要根据前代群体的 N 个个体的适值，采用赌轮选择法产生。具体地说，就是首先计算上代群体中所有个体适值的总和（ΣF_j），再计算每个个体的适值所占的比例（$F_j / \Sigma F_j$），以此作为其被选择的概率。这样的选择方法既可保证最优个体生存至下一代，又能保证适值较大的个体以较大的机会进入下一代。

（5）交叉操作。对通过选择操作产生的新群体，除排在第一位的最优个体外，另 $N-1$ 个个体要按交叉概率 P_c 进行配对交叉重组。这里采用一种类似 OX 法的交叉方法，现举例说明之：①随机在父代个体中选择一个交配区域，如两父代个体及交配区域选定为：$A = 47 | 8563 | 921$，$B = 83 | 4691 | 257$；②将 B 的交配区域加到 A 的前面，A 的交配区域加到 B 的前面，得：$A' = 4691 | 478563921$，$B' = 8563 | 834691257$；③在 A'、B' 中自交配区域后依次删除与交配区相同的自然数，得到最终的两个体为：$A'' = 469178532$，$B'' = 856349127$。与其他交叉方法相比，这种方法在两父代个体相同的情况下仍能产生一定程度的变异效果，这对维持群体的多样化特性有一定的作用。

（6）变异操作。由于在选择机制中采用了保留最佳样本的方式，为保持群体内个体的多样化，本文采用了连续多次对换的变异技术，使个体在排列顺序上有较大变化。变异操作是以概率 P_m 发生的，一旦变异操作发生，则用随机方法产生交换次数 J，对所需变异操作的个体的基因进行 J 次对换（对换基因的位置也是随机产生的）。

根据上述遗传算法，通过 C++或 Python 语言编程实现。通过某配送中心使用 2 辆卡车对 8 个工地的钢筋物流配送路径优化问题实例进行了实验计算。设卡车的载重量为 8t，每次配送的最大行驶距离为 40km，配送中心与各工地之间、各需求点相互之间的距离及各工地的需求量见表 1.2-3。

配送中心与工地之间的距离及工地的钢筋需求量d_{ij}（km）　　　　　表 1.2-3

i	j								
	0	1	2	3	4	5	6	7	8
0	0	4	6	7.5	9	20	10	16	8
1	4	0	6.5	4	10	5	7.5	11	10
2	6	6.5	0	7.5	10	10	7.5	7.5	7.5
3	7.5	4	7.5	0	10	5	9	9	15
4	9	10	10	10	0	10	7.5	7.5	10
5	20	5	10	5	10	0	7	9	7.5
6	10	7.5	7.5	9	7.5	7	0	7	10
7	16	11	7.5	9	7.5	9	7	0	10
8	8	10	7.5	15	10	7.5	10	10	0
$q(t)$	—	1	2	1	2	1	4	2	2

根据上述实例的特点，在实验计算中采用了以下参数：群体规模取 20，交叉概率和变异概率分别取 0.95 和 0.05，进化代数取 50，变异时基因换位次数取 5，对不可行路径的惩罚权重取 100km。对上述问题，利用计算机随机求解 10 次，得到的计算结果见表 1.2-4。

物流配送路径优化问题的遗传算法计算结果 　　　表 1. 2-4

计算次序	1	2	3	4	5	6	7	8	9	10
配送总距离 Z (km)	72	72	76.5	70	67.5	70	73.5	75	71.5	69

从表中数据可以看出，10 次运行得到的结果均优于节约法所得的结果 79.5km。而且第 5 次还得到了该问题的最优解 67.5km，其对应的配送路径方案为：路径 1：0-4-7-6-0；路径 2：0-2-8-5-3-1-0。可见，利用遗传算法可以方便有效地求得物流配送路径优化问题的最优解或近似最优解（或称满意解）。

思考与练习题

1. 遗传算法中，为了体现染色体的适应能力，引入了对问题的每个染色体都能进行度量的函数，称为（　　）。

A. 敏感度函数　　　　　　　　　　B. 变换函数

C. 染色体函数　　　　　　　　　　D. 适值函数

2. 遗传算法中，将问题结构变换为位串形式表示的过程为（　　）。

A. 解码　　　　　B. 编码　　　　　C. 遗传　　　　　D. 变换

3. 不属于遗传算法的遗传操作的是（　　）。

A. 突变　　　　　B. 选择　　　　　C. 交叉　　　　　D. 变异

4. 遗传算法中，染色体的具体形式是一个使用特定编码方式生成的编码串，编码串中的每一个编码单元称为（　　）。

A. 个体　　　　　B. 基因　　　　　C. 有效解　　　　　D. 适应值

5. 根据个体的适值函数值所度量的优劣程度决定它在下一代是被淘汰还是被遗传的操作是（　　）。

A. 遗传操作　　　B. 选择　　　　　C. 交叉　　　　　D. 变异

6. 在遗传算法中，问题的每个有效解被称为一个染色体，也称为"串"，对应于生物群体中的（　　）。

A. 生物个体　　　B. 父代　　　　　C. 子代　　　　　D. 群体

7. 概率值 $P_x = 0.005$，可能是哪种操作中随机产生的概率（　　）。

A. 遗传操作　　　B. 选择　　　　　C. 交叉　　　　　D. 变异

8. 遗传算法的迭代计算停止时，种群中适值函数值最优的染色体可作为问题的（　　）。

A. 满意解　　　　B. 最优解　　　　C. 有效解　　　　D. 解空间

9. 遗传算法是模仿（　　）和自然选择机理，通过人工方式构造的一类优化搜索算法。遗传算法是一种基于空间搜索的算法，它通过（　　）、交叉、变异等遗传操作以及达尔文的适者生存理论，模拟自然进化的过程来寻求问题解答。

10. 分析解释遗传算法的基本思想、主要特点、编码和实施步骤。

11. 使用遗传算法优化函数 $f(x) = x^2 - 4x + 4$，求解使得 $f(x)$ 取得最小值的 x。

1.3　蚁群算法

1.3.1　蚁群算法概述

群体中的个体如蚂蚁、鸟、鱼等，虽然其个体行为都比较简单，然而它们构成群体的集体行为都非常复杂。例如，一只蚂蚁离开了蚁群就不能生活，然而一个蚁群却能相互协作，能够搜索到从蚁穴到食物源的最短路径；蜜蜂群体能够相互协作修筑精美的蜂巢。同样，一个寻宝团队内的每个人都有一个金属探测器，并能把自己的通信信号和当前所处的位置传给最邻近的伙伴。这样每个人都知道是否有一个邻近伙伴比他更接近目标，引导其向离宝更邻近的伙伴移动，使得团队寻到宝的机会增加，要比单人寻宝快得多。

以上现象称之为群智能概念，群智能算法就是反映群智能，即基于生物群体行为规律的计算技术。群智能算法受社会昆虫（如蚂蚁、蜜蜂）和群居脊椎动物（如鸟群、鱼群和兽群）的启发，在没有集中控制并且不提供全局模型的前提下，能够为寻找复杂的分布式问题提供一种新的解决方案。群智能方法易于实现，仅涉及各种基本的数学操作，只需要目标函数的输出值，而不需要其梯度信息。研究证明群智能方法是一种能够有效解决大多数全局优化问题的新方法。蚁群优化就是一种群智能算法。

蚁群算法是一种源于大自然生物世界的新的仿生优化算法，由意大利学者 Dorigo、Maniezzo 和 Colomi 等于 20 世纪 90 年代初期通过模拟自然界中蚂蚁集体寻径行为而提出的一种基于种群的启发式随机搜索算法。蚂蚁有能力在没有任何提示的情形下找到从巢穴到食物源的最短路径，并且能随环境的变化，适应性地搜索新的路径，产生新的选择。其根本原因是蚂蚁在寻找食物时，能在其走过的路径上释放一种特殊的分泌物——信息素（也称外激素），随着时间的推移该物质会逐渐挥发，后来的蚂蚁选择该路径的概率与当时这条路径上信息素的强度成正比。当一条路径上通过的蚂蚁越来越多时，其留下的信息素也越来越多，后来蚂蚁选择该路径的概率也就越高，从而更增加了该路径上的信息素强度。而强度大的信息素会吸引更多的蚂蚁，从而形成一种正反馈机制。通过这种正反馈机制，蚂蚁最终可以发现最短路径。

最早的蚁群算法是蚂蚁系统（Ant System，AS），研究者们根据不同的改进策略对蚂蚁系统进行改进并开发了不同版本的蚁群算法，并成功地应用于优化领域。用该方法求解旅行商（TSP）问题、资源分配、车间作业调度（Job-Shop）和建筑施工计划等问题，取得了较好的试验结果。蚁群算法具有分布式计算、无中心控制和分布式个体之间间接通信等特征，易于与其他优化算法相结合，它通过简单个体之间的协作表现出了求解复杂问题的能力，已被广泛应用于求解优化问题。蚁群算法相对而言易于实现，且算法中并不涉及复杂的数学操作，其处理过程对计算机的软硬件要求也不高，因此对它的研究在理论和实践中都具有重要意义。

目前，国内外的许多研究者和研究机构都开展了对蚁群算法理论和应用的研究，蚁群算法已成为国际计算智能领域关注的热点课题。虽然目前蚁群算法没有形成严格的理论基础，但其作为一种新兴的进化算法已在智能优化等领域表现出了强大的生命力。

1.3.2 蚁群算法原理

蚁群算法是对自然界蚂蚁群体的寻径方式进行模拟而产生的一种仿生算法。蚂蚁在运动过程中，能够在它所经过的路径上留下信息素进行信息传递，而且蚂蚁在运动过程中能够感知这种物质，并以此来指导自己的运动方向。因此，由大量蚂蚁组成的蚁群的集体行为便表现出一种信息正反馈现象：某一路径上走过的蚂蚁越多，则后来者选择该路径的概率就越大。

1. 真实蚁群的觅食过程

自然界中蚁群在寻找食物时，总能找到一条从食物到巢穴之间的最优路径。这是因为蚂蚁在寻找路径时会在路径上释放出一种特殊的信息素。蚁群算法的信息交互主要是通过信息素来完成的。蚂蚁在运动过程中，能够感知这种物质的存在和强度。初始阶段，环境中没有信息素的遗留，蚂蚁寻找事物完全是随机选择路径，随后在寻找该事物源的过程中就会受到先前蚂蚁所残留的信息素的影响，其表现为蚂蚁在选择路径时趋向于选择信息素浓度高的路径。同时，信息素是一种挥发性化学物质，会随着时间的推移而慢慢地消逝。如果每只蚂蚁在单位距离留下的信息素相同，那对于较短路径上残留的信息素浓度就相对较高，这被后来的蚂蚁选择的概率就大，从而导致这条短路径上走的蚂蚁就越多。而经过的蚂蚁越多，该路径上残留的信息素就将更多，这样使得整个蚂蚁的集体行为构成了信息素的正反馈过程，最终整个蚁群会找出最优路径。

若蚂蚁从 A 点出发，速度相同，食物在 D 点，则它可能随机选择路线 ABD 或 ACD。假设初始时每条路线分配一只蚂蚁，每个时间单位行走一步。图 1.3-1 所示为经过 8 个时间单位时的情形：走路线 ABD 的蚂蚁到达终点；而走路线 ACD 的蚂蚁刚好走到 C 点，为一半路程。

图 1.3-2 表示从开始算起，经过 16 个时间单位时的情形：走路线 ABD 的蚂蚁到达终点后得到食物又返回了起点 A，而走路线 ACD 的蚂蚁刚好走到 D 点。

假设蚂蚁每经过一处所留下的信息素为 1 个单位，则经过 32 个时间单位后，所有开始一起出发的蚂蚁都经过不同路径从 D 点取得了食物。此时 ABD 的路线往返了 2 趟，每一处的信息素为 4 个单位；而 ACD 的路线往返了一趟，每一处的信息素为 2 个单位，其比值为 2：1。

寻找食物的过程继续进行，则按信息素的指导，蚁群在 ABD 路线上增派一只蚂蚁（共 2 只），而 ACD 路线上仍然为一只蚂蚁。再经过 32 个时间单位后，两条线路上的信息素单位积累为 12 和 4，比值为 3：1。

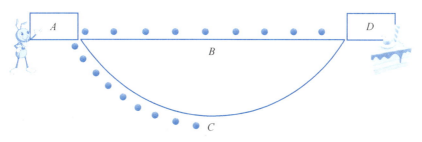

图 1.3-1　经过 8 个时间单位时的蚁群情形

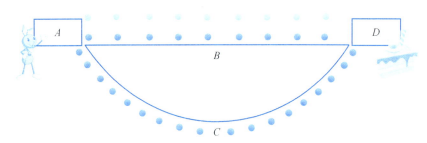

图 1.3-2　经过 16 个时间单位时的蚁群情形

若按以上规则继续，蚁群在 ABD 路线上再增派一只蚂蚁（共 3 只），而 ACD 路线上仍然为一只蚂蚁。再经过 32 个时间单位后，两条线路上的信息素单位积累为 24 和 6，比值为 4∶1。

若继续进行，则按信息素的指导，最终所有的蚂蚁都会放弃路线，而选择 ABD 路线。这也就是前面所提到的正反馈效应。

2. 人工蚁群的优化过程

基于以上真实蚁群寻找食物时的最优路径选择问题，可以构造人工蚁群，来解决最优化问题，如 TSP 问题。人工蚁群中把具有简单功能的工作单元看作蚂蚁。二者的相似之处在于都是优先选择信息素浓度大的路径。较短路径的信息素浓度高，所以能够最终被所有蚂蚁选择，也就是最终的优化结果。二者的区别在于人工蚁群有一定的记忆能力，能够记忆已经访问过的节点。同时，人工蚁群在选择下一条路径的时候是按一定的算法规律有意识地寻找最短路径，而不是盲目的。例如在 TSP 问题中，可以预先知道当前城市到下一个目的地的距离。

在 TSP 问题的人工蚁群算法中，假设 m 只蚂蚁在图的相邻节点间移动，从而协作异步地得到问题的解。每只蚂蚁的一步转移概率由图中的每条边上的两类参数决定：一是信息素值，也称信息素痕迹；二是可见度，即先验值。

信息素的更新方式有两种：一是挥发，也就是所有路径上的信息素以一定的比率减少，模拟自然蚁群的信息素随时间挥发的过程；二是增强，给评价值"好"（有蚂蚁走过）的边或路径增加信息素。

蚂蚁向下一个目标的运动是通过一个随机原则来实现的，也就是运用当前所在节点存储的信息，计算出下一步可达节点的概率，并按此概率实现一步移动，如此往复，越来越接近最优解。

蚂蚁在寻找过程中，或在找到一个解后，会评估该解或解的一部分的优化程度，并把评价信息保存在相关连接的信息素中。

3. 真实蚂蚁与人工蚂蚁的异同

蚁群算法是一种基于群体的、用于求解复杂优化问题的通用搜索技术。与真实蚂蚁通过体外信息的留存、跟随行为进行间接通信相似，蚁群算法中一群简单的人工蚂蚁通过信息素进行间接通信，并利用该信息和与问题相关的启发式信息逐步构造问题的解。

人工蚂蚁具有双重特性：一方面，它们是真实蚂蚁的抽象，具有真实蚂蚁的特性；另一方面，它们还有一些真实蚂蚁没有的特性，这些新的特性使人工蚂蚁在解决实际优化问题时，具有更好的搜索较优解的能力。

人工蚂蚁与真实蚂蚁的相同点为：

（1）都是一群相互协作的个体。与真实蚁群一样，蚁群算法由一群人工蚂蚁组成，人工蚂蚁之间通过同步/异步协作来寻找问题的最优解。虽然单只人工蚂蚁可以构造出问题的解，但只有当多只人工蚂蚁通过相互协作，才能发现问题的最优（次优）解。人工蚂蚁个体间通过写/读问题的状态变量来进行协作。

（2）都使用信息素的痕迹和蒸发机制。如真实蚂蚁一样，人工蚂蚁通过改变所访问过的问题的数字状态信息来进行间接的协作。在蚁群算法中，信息素是人工蚂蚁之间进行交流的唯一途径。这种通信方式在群体知识的利用上起到了至关重要的作用。另外，蚁群算法还用到了蒸发机制，这一点对应于真实蚂蚁中信息素的蒸发现象。蒸发机制使蚁群逐渐忘记过去的历史，使后来的蚂蚁在搜索中较少受到过去较差解的影响，从而更好地指导蚂蚁的搜索方向。

（3）搜索最短路径与局部移动。人工蚂蚁和真实蚂蚁具有相同的任务，即以局部移动的方式构造出从原点（蚁巢）到目的点（食物源）之间的最短路径。

（4）随机状态转移策略。人工蚂蚁和真实蚂蚁都按照概率决策规则从一种状态转移到另一种相邻状态。其中的概率决策规则是与问题相关的信息和局部环境信息的函数。在状态转移过程中，人工蚂蚁和真实蚂蚁都只用到了局部信息，没有使用前瞻策略来预见将来的状态。

人工蚂蚁和真实蚂蚁的不同点为：

（1）人工蚂蚁生活在离散的时间，从一种离散状态到另一种离散状态。

（2）人工蚂蚁具有内部状态，即人工蚂蚁具有一定的记忆能力，能记住自己走过的地方。

（3）人工蚂蚁释放信息素的数量是其生成解的质量的函数。

（4）人工蚂蚁更新信息素的时机依赖于特定的问题。例如，大多数人工蚂蚁仅仅在蚂蚁找到一个解之后才更新路径上的信息素。

1.3.3 蚁群算法流程

根据前述有关蚁群算法的基本原理和特点，蚁群算法的流程可表述如下：在算法的初始时刻，将 m 只蚂蚁随机地放到 n 座城市，同时，将每只蚂蚁的禁忌表 $tabu$ 的第一个元素设置为它当前所在的城市。此时各路径上的信息素量相等，设 $\tau_{ij}(0) = c(c$ 为一较小的常数)，然后每只蚂蚁根据路径上残留的信息素量和启发式信息（两城市间的距离）独立地选择下一座城市，在时刻 t，蚂蚁 k 从城市 i 转移到城市 j 的概率 $p_{ij}^k(t)$ 为：

$$p_{ij}^k(t) = \begin{cases} \dfrac{\left[\tau_{ij}(t)\right]^\alpha \cdot \left[\eta_{ij}(t)\right]^\beta}{\sum_{s \in J_k}\left[\tau_{is}(t)\right]^\alpha \cdot (\eta_{is})^\beta}, & \text{当} j \in J_k(i) \text{时} \\ 0, & \text{其他} \end{cases} \tag{1.3-1}$$

式中，$J_k(i) = \{1, 2, \cdots, n\} - tabu_k$ 表示蚂蚁 k 下一步允许选择的城市集合。禁忌表 $tabu_k$ 记录了蚂蚁 k 当前走过的城市。当所有 n 座城市都加入到禁忌表 $tabu_k$ 时，蚂蚁 k 便完成了一次周游，此时蚂蚁所走过的路径便是 TSP 问题的一个可行解。式（1.3-1）中的 η_{ij} 是一个启发式因子，表示蚂蚁从城市 i 转移到城市 j 的期望程度。在蚁群算法中，η_{ij} 通常取城市 i 与城市 j 之间距离的倒数。α 和 β 分别表示信息素和期望启发式因子的相对重要程度。当所有蚂蚁完成一次周游后，各路径上的信息素根据式（1.3-2）更新：

$$\tau_{ij}(t+n) = (1-\rho) \cdot \tau_{ij}(t) + \Delta\tau_{ij} \tag{1.3-2}$$

式中：$\rho(0 < \rho < 1)$ 表示路径上信息素的蒸发系数，$1-\rho$ 表示信息素的持久性系数；$\Delta\tau_{ij}$ 表示本次迭代中边 ij 上信息素的增量，即

$$\Delta\tau_{ij} = \sum_{k=1}^{m} \Delta\tau_{ij}^{k} \tag{1.3-3}$$

其中，$\Delta\tau_{ij}^{k}$ 表示第 k 只蚂蚁在本次迭代中留在边 ij 上的信息素量，如果蚂蚁 k 没有经过边 ij，则 $\Delta\tau_{ij}^{k}$ 的值为零。$\Delta\tau_{ij}^{k}$ 可表示为：

$$\Delta\tau_{ij}^{k} = \begin{cases} \dfrac{Q}{L_k}, & \text{当蚂蚁 } k \text{ 在本次周游中经过边 } ij \text{ 时} \\ 0, & \text{其他} \end{cases} \tag{1.3-4}$$

其中，Q 为正常数；L_k 表示第 k 只蚂蚁在本次周游中所走过路径的长度。

Dorigo 提出了三种蚁群算法的模型，其中式（1.3-4）称为 Ant-Cycle 模型，另外两个模型分别称为 Ant-Quantity 模型和 Ant-Density 模型，其差别主要在于 $\Delta\tau_{ij}^{k}$ 的表示：在 Ant-Quantity 模型中表示为：

$$\Delta\tau_{ij}^{k} = \begin{cases} \dfrac{Q}{d_{ij}}, & \text{当蚂蚁 } k \text{ 在时刻 } t \text{ 和 } t+1 \text{ 经过边 } ij \text{ 时} \\ 0, & \text{其他} \end{cases} \tag{1.3-5}$$

而在 Ant-Density 模型中表示为：

$$\Delta\tau_{ij}^{k} = \begin{cases} Q, & \text{当蚂蚁 } k \text{ 在时刻 } t \text{ 和 } t+1 \text{ 经过边 } ij \text{ 时} \\ 0, & \text{其他} \end{cases} \tag{1.3-6}$$

蚁群算法实际上是正反馈原理和启发式算法相结合的一种算法。在选择路径时，蚂蚁不仅利用了路径上的信息素，而且用到了城市间距离的倒数作为启发式因子。实验结果表明，Ant-Cycle 模型比 Ant-Quantity 和 Ant-Density 模型有更好的性能。这是因为 Ant-Cycle 模型利用全局信息更新路径上的信息素量，而 Ant-Quantity 和 Ant-Density 模型使用局部信息。

蚁群算法的实现步骤总结如下：

（1）参数初始化。令 $t=0$ 和循环次数 $N_c = 0$，设置最大循环次数 G，将 m 个蚂蚁置于 n 个元素（城市）上，令有向图上每条边 $|i, j|$ 的初始化信息量 $\tau_{ij}(t) = c$，其中 c 表示常数，且初始时刻 $\Delta\tau_{ij}(0) = 0$。

（2）循环次数 $N_c = N_c + 1$，设置蚂蚁的禁忌表索引号为 1，蚂蚁数目 $k = k+1$。

（3）蚂蚁个体根据状态转移概率公式（1.3-1）计算的概率选择元素 j 并前进，$j \in \{J_k(i)\}$。

（4）修改禁忌表指针，即选择好之后将蚂蚁移动到新的元素，并把该元素移动到该蚂蚁个体的禁忌表中。

（5）若集合 C 中元素未遍历完，即 $k < m$，则跳转到第（4）步；否则执行第（8）步。

（6）记录本次最佳路线。

（7）根据式（1.3-4）和式（1.3-5）更新每条路径上的信息量。

（8）若满足结束条件，即如果循环次数 $N_c \geqslant G$，则循环结束并输出优化结果；否则

清空禁忌表并跳转到第（2）步。

蚁群算法的流程如图 1.3-3 所示。

1.3.4 蚁群算法特点

蚁群算法是通过对生物特征的模拟得到的一种优化算法，它本身具有很多优点：

（1）蚁群算法是一种本质上的并行算法。每只蚂蚁搜索的过程彼此独立，仅通过信息激素进行通信。所以，蚁群算法可以看作一个分布式的多智能体系统，它在问题空间的多点同时开始独立的解搜索，不仅增加了算法的可靠性，也使得算法具有较强的全局搜索能力。

（2）蚁群算法是一种自组织的算法。所谓自组织，就是组织力或组织指令来自系统的内部，以区别于其他组织。如果系统在获得空间、时间或者功能结构的过程中，没有外界的特定干预，就可以说系统是自组织的。简单地说，自组织就是系统从无序到有序的变化过程。

（3）蚁群算法具有较强的鲁棒性。相对于其他算法，蚁群算法对初始路线的要求不高，即蚁群算法的求解结果不依赖于初始路线的选择，而且在搜索过程中不需要进行人工的调整。此外，蚁群算法的参数较少，设置简单，因而该算法易于应用到组合优化问题的求解。

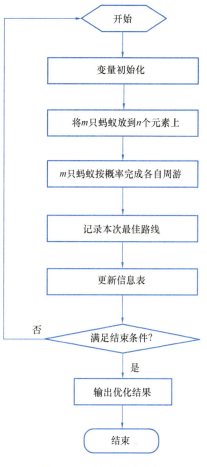

图 1.3-3　蚁群算法流程

（4）蚁群算法是一种正反馈算法。从真实蚂蚁的觅食过程中不难看出，蚂蚁能够最终找到最优路径，直接依赖于其在路径上信息素的堆积，而信息素的堆积是一个正反馈的过程。正反馈是蚁群算法的重要特征，它使得算法的进化过程得以进行。

1.3.5 蚁群算法应用

1. 问题描述

已知在一定区域内存在一定数量的客户点，并给出每个客户点对货物的需求量以及客户点的位置坐标，配送中心仓库向客户点提供所需求的货物，由车辆向客户点配送货物。每辆车从配送中心出发后，到达相应的客户点并完成配送任务，最终返回配送中心，在一定的约束条件下，达到总运输成本最小、耗费时间最少、客户满意度最高等目的。因此，设立如下三个假设条件：

假设1：配送中心仓库点只有一个，即所有的车辆都只能从配送中心仓库出发。

假设2：所有配送车辆容量相同，并且车辆匀速行驶。

假设3：在安排配送车辆前，已经获取到所有客户点的位置坐标。

微视频1-1　蚁群算法动画解析

2. 多目标模型建立

在整个模型中，用 0 表示配送中心仓库；$N = \{1, 2, \cdots, n\}$ 表示客户的节点集合；i 与 j 分别表示配送中心仓库或客户点的序号；s 表示配送车辆的序号；l 表示车辆总数；q 表示每辆配送车的载重量；a_0 表示车辆的固定成本；a_{ij} 表示车辆从 i 到 j 的运输成本；p 为配送车辆在运输过程中产生的碳排放量；d_{ij} 表示 i 到 j 的距离；m_i 表示客户点 i 的货运量；h 表示配送车辆经过的路段数；c_{i0} 表示客户点 i 返回配送中心的货运量；x_{ij} 表示配送车辆是否由客户点 i 到 j 的 0-1 变量，即配送车辆由客户 i 到达客户点 j 时，$x_{ij} = 1$，否则 $x_{ij} = 0$；x_{ijs} 表示配送车辆 s 是否由客户点 i 到达客户点 j 的 0-1 变量，即配送车辆 s 是从 i 驶向 j 时，$x_{ijs} = 1$，否则 $x_{ijs} = 0$；y_{is} 表示客户点 i 的任务是否由配送车辆 s 完成的 0-1 变量，即客户点 i 的任务是由配送车辆 s 完成时 $y_{is} = 1$，否则 $y_{is} = 0$；并设总成本为 Z_1，总的碳排放水平为 Z_2。

由问题描述和分析可知，物流车辆配送时应当先考虑总的成本费用，其中包括车辆运输成本和车辆固定成本。当总成本最小时又需考虑运输过程中碳的排放量最低，从而可以得到双目标函数，为此物流配送路径的多目标优化模型如下：

$$\min Z_1 = \sum_{i=0}^{n} \sum_{j=0}^{n} \sum_{s=1}^{l} a_{ij} x_{ijs} + a_0 s \tag{1.3-7}$$

$$\min Z_2 = p \sum_{(i,j) \in \{0\} \cup N} d_{ij} x_{ij} \tag{1.3-8}$$

$$\text{s. t.} \sum_{s=1}^{l} y_{is} = \begin{cases} 1, & i = 1, 2, \cdots, n \\ l, & i = 0 \end{cases} \tag{1.3-9}$$

$$\sum_{i=0}^{n} m_i y_{is} \leqslant q \tag{1.3-10}$$

$$\sum_{i=0}^{n} x_{ijs} = y_{js} \tag{1.3-11}$$

$$\sum_{j=0}^{n} x_{ijs} = y_{is} \tag{1.3-12}$$

$$\sum_{i=0}^{n} \sum_{j=0}^{n} x_{ij} \leqslant h, h = n+1 \tag{1.3-13}$$

$$c_{i0} = 0, \ \forall i \in N \tag{1.3-14}$$

$$x_{ij} \in \{0, 1\}, y_{ijs} \in \{0, 1\}, y_{is} \in \{0, 1\} \tag{1.3-15}$$

其中，式（1.3-7）要求合理安排物流配送车辆路径，使得总成本最小；式（1.3-8）保证最大限度地降低碳排放量，即降低车辆产生的污染水平；式（1.3-9）保证了配送过程中每个客户点只能接受一辆配送车的服务，并且所有的运输任务由 l 辆车一起完成；式（1.3-10）为车辆的载重约束，保证单车配送货物不能超过其额定载重；式（1.3-11）和式（1.3-12）保证有且仅有一辆汽车到达和离开某一客户点；式（1.3-13）保证配送车辆起、止于配送中心仓库；式（1.3-14）确保车辆返回配送中心仓库，返回时是空车；式（1.3-15）表示 0—1 变量。

3. 蚁群算法求解

某配送中心有载重 6000kg 的配送车辆 6 辆，需将货物派送至 30 个客户点，从 1 到 31 依次对配送中心仓库和 30 个客户点进行编号，其中仓库的编号为 1，各个客户点的横纵坐标和需求量如表 1.3-1 所示。

客户坐标及货物需求量   表 1.3-1

客户点编号	X 坐标（km）	Y 坐标（km）	每日需求量（kg）
1	143	225	0
2	147	258	1300
3	159	261	630
4	136	229	679
5	128	252	1360
6	162	237	2306
7	136	245	623
8	151	252	752
9	142	242	326
10	168	237	658
11	142	241	752
12	138	256	1056
13	128	207	1369
14	129	192	1254
15	136	186	452
16	162	152	892
17	149	157	2210
18	132	181	993
19	160	170	896
20	116	182	2420
21	146	186	1923
22	137	156	175
23	190	192	552
24	172	133	442
25	187	123	510
26	173	142	672
27	180	176	326
28	165	158	917
29	131	190	612
30	143	145	430
31	121	137	512

设参数 $m=40$，$N_c=100$，$a=1$，$\beta=3$，$Q=100$，$\rho=0.4$；同时，这里假设车辆从 i 到 j 的运输成本 $a_{ij}=1$，即相当于只考虑运输距离，不考虑运输成本；另外，不考虑配送车辆在运输过程中产生的碳排放量，即 $p=0$。

可通过 Python 语言编程实现蚁群算法程序，这里仅利用 MATLAB2016a 软件进行试验计算。经过 10 轮计算，得到 880.867km 为最优路径距离，全部统计结果见表 1.3-2。

10 次路径距离计算结果   表 1.3-2

计算次序	路径距离（km）	计算次序	路径距离（km）
1	944.764	6	902.344
2	916.997	7	928.159
3	910.595	8	884.847
4	880.867	9	888.927
5	943.630	10	890.733

因此，最优配送方案如下：

路径 1：1-4-9-11-7-5-12-3-23-1，运输距离为 206.651km，运输量为 5978kg。

路径 2：1-27-19-28-16-26-24-25-31-30-22-1，运输距离为 316.606km，运输量为 5772kg。

路径 3：1-17-21-15-18-1，运输距离为 159.176km，运输量为 5578kg。

路径 4：1-14-29-20-13-1，运输距离为 106.837km，运输量为 5655kg。

路径 5：1-6-10-8-2-1，运输距离为 91.597km，运输量为 5016kg。

生成的车辆最优配送路径图如图 1.3-4 所示。

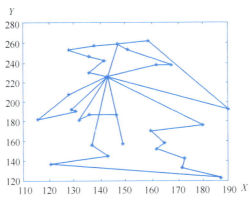

图 1.3-4　最优配送路径图

思考与练习题

1. 下面的智能算法中，不属于群体智能算法的是（　　）。

A. 蚁群算法　　　　　　　　　　　　B. 粒子群算法

C. 遗传算法　　　　　　　　　　　　D. 并行蚁群算法

2. 蚁群算法中，某个蚂蚁找到的路径对应问题的（　　）。

A. 一个有效解　　　　　　　　　　　B. 解空间

C. 解的规模　　　　　　　　　　　　D. 解的维数

3. 在下面不同版本的蚁群算法中，没有针对信息素更新机制进行改进的算法是（　　）。

A. 精华蚂蚁系统　　　　　　　　　　B. 基于排列的蚂蚁系统

C. 最大最小蚂蚁系统　　　　　　　　D. 多态蚁群系统

4. 蚂蚁行进时，会在路径上释放（　　），作为群体内间接通信的物质。在蚂蚁系统中，每只蚂蚁都随机选择一个城市作为出发城市，并维护一个（　　），用来存放该蚂蚁依次经过的城市。在蚂蚁构建路径时，长度越短、（　　）的路径被蚂蚁选择的概率越大。在下面的信息素更新公式中，C_k 表示（　　）。

$$\tau(i, j) \leftarrow (1-\rho) \cdot \tau(i, j) + \sum_{k=1}^{m} \Delta\tau_k(i, j)$$

$$\Delta\tau_k(i, j) = \begin{cases} 1/C_k, & \text{当}(i, j) \in R^k \text{ 时} \\ 0, & \text{其他} \end{cases}$$

在蚂蚁系统中，信息素更新的两个步骤是：（　　）和信息素的释放。蚁群算法中有状态转移规则、（　　）、信息素局部更新规则三大核心规则。

5. 分析解释蚁群算法的基本思想、主要特点和实施步骤。

6. 比较分析蚁群算法和遗传算法的相同点与不同点。

7. 装箱问题（Bin Packing）：尺寸为 1 的箱子有若干个，希望用最少量的箱子装下 n 个尺寸不超过 1 的物品，物品集合为 $\{a_1, a_2, \cdots, a_n\}$，该组合优化问题的数学模型如下：

$$\min B$$

$$\text{s. t.} \sum_{b=1}^{B} x_{ib} = 1,\ i = 1, 2, \cdots, n$$

$$\sum_{i=1}^{n} a_i x_{ib} \leqslant 1,\ b = 1, 2, \cdots, B$$

$$x_{ib} \in \{0, 1\},\ i = 1, 2, \cdots, n;\ b = 1, 2, \cdots, B$$

其中，B：装下全部物品需要的箱子数；

$$x_{ib} = \begin{cases} 1, & \text{第 } i \text{ 个物品装在第 } b \text{ 个箱子} \\ 0, & \text{第 } i \text{ 个物品不装在第 } b \text{ 个箱子} \end{cases}$$

试用蚁群算法求解该组合优化问题。

1.4 粒子群算法

1.4.1 粒子群算法概述

在自然界中各种生物群体显现出来的智能近几十年来得到了学者们的广泛关注。学者们通过对简单生物体的群体行为进行模拟，进而提出了群智能算法。蚁群算法和粒子群算法是最主要的两种群智能优化算法。前一章描述的蚁群算法，模拟蚂蚁群体的食物采集过程，已成功应用于许多离散优化问题。而粒子群算法起源于对简单社会系统的模拟，最初是模拟鸟群觅食的过程，但后来发现它是一种很好的优化算法。

生物学家 Craig Reynolds 在 1987 年提出了一个非常有影响力的鸟群聚集模型，在他的仿真中，每一个个体都遵循：避免与邻域个体相冲撞；匹配邻域个体的速度；飞向鸟群中心，且整个群体飞向目标。仿真中仅利用上面三条简单的规则，就可以非常接近地模拟出鸟群飞行的现象。1990 年，生物学家 Frank Heppner 也提出了鸟类模型，它的不同之处在于：鸟类被吸引飞到栖息地。在仿真中，一开始每一只鸟都没有特定的飞行目标，只是使用简单的规则确定自己的飞行方向和飞行速度，当有一只鸟飞到栖息地时，它周围的鸟也会跟着飞向栖息地，最终整个鸟群都会落在栖息地。

1995 年，美国社会心理学家 James Kennedy 和电气工程师 Russell Eberhart 共同提出了粒子群优化（Particle Swarm Optimization，PSO）算法，即本书统称的粒子群算法。该算法的提出是受对鸟类群体行为进行建模与仿真的研究结果的启发。他们的模型和仿真算法主要对 Frank Heppner 的模型进行了修正，以使粒子飞向解空间并在最优解处降落。粒子群算法一经提出，由于其算法简单，容易实现，立刻引起了进化计算领域学者们的广泛关注，形成一个研究热点。2001 年出版的 Kennedy 与 Eberhart 合著的《群体智能》将群体智能的影响进一步扩大，随后关于粒子群算法的研究报告和研究成果大量涌现，继而掀起了国内外的研究热潮。

　　粒子群算法来源于鸟类群体活动的规律性，进而利用群体智能建立一个简化的模型。它模拟鸟类的觅食行为，将求解问题的搜索空间比作鸟类的飞行空间，将每只鸟抽象成一个没有质量和体积的粒子，用它来表征问题的一个可能解，将寻找问题最优解的过程看成鸟类寻找食物的过程，进而求解复杂的优化问题。粒子群算法与其他进化算法一样，也是基于"种群"和"进化"的概念，通过个体间的协作与竞争，实现复杂空间最优解的搜索。同时，它又不像其他进化算法那样对个体进行交叉、变异、选择等进化算子操作，而是将群体中的个体看作在 D 维搜索空间中没有质量和体积的粒子，每个粒子以一定的速度在解空间运动，并向自身历史最佳位置 p_{best} 和邻域历史最佳位置 g_{best} 聚集，实现对候选解的进化。粒子群算法具有很好的生物社会背景而易于理解，由于参数少而容易实现，对非线性、多峰问题均具有较强的全局搜索能力，在科学研究与工程实践中得到了广泛关注。目前，该算法已广泛应用于函数优化、神经网络训练、模式分类、模糊控制等领域。

1.4.2　粒子群算法原理

1. 粒子群算法思想

　　自然界中许多生物体都具有群聚生存、活动行为，以利于它们捕食及飞向栖息地。鸟类在飞行过程中是相互影响的，当一只鸟飞离鸟群而飞向栖息地时，将影响其他鸟也飞向栖息地。鸟类寻找栖息地的过程与对一个特定问题寻找解的过程相似。鸟的个体要与周围同类比较，模仿优秀个体的行为，因此要利用其解决优化问题，关键要处理好探索一个好解与利用一个好解之间的平衡关系，以解决优化问题的全局快速收敛问题。

　　这样就要求鸟的个体具有个性，鸟不互相碰撞，又要求鸟的个体要知道找到好解的其他鸟并向它们学习。这类似于人类的决策过程，决策中使用了两种重要的知识：一是自己的经验，二是他人的经验，从而提高决策的科学性。鸟类在捕食过程中，鸟群成员可以通过个体之间的信息交流与共享获得其他成员的发现与飞行经历。在食物源零星分布并且不可预测的条件下，这种协作机制所带来的优势是决定性的，远远大于对食物的竞争所引起的劣势。

　　粒子群算法源自鸟群捕食行为机制：一群鸟都在区域中随机搜索食物，所有鸟都知道自己当前位置离食物多远，那么搜索的最简单有效的策略就是搜寻目前离食物最近的鸟的周围区域。粒子群算法受鸟类捕食行为的启发并对这种行为进行模仿，将优化问题的搜索空间类比于鸟类的飞行空间，将每只鸟抽象为一个粒子，粒子无质量、无体积，用以表征问题的一个可行解，优化问题所要搜索到的最优解则等同于鸟类寻找的食物源。粒子群算法为每个粒子制定了与鸟类运动类似的简单行为规则，使整个粒子群的运动表现出与鸟类捕食相似的特性，从而可以求解复杂的优化问题。

　　粒子群算法的信息共享机制可以解释为一种共生合作的行为，即每个粒子都在不停地进行搜索，并且其搜索行为在不同程度上受到群体中其他个体的影响，同时这些粒子还具备对所经历最佳位置的记忆能力，即其搜索行为在受其他个体影响的同时还受到自身经验的引导。基于独特的搜索机制，粒子群算法首先生成初始种群，即在可行解空间和速度空间随机初始化粒子的速度与位置，其中粒子的位置用于表征问题的可行解，然后通过种群间粒子个体的合作与竞争来求解优化问题。

2. 粒子群算法模型

　　在粒子群算法中，每个优化问题的潜在解都是搜索空间中的一只鸟，称之为粒子。所有的粒子都有一个由被优化的函数决定的适值，每个粒子还有一个速度决定它们飞翔的方向和距离。粒子们追随当前的最优粒子和依据自己的状态在解空间中搜索。

粒子群算法首先在给定的解空间中随机初始化粒子群，待优化问题的变量数决定了解空间的维数。每个粒子有了初始位置与初始速度，然后通过迭代寻优。在每一次迭代中，每个粒子通过跟踪两个"极值"来更新自己在解空间中的空间位置与飞行速度：一个极值就是单个粒子本身在迭代过程中找到的最优解（即最优位置）粒子，这个粒子叫作个体极值；另一个极值是种群所有粒子在迭代过程中所找到的最优解粒子，这个粒子是全局极值。上述的方法叫作全局粒子群算法。如果不用种群所有粒子而只用其中一部分作为该粒子的邻居粒子，那么在所有邻居粒子中的极值就是局部极值，该方法称为局部粒子群算法。

1）标准粒子群算法模型

假设在一个 D 维的目标搜索空间中，有 N 个粒子组成一个群落（即粒子群规模），其中第 i 个粒子表示为一个 D 维的向量：

$$X_i = (x_{i1},\ x_{i2},\ \cdots,\ x_{iD}),\ i = 1,\ 2,\ \cdots,\ N$$

第 i 个粒子的"飞行"速度也是一个 D 维的向量，记为：

$$V_i = (v_{i1},\ v_{i2},\ \cdots,\ v_{iD}),\ i = 1,\ 2,\ \cdots,\ N$$

第 i 个粒子迄今为止搜索到的最优位置称为个体极值，记为：

$$p_{best} = (p_{i1},\ p_{i2},\ \cdots,\ p_{iD}),\ i = 1,\ 2,\ \cdots,\ N$$

整个粒子迄今为止搜索到的最优位置称为全局极值，记为：

$$g_{best} = (g_1,\ g_2,\ \cdots,\ g_D)$$

在找到两个最优值时，粒子根据如下公式来更新自己的速度和位置：

$$v_{ij}(t+1) = v_{ij}(t) + c_1 r_1(t)[p_{ij}(t) - x_{ij}(t)] + c_2 r_2(t)[p_{gj}(t) - x_{ij}(t)] \quad (1.4\text{-}1)$$

$$x_{ij}(t+1) = x_{ij}(t) + v_{ij}(t+1) \quad (1.4\text{-}2)$$

其中：c_1 和 c_2 为学习因子，也称加速常数；r_1 和 r_2 为 $[0,\ 1]$ 范围内的均匀随机数；v_{ij} 是粒子的速度，$v_{ij} \in [-v_{max},\ +v_{max}]$，$v_{max}$ 是常数，由用户设定来限制粒子的速度。r_1 和 r_2 是介于 0 和 1 之间的随机数，增加了粒子飞行的随机性。式（1.4-1）右边由三部分组成：第一部分为"惯性"或"动量"部分，反映了粒子的运动"习惯"，代表粒子有维持自己先前速度的趋势；第二部分为"认知"部分，反映了粒子对自身历史经验的记忆或回忆，代表粒子有向自身历史最佳位置逼近的趋势；第三部分为"社会"部分，反映了粒子间协同合作与知识共享的群体历史经验，代表粒子有向群体或邻域历史最佳位置逼近的趋势。

引入研究粒子群算法经常用到的两个概念：一是"探索"，指粒子在一定程度上离开原先的搜索轨迹，向新的方向进行搜索，体现了一种向未知区域开拓的能力，类似于全局搜索；二是"开发"，指粒子在一定程度上继续在原先的搜索轨迹上进行更细一步的搜索，主要指对探索过程中所搜索到的区域进行更进一步的搜索。探索是偏离原来的寻优轨迹去寻找一个更好的解，探索能力是一个算法的全局搜索能力。开发是利用一个好的解，继续原来的寻优轨迹去搜索更好的解，它是算法的局部搜索能力。如何确定局部搜索能力和全局搜索能力的比例，对一个问题的求解过程很重要。1998 年，Shi Yuhui 等提出了带有惯性权重的改进粒子群算法，由于该算法能够保证较好的收敛效果，所以被默认为标准粒子群算法。引入惯性权重参数后，公式（1.4-1）变为：

$$v_{ij}(t+1) = wv_{ij}(t) + c_1 r_1(t)[p_{ij}(t) - x_{ij}(t)] + c_2 r_2(t)[p_{gj}(t) - x_{ij}(t)] \quad (1.4\text{-}3)$$

在式（1.4-3）中，等号右边第一部分表示粒子先前的速度，用于保证算法的全局收敛性能；第二部分、第三部分则使算法具有局部收敛能力。可以看出，式（1.4-3）中惯性权重 w 表示在多大程度上保留原来的速度：w 较大，则全局收敛能力较强，局部收敛能力较弱；w 较小，则局部收敛能力较强，全局收敛能力较弱。

当 $w=1$ 时，式（1.4-3）与式（1.4-1）完全一样，表明带惯性权重的粒子群算法是基本粒子群算法的扩展。实验结果表明：w 在 $0.8\sim1.2$ 之间时，粒子群算法有更快的收敛速度；而当 $w>1.2$ 时，算法则容易陷入局部极值。

另外，在搜索过程中可以对 w 进行动态调整：在算法开始时，可给 w 赋予较大正值，随着搜索的进行，可以线性地使 w 逐渐减小，这样可以保证在算法开始时，各粒子能够以较大的速度步长在全局范围内探测到较好的区域；而在搜索后期，较小的 w 值则保证粒子能够在极值点周围作精细的搜索，从而使算法有较大的概率向全局最优解位置收敛。对 w 进行调整，可以权衡全局搜索和局部搜索能力。目前，采用较多的动态惯性权重值是 Shi 提出的线性递减权值策略，其表达式如下：

$$w = w_{max} - \frac{(w_{max} - w_{min})t}{T_{max}} \quad (1.4\text{-}4)$$

式中：T_{max} 表示最大进化代数；w_{min} 表示最小惯性权重；w_{max} 表示最大惯性权重；t 表示当前迭代次数。在大多数的应用中，$w_{max}=0.9$，$w_{min}=0.4$。

例 1.4-1： 求解 5 维的 Rosenbrock 函数的无约束优化问题。

$$\begin{cases} \min f(x) = \sum_{i=1}^{4} [100(x_{i+1} - x_i^2)^2 + (x_i - 1)^2] \\ \text{s. t. } x \in [-30, 30]^5 \end{cases}$$

解：

Rosenbrock 是一个著名的测试函数，也叫香蕉函数，其特点是该函数虽然是单峰函数，在 $[-30, 30]^5$ 上只有一个全局极小点，但它在全局极小点临近的狭长区域内取值变化极为缓慢，常用于评价算法的搜索性能。

算法设计：

➢ 编码：因为问题的维数为 5，所以每个粒子为 5 维的实数向量，即每一迭代的粒子位置 $X_i(t) = x_{ij}(t) = x_{i1}(t), x_{i2}(t), \cdots, x_{iD}(t)$。

➢ 初始化范围：根据问题要求，决策变量 $x \in [-30, 30]^5$，可以将最大速度设定为 $V_{max} = 60$。

➢ 粒子群规模：每一轮迭代的粒子个数，为了说明方便，这里采用一个较小的粒子群规模，$N=5$。

➢ 停止准则：设定为最大迭代次数 100 次。

➢ 惯性权重：采用固定惯性权重 $w=0.5$。

➢ 邻域拓扑结构：使用星形拓扑结构，即全局版本的粒子群算法。

一次迭代后的结果：

$X_1(1) = (2.4265985, 29.665405, 18.387815, 29.660393, -39.97371)$

$X_2(1) = (22.56745, -3.999012, -19.23571, -16.373426, -45.417023)$

$X_3(1) = (30.34029, -4.6773186, 5.7844763, 5.4156475, -43.92349)$

$X_4(1)=(2.7943296，19.942758，-24.861498，16.060974，-57.757202)$

$X_5(1)=(27.509708，28.379063，13.016331，11.539068，-53.676777)$

从上面的数据可以看到，粒子有的维度跑出了要求范围$[-30，30]^5$。这种情况下，可以不用强行将粒子重新拉回到要求的空间，即使初始化空间也是粒子的约束空间。因为，即使粒子跑出初始化空间，随着迭代的进行，如果在初始化空间内有更好的解存在，那么粒子也可以自行返回到初始化空间。有研究表明，即使将初始化空间不设定为问题的约束空间，即问题的最优解不在初始化空间内，粒子也可能找到最优解。与此同时，也可像有的研究一样，考虑超出范围的粒子映射返回等机制来加速将其拉回到要求空间。

经过粒子群算法的多次迭代运行，可得到图 1.4-1 所示的规律。显示经过 90 多次迭代后，将获得稳定的最优解。

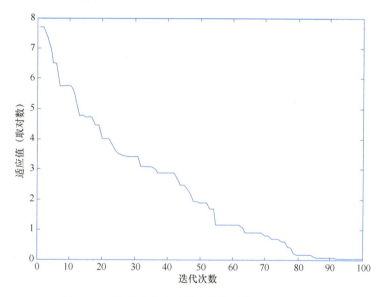

图 1.4-1　粒子群算法迭代次数与适值之间的关系图

2）二进制粒子群算法模型

标准的粒子群算法是在连续域中搜索函数极值的有力工具。继标准粒子群算法之后，Kennedy 和 Eberhart 又提出了一种离散二进制版的粒子群算法。在此离散粒子群算法中，将离散问题空间映射到连续粒子运动空间，并适当修改粒子群算法来求解，在计算上仍保留经典粒子群算法速度-位置更新运算规则。粒子在状态空间的取值和变化只限于 0 和 1 两个值，而速度的每一维 v_{ij} 代表位置每一维 x_{ij} 取值为 1 的可能性。因此，在连续粒子群中的 v_{ij} 更新公式依然保持不变，但是 p_{best} 和 g_{best} 只在 $[0，1]$ 内取值。其位置更新公式表示如下：

$$s(v_{ij}) = \frac{1}{1+\exp(-v_{ij})} \tag{1.4-5}$$

$$x_{ij} = \begin{cases} 1，& r < s(v_{ij}) \\ 0，& \text{其他} \end{cases} \tag{1.4-6}$$

式中：r 是从 $U(0，1)$ 分布中产生的随机数。

与标准粒子群算法不同，二进制粒子群算法中每个粒子的位置和速度都是由二进制编码表示的。这种编码方式可以减小存储空间和计算复杂度，同时也使得算法更加容易应用于离散问题。二进制粒子群算法的优点在于其适用于各种类型的优化问题，特别是那些需要考虑离散因素的问题。同时，由于其简单的编码方式和高效的搜索机制，二进制粒子群算法也被广泛应用于图像处理、机器学习和信号处理等领域。总的来说，二进制粒子群算法是一种非常有前景的优化算法，它不仅能够提高问题的求解效率和精度，还能够帮助人们更好地理解和掌握群体智能的本质。

1.4.3　粒子群算法流程

1. 算法流程

粒子群算法基于"种群"和"进化"的概念，通过个体间的协作与竞争，实现复杂空间最优解的搜索，其流程如下：

（1）初始化粒子群，包括群体规模 N，每个粒子的位置 x_i 和速度 v_i，设置有关学习因子和惯性权重等参数。

（2）计算每个粒子的适值 $fit[i]$。

（3）对每个粒子，用它的适值 $fit[i]$ 和个体极值 $p_{\text{best}}(i)$ 比较。如果 $fit[i] < p_{\text{best}}(i)$，则用 $fit[i]$ 替换掉 $p_{\text{best}}(i)$。

（4）对每个粒子，用它的适值 $fit[i]$ 和全局极值 g_{best} 比较。如果 $fit[i] < g_{\text{best}}$，则用 $fit[i]$ 替换掉 g_{best}。

（5）迭代更新粒子的位置 x_i 和速度 v_i。

（6）进行边界条件处理。

（7）判断算法终止条件是否满足：若是，则结束算法并输出优化结果；否则返回步骤（2）。

粒子群算法的流程如图 1.4-2 所示。

2. 主要参数说明

在粒子群算法中，控制参数的选择能够影响算法的性能和效率；如何选择合适的控制参数使算法性能最佳，是一个复杂的优化问题。

1）粒子种群规模 N

粒子种群大小的选择视具体问题而定，但是一般设置粒子数为 $20 \sim 50$。对于大部分的问题 10 个粒子，已经可以取得很好的结果；不过对于比较难的问题或者特定类型的问题，粒子的数量可以取到 100 或 200 个。另外，粒子数目越大，算法搜索的空间范围就越大，也就更容易发现全局最优解；当然，算法运行的时间也越长。

2）惯性权重 w

惯性权重 w 是标准粒子群算法中非常重要的控制参数，可以用来控制算法的开发和探索能力。惯性权

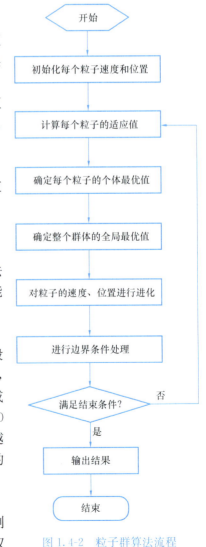

图 1.4-2　粒子群算法流程

重的大小表示了对粒子当前速度继承的多少。当惯性权重值较大时，全局寻优能力较强，局部寻优能力较弱；当惯性权重值较小时，全局寻优能力较弱，局部寻优能力较强。惯性权重的选择通常有固定权重和时变权重。固定权重就是选择常数作为惯性权重值，在进化过程中其值保持不变，一般取值为 $[0.8, 1.2]$；时变权重则是设定某一变化区间，在进化过程中按照某种方式逐步减小惯性权重。时变权重的选择包括变化范围和递减率。固定的惯性权重可以使粒子保持相同的探索和开发能力，而时变权重可以使粒子在进化的不同阶段拥有不同的探索和开发能力。

3）加速常数 c_1 和 c_2

加速常数 c_1 和 c_2 分别调节向 p_{best} 和 g_{best} 方向飞行的最大步长，它们分别决定粒子个体经验和群体经验对粒子运行轨迹的影响，反映粒子群之间的信息交流。如果 $c_1 = c_2 = 0$，则粒子将以当前的飞行速度飞到边界。此时，粒子仅能搜索有限的区域，所以难以找到最优解。如果 $c_1 = 0$，则为"社会"模型，粒子缺乏认知能力，而只有群体经验，它的收敛速度较快，但容易陷入局部最优；如果 $c_2 = 0$，则为"认知"模型，没有社会的共享信息，个体之间没有信息的交互，所以找到最优解的概率较小，一个规模为 D 的群体等价于运行了 N 个各行其是的粒子。因此一般设置 $c_1 = c_2$，通常可以取 $c_1 = c_2 = 1.5$，这样个体经验和群体经验就有了同样重要的影响力，使得最后的最优解更精确。

4）粒子的最大速度 v_{max}

粒子的速度在空间中的每一维上都有一个最大速度限制值 v_{max}，用来对粒子的速度进行钳制，使速度控制在范围 $[-v_{max}, +v_{max}]$ 内，这决定问题空间搜索的力度，该值一般由用户自己设定。v_{max} 是一个非常重要的参数，如果该值太大，则粒子们也许会飞过优秀区域；而如果该值太小，则粒子们可能无法对局部最优区域以外的区域进行充分的探测。它们可能会陷入局部最优，无法移动足够远的距离而跳出局部最优，达到空间中更佳的位置。研究者指出，设定 v_{max} 和调整惯性权重的作用是等效的，所以 v_{max} 一般用于对种群的初始化进行设定，即将 v_{max} 设定为每维变量的变化范围，而不再对最大速度进行细致的选择和调节。

5）停止准则

最大迭代次数、计算精度或最优解的最大停滞步数 Δt（或可以接受的满意解），通常认为是停止准则，即算法的终止条件。根据具体的优化问题，停止准则的设定需同时兼顾算法的求解时间、优化质量和搜索效率等多方面性能。

6）边界条件

当某一维或若干维的位置或速度超过设定值时，采用边界条件处理策略可将粒子的位置限制在可行搜索空间内，这样能避免种群的膨胀与发散，也能避免粒子大范围地盲目搜索，从而提高了搜索效率。具体的方法有很多种，比如通过设置最大位置限制 x_{max} 和最大速度限制 v_{max}，当超过最大位置或最大速度时，在范围内随机产生一个数值代替，或者将其设置为最大值，即边界吸收。

1.4.4 粒子群算法特点

粒子群算法本质上是一种随机搜索算法，它是一种新兴的智能优化技术。该算法能以较大概率收敛于全局最优解。实践证明，它适合在动态、多目标优化环境中寻优，与传统优化算法相比，具有较快的计算速度和更好的全局搜索能力。

（1）粒子群算法是基于群智能理论的优化算法，通过群体中粒子间的合作与竞争产生的群体智能指导优化搜索。与其他算法相比，粒子群算法是一种高效的并行搜索算法。

（2）粒子群算法与遗传算法都是随机初始化种群，使用适值来评价个体的优劣程度和进行一定的随机搜索。但粒子群算法根据自己的速度来决定搜索，没有遗传算法的交叉与变异。与进化算法相比，粒子群算法保留了基于种群的全局搜索策略，但是其采用的速度一位移模型操作简单，避免了复杂的遗传操作。

（3）由于每个粒子在算法结束时仍保持其个体极值，即粒子群算法除了可以找到问题的最优解外，还会得到若干较好的次优解，因此将粒子群算法用于调度和决策问题可以给出多种有意义的方案。

（4）粒子群算法特有的记忆使其可以动态地跟踪当前搜索情况并调整其搜索策略。另外，粒子群算法对种群的大小不敏感，即使种群数目下降时，性能下降也不是很大。

微视频1-2 粒子群算法动画解析

1.4.5 粒子群算法应用

1. 问题描述

建设工程项目资源限制下的工序调度优化问题：图1.4-3所示为一项目的单代号网络计划图（考虑资源限制条件），该项目包含25个工序和2个虚拟工序，使用3类可再调配资源（如设备或人员），而每类资源的数量是6。每个工序的工期显示在网络计划图的相应工序之上。每个工序需要的2种或3种资源的数量分别显示在网络计划图的相应工序之下。注意到工序20和25使用2类资源，而其他的工序使用3类资源。希望求解以最小项目工期为目标的项目最优工序调度计划。

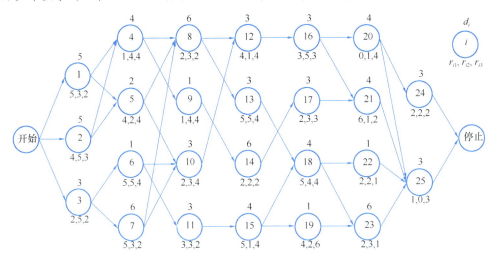

图1.4-3 某项目的单代号网络计划图（考虑资源限制条件）

2. 数学模型构建

资源限制下的工序调度（Resource-Constrained Project Scheduling，RCPS）优化问题，以项目工期或项目成本最小化以及项目绩效或资源利用率最大化为目标，是项目管理中一种常见的优化决策问题。典型的RCPS优化问题一般是以项目工期最小化为目标，假设资源在服务于当前工序后可再分配使用（Recoverable），每个工序启动后不能被中断（No Preemptive）。以单代号网络计划图为基础，那么典型的 RCPS 优化问题的数学模型为：

$$\begin{cases} \min\{\max F_i \mid 1 = 1, 2, \cdots, D\} \\ \text{s. t. } F_j \leqslant F_i - d_i, \ \forall j \in P_i; \ i = 1, 2, \cdots, D \\ \qquad \sum_{A_t} r_{ik} \leqslant R_k, \ k = 1, 2, \cdots, K; \ t = S_1, S_2, \cdots, S_D \end{cases} \tag{1.4-7}$$

其中：D 代表项目的工序（活动）数量，F_i 代表工序 i 的结束时间，d_i 代表工序 i 的工期，P_i 代表工序 i 的紧前工序集，P_k 代表类型 k 的资源数量，K 是资源种类数，r_{ik} 代表工序 i 需要的类型 k 的资源数量，A_t 代表 t 时间正在运行的工序集。上述数学模型的第一个等式是项目工期最小化的目标函数，下面两个分别为逻辑关系满足（紧前关系）和资源限制的约束方程。

3. 利用粒子群算法求解

为了利用粒子群算法求解上述数学模型，首先需要针对 RCPS 优化问题的决策变量绩效编码和解码。

1）粒子群编码和解码

针对工序调度计划（即决策变量）的粒子群位置表达，即编码，有两种形式：① 基于优先值排列的粒子群表达形式；② 基于工序号排列的粒子群表达形式。如果采用优先值排列形式，每个粒子的维度为工序个数，每个粒子的位置 $X_i = (x_{i1}, x_{i2}, \cdots, x_{iD})$ 中每一维度（x_{ij}）代表一个工序的启动优先值，而所代表的工序的地址或维度不变。优先值 x_{ij} 是一连续实数，可限定在一定范围，如 $[0, 1]$ 或 $[0, 10]$，其值越大的 x_{ij}，则工序 j 将越先被启动，同是还需要满足资源限制约束。

所以，在将粒子群位置 X_i 转变为工序调度计划，即解码时，需要按照各维度（工序）的优先值 x_{ij} 大小来选择启动的工序，同时还要考虑工序逻辑关系和资源限制约束条件，从而产生工序调度计划。按照粒子群算法流程实施过程，每一轮运算的粒子群位置或决策变量的适值（项目工期）的计算，都要进行解码生成可行的（满足逻辑关系和资源限制约束）工序调度计划才能实现。

图 1.4-4 所示是一个简单的单代号网络计划图，其每个工序的工期标识在工序的上面，而所需要的资源数量显示在其工序的下面。项目只有一类资源，该资源的数量为 4。如果采用粒子群算法求解该以项目工期最小为目标的最优工序调度计划，每个粒子的维度

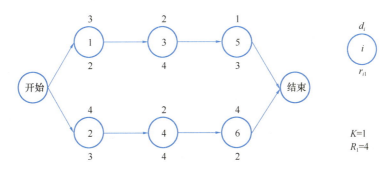

图 1.4-4 一个简单的单代号网络计划图（考虑资源限制条件）

应该等于项目的工序个数，即 6。假设某个迭代 t 的粒子位置为 $X_i(t) = (0.58, 0.65, 0.33, 0.77, 0.09, 0.39)$，其代表 6 个工序的优先启动值。首先，将该优先值通过解码生成可行的（满足逻辑关系和资源限制约束）工序调度即资源分配计划，如图 1.4-5 所示。

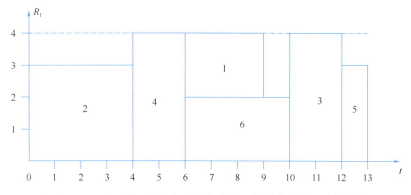

图 1.4-5   由粒子群优先值解码生成的工序调度和资源分配计划

如果采用工序号排列形式，每个粒子的维度同样为工序个数，但是每个粒子的位置 $X_i = (x_{i1}, x_{i2}, \cdots, x_{iD})$ 中每一维度（x_{ij}）的地址就是代表 x_{ij} 值表示的工序启动的顺序。这里 x_{ij} 是整数，代表工序的标号。粒子群算法运行过程中，x_{ij} 其实是实数，因此需要按照四舍五入原则转换为整数。取整后，需要避免 2 个或以上维度出现相同的工序号码。在计算适值（项目工期）时，首先要在同时满足逻辑关系和资源限制约束条件下产生可行的工序调度计划。

本案例采用优先值排列形式的粒子群编码。

2）粒子群算法运算

学习因子 c_1 和 c_2 都取值 2，惯性权重 w 取值 1。运算结束信号：稳定输出 g_{best} 的最大迭代数取值 40，而最大的迭代数取值 400。

图 1.4-6 显示了通过粒子群算法获得的该项目的最优工序调度计划。除了显示获得的每个工序的启动顺序、启动和结束时间以外，上中下三个图还分别显示了 3 类资源对应在每个工序的需求量。

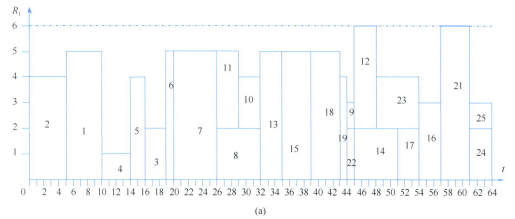

(a)

图 1.4-6   结合资源分配的项目计划（工序启动和结束时间）图（一）

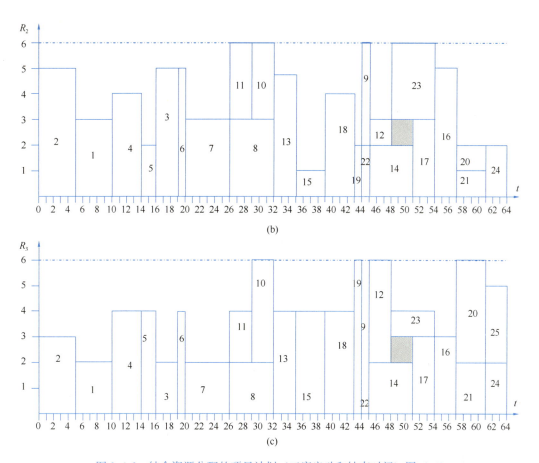

图 1.4-6　结合资源分配的项目计划（工序启动和结束时间）图（二）

　　这里工序 20 需要资源 1 的数量为 0，工序 25 需要资源 2 的数量为 0，如图 1.4-3 所示。图 1.4-6 显示的是所获得进度计划的每个工序分别需要的 3 类资源数量分配。于是，针对资源 1 的分配（图 1.4-6a）没有显示工序 20，而针对资源 2 的分配（图 1.4-6b）没有显示工序 25。

思考与练习题

　　1. 在粒子群算法中，粒子的位置向量的长度对应问题的（　　）。

A. 一个有效解　　　　　　　　　B. 一组有效解

C. 解的规模　　　　　　　　　　D. 解的维数

　　2. 在粒子群算法的迭代过程中，当群体半径接近于零时，说明（　　）。

A. 达到结束条件　　　　　　　　B. 达到最大迭代次数

C. 算法不收敛　　　　　　　　　D. 找到了最优解

　　3. 在标准的粒子群算法中，如果一个粒子在该次迭代中得到的最优解对已经找到的全局最优解有所改善，那么在下一次迭代中，该粒子（　　）。

A. 拓扑结构不会发生改变　　　　B. 重新构造随机邻域的拓扑结构

C. 保持这种拓扑结构的概率变大　　D. 在保持和重新构造两者之中随机选择

4. 在每一次迭代中，当所有粒子都完成速度和位置的更新之后才对粒子进行评估，更新各自的 p_{best}，再选 p_{best} 作为新的 g_{best}，则本次迭代中所有粒子（　　）。

A. 都采用相同的 g_{best}

B. 都采用不同的 g_{best}

C. 可能采用相同的 g_{best}，也可能采用不同的 g_{best}

D. 采用相同的 g_{best} 的概率很大

5. 粒子群算法的思想来源是把（　　）与人类的社会认知特性相结合。粒子群算法在迭代过程中维护两个向量，一个是速度向量，另一个是（　　）。初始化时个体的历史最优位置 p_{best} 可以设为（　　）。

6. 分析解释粒子群算法的基本思想、主要特点和实施步骤。

7. 比较分析粒子群算法与蚁群算法和遗传算法的相同点与不同点。

8. 求出函数 $f(x) = \sum_{i=1}^{n} x_i^2 (-20 \leqslant x_i \leqslant 20, n = 10)$ 最小化的 x_i 值。

9. 装箱问题（Bin Packing）：尺寸为 1 的箱子有若干个，希望用最少量的箱子装下 n 个尺寸不超过 1 的物品，物品集合为 $\{a_1, a_2, \cdots, a_n\}$，该组合优化问题的数学模型如下，试用粒子群算法求解该组合优化问题。

$$\min B$$

$$\text{s. t.} \quad \sum_{b=1}^{B} x_{ib} = 1, \; i = 1, 2, \cdots, n$$

$$\sum_{i=1}^{n} a_i x_i \leqslant 1, \; b = 1, 2, \cdots, B$$

$$x_{ib} \in \{0, 1\}, \; i = 1, 2, \cdots, n; b = 1, 2, \cdots, B$$

其中，B 表示装下全部物品需要的箱子数量

$$x_{ib} = \begin{cases} 1, \text{第 } i \text{ 个物品装在第 } b \text{ 个箱子} \\ 0, \text{第 } i \text{ 个物品不装在第 } b \text{ 个箱子} \end{cases}$$

1.5　模拟退火算法

模拟退火算法是一种通用的全局优化算法，因此获得了广泛的工程应用，如生产调度、控制工程、机器学习、神经网络、图像处理、模式识别及超大规模集成电路等领域。它最早是为解决组合优化而提出的，它模仿了金属材料高温退火液体结晶的过程。

1.5.1　模拟退火算法概述

模拟退火（Simulated Annealing，SA）算法最早是由 Metropolis 在 1953 年提出的，而在 1983 年由 Kirkpatrick 等成功地引入到了组合优化领域并且目前已经在工程当中得到了广泛的应用。模拟退火法的出发点是基于物理中固体物质的退火过程与一般组合优化问题之间的相似性。其目的在于为具有 NP（Non-deterministic Polynomial）复杂性的问题

提供有效的近似求解算法，它克服了其他优化过程容易陷入局部极小的缺陷和对初值的依赖性。

模拟退火算法的思想来源于冶金当中的退火过程，是对于固体退火降温过程的模拟。退火过程就是将材料加热后再让其慢慢地冷却，它的目的是增大晶体的体积，减小晶体的缺陷。而在加热固体的过程中使其原子的热运动加强，内能增大，随着热量的不断增加，原子会离开原来的位置而随机在其他的位置中移动。冷却时，粒子运动速率较慢，慢慢到达平衡，最后到达常温下的基态，内能降低为最小状态。

模拟退火算法原理与金属冶炼退火的原理相似：可以将热力学的理论利用在统计运筹当中，将搜寻空间中的每一个点想象成空气内的分子；分子的能量即它的动能；搜寻空间内的每一点，也像空气分子一样带有能量，以表示该点对于命题的合适程度。算法以任意点作为起始；每一步先选择一个邻点，然后计算到达邻点的概率。可以说明，模拟退火算法所得解根据概率收敛到全局最优解。

模拟退火算法是一种能应用到求最小值问题的优化过程。在此过程中，每一步更新过程的长度都与相应的参数成正比，这些参数扮演着温度的角色。与金属退火原理相类似，在开始阶段为了更快地最小化，温度被升得很高，然后才慢慢降温以求稳定。模拟退火算法是一种通用的优化算法，是局部搜索算法的扩展。它不同于局部搜索算法之处是以一定的概率选择邻域中目标值大的劣质解。从理论上说，它是一种全局最优算法。模拟退火算法以优化问题的求解与物理系统退火过程的相似性为基础，优化的目标函数相当于金属的内能，优化问题的自变量组合状态空间相当于金属的内能状态空间，问题的求解过程就是找一个组合状态，使目标函数值最小。利用 Metropolis 算法并适当地控制温度的下降过程实现模拟退火，从而达到求解全局优化问题的目的。

目前，模拟退火算法无论是理论研究还是应用研究方面都获得了极大关注，特别是它的应用研究显得格外活跃，已在工程中得到了广泛应用，诸如生产调度、控制工程、机器学习、神经网络、模式识别、图像处理、离散/连续变量的结构优化问题等领域。模拟退火算法能有效地求解常规优化方法难以解决的组合优化问题和复杂函数优化问题，适用范围极广。

模拟退火算法具有十分强大的全局搜索性能，这是因为比起普通的优化搜索方法，它采用了许多独特的方法和技术：在模拟退火算法中，基本不用搜索空间的知识或者其他的辅助信息，而只是定义邻域结构，在其邻域结构内选取相邻解，再利用目标函数进行评估；模拟退火算法不是采用确定型规则，而是采用概率的变迁来指导它的搜索方向，它所采用的概率仅仅是作为一种工具来引导其搜索过程朝着更优化解的区域移动。因此，虽然看起来它是一种盲目的搜索方法，但实际上有着明确的搜索方向。

1.5.2　模拟退火算法原理

模拟退火算法以优化问题求解过程与物理退火过程之间的相似性为基础，优化的目标函数相当于金属的内能，优化问题的自变量组合状态空间相当于金属的内能状态空间，问题的求解过程就是找一个组合状态，使目标函数值最小。

1. 模拟退火算法思想

从当前的临近解空间中选择一个最优解作为当前解，找到一个最优解。一般的局部搜

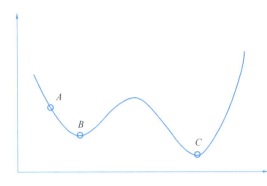

图 1.5-1　模拟退火算法思想示意图

索算法容易陷入一种局部最优解的状态，如图 1.5-1 所示，从当前解 A 很容易找到局部最优解 B 点，然后会停止搜索，因为在 B 点无论往哪个方向移动都不会得到比当前更优的解。

模拟退火算法的搜索过程引入了随机因素，它以一定的概率来接受一个比当前解要差的解，因此有可能会跳出这个局部的最优解，达到全局的最优解。以图 1.5-1 为例，模拟退火算法在搜索到局部最优解 B 后，会以一定的概率接收到向右的移动。也许经过几次这样的不是局部最优的移动后会到达 B 和 C 点之间的高峰，于是就跳出了局部最小值 B。

模拟退火算法的思想借鉴于固体的退火原理。当固体的温度很高的时候，内能比较大，固体的内部粒子处于快速无序运动状态，在温度慢慢降低的过程中，固体的内能减小，粒子慢慢趋于有序。最终，当固体处于常温时，内能达到最小。此时，粒子最为稳定。模拟退火算法便是基于这样的原理设计而成。

模拟退火算法从某一较高的温度出发，这个温度称为初始温度，伴随着温度参数的不断下降，算法中的解趋于稳定。但是，可能这样的稳定解是一个局部最优解，此时，模拟退火算法中会以一定的概率跳出这样的局部最优解，以寻找目标函数的全局最优解。

2. 模拟退火实现过程

模拟退火算法来源于固体退火原理，将固体加温至充分高，再让其徐徐冷却。加温时，固体内部粒子随温升变为无序状，内能增大；而徐徐冷却时粒子渐趋有序，在每个温度上都达到平衡态，最后在常温时达到基态，内能减为最小。模拟退火算法与固体退火过程的相似关系如表 1.5-1 所示。根据 Metropolis 准则，粒子在温度 T 时趋于平衡的概率为 $\exp(-\Delta E/T)$，其中 E 为温度 T 时的内能，ΔE 为其改变量。用固体退火模拟组合优化问题，将内能 E 模拟为目标函数值，温度 T 演化成控制参数，即得到解组合优化问题的模拟退火算法：由初始解 X_0 和控制参数初值 T 开始，对当前解重复"产生新解 → 计算目标函数差 → 接受或舍弃"的迭代，并逐步减小 T 值，算法终止时的当前解即为所得近似最优解，这是基于 Monte Carlo 迭代求解法的一种启发式随机搜索过程。退火过程由冷却进度表控制，包括控制参数的初值 T_0 及其衰减因子 K、每个 T 值时的迭代次数 L 和停止条件。

模拟退火算法与固体退火过程的相似关系　　　　　　　　　　　　表 1.5-1

物理退火	模拟退火	物理退火	模拟退火
粒子状态	解	等温过程	Metropolis 采样过程
能量最低态	最优解	冷却	控制参数的下降
熔解过程	设定初温	能量	目标函数

具体来讲，模拟退火算法的基本原理描述如下：

确定初始的温度 T_0 与初始点 x_0，能够计算这一点的函数值 $E(x_0)$，即内能。

随机地生成一个 Δx，得到一个新的点 $x' = x + \Delta x$，计算新点的函数值 $E(x')$ 或内能，此时温度为 T，衰减因子为 K。

若 $\Delta E \leqslant 0$，则接受新点，作为下一次模拟退火的初始点。

若 $\Delta E \geqslant 0$，则计算新点的接受概率：$p(\Delta E) = \exp\left(-\dfrac{\Delta E}{K \cdot T}\right)$，产生 $[0, 1]$ 区间上均匀分布的伪随机函数 $r, r \in [0, 1]$。若 $p \leqslant r$ 则接受新点作为下一次模拟的初始点；否则仍取原来的点作为下一次的模拟退火的初始点。

由上，模拟退火算法以 1 的概率收敛到全局最优解，但渐进收敛到最优解需要经历无限多次的变化。对最优解任意的近似逼近，对于多数的组合优化问题都会导致比解空间规模大的变换数，从而导致了算法执行。

解决办法：以牺牲保证得到最优解为代价，在多项式的时间当中，逼近模拟退火算法的渐进收敛状态，返回一个近似的最优解。

3. 模拟退火算法模型

模拟退火算法的模型，也即模拟退火算法的实现形式，可以从以下几个方面来描述。

1）数学模型：包括解空间、目标函数和初始解三部分

解空间：就是所有可能解的集合。如果问题的所有可能的解都是可行解的话，那么解空间就定义为所有可能解的集合。

目标函数：它是对优化问题所要达到的目标的一个数学的量化描述，是解空间到某个数集的一个映射，通常情况下表示为若干个优化目标的一个和式。目标函数应该能够正确体现优化问题对整体优化的要求，并且比较容易计算。同时，当解空间包含不可行解时，目标函数中还要包括罚函数项。

初始解：它是算法迭代开始的起点。部分局部搜索算法所求得的最终解的质量很大程度上取决于初始解的选取，这样在不知道最终优化解的情况下无法有目的地选择初始解，也不能保证算法有良好的表现。

2）邻域的产生与新解的接受机制

邻域的产生：按某种随机机制由当前解产生一个新解，通常通过简单变化（如对部分元素的置换、互换或反演等）产生，可能产生的新解构成当前解的邻域。连续变量存在着无数个状态，邻域的产生方法应该保证算法的迭代能达到变量的所有取值，且在产生新解时没有倾向性；对离散变量而言，设 X 为离散变量的取值序列，m 为当前变量的取值位置，即 $X_k = X(m)$，则在当前离散位置的基础上随机产生一个位置的增值 m^*，令 $X_{k+1} = X(m + m^*)$。

新解的接受机制：根据产生的新解计算新解伴随的目标函数差，一般可由变化的改变部分直接求得；根据接受准则，即新解更优，或恶化但满足 Metropolis 准则，判断是否接受新解，对有不可行解而限定了解空间仅包含可行解的问题，还要判断新解是否具有可行性；最后，如果新解满足接受准则，则进行当前解和目标函数值的迭代，否则舍弃新解。

3）冷却进度表

冷却进度表是一组控制算法进程的参数，其中包括的参数有初始温度 T_0、温度衰减系数、Markov 链长度和终止温度 T_f。冷却效果好一般要求初始温度 T_0 充分大，且温度衰

减足够慢即温度衰减系数足够小，同时 Markov 链的长度 L 足够大。终止温度 T_f 代表算法的停止准则。冷却进度表是模拟退火算法的重要支柱，对于算法的性能有着非同寻常的作用。

1.5.3　模拟退火算法流程

1. 算法流程

模拟退火算法新解的产生和接受可分为如下三个步骤：

（1）由一个产生函数从当前解产生一个位于解空间的新解；为便于后续的计算和接受，减少算法耗时，通常选择由当前解经过简单变换即可产生新解的方法。注意，产生新解的变换方法决定了当前新解的邻域结构，因而对冷却进度表的选取有一定的影响。

（2）判断新解是否被接受，判断的依据是一个接受准则，最常用的接受准则是 Metropolis 准则：若 $\Delta E < 0$，则接受 X' 作为新的当前解 X；否则，以概率 $\exp(-\Delta E/T)$ 接受 X' 作为新的当前解 X。

（3）当新解被确定接受时，用新解代替当前解，这只需将当前解中对应于产生新解时的变换部分予以实现，同时修正目标函数值即可。此时，当前解实现了一次迭代，可在此基础上开始下一轮试验。若当新解被判定为舍弃，则在原当前解的基础上继续下一轮试验。

模拟退火算法求得的解与初始解状态（算法迭代的起点）无关，具有渐近收敛性，已在理论上被证明是一种以概率 1 收敛于全局最优解的优化算法。模拟退火算法可以分解为解空间、目标函数和初始解三部分。该算法具体流程如下：

（1）初始化：设置初始温度 T_0（充分大）、初始解状态 X_0（是算法迭代的起点）、每个 T 值的迭代次数 L；

（2）对 $k = l, \cdots, L$ 进行第（3）至第（6）步；

（3）产生新解 X'；

（4）计算增量 $\Delta E = E(X') - E(X)$，其中 $E(X)$ 为评价函数；

（5）若 $\Delta E < 0$，则接受 X' 作为新的当前解，否则以概率 $\exp(-\Delta E/T)$ 接受 X' 作为新的当前解；

（6）如果满足终止条件，则输出当前解作为最优解，结束程序；

（7）T 逐渐减小，且 $T \rightarrow 0$，然后转第（2）步。

模拟退火算法的流程如图 1.5-2 所示。

2. 主要参数说明

冷却进度表是一组控制模拟退火算法的参数，它的合理选取是保证算法在可以接受的有限时间内返回问题的最优解的关键，也就是保证全局收敛性的效率的关键。

虽然模拟退火算法的渐近收敛性已经被证明，但这并不能保证冷却进度表都能够确保算法的收敛，不合理的冷却进度表会使算法在某些解之间来回波动却不能收敛于某一个近似的解。模拟退火算法的最终解的质量与其所需的时间是相互矛盾的，它不能确保在两全其美的短时间内得到最好的解。而最好的办法就是折中地将其利用，也就是能够在最合理的时间内尽量提高得到的最终解的质量。那么这就涉及冷却进度表所有参数的合理选取。

尽管模拟退火算法的优化性能好，且容易实现，但是为了得到最优解，该算法一般要

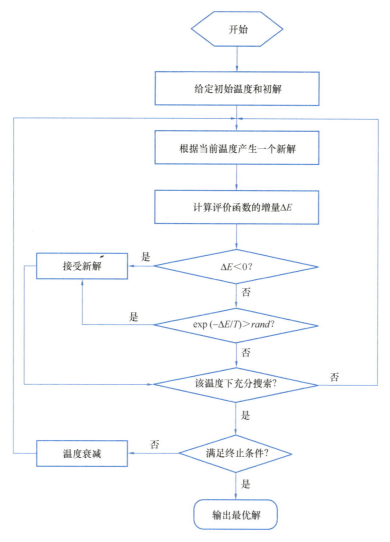

图 1.5-2 模拟退火算法流程

求较高的初温以及足够多次的抽样，这使算法的优化时间往往过长。新的状态产生函数、初温、退温函数、Markov 链长度和算法停止准则等，是影响模拟退火算法优化结果的关键参数。

1）状态产生函数

设计状态产生函数应该考虑到尽可能地保证所产生的候选解遍布全部解空间。一般情况下状态产生函数由两部分组成，即产生候选解的方式和产生候选解的概率分布。候选解的产生方式由问题的性质决定，通常在当前状态的邻域结构内以一定概率产生。

2）初温 T_0

初度 T_0 在算法中具有决定性的作用，它直接控制着退火的走向。由随机移动的接受准则可知：初温越大，获得高质量解的概率就越大，且 Metropolis 的接受率约为 1。然而，初温过高会使计算时间增加。为此，可以均匀抽样一组状态，以各状态目标值的方差为初温。Johnson 等建议通过计算若干次随机变换目标函数平均增量的方法来确定 T_0。

的值。

$$T_0 = \frac{\overline{\Delta E}}{\ln (x_0^{-1})}$$

其中，$\overline{\Delta E}$ 为上述平均增量，x_0 为初始接受率，一般取 $0.8 \sim 1$ 之间的数。

3）退温函数（温度衰减函数）

退温函数即温度更新或衰减函数，用于在外循环中修改温度值。目前，最常用的温度更新函数为指数退温函数，即 $T(n+l) = K \times T(n)$，其中 $0 < K < 1$ 是一个非常接近于 1 的常数（温度衰减系数）。

4）Markov 链长度 L

Markov 链长度是在等温条件下进行优化的迭代次数，其选取原则是在衰减参数 T 的衰减函数已选定的前提下，L 应选得在控制参数的每一取值上都能恢复准平衡，一般 L 取 $100 \sim 1000$。固定长度：L 取为问题规模 n 的一个多项式函数。也用接受和拒绝的比率来控制 L：当温度很高时，L 应尽量小，随着温度的渐渐下降，L 逐步增大。

5）算法停止准则

算法停止准则用于决定算法何时结束。可以简单地设置温度终值 T_f，当 $T = T_f$ 时算法终止。然而，模拟退火算法的收敛性理论中要求 T_f 趋向于零，其实这难以完全实现。常用的停止准则：设置终止温度的阈值，设置迭代次数阈值，或者当搜索到的最优值连续保持不变时停止搜索。

例 1.5-1： 单目标规划问题：试用模拟退火算法求解下面的单目标规划问题。

$$\begin{cases} \max f(x) = \dfrac{x_1^2 \, x_2 \, x_3^2}{2 \, x_1^2 \, x_3^2 + 3 \, x_1^2 \, x_2^2 + 2 \, x_2^2 \, x_3^3 + x_1^3 \, x_2^2 \, x_3^2} \\ \text{s. t. } x_1^2 + x_2^2 + x_3^2 \geqslant 1 \\ \qquad x_1^2 + x_2^2 + x_3^2 \leqslant 4 \\ \qquad x_1 \geqslant 0 \\ \qquad x_2 \geqslant 0 \\ \qquad x_3 \geqslant 0 \end{cases}$$

解：

由给出约束条件可推知其解空间为：

$\Omega = \{(x_1, x_2, x_3), 0 \leqslant x_1 \leqslant 2, 0 \leqslant x_2 \leqslant 2, 0 \leqslant x_3 \leqslant 2\}$

设定参数如下：

初始温度 $T_0 = 100$。

Markov 链长度取 $L = 10000$，即停止准则为迭代 L 次。

得到最优解为 $x^* = (0.8599, 0.5293, 1.3248)$，目标值为 $f(x^*) = 0.1577$。

而已知目标函数最大值为 $f(x) = 0.1537$，可见利用模拟退火算法求得的近似最优解已接近已知最优解。

1.5.4　模拟退火算法特点

模拟退火算法适用范围广，求得全局最优解的可靠性高，算法简单，便于实现；该算法的搜索策略有利于避免搜索过程陷入局部最优解的缺陷，有利于提高求得全局最优解的可靠性。模拟退火算法具有十分强的鲁棒性，这是因为比起普通的优化搜索方法，它采用许多独特的方法和技术。主要有以下几个方面。

1. 以一定的概率接受恶化解

模拟退火算法在搜索策略上不仅引入了适当的随机因素，而且还引入了物理系统退火过程的自然机理。这种自然机理的引入，使模拟退火算法在迭代过程中不仅接受使目标函数值变"好"的点，而且还能够以一定的概率接受使目标函数值变"差"的点。迭代过程中出现的状态是随机产生的，并且不强求后一状态一定优于前一状态，接受概率随着温度的下降而逐渐减小。很多传统的优化算法往往是确定型的，从一个搜索点到另一个搜索点的转移有确定的转移方法和转移关系，这种确定型往往可能使得搜索点远达不到最优点，因而限制了算法的应用范围。而模拟退火算法以一种概率的方式来进行搜索，增加了搜索过程的灵活性。

2. 引进算法控制参数

引进类似于退火温度的算法控制参数，它将优化过程分成若干阶段，并决定各个阶段下随机状态的取舍标准，接受函数由 Metropolis 算法给出一个简单的数学模型。模拟退火算法有两个重要的步骤：一是在每个控制参数下，由前迭代点出发，产生邻近的随机状态，由控制参数确定的接受准则决定此新状态的取舍，并由此形成一定长度的随机 Markov 链；二是缓慢降低控制参数，提高接受准则，直至控制参数趋于零，状态链稳定于优化问题的最优状态，从而提高模拟退火算法全局最优解的可靠性。

3. 对目标函数要求少

传统搜索算法不仅需要利用目标函数值，而且往往需要目标函数的导数值等其他一些辅助信息才能确定搜索方向；当这些信息不存在时，算法就失效了。而模拟退火算法不需要其他的辅助信息，而只是定义邻域结构，在其邻域结构内选取相邻解，再用目标函数进行评估。

1.5.5 模拟退火算法应用

1. 问题描述

工程项目现场机器人巡查线路问题：机器人要从某个工程项目现场一工点出发，巡查 n 个工点并回到该出发点。令 $D = [d_{ij}]$ 为距离矩阵，且 d_{ij} 表示从工点 $i \rightarrow j$ 之间的距离，其中 $i, j = 1, 2, \cdots, n$。用模拟退火算法求解该机器人巡查最优路线问题，使得机器人的运行总代价（总距离）最短。

2. 采用模拟退火算法求解

模拟退火算法的相关设置如下。

1）解空间和初始解

解空间 $\Omega = \{(v_1, \cdots, v_n) \mid (v_1, \cdots, v_n)$ 为 $1, \cdots, n$ 的循环排列$\}$，其中 $(v_1, \cdots, v_n)$ 表示回路 $v_1 \rightarrow \cdots \rightarrow v_n \rightarrow v_1$；初始解不妨就设为 $(1, 2, \cdots, n)$。

2）目标函数

根据问题的描述，最后所需要的答案是确定某一条路径的长度。由问题中的已知 $n \times n$ 阶的距离矩阵，可以确定它的总长度为：

$$d = D[v_n, v_1] + \sum_{k=1}^{n} D[v_k, v_{k+1}]$$

3）邻域产生规则

模拟退火算法中邻域的产生规则也是非常重要的一环。当初始解产生后，通过怎样的规则来产生一个新的解，关系到整个算法是否能有效地进行并达到目的。对本问题来说，就是如何根据一条已有的路径产生出一条新路径，从而继续进行判断。一般来说，人们经常通过相邻城市换位、任意两城市互换位、单个城市移位、城市子序列移位、城市子排序反序或城市子排序反序并移位等方式来产生新的路径。这里采用比较常用的 2-opt 映射和 3-opt 映射来产生新路径的邻域产生策略。

2-opt 映射：随机选取两个顶点 p、q（不妨假设 $p < q$），将路径 $(v_p, \cdots, v_q)$ 反向，即

$$(v_1, \cdots, v_p, \cdots, v_q, \cdots, v_n) \rightarrow (v_1, \cdots, v_{p-1}, v_q, \cdots, v_p, v_{q+1}, \cdots, v_n)$$

3-opt 映射：随机选取顶点 $p < q < r$ 或 $r+1 < p < q$，将路径 $(v_p, \cdots, v_q)$ 插到 v 之后，即

$$(v_1, \cdots, v_p, \cdots, v_q, \cdots, v_r, \cdots, v_n) \rightarrow$$

$$(v_1, \cdots, v_{p-1}, v_{q+1}, \cdots, v_r, v_p, \cdots, v_q, v_{r+1}, \cdots, v_n)$$

或

$$(v_1, \cdots, v_r, \cdots, v_p, \cdots, v_q, \cdots, v_n) \rightarrow$$

$$(v_1, \cdots, v_r, v_p, \cdots, v_q, v_{r+1}, \cdots, v_{p-1}, v_{q+1}, \cdots, v_n)$$

相应地，对应于这两种映射的目标函数差分别为：

2-opt：$\Delta E = D[v_{p-1}, v_q] + D[v_p, v_{q+1}] - D[v_{p-1}, v_p] - D[v_q, v_{q+1}]$

3-opt：$\Delta E = D[v_{p-1}, v_{q+1}] + D(v_r, v_p) + D[v_q, v_{r+1}] - D[v_{p-1}, v_p] - D[v_q, v_{q+1}] - D[v_r, v_{r+1}]$

4）接受准则

按照模拟退火算法的原理，可以知道新路径被接受的规则为：

$$\Delta E < 0 \text{ 或 } e^{-\frac{\Delta E}{T}} > \text{random}(0, 1)$$

若满足条件，则接受新解，并将目标函数值更新为 $E + \Delta E$。

5）终止条件

达到预定温度和满足循环次数限制。

3. 实际应用

关注的该工程项目需要机器人从总部出发，依次到 28 个工点巡查，然后再回到总部。总部和 28 个工点的坐标值如表 1.5-2 所示，其中总部编号为 1。试采用前述方法求解机器人巡查总距离最短的巡查线路。

总部和 28 个工点的坐标值（m）   表 1.5-2

工点号码	1（总部）	2	3	4	5	6	7	8	9	10
X	1150	630	40	750	750	1030	1650	1490	790	710
Y	1760	1660	2090	1100	2030	2070	650	1630	2260	1310

续表

工点号码	11	12	13	14	15	16	17	18	19	20
X	840	1170	970	510	750	1280	230	460	1040	590
Y	550	2300	1340	700	960	1190	590	860	950	1390
工点号码	21	22	23	24	25	26	27	28	29	
X	830	490	1840	1260	1280	490	1460	1260	360	
Y	1770	500	1240	1500	790	2130	1240	1910	1980	

参数设定为：初始温度 $T_0 = 2000$，Markov 链长度取 $L = 1000$，衰减因子为 $K = 0.97$。根据前述的模拟退火算法可获得巡视总距离为 $m = 9077$ 如图 1.5-3 所示的最优机器人巡查路线：$1 \rightarrow 24 \rightarrow 16 \rightarrow 27 \rightarrow 8 \rightarrow 23 \rightarrow 7 \rightarrow 25 \rightarrow 19 \rightarrow 11 \rightarrow 22 \rightarrow 17 \rightarrow 14 \rightarrow 18 \rightarrow 15 \rightarrow 4 \rightarrow 13 \rightarrow 10 \rightarrow 20 \rightarrow 2 \rightarrow 21 \rightarrow 5 \rightarrow 29 \rightarrow 3 \rightarrow 26 \rightarrow 9 \rightarrow 12 \rightarrow 6 \rightarrow 28 \rightarrow 1$。

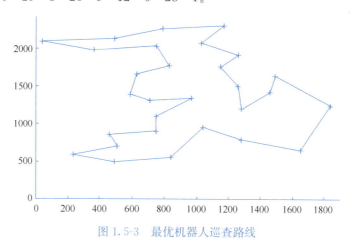

图 1.5-3　最优机器人巡查路线

以上应用问题类似于旅行商问题（Travelling Salesman Problem，TSP），属于一个典型的 NP 问题。旅行商问题主要描述的是一个旅行者或推销员以最小的成本走最短的路径却要通过所有给定的城市。可见，前述模拟退火算法可以应用来求解类似的其他优化问题，如旅行商线路问题。

思考与练习题

1. 模拟退火算法的外层循环是一个＿＿＿＿＿＿过程。内层循环是在给定的温度下，从当前解＿＿＿＿＿＿中随机找出一个新解，并按照 Metropolis 准则接受新解。

2. 模拟退火算法内层循环的迭代次数，用于决定在各温度下＿＿＿＿＿＿。

3. 根据 Metropolis 准则，在同一温度下，导致能量增加的增加量 $\Delta E = E(j) - E(i)$ 越大，接受的概率＿＿＿＿＿＿。

4. 模拟退火算法中，对扰动后得到的解评估是否替换时，将其与当前解进行比较并且根据计算接受概率。

5. 分析模拟退火算法的基本思想、主要特点和实施步骤。

6. 比较分析模拟退火算法与粒子群算法、蚁群算法和遗传算法的相同点与不同点。

7. 矩形原料板材长为 L，宽为 W，需要用其制作出 K 种矩形零件，零件长、宽和个数分别为 l_i、w_i 和 $N_i(1 \leqslant i \leqslant k)$，$N_i$ 是一个很大的数，零件在板材上可以被横放，也可以被竖放。假设原料的数量总是足够的，试求怎样安排下料，才能使原料的利用率最大或所用去的原料板材张数最少。使用列出下料优化问题的数学模型，并用模拟退火算法求解。

1.6 禁忌搜索算法

1.6.1 禁忌搜索算法概述

1. 禁忌搜索算法概念

禁忌搜索（Tabu Search 或 Taboo Search，TS）算法是由 Glover 早在 1986 年提出的，并在 1989 年和 1990 年对该方法作出了进一步的定义和发展。它的基本思想是通过对搜索历史的记录，使用一个禁忌表记录陷入局部最优解，在下一次搜索中利用禁忌表中的信息禁止重复选择局部极值点的搜索，以跳出局部最优点，以利于获得全局最优解。禁忌算法是从过去的搜索历史中总结经验、获取知识，避免"犯错误"。因此，TS 是一种智能优化算法。

所谓禁忌，就是禁止重复前面的操作。为了改进局部邻域搜索容易陷入局部最优点的不足，禁忌搜索算法引入一个禁忌表，记录下已经搜索过的局部最优点，在下一次搜索中，对禁忌表中的信息不再搜索或有选择地搜索，以此来跳出局部最优点，从而最终实现全局优化。禁忌搜索算法是对局部邻域搜索的一种扩展，是一种全局邻域搜索、逐步寻优的算法。

禁忌搜索算法是一种迭代搜索算法，它区别于其他现代启发式算法的显著特点，是利用记忆来引导算法的搜索过程；它是对人类智力过程的一种模拟，是人工智能的一种体现。禁忌搜索算法涉及邻域、禁忌表、禁忌长度、候选解、藐视准则等概念，在邻域搜索的基础上，通过禁忌准则来避免重复搜索，并通过藐视准则来赦免一些被禁忌的优良状态，进而保证多样化的有效搜索来最终实现全局优化。

2. 禁忌搜索算法思想

禁忌搜索是模拟人类思维的一种智能搜索算法，即人们对已搜索的地方不会再立即去搜索，而是去对其他地方进行搜索，若没有找到，可再搜索已去过的地方。禁忌搜索算法从一个初始可行解出发，选择一系列的特定搜索方向（或称为"移动"）作为试探，选择使目标函数值减小最多的移动。为了避免陷入局部最优解，禁忌搜索中采用了一种灵活的"记忆"技术，即对已经进行的优化过程进行记录，指导下一步的搜索方向，这就是禁忌表的建立。禁忌表中保存了最近若干次迭代过程中所实现的移动，凡是处于禁忌表中的移动，在当前迭代过程中是禁忌进行的，这样可以避免算法重新访问在最近若干次迭代过程中已经访问过的解，从而防止了循环，帮助算法摆脱局部最优解。另外，为了尽可能不错过产生最优解的"移动"，禁忌搜索还采用"特赦准则"的策略。

对一个初始解，在一种邻域范围内对其进行一系列变化，从而得到许多候选解。从这些候选解中选出最优候选解，将候选解对应的目标值与当前最优解进行比较。若其目标值优于当前最优解，就将该候选解解禁，用来替代当前最优解及其当前最优解状态，然后将其加入禁忌表，再将禁忌表中相应对象的禁忌长度改变；如果所有的候选解中所对应的目标值都不存在优于当前最优解状态，就从这些候选解中选出不属于禁忌对象的最佳状态，并将其作为新的当前解，不用与当前最优解进行比较，直接将其所对应的对象作为禁忌对象，并将禁忌表中相应对象的禁忌长度进行修改。

禁忌搜索算法以其灵活的存储结构和相应的禁忌准则来避免迂回搜索，在智能算法中非常具有特点，受到了国内外学者的广泛关注。迄今为止，禁忌搜索算法在组合优化、生产调度、机器学习、电路设计和神经网络等领域取得了很大的成功，近年来又在函数全局优化方面开展了较多的研究，并有迅速发展的趋势。

1.6.2 禁忌搜索算法原理

1. 禁忌搜索理论基础

1）邻域概念

所谓邻域，是用来从一个解（当前解）通过"移动"产生另一个解（新解），它是保证搜索产生优良解和影响算法搜索速度的重要因素之一。邻域结构的设计通常与问题相关，常用设计方法包括互换、插值、逆序等。不同的"移动"方式将导致邻域解个数及其变化情况的不同，对搜索质量和效率有一定影响。通过移动，目标函数值将产生变化，移动前后的目标函数值之差，称之为移动值。如果移动值是非负的，则称此移动为改进移动；否则，称之为非改进移动。最好的移动不一定是改进移动，也可能是非改进移动，从而保证在搜索陷入局部最优时，禁忌搜索算法能自动把它跳出局部最优。针对函数优化和组合优化问题，有不同的邻域。

（1）函数优化中的邻域概念

邻域是光滑函数极值求解中的重要概念。邻域是指距离空间中以一点为中心的圆，如图1.6-1所示。通过在邻域中一点寻求光滑函数下降或上升方向的变化，以便对函数极值求解。邻域从一个当前解向着产生一个新解的移动，称为邻域移动。邻域移动选择策略应使目标函数朝着有利于优化求解的方向移动。

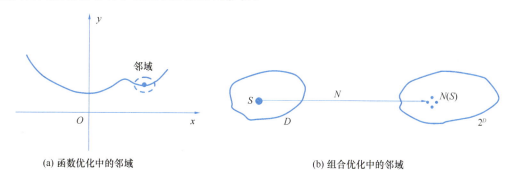

(a) 函数优化中的邻域　　　　　　　　　　(b) 组合优化中的邻域

图1.6-1　函数优化和组合优化中的邻域示意图

（2）组合优化问题的邻域概念

组合优化问题的数学模型为

$$\begin{cases} \min f(x) \\ \text{s. t. } g(x) \geqslant 0, x \in D \end{cases} \tag{1.6-1}$$

其中，x 是决策变量，$f(x)$ 是目标函数，$g(x)$ 是约束函数，D 是决策变量的定义域，它为有限点组成的集合。

一个组合优化问题可表示为一个三元组：

$$(D, F, f) \tag{1.6-2}$$

其中，D 是决策变量的定义域，F 表示可行解区域，即

$$F = \{x \mid x \in D, g(x) \geqslant 0\} \tag{1.6-3}$$

F 中任何一个元素称为该问题的可行解，满足目标函数 $f(x)$ 的最小可行解 x^* 称为最优解，即

$$f(x^*) = \{f(x) \mid x \in F\} \tag{1.6-4}$$

显然，组合优化问题中可行解集合为一有限离散点集。

组合优化问题求解的基本思想仍是在一点附近搜索另一个下降点。因为组合优化问题的可行解是一个有限的点集，所以距离空间的邻域概念已不适用，需要从映射的角度给出新的定义。

定义 1.6-1：对于组合优化问题 (D, F, f)，其中 F 表示可行解区域，f 为目标函数，定义域 D 上的一个映射，称为一个邻域映射，

$$N: S \in D \to N(S) \in 2^D$$

其中 2^D 表示 D 的所有子集组成的集合，$N(S)$ 称为 S 的邻域，$S' \in N(S)$ 称为 S 的一个邻居，见图 1.6-1。

2）局部邻域搜索

因为禁忌搜索算法要利用局部搜索算法，为此首先介绍局部搜索算法步骤。

步骤 1： 设定一个初始可行解 x^0，记当前最优解 $x^{\text{best}} = x^0$，令 $p = N(x^{\text{best}})$（x^0 可根据经验或随机选取）。

步骤 2： 当满足终止运算准则时或 P 为空集时，输出结果，停止运算；否则从 $N(x^{\text{best}})$ 中选取一集合 S，得到当前的最优解 x^{now}；若 $f[N(x^{\text{now}})] < f(x^{\text{best}})$，则 $x^{\text{best}} = x^{\text{now}}$，$P = N(x^{\text{best}})$；否则 $P = P - S$；重复步骤 2。

下面通过旅行商问题例子说明局部搜索算法。

例 1.6-1： 围绕五个城市 A、B、C、D、E 的对称 TSP 问题数据如图 1.6-2 所示。

解： 与图 1.6-2 所对应的距离矩阵为

$$D = (d_{ij}) = \begin{array}{c} \\ A \\ B \\ C \\ D \\ E \end{array} \begin{array}{c} \begin{array}{ccccc} A & B & C & D & E \end{array} \\ \left[\begin{array}{ccccc} 0 & 10 & 15 & 6 & 2 \\ 10 & 0 & 8 & 13 & 9 \\ 15 & 8 & 0 & 20 & 15 \\ 6 & 13 & 20 & 0 & 5 \\ 2 & 9 & 15 & 5 & 0 \end{array} \right] \end{array}$$

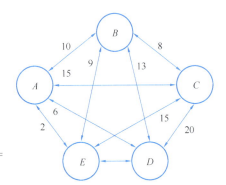

（1）选定 A 城市为起点，令初始解 $x^{\text{best}} = (ABCDE)$，$f(x^{\text{best}}) = 10 + 8 + 20 + 5 + 2 = 45$。

（2）将对换两个城市位置定义为邻域映射，记

图 1.6-2　五个城市的对称 TSP 问题

为 2-opt。

情况1：采用全邻域搜索，即 $S = N(x^{best})$

第一循环：$N(x^{best}) = \{ABCDE, ACBDE, ADCBE, AECDB, ABDCE, ABEDC, ABCED\}$，对应的目标函数值为

$$f(x) = \{45, 43, 45, 60, 60, 59, 44\}$$

$$x^{best} = x^{now} = ABCDE$$

至此，$P = N(x^{best}) - S$ 已为空集，于是最优解为 $ADCBE$，目标函数值为 43。

情况2：采用一步随机搜索方法

随机设计 $x^{best} = ABCDE$，$f(x^{best}) = 45$

第一循环：采用 $N(x^{best})$ 中一步随机搜索，如 $x^{now} = ABCDE$，因 $f(x^{now}) = 43 < 45$，故 $x^{best} = ACBDE$。

第二循环：从 $N(x^{best})$ 又随机选一点 $x^{now} = ABCDE$，因 $f(x^{now}) = 44 > 43$，故 $P = N(x^{best}) - |x^{now}|$。

如此循环下去，最后得到最优解。

综上不难看出，局部搜索算法具有容易理解、简单易行的优点，但缺点是难以保证获得全局最优解。

局部邻域搜索是基于贪婪准则持续地在当前的邻域中进行搜索，虽然其算法通用，易于实现，且容易理解，但其搜索性能完全依赖于邻域结构和初始解，尤其容易陷入局部极小值而无法保证全局优化。

这种邻域搜索方法易于理解，易于实现，而且具有很好的通用性，但是搜索结果的好坏完全依赖于初始解和邻域的结构。若邻域结构设置不当，或初始解选择不合适，则搜索结果会很差，可能只会搜索到局部最优解，即算法在搜索过程中容易陷入局部极小值。因此，若不在搜索策略上进行改进，要实现全局优化，局部邻域搜索算法采用的邻域函数就必须是"完全"的，即邻域函数将导致解的完全枚举。而这在大多数情况下是无法实现的，而且穷举的方法对于大规模问题在搜索时间上也是不允许的。为了实现全局搜索，禁忌搜索采用允许接受劣质解的策略来避免局部最优解。

2. 禁忌搜索过程

禁忌搜索算法是上述局部搜索算法扩展而形成的一种全局性邻域搜索算法。它的基本思想是对已得到的局部最优解加以标记，以利于在下一轮迭代中避开这些局部最优解。下面通过一个四城市非对称 TSP 问题例子来理解禁忌搜索算法。

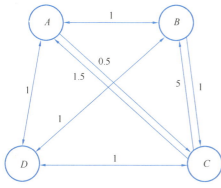

图 1.6-3　四城市非对称 TSP 问题

例 1.6-2：四城市 A、B、C、D 非对称 TSP 问题如图 1.6-3 所示。

解：

设初始解 $x^0 = ABCD$，邻域映射为两城市位置对换，始、终点均为 A 城市，目标值为 $f(x^0) = 4$，城市间的距离矩阵为

$$D = (d_{ij}) = \begin{matrix} A \\ B \\ C \\ D \end{matrix} \begin{array}{cccc} A & B & C & D \\ \left[\begin{array}{cccc} 0 & 1 & 0.5 & 1 \\ 1 & 0 & 1 & 1 \\ 1.5 & 5 & 0 & 1 \\ 1 & 1 & 1 & 0 \end{array} \right] \end{array}$$

过程 1： 因为以 A 为起点和终点，故 $ABCD$ 当前解中 A 不动，只能 B、C、D 之间两两对换，最多形成 3 个对换对，对换后按目标值从小到大排列，它们均大于当前解，表明当前解已达到局部最优解而停止。示意说明如图 1.6-4 所示。

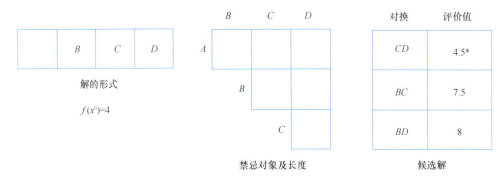

图 1.6-4　过程 1 的示意图

如果允许从候选解中选一个最好的对换，即选 CD 位置对换，解从 $ABCD$ 变为 $ABDC$，目标值上升，但此法可能跳出局部最优。图 1.6-4 中上标 * 表示入选的对换。

过程 2： 由于在过程 1 中选了 CD 交换，因此在禁忌表中限定在 3 次迭代中不允许 CD 或 DC 交换，在表中相应位置记为 3，且在候选解中出现 C、D 对换，用 T 表示在邻域 $N(x')$ 中禁忌 CD 对换。示意说明如图 1.6-5 所示。

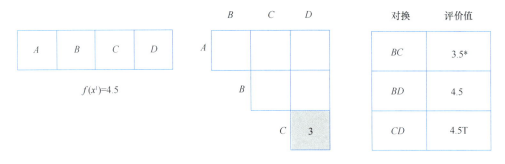

图 1.6-5　过程 2 的示意图

过程 3： 因为 EC 在过程 2 中对换，在此禁忌迭代 3 次的 CD 被禁一次后还有二次禁忌，只有 BD 对换入选。示意说明如图 1.6-6 所示。

过程 4： 到此步，所有候选解对换被禁忌，若把上述禁忌次数由 3 改为 2，则再迭代一步，又回到 $ABCD$ 初始解，出现循环。示意说明如图 1.6-7 所示。

由上面的例子不难看出，禁忌对象（指两个城市对换，即变化的状态）、被禁的长度（禁止迭代的次数）、候选解、评价函数和停止准则等，都对算法性能有影响，下面将针对这些问题进行分析。

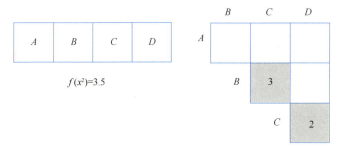

图 1.6-6 过程 3 的示意图

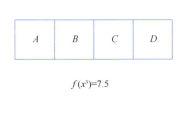

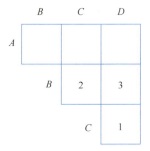

图 1.6-7 过程 4 的示意图

1.6.3 禁忌搜索算法流程

禁忌搜索算法的实现，需要一定的关键要素，包括有关函数、参数和准则。同时，按照禁忌搜索算法的基本思想，还需要合理的算法流程来实施运行。禁忌搜索算法关键要素和流程介绍如下。

1. 关键要素

1）适值函数

适值函数用以计算候选解的评价质量，可分为：

（1）用目标函数作为适值函数：

$$p(x) = f(x)$$

也可以用目标函数值与 x^{now} 目标值的差值或与当前最优解 x^{best} 目标值的差值作适值函数，即

$$p(x) = f(x) - f(x^{\text{now}})$$

或

$$p(x) = f(x) - f(x^{\text{best}})$$

（2）构造替代函数作为适值函数，以避免直接采用目标函数计算复杂或耗时。

2）禁忌对象

禁忌对象是指被置入禁忌表中的那些变化元素，其目的是尽量避免迂回搜索而多搜索一些解空间中的其他地方。归纳而言，禁忌对象通常可选取状态本身或状态变化等。解状态的变化分为简单变化、向量分量变化、目标值变化三种。

(1) 简单变化：x、$y \in D$，D 为优化问题定义域，$x \rightarrow y$，如例 1.6-1 中，$ABCDE \rightarrow ACBDE$，可视为简单变化。

(2) 向量分量变化：解向量中每一个分量变化为基本元素，如 $ABCDE \rightarrow ACBDE$，只是 B 和 C 的对换。

(3) 目标值变化：如等位线道理一样，把处于等位线的解视为相同。例如，目标函数 $f(x) = x^2$ 的目标值从 1 变到 4，隐含解空间中有四种变化的可能：$-1 \rightarrow -2$，$1 \rightarrow -2$，$-1 \rightarrow 2$，$1 \rightarrow 2$。

上述三种形式中，解的简单变化比较单一，它比解的分量变化和目标值变化受禁忌范围要小，能给出较大的搜索范围，但计算时间增加；解的分量变化和目标值变化的禁忌范围比解的简单变化的禁忌范围要大，这减少了计算时间，但可能导致陷于局部最优。

3) 禁忌表

不允许恢复（即被禁止）的性质称作禁忌（Tabu）。禁忌表的主要目的是阻止搜索过程中出现循环和避免陷入局部最优，它通常记录前若干次的移动，禁止这些移动在近期内返回。在迭代固定次数后，禁忌表释放这些移动，重新参加运算，因此它是一个循环表，每迭代一次，就将最近的一次移动放在禁忌表的末端，而它的最早的一个移动就从禁忌表中释放出来。

从数据结构上讲，禁忌表是具有一定长度的先进先出的队列。禁忌搜索算法使用禁忌表禁止搜索曾经访问过的解，从而禁止搜索中的局部循环。禁忌表可以使用两种记忆方式：明晰记忆和属性记忆。明晰记忆是指禁忌表中的元素是一个完整的解，消耗较多的内存和时间；属性记忆是指禁忌表中的元素记录当前解移动的信息，如当前解移动的方向等。

4) 禁忌长度

禁忌长度是指禁忌对象在不考虑特赦准则的情况下不允许被选取的最大次数。通俗地讲，禁忌长度可视为禁忌对象在禁忌表中的任期。禁忌对象只有当其任期为 0 时才能被解禁。在算法的设计和构造过程中，一般要求计算量和存储量尽量小，这就要求禁忌长度尽量小。但是，禁忌长度过小将造成搜索的循环。禁忌长度的选取与问题特征相关，它在很大程度上决定了算法的计算复杂性。

一方面，禁忌长度可以是一个固定常数（如 $t = c$，c 为一常数），或者固定为与问题规模相关的一个量（$n = \sqrt{c}$，n 为问题维数或规模），如此实现起来方便、简单，也很有效；另一方面，禁忌长度也可以是动态变化的，如根据搜索性能和问题特征设定禁忌长度的变化区间，而禁忌长度则可按某种准则或公式在这个区间内变化。

禁忌长度指被禁对象不允许选取的迭代次数 t 的三种情况：

(1) t 取常数。

(2) $t \in [t_{min}, t_{max}]$，t 依据被禁对象的目标值和邻域的结构而变化。当函数值下降较大时，可能谷较深，欲跳出局部最优解，t 取大些。

(3) t_{min}、t_{max} 动态选取。禁忌长度选取同实际问题、实验和设计者的经验有关。

5) 候选解的选取

候选解通常在当前状态的邻域中择优选取，若选取过多将造成较大的计算量，而选取较少则容易"早熟"收敛，但要做到整个邻域的择优往往需要大量的计算，因此可以确定型地或随机性地在部分邻域中选取候选解，具体数据大小则可视问题特征和对算法的要求而定。

6）特赦准则

在禁忌搜索算法的迭代过程中，会出现候选解集中所有对象被禁忌，或某一对象被禁忌但其目标值有非常大下降的情况。在上述情况下，为了实现全局最优，令一些禁忌对象重新可选，即为特赦，其相应准则称为特赦准则。常用三种特赦准则：

（1）基于评价值的准则。

（2）基于最小错误的准则：从候选解中选出一个评价值最小的状态解禁。

（3）基于影响力的准则：使其影响力大的禁忌对象获得自由（解禁）。

7）记忆频率信息

在计算过程中，记忆解集合、有序被禁对象组、目标值集合等出现的频率，有助于进一步加强禁忌搜索效率，以便动态控制禁忌长度。

8）终止准则

禁忌搜索算法需要一个终止准则来结束算法的搜索进程，而严格理论意义上的收敛条件，即在禁忌长度充分大的条件下实现状态空间的遍历，这显然是不可能实现的。因此，在实际设计算法时通常采用近似的收敛准则。常用的方法有：

（1）给定最大迭代步数。当禁忌搜索算法运行到指定的迭代步数之后，则终止搜索。

（2）设定某个对象的最大禁忌频率。若某个状态、适配值或对换等对象的禁忌频率超过某一阈值，或最佳适配值连续若干步保持不变，则终止算法。

（3）设定适配值的偏离阈值。首先估计问题的下界，一旦算法中最佳适配值与下界的偏离值小于某规定阈值，则终止搜索。

2. 算法流程

根据禁忌搜索算法的基本思想，首先给定一个当前解（初始解）和一种邻域，然后在当前解的邻域中确定若干候选解；若最佳候选解对应的目标值优于当前最优解，则忽视其禁忌特性，用它替代当前解和当前最优解状态，并将相应的对象加入禁忌表，同时修改禁忌表中各对象的任期；若不存在上述候选解，则在候选解中选择非禁忌的最佳状态为新的当前解，而无视它与当前解的优劣，同时将相应的对象加入禁忌表，并修改禁忌表中各对象的任期。如此重复上述迭代搜索过程，直至满足停止准则。因此，禁忌搜索算法的实施流程可描述如下：

（1）给定禁忌搜索算法参数，随机产生初始解 x，置禁忌表为空。

（2）判断算法终止条件是否满足：若是，则结束算法并输出优化结果；否则，继续以下步骤。

（3）利用当前解的邻域函数产生其所有（或若干）邻域解，并从中确定若干候选解。

（4）对候选解判断藐视准则是否满足：若满足，则用满足藐视准则的最佳状态 y 替代 x 成为新的当前解，即 $x = y$，并用与 y 对应的禁忌对象替换最早进入禁忌表的禁忌对象，同时用 y 更新替换当前最优解状态，然后转步骤（6）；否则，继续以下步骤。

（5）判断候选解对应的各对象的禁忌属性，选择候选解集中非禁忌对象对应的最佳状态为新的当前解，同时用与之对应的禁忌对象替换最早进入禁忌表的禁忌对象。

（6）判断算法终止条件是否满足：若是，则结束算法并输出优化结果；否则，转步骤（3）。

禁忌搜索算法的流程如图 1.6-8 所示。

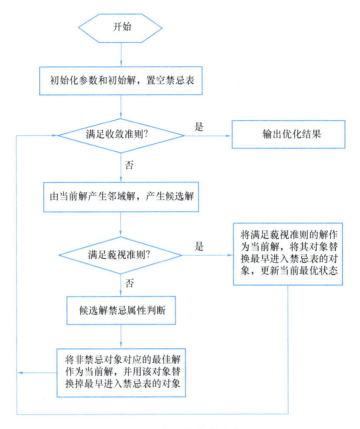

图 1.6-8　禁忌搜索算法流程

1.6.4　禁忌搜索算法特点

禁忌搜索算法是在邻域搜索的基础上，通过设置禁忌表来禁忌一些已经进行过的操作，并利用藐视准则来奖励一些优良状态，其中邻域结构、候选解、禁忌长度、禁忌对象、藐视准则、终止准则等是影响禁忌搜索算法性能的关键。邻域函数沿用局部邻域搜索的思想，用于实现邻域搜索；禁忌表和禁忌对象的设置，体现了算法避免迂回搜索的特点；藐视准则，则是对优良状态的奖励，它是对禁忌策略的一种放松。

与传统的优化算法相比，禁忌搜索算法的主要特点是：

（1）禁忌搜索算法的新解不是在当前解的邻域中随机产生，它要么是优于当前最优解，要么是非禁忌的最优解，因此选取优良解的概率远远大于其他劣质解的概率。

（2）由于禁忌搜索算法具有灵活的记忆功能和藐视准则，并且在搜索过程中可以接受劣质解，所以具有较强的"爬山"能力，搜索时能够跳出局部最优解，转向解空间的其他区域，从而增大获得更好的全局最优解的概率。因此，禁忌搜索算法是一种局部搜索能力很强的全局迭代寻优算法。

1.6.5　禁忌搜索算法应用

问题描述：钢构件加工的车间调度问题（JSP）

车间调度问题简称 JSP，它可以描述为：用 m 台机器 M_1，M_2，…，M_m，对 n 个构件进行加工。一个构件 J_i 有 n_i 个加工工序 O_{i1}，O_{i2}，…，O_{in}，第 O_{ij} 个工序加工时间为 p_{ij}。加工工艺要求按工序进行加工，且每一个工序必须一次加工完成，一台机器只能加工一个构件，一个构件不能同时在两台机器上加工。在上面的条件下，如何确定加工顺序使最后一个完工的构件完工时间最短，即是一个所谓的车间调度问题。试利用禁忌搜索算法求解三个钢结构构件在钢结构工厂两台机器上加工的车间调度问题。

解：

三个构件加工作业图如图 1.6-9 所示，其中 S、E 为虚拟的起、终点。每一行表示一个构件所有加工工序，带箭头的实线表示两个工序间前后关系且不允许改变。带箭头的虚线表示连接的工序在同一台机器上加工。车间调度就要给所有虚线边赋以方向，使其成为一个有向且无圈的图。

1）邻域构造

第一种方法是选一台机器上的两个工序交换位置加工，进一步可推广到多个位置交换。一种特殊情况是把一个工序移到另一个位置加工。

第二种方法——关键路法，基本思想是抓住最长的，加工中没有空闲的一条路作为关键路，交换这条路上且在同一台机器上加工的两个加工构件的位置。从图 1.6-9 中可看出：

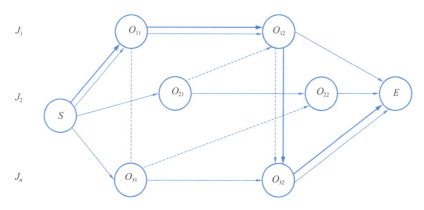

图 1.6-9　三个钢结构构件的加工作业图

工序 O_{11}、O_{22}、O_{31} 在一台机器 M_1 上加工，记为 M_1：$O_{11} \rightarrow O_{31} \rightarrow O_{22}$

工序 O_{21}、O_{12}、O_{32} 在机器 M_2 上加工，记为 M_2：$O_{21} \rightarrow O_{12} \rightarrow O_{32}$

设各工序加工时间 $p_{11}=5$，$p_{22}=2$，$p_{31}=4$，$p_{12}=7$，$p_{21}=1$，$p_{32}=2$，两台机器加工工序的甘特图（Gantt Chart）分别如图 1.6-10、图 1.6-11 所示。

关键路 $O_{11} \rightarrow O_{12} \rightarrow O_{32}$ 长度为 14，以较粗的线在图 1.6-9 上表示。从图 1.6-10 可看出，交换 O_{31}、O_{22} 加工位置对最长完工时间无影响。

如果交换关键路上的 O_{11}、O_{31}，则关键路变为 $O_{31} \rightarrow O_{11} \rightarrow O_{12} \rightarrow O_{32}$，其长度变为 18，如图 1.6-11 所示，可见，在关键路上加工工件位置改变会对目标值造成影响。为此，下

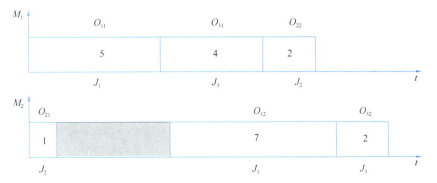

图 1.6-10　关键路 $O_{11} \to O_{22} \to O_{31}$

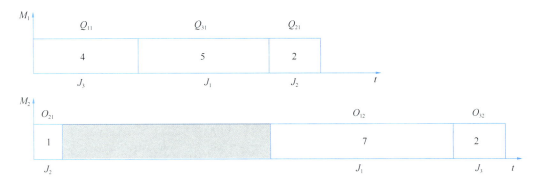

图 1.6-11　关键路 $O_{31} \to O_{11} \to O_{12} \to O_{32}$

面定义关键路上相邻节点集——块的概念。

定义 1.6-2：在关键路上满足下列条件的相邻节点集称为块（Block）：

（1）由关键路上的相邻节点组成，至少包含两个工序。

（2）集合中所有工序在一台机器上加工。

（3）增加一个工序后，不满足上述（1）、（2）条件。

定理 1.6-1：若有解的关键路不包含块，则一定是最优解（证明从略）。

定理 1.6-2：若 y 和 y' 是车间调度问题的两个可行解，且 y 和 y' 对应的有向图为 S 和 S'，若 y' 改进 y，则一定满足下列两个条件之一：

（1）至少有一个工序，它在 y 的一个块 B 中且不是 B 块中的第一个工序，但在 y' 中它在 B 的其他工序之前加工。

（2）至少有一个工序，它在 y 的一个块 B 中且不是 B 块中的最后一个工序，但在 y' 中它在 B 的其他工序之后加工。

通过定理 1.6-2 可以给出 JSP 问题的邻域结构如下：

邻域 N_1：设 y' 为一可行解，若 y' 将 y 的关键路中的一个块中的一个作业前移到最前或后移到最后位置加工，则称 y' 为 y 的一个邻居，所有这样的移动组成的集合为 y 的邻域。

邻域 N_2：设 y' 为一可行解，若 y' 将 y 的关键路中的一个块中的作业前移或后移到所有可能位置加工，则称 y' 为 y 的一个邻居，所有这样的移动组成的集合为 y 的邻域。

上面邻域定义中强调 y' 是一个可行解，目的在于避开死锁现象（Deadlock）。

定理 1.6-3：车间作业调度问题可行解集合相对 N_2 是连通的，即以任何一个可行解为起点，可以通过 N_2 达到一个全局最优解（证明略）。

2）一个多功能机器车间作业排序问题计算结果

令工序 O_{ij} 可由一个机器集合 $G_{ij} \in \{M_1, M_2, \cdots, M_m\}$ 中的任何一个机器加工，当 $\{G_{ij}\} = 1$ 时，即为常规的车间作业排序问题。

机器数分别取为 5、6、10 和 15，构件数分别为 6、10、15、20 和 30，且每一构件的加工工序数相同，满足 $n_i = m$，$i = 1, 2, \cdots, n$。

（1）应用上面的 N_1 和 N_2 邻域结构。

（2）禁忌对象选择禁忌上一步位置变化的复原，如一个块为 $abcde$，c 原在位置 3，经过移动后，禁忌再回到 3。

（3）禁忌表长度选为 30。

（4）总的迭代次数为 1000 次和 5000 次两种。

（5）停止准则：在迭代次数达到前，若邻域中所有可行解都是禁忌的或目前解的目标值等于下界或出现循环则停止计算。

思考与练习题

1. 禁忌搜索算法模仿了人类的记忆功能，在求解问题的过程中，采用了禁忌技术，对已经搜索过的局部最优解进行标记，主要目的是_____，并跳出局部最优点。

2. 算法需要维护一个_____，该变量不断地更新，通过加入新的禁忌对象和解禁旧的禁忌对象，使得算法能够避免重复在一个局部最优解附近进行过多无谓的操作。

3. 禁忌表的两个主要指标：_____、_____。

4. 当所有的对象都被禁忌之后，可以让其中性能最好的被禁忌对象解禁，称为_____。

5. 分析禁忌搜索算法的基本思想、主要特点和实施步骤。

6. 比较分析禁忌搜索算法与模拟退火算法和遗传算法的相同点与不同点。

7. 矩形原料板材长为 L，宽为 W，需要用其做出 K 种矩形零件，零件长、宽和个数分别为 l_i、w_i 和 $N_i (1 \leqslant i \leqslant k)$，$N_i$ 是一个很大的数，零件在板材上可以被横放，也可以被竖放。假设原料的数量总是足够的，求怎样安排下料，才能使原料的利用率最大或所用去的原料板材张数最少。试列出下料优化问题的数学模型，并用禁忌搜索算法求解。

【本章小结】

优化问题是在工程管理中制订计划或方案时经常需要解决的问题，特别是各种组合优化问题。但是，传统的优化方法难以求解这些组合优化问题。本章介绍的遗传算法、蚁群算法、粒子群算法、模拟退火算法和禁忌搜索算法，都是通过模拟或揭示某些自然界的现象和过程或生物群体的智能搜索行为而得到发展的。相对于传统优化算法，智能优化算法无须建立被优化对象的精确模型，均以数据（输入、输出）为基础，具有非常强的非线性映射能力，表现为智能逼近的特性。各种智能优化算法具有各自特点，具有开源代码，且编程实现的难度也低。智能优化算法能够应用于解决工程建设各阶段有关生产调度、资源分配、路径制定等方面的优化问题。

本章参考文献

［1］ 李士勇，等. 智能优化算法原理与应用［M］. 哈尔滨：哈尔滨工业大学出版社，2012.

［2］ 包子阳，余继周，杨杉. 智能优化算法及其 MATLAB 实例［M］. 第 2 版. 北京：电子工业出版社，2017.

［3］ HOLLAND J H. Building blocks，cohort genetic algorithms，and hyperplane-defined functions［J］. Evolutionary computation，2000，8(4)：373-391.

［4］ SCHMITT L M. Theory of genetic algorithms［J］. Theoretical computer science，2001，259(1)：1-61.

［5］ BONABEAU E，DORIGO M，THERAULAZ G. Inspiration for optimization from social insect behaver［J］. Nature，2000，406(6)：39-42.

［6］ DORIGO M，MANIEZZO V，COLOMI A. Ant system：optimization by a colony of cooperating agents［J］. IEEE transaction on systems，man and cybernetics-Part B，1996，26(1)：29-41.

［7］ KENNEDY J，EBERHART R C. Swarm intelligence［M］. Pittsburgh：Academic Press，2001.

［8］ BRATTON D，KENNEDY J C. Defining a standard for particle swarm optimization［J］. IEEE swarm intelligence symposium，2007：120-127.

［9］ HENDERSON D，JACOBSON S H，JOHNSON A W. The theory and practice of simulated annealing［J］. Handbook of metaheuristics，2003：287-319.

［10］ DELAHAYE D，CHAIMATANAN S，MONGEAU M. Simulated annealing：from basics to applications［J］. Handbook of metaheuristics，2019：1-35.

［11］ GLOUER F，LAGUNA M，MARTI R. Principles of tabu search［J］. Approximation algorithms and metaheuristics，2007，23：1-12.

［12］ BRÄYSY O，GENDREAU M. Tabu search heuristics for the vehicle routing problem with time windows［J］. Top，2002，10(2)：211-237.

［13］ HALDURAI L，MADHUBALA T，RAJALAKSHMI R. A study on genetic algorithm and its applications［J］. International journal of computer sciences and engineering，2016，4(10)：139.

［14］ MIRJALILI S. Genetic algorithm［J］. Evolutionary algorithms and neural networks：theory and applications，2019：43-55.

［15］ DORIGO M，BIRATTARI M，STUTZLE T. Ant colony optimization［J］. IEEE computational intelligence magazine，2006，1(4)：28-39.

［16］ DORIGO M，SOCHA K. An introduction to ant colony optimization［M］//Handbook of approximation algorithms and metaheuristics. ［S. l.］：Chapman and Hall/CRC，2018.

［17］ ZHANG H. Ant colony optimization for multimode resource-constrained project scheduling［J］. Journal of management in engineering，2012，28(2)：150-159.

［18］ SHI Y H，EBERHART R C. Empirical study of particle swarm optimization［C］. Procceding of congress on evolutionary computation，1993：1945-1950.

［19］ PAN Q K，TASGETIREN M F，LIANG C A. Discrete particle swarm optimization algorithm for the no-wait flow shop scheduling problem［J］. Computers & operations research，2008，35：

2807-2839.

[20] ZHANG H，LI H. Particle swarm optimization-based schemes for resource-constrained project scheduling [J]. Automation in construction，2005，14(3)：393-404.

[21] ZHANQ H，LI H，TAM C M. Particle swarm optimization for preemptive scheduling under break and resource-constraints [J]. Journal of construction engineering and management，2006，132(3)：259-267.

[22] ZOMAYA A Y，KAZMAN R. Simulated annealing techniques [M]//Algorithms and theory of computation handbook：general concepts and techniques. [S. l.]：CRC Press，2010.

[23] NIKOLAEV A G，JACOBSON S H. Simulated annealing [J]. Handbook of metaheuristics，2010：1-39.

[24] HIGGINS A J. A dynamic tabu search for large-scale generalised assignment problems [J]. Computers & operations research，2001，28(10)：1039-1048.

[25] GLOUER F，LAGUNA M，MARTÍ R. Principles and strategies of tabu search [M]. Handbook of approximation algorithms and metaheuristics. [S. l.]：Chapman and Hall/CRC，2018.

知识图谱

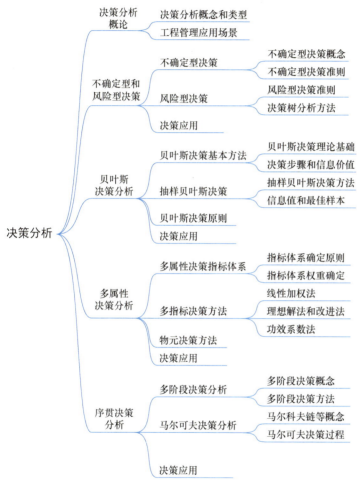

本章要点及学习目标

　　本章在介绍决策分析有关概念的基础上，分别介绍不确定型和风险型决策、贝叶斯决策、多属性决策和序贯决策等决策分析算法。通过本章的学习，让读者了解决策分析的基本概念、基本类型和适用场景，掌握各种决策分析方法的原理、原则、算法和应用，特别是基于风险决策的决策树方法、动态数据下的贝叶斯决策、多属性和多阶段决策，能够利用有关算法解决具体的工程管理决策问题。

2.1　决策分析概论

2.1.1　决策分析概念和背景

1. 决策分析的基本概念

决策分析简称决策，是指人们在采取一项行动之前，根据已知条件和既定程序，反复比较和权衡各种方案的优劣，然后作出决定。在现代管理科学中，对决策常有两种理解：一种是狭义理解，认为决策就是作出决定，仅限于对不同行动方案作出最佳选择；另一种是广义理解，把决策看作是一个过程，为了实现某一特定系统的预定目标，在占有信息和经验的基础上，根据客观条件，提出各种备选方案，应用科学的理论和方法，进行必要的判断、分析和计算。按照某种准则，从中选出最满意方案，并对方案的实施进行检查，直到目标实现的全过程。后一种广义理解的代表人物，就是美国著名经济学家西蒙（Simon），他提出"管理就是决策"的著名论断，把决策行为贯穿于管理的全过程。

根据上述决策分析的基本概念，可以归纳出决策分析的基本要素如下：

（1）决策者。受社会、政治、经济和心理等诸因素影响的决策主体，可以是个体或群体，例如某跨国公司的总经理或董事会。

（2）决策目标。决策问题对于决策者所希望实现的目标，可以是单个目标，也可以是多个目标。

（3）行动方案。实现决策目标所采取的具体措施和手段。行动方案的个数可以是有限多个，也可以是无限多个。在某些情况下，行动方案也可以用连续变量表示。通常，有限多个行动方案用 $a_i(i=1,2,\cdots,m)$ 表示。

（4）自然状态。采取某种决策方案时，决策环境客观存在的各种状态。自然状态可以是确定的、不确定的或随机的，可以是离散的，也可以是连续的。有限多个离散的自然状态，通常表示为 $\theta_j(j=1,2,\cdots,n)$。

（5）条件结果值。采取某种行动方案在不同自然状态下所出现的结果。条件结果值可以表示为收益值、损失值或效用值。条件结果值可以是离散的，也可以是连续的。在离散情况下，各个行动方案在各个自然状态下的条件结果值表示为 $o_{ij}(i=1,2,\cdots,m;j=l,2,\cdots,n)$。

（6）决策准则。实现决策目标而选择行动方案所依据的价值标准和行为准则。一般来说，决策准则依赖于决策者的价值倾向和偏好态度。

2. 决策分析的发展背景

决策分析是一门年轻的学科，其产生和发展是由两条线展开，最后交叉汇合形成的。一条线是统计决策，决策分析最初是在统计决策理论的基础上发展起来的。从 20 世纪 20 年代开始，统计学家奈曼（Neyman）和皮尔逊（Pearson）提出假设检验理论，利用抽样信息对统计假设作出统计推断，在接受和拒绝两种行动中作出决定，这就是最早提出的"决定"（Decision）的概念。20 世纪 40 年代，诺依曼（Neumann）和摩根斯坦（Morgenstern）发表了《决策理论和经济行为》，在古典效用概念基础上，提出了现代效用理论，成为决策分析的重要理论基础。20 世纪 50 年代，萨维奇（Savage）用统计分析方法研究决策问题，建立贝叶斯决策理论。美国哥伦比亚大学教授瓦尔德（Wald）提出决策函数的概念和方法，利用最大期望值准则，作为风险决策的标准。20 世纪 60 年代，霍华德（Howard）发表了《决策分析：应用决策理论》，首次提出"决策分析"这一名词。从此以后，许多学者围绕决策分析进行了大量探索，提出了序贯决策、多目标决策、群决策等，决策分析逐渐形成一门新学科，并得到不断充实和完善。

另一条线是管理科学。第二次世界大战前后，生产力取得长足发展，生产社会化程度日益提高，科学技术得到飞速进步。生产的发展和科技的进步，对管理提出了更高的要求，促使管理科学进入深入发展的新阶段。在这一时期，美国学者巴纳德（Barnard）和斯特恩（Stene）在管理科学中首次提出了决策的概念。20 世纪 50 年代，美国卡内基梅隆大学教授西蒙（Simon）发表《管理决策新科学》等一系列著作，突出了决策在管理中的核心地位，对决策准则、决策程序以及决策过程中目标冲突等问题作出开创性的分析，首次将行为科学引入决策分析理论，提出用"满意准则"替代传统的"最优准则"，并倡导将人工智能技术引入决策科学，为决策支持系统的研究指出了新方向。他综合应用科学技术各领域的新知识，对大型企业和跨国公司的管理决策进行研究，取得了很好的经济和社会效益。西蒙开创性的工作，奠定了现代管理决策的理论基础，对管理科学作出了重大贡献，获得了 1978 年的诺贝尔经济学奖。20 世纪 60 年代，经济学家阿罗（Arrow）发表著作《社会选择和个人价值》，他的不可能定理对群决策和社会选择领域的研究起着重要作用，使决策分析理论研究进入更新更广泛的领域。在决策分析学科的发展过程中，两条线索相互交叉和促进，使该学科无论是在理论还是应用方面的研究，均取得了长足的进步。此后，许多学者充分吸收系统科学、行为科学、运筹学、统计学和计算机科学的内容和方法，使决策分析学科在广度和深度方面，都得到充分发展，逐渐形成了现代决策分析理论的框架和基础。

2.1.2 决策分析方法的类型

决策分析的种类很多，按照不同的标准有不同的分类。可以按照决策的层次、决策的范围、决策的程序、决策的目标、决策的自然状态等标准进行分类。按决策目标划分，可分为单目标决策和多目标决策或多属性决策。按决策的信息变化或动态性划分，可分为静态决策、动态决策或贝叶斯决策、序贯决策或多阶段决策。按决策的自然状态划分，可分为确定型决策、风险型决策、非确定型决策和竞争型决策。本节将主要介绍以下类型的决策分析方法。

1. 不确定和风险型决策分析

不确定型决策是指提供给决策者的每个方案可能出现好几种不同的结果，而各种结果可能出现的概率又是未知的。风险型决策是指提供给决策者的每个方案可能出现几种不同的结果，但是各种结果可能出现的概率是已知的。可见，不确定型决策分析与风险型决策分析的区别在于，是否事先知道每个方案的各种结果出现的概率。

2. 贝叶斯决策分析

相对于风险型决策将状态变量视为随机变量，用先验状态分布表示状态变量的概率分布，用期望值准则计算方案的满意程度，贝叶斯（Bayes）决策分析则强调数据或信息的动态变化。贝叶斯决策考虑到先验状态分布与实际情况存在一定误差，需要在通过市场调查获得的补充信息基础上对先验分布进行修正，然后按状态分布进行决策。

3. 多属性决策分析

多准则决策是指在具有相互冲突、不可共度的有限（无限）方案集中进行选择的决策。多准则决策根据决策方案是有限还是无限，而分为多属性决策与多目标决策两大类。多属性决策也称有限方案多目标决策，是指在考虑多个属性的情况下，选择最优备选方案或进行方案排序的决策问题，它是现代决策科学的一个重要组成部分。

4. 序贯决策分析

前述决策问题，决策者作出一次判断，采取一次行动，决策过程就此结束，可统称为单阶段决策或者静态决策。但是，实际上许多决策问题是复杂和动态的，需要决策者前后作出多次判断和行动，决策过程才能完成。此类决策问题，称之为序贯决策或者动态决策。序贯决策包括多阶段决策、马尔科夫决策与群组决策等。

一般来说，不论哪种决策，最终都归结为对各种行动方案的选择。单目标、单阶段、确定型决策情况比较简单，每一个行动方案仅有一个确定的结果，可以用结果值的优劣作为判据，建立决策模型进行评价分析。多目标、多阶段、风险型决策情况复杂得多，每一个行动方案涉及的自然状态不确定，条件结果值有若干个，建立选择最佳行动方案的决策模型就困难得多，必须建立专门的理论和方法，这就是决策分析所要研究解决的问题。

2.1.3 工程管理应用场景

根据决策分析概念和特点，决策分析在工程管理领域的应用场景围绕在工程项目全寿命周期各个阶段，具体到下列几个方面。

1. 项目立项阶段的决策

各类工程项目的立项决策阶段，业主需要在有关项目的政策环境、市场信息、地质资料、融资渠道及其成本信息等数据收集分析的基础上，进行合理有效的机会研究、规划设计、可行性分析、环境评估和投资估算，以期望的经济效益和社会效益（间接经济效益）为目标，围绕项目的类型、规模、设计、地址以及融资等各方案作出合理决策。

2. 工程项目准备阶段的决策

在工程项目获得立项以后，相关方需要围绕项目的承包模式（如 DBB 模式、DB 模式、EPC 模式、项目管理代建模式等）、招标形式（公开招标、邀请招标、竞争性谈判等）、投标方案（商务标、技术标等）作出决策。如果是 EPC 模式，相关方需要进行有关造价评估的决策分析，同时在各自承担的风险识别评估基础上，分析决策风险管理方案。

3. 工程项目设计阶段的决策

在工程项目的勘探设计阶段，需要在地质勘探数据的基础上，结合前期立项报告和投资预算等有关报告以及当前市场信息、采购信息和可行性研究，进一步进行项目的造价预测分析，然后对设计方案作出合理决策，包括基于成本的逆向设计决策分析。同时，结合承包模式（特别是 EPC 模式），配合采购阶段和施工阶段，作出有关设计管理的决策分析。

4. 工程项目采购阶段的决策

工程项目采购阶段，涉及采购清单、采购价格、采购方式、供应方、采购数量和交货时间的选择确定，需要结合项目预算、市场信息、设计要求和可行性作出合理决策。同时，结合建造方式，如装配式建造，需要结合施工进度计划和运输线路及时间，协同决策分析有关部品部件或设备的生产或供应地址、生产计划、库存计划、物流运输计划。

5. 工程项目施工阶段的决策

在工程项目的施工阶段，承包商需要在前期预算、设计和合同以及当前信息的基础上，对施工方案或计划作出决策或者对设计和采购方案等进行调整，包括设备的采购或租赁选择，设备类型、性能和数量要求，设备和人员的调度方案，建材堆放和设备布置方案的决策分析。同时，需要对涉及进度、质量、成本、安全、变更、索赔、验收管理作出有关决策。

6. 工程项目运营维护阶段的决策

工程项目在验收以后的运营维护阶段，运营方需要在项目合同和验收报告以及当前运营状况的基础上，对有关工程设施的性能监测和资产管理方案作出决策，对工程设施维护维修方案和临时运行方案作出决策。同时，也需要对工程设施运营维护有关责任方（或承包方）的选择、合同条款制定、奖惩机制制定作出合理决策分析。

2.2 不确定型和风险型决策

决策问题中的每一个行动方案对应着多个不同的结果，即每一个行动方案的结果值是一个随机变量，它们的概率分布可能是已知的，也可能是未知的，根据行动方案结果值的概率分布能否估算，将决策问题划分为不确定型和风险型两种。

2.2.1 不确定型和风险型决策概述

1. 不确定型和风险型决策概念

根据决策问题的基本要素之一的自然状态，可以划分出确定型决策、风险型决策、非确定型决策和竞争型决策。确定型决策的自然状态完全确定，可以按决策目标和评价准则选择行动方案。这种决策问题目标清楚、状态明确、约束条件已知，建立优化数学模型可以求出最优解。竞争型决策是研究决策主体在利益相互影响的环境中策略的选择问题。对于本章关注的不确定型决策和风险型决策，有关概念介绍如下。

1）风险型决策

风险型决策是自然状态有两种或两种以上，各种自然状态出现的概率已知或可以测定的决策问题。对于风险型决策，在决策过程中提出各个备选方案，每个方案都有几种不同结果可以知道，其发生的概率也可测算，在这样条件下的决策，就是风险型决策。例如，某企业为了增加利润，提出两个备选方案：一个方案是扩大老产品方案；另一个方案是开发新产品。不论那一种方案都会遇到市场需求高、市场需求一般、市场需求低几种不同可能性，它们发生的概率都可测算，若遇到市场需求低，企业就要亏损。因而在上述条件下决策，带有一定的风险性，故称为风险型决策。总之，风险型决策也称随机决策，在这类决策中，自然状态不止一种，决策者不能知道哪种自然状态会发生，但能知道有多少种自然状态以及每种自然状态发生的概率。

2）不确定型决策

不确定性决策是自然状态有两种或两种以上，而各种状态出现的概率无法测定的决策问题。对于不确定型决策，在决策过程中提出各个备选方案，每个方案有几种不同的结果可以知道，但每一结果发生的概率无法知道。在这样的条件下，决策就是未确定型的决策。它与风险型决策的区别在于：风险型决策中每一方案产生的几种可能结果及其发生概率都知道，不确定性决策只知道每一方案产生的几种可能结果，但发生的概率并不知道。这类决策由于人们对市场需求的几种可能客观状态出现的随机性规律认识不足，导致决策的不确定性程度大大增加。总之，不确定型决策是指在不稳定条件下进行的决策。在不确定型决策中，决策者可能不知道有多少种自然状态，或者知道自然状态的种类但不知道每种自然状态发生的概率。

2. 决策函数系统概念

1）收益函数

许多决策问题常把收益值作为决策方案的评价指标，最满意方案就是收益值最大的方案。这里，收益是广义的，泛指收入、产值等。

设决策问题的收益值为 q，状态变量为 θ，决策变量（方案或策略）为 α。当决策变量 α 和状态变量 θ 确定后，收益值 q 随之确定。收益值 q 是 α 和 θ 的函数，称为收益函数，记作

$$q = Q(\alpha_i, \theta_j) \tag{2.2-1}$$

如果决策变量和状态变量是离散的，即 $\alpha = \alpha_i (i = 1, 2, \cdots, m)$，$\theta = \theta_j (j = l, 2, \cdots, n)$，则收益函数可以表示为

$$q_{ij} = Q(\alpha_i, \theta_j) \ (i = 1, 2, \cdots, m; j = 1, 2, \cdots, n)$$

收益函数可以用矩阵表示，称为收益矩阵，即

$$Q = (q_{ij})_{m \times n} = \begin{bmatrix} q_{11} & q_{12} & \cdots & q_{1n} \\ q_{21} & q_{22} & \cdots & q_{2n} \\ \vdots & \vdots & & \vdots \\ q_{m1} & q_{m2} & \cdots & q_{mn} \end{bmatrix}$$

2）损失函数

损失值又称为遗憾值，表示没有采取最满意方案或策略时所造成的损失。当决策变量 α 和状态变量 θ 确定后，损失值 r 是 α 和 θ 的函数，称为损失函数，记作

$$r = R(\alpha, \theta) \tag{2.2-2}$$

在离散情况下，损失值可以表示为

$$r_{ij} = R(\alpha_i, \theta_j)(i = 1, 2, \cdots, m; j = l, 2, \cdots, n)$$

损失函数可以表示为损失矩阵，即

$$R = (r_{ij})_{m \times n} = \begin{bmatrix} r_{11} & r_{12} & \cdots & r_{1n} \\ r_{21} & r_{22} & \cdots & r_{2n} \\ \vdots & \vdots & & \vdots \\ r_{m1} & r_{m2} & \cdots & r_{mn} \end{bmatrix}$$

损失值可以通过收益值计算出来，计算公式为

$$r_{ij} = \max_{1 \leqslant k \leqslant m} q_{kj} - q_{ij} (i = 1, 2, \cdots, m; j = 1, 2, \cdots, n) \tag{2.2-3}$$

由此可见，损失值 r_{ij} 表示在 θ_j 的条件下，没有采取收益值最大方案，"舍优取劣"给决策带来的损失或遗憾。

一般地，损失函数和收益函数有如下关系

$$R(a,\theta) = \max_{a'\in A} Q(a',\theta) - Q(a,\theta) \tag{2.2-4}$$

其中，A 表示所有方案或策略的集合。

3. 决策函数

收益函数、损失函数和效用函数[①]统称为决策函数，记作

$$f = F(\alpha,\theta) \tag{2.2-5}$$

收益矩阵、损失矩阵和效用矩阵统称为决策矩阵，记作

$$O = (o_{ij})_{m\times n} = \begin{bmatrix} o_{11} & o_{12} & \cdots & o_{1n} \\ o_{21} & o_{22} & \cdots & o_{2n} \\ \vdots & \vdots & & \vdots \\ o_{m1} & o_{m2} & \cdots & o_{mn} \end{bmatrix}$$

决策矩阵常用表格表示，称为决策表，见表 2.2-1。

决策表　　　　　　　　　　　　　　　　表 2.2-1

条件结果值(o_{ij})　状态概率　状态 θ_j　决策变量(a_i)	θ_1	θ_2	$\cdots$	θ_j	$\cdots$	θ_n
	$P(\theta_1)$	$P(\theta_2)$	$\cdots$	$P(\theta_j)$	$\cdots$	$P(\theta_n)$
a_1	o_{11}	o_{12}	$\cdots$	o_{1j}	$\cdots$	o_{1n}
a_2	o_{21}	o_{22}	$\cdots$	o_{2j}	$\cdots$	o_{2n}
$\vdots$	$\vdots$	$\vdots$		$\vdots$		$\vdots$
a_i	o_{i1}	o_{i2}	$\cdots$	o_{ij}	$\cdots$	o_{in}
$\vdots$	$\vdots$	$\vdots$		$\vdots$		$\vdots$
a_m	o_{m1}	o_{m2}	$\cdots$	o_{mj}	$\cdots$	o_{mn}

4. 决策系统

在系统决策中，所有方案或策略 α 的集合，称为行动空间，记作 A。当决策变量 α 为有限的离散情况时，行动空间可以用向量表示，即

$$A = (\alpha_1,\alpha_2,\cdots,\alpha_m)^T$$

所有可能状态 θ 的集合，称为状态空间，记作 Ω。当状态变量为有限的离散情况时，状态空间可以用向量表示，即

$$\Omega = (\theta,\theta_2,\cdots,\theta_m)^T$$

状态空间 Ω、行动空间 A 以及定义在 Ω 和 A 上的决策函数 $F(\alpha,\theta)$ 共同构成一个系统，称为决策系统，记作

$$(\Omega,A,F)$$

系统决策的目的，就是寻求最满意方案，记作 α^* 或 α_{opt}，使得决策函数 F 达到最优值。

2.2.2　不确定型决策

不确定型决策问题行动方案的结果值出现的概率无法估算，决策者根据自己的主观倾

[①] 效用函数，在决策理论中用来讨论和描述可选方案的各种结果值对决策者的满足愿望，便于实现决策者的偏好程度。本教材只是限于对效用函数概念的使用，不作具体介绍。有关效用函数的详细介绍，可参阅有关教材（胡运权，2018）。

向进行决策，不同的主观态度建立不同的评价和决策准则，根据不同的决策准则，选出的最优方案也可能是不同的。

假设决策问题的决策矩阵为

$$O = \begin{bmatrix} o_{11} & o_{12} & \cdots & o_{1n} \\ o_{21} & o_{22} & \cdots & o_{2n} \\ \vdots & \vdots & & \vdots \\ o_{m1} & o_{m2} & \cdots & o_{mn} \end{bmatrix}$$

该问题中每种自然状态 $\theta_j (j = 1, 2, \cdots, n)$ 出现的概率 $P(\theta_j)$ 是未知的，如何根据不同方案在各种状态下的条件结果值 o_{ij}，确定决策者最满意的行动方案，下面介绍几种常用的决策准则。

1. 乐观准则

乐观准则（max-max 准则）的基本思路是，假设每个行动方案总是出现最好的条件结果，即条件收益值最大或条件损失值最小，那么最满意的行动方案就是所有 o_{ij} 中最好的条件结果对应的方案。决策的具体步骤是：

（1）根据决策矩阵选出每个方案的最优结果值。

（2）在这些最优结果值中选择一个最优者，所对应的方案就是最优方案。

这里最优结果值是指最大收益值或最大效用值，在某些情况下，条件结果值是损失值，最优结果值则是指最小损失值。为叙述方便起见，将条件结果值 o_{ij} 均以条件收益值 q_{ij} 表示。

设方案 a_i 的最大收益值为

$$\bar{q}(a_i) = \max_{1 \leqslant j \leqslant n} q_{ij} (i = 1, 2, \cdots, m)$$

则乐观准则的最满意方案 a^* 应满足

$$\bar{q}(a^*) = \max_{1 \leqslant i \leqslant m} \bar{q}(a_i) = \max_{1 \leqslant i \leqslant m} \max_{1 \leqslant j \leqslant n} q_{ij} \tag{2.2-6}$$

持乐观准则的决策者在各方案可能出现的结果情况不明时，采取好中取好的乐观态度，选择最满意的决策方案。由于决策者过于乐观，一切从最好的情况考虑，难免冒较大的风险。

例 2.2-1：某混凝土预制厂计划安排三个部品部件的生产方案，方案一（a_1）为新建两条生产线，方案二（a_2）为新建一条生产线，方案三（a_3）为扩建原有生产线。根据在建筑市场的调查分析，预测估算了各个方案在不同市场需求下的条件收益值，如表 2.2-2 所示（净现值，单位：万元），不过市场不同需求状态的概率未能测定。试用乐观准则对此问题进行决策分析。

决策表　　　　　　　　　　　　　　　　　　　　　　　表 2.2-2

条件结果值　　　状态 方案	市场需求情况		
	高需求	中需求	低需求
a_1	1000	600	−200
a_2	750	450	50
a_3	300	300	80

解：

按照乐观准则进行决策，此问题的决策矩阵为

$$Q = \begin{bmatrix} 1000 & 600 & -200 \\ 750 & 450 & 50 \\ 300 & 300 & 80 \end{bmatrix}$$

各方案的最优结果值为

$$\overline{q}(a_1) = \max(1000, 600, -200) = 1000$$

$\overline{q}(a_2) = 750, \overline{q}(a_3) = 300$

最满意方案 a^* 满足

$$\overline{q}(a^*) = \max_{1 \leq i \leq 3} \overline{q}(a_i) = \overline{q}(a_1)$$

即 $a^* = a_1$ 为最满意方案。

2. 悲观准则

悲观准则（max-min 准则）也称保守准则，其基本思路是假设各行动方案总是出现最坏的可能结果值，这些最坏结果中的最好者所对应的行动方案为最满意方案。决策的具体步骤是：

（1）根据决策矩阵选出每个方案的最小条件结果值。

（2）再从这些最小值中挑一个最大者，所对应的方案就是最满意方案。

悲观准则的数学描述是，设方案 a_i 的最小收益值为

$$\overline{q}(a_i) = \min_{1 \leq j \leq n} q_{ij}(i = 1, 2, \cdots, m)$$

则悲观准则的最满意方案 a^* 应满足

$$\overline{q}(a^*) = \max_{1 \leq i \leq m} \overline{q}(a_i) = \max_{1 \leq i \leq m} \min_{1 \leq j \leq n} q_{ij} \tag{2.2-7}$$

持悲观准则的决策者往往经济实力单薄，当各状态出现的概率不清楚时，态度谨慎保守，充分考虑最坏的可能性，采取坏中取好的策略，以避免冒较大的风险。

例 2.2-2： 在例 2.2-1 的决策问题中，试用悲观准则进行决策分析。

解：

各行动方案的最坏条件结果分别为

$$\overline{q}(a_1) = \min(1000, 600, -200) = -200$$

$\overline{q}(a_2) = 50, \overline{q}(a_3) = 80$

由式（2.2-7）知，最满意方案 a^* 满足

$$\overline{q}(a^*) = \max_{1 \leq i \leq 3} \overline{q}(a_i) = \overline{q}(a_3)$$

即 $a^* = a_3$ 为最满意方案。

3. 折中准则

乐观准则和悲观准则对自然状态的假设都过于极端，乐观准则认为总会出现最好的情况，而悲观准则认为总会出现最坏的情况，折中准则既非完全乐观，也非完全悲观，其基本思路是假设各行动方案既不会出现最好的条件结果值，也不会出现最坏的条件结果值，而是出现最好结果值与最坏结果值之间的某个折中值，再从各方案的折中值中选出一个最大者，对应的方案即为最满意方案。决策的具体步骤是：

（1）取定乐观系数 $\alpha(0 \leq \alpha \leq 1)$，计算各方案的折中值，方案 a_i 的折中值记为 $h(a_i)$，

即

$$h(\alpha_i) = \alpha \max_{1 \leqslant j \leqslant n} q_{ij} + (1-\alpha) \min_{1 \leqslant j \leqslant n} q_{ij} (i = 1, 2, \cdots, m) \tag{2.2-8}$$

（2）从各方案的折中值中选出最大者，其对应的方案就是最满意方案。即折中准则最满意方案 a^* 满足

$$h(\alpha^*) = \max_{1 \leqslant i \leqslant m} h(\alpha_i) = \max_{1 \leqslant i \leqslant m} \left[\alpha \max_{1 \leqslant j \leqslant n} q_{ij} + (1-\alpha) \min_{1 \leqslant j \leqslant n} q_{ij} \right] \tag{2.2-9}$$

乐观系数 α 由决策者主观估计而确定，特别地，当 $\alpha = 1$ 时，就是乐观准则；当 $\alpha = 0$ 时，就是悲观准则。折中准则中的 α 一般假定为 $0 < \alpha < 1$。

例 2.2-3： 在例 2.2-1 的决策问题中，试用折中准则进行决策分析。

解：

取乐观系数 $\alpha = \dfrac{1}{3}$，各方案的折中值为

$$h(\alpha_1) = \alpha \max_{1 \leqslant j \leqslant 3} q_{1j} + (1-\alpha) \min_{1 \leqslant j \leqslant 3} q_{1j} = \frac{1}{3} \times 1000 + \frac{2}{3} \times (-200) = \frac{600}{3}$$

类似地

$$h(\alpha_2) = \frac{850}{3}$$

$$h(\alpha_3) = \frac{460}{3}$$

最满意方案 a^* 应满足

$$h(\alpha^*) = \max_{1 \leqslant i \leqslant 3} h(\alpha_i) = \max \left(\frac{600}{3}, \frac{850}{3}, \frac{460}{3} \right) = h(\alpha_2)$$

于是 $a^* = a_2$ 为最满意方案。

本例中，如取 $\alpha = \dfrac{1}{2}$，即认为最好和最坏的情况出现的机会均等，$a^* = a_1$ 或 a_2。

4. 遗憾准则

遗憾准则（min-max 准则）也称为最小遗憾值准则或最小机会损失准则。通常，人们在选择方案的过程中，如果舍优取劣，就会感到遗憾。所谓遗憾值，就是在一定的自然状态下没有取到最好的方案而带来的机会损失。设在状态 θ_j 下选择了方案 a_i，这里得到条件收益值 q_{ij}，则方案 a_i 在状态 θ_j 下的遗憾值 r_{ij}（或称收益值 q_{ij} 的遗憾值）为

$$r_{ij} = \max_{1 \leqslant i \leqslant m} q_{ij} - q_{ij} (i = 1, 2, \cdots, m; j = 1, 2, \cdots, n) \tag{2.2-10}$$

遗憾准则的基本思路是，假设各方案总是出现遗憾值最大的情况，从中选择遗憾值最小的方案作为最满意方案。具体决策步骤如下：

（1）计算各方案在每种状态下的遗憾值 r_{ij}（即机会损失值）。

（2）找出各方案的最大遗憾值，即

$$r(a_i) = \max_{1 \leqslant j \leqslant n} r_{ij} (i = 1, 2, \cdots, m)$$

（3）确定最满意方案，在各方案的最大遗憾值中取最小者，对应的方案为最满意方案，即最满意方案 a^* 满足

$$r(a^*) = \min_{1 \leqslant i \leqslant m} r(a_i) = \min_{1 \leqslant i \leqslant m} \max_{1 \leqslant j \leqslant n} r_{ij} \tag{2.2-11}$$

例 **2.2-4**：用遗憾准则对例 2.2-1 中的问题进行决策分析。

解：

按式（2.2-10）计算各方案在每种状态下的遗憾值 r_{ij}，得遗憾值矩阵为

$$R = \begin{bmatrix} 0 & 0 & 280 \\ 250 & 150 & 30 \\ 700 & 300 & 0 \end{bmatrix}$$

各方案的最大遗憾值为

$$r(a_1) = \max(0,\ 0,\ 280) = 280$$

$r(a_2) = 250$，$r(a_3) = 700$

最满意方案 a^* 满足

$$r(a^*) = \min_{1 \leqslant i \leqslant 3} r(a_i) = r(a_2)$$

因此，最满意方案为 $a^* = a_2$。

5. 等可能性准则

等可能性准则是 19 世纪数学家拉普拉斯（Laplace）提出来的，因此又称为拉普拉斯准则（Laplace 准则）。这个准则认为，在各自然状态发生的可能性不清楚的时候，只能认为各状态发生的概率相等，按相等的概率求出各方案条件收益的期望值（或期望效用值），最大期望值对应的方案即是最满意方案。决策的具体步骤是：

（1）假定各自然状态出现的概率相等，即

$$p(\theta_1) = p(\theta_2) = \cdots = p(\theta_n) = \frac{1}{n}$$

（2）求出各方案条件收益的期望值

$$\bar{q}(a_i) = \sum_{j=1}^{n} p(\theta_j)\, q_{ij} = \frac{1}{n} \sum_{j=1}^{n} q_{ij}\, (i = 1,\ 2,\ \cdots,\ m) \tag{2.2-12}$$

或求出各方案的期望效用值

$$\bar{u}(a_i) = \sum_{j=1}^{n} p(\theta_j)\, u(q_{ij}) = \frac{1}{n} \sum_{j=1}^{n} u(q_{ij})\, (i = 1,\ 2,\ \cdots,\ m) \tag{2.2-13}$$

（3）再从各方案的条件收益期望值中找出最大者，或从各方案的期望效用值中找出最大者，所对应的方案为 a^*，即 a^* 满足

$$\bar{q}(a^*) = \max_{1 \leqslant i \leqslant m} \bar{q}(a_i) \tag{2.2-14}$$

或

$$\bar{u}(a^*) = \max_{1 \leqslant i \leqslant m} \bar{u}(a_i) \tag{2.2-15}$$

a^* 为最满意方案。

例 **2.2-5**：用等可能性准则对例 2.2-1 中的问题进行决策分析。

解：

按等可能性准则，各状态发生的概率设为

$$p(\theta_1) = p(\theta_2) = p(\theta_3) = \frac{1}{3}$$

根据式（2.2-12），各方案条件收益的期望值为

$$\bar{q}(a_1) = \frac{1}{3} \sum_{j=1}^{3} q_{1j} = \frac{1}{3}(1000 + 600 - 200) = \frac{1400}{3}$$

$$\overline{q}(a_2) = \frac{1}{3}\sum_{j=1}^{3} q_{2j} = \frac{1250}{3}$$

$$\overline{q}(a_3) = \frac{1}{3}\sum_{j=1}^{3} q_{3j} = \frac{680}{3}$$

于是由等可能性准则，最满意方案 a^* 满足

$$\overline{q}(a^*) = \max_{1\leqslant i\leqslant 3}\overline{q}(a_i) = \overline{q}(a_1)$$

即 $a^* = a_1$ 为最满意方案。

上面，用不同的决策准则对例 2.2-1 的问题进行了决策分析，所得结果如表 2.2-3 所示。

决策分析结果　　　　　　　　　　　　　　　　　　　表 2.2-3

决策准则	乐观	悲观	折中（$\alpha=\frac{1}{3}$）	遗憾	等可能
最满意方案	a_1	a_3	a_2	a_2	a_1

从表 2.2-3 可见，评价的准则不同，选出的最优方案也会不同，而评价的准则往往是随决策者的偏好而定的。因此，方法的选择通常要与决策者共商。此外，在应用多种方法分析之后，一般会发现某些方案一直未曾入选或被选中的频数最低，应该淘汰掉。

例 2.2-6： 某建筑企业为了打入国际承包市场，提出了增强其竞争力的四种管理模式：a_1、a_2、a_3 与 a_4。国际承包市场需求一般分为高（θ_1）、中（θ_2）、低（θ_3）三种情况。经过需求预测，各种管理模式每年净收益估算情况见表 2.2-4，试对管理模式进行决策分析。

决策表（万元）　　　　　　　　　　　　　　　　　　表 2.2-4

净收益 o_{ij} ＼ 市场需求 θ_j　管理模式 a_i	θ_1（高需求）	θ_2（中需求）	θ_3（低需求）
a_1	400	600	150
a_2	500	400	300
a_3	600	400	100
a_4	500	300	50

解：

利用上面不同的决策准则进行分析，其结果见表 2.2-5。

决策结果　　　　　　　　　　　　　　　　　　　　　表 2.2-5

决策准则	乐观	悲观	遗憾	折中		等可能
				$\alpha=0.4$	$\alpha=0.6$	
最满意模式	a_1, a_3	a_2	a_1, a_2, a_3	a_2	a_1, a_2	a_2

经过决策人员分析讨论，得出以下结论：

（1）管理模式 a_4 始终未被选中，故应该淘汰。管理模式 a_3 与 a_1、a_2 相比频数上也处于劣势，故 a_3 也不予考虑，经过筛选，应集中对 a_1、a_2 两种管理模式进行分析研究。

（2）管理模式 a_1、a_2 各有长短，持稳妥态度者认为应该选择管理模式 a_2，持乐观态度者则认为管理模式 a_1 可取；多数分析人员认为，为了进入国际承包市场，应谨慎稳妥，

故应该选择管理模式 a_2。

（3）如果加强国际承包市场预测工作，对未来国际承包市场进行主观概率估计，得到各种需求的概率值为

$$p(\theta_1) = 0.25, \ p(\theta_2) = 0.50, \ p(\theta_3) = 0.25$$

可以计算各管理模式的净收益期望值为

$$\bar{q}(a_1) = \sum_{j=1}^{3} p(\theta_j) q_{1j} = 0.25 \times 400 + 0.50 \times 600 + 0.25 \times 150 = 437.5$$

类似可得

$$\bar{q}(a_2) = 400$$

$$\bar{q}(a_3) = 375$$

$$\bar{q}(a_4) = 287.5$$

管理模式 a_1 所得净收益期望值最大。在国际承包市场调查符合实际情况，主观概率估算较准时，根据期望收益最大的原则，应选择管理模式 a_1。

2.2.3 风险型决策

不确定型决策是在状态概率未知的条件下进行的，它的几种决策准则都带有很强的主观色彩，决策的结果往往因不同的决策者而异。一旦各自然状态的概率经过预测或估算被确定下来，在此基础之上的决策分析所得到的最满意方案就具有一定的稳定性，只要状态概率的测算切合实际，风险型决策方法相对于不确定型决策方法就更为可靠。

风险型决策一般包含以下条件：

（1）存在着决策者希望达到的目标（如收益最大或损失最小）。

（2）存在着两个或两个以上的方案可供选择。

（3）存在着两个或两个以上不以决策者主观意志为转移的自然状态（如不同的市场条件）。

（4）可以计算出不同方案在不同自然状态下的损益值。

（5）在可能出现的不同自然状态中，决策者不能肯定未来将出现哪种状态，但能确定每种状态出现的概率。

应该知道，在风险型决策分析中，最主要的决策准则是期望值准则。

1. 期望值准则评价模型

设单目标风险型决策问题的可行方案为 $a_1, a_2, \cdots, a_m$，自然状态为 $\theta_1, \theta_2, \cdots, \theta_n$，且 θ_j 的概率分布是已知的，$p(\theta_j) = p_1 (j = 1, 2, \cdots, n)$，各可行方案在不同自然状态下的条件结果值为 $o_{ij}(i = 1, 2, \cdots, m; j = 1, 2, \cdots, n)$，当方案的个数和状态的个数皆为有限数时，该问题可表示为决策矩阵

$$
\begin{array}{cc}
 & \begin{array}{cccc} p_1 & p_2 & \cdots & p_n \end{array} \\
\begin{array}{c} a_1 \\ a_2 \\ \vdots \\ a_m \end{array} &
\left[
\begin{array}{cccc}
o_{11} & o_{12} & \cdots & o_{1n} \\
o_{21} & o_{22} & \cdots & o_{2n} \\
\vdots & \vdots & & \vdots \\
o_{m1} & o_{m2} & \cdots & o_{mn}
\end{array}
\right]
\end{array}
$$

或简记为决策矩阵

$$O = \begin{bmatrix} o_{11} & o_{12} & \cdots & o_{1n} \\ o_{21} & o_{22} & \cdots & o_{2n} \\ \vdots & \vdots & & \vdots \\ o_{m1} & o_{m2} & \cdots & o_{mn} \end{bmatrix}$$

期望值准则是指根据各方案的条件结果值的期望值的大小进行决策,当条件结果值表示费用,应选期望值最小的方案;当条件结果值表示收益或效用,则应选期望值最大的方案。在实际应用中,风险型决策问题的期望值准则评价模型有以下三种情况。

1) 期望效用值评价模型

设经过效用标准测定法测算,得到决策者的效用函数为 $u = u(x)$,由决策矩阵可以求出各条件结果值的效用值 $u_{ij} = u(o_{ij})(i = 1, 2, \cdots, m; j = 1, 2, \cdots, n)$,全部效用值构成效用值矩阵为

$$U = \begin{bmatrix} u_{11} & u_{12} & \cdots & u_{1n} \\ u_{21} & u_{22} & \cdots & u_{2n} \\ \vdots & \vdots & & \vdots \\ u_{m1} & u_{m2} & \cdots & u_{mn} \end{bmatrix} \tag{2.2-16}$$

各方案的期望效用值记为

$$h_i = \sum_{j=1}^{n} u_{ij} p_j (i = 1, 2, \cdots, m) \tag{2.2-17}$$

期望效用值 h_i 表示了各方案的优劣程度,h_i 越大,方案 a_i 越令人满意。这种表示方案令人满意程度的指标,称之为合意度。

当决策矩阵和效用函数确定了,效用值矩阵也就随之而确定。m 个可行方案的优劣排序问题,可用各方案的合意度的大小来表示。解决策问题,就是寻找合意度最大的方案,即

$$h^* = \max_{1 \leqslant i \leqslant m} h_i = \max_{1 \leqslant i \leqslant m} \sum_{j=1}^{n} u_{ij} p_j$$

则 h^* 所对应的方案为最满意方案。

期望效用值评价模型可以用矩阵表示,若记

$$H = (h_1, h_2, \cdots, h_m)^T$$
$$P = (p_1, p_2, \cdots, p_n)^T$$

U 为效用值矩阵,则

$$H = UP \tag{2.2-18}$$

合意度向量 H 的最大分量 $h^* = \max_{1 \leqslant i \leqslant m} h_i$ 所对应的方案为最满意方案。

2) 期望结果值评价模型

在实际应用中,有的风险型决策要重复实施多次,例如,在市场相对稳定的情况下,厂家对产品生产量的决策,既要保证销售渠道畅通,又要力求生产相对稳定,一旦作出决策,就要重复实施多次,这种决策称为重复性风险决策。

首先介绍事态体、确定当量和无差异概率的概念。

事态体和简单事态体:具有两种或两种以上的有限个(n 个)可能结果的方案(或事情),称为事态体。事态体中各种可能结果(o_i)出现的概率(p_i)是已知的。当 $n = 2$ 时,

称为简单事态体 $T = (p, o_1; 1-p, o_2)$。

确定当量和无差异概率：设事态体 $T = (x, o_1; 1-x, o_2)$，且 $o_1 > o_2$。若对于满足优劣关系 $o_1 > o_\xi > o_2$ 的任意结果值 o_ξ，则必须存在 $x = p(0 < p < 1)$，使得 $T = (p, o_1; 1-p, o_2) \sim o_\xi$。其中，结果值 o_ξ 称为事态体 T 的确定当量，p 称为 o_ξ 关于 o_1 和 o_2 的无差异概率。

任一事态体无差异于一个简单事态体。设事态体 $T = (p_1, o_1; p_2, o_2; \cdots; p_n, o_n)$，则必存在一个简单事态体 $T' = (p', o^*; 1-p', o^o)$，使得 $T' \sim T$。其中

$$o^* \geqslant \max\{o_1, o_2, \cdots, o_n\}$$
$$o^o \leqslant \min\{o_1, o_2, \cdots, o_n\}$$

并且，$p' = \sum_{j=1}^{n} p_j q_j$，这里 q_j 是 o_j 关于 o^* 和 o^o 的无差异概率。

决策系统 (Ω, A, F) 离散情况下的结果值 $O = (o_{ij})_{m \times n}$ 的每一行都可表示一个可行方案的 n 个可能结果值，即事态体 $T_i = (p_1, o_{i1}; p_2, o_{i2}; \cdots; p_n, o_{in})(i = 1, 2, \cdots, m)$。此问题的决策分析，就是对这 m 个事态体绩效排序。因此，存在简单事态体 T'_i，使得

$$T_i \sim T'_i = (p'_i, o^*; 1-p'_i, o^o)$$

这里，$o^* \geqslant \max_{i,j}\{o_{ij}\}$，$o^o \leqslant \min_{i,j}\{o_{ij}\}$，$p'_i = \sum_{j=1}^{n} p_j q_{ij}$。$q_{ij}$ 是结果值 o_{ij} 关于 o^* 和 o^o 的无差异概率。最满意方案所对应的简单事态体应该就是最大概率值 $\max_{1 \leqslant i \leqslant m} p'_i = \max_{1 \leqslant i \leqslant m} \sum_{j=1}^{n} p_j q_{ij}$ 所对应的简单事态体。可见，关键是求出无差异概率 q_{ij}。

在重复性风险决策中，由于决策方案重复实施多次，决策者一般认为，事态体 $(0.5, o^*; 0.5, o^o)$ 的确定当量为 $\frac{1}{2}(o^* + o^o)$，即

$$\frac{1}{2}(o^* + o^o) \sim (0.5, o^*; 0.5, o^o)$$

因此，用效用标准测定法测定的 $o_\xi = \frac{1}{2}(o^* + o^o)$，于是

$$\varepsilon = \frac{o_\xi - o^o}{o^* - o^o} = 0.5$$

其效用曲线是直线形的，效用函数

$$u(x) = x$$

设方案 a_i 的条件结果期望值为 $\bar{o}(a_i)$，即

$$\bar{o}(a_i) = \sum_{j=1}^{n} o_{ij} p_j (i = 1, 2, \cdots, m) \tag{2.2-19}$$

当效用函数为直线形，即 $u(x) = x$ 时，合意度 $h_1, h_2, \cdots, h_n$ 的排序与条件结果期望值 $\bar{o}(a_1), \bar{o}(a_2), \cdots, \bar{o}(a_n)$ 的排序是一致的，这是因为，决策矩阵 $O = (o_{ij})_{m \times n}$ 经过归一化处理，元素 o_{ij} 变为 $\frac{o_{ij} - o^o}{o^* - o^o}$，对应的效用值为

$$u_{ij} = u\left(\frac{o_{ij} - o^o}{o^* - o^o}\right) = \frac{o_{ij} - o^o}{o^* - o^o}$$

效用值矩阵可表示为

$$U = \frac{1}{o^* - o^o}(O - O^o)$$

这里 O^o 表示元素全部为 o^o 的 $m \times n$ 矩阵，代入式（2.2-19），合意度向量

$$H = UP = \frac{1}{o^* - o^o}(OP - O^o P) \tag{2.2-20}$$

经过简单运算并整理得

$$(o^* - o^o)H + O^o P = OP \tag{2.2-21}$$

因为

$$O^o P = \sum_{j=1}^{n} p_j (o^o, o^o, \cdots, o^o)^T$$

且 $o^* - o^o$ 为常数，所以式（2.2-21）是合意度 H 的线性变换。又 $o^* - o^o > 0$，$H = (h_1, h_2, \cdots, h_n)^T$，$OP = [\bar{o}(a_1), \bar{o}(a_2), \cdots, \bar{o}(a_n)]^T$，由式（2.2-21）可知，$h_1, h_2, \cdots, h_n$ 的排序与 $\bar{o}(a_1), \bar{o}(a_2), \cdots, \bar{o}(a_n)$ 的排序是一致的。

若令

$$\bar{O} = OP = [\bar{o}(a_1), \bar{o}(a_2), \cdots, \bar{o}(a_n)]^T \tag{2.2-22}$$

$\bar{O}$ 为条件结果期望值向量，直接按条件结果期望值的排序来选择最满意方案，这就是期望结果值评价模型，当条件结果为条件收益时，条件结果期望值最大的方案，就是最满意方案，即

$$\bar{q}(a^*) = \max_{1 \leqslant i \leqslant m} \bar{q}(a_i) = \max_{1 \leqslant i \leqslant m} \sum_{j=1}^{n} q_{ij} p_j \tag{2.2-23}$$

其中，a^* 为最满意方案，当条件结果为条件损失时，则条件结果期望值最小的方案为最满意方案。

3）考虑时间因素的期望值评价模型

在投资决策等问题中，由于方案涉及的时间周期较长，投资额较大，每一方案在寿命期的不同时期（一般为年份）内的损益情况也在发生着变化，为了考察一个方案在寿命期内总的期望收益，必然涉及这个方案在各个不同时期的条件收益，这就需要考虑资金的时间价值，根据各个方案在寿命期总的期望收益的大小来进行决策，这就是考虑时间因素的期望值准则评价模型。

设第 t 时期（$t = 1, 2, \cdots, N$，N 为方案寿命期）的决策矩阵为

$$
\begin{array}{c}
\begin{array}{cccc} p_1^{(t)} & p_2^{(t)} & \cdots & p_n^{(t)} \end{array} \\
\begin{array}{c} a_1 \\ a_2 \\ \vdots \\ a_m \end{array}
\begin{bmatrix}
q_{11}^{(t)} & q_{12}^{(t)} & \cdots & q_{1n}^{(t)} \\
q_{21}^{(t)} & q_{22}^{(t)} & \cdots & q_{2n}^{(t)} \\
\vdots & \vdots & & \vdots \\
q_{m1}^{(t)} & q_{m2}^{(t)} & \cdots & q_{mn}^{(t)}
\end{bmatrix}
\end{array} \tag{2.2-24}
$$

这里 $q_{ij}^{(t)}$ 表示第 t 时期方案 a_i 在自然状态 θ_j 下的条件收益，$p_j^{(t)}$ 表示第 t 时期自然状态 θ_j 出现的概率，由式（2.2-24）知，第 t 时期方案 a_i 的期望收益为

$$\bar{q}_t(a_i) = \sum_{j=1}^{n} q_{ij}^{(t)} p_j^{(t)} (i = 1, 2, \cdots, m; t = 1, 2, \cdots, N) \quad (2.2\text{-}25)$$

如果用净现值作为标准，方案 a_i 的总的期望收益为

$$NPV(a_i) = \sum_{t=1}^{N} \frac{\bar{q}_t(a_i)}{(1+k)^t} - F_{0i} (i = 1, 2, \cdots, m) \quad (2.2\text{-}26)$$

其中，$NPV(a_i)$ 为方案 a_i 的净现值，k 为折现率，F_{0i} 为方案 a_i 全部投资支出的现值总额。在这个模型中，最满意方案应满足

$$NPV(a^*) = \max_{1 \le i \le m} NPV(a_i) = \max_{1 \le i \le m} \left[\sum_{t=1}^{N} \frac{\bar{q}_t(a_i)}{(1+k)^t} - F_{0i} \right] \quad (2.2\text{-}27)$$

其中，a^* 表示最满意方案。

如果决策问题的方案不具有可重复实施的特点，一般要考虑各方案条件收益的效用，利用期望效用值评价模型来进行决策分析。用这一方法的关键是确定效用值矩阵 U，然后根据已知的状态概率向量 P，由公式（2.2-18）计算出合意度向量 H。

例 2.2-7： 我国某建筑机械企业与国外一经销商签订明年的经销协议，如果出口 A 类设备，则明年可以稳获利 800 万元。如果出口另一种 B 类设备，根据国际建筑市场需求情况有三种可能：当国际建筑市场需求量高时，可以获利 2500 万元；当国际建筑市场需求量一般时，可获利 900 万元；当国际建筑市场不太景气时，就会因积压而亏损 500 万元。根据各方面获得的信息，预测明年国际建筑市场需求量大的可能性为 0.3，需求量一般的可能性为 0.4。该企业决策者认为，亏损 500 万元风险太大，打算放弃出口 B 类设备。外商又提出另一方案，出口 C 类设备，在国际建筑市场畅销和一般情况时，可分别获利 1500 万元和 850 万元，在滞销的情况下，可以稍加改装作为其他加工机械销售，仍可获利 120 万元。上述情况，除第一方案外，其余两方案均有较大利润而又要承担一定的风险。试对此问题进行决策分析。

解：

该问题是风险型决策，可行方案有三个，即

a_1：出口 A 类设备；

a_2：出口 B 类设备；

a_3：出口 C 类设备。

自然状态及其概率如下：

θ_1：国际建筑市场需求量高，$p(\theta_1) = 0.3$；

θ_2：国际建筑市场需求一般，$p(\theta_2) = 0.4$；

θ_3：国际建筑市场不太景气，$p(\theta_3) = 0.3$。

为了便于运算，因为方案 a_1 与市场波动关系不大，故认为在三种状态下均获利 800 万元。于是，该问题的决策矩阵为

$$Q = (q_{ij})_{3 \times 3} = \begin{bmatrix} 800 & 800 & 800 \\ 2500 & 900 & -500 \\ 1500 & 850 & 120 \end{bmatrix}$$

为了确定效用值矩阵 U，先建立该企业决策者的效用函数 $u = u(x)$，对决策矩阵条件结果值按同一折算标准折算，可设

$$q^* = q_{21} = 2500$$
$$q^o = q_{23} = -500$$

利用效用标准测定法，对该公司决策者反复提问，最后权衡比较确认，事态体（0.5，2500；0.5，-500）的确定当量为 $q_\xi = 550$，即

$$550 \sim (0.5, 2500; 0.5, -500)$$

从而求得

$$\varepsilon = \frac{q_\xi - q^o}{q^* - q^o} = \frac{550 - (-500)}{2500 - (-500)} = 0.35$$

采用幂函数型效用函数，当 $\varepsilon = 0.35$ 时，效用函数为

$$u(x) = -0.168 + 1.192\sqrt{0.02 + x}$$

对决策矩阵 Q 进行归一化处理，得横坐标矩阵

$$X = \begin{bmatrix} 0.4333 & 0.4333 & 0.4333 \\ 1.0000 & 0.4667 & 0.0000 \\ 0.6667 & 0.4500 & 0.2067 \end{bmatrix}$$

由效用函数求得各横坐标点的效用值，于是

$$U = \begin{bmatrix} 0.6345 & 0.6345 & 0.6345 \\ 1.0000 & 0.6636 & 0.0000 \\ 0.8198 & 0.6492 & 0.3995 \end{bmatrix}$$

因为状态概率向量为

$$P = (0.3, 0.4, 0.3)^T$$

所以

$$H = UP = \begin{bmatrix} 0.6345 & 0.6345 & 0.6345 \\ 1.0000 & 0.6636 & 0.0000 \\ 0.8198 & 0.6492 & 0.3995 \end{bmatrix} \begin{bmatrix} 0.3 \\ 0.4 \\ 0.3 \end{bmatrix} = (0.6345, 0.5654, 0.6255)^T$$

即各方案的合意度为 $h_1 = 0.6345$，$h_2 = 0.5654$，$h_3 = 0.6255$。因此，最满意方案应满足

$$h^* = \max_{1 \leqslant i \leqslant 3} h_i = 0.6345 = h_1$$

这就是说，最满意方案是 a_1，即出口 A 类设备，其次是方案 a_3，方案 a_2 不可取。

2. 风险型决策的其他准则

风险型决策问题的主要评价准则是期望值准则，除此之外，还有其他评价方法，以下简要介绍其中两种。

1）概率优势法则

设有风险决策问题的收益矩阵为

$$\begin{array}{c c c c c} & p(\theta_1) & p(\theta_2) & \cdots & p(\theta_n) \\ \begin{matrix} a_1 \\ a_2 \\ \vdots \\ a_m \end{matrix} & \begin{bmatrix} q_{11} & q_{12} & \cdots & q_{1n} \\ q_{21} & q_{22} & \cdots & q_{2n} \\ \vdots & \vdots & & \vdots \\ q_{m1} & q_{m2} & \cdots & q_{mn} \end{bmatrix} \end{array} \qquad (2.2\text{-}28)$$

如果在所有状态下，方案 a_i 的条件收益值不小于方案 a_j 的条件收益值，即

$q_{ik} \geqslant q_{jk}(k = 1, 2, \cdots, n)$，则称方案 a_i 按状态优于方案 a_j，在方案决策时可以将劣方案 a_j 先淘汰掉。按概率优势是与按状态优势相对而言的，如果方案 a_i 的条件收益值不小于任一实数的概率，大于或等于方案 a_j 的条件收益值不小于同一实数的概率，则称方案 a_i 按概率优于方案 a_j。或用概率语言描述如下：

设方案 a_i 的收益为 q_i，x 是任意实数，称

$$R_i(x) = P(q_i \geqslant x)(i = 1, 2, \cdots, m) \tag{2.2-29}$$

为方案 a_i 的风险分布函数。如果

$$R_i(x) \geqslant R_j(x)(i \neq j) \tag{2.2-30}$$

对一切的 x 都成立，并且至少有一个 x，使得 $R_i(x) > R_j(x)$，则称方案 a_i 按概率优于方案 a_j。

如果在决策问题中，方案 a_i 和方案 a_j 之间存在按概率优势关系，则保留按概率处于优势的方案，淘汰按概率处于劣势的方案，如果任意两个方案之间都存在按概率优势关系，则最满意方案就是对其他所有方案都具有按概率优势的方案，即最满意方案 $a^* = a_{i0}$。满足

$$R_{i0}(x) \geqslant R_i(x)(1 \leqslant i \leqslant m \text{ 且 } i \neq i_0) \tag{2.2-31}$$

且对每一个 i，至少存在一个 x，使 $R_{i0}(x) > R_i(x)$ 成立，这就是概率优势法则的决策准则。

例 2.2-8： 设有如下决策问题（表 2.2-6），考察各方案间是否具有按概率优势关系，并按概率优势法则进行决策。

决策问题

表 2.2-6

条件收益值 q_{ij}　自然状态 θ_j　方案 a_i	θ_1 $p(\theta_1) = 0.3$	θ_2 $p(\theta_2) = 0.4$	θ_3 $p(\theta_3) = 0.2$	θ_4 $p(\theta_4) = 0.1$
a_1	40	20	30	−10
a_2	20	30	−10	20
a_3	30	20	20	−15

解：

注意到方案 a_3 按状态劣于方案 a_1，首先淘汰掉。

计算方案 a_1 和方案 a_2 的风险分布函数得

$$R_1(x) = P(q_1 \geqslant x) = \begin{cases} 1, & x \leqslant -10 \\ 0.9, & -10 < x \leqslant 20 \\ 0.5, & 20 < x \leqslant 30 \\ 0.3, & 30 < x \leqslant 40 \\ 0, & x > 40 \end{cases}$$

$$R_2(x) = P(q_2 \geqslant x) = \begin{cases} 1, & x \leqslant -10 \\ 0.8, & -10 < x \leqslant 20 \\ 0.4, & 20 < x \leqslant 30 \\ 0, & x > 30 \end{cases}$$

两个方案的风险分布函数 $R_1(x)$ 和 $R_2(x)$ 的图形如图 2.2-1 所示，比较 $R_1(x)$ 和 $R_2(x)$ 得到

$$R_1(x) \geqslant R_2(x)$$

且存在 x 使 $R_1(x) > R_2(x)$ 成立，故方案 a_1 按概率优于 a_2，根据概率优势法则，方案 a_1 为最满意方案。

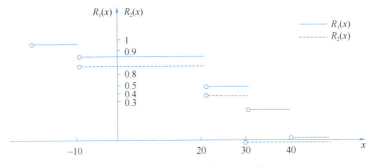

图 2.2-1 两个风险的分布函数

需要加以说明的是，如果一个方案 a 按状态优于另一个方案 a'，则 a 必定按概率优于 a'；反之，一个方案 a 按概率优于另一个方案 a'，则 a 不一定按状态优于 a'。本例中方案 a_1 按状态优于方案 a_3，且通过计算可知 $R_1(x) \geqslant R_3(x)$，即方案 a_1 按概率也优于方案 a_3；方案 a_1 按概率优于方案 a_2，但 a_1 与 a_2 之间不存在按状态优势关系。此外，并非任意两个方案之间都存在按概率优势关系，也就是说，概率优势法则在应用对象上存在一定的局限性。

2）$\mu - \sigma$ 法则

风险型决策分析的期望值评价准则的判据是方案条件结果的期望值 $\bar{o}(a_i)$，或期望效用值 $\bar{u}(a_i)$，这一准则只考虑了方案的收益性，仅从收益这一个方面来对各方案进行排序选优。然而实际情况是，任何方案都要冒收益不确定的风险，那么在评价方案的优劣时，只考虑收益的因素而忽略风险的因素是不合理的。

例 2.2-9：某混凝土预制工厂若引进先进设备（方案 a_1），可大幅度提高部品部件的产量和质量，如果未来建筑市场需求旺盛，可使收益大幅增长，否则，由于引进设备成本昂贵，工厂将遭受亏损，若沿用老设备（方案 a_2），则不论未来建筑市场需求如何，都能获得一定的收益，具体情况见表 2.2-7。

决策表　　　　　　　　　　　　　　　　　　　　　　　　　表 2.2-7

条件收益（万元）　　　　　需求状态 θ_j　　　方案 a_i	需求高 θ_1	需求中 θ_2	需求低 θ_3
	0.2	0.6	0.2
a_1	72	-4	-10
a_2	12	10	8

解：

这一问题若用期望值准则进行决策，由于

$$\bar{q}(a_1) = \bar{q}(a_2) = 10(万元)$$

则方案 a_1 与 a_2 被认为是等价的，但对于厌恶风险的决策者来讲，显然更偏爱方案 a_2，因为方案 a_1 获得大额收益的可能性只有 20%，而发生亏损的可能性却是 80%，而方案 a_2 是稳赚不赔的，计算两方案条件收益的方差，得

$$\sigma_1^2 = \sum_{j=1}^{3} [q_{1j} - \bar{q}(a_1)]^2 p_j$$

$$= (72-10)^2 \times 0.2 + (-4-10)^2 \times 0.6 + (-10-10)^2 \times 0.2 = 906.4$$

$$\sigma_2^2 = \sum_{j=1}^{3} [q_{2j} - \bar{q}(a_2)]^2 p_j = (12-10)^2 \times 0.2 + (8-10)^2 \times 0.2 = 1.6$$

由此看到 $\sigma_2^2 < \sigma_1^2$，说明方案 a_2 的条件收益为 q_2 更加集中于它的均值附近，而方案 a_1 的条件收益 q_1 取值较为分散，具有较大的波动性。

通常，方案 a_i 的风险用其条件收益 q_i 的方差 $\sigma_i^2 = \sum_{j=1}^{n} (q_{ij} - \mu_i)^2 p_j$ 来描述，这里 $\mu_i = \bar{q}(a_i) = E(q_i)$，$\sigma_i^2$ 越大，表示风险越大；σ_i^2 越小，表示风险越小。上面的例子中，尽管 $\mu_1 = \mu_2$，但 $\sigma_2^2 < \sigma_1^2$，说明方案 a_2 的风险较小，故厌恶风险的决策者宁愿选择方案 a_2。

$\mu - \sigma$ 法则的基本思路是，在评价一个行动方案时，不仅考虑方案可能带来的期望收益值，同时也明确考虑代表风险的条件收益的方差。因此，$\mu - \sigma$ 法则的判据一般是期望收益 μ_i 和方差 σ_i^2 的二元函数（称为评价函数），即

$$\varphi(a_i) = \Phi(\mu_i, \sigma_i^2) (i = 1, 2, \cdots, m) \qquad (2.2\text{-}32)$$

$\Phi(\mu, \sigma^2)$ 的具体形式有待确定，一般情况下，$\Phi(\mu, \sigma^2)$ 应体现如下特点：

（1）当 σ^2 固定时，$\Phi(\mu, \sigma^2)$ 是 μ 的增函数，即

$$\frac{\partial \Phi(\mu, \sigma^2)}{\partial \mu} > 0$$

（2）对于厌恶风险的决策者，当 μ 固定时，$\Phi(\mu, \sigma^2)$ 是 σ^2 的减函数，即

$$\frac{\partial \Phi(\mu, \sigma^2)}{\partial \sigma^2} < 0$$

对于喜爱风险的决策者，当 μ 固定时，$\Phi(\mu, \sigma^2)$ 是 σ^2 的增函数，即

$$\frac{\partial \Phi(\mu, \sigma^2)}{\partial \sigma^2} > 0$$

对于风险中立型的投资者，当 μ 的值固定时，$\Phi(\mu, \sigma^2)$ 的值也就随之确定，即

$$\frac{\partial \Phi(\mu, \sigma^2)}{\partial \sigma^2} = 0$$

如果在 $\mu - \sigma^2$ 平面上画出 $\Phi(\mu, \sigma^2)$ 的等值线图，则厌恶风险和喜爱风险的情形分别如图 2.2-2（a）和（b）所示。

在图 2.2-2（a）和（b）上，对每一等值线上的点，尽管它们的 μ 值和 σ^2 值各不相同，但函数 $\Phi(\mu, \sigma^2)$ 的值相等。因此，位于同一等值线上的点 (μ_1, σ_1^2) 和 (μ_2, σ_2^2) 被认为是等价的，特别这两点均与 $(\mu_0, 0)$ 等价，点 $(\mu_0, 0)$ 的意义是在无风险的情况下取得期望收益 μ_0。可以看出，对于厌恶风险的投资者来说，μ_0 小于 μ_1 和 μ_2；对于喜爱风险的决

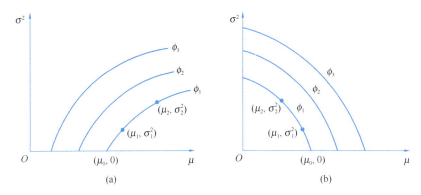

图 2.2-2　厌恶风险和喜爱风险情形

策者来说，μ_0 大于 μ_1 和 μ_2。

运用风险型决策的 $\mu-\sigma$ 法则时，经常采用的评价函数的三种形式为

$$\Phi(\mu, \sigma) = \mu - a\sigma \tag{2.2-33}$$

$$\Phi(\mu, \sigma^2) = \mu - a\sigma^2 \tag{2.2-34}$$

$$\Phi(\mu, \sigma^2) = \mu - a(\mu^2 + \sigma^2) \tag{2.2-35}$$

当 $a > 0$ 时，上列三种评价函数都属于厌恶风险型的；当 $a < 0$ 时，上列三种评价函数都属于喜爱风险型的；$a = 0$ 时，上列三种评价函数都与 σ^2 无关，实际上仅用期望收益 μ 作为判据，属于风险中立型。

$\mu-\sigma$ 法则的决策准则是，选取评价函数值 $\Phi(\mu, \sigma^2)$ 或 $\Phi(\mu, \sigma)$ 最大的方案为最满意方案。

例 2.2-10： 考虑例 2.2-7 的决策问题，假设决策者是厌恶风险型的，所采用的评价函数是

$$\varphi(a) = \Phi(\mu, \sigma^2) = \mu - 0.0001\sigma^2$$

求最满意方案。

解：

由例 2.2-7 的数据计算各方案条件收益的期望值和方差，结果如表 2.2-8 所示。

各方案条件收益的期望值和方差（万元）　　　　　　　　表 2.2-8

条件收益 q_{ij} 　　自然状态 θ_j　　 方案 a_i	θ_1	θ_2	θ_3	期望收益 μ_i	方差 σ_i^2
	0.3	0.4	0.3		
a_1	800	800	800	800	0
a_2	2500	900	-500	960	1352400
a_3	1500	850	120	826	286044

计算各方案评价函数的值得

$$\varphi(a_1) = \mu_1 - 0.0001\sigma_1^2 = 800$$

$$\varphi(a_2) = \mu_2 - 0.0001\sigma_2^2 = 824.8$$

$$\varphi(a_3) = \mu_3 - 0.0001\sigma_3^2 = 797.4$$

可见，$\varphi(a_2) > \varphi(a_1) > \varphi(a_3)$，根据 $\mu - \sigma$ 法则，方案 $a^* = a_2$ 为最满意方案。

容易看到，评价函数 $\Phi(\mu, \sigma^2) = \mu - 0.0001\sigma^2$ 中，方差 σ^2 对评价函数的值所起的作用很小，反映了决策者对风险的态度不够敏感，因而运用 $\mu - \sigma$ 法则得到的最满意方案是方案 a_2。假设决策者采用的评价函数为 $\Phi(\mu, \sigma^2) = \mu - 0.01\sigma^2$，这里 σ^2 系数由原来的 0.0001 增加为 0.01，表示方差 σ^2 对评价函数的影响加强，它的实际意义是决策者对风险的态度更加敏感。此时，经过计算不难知道，三个方案的评价函数值满足 $\varphi(a_1) > \varphi(a_3) > \varphi(a_2)$，表明 a_1 为最满意方案，原因是它不冒任何风险就能稳获 800 万元，而方案 a_2 尽管可以获得较大收益，但同时也要冒亏损的风险，因此变成了最劣方案。以上分析说明，应用 $\mu - \sigma$ 法则时，不同的评价函数实际上表示了决策者对待收益和风险的不同的主观态度。

还需指出，虽然 $\mu - \sigma$ 法则考虑了表达风险的尺度 σ^2，但是并非完全反映决策者对待风险的态度。例如，考虑如下两个随机收益 q_1 和 q_2，并设

$$P(q_1 = -1) = \frac{1000000}{1000001}, \ P(q_1 = 1000000) = \frac{1}{1000001}$$

$$P(q_2 = -1000) = \frac{1}{2}, \ P(q_2 = 1000) = \frac{1}{2}$$

两个随机收益的期望值 $\mu = 0, \sigma^2 = 1000000$，按照 $\mu - \sigma$ 法则，这两个随机收益是等价的，但对于大多数决策人来说，这两个收益并非等价，相当多的决策人偏爱 q_1，因为在这种情况下他可能得到 100 万元的巨款（尽管概率很小），而可能的（几乎是肯定的）损失只是微不足道的 1 元；另一方面，随机收益 q_2 的吸引力不大，如有收益，不过 1000 元，而损失 1000 元的可能性却有 50%，解决这一不足的办法是结合效用进行分析。

2.2.4 决策树分析

1. 决策树概念

当状态空间 Ω 和行动方案 A 的元素为有限的离散情况时，决策系统除了可以用决策矩阵表示以外，还可以用决策树形图表示，即采用决策树形式。假设决策系统 (Ω, A, F) 的决策矩阵为 $O = (o_{ij})_{m \times n}$，就可以构造出该决策系统的决策树。

1）决策点和方案枝

在这个决策问题中，可行方案有 m 个，$\alpha = \alpha_i (i = 1, 2, \cdots, m)$。用树形图表示这一局面，如图 2.2-3（a）所示。决策点用矩形方框表示，在该处需要对各种方案作出合理选择。

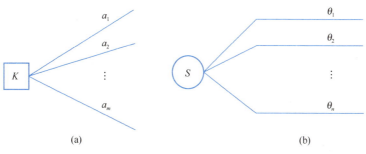

(a)   (b)

图 2.2-3　决策树决策点和状态点

从决策点引出 m 条直线，每一条直线表示一个可行方案，称为方案枝，并将方案 a_i 标注在方案枝直线之上。

2）状态点和概率枝

对于每一个可行方案，都面临几个可能的自然状态 $\theta_j(j = l，2，\cdots，n)$，可用树形图表示，如图 2.2-3（b）所示。每一个方案枝的末端画出一个圆圈，称为状态点或机会点，从状态点引出 n 条直线，每一条直线表示一种自然状态，称为概率枝或状态枝，并将状态值 θ_j 标注在概率枝直线之上。

3）决策树

把决策点、方案枝和状态点、概率枝结合在一起，构成表示决策系统 $(\Omega，A，F)$ 的各种方案和各种状态的树形图，称为决策树图。从决策点起沿方案枝经过状态点到概率枝，表示了不同方案 a_i 在不同状态 θ_j 下的条件结果，并将条件结果值标注在概率枝的末端。根据决策表可以构造出决策树，如图 2.2-4 所示。

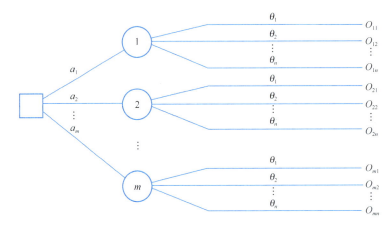

图 2.2-4　决策树示意图

利用决策树形图进行决策分析的方法称为决策树分析法，当决策涉及多方案选择时，借助由若干节点和分支构成的树状图形，可形象地将各种可供选择的方案、可能出现的状态及其概率，以及各方案在不同状态下的条件结果值简明地绘制在一张图表上，以便讨论研究、补充修正，作出最佳选择。决策树形图的优点在于系统地、连贯地考虑各方案之间的联系，整个决策分析过程直观易懂、清晰明了。

2. 多阶段决策树法

决策树形图可分为单阶段决策树和多阶段决策树，单阶段决策树是指决策问题只需要进行一次决策活动，便可以选出理想的方案。单阶段决策树一般只有一个决策节点。如果所需决策的问题比较复杂，通过一次决策不能解决，而是要通过一系列相互联系的决策才能选出最满意方案，这种决策就称为多阶段决策，多阶段决策的目标是使各次决策的整体效果达到最优，两阶段决策树形结构如图 2.2-5 所示。

下面阐述决策树分析法的基本步骤。

1）画出决策树形图

决策树形图是人们对某个决策问题未来可能发生的状态与方案的可能结果所作出的预测在图纸上的分析，因此画决策树形图的过程就是拟订各种可行方案的过程，也是进行状

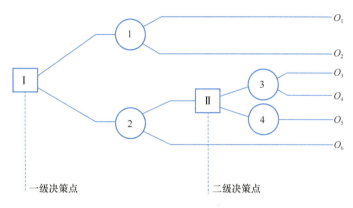

一级决策点   二级决策点

图 2.2-5 两阶段决策树示意图

态分析和估算方案条件结果值的过程。画决策树形图时，应按照图的结构规范由左向右逐步绘制、逐步分析。

2）计算各状态点的期望值

按照期望值的计算方法，从图的右端向左端逐步计算，并将计算结果标注在状态节点的上方。

3）修枝选方案

根据不同方案期望值的大小，从右向左（逆推法）进行修枝选优。舍去期望收益值最小的方案，保留期望收益值最大的方案，舍去的方案在图上标明修枝符号，最后便可得出最满意方案，在较为复杂的问题中，此步骤常与步骤2）交叉进行。

2.2.5 不确定型和风险型决策应用

1. 企业有关设备投资决策分析

问题描述：某建筑企业计划进行某项智能设备的投资。目前有两类设备（即两个方案）可供选择，第一类设备（第一方案）要投资 100 万元，第二类设备（第二方案）要投资 180 万元。根据调查分析，获知两个方案均在三年内带来收益，其数据如表 2.2-9 所示。假设三年内折现率为 0.12，试对该企业的智能设备投资方案进行决策分析。

不同方案收益   表 2.2-9

方案	收益状况	第一年		第二年		第三年	
		概率	现金流（万元）	概率	现金流（万元）	概率	现金流（万元）
第一方案（a_1）投资 100 万元	θ_1（较好）	0.20	160	0.20	160	0.30	100
	θ_2（一般）	0.55	120	0.60	100	0.60	80
	θ_3（较差）	0.25	80	0.20	40	0.10	40
第二方案（a_2）投资 180 万元	θ_1（较好）	0.25	180	0.20	240	0.30	210
	θ_2（一般）	0.50	120	0.60	210	0.40	180
	θ_3（较差）	0.25	60	0.20	120	0.30	90

解：

根据已知条件，各方案涉及不同时期的收益值。因此，估计每个投资方案的期望收益需要考虑资金的时间价值。对于本决策问题，每一个时期（年）各状态出现的概率随方案的不同而变化，设第 t 时期（年）选取一方案 a_i 的情况下，状态 θ_j 出现的概率为 $P_{ij}^{(t)}$，则第 t 时期第一方案 a_i 的期望收益公式（2.2-25）修正为

$$\bar{q}_t(a_i) = \sum_{j=1}^n q_{ij}^{(t)} p_{ij}^{(t)} \ (i = 1, 2, \cdots, m; t = 1, 2, \cdots, N)$$

方案 a_i 的总的期望收益仍用公式（2.2-26）计算。于是，对第一方案 (a_1)，第 t 年 $(t=1,2,3)$ 的期望收益分别为

$$\bar{q}_1(a_1) = \sum_{j=1}^3 q_{1j}^{(1)} p_{1j}^{(1)} = 160 \times 0.20 + 120 \times 0.55 + 80 \times 0.25 = 118(万元)$$

$$\bar{q}_2(a_1) = \sum_{j=1}^3 q_{1j}^{(2)} p_{1j}^{(2)} = 1100(万元)$$

$$\bar{q}_3(a_1) = \sum_{j=1}^3 q_{1j}^{(3)} p_{1j}^{(3)} = 82(万元)$$

同样，对于第二方案 (a_2)，三年的期望收益分别为

$$\bar{q}_1(a_2) = \sum_{j=1}^3 q_{2j}^{(1)} p_{2j}^{(1)} = 180 \times 0.25 + 120 \times 0.50 + 60 \times 0.25 = 120(万元)$$

$$\bar{q}_2(a_2) = \sum_{j=1}^3 q_{2j}^{(2)} p_{2j}^{(2)} = 198(万元)$$

$$\bar{q}_3(a_2) = \sum_{j=1}^3 q_{2j}^{(3)} p_{2j}^{(3)} = 162(万元)$$

考虑货币的时间价值，三年内折现率 $k = 0.12$，按公式（2.2-27）求出两个方案三年内期望收益总的净现值分别为：

$$NPV(a_1) = \sum_{t=1}^3 \frac{\bar{q}_t(a_1)}{(1+k)^t} - F_{01}$$

$$= \bar{q}_1(a_1)(P/F, 0.12, 1) + \bar{q}_2(a_1)(P/F, 0.12, 2) + \bar{q}_3(a_1)(P/F, 0.12, 3) - F_{01}$$

$$= 118 \times 0.8929 + 100 \times 0.7972 + 82 \times 0.7118 - 100 = 143.45(万元)$$

$$NPV(a_2) = \sum_{t=1}^3 \frac{\bar{q}_t(a_2)}{(1+k)^t} - F_{02}$$

$$= 120 \times 0.8929 + 198 \times 0.7972 + 162 \times 0.7118 - 180$$

$$= 200.31(万元)$$

可见，最满意的方案 a^* 应满足

$$NPV(a^*) = \max_{1 \leqslant i \leqslant 2} NPV(a_i) = NPV(a_2) = 200.31(万元)$$

所以，选择第二类智能设备的第二方案为最佳投资方案。

2. 多阶段决策树的企业投资方案决策分析

问题描述：假定某公司为了向市场推出某种产品，需要作出项目投资决策。经预测估计，该产品在市场上的需求情况有两种：一种可能性是最初两年该产品销路很好，但以后

销路不好；另一种可能性是产品一直畅销不衰。项目的寿命期假定为10年，据此，经过考虑，公司决策者面临两种投资方案：一是立即建大厂；二是先建小厂，若两年后产品仍然畅销，再行扩建。为使分析简化起见，假定建大厂和扩建小厂建设期均为零，销售估计表明，该产品从最初阶段起在市场上的发展情况是这样的：

初期（前2年）销路好（记为 S_1），并持续销路好（记为 S_2）的概率为60％；

初期销路好（S_1），而后期销路不好（$\bar{S}_2$）的概率为10％；

初期销路不好（$\bar{S}_1$），并持续销路不好（$\bar{S}_2$）的概率为30％。

对两种投资方案的投资估计为：大厂需投资250万元；小厂需投资130万元，但扩建时期需增加投资120万元。

另外，对每种方案的年度收益结果估计如下：

（1）产销量高的大厂，从每年的现金流入中获利100万元。

（2）产销量低的大厂，由于固定成本高和使用效率低，从每年的现金流入中只获利10万元。

（3）销路不好的小厂每年可获利25万元。

（4）销路好的初期，小厂每年获利45万元，但由于竞争的缘故，长期内该厂获利额跌至每年30万元。

（5）如果小厂为了适应持续畅销而扩建，它每年可获利70万元。

（6）如果小厂经过扩建，但产品不能畅销，每年只能获利5万元。

由于项目的时间跨度较长，考虑资金的时间价值，折现率为10％，根据以上资料，用决策树进行决策分析。

解：

首先绘出多阶段决策树，如图2.2-6所示。

根据已知条件，可以推算出以下概率：初期（前2年）销路好的概率为

$$P(S_1) = P(S_1 S_2 + S_1 \bar{S}_2) = P(S_1 S_2) + P(S_1 \bar{S}_2) = 60\% + 10\% = 70\%$$

初期销路好的条件下，后期（后8年）销路好的概率为

$$P(S_2 \mid S_1) = \frac{P(S_1 S_2)}{P(S_1)} = \frac{60\%}{70\%} = 86\%$$

初期销路好的条件下，后期销路不好的概率为

$$P(\bar{S}_2 \mid S_1) = 1 - P(S_2 \mid S_1) = 14\%$$

其次，计算方案的期望利润。建大厂的期望利润为

$$
\begin{aligned}
NPV_1 =\, & 100 \times (P/A, 10\%, 10) \times 0.6 + [100 \times (P/A, 10\%, 2) \\
& + 10 \times (P/A, 10\%, 8) \times (P/F, 10\%, 2)] \times 0.1 + 10 \\
& \times (P/A, 10\%, 10) \times 0.3 - 250 \\
=\, & 158.87(\text{万元})
\end{aligned}
$$

对于建小厂初期销路好的情况，决策者又面临着是否扩建的二级决策，要分析建小厂的期望收益，必须明确项目寿命期的10年当中每年的收益情况，也就是说必须先对是否扩建作出决策，在此决策结果的基础上，再对先建小厂的方案估算其期望收益。

小厂扩建的期望利润为

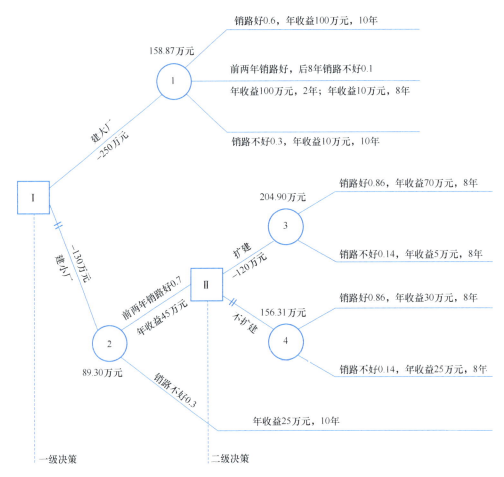

图 2.2-6　多阶段决策树

$$70 \times (P/A, 10\%, 8) \times 0.86 + 5 \times (P/A, 10\%, 8) \times 0.14 - 120 = 204.90(万元)$$

小厂不扩建的期望利润为

$$30 \times (P/A, 10\%, 8) \times 0.86 + 25 \times (P/A, 10\%, 8) \times 0.14 = 156.31(万元)$$

对于小厂初期销路好的情况，扩建的期望利润值较大，因此，建小厂初期销路好时，应选择扩建方案。

进行上述二级决策后，再来计算建小厂的期望利润值

$$NPV_2 = [45 \times (P/A, 10\%, 2) + 204.90 \times (P/F, 10\%, 2)]$$
$$\times 0.7 + 25 \times (P/A, 10\%, 10) \times 0.3 - 130$$
$$= 89.30(万元)$$

所以，最后通过修枝选定方案。

上述计算结果表明，建大厂的期望利润值比建小厂的期望利润值（均按现值计算）多出 158.87－89.30＝69.57（万元），因此，立即建大厂的方案优于先建小厂，再根据市场情况决策是否扩建的方案。

以上分析中，考虑了资金的时间价值，本例如果不考虑资金的时间价值，亦可得到同

样的结果，即选择立即建大厂的方案。需要说明的是，并不是任何情况下，考虑资金的时间价值与不考虑资金的时间价值都会得到相同的结果，特别是在项目时间跨度较长时更是如此。

思考与练习题

1. 设某决策问题的损失矩阵为

$$R = (r_{ij})_{4 \times 4} = \begin{bmatrix} 9 & 0 & -5 & 15 \\ 12 & 8 & 7 & 1 \\ 5 & 11 & 18 & -4 \\ 16 & 9 & 1 & -1 \end{bmatrix}$$

试用五种不确定型决策准则进行决策分析（取乐观系数 $\alpha = 0.6$）。

2. 某厂按批生产某产品，并按批销售，设每件产品成本 30 元，批发价每件 35 元。如果每月生产的产品当月销售不完，则每件损失 1 元，该产品每批 10 件，月最大生产能力是 40 件。可行生产方案有五种，即每月生产该产品件数为 $0(a_1)$、$10(a_2)$、$20(a_3)$、$30(a_4)$、$40(a_5)$ 件，市场销售状态也是按批进行。试用五种不确定型决策准则进行决策分析（取乐观系数为 $a = 0.3$），并进行综合分析。

3. 某推销商推销某种建筑材料，根据市场需求预测，该建筑材料需求概率分布如下表所示。设该建筑材料每件成本 25 元，售价 49 元。如果当天销售不出去，只能以处理价每包 15 元销售。推销商可采取的进货量有五种，与需求状态相同。试用期望值评价方法确定每天的最优进货量。

需求 θ_j（件）	100	150	200	250	300
$P(\theta_j)$	0.20	0.25	0.30	0.15	0.10

4. 某公司决定生产某种新产品，根据对过去同类销售资料的分析，该产品市场需求量的概率估计如下表所示。设新产品的单位成本与产量有关，其关系见下表。如产量不超过需求量，每件售价 1（百元）；如产量超过需求量，且不超过 1000 件，超出部分以每件 0.1（百元）处理售出；超出部分多于 1000 件，只能作报废处理。假定该产品每箱 500 件，并按整箱销售。试作出最优生产量决策。

需求量 θ_j（件）	2000	2500	3000	3500	4000
$P(\theta_j)$	0.1	0.3	0.4	0.1	0.1
单位成本（百元）	0.6	0.5	0.45	0.42	0.40

5. 某工厂需要在甲乙两种新产品方案中进行选择，甲方案需一次投资为 15 万元，而乙方案为 20 万元，其他各种预测数据如下表所示，设折现率为 10%，试作决策分析。

时期 收益 方案	第一年		第二年		第三年	
	净收益	概率	净收益	概率	净收益	概率
甲产品（a_1）	10	0.7	20	0.6	10	0.5
	6	0.3	8	0.4	5	0.5
乙产品（a_2）	5	0.7	20	0.7	15	0.6
	−2	0.3	12	0.3	10	0.4

6. 某工厂生产单一产品，拟对产品价格进行决策。设该厂将在两种价格 $W_1 = 10$ 元 / 只和 $W_2 = 20$ 元 / 只中决定一种。每种价格的需求量预测为 $x_{\min}(W)$、$\bar{x}(W)$ 和 $x_{\max}(W)$，其中 $\bar{x}(W) = 1000(200 - 5W)$，$x_{\max}(W) = 1.2\,\bar{x}(W_1)$，$x_{\min}(W) = 0.8\,\bar{x}(W_1)$。各销售量发生的概率为 $P(x_{\min}) = P(x_{\max}) = 0.1$，$P(\bar{x}) = 0.8$。对于销售量 x，变动成本估计为 $k_v(x) = 20.3 - \dfrac{11}{120}\left(\dfrac{x}{1000}\right) + \dfrac{1}{12000}\left(\dfrac{x}{1000}\right)^2$，固定成本 $k_f = 100000$ 元。

（1）求在价格 $W_1 = 10$ 元 / 只和 $W_2 = 20$ 元 / 只两种情况下，企业利润 G 的风险分布函数；

（2）两个方案中是否有一方案对另一方案具有按概率优势关系；

（3）按照 $\mu - \sigma$ 法则进行决策，其中设 $a = 0.1$。

7. 某厂家采用新工艺流程生产产品。这种工艺成功的概率为 0.8。现有三种可行方案，采用老工艺（a_1），可稳定获利 4 万元；在部分车间试用新工艺（a_2），如果成功可获利 7 万元，失败则亏损 2 万元；全面采用新工艺（a_3），如果成功可获利 12 万元，失败则亏损 10 万元。设厂家决策者的权衡指标值 $\varepsilon = 0.4$，试用决策树分析法（采用期望效用评价准则）进行决策。

8. 某厂为提升产品质量，提出两个可供选择方案，一是购买专利，估计谈判成功的概率为 0.8；另一个办法是自行研制，成功的概率为 0.6。购买专利的费用比自行研制的费用要高出 10 万元。两个方案试验成功，均可使产量增加 1 倍或 2 倍。试验失败仍按原产量生产，近期市场对该产品的需求状态及各种方案的条件利润值如下表所示，试对此问题进行决策分析。

条件利润值 方案 销售状态	原产量生产	购买专利成功（0.8）		自行研制成功（0.6）	
		产量增一倍	产量增两倍	产量增一倍	产量增两倍
高需求（0.3）	150	500	700	500	800
中需求（0.5）	10	250	400	100	300
低需求（0.2）	−100	0	−200	0	−200

2.3　贝叶斯决策分析

贝叶斯决策（Bayesian Decision）就是在信息不完全的情况下，对部分未知的状态用主观概率估计，然后用贝叶斯公式对发生概率进行修正，最后再利用期望值和修正概率作出最优决策。

2.3.1　贝叶斯决策分析概述

风险型决策的基本方法是将状态变量视为随机变量，用先验状态分布表示状态变量的概率分布，用期望值准则计算方案的满意程度。由于先验状态分布与实际情况存在一定误差，为了提高决策质量，需要通过后续调查或局部试验等方法收集有关状态变量的补充信息，对先验分布进行修正，用后验状态分布进行决策，这就是本章将要介绍的贝叶斯决策。这里主要介绍贝叶斯决策的基本概述、补充信息的价值、抽样贝叶斯决策以及贝叶斯风险等内容。

在进行决策分析的过程中一般存在两种倾向。一是缺乏市场调查，对状态变量概率分布情况的掌握和分析还十分粗略，导致决策结果与市场现实出入较大，造成决策失误；二是后续调查或局部试验的费用过高，而收集的信息又不能带来其他效益。前一种情况忽视了信息对决策的价值，后一种情况没有考虑到信息收集涉及的成本。因此，首先应该充分重视信息对决策的价值，用补充信息的方法，使状态变量的概率分布更加符合现实状况；同时，又要充分考虑信息自身的成本和价值。如何综合考虑两种情况，从而提高决策分析的科学性和效益性，即提出了贝叶斯决策的概念。

贝叶斯决策属于风险型决策，决策者虽不能控制客观因素的变化，但却掌握其变化的可能状况及各状况的分布概率，并利用期望值即未来可能出现的平均状况作为决策准则。

贝叶斯决策理论方法是统计模型决策中的一个基本方法，其基本思想是：

（1）已知类条件概率密度参数表达式和先验概率。

（2）利用贝叶斯公式转换成后验概率。

（3）根据后验概率大小进行决策分类。

总之，后验概率可以被看作是对先验概率的一种"更加细致的刻画和更新"，因为此时有了观察数据，有了额外的信息。所以，后验概率比先验概率更有意义，有了额外的观察信息作依据，预测的准确度得到了加强。其实，大部分机器学习模型尝试得到的，就是后验概率。

2.3.2　贝叶斯决策基本方法

1. 贝叶斯决策的理论基础

先回顾概率论与数理统计中的全概率公式和贝叶斯公式：

（1）离散情况。设有完备事件组 $\{\theta_j\}$ $(j=1, 2, \cdots, n)$，满足条件 $\theta_i \bigcap \theta_j = \Phi(i, j=1, 2, \cdots, n; i \neq j)$，且 $\sum\limits_{j=1}^{n} \theta_j = \Omega$，对任何一随机事件 H，全概率公式为

$$P(H) = \sum_{j=1}^{n} P(\theta_j) P(H \mid \theta_j) (P(\theta_j) > 0) \tag{2.3-1}$$

贝叶斯公式为

微视频2-1　贝叶斯决策动画解析

$$P(\theta_i \mid P) = \frac{P(\theta_i)P(H \mid \theta_i)}{P(H)} = \frac{P(\theta_i)P(H \mid \theta_i)}{\sum\limits_{j=1}^{n} P(\theta_j)P(H \mid \theta_j)} \quad (i = 1, 2, \cdots, n; \ P(H) > 0)$$

$$(2.3\text{-}2)$$

（2）连续情况。设随机变量 θ 的概率密度为 $p(\theta)$，则对任一随机变量 τ，有

$$h(\tau) = \int_{-\infty}^{+\infty} p(\theta)\pi(\tau \mid \theta)\mathrm{d}\theta \tag{2.3-3}$$

$$k(\theta \mid \tau) = \frac{p(\theta)\pi(\tau \mid \theta)}{h(\tau)} = \frac{p(\theta)\pi(\tau \mid \theta)}{\int_{-\infty}^{+\infty} p(\theta)\pi(\tau \mid \theta)\mathrm{d}\theta} \quad (h(\tau) > 0) \tag{2.3-4}$$

式中，$h(\tau)$ 表示随机变量 τ 的密度函数；$\pi(\tau \mid \theta)$ 表示在 θ 条件下 τ 的条件密度函数。

贝叶斯决策的核心，就是利用补充信息修正先验状态概率分布，即利用公式（2.3-1）～公式（2.3-4）去修正先验分布，使其更加符合实际情况。

例 2.3-1： 某科技公司经营一种高科技产品，若市场畅销，可以获利 15000 元；若市场滞销，将亏损 5000 元。根据历年的市场销售资料，该产品畅销的概率为 0.8，滞销的概率为 0.2。为了准确地掌握该产品的市场销售情况，准备聘请某咨询公司进行市场调查和分析，该咨询公司对该产品畅销预测的准确率为 0.95，滞销预测的准确率为 0.90。试根据市场咨询分析结果为该科技公司作出决策。

解：

设该科技公司经营高科技产品有两个行动方案，即经营方案（a_1）、不经营方案（a_2）。该产品的市场销售有两种状态，即畅销（θ_1）、滞销（θ_2）。状态变量 θ 的先验分布为

$$P(\theta_1) = 0.8, \ P(\theta_2) = 0.2$$

根据题意，该科技公司的收益矩阵为

$$\boldsymbol{Q} = (q_{ij})_{2\times2} = \begin{bmatrix} 15000 & -5000 \\ 0 & 0 \end{bmatrix}$$

所以，由风险型决策的期望结果值准则得

$$E(a_1) = \sum_{j=1}^{2} q_{1j}P(\theta_j) = 15000 \times 0.8 + (-5000) \times 0.2 = 11000(元)$$

同理

$$E(a_2) = \sum_{j=1}^{2} q_{2j}P(\theta_j) = 0$$

于是，按状态变量的先验分布进行决策，最满意的行动方案为 a_1。即由于

$$E(a_1) > E(a_2), \ a_1 > a_2$$

故有 $a_{\mathrm{opt}} = a_1$

即表示不论市场状态是畅销或滞销，应该作出经营该产品的决策。

当根据补充调查分析的信息作决策分析时，需要参考市场预测的准确率，即在实际状态 $\theta_j(j=1,2)$ 的条件下，利用预测值 $H_i(1,2)$ 的条件概率 $P(H_i \mid \theta_i)$ 进行决策。这里预测值 H_1 表示预测市场畅销，H_2 表示预测市场滞销。据题意，有

$$P(H_1 \mid \theta_1) = 0.95, \ P(H_2 \mid \theta_1) = 0.05$$
$$P(H_1 \mid \theta_2) = 0.10, \ P(H_2 \mid \theta_2) = 0.90$$

市场预测的准确率可以表示为矩阵

$$\begin{array}{cc} P(H_i \mid \theta_1) & P(H_i \mid \theta_2) \end{array}$$
$$\begin{array}{c} H_1 \\ H_2 \end{array} \begin{bmatrix} 0.95 & 0.10 \\ 0.05 & 0.90 \end{bmatrix}$$

根据全概率公式（2.3-1），咨询公司预测该产品畅销和滞销的概率分别为

$$P(H_1) = \sum_{j=1}^{2} P(\theta_j) P(H_1 \mid \theta_j) = 0.95 \times 0.8 + 0.10 \times 0.2 = 0.78$$

$$P(H_2) = \sum_{j=1}^{2} P(\theta_j) P(H_2 \mid \theta_j) = 0.05 \times 0.8 + 0.90 \times 0.2 = 0.22$$

根据贝叶斯公式（2.3-2），在不同的预测值 $H_i(i=1,2)$ 的条件下，状态值 $\theta_j(j=1,2)$ 的条件概率分别为

$$P(\theta_1 \mid H_1) = \frac{P(\theta_1)P(H_1 \mid \theta_1)}{P(H_1)} = \frac{0.8 \times 0.95}{0.78} = 0.9744$$

$$P(\theta_2 \mid H_1) = \frac{P(\theta_2)P(H_1 \mid \theta_2)}{P(H_1)} = \frac{0.2 \times 0.10}{0.78} = 0.0256$$

$$P(\theta_1 \mid H_2) = 0.1818, \quad P(\theta_2 \mid H_2) = 0.8182$$

用补充信息（即市场预测）对状态变量（即畅销或滞销）的先验分布进行修正，得到的状态变量的概率分布称为后验分布。后验分布表示为矩阵，称为后验分布矩阵。即

$$\begin{array}{cc} P(\theta_1 \mid H_i) & P(\theta_2 \mid H_i) \end{array}$$
$$\begin{array}{c} H_1 \\ H_2 \end{array} \begin{bmatrix} 0.9744 & 0.0256 \\ 0.1818 & 0.8182 \end{bmatrix}$$

当市场预测为畅销时，即事件 H_1 发生，用后验分布的条件概率值 $P(\theta_1 \mid H_1)$、$P(\theta_2 \mid H_1)$ 去代替先验分布的概率值 $P(\theta_1)$、$P(\theta_2)$，再计算方案 a_1 和 a_2 的期望收益值为

$$E(a_1 \mid H_1) = \sum_{j=1}^{2} P(\theta_j \mid H_1) q_{1j} = 0.9744 \times 1500 - 0.0256 \times 5000 = 14487.2(元)$$

$$E(a_2 \mid H_1) = \sum_{j=1}^{2} P(\theta_j \mid H_1) q_{2j} = 0.0(元)$$

此时，$a_{opt}(H_1) = a_1$，表示当预测值 H_1 发生时，最满意方案为经营该产品。

当市场预测为滞销时，即事件 H_2 发生，用后验分布的条件概率值 $P(\theta_1 \mid H_2)$、$P(\theta_2 \mid H_2)$ 去代替先验分布的概率值 $P(\theta_1)$ 和 $P(\theta_2)$，再计算方案 a_1 和 a_2 的期望收益值为

$$E(a_1 \mid H_2) = \sum_{j=1}^{2} P(\theta_j \mid H_2) q_{1j} = 0.1818 \times 1500 - 0.8182 \times 5000 = -1364(元)$$

$$E(a_2 \mid H_2) = \sum_{j=1}^{2} P(\theta_j \mid H_2) q_{2j} = 0(元)$$

此时，$a_{opt}(H_1) = a_2$，表示当预测值 H_2 发生时，最满意方案为不经营该产品。

该例说明，贝叶斯决策就是通过后续调查分析获取补充信息，利用补充信息修正状态变量的先验分布，依据风险型决策的期望值准则，用后验分布替代先验分布，使状态变量的概率分布更加符合实际情况，从而找出最满意方案，提高决策的科学性和效益性。

2. 贝叶斯决策的基本步骤

设风险型决策问题 (Ω, A, F) 的状态变量为 θ，通过后续实际调查分析所获取的补充

信息用已发生的随机事件 H 或已取值的随机变量 τ 表示，称 H 或 τ 为信息值。信息值的可靠程度用在状态变量 θ 的条件下，信息值 H 的条件分布 $P(H \mid \theta)$ 表示。在离散的情况下，θ 取 n 个值 $\theta_j (j = 1, 2, \cdots, n)$，$H$ 取 m 个值 $H_i (1, 2, \cdots, m)$，则条件分布矩阵

$$\begin{bmatrix} P(H_1 \mid \theta_1) & P(H_1 \mid \theta_2) & \cdots & P(H_1 \mid \theta_n) \\ P(H_2 \mid \theta_1) & P(H_2 \mid \theta_2) & \cdots & P(H_2 \mid \theta_n) \\ \vdots & \vdots & & \vdots \\ P(H_m \mid \theta_1) & P(H_m \mid \theta_2) & \cdots & P(H_m \mid \theta_n) \end{bmatrix}$$

称为贝叶斯决策的似然分布矩阵。此矩阵完整地描述了在不同状态值 θ_j 的条件下，信息值 H_i 的可靠程度。贝叶斯决策的基本方法是，利用实际调查获取的补充信息值 H 或 τ 去修正状态变量的先验分布，即依据似然分布矩阵所提供的充分信息，用贝叶斯公式求出在信息值 H 或 τ 发生的条件下，状态变量 θ 的条件分布 $P(\theta \mid H)$ 或条件密度函数 $K(\theta \mid \tau)$。经过修正的状态变量 θ 的分布，称为后验分布。后验分布能够更准确地表示状态变量的概率分布的实际情况，再利用后验分布对风险型决策问题 (Ω, A, F) 作出决策分析，并测算信息的价值和比较信息的成本，从而提高决策的科学性和效益性。贝叶斯决策的关键，在于依据似然分布用贝叶斯公式求出后验分布。

贝叶斯决策的基本步骤如下。

1）验前分析

依据历年的统计数据和历史资料，决策分析人员按照自身的经验和判断，应用状态分析方法测算和估计状态变量的先验分布，并计算各可行方案在不同自然状态下的条件结果值。利用这些信息，结合某种决策准则，对各可行方案进行评价和选择，找出最满意方案，由于依据先验分布进行决策，故称为验前分析。如果受客观条件限制，例如时间、人力、物力和财力等，不可能更充分地进行实际（现场或市场）调查收集信息，则决策分析人员仅能完成验前分析这一步骤。

2）预验分析

如果决策问题十分重要，而且时间和人力、物力、财力允许，应该考虑是否采用后续实际调查或局部试验等方法补充收集新信息。决策分析人员要对补充信息可能给企业带来的效益和补充信息所花费的成本进行权衡分析。如果信息的价值高于信息的成本，则补充信息给企业带来正效益，应该补充信息。反之，如果信息的价值低于信息的成本，则补充信息会给企业带来负效益，补充信息大可不必。这种比较分析补充信息的价值和成本的过程，称为预验分析。如果获取补充信息的费用很少，甚至可以忽略不计，本步骤可以省略，直接进行调查和收集信息，并依据获取的补充信息转入下一步骤。

3）验后分析

经过预验分析，决策分析人员作出补充信息的决定，并通过后续实际调查和分析补充信息，为验后分析作准备。验后分析的关键是利用补充信息修正先验分布，得到更加符合市场实际的后验分布。再利用后验分布进行决策分析，选出最满意的可行方案，并对信息的价值和成本作对比分析，对决策分析的经济效益情况作出合理的说明。验后分析和预验分析一样，都是通过贝叶斯公式修正先验分布。二者不同之处在于，预验分析是依据可能的调查结果，侧重于判断是否补充信息。验后分析是根据实际调查结果，侧重于选出最满意方案。实际操作中这两个步骤有时难以严格区分，往往是同时进行，仅仅在于侧重点有

所不同而已。

4）序贯分析

生产运营实际中的决策问题，情况都比较复杂，可适当地将决策分析的全过程划分为若干阶段，每一阶段都包括先验分析、预验分析和验后分析等步骤。这样多阶段相互连接，前阶段决策结果是后阶段决策的条件，形成决策分析全过程，称之为序贯决策。序贯决策属于多阶段决策，这里主要讨论单阶段贝叶斯决策。

3. 贝叶斯决策信息的价值

1）完全信息的价值（EVPI）

（1）完全信息价值的意义

设 H_i 为补充信息值，若存在状态值 θ_0，使得条件概率

$$P(\theta_0 \mid H_i) = 1$$

或者当状态值 $\theta \neq \theta_0$ 时，总有

$$P(\theta \mid H_i) = 0$$

则称信息值 H_i 为完全信息值。

设决策问题的收益函数为 $Q = Q(a, \theta)$，其中 a 为行动方案，θ 为状态变量。H_i 为完全信息值，掌握了 H_i 的最满意行动方案为 $a(H_i)$，其收益值为

$$Q[a(H_i), \theta] = \max_a Q(a, \theta)$$

验前最满意方案 a_{opt} 的收益值为 $Q(a_{\text{opt}}, \theta)$。掌握了完全信息值 H_i 前后收益值的增加量

$$\max_a Q(a, \theta) - Q(a_{\text{opt}}, \theta) \tag{2.3-5}$$

称为在状态变量为 θ 时的完全信息值 H_i 的价值。

在例 2.3-1 中，若 $P(\theta_2 \mid H_2) = 1$，则 H_2 是完全信息值。公司掌握了完全信息值 H_2，最满意方案为 a_2，即不经营该产品，$a(H_2) = a_2$。由于先验最满意方案为 a_1，$Q(a_{\text{opt}}, \theta_2)$ $= -5000$，于是

$$Q[a(H_2), \theta_2] - Q(a_{\text{opt}}, \theta_2) = \max_a Q(a, \theta_2) - Q(a_{\text{opt}}, \theta_2) = 0 - (-5000) = 5000（元）$$

因此，在 $\theta = \theta_2$ 时，完全信息值 H_2 的价值为 5000 元。

如果补充信息值 H_i 对每个状态值 θ 都是完全信息值，则完全信息值 H_i 对状态值 θ 的期望收益值称为完全信息价值的期望值，简称完全信息价值（Expected Value of Perfect Information，EVPI）。

（2）完全信息价值的计算

根据完全信息价值的意义，如果信息值 H 对每一状态值 θ 都是完全信息值，则信息值 H 的完全信息价值 EVPI，可以通过式（2.3-5）对 θ 求数学期望得到。即

$$EVPI = E\left[\max_a Q(a, \theta) - Q(a_{\text{opt}}, \theta)\right] = E\left[\max_a Q(a, \theta)\right] - E\left[Q(a_{\text{opt}}, \theta)\right] \tag{2.3-6}$$

其中，E 表示对状态变量 θ 求数学期望。

公式（2.3-6）可以表示为两种形式，对于离散情况，可写成

$$EVPI = \sum_{j=1}^{n} p_j \max_{1 \leqslant i \leqslant m} q_{ij} - E(a_{\text{opt}}) \tag{2.3-7}$$

其中，收益矩阵为 $Q = (q_{ij})_{m \times n}$，状态概率为 $P(\theta_j) = p_j(j = 1, 2, \cdots, n)$，$E(a_{\text{opt}})$ 表示验前最满意行动方案的期望收益值。

对于连续情况，可写成

$$EVPI = \int_{-\infty}^{+\infty} p(\theta) \max_a Q(a, \theta) \mathrm{d}\theta - E(a_{\text{opt}}) \qquad (2.3\text{-}8)$$

式中，$p(\theta)$ 为状态变量的密度函数。

公式（2.3-6）～公式（2.3-8）显示，完全信息价值 $EVPI$ 实质表示掌握完全信息相当于未掌握完全信息时决策者期望收益值的增加量。

例 2.3-2：试求例 2.3-1 中决策问题的完全信息价值。

解：

此问题的收益函数为离散情况，完全信息价值用公式（2.3-7）计算。由例 2.3-1 可知

$$E(a_{\text{opt}}) = E(a_1) = 11000(\text{元})$$

收益矩阵

$$Q = (q_{ij})_{2 \times 2} = \begin{bmatrix} 15000 & -5000 \\ 0 & 0 \end{bmatrix}$$

在掌握了完全信息的条件下，当 $\theta = \theta_1$ 时，采取行动方案 a_1；当 $\theta = \theta_2$ 时，采取行动方案 a_2。于是，掌握了完全信息的期望收益值为

$$E\left[\max_a Q(a, \theta)\right] = \sum_{j=1}^{2} p_j \max_{1 \leqslant i \leqslant 2} q_{ij} = 15000 \times 0.8 + 0 \times 0.2 = 12000(\text{元})$$

于是，完全信息价值为

$$EVPI = \sum_{j=1}^{2} p_j \max_{1 \leqslant i \leqslant 2} q_{ij} - E(a_{\text{opt}}) = 12000 - 11000 = 1000(\text{元})$$

2）补充信息的价值（EVAI）

在贝叶斯决策的实际工作中，获取完全信息比较困难。一般情况下，信息值 H_i 对状态值 θ_0 来说，条件概率 $P(\theta_0 \mid H_i) < 1$，信息值 H_i 并非完全信息。

（1）补充信息价值的意义

设 H_i（或 τ）为补充信息值，决策者掌握了补充信息值 H_i（或 τ）前后期望收益值的增加量，称为补充信息值 H_i（或 τ）的价值。全部补充信息 H_i（或 τ）价值的期望值，称为补充信息价值的期望值，简称补充信息价值（Expected Value of Additional Information，EVAI）。

（2）补充信息价值的计算

补充信息价值的计算公式有三种形式，可以证明，这三种形式是等价的。

① 按定义计算

$$EVAI = E_\tau\{E_{\theta|\tau}[Q(a(\tau), \theta) - Q(a_{\text{opt}}, \theta)]\} \qquad (2.3\text{-}9)$$

式中，$a(\tau)$ 表示在信息值下的最满意方案；$E_{\theta|\tau}$ 表示在信息值 τ 的条件下对状态值 θ 求期望；E_τ 表示对信息值 τ 求期望。

公式（2.3-9）可分为两种情况。在离散情况时

$$EVAI = \sum_i \left\{ \sum_j [Q(a(H_i), \theta_j) - Q(a_{\text{opt}}, \theta)] P(\theta_j \mid H_i) \right\} P(H_i) \qquad (2.3\text{-}10)$$

连续情况时

$$EVAI = \int_{-\infty}^{+\infty} \left\{ \int_{-\infty}^{+\infty} \left[Q(a(\tau), \theta) - Q(a_{opt}, \theta) \right] k(\theta \mid \tau) d\theta \right\} h(\tau) d\tau \qquad (2.3-11)$$

式中，$k(\theta \mid \tau)$ 表示在信息值 τ 的条件下 θ 的条件密度函数；$h(\tau)$ 表示信息值 τ 的密度函数。

② 按期望收益的增加值计算

$$EVAI = E_{\tau} \{ E_{\theta \mid \tau} [Q(a(\tau), \theta)] \} - E(a_{opt}) \qquad (2.3-12)$$

公式（2.3-12）表明，补充信息价值等于掌握补充信息前后最满意行动方案期望收益值增加量。

③ 按期望损失值的减少量计算

$$EVAI = E[R(a_{opt}, \theta)] - E_{\tau} \{ E_{\theta \mid \tau} [R(a(\tau), \theta)] \} \qquad (2.3-13)$$

公式（2.3-13）由损失函数形式给出，表示补充信息价值等于掌握补充信息前后最满意行动方案期望损失值的减少量。

例 2.3-3： 试计算例 2.3-1 中咨询公司提供的补充信息价值。

解：

由公式（2.3-12）可计算咨询公司提供的补充信息价值

$$EVAI = E_{\tau} \{ E_{\theta \mid \tau} [Q(a(\tau), \theta)] \} - E(a_{opt})$$

从例 2.3-1 知

$$E(a_{opt}) = E(a_1) = 11000(元)$$
$$a(H_1) = a_1, \; a(H_2) = a_2$$

于是

$$\begin{aligned}
E_{\tau} \{ E_{\theta \mid \tau} [Q(a(\tau), \theta)] \} &= \sum_{i=1}^{2} \left\{ \sum_{j=1}^{2} [Q(a(H_i), \theta_j)] P(\theta_j \mid H_i) \right\} P(H_i) \\
&= \left\{ \sum_{j=1}^{2} [Q(a_1, \theta_j)] P(\theta_j \mid H_1) \right\} P(H_1) \\
&\quad + \left\{ \sum_{j=1}^{2} [Q(a_2, \theta_j)] P(\theta_j \mid H_2) \right\} P(H_2) \\
&= 14487.2 \times 0.78 + 0 \times 0.22 = 11300(元)
\end{aligned}$$

所以得出

$$EVAI = 11300 - 11000 = 300(元)$$

从以上有关完全信息和补充信息及其价值的定义和计算公式不难证明，任何补充信息价值都是非负的，且不超过完全信息价值，即

$$EVPI \geqslant EVAI \geqslant 0 \qquad (2.3-14)$$

式（2.3-14）说明，信息价值对于管理决策具有普遍意义，任何补充信息都不会降低决策方案的经济效益，而完全信息是最有价值的信息。

2.3.3 抽样贝叶斯决策

贝叶斯决策的关键是利用补充信息修正先验分布，使后验分布更加符合市场实际，从而提高决策质量。获取补充信息的主要途径是本节所要讨论的内容。在管理决策中，最常

用的获取补充信息的方法是抽样。用抽样方法修正先验分布的决策，称为抽样贝叶斯决策。

1. 抽样贝叶斯决策的基本方法

1）抽样贝叶斯决策的意义

设 $(\xi_1, \xi_2, \cdots, \xi_N)$ 为来自决策总体 ξ 的随机样本，为了描述总体 ξ 的性质，选择一个适当的统计量 X，称为决策统计量。在状态变量 θ 固定的条件下，决策统计量 X 的条件分布 $P(X = x \mid \theta)$ 称为抽样分布，决策统计量 X 的取值称为抽样信息值。利用抽样信息值作为补充信息值，去修正状态变量的先验分布，得到后验分布，再依据后验分布进行的贝叶斯决策，称为抽样贝叶斯决策。

2）抽样贝叶斯决策的步骤

抽样贝叶斯决策除了补充信息是靠抽样方法获取之外，其基本方法和步骤与一般贝叶斯决策相同，即按照验前分析、预验分析、验后分析和序贯分析四步骤进行。在多数情况下，抽样分布可以应用数理统计中的二项分布计算，根据不同条件，也可以应用泊松分布、正态分布等其他分布计算。

例 2.3-4： 某建材公司降价销售一批某种型号的装修建材，这种建材一箱100个，以箱为单位销售。已知这批建材每箱的废品率有三种可能，即0.20、0.10、0.05，其相应概率分别是0.5、0.3、0.2。假设该建材正品的市场价格为每箱100元，废品不值钱。该公司处理价格每箱为85元，遇到废品不予更换。某乡镇企业正需要购买这种建材，该企业应如何作出决策？如果该公司允许购买前从每箱中抽取4个建材进行检验，确定所含废品的个数，假定抽样是可放回的，该乡镇企业应如何作出决策？

解：

（1）首先作验前分析

设 a_1、a_2 分别表示该乡镇企业购买和不购买这批元件的可行方案，状态变量 θ_1、θ_2、θ_3 分别表示废品率为0.20、0.10、0.05，状态概率分别为

$$P(\theta_1) = 0.5, P(\theta_2) = 0.3, P(\theta_3) = 0.2$$

依据题意，设购买一箱处理建材所得正品建材比按市场价格购买同样数量正品建材少花的钱为收益值，方案 a_1 的收益值

$$q_{1j} = 100 \times (1 - \theta_j) - 85(元)(j = 1, 2, 3)$$

方案 a_2 的收益值 $q_{2j} = 0(j = 1, 2, 3)$。于是，收益矩阵

$$Q = (q_{ij})_{2 \times 3} = \begin{bmatrix} -5 & 5 & 10 \\ 0 & 0 & 0 \end{bmatrix}$$

各方案的期望收益值分别为

$$E(a_1) = \sum_{j=1}^{3} q_{1j} P(\theta_j) = -5 \times 0.5 + 5 \times 0.3 + 10 \times 0.2 = 1$$

$$E(a_2) = 0$$

因此，验前最满意方案 $a_{\text{opt}} = a_1$，即应该购买这批处理建材。

（2）再作验后分析

设 $X =$ "抽取4个建材中所含废品的个数"，则由二项分布计算公式知

$$P(X = k \mid \theta_j) = C_4^k \theta_j^k (1 - \theta_j)^{4-k} (k = 0, 1, 2, 3, 4; j = 1, 2, 3)$$

当 $X = 0$，即抽取的 4 个建材中没有废品时

$$P(X = 0 \mid \theta_1) = C_4^0 \times 0.2^0 \times 0.8^4 = 0.4096$$

$$P(X = 0 \mid \theta_2) = C_4^0 \times 0.1^0 \times 0.9^4 = 0.6561$$

$$P(X = 0 \mid \theta_3) = C_4^0 \times 0.05^0 \times 0.95^4 = 0.8145$$

于是

$$P(X = 0) = \sum_{j=1}^{3} P(\theta_j) P(X = 0 \mid \theta_j)$$

$$= 0.5 \times 0.4096 + 0.3 \times 0.6561 + 0.2 \times 0.8145 = 0.5645$$

求得后验概率

$$P(\theta_1 \mid X = 0) = \frac{P(\theta_1) P(X = 0 \mid \theta_1)}{P(X = 0)} = \frac{0.5 \times 0.4096}{0.5645} = 0.3628$$

同理

$$P(\theta_2 \mid X = 0) = \frac{0.3 \times 0.6561}{0.5645} = 0.3487$$

$$P(\theta_3 \mid X = 0) = \frac{0.2 \times 0.8145}{0.5645} = 0.2886$$

因此

$$E_{\theta \mid X = 0}(a_1) = \sum_{j=1}^{3} q_{1j} P(\theta_j \mid X = 0)$$

$$= -5 \times 0.3628 + 5 \times 0.3487 + 10 \times 0.2886 = 2.8155$$

同理

$$E_{\theta \mid X = 0}(a_2) = \sum_{j=1}^{3} q_{2j} P(\theta_j \mid X = 0) = 0$$

最满意方案 $a(X = 0) = a_1$，即应该购买这批建材。

同样，当 $X = 1$，即抽取 4 个建材发现 1 个废品时，求得

$$P(X = 1 \mid \theta_1) = C_4^1 \times 0.2^1 \times 0.8^3 = 0.4096$$

$$P(X = 1 \mid \theta_2) = C_4^1 \times 0.1^1 \times 0.9^3 = 0.2916$$

$$P(X = 1 \mid \theta_3) = C_4^1 \times 0.05^1 \times 0.95^3 = 0.1715$$

于是

$$P(X = 1) = \sum_{j=1}^{3} P(\theta_j) P(X = 1 \mid \theta_j) = 0.3266$$

后验概率

$$P(\theta_1 \mid X = 1) = \frac{P(\theta_1) P(X = 1 \mid \theta_1)}{P(X = 1)} = 0.6271$$

$$P(\theta_2 \mid X = 1) = 0.2679, \quad P(\theta_3 \mid X = 1) = 0.1050$$

因此

$$E_{\theta \mid X = 1}(a_1) = \sum_{j=1}^{3} q_{1j} P(\theta_j \mid X = 1) = -0.7460$$

$$E_{\theta \mid X = 1}(a_2) = \sum_{j=1}^{3} q_{2j} P(\theta_j \mid X = 1) = 0$$

最满意方案 $a(X=1)=a_2$，即不应该购买这批建材。

显然，当 $X>1$ 时，就更不该购买这批处理建材了。

综上所述，当 $X=0$，即抽取 4 个建材中不含废品时，应该采取方案 a_1，购买处理建材；当 $X \geqslant 1$，即抽取 4 个建材中含有 1 个或 1 个以上废品时，应该采取方案 a_2，不应该购买处理建材。

2. 抽样的信息值和最佳样本量

1）抽样的信息价值（EVSI）

用抽样方法得到的信息，其价值称为抽样信息价值（Expected Valueof Sampling Information，EVSI）。由前述的补充信息价值计算公式，容易推出抽样信息价值的计算公式的如下三种形式。

$$EVSI = E_X \{ E_{\theta|X} [Q(a(X)，\theta) - Q(a_{opt}，\theta)] \} \tag{2.3-15}$$

式中，X 表示抽样信息值；$a(X)$ 表示掌握了抽样信息值 X 后的最满意行动方案；式（2.3-15）表示抽样信息价值等于全部抽样信息值的价值的期望收益值。

$$EVSI = E_X \{ E_{\theta|X} [Q(a(X)，\theta)] \} - E(a_{opt}) \tag{2.3-16}$$

式（2.3-16）表示抽样信息价值等于掌握了抽样信息前后期望收益值的增加量。

$$EVSI = E[R(a_{opt}，\theta)] - E_X \{ E_{\theta|X} [R(a(X)，\theta)] \} \tag{2.3-17}$$

式（2.3-17）表示抽样信息价值等于掌握了抽样信息前后期望损失值的减少量。

2）抽样成本和抽样净收益

在抽样贝叶斯决策中，抽样所支付的费用称为抽样成本（Cost of Sampling，CS）。由于抽样成本是样本量 N 的函数，抽样成本常记为 $CS(N)$。当 $N \neq 0$ 时，抽样成本 $CS(N)$ 分为固定成本 C_f 和可变成本 $C_v N$，其中 C_v 为单位可变成本。于是，抽样成本为

$$CS(N) = C_f + C_v N (N \geqslant 1) \tag{2.3-18}$$

同样，抽样信息价值也是样本量 N 的函数：记为 $EVSI(N)$。抽样信息价值与抽样成本之差，称为抽样净收益值（Expected Net Gain from Sampling，ENGS）。由于抽样净收益值 $ENGS$ 也是样本量 N 的函数，故有

$$ENGS(N) = EVSI(N) - CS(N) \tag{2.3-19}$$

抽样净收益值 $ENGS(N)$ 将确定抽样调查工作的必要性。当 $ENGS(N)>0$ 时，抽样分析给决策带来正效益，应该支持抽样结果。反之，当 $ENGS(N) \leqslant 0$ 时，抽样分析给决策带来负效益，应否定抽样结果。

3）最佳样本量

一般情况下样本数量越大效果越好，但抽样成本也高。所以，应该选择使 $ENGS(N)$ 取最大值的样本量 N，即使 $ENGS(N)$ 达到最大值的样本量 N 的非负整数，称为最佳样本量，记作 N^*。如果最佳样本量 N^* 存在若干个，则取其中最小的一个。根据前述有关定义和公式，可以获得：

$$N < \frac{EVSI - C_f}{C_v} \tag{2.3-20}$$

该公式给出了样本量 N 的取值范围，在此范围内，找到有限个 N 值，分别计算相应的 $ENGS(N)$ 值，并列表比较，从中找出最大值 $ENGS(N^*)$，从而求得最佳样本量 N^*。

2.3.4 贝叶斯决策原则

1. 贝叶斯决策法则

贝叶斯决策过程实际上就是一种补充信息值对应最满意行动方案的法则。一般地，从补充信息值 τ（或 H）的集合到行动方案 a 的集合的单值对应称为贝叶斯决策法则。记作

$$a = \delta(\tau) \text{ 或 } a = \delta(H)$$

如在例 2.3-1 中，补充信息值集 $\{H_1, H_2\}$ 到行动方案集 $\{a_1, a_2\}$ 的对应贝叶斯法则共有 $2^2 = 4$ 个，即

$$\delta_1(H) = a_1, H = H_1 \text{ 或 } H_2$$

$$\delta_2(H) = \begin{cases} a_1, & H = H_1 \\ a_2, & H = H_2 \end{cases}$$

$$\delta_3(H) = \begin{cases} a_2, & H = H_1 \\ a_1, & H = H_2 \end{cases}$$

$$\delta_4(H) = a_2, H = H_1 \text{ 或 } H_2$$

一般地，若某决策问题有 m 个行动方案，n 个补充信息值，则贝叶斯决策法则共有 m^n 个。在这 m^n 个贝叶斯法则中，通过某一原则，选出其中最佳者，称为最佳贝叶斯决策法则。

2. 贝叶斯风险

设贝叶斯决策法则 $\delta(\tau)$，对于状态变量 θ 的任一值，当补充信息值 τ 确定后，行动方案 $a = \delta(\tau)$ 也就随之确定，则对应的损失值为 $R[\delta(\tau), \theta]$。显然，损失值越小，决策法则越优。为了给出一个评价贝叶斯决策法则 δ 优劣的标准，对任一状态变量值 θ，取损失值 $R[\delta(\tau), \theta]$ 对所有补充信息值 τ 的数学期望，作为评价指标。在状态值 θ 下，损失值 $R[\delta(\tau), \theta]$ 对补充信息 τ 的数学期望，称为贝叶斯决策法则 δ 的风险函数，记作

$$\rho(\delta, \theta) = E_{\tau|\theta}\{R[\delta(\tau), \theta]\} \tag{2.3-21}$$

类似地，在抽样信息情况下，风险函数可以记为

$$\rho(\delta, \theta) = E_{X|\theta}\{R[\delta(X), \theta]\} \tag{2.3-22}$$

这表示风险函数 $\rho(\delta, \theta)$ 是在状态值 θ 下，贝叶斯决策法则 δ 对全部补充信息值的平均损失。

风险函数 $\rho(\delta, \theta)$ 仍是状态变量 θ 的函数。一个最佳贝叶斯决策法则，应该对于所有状态值 θ，其平均风险函数值最小。为此，引入贝叶斯风险的概念。

设贝叶斯决策法则为 δ，则风险函数 $\rho(\delta, \theta)$ 对状态 θ 的数学期望，称为贝叶斯决策法则 δ 的贝叶斯风险，记作

$$B(\delta) = E_\theta[\rho(\delta, \theta)] \tag{2.3-23}$$

应该指出，贝叶斯风险 $B(\delta)$ 是一个常数，表示贝叶斯决策法则 δ 对一切补充信息值 τ 和状态值 θ 的平均损失值。

3. 贝叶斯原则

以贝叶斯风险作为评价贝叶斯决策法则优劣的原则，称为贝叶斯原则。在贝叶斯原则下，贝叶斯风险最小的决策法则称为最佳贝叶斯决策法则。

例 2.3-5：在例 2.3-1 中，试求各贝叶斯决策法则的贝叶斯风险以及贝叶斯原则下的

最佳决策法则。

解：

如前所述，该问题有四个贝叶斯决策法则，即 $\delta_k(H)(k=1,2,3,4)$，其损失矩阵为

$$R=(r_{ij})_{2\times 2}=\begin{bmatrix} 0 & 5000 \\ 15000 & 0 \end{bmatrix}$$

并且

$$P(\theta_1)=0.8,\ P(\theta_2)=0.2$$
$$P(H_1\mid\theta_1)=0.95,\ P(H_2\mid\theta_1)=0.05$$
$$P(H_1\mid\theta_2)=0.10,\ P(H_2\mid\theta_2)=0.90$$

对于贝叶斯决策法则

$$\delta_1(H)=a_1$$

当 $H=H_1$ 或 $H=H_2$ 时风险函数

$$\rho(\delta_1,\theta_1)=E_{H\mid\theta_1}\{R[\delta_1(H),\theta_1]\}=E_{H\mid\theta_1}[R(a_1,\theta_1)]$$
$$=R(a_1,\theta_1)P(H_1\mid\theta_1)+R(a_1,\theta_1)P(H_2\mid\theta_1)$$
$$=0\times 0.95+0\times 0.05=0$$
$$\rho(\delta_1,\theta_2)=E_{H\mid\theta_2}\{R[\delta_1(H),\theta_2]\}=E_{H\mid\theta_2}[R(a_1,\theta_2)]$$
$$=R(a_1,\theta_2)P(H_1\mid\theta_2)+R(a_1,\theta_2)P(H_2\mid\theta_2)$$
$$=5000\times 0.10+5000\times 0.90=5000$$

于是，由公式（2.3-23）可求得贝叶斯决策法则 δ_1 的贝叶斯风险

$$B(\delta_1)=E_\theta[\rho(\delta_1,\theta)]=\rho(\delta_1,\theta_1)P(\theta_1)+\rho(\delta_1,\theta_2)P(\theta_2)=0\times 0.8+5000\times 0.2=1000$$

同样，可计算其余贝叶斯决策法则 δ_2、δ_3、δ_4 的贝叶斯风险。

对于

$$\delta_2(H)=\begin{cases} a_1, & H=H_1 \\ a_2, & H=H_2 \end{cases}$$
$$有\ B(\delta_2)=700$$

对于

$$\delta_3(H)=\begin{cases} a_2, & H=H_1 \\ a_1, & H=H_2 \end{cases}$$
$$有\ B(\delta_3)=12300$$

对于

$$\delta_4(H)=a_2,\ H=H_1\ 或\ H_2$$
$$有\ B(\delta_3)=12000$$

于是

$$\min[B(\delta_1),B(\delta_2),B(\delta_3),B(\delta_1)]=B(\delta_2)=700$$

因此，贝叶斯原则下最佳贝叶斯决策法则为 δ_2，即当市场预测畅销时经营该产品，当市场预测滞销时不经营该产品。这与例 2.3-1 贝叶斯决策的结论完全一致。

2.3.5 贝叶斯决策分析应用

1. 钢结构企业智能化生产线引进方案决策

问题描述：某钢结构生产企业为开发生产某种 MIC 建筑的钢结构，计划引进添置智能化生产线。根据市场调查确定有三种方案可供选择：引进第一类智能化生产线（a_1）、引进第二类智能化生产线（a_2）、引进第三类智能化生产线（a_3）。建筑市场对该种 MIC 钢结构的需求状态也有三种：需求量大（θ_1）、需求量一般（θ_2）、需求量小（θ_3）。根据市场预测，三种智能化生产线引进方案在三种不同的建筑市场需求状态下，该企业的收益（单位：万元）通过收益矩阵表示如下：

$$Q = (q_{ij})_{3\times3} = \begin{bmatrix} 500 & 200 & -200 \\ 300 & 250 & -100 \\ 100 & 100 & 100 \end{bmatrix}$$

其中，$q_{ij}(i,j=1,2,3)$ 表示方案 a_i 在需求状态 θ_j 下的收益值。根据有关历史资料或数据，该种 MIC 建筑钢结构面对以上三种需求状态的概率分别为：$P(\theta_1) = 0.3$，$P(\theta_2) = 0.4$，$P(\theta_3) = 0.3$。为使该种 MIC 建筑钢结构的开发产销对路，该企业利用试销法作市场调查，在市场需求状态 θ_j 的条件下，调查结果值 H_i 的条件概率 $P(H_i \mid \theta_j)(i,j=1,2,3)$ 如表 2.3-1 所示，H_1、H_2、H_3 分别表示调查结果值为需求量大、需求量一般、需求量小。试对该钢结构生产企业的 MIC 建筑钢结构产品开发方案进行决策分析。

试销调查结果　　　　　　　　　　　　　　　　　　表 2.3-1

$P(H_i \mid \theta_j)$（条件概率）　θ_j（状态） H_i（调查结果）	θ_1	θ_2	θ_3
H_1	0.6	0.2	0.2
H_2	0.3	0.5	0.2
H_3	0.1	0.3	0.6

解：

1）验前分析

设本问题的收益矩阵：$Q = (q_{ij})_{3\times3}$

验前状态概率向量：$P = (p_1, p_2, p_3)^T = (0.3, 0.4, 0.3)^T$

行动方案向量：$A = (a_1, a_2, a_3)^T$

由风险决策的期望值准则，求得

$$E(A) = [E(a_1), E(a_2), E(a_3)]^T = QT = \begin{bmatrix} 500 & 200 & -200 \\ 300 & 250 & -100 \\ 100 & 100 & 100 \end{bmatrix} \begin{bmatrix} 0.3 \\ 0.4 \\ 0.3 \end{bmatrix} = (170, 160, 100)^T$$

由于 $a_1 > a_2 > a_3$，因此，验前最满意方案为 $a_{\text{opt}} = a_1$，即投资引进第一类智能化生产线，且最大期望收益值：$E_1 = E(a_1) = 170.0$（万元）

2）预验分析

由全概率公式（2.3-1），分别求出各需求状态调查结果值 $H_i(i=1,2,3)$ 的概率，即

$$P(H_1) = \sum_{j=1}^{3} P(\theta_j)P(H_1 \mid \theta_j) = 0.3 \times 0.6 + 0.4 \times 0.2 + 0.3 \times 0.2 = 0.32$$

$$P(H_2) = 0.35, P(H_3) = 0.33$$

再由贝叶斯公式（2.3-2）计算出

$$P(\theta_1 \mid H_1) = \frac{P(\theta_1)P(H_1 \mid \theta_1)}{P(H_1)} = \frac{0.3 \times 0.6}{0.32} = 0.56$$

$$P(\theta_2 \mid H_1) = 0.25, P(\theta_3 \mid H_1) = 0.19$$

$$P(\theta_1 \mid H_2) = 0.26, P(\theta_2 \mid H_2) = 0.57, P(\theta_3 \mid H_2) = 0.17$$

$$P(\theta_1 \mid H_3) = 0.09, P(\theta_2 \mid H_3) = 0.36, P(\theta_3 \mid H_3) = 0.55$$

于是，后验分布矩阵为

$$\begin{array}{c} \quad P(\theta_1 \mid H_i) \quad P(\theta_2 \mid H_i) \quad P(\theta_3 \mid H_i) \\ \begin{matrix} H_1 \\ H_2 \\ H_3 \end{matrix} \begin{bmatrix} 0.56 & 0.25 & 0.19 \\ 0.26 & 0.57 & 0.17 \\ 0.09 & 0.36 & 0.55 \end{bmatrix} \end{array}$$

当市场调查值 $H = H_1$，即市场调查结果表示该种 MIC 建筑钢结构产品需求量大时，用事件 H_1 发生的后验分布替代先验分布，计算各方案的期望收益值：

$$E(a_1 \mid H_1) = \sum_{j=1}^{3} q_{1j}P(\theta_j \mid H_1)$$

$$= 0.56 \times 50 + 0.25 \times 20 + 0.19 \times (-20) = 292(万元)$$

$$E(a_2 \mid H_1) = \sum_{j=1}^{3} q_{2j}P(\theta_j \mid H_1) = 215(万元)$$

$$E(a_3 \mid H_1) = \sum_{j=1}^{3} q_{3j}P(\theta_j \mid H_1) = 100(万元)$$

因此，最大期望收益值

$$E(a_{\mathrm{opt}} \mid H_1) = \max[E(a_1 \mid H_1), E(a_2 \mid H_1), E(a_3 \mid H_1)] = \widetilde{E}_1 = 292(万元)$$

当市场调查值 $H = H_1$ 时，最满意方案为 a_1，即

$$a_{\mathrm{opt}}(H_1) = a_1$$

应该选择引进第一类智能化生产线的投资方案。

同样，当市场调查值 $H = H_2$，即市场调查表示该种 MIC 建筑钢结构产品需求量一般时，用后验分布计算各方案的期望收益值

$$E(a_1 \mid H_2) = \sum_{j=1}^{3} q_{1j}P(\theta_j \mid H_2) = 210(万元)$$

$$E(a_2 \mid H_2) = 203.5(万元)$$

$$E(a_3 \mid H_2) = 100(万元)$$

因此，最大期望收益值

$$E(a_{\mathrm{opt}} \mid H_2) = \max[E(a_1 \mid H_2), E(a_2 \mid H_2), E(a_3 \mid H_2)] = \widetilde{E}_2 = 210(万元)$$

当市场调查值 $H = H_2$ 时，最满意方案为 a_1，即 $a_{\mathrm{opt}}(H_2) = a_1$

仍应该引进第一类智能化生产线大型设备。

当市场调查值 $H = H_3$，即市场调查表示该种 MIC 建筑钢结构产品需求量小时，用后

验分布计算各方案的期望收益值

$$E(a_1 \mid H_3) = \sum_{j=1}^{3} q_{1j}P(\theta_j \mid H_3) = 7(万元)$$

$$E(a_2 \mid H_3) = 62(万元)$$

$$E(a_3 \mid H_3) = 100(万元)$$

最大期望收益值

$$E(a_{\text{opt}} \mid H_3) = \max[E(a_1 \mid H_3), E(a_2 \mid H_3), E(a_3 \mid H_3)] = \widetilde{E}_3 = 100(万元)$$

故当市场调查值 $H = H_3$ 时，最满意方案为 a_3，即 $a_{\text{opt}}(H_3) = a_3$。

应该选择引进第三类智能化生产线的投资方案。

该钢结构生产企业通过市场调查所得的期望收益值

$$E_2 = \sum_{i=1}^{3} \widetilde{E}_i P(H_i) = 292 \times 0.32 + 210 \times 0.35 + 100 \times 0.33 = 199.9(万元)$$

而该钢结构生产企业在验前分析中，未通过市场调查可获得的最大期望收益值为 $E_1 = 170(万元)$。由此可见，通过市场调查，该企业的期望收益值增加了。

$$E = E_2 - E_1 = 199.9 - 170 = 29.9(万元)$$

只要市场调查费用不超过 $E = 29.9(万元)$，通过市场调查补充信息在经济上是可行的，应该进行市场调查。如果市场调查费用超过 $E = 29.9(万元)$，市场调查给企业将造成负效益，一般不宜进行市场调查。

上述计算过程，可以用图 2.3-1 和图 2.3-2 所示决策树来表示，在图上进行各对应步骤的计算。

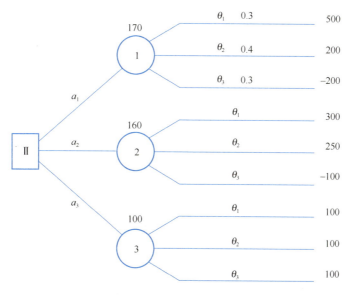

图 2.3-1 验前分析决策树

图 2.3-1 是图 2.3-2 的一部分，表示验前分析的情况。在图 2.3-2 中，决策点Ⅱ处注明的期望收益值 170 万元，就是按图 2.3-1 计算而得的。在图 2.3-2 中，状态点⑥、⑦、⑨、⑩、⑫、⑬省略了步骤，只是将数值直接标注在状态分枝上。

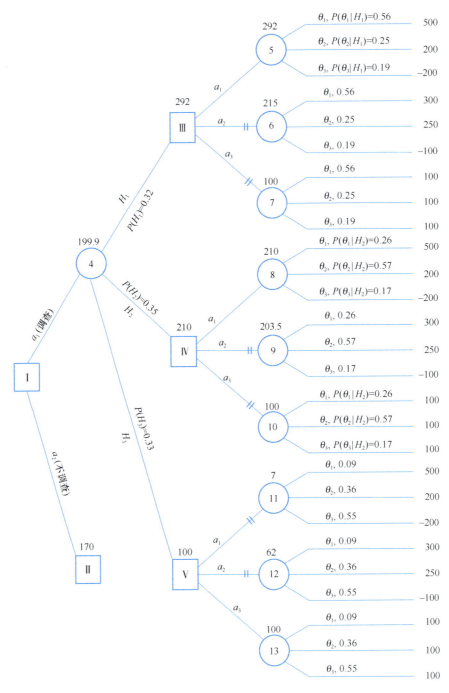

图 2.3-2　预验分析决策树

3）验后分析

验后分析是把调查信息和验前信息结合起来，修正状态变量的先验分布，得到后验分布，并以此计算在调查信息值发生的条件下，各可行方案的期望收益值，比较得到最满意的决策方法。这一计算过程预验分析已经完成。

以上决策分析说明，如果针对该种 MIC 建筑钢结构产品的市场调查经费不超过 29.9

万元，应该进行市场调查，从而使该钢结构生产企业的钢结构产品开发决策取得较好的经济效益。如果市场调查费超过 29.9 万元，就不应作市场调查。该企业进行市场调查，如果调查结果是该种钢结构产品需求量大，应该选择投资方案 a_1，即引进第一类智能化生产线，企业可以获得期望收益值 292 万元；如果调查结果是该种钢结构产品需求量一般，仍应该引进第一类智能化生产线，可以获得期望收益值 210 万元；如果调查结果是该种钢结构产品需求量小，则应该引进第三类智能化生产线，可以获得期望收益值 100 万元。

2. 抽样贝叶斯决策

问题描述：某个工程项目采用抹灰机器人进行建筑墙面施工，以 800m² 的墙面为一验收节点。根据有关统计资料分析，每平方米墙面的抹灰达不到要求的返工率及其相应的概率如表 2.3-2 所示。每平方米返工时需要的成本为 15 元。为了减少机器人抹灰墙面的返工率，为此，项目部拟利用某种改造措施来改进机器人，可使每平方米墙面的抹灰返工率降到最低为 0.02，但每 800m² 需要的技术改造费为 500 元。进行技术改造之后，验收时采取抽样检验，抽取 20m² 发现 1m² 需要返工。试对该工程项目是否应该采取技术改造措施提升抹灰机器人作出决策分析。

抹灰返工率及其相应的概率

表 2.3-2

状态 θ_j（返工率）	$\theta_1 = 0.02$	$\theta_2 = 0.05$	$\theta_3 = 0.10$	$\theta_4 = 0.15$	$\theta_5 = 0.20$
概率 $P(\theta_j)$	0.40	0.30	0.15	0.10	0.05

解：

1）验前分析

设 a_1、a_2 分别表示不采取和采取对抹灰机器人的技术改造措施。先验状态变量的概率向量为

$$P = (0.40, 0.30, 0.15, 0.10, 0.05)^T$$

由所给出的条件，方案 a_1 在各状态下的收益值

$$Q(a_1, \theta_j) = q_{1j} = -15 \times 800 \, \theta_j \, (j = 1, 2, \cdots, 5)$$

方案 a_2 在各状态下的收益值

$$Q(a_2, \theta_j) = q_{2j} = -15 \times 800 \times 0.02 - 500 = -740(元)(j = 1, 2, \cdots, 5)$$

于是，收益矩阵

$$Q = (q_{ij})_{2 \times 5} = \begin{bmatrix} -240 & -600 & -1200 & -1800 & -2400 \\ -740 & -740 & -740 & -740 & -740 \end{bmatrix}$$

相应的损失矩阵

$$R = (r_{ij})_{2 \times 5} = \begin{bmatrix} 0 & 0 & 460 & 1060 & 1660 \\ 500 & 140 & 0 & 0 & 0 \end{bmatrix}$$

方案 a_1、a_2 的期望损失值

$$E[R(a_1, \theta)] = \sum_{j=1}^{5} r_{1j} P(\theta_j)$$

$$= 0 \times 0.4 + 0 \times 0.3 + 460 \times 0.15 + 1060 \times 0.10 + 1660 \times 0.05 = 258(元)$$

$$E[R(a_2, \theta)] = \sum_{j=1}^{5} r_{2j} P(\theta_j)$$

$$= 500 \times 0.4 + 140 \times 0.3 + 0 \times 0.15 + 0 \times 0.10 + 0 \times 0.05 = 242(元)$$

因此，验前最满意行动方案 $a_{opt} = a_2$，即采取提升机器人的技术改造措施。

2）预验分析

利用二项分布计算抽样分布，设统计量 X 表示抽取 20 个零件中发现次品的个数，"$X=1$" 表示抽取 20 个零件中发现一个次品。由数理统计知识计算条件概率。例如，当 $P(\theta_2) = 0.05$ 时，条件概率为

$$P(X=1 \mid \theta_2) = C_{20}^1 0.05 (0.95)^{19} = 0.3773$$

同样，可求出其余状态下的条件概率

$$P(X=1 \mid \theta_j) \ (j=1, 3, 45)$$

将上述结果置入后验概率计算表 2.3-3 的第 3 列，再分别计算各状态下的概率乘积

$$P(\theta_j) P(X=1 \mid \theta_j)(j=1, 2, 3, 4, 5)$$

例如，$P(\theta_2)P(X=1 \mid \theta_2) = 0.30 \times 0.3773 = 0.11319$，并将计算结果置于表 2.3-3 的第 4 列，由全概率公式，得

$$P(X=1) = \sum_{j=1}^{5} P(\theta_j) P(X=1 \mid \theta_j) = 0.27927$$

而后验概率

$$P(\theta_j \mid X=1) = \frac{P(\theta_j)P(X=1 \mid \theta_j)}{P(X=1)}(j=1, 2, \cdots, 5)$$

例如

$$P(\theta_2 \mid X=1) = \frac{0.11319}{0.27927} = 0.40531$$

同样，可得其余状态下的后验概率，并置于表 2.3-3 的第 5 列。

条件概率 表 2.3-3

(1) 次品率 θ_j	(2) 验前概率 $P(\theta_j)$	(3) 条件概率 $P(X=1 \mid \theta_j)$	(4) 概率乘积 $P(\theta_j)P(X=1 \mid \theta_j)$	(5) 后验概率 $P(\theta_j \mid X=1)$
0.02	0.40	0.2725	0.10900	0.39030
0.05	0.30	0.3773	0.11319	0.40531
0.10	0.15	0.2701	0.04052	0.14509
0.15	0.10	0.1368	0.14509	0.04899
0.20	0.05	0.0577	0.04899	0.01031
Σ	1.00	—	$P(X=1)=0.27927$	1.00000

因此，方案 a_1 和 a_2 的期望损失值为

$$E_{\theta \mid X=1}[R(a_1, \theta)] = \sum_{j=1}^{5} r_{1j} P(\theta_j \mid X=1)$$

$$= 0 \times 0.39030 + 0 \times 0.40531 + 460 \times 0.14509 + 1060$$

$$\times 0.04899 + 1660 \times 0.01031$$

$$= 135.79(元)$$

$$E_{\theta|X=1}[R(a_2, \theta)] = \sum_{j=1}^{5} r_{2j}P(\theta_j \mid X = 1)$$
$$= 500 \times 0.39030 + 140 \times 0.40531 + 0 \times 0.14509 + 0$$
$$\times 0.04899 + 0 \times 0.01031$$
$$= 251.89(\vec{\pi})$$

由此可知，验后最满意方案 $a(X = 1) = a_1$，即不采取机器人的技术改进措施，其结论与验前分析相反。

思考与练习题

1. 解释下列名词和符号。

（1）验前分析；

（2）预验分析；

（3）验后分析；

（4）序贯分析；

（5）EVSI；

（6）ENGS。

2. 某厂家试制某新产品准备投产。有两种可行方案，大批量投产（a_1）和不投产（a_2）。根据统计资料，新产品的销售状态和收益如表 2.3-4 所示。由于滞销亏损较大，厂家考虑采取试销法。试销费用 60 万元。根据过去资料，试销对市场情况估计的可靠程度如表 2.3-5 所示，对此问题：①作出贝叶斯决策分析，并画出决策树图。②求 EVPI 和 EVAI。

销售状态和收益　　　　　　　　　　　　　　表 2.3-4

q_{ij}（百万元）（收益）　θ_j（状态）　　a_i（方案）	θ_1（畅销）$P(\theta_1) = 0.25$	θ_2（一般）$P(\theta_2) = 0.30$	θ_3（滞销）$P(\theta_3) = 0.45$
a_1	15	1	−6
a_2	0	0	0

估计的可靠程度　　　　　　　　　　　　　　表 2.3-5

q_{ij}（百万元）（可靠程序）　θ_j（状态）　　a_i（调查情况）	θ_1（畅销）$P(\theta_1) = 0.25$	θ_2（一般）$P(\theta_2) = 0.30$	θ_3（滞销）$P(\theta_3) = 0.45$
H_1（畅销）	0.65	0.25	0.10
H_2（一般）	0.25	0.45	0.15
H_3（滞销）	0.10	0.30	0.75

3. 某公司经营某种商品，可以采取的经营方案有三种：a_1（大批量）、a_2（中批量）、a_3（小批量）。市场销售状态有三种：θ_1（畅销）、θ_2（一般）、θ_3（滞销）。其收益矩阵（单位：万元）为

$$Q = (q_{ij})_{3 \times 3} = \begin{bmatrix} 100 & 30 & -60 \\ 50 & 40 & -20 \\ 10 & 9 & 6 \end{bmatrix}$$

已知市场销售状态概率 $P(\theta_1) = 0.2$，$P(\theta_2) = 0.5$，$P(\theta_3) = 0.3$。该公司进行市场预测，其似然分布矩阵为

$$\begin{array}{cccc} & P(H_i \mid \theta_1) & P(H_i \mid \theta_2) & P(H_i \mid \theta_3) \\ H_1 & \begin{bmatrix} 0.80 & 0.20 & 0.02 \\ H_2 \\ 0.15 & 0.70 & 0.08 \\ H_3 \\ 0.05 & 0.10 & 0.90 \end{bmatrix} \end{array}$$

其中，H_1、H_2、H_3 分别表示预测值畅销、一般、滞销。市场预测费用为 5 万元。对此问题：

① 计算 EVPI。

② 计算 EVAI，并判断是否进行市场预测。

③ 画出决策树图。

4. 某石油公司考虑在某地钻井，结果可能出现三种情况：无油（θ_1）、少油（θ_2）、多油（θ_3）。石油公司估计三种状态出现的可能性是：$P(\theta_1) = 0.5$，$P(\theta_2) = 0.3$，$P(\theta_3) = 0.2$。钻井费用 7 万元。如果出油少，可收入 12 万元；如果出油多，可收入 27 万元。为了进一步了解地质构造情况，可进行勘探，其结果有三种：构造较差（H_1），构造一般（H_2），构造良好（H_3）。根据过去的经验。地质构造和油井出油关系如表 2.3-6 所示，勘探费需要 1 万元。试问：

① 应该怎样根据勘探结果决定是否钻井？

② 应先行勘探、还是不勘探直接钻井？

地质构造和油井出油关系　　　　　　　　　　　　　　　　表 2.3-6

$P(H_i \mid \theta_j)$ （关系分布） H_i（勘探情况） θ_j（状态）	θ_1 $P(\theta_1) = 0.5$	θ_2 $P(\theta_2) = 0.3$	θ_3 $P(\theta_3) = 0.2$
H_1	0.6	0.3	0.1
H_2	0.3	0.4	0.4
H_3	0.1	0.3	0.5

5. 有两类外表相同的盒子，甲类盒子只有一个。其中装有 80 个红球，20 个白球；乙类盒子共有三个，每个盒子装有 20 个红球，80 个白球。今从中任取一盒，请猜是哪类盒子。猜中得 1 元，猜不中不得钱。如果允许从盒子中取出一个球，那么试进行：①抽样贝叶斯决策；②计算 EVSI。

6. 某公司生产的某产品成箱批发给商业部门，每 500 件装成一箱，每箱产品的次品率有三种，即 10%、20%、30%，相应的概率分别是 0.7、0.2、0.1。出厂前的检验方案有两种，一是整箱产品逐一检验（a_1），每件的检验费均为 0.1 元；二是整箱不检验（a_2），但商家必须承担更换次品费用，一件次品更换费用平均为 0.77 元。对此问题：

① 该公司应选择哪一种检验方案？

② 如果整箱产品逐一检验前，允许从每箱中抽取 10 件产品进行检验，设 $X=$ "其中所含次品个数"。试进行抽样贝叶斯决策分析。

③ 求出 EVSI。

2.4　多属性决策分析

决策问题往往涉及不同属性的多个指标。一般来说，多属性多指标的综合评价有两个显著特点，第一，是指标间的不可公度性，就是说多属性指标之间没有统一量纲，难以用同一标准进行评价；第二，某些指标之间存在一定的矛盾性，某一方案提高了这个指标值，却可能损害另一指标值。因此，应克服指标间不可公度的困难，协调指标间的矛盾性，综合评价要解决的问题。多属性决策方法，是解决此类问题的有力工具。本章将讨论多属性决策基本原理，几种常用的多属性决策方法及应用实例。

2.4.1　多属性决策分析概述

多属性决策是在两个或两个以上具有多个属性的有限备选方案中通过优劣排序选择一个最优方案的决策过程。

1. 多属性决策基本概念

多属性决策是现代决策科学的一个重要组成部分，它的理论和方法在工程设计、经济、管理和军事等诸多领域中有着广泛的应用，如：投资决策、项目评估、维修服务、武器系统性能评定、工厂选址、招标投标、产业部门发展排序和经济效益综合评价等。多属性决策的实质是利用已有的决策信息通过一定的方式对一组（有限个）备选方案进行排序或择优。

属性描述的是备选方案的特征品质和性能参数。而各个属性一般具有不同的单位，各个属性之间还有可能存在冲突。根据属性的多少，可以将决策划分为单属性决策和多属性决策两大类。单属性决策是只有一个属性的有限备选方案中选择最优方案的决策方法。多属性决策则是在两个或两个以上的具有多个属性的有限备选方案中通过优劣排序选择一个最优方案的决策过程。

多属性决策主要由两部门组成：①获取决策信息。决策信息一般包括两个方面的内容：属性权重和属性值（属性值主要有三个形式：实数、区间数和语言）。其中，属性权重的确定是多属性决策中的一个重要研究内容。②通过一定的方式对决策信息进行集结并对方案进行排序和择优。

多属性决策理论的发展可以追溯到 20 世纪 70 年代，当时主要的是基于数学和统计学的决策方法。随着计算机技术的不断发展，多属性决策理论逐渐与人工智能、机器学习等领域相结合，形成了更为复杂和高效的决策方法。

2. 多属性决策与多目标决策的区别

多属性决策指的是可供选择的备选方案（策略）为有限个，每个方案有有限个用于评价方案的目标（指标），决策者要对方案作出决策或对方案进行优劣排序。如果备选方案是连续无限的，则为多目标决策。

多属性决策用于解决离散型变量问题，适合方案的分析评价；多目标决策用于解决连续型变量问题，涉及系统建模和多目标规划求解问题。多属性决策，是指对多个方案在多个准则下的准则值进行集成并排序。多属性决策与多目标决策统称为多准则决策。

因此，有时多属性决策问题也称为有限个方案多目标决策问题，或称为离散型多目标决策问题，或综合评价问题。如投资项目决策、项目评估、方案优选、厂址选择、招标投标、产业部门发展排序、经济效益综合评价、人才的综合素质评价、技术进步水平综合评价、无形资产的评估、世界大学排名等都是这类决策问题，也是社会经济和生产运营中经常遇到的问题。

3. 多属性决策的特点和步骤

多属性决策理论和方法在工程、技术、经济、管理和军事等诸多领域中都有广泛的应用。通过多属性决策的涵义和上述描述，不难发现多属性决策问题具有以下四个特点：

（1）决策问题的目标及目标属性不只一个。例如，一个企业在经营过程中不仅要考虑产量尽可能多，还要考虑成本、产品性能等多个目标及目标属性。

（2）多属性决策问题的目标间不可公度（Non-Commensurable），即各目标没有统一的计量单位或者衡量标准，因此难以进行比较。例如，本科生可以用学分或绩点来考核其在校期间的学习情况，发电厂可以用年发电量（亿 kWh/年）或装机容量（万 kW）来描述其发电能力，这二者是没有统一标准的，即不可公度。而某个集装箱的大小只能用容积（m³）来表述，投资的多少则应该用货币（万元）表示，这两个是有统一标准的，即可公度。

（3）各目标间的矛盾性。如果多属性决策问题中，存在一个备选方案能使所有目标都达到最优，也就是说存在最优解，那么目标间的不可公度性就不成问题了，但是这种情况很少出现。换言之，大量存在的现象是各属性之间存在着某种矛盾，即存在着冲突——当采用一种方案改进某一个目标值的同时，很可能使另一个目标值不能够得到改善，甚至会使这个目标值变差。例如，某化工企业想拓展业务领域，意图收购某机械厂，但是拓展领域的同时可能会给企业短期效益造成损害，而且如果收购后经营不善很可能导致企业的亏损甚至倒闭。

（4）决策者的偏好不同导致决策结果不同。不同的决策者对同一个决策问题会有不同的看法，决策的结果也就有所不同。正所谓仁者见仁智者见智。

多属性决策，因其能对多个同属性备选方案进行综合有效决策进而成为国内外学者研究的热点。多属性决策方法解决问题一般包括以下基本步骤：

（1）目标确定：确定决策目标、备选方案和属性集合，特别是要关注效益性属性和成本性属性，以便确定决策矩阵。决策矩阵应该包含所有方案在所有属性上的表现信息。

（2）属性标准化：首先需要明确决策中所要考虑的属性或因素，并对其进行定义和分类，然后进行标准化。

（3）权重赋值：对于每个属性，需要给出一个权重值，以反映该属性在决策中的重要程度。权重值可以通过专家判断、统计分析或优化算法等方法得出。

（4）决策分析：运用适当的决策分析方法，如加权平均法、几何平均法、层次分析法等，对决策矩阵进行分析，以得出最优的决策方案。

（5）决策实施：根据得出的最优决策方案，进行相应的决策实施工作。

其中决定权重起到承上启下的作用，对决策结果有着重要的影响。对于客观权重的计算较为成熟，而主观权重却由于专家具备的不同知识、经验、偏好等容易造成偏差。

2.4.2 多属性决策指标体系

1. 指标体系的基本概念

生产运营系统规模大、因素多、层次结构复杂，要全面地、准确地评价系统的基本特征和要素之间的复杂关系，不可能仅通过单一指标实现，需要使用多个相互联系、相互作用的评价指标。这种由多个相互联系、相互依存的评价指标，按照一定层次结构组合而成，具有特定评价功能的有机整体，称为多属性决策的指标体系。

生产运营系统的多属性决策，通常设置以下几种类型的指标：

（1）经济性指标。包括产值、收入、成本、利润、税金、投资额、流动资金占有率、资金周转率、投资回收期、建设周期、进出口额、固定资产、劳动生产率等。

（2）社会性指标。包括人员素质、社会福利、社会教育、社会发展、就业机会、社会安定、生态环境、污染治理等。

（3）技术性指标。包括产品性能、产品寿命、产品质量、可靠性、安全性、工艺水平、设备水平、技术改造、技术引进、人员素质、管理水平等。

（4）资源性指标。包括矿产资源、水源、能源、土地、森林、人力等。

（5）政策性指标。包括国家和地方的政策、方针、法令、法规、计划、战略、措施等。

（6）基础设施指标。包括交通、通信、供水、供电、医疗设施等。

（7）其他指标。主要是指涉及特定决策系统的特有指标。例如，在动态投资系统决策中，设置含有时间因素的评价指标，如净现值、净现值率等。

对以上列举的每一个指标，又可以进一步分解为若干小类指标或分析指标。经过逐层分解，形成了指标树，构成指标体系。建立指标体系是一件政策性、技术性和技巧性很强的工作。同一生产运营系统，在不同时期、环境和决策主体的情况下，指标体系的设置常不相同。

2. 指标体系设置的原则

多属性决策指标体系设置应遵循以下基本原则：

（1）系统性原则。指标体系应该反映决策系统的整体性能和综合情况，指标体系的整体评价功能大于各分析指标的简单总和。

（2）可比性原则。决策分析是根据系统的整体属性和效用值的比较进行方案排序，可比性越强，决策结果的可信度越大。

（3）科学性原则。以科学理论为指导，以客观系统内部要素以及其间的本质联系为依据，定性和定量分析相结合，正确反映系统整体和内部相互关系的数量特征。

（4）实用性原则。决策指标涵义要明确，数据要规范，口径要一致，资料收集要可靠。决策模型设计要有可操作性，计算分析简便，结构模块化，计算程序化，便于在计算机上操作实现。

3. 决策指标的标准化

指标体系中各指标均有不同的量纲，例如，产值的单位为万元，产量的单位为万吨，投资回收期的单位为年等，给综合评价带来许多困难。将不同量纲的指标，通过适当的变换，化为无量纲的标准化指标，称为决策指标的标准化。

设有 n 个决策指标 $f_j(1 \leqslant j \leqslant n)$，$m$ 个可选方案 $a_i(1 \leqslant i \leqslant m)$，$m$ 个方案 n 个指标构成的矩阵为

$$X = (x_{ij})_{m \times n}$$

该矩阵被称为决策矩阵。

决策指标根据指标变化方向，大致可以分为两类，即效益型（正向）指标和成本型（逆向）指标。效益型指标具有越大越优的性质，成本型指标具有越小越优的性质。几种常用的指标标准化方法如下。

1) 向量归一化法

在决策矩阵 $X = (x_{ij})_{m \times n}$ 中，令

$$y_{ij} = \frac{x_{ij}}{\sqrt{\sum_{i=1}^{m} x_{ij}^2}} (1 \leqslant i \leqslant m, 1 \leqslant j \leqslant n) \tag{2.4-1}$$

则矩阵 $Y = (y_{ij})_{m \times n}$ 称为向量归一标准化矩阵。显然，矩阵 Y 的列向量其模等于 1，即 $\sum_{i=1}^{m} y_{ij}^2 = 1$。

经过向量归一化处理后，指标值均满足 $0 \leqslant y_{ij} \leqslant 1$。并且，正、逆向指标的方向没有发生变化，即正向指标归一化变换后，仍是正向指标；逆向指标归一化变换后，也仍是逆向指标。

2) 线性比例变换法

在决策矩阵 $X = (x_{ij})_{m \times n}$ 中，对于正向指标 f_j，取 $x_j^* = \max_{1 \leqslant i \leqslant m} x_{ij} \neq 0$，则

$$y_{ij} = \frac{x_{ij}}{x_j^*} (1 \leqslant i \leqslant m, 1 \leqslant j \leqslant n) \tag{2.4-2}$$

对于逆向指标取 f_j，取 $x_j^* = \min_{1 \leqslant i \leqslant m} x_{ij}$，则

$$y_{ij} = \frac{x_j^*}{x_{ij}} (1 \leqslant i \leqslant m, 1 \leqslant j \leqslant n) \tag{2.4-3}$$

矩阵 $Y = (y_{ij})_{m \times n}$ 称为线性比例标准化矩阵。

经过线性比例变换之后，标准化指标满足 $0 \leqslant y_{ij} \leqslant 1$。并且，正、逆向指标均化为正向指标，最优值为 1，最劣值为 0。

3) 极差变换法

在决策矩阵 $X = (x_{ij})_{m \times n}$ 中，对于正向指标 f_j，取 $x_j^* = \max_{1 \leqslant i \leqslant m} x_{ij}$，$x_j^o = \min_{1 \leqslant i \leqslant m} x_{ij}$，则

$$y_{ij} = \frac{x_{ij} - x_j^o}{x_j^* - x_j^o} (1 \leqslant i \leqslant m, 1 \leqslant j \leqslant n) \tag{2.4-4}$$

对于逆向指标 f_j，取 $x_j^* = \min_{1 \leqslant i \leqslant m} x_{ij}$，$x_j^o = \max_{1 \leqslant i \leqslant m} x_{ij}$，则

$$y_{ij} = \frac{x_j^o - x_{ij}}{x_j^o - x_j^*} (1 \leqslant i \leqslant m, 1 \leqslant j \leqslant n) \tag{2.4-5}$$

矩阵 $Y = (y_{ij})_{m \times n}$ 称为极差变换标准化矩阵。

经过极差变换之后，均有 $0 \leqslant y_{ij} \leqslant 1$。并且，正、逆向指标均化为正向指标，最优值

为 1，最劣值为 0。

4）标准样本变换法

在决策矩阵 $X = (x_{ij})_{m \times n}$ 中，令

$$y_{ij} = \frac{x_{ij} - \bar{x}_j}{s_j} (1 \leqslant i \leqslant m, 1 \leqslant j \leqslant n) \qquad (2.4\text{-}6)$$

式中，样本均值 $\bar{x}_j = \frac{1}{m} \sum_{i=1}^{m} x_{ij}$，样本均方差 $s_j = \sqrt{\frac{1}{m} \sum_{i=1}^{m} (x_{ij} - \bar{x}_j)^2}$。矩阵 $Y = (y_{ij})_{m \times n}$ 称为标准样本变换矩阵。

经过标准样本变换之后，标准化矩阵的样本均值为 0，方差为 1。

5）定性指标量化处理方法

在多属性决策指标体系中，有些指标是定性指标，只能作定性描述，例如，"可靠性""灵敏度""员工素质"等。对定性指标作量化处理，常用的方法是，将这些指标依问题性质划分为若干级别，分别赋以不同的量值。一般可以划分为五个级别，最优值 10 分，最劣值 0 分，其余级别赋以适当分值；也可以划分为其他级别和赋以其他的分值，方法类似，视具体情况而定。具体分值如表 2.4-1 所示。

具体分值 表 2.4-1

指标 \ 分值 \ 等级	很低	低	一般	高	很高
正向指标	1	3	5	7	9
逆向指标	9	7	5	3	1

例 2.4-1：某航空公司在国际市场上购买飞机，按 6 个决策指标对不同型号的飞机进行综合评价。这 6 个指标是，最大速度（f_1）、最大范围（f_2）、最大负载（f_3）、价格（f_4）、可靠性（f_5）、灵敏度（f_6）。现有 4 种型号的飞机可供选择，具体指标值如表 2.4-2 所示。写出决策矩阵，并进行标准化处理。

具体指标值 表 2.4-2

机型 a_i \ 指标 f_j	最大速度（马赫）	最大范围（km）	最大负载（kg）	费用（10^6 美元）	可靠性	灵敏度
a_1	2.0	1500	20000	5.5	一般	很高
a_2	2.5	2700	18000	6.5	低	一般
a_3	1.8	2000	21000	4.5	高	高
a_4	2.2	1800	20000	5.0	一般	一般

解：

在决策指标中，f_1、f_2、f_3 是正向指标，f_4 是逆向指标，f_5、f_6 是定性指标。按照表 2.4-1 的分级量化值，将 f_5、f_6 作量化处理，得到决策矩阵

$$X = (x_{ij})_{4\times6} = \begin{bmatrix} 2.0 & 1500 & 20000 & 5.5 & 5 & 9 \\ 2.5 & 2700 & 18000 & 6.5 & 3 & 5 \\ 1.8 & 2000 & 21000 & 4.5 & 7 & 7 \\ 2.2 & 1800 & 20000 & 5.0 & 5 & 5 \end{bmatrix}$$

根据不同的方法作标准化处理。

（1）向量归一化法。标准化矩阵为

$$Y = (y_{ij})_{4\times6} = \begin{bmatrix} 0.4671 & 0.3662 & 0.5056 & 0.5063 & 0.4811 & 0.6708 \\ 0.5839 & 0.6591 & 0.4550 & 0.5983 & 0.2887 & 0.3127 \\ 0.4204 & 0.4882 & 0.5308 & 0.4143 & 0.6736 & 0.5217 \\ 0.5139 & 0.4392 & 0.5056 & 0.4603 & 0.4811 & 0.3727 \end{bmatrix}$$

（2）线性比例变换法。标准化矩阵为

$$Y = (y_{ij})_{4\times6} = \begin{bmatrix} 0.80 & 0.56 & 0.95 & 0.82 & 0.71 & 1.00 \\ 1.00 & 1.00 & 0.86 & 0.69 & 0.43 & 0.56 \\ 0.72 & 0.74 & 1.00 & 1.00 & 1.00 & 0.78 \\ 0.88 & 0.67 & 0.95 & 0.90 & 0.71 & 0.56 \end{bmatrix}$$

（3）极差变换法。标准化矩阵为

$$Y = (y_{ij})_{4\times6} = \begin{bmatrix} 0.28 & 0 & 0.67 & 0.50 & 0.51 & 1.00 \\ 1.00 & 1.00 & 0 & 0 & 0 & 0 \\ 0 & 0.42 & 1.00 & 1.00 & 1.00 & 1.00 \\ 0.57 & 0.52 & 0.67 & 0.25 & 0.50 & 0 \end{bmatrix}$$

4. 决策指标权重的确定

在决策指标体系中，每个指标对实现系统目标和功能的重要程度各不相同。权重表示各指标的相对重要程度，或表示一种效益替换另一种效益的比例关系。合理确定和适当调整指标权重，体现了决策指标体系中，各评价因素轻重有度、主次有别，更能增加决策指标的可比性。确定指标权重的方法，通常可分为两类，即主观赋权法和客观赋权法。

（1）主观赋权法，是指根据主观经验和判断，用某种特定法则测算出指标权重的方法。

（2）客观赋权法，是指根据决策矩阵提供的评价指标的客观信息，用某种特定法则确定指标权重的方法。

主观赋权依赖经验和判断，难免带有一定主观性。客观赋权虽依据客观指标信息，但指标信息数据采集有时难免受到随机干扰，在一定程度上影响其真实可靠性。因此，两种赋权方法各有利弊，实际应用中应该有机结合，比如采取综合主观赋权值和客观赋权值的加权取值的办法。

围绕主观赋权法和客观赋权法，具体有下面几种确定指标权重的方法。

1）相对比较法

相对比较法是一种主观赋权法，将所有指标分别按行和列，构成一个正方形的表。根据三级比例标度，指标两两比较进行评价，并记入表中相应位置，再将各指标评分值按行求和，得到各指标评分总和，最后，进行归一化处理，求得各指标的权重系数。

设有 n 个决策指标 f_1，f_2，$\cdots$，f_n，按三级比例标度两两相对比较评分，其分值设为

a_{ij}。三级比例标度的涵义为

$$a = \begin{cases} 1, f_i \text{ 比} f_j \text{ 重要} \\ 0.5, f_i \text{ 和} f_j \text{ 同样重要} \\ 0, f_i \text{ 比} f_j \text{ 不重要} \end{cases}$$

评价构成矩阵 $A = (a_{ij})_{m \times n}$。显然，$a_{ii} = 0.5$，$a_{ij} + a_{ji} = 1$，指标 f_i 的权重系数。

$$\omega_i = \frac{\sum\limits_{j=1}^{n} a_{ij}}{\sum\limits_{i=1}^{n} \sum\limits_{j=1}^{n} a_{ij}} (i = 1, 2, \cdots, n) \tag{2.4-7}$$

使用相对比较法时，任意两个指标之间相对重要程度要有可比性。这种可比性在主观判断评分时，应满足比较的传递性，即 f_1 比 f_2 重要，f_2 比 f_3 重要，则 f_1 比 f_3 重要。如果主观评分中发现某些指标间不满足传递性，要及时对评分值进行适当的调整。

有时候多属性决策属性具有多层特性，即具有决策层、中间层（准则层）、属性层（指标层）。决策层指最终决策目的，而准则层指多属性或指标的类别，如经济属性、技术属性、社会属性等，而且需要考虑每类属性的不同重要性。此时，可采用 AHP 方法确定各属性的权重。可见，相对比较法是 AHP 法的一种特殊情况，即不考虑属性类别及其权重的情况。

例 2.4-2： 在例 2.4-1 的购买飞机问题中，用相对比较法确定 6 个决策指标的权重。

解：

列出表 2.4-3，按三级比例标度，两两比较给出评分值，并根据公式（2.4-7）计算各指标的权重 $\omega_i (i = 1, 2, \cdots, 6)$，结果列于表 2.4-3 的最后一列。

决策指标的权重　　　　　　　　　　　　　　　　　表 2.4-3

评分值a_{ij}＼指标f_i ＼ 指标f_i	f_1	f_2	f_3	f_4	f_5	f_6	评分总计	权重 w_i
f_1	0.5	1	1	1	0.5	0	4	0.22
f_2	0	0.5	0.5	0.5	0	0	1.5	0.08
f_3	0	0.5	0.5	0.5	0	0	1.5	0.08
f_4	0	0.5	0.5	0.5	0	0	1.5	0.08
f_5	0.5	1	1	1	0.5	0	4	0.22
f_6	1	1	1	1	1	0.5	5.5	0.31

2）连环比率法

连环比率法也是一种主观赋权法。这种方法以任意顺序排列指标，按此顺序从前到后，相邻两指标比较相对重要性，依次赋以比率值，并赋以最后一个指标的得分值为 1，从后到前，按比率值依次求出各指标的修正评分值，最后，归一化处理得到各指标的权重。

设有 n 个决策指标 $f_1, f_2, \cdots, f_n$，连环比率法的步骤是：

（1）将 n 个指标以任意顺序排列，不妨设为 $f_1, f_2, \cdots, f_n$。

（2）从前到后，依次赋以相邻两指标相对重要程度的比率值，指标 f_i 与 f_{i+1} 比较，赋以指标 f_i 以比率值 $r_i (i = 1, 2, \cdots, n-1)$，比率值 r_i 以三级标度赋值，即

$$r_i = \begin{cases} 3(\text{或}\ 1/3), & \text{当}\ f_i\ \text{比}\ f_{i+1}\ \text{重要（或相反）} \\ 2(\text{或}\ 1/2), & \text{当}\ f_i\ \text{比}\ f_{i+1}\ \text{较为重要（或相反）} \quad (i = 1, 2, \cdots, n-1) \\ 1, & \text{当}\ f_i\ \text{与}\ f_{i+1}\ \text{同样重要} \end{cases}$$

并赋以 $r_n = 1$。

（3）计算各指标的修正评分值。赋以 f_n 的修正评分值 $k_n = 1$，根据比率值 r_i 计算各指标的修正评分值

$$k_i = r_i k_{i+1} (i = 1, 2, \cdots, n-1)$$

（4）归一化处理。求出各指标的权重系数值，即

$$\omega_i = \frac{k_i}{\sum_{i=1}^{n} k_i} (i = 1, 2, \cdots, n) \tag{2.4-8}$$

例 2.4-3： 用连环比率法计算例 2.4-1 中，6 个决策指标的权重。

解：

按照连环比率法的四个步骤，依次列表计算。在表 2.4-4 中，第 2、3、4 列分别表示比率值 r_i、修正评分值 k_i、指标权重值 ω_i。

决策指标权重   表 2.4-4

指标 f_i	比率值 r_i	修正评分值 k_i	指标权重值 w_i
f_1	3	1/2	0.20
f_2	1	1/6	0.07
f_3	1	1/6	0.07
f_4	1/3	1/6	0.07
f_5	1/2	1/2	0.20
f_6	1	1	0.40
Σ		2.5	1.01

计算结果与例 2.4-2 结果接近。计算过程表明，连环比率法相对比较简便。由于赋权结果依赖于相邻指标的比率值，而比率值的主观判断误差，在逐步计算过程中会产生误差传递，以致影响指标权重的准确性。

3）熵值法

熵值法是一种客观赋权法，依据各指标值所包含的信息量的大小，确定指标权重。设有 m 个方案，n 个指标，指标值为 $x_{ij} (1 \leqslant i \leqslant m, 1 \leqslant j \leqslant n)$。熵是信息论中测度一个系统不确定性的量。信息量越大，不确定性就越小，熵也越小；反之，信息量越小，不确定性越大，熵也越大。熵值法是利用指标熵值来确定权重，其计算步骤如下：

（1）对决策矩阵 $X = (x_{ij})_{m \times n}$ 用线性比例变换法作标准化处理，得到标准化矩阵 $Y = (y_{ij})_{m \times n}$，并进行归一化处理，得

$$p_{ij} = \frac{y_{ij}}{\sum_{i=1}^{m} y_{ij}} (1 \leqslant i \leqslant m, 1 \leqslant j \leqslant n)$$

（2）计算第 j 个指标的熵值

$$e_j = -k \sum_{i=1}^{m} p_{ij} \ln p_{ij} \, (1 \leqslant j \leqslant n) \tag{2.4-9}$$

式中，$k > 0$，$e_j \geqslant 0$。

（3）计算第 j 个指标的差异系数。对于第 j 个指标，指标值的差异越大，对方案评价的作用越大，熵值就越小；反之，差异越小，对方案评价的作用越小，熵值就越大。因此，定义差异系数

$$g_j = 1 - e_j \, (1 \leqslant j \leqslant n) \tag{2.4-10}$$

（4）确定指标权重。第 j 个指标权重为

$$\omega_j = \frac{g_j}{\sum\limits_{j=1}^{n} g_j} \, (1 \leqslant j \leqslant n) \tag{2.4-11}$$

熵值法是客观赋权法，根据原始数据之间的关系确定指标权重，在一定程度上避免了主观随意性。常用的客观赋权法还有主成分分析法等。

4）专家咨询法

组织若干对决策系统熟悉的专家，通过一定的方式对指标权重独立地发表见解，用统计方法作适当处理。这种方法称为专家咨询法，或称为德尔菲（Delphi）法。

设有 n 个决策指标 $f_1, f_2, \cdots, f_n$，组织 m 个专家咨询，每个专家确定一组指标权重估计值

$$w_{i1}, w_{i2}, \cdots, w_{in} \, (1 \leqslant i \leqslant m)$$

对 m 个专家给出的权重估计值平均，得到平均估计值

$$\bar{w}_j = \frac{1}{m} \sum_{i=1}^{m} w_{ij} \, (1 \leqslant j \leqslant n)$$

计算估计值和平均估计值的偏差

$$\Delta_{ij} = |w_{ij} - \bar{w}_j| \, (1 \leqslant i \leqslant m, 1 \leqslant j \leqslant n)$$

对于偏差 Δ_{ij} 较大的第 j 个指标的权重估计值，再请第 i 个专家重新估计 w。经过几轮反复，直到偏差满足一定要求为止。这样，就得到一组指标权重的平均估计修正值 $\bar{w}_j (1 \leqslant j \leqslant n)$。

2.4.3 多指标决策方法

1. 简单线性加权法

简单线性加权法是一种常用的多指标决策方法，这种方法根据实际情况，先确定各决策指标的权重，再对决策矩阵进行标准化处理，求出各方案的线性加权指标平均值，并以此作为各可行方案排序的判据。简单线性加权法对决策矩阵的标准化处理，应当使所有的指标正向化。简单线性加权法的基本步骤如下：

（1）用适当的方法确定各决策指标的权重，设权重向量为

$$W = (w_1, w, \cdots, w_n)^T$$

其中，$\sum\limits_{j=1}^{n} w_j = 1$。

（2）对决策矩阵 $X = (x_{ij})_{m \times n}$ 作标准化处理，获得标准化矩阵 $Y = (y_{ij})_{m \times n}$。标准化后

的指标均为正向指标。

（3）求出各方案的线性加权指标值

$$u_i = \sum_{j=1}^n w_j \, y_{ij} \, (1 \leqslant i \leqslant m) \tag{2.4-12}$$

（4）以线性加权指标值 u_i 为判据，选择线性加权指标值最大者为最满意方案，即

$$u(a^*) = \max_{1 \leqslant i \leqslant m} u_i = \max_{1 \leqslant i \leqslant m} \sum_{j=1}^n w_j \, y_{ij} \tag{2.4-13}$$

例 2.4-4： 用简单线性加权法对例 2.4-1 的购机问题进行决策。

解：

用适当方法确定购机问题 6 个决策指标的权重向量为

$$W = (0.2, 0.1, 0.1, 0.1, 0.2, 0.3)^T$$

用线性比例变换法，将决策矩阵 $X = (x_{ij})_{4 \times 6}$ 标准化。由例 2.4-1 知，标准化矩阵为

$$Y = (y_{ij})_{4 \times 6} = \begin{bmatrix} 0.80 & 0.56 & 0.95 & 0.82 & 0.71 & 1.00 \\ 1.00 & 1.00 & 0.86 & 0.69 & 0.43 & 0.56 \\ 0.72 & 0.74 & 1.00 & 1.00 & 1.00 & 0.78 \\ 0.88 & 0.67 & 0.95 & 0.90 & 0.71 & 0.56 \end{bmatrix}$$

计算各方案的线性加权指标值

$$u_1 = 0.835, u_2 = 0.709, u_3 = 0.853, u_4 = 0.738$$

因此，最满意方案是

$$u(a^*) = \max_{1 \leqslant i \leqslant m} u_i = u_3 = u(a_3)$$

即购机问题各方案的排序结果是

$$a_3 > a_1 > a_4 > a_2$$

2. 理想解法

理想解法又称为 TOPSIS（Technique for Order Preference by Similarity to Ideal Solution）法，直译为逼近理想解的排序方法，这种方法通过构造多指标问题的理想解和负理想解，并以靠近理想解和远离负理想解两个基准，作为评价各可行方案的判据。因此，理想解法又称为双基点法。

所谓理想解，是设想各指标属性都达到最满意值的解。所谓负理想解，是设想各指标属性都达到最不满意值的解。例如，在二指标 f_1、f_2 的决策问题中，不妨设二指标均为效益型指标，指标值越大越优。该问题有 m 个可行方案 $a_i (i = 1, 2, \cdots, m)$，各方案的二指标值记为 x_{i1}、x_{i2}。于是，每一个方案 a_i 都可以用平面 $f_1 f_2$ 上的点 $A(x_{i1}, x_{i2})$ 表示。如果记 $x_1^* = \max_{1 \leqslant i \leqslant m} \{x_{i1}\}$、$x_2^* = \max_{1 \leqslant i \leqslant m} \{x_{i2}\}$，$x_1^- = \min_{1 \leqslant i \leqslant m} \{x_{i1}\}$，$x_2^- = \min_{1 \leqslant i \leqslant m} \{x_{i2}\}$，则此问题的理想解为 x_1^*、x_2^*；负理想解为 x_1^-、x_2^-。理想解和负理想解均可以表示为平面 $f_1 f_2$ 上的点 $A^*(x_1^*, x_2^*)$、$A^-(x_1^-, x_2^-)$，分别称为理想点和负理想点，如图 2.4-1 所示。

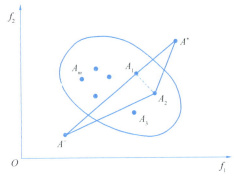

图 2.4-1　理想解示意图

确定了理想解和负理想解，还需要确定一

种测度方法，表示各方案目标值靠近理想解和远离负理想解的程度。在图 2.4-1 中可以看到，点 A_1 距离理想点 A^* 比点 A_2 近，但是点 A_1 距离负理想点 A^- 并不比点 A_2 远。因此，按双基点判据，难于确定方案 a_1、a_2 的优劣，这说明定义这种测度的必要性。

这种测度就是相对贴近度。设方案 a_i 对应的点 A_i 到理想点 A^* 和负理想点 A^- 的距离分别为

$$S_i^* = \sqrt{\sum_{j=1}^{2} (x_{ij} - x_j^*)^2}$$

$$S_i^- = \sqrt{\sum_{j=1}^{2} (x_{ij} - x_j^-)^2}$$

方案 a_i 与理想解、负理想解的相对贴近度定义为

$$C_i^* = \frac{S_i^-}{S_i^- + S_i^*} (i = 1,2)$$

容易看出，相对贴近度满足

$$0 \leqslant C_i^* \leqslant 1$$

当 $a_i = a^*$ 时，即方案为理想解方案时，则 $C_i^* = 1$；当 $a_i = a^-$ 时，即方案为负理想解时，则 $C_i^* = 0$；当 $a_i \to a^*$ 时，即方案逼近理想解而远离负理想解时，则 $C_i^* \to 1$。因此，相对贴近度是理想解法排序的判据。

由于多指标属性在量纲和数量级上的差异，往往给决策分析带来诸多不便。一般来说，用理想解法进行决策，应先将指标值作标准化处理。

设决策矩阵为 $X = (x_{ij})_{m \times n}$，指标权重向量为 $W = (w_1, w_2, \cdots, w_n)^T$，理想解法的基本步骤如下：

（1）用向量归一化法对决策矩阵作标准化处理，得到标准化矩阵

$$Y = (y_{ij})_{m \times n}$$

其中

$$y_{ij} = \frac{x_{ij}}{\sqrt{\sum_{i=1}^{m} x_{ij}^2}} (i = 1,2,\cdots,m; j = 1,2,\cdots,n)$$

（2）计算加权标准化矩阵

$$V = (v_{ij})_{m \times n} = (w_j y_{ij})_{m \times n}$$

（3）确定理想解和负理想解为

理想解 $V^* = \{(\max_{1 \leqslant i \leqslant m} v_{ij} \mid j \in J^+), (\min_{1 \leqslant i \leqslant m} v_{ij} \mid j \in J^-)\} = \{v_1^*, v_2^*, \cdots, v_n^*\}$

$$(2.4\text{-}14)$$

负理想解 $V^- = \{(\min_{1 \leqslant i \leqslant m} v_{ij} \mid j \in J^+), (\max_{1 \leqslant i \leqslant m} v_{ij} \mid j \in J^-)\} = \{v_1^-, v_2^-, \cdots, v_n^-\}$

$$(2.4\text{-}15)$$

其中，$J^+ = \{效益型指标集\}$，$J^- = \{成本型指标集\}$。

（4）计算到理想解和负理想解的距离。

到理想解的距离为

$$S_i^* = \sqrt{\sum_{j=1}^{n} (v_{ij} - v_j^*)^2} \, (i = 1, 2, \cdots, m)$$

到负理想解的距离为

$$S_i^- = \sqrt{\sum_{j=1}^{n} (v_{ij} - v_j^-)^2} \, (i = 1, 2, \cdots, m)$$

（5）计算各方案的相对贴近度

$$C_i^* = \frac{S_i^-}{S_i^- + S_i^*} \, (i = 1, 2, \cdots, m) \tag{2.4-16}$$

（6）按相对贴近度的大小，对各方案进行排序。相对贴近度大者为优、小者为劣。

例 2.4-5：用理想解法对例 2.4-1 的购机问题进行决策。

解：

由例 2.4-1，已经求得决策矩阵 $X = (x_{ij})_{4 \times 6}$ 的向量归一化标准矩阵

$$Y = (y_{ij})_{4 \times 6} = \begin{bmatrix} 0.4671 & 0.3662 & 0.5056 & 0.5063 & 0.4811 & 0.6708 \\ 0.5839 & 0.6591 & 0.4550 & 0.5983 & 0.2887 & 0.3127 \\ 0.4204 & 0.4882 & 0.5308 & 0.4143 & 0.6736 & 0.5217 \\ 0.5139 & 0.4392 & 0.5056 & 0.4603 & 0.4811 & 0.3727 \end{bmatrix}$$

指标权重向量为

$$W = (0.2, 0.1, 0.1, 0.1, 0.2, 0.3)^T$$

计算加权标准化矩阵，求得

$$V = (v_{ij})_{4 \times 6} = \begin{bmatrix} 0.0934 & 0.0366 & 0.0506 & 0.0506 & 0.0962 & 0.2012 \\ 0.1168 & 0.0659 & 0.0455 & 0.0598 & 0.0577 & 0.1118 \\ 0.0841 & 0.0488 & 0.0531 & 0.0414 & 0.1347 & 0.1565 \\ 0.10285 & 0.0439 & 0.0506 & 0.0460 & 0.0962 & 0.1118 \end{bmatrix}$$

分别确定理想解和负理想解为

$$V^* = \{v_1^*, v_2^*, v_3^*, v_4^*, v_5^*, v_6^*\} = \{0.1168, 0.0659, 0.0531, 0.0414, 0.1347, 0.2012\}$$

$$V^- = \{v_1^-, v_2^-, v_3^-, v_4^-, v_5^-, v_6^-\} = \{0.0841, 0.0366, 0.0455, 0.0598, 0.0577, 0.1118\}$$

计算各方案到理想解和负理想解的距离分别是

$$S_1^* = 0.0545, S_2^* = 0.1197, S_3^* = 0.0580, S_4^* = 0.1009$$

$$S_1^- = 0.0983, S_2^- = 0.0439, S_3^- = 0.0920, S_4^- = 0.0458$$

各方案的相对贴近度为

$$C_1^* = 0.643, C_2^* = 0.268, C_3^* = 0.613, C_4^* = 0.312$$

用理想解法各方案的排序结果是

$$a_1 > a_3 > a_4 > a_2$$

3. 改进的理想解法

简单线性加权法和理想解法都需要事先确定决策指标的权重系数，或者用主观赋权法，或者用客观赋权法。改进的理想解法是一种新的多指标决策方法，这种方法利用决策矩阵的信息，客观地赋以各指标权重系数，并以各方案到理想点距离的加权平方和作为综合评价的判据。因此，方法显得更加简便实用。

设决策矩阵为 $X = (x_{ij})_{m \times n}$，标准化矩阵为 $Y = (y_{ij})_{m \times n}$，指标权重向量为 $W = (w_1, w_2, \cdots, w_n)^T$，加权标准化矩阵为

$$V = (v_{ij})_{m \times n} = (w_j y_{ij})_{m \times n}$$

理想解

$$V^* = \{v_1^*, v_2^*, \cdots, v_n^*\} = \{w_1 y_1^*, w_2 y_2^*, \cdots, w_n y_n^*\}$$

其中

$$y_j^* = \begin{cases} \max_{1 \leqslant i \leqslant m} y_{ij}, j \in J^+ \\ \min_{1 \leqslant i \leqslant m} y_{ij}, j \in J^- (j = 1, 2, \cdots, n) \end{cases}$$

表示第 j 个指标的理想值。用各方案到理想解的距离的平方和作为评价方案的准则，记

$$d_i = \sum_{j=1}^{n} (v_{ij} - v_j^*)^2 = \sum_{j=1}^{n} (y_{ij} - y_j^*)^2 w_j^2$$

显然，d_i 越小方案越优。为了确定指标权重 w_j，构造最优化模型

$$\min Z = \sum_{i=1}^{m} d_i = \sum_{i=1}^{m} \sum_{j=1}^{n} (y_{ij} - y_j^*)^2 w_j^2$$

$$\text{s. t.} \sum_{j=1}^{n} \omega_j = 1$$

$$w_j > 0 (j = 1, 2, \cdots, n) \tag{2.4-17}$$

解此模型，作拉格朗日函数

$$L = \sum_{i=1}^{m} \sum_{j=1}^{n} (y_{ij} - y_j^*)^2 w_j^2 + \lambda \left(\sum_{j=1}^{n} w - 1 \right)$$

令

$$\frac{\partial L}{\partial \omega_j} = 0$$

得

$$2 \sum_{i=1}^{m} (y_{ij} - y_j^*)^2 w_j + \lambda = 0 (j = 1, 2, \cdots, n)$$

从而，解得

$$\omega_j = \frac{1}{\left[\sum_{j=1}^{n} \dfrac{1}{\sum_{i=1}^{m} (y_{ij} - y_j^*)^2} \right] \left[\sum_{i=1}^{m} (y_{ij} - y_j^*)^2 \right]} \tag{2.4-18}$$

$$\lambda = \frac{1}{2 \sum_{j=1}^{n} \dfrac{1}{\sum_{i=1}^{m} (y_{ij} - y_j^*)^2}} \tag{2.4-19}$$

显然有 $\omega_j > 0 (j = 1, 2, \cdots, n)$，并且 ω_j 是最优化模型目标函数的最小值点。公式 (2.4-18)给出了确定指标权重的计算公式。

改进理想解法的基本步骤如下：

(1) 将决策矩阵 $X = (x_{ij})_{m \times n}$ 标准化，得到标准化矩阵 $Y = (y_{ij})_{m \times n}$。

（2）确定标准化矩阵的理想解。

$$Y^* = \{ y_1^*, y_2^*, \cdots, y_n^* \}$$

其中，y_j^* 表示第 j 个指标的理想值，即

$$y_j^* = \begin{cases} \max\limits_{1 \leqslant i \leqslant m} y_{ij}, j \in J^+ \\ \min\limits_{1 \leqslant i \leqslant m} y_{ij}, j \in J^- \end{cases}$$

（3）根据公式（2.4-18），计算各指标的权重系数 $w_j (j = 1, 2, \cdots, n)$。

（4）计算各方案到理想解的距离平方和。

$$d_i = \sum_{j=1}^{n} (y_{ij} - y_j^*)^2 w_j^2 (i = 1, 2, \cdots, m)$$

（5）根据判据 d_i 值的大小，对各方案进行排序。d_i 越小，方案越优。

例 2.4-6：设多指标决策的标准化矩阵为

$$Y = (y_{ij})_{5 \times 6} = \begin{bmatrix} 0.5828 & 0.9637 & 1 & 0 & 0 & 1 \\ 1 & 1 & 0.6097 & 0.2931 & 0.5170 & 0.7242 \\ 0.9416 & 0.9609 & 0.6581 & 1 & 0.5509 & 0.6380 \\ 0 & 0 & 0 & 0.1414 & 0.0918 & 0.5231 \\ 0.8256 & 0.8388 & 0.5628 & 0.0376 & 1 & 0 \end{bmatrix}$$

各指标均为效益型指标，试用改进理想解法进行决策。

解：

标准化矩阵 Y 的理想解为

$$Y^* = \{1, 1, 1, 1, 1, 1\}$$

根据公式（2.4-18），计算各指标的权重系数向量

$$W = (w_1, w_2, w_3, w_4, w_5, w_6)^T = (0.2102, 0.2464, 0.1739, 0.0801, 0.1123, 0.1770)^T$$

求出各方案到理想解的距离平方

$$d_1 = 0.0268, d_2 = 0.0131, d_3 = 0.0104, d_4 = 0.1473, d_5 = 0.0406$$

因此，各方案的排序结果是

$$a_3 > a_2 > a_1 > a_5 > a_4$$

4. 功效系数法

功效系数法是将各决策指标的相异度量，转化为相应的无量纲的功效系数，再进行综合评价的多指标决策方法。功效系数法的基本步骤如下：

（1）确定决策指标体系。设决策矩阵为 $X = (x_{ij})_{m \times n}$，用适当方法确定指标的权重向量 $W = (w_1, w_2, \cdots, w_n)^T$。

（2）计算各指标值的功效系数。设第 j 个指标的满意值为 $x_j^{(h)}$，不允许值为 $x_j^{(s)}$。

功效系数的计算分为两种情况：对于正向指标，功效系数为

$$d_{ij} = \frac{x_{ij} - x_j^{(s)}}{x_j^{(h)} - x_j^{(s)}} \times 40 + 60 \tag{2.4-20}$$

$x_j^{(s)} < x_j^{(h)}$，不允许值 $x_j^{(s)}$ 的功效系数为 60，满意值 $x_j^{(h)}$ 的功效系数为 100，因此，功效系数的范围是 $60 \leqslant d_{ij} \leqslant 100$。对于逆向指标，功效系数为

$$d_{ij} = \frac{x_j^{(s)} - x_{ij}}{x_j^{(s)} - x_j^{(h)}} \times 40 + 60 \tag{2.4-21}$$

其中，与正向指标不同的是 $x_j^{(h)} < x_j^{(s)}$。其他涵义与公式（2.4-20）相同。

应该指出，功效系数是无量纲的量，不论正向或逆向指标均已正向化。满意值和不允许值的功效系数也可以取其他数值。正、逆向指标功效系数的取值关系，分别如图 2.4-2 和图 2.4-3 所示。

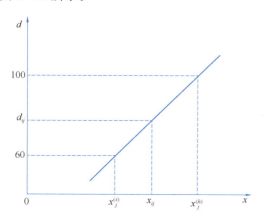

图 2.4-2　正向指标功效系数的取值关系　　图 2.4-3　逆向指标功效系数的取值关系

（3）计算各方案的总功效系数。总功效系数的计算有两种方法：一种是算术加权平均，即

$$d_i = \sum_{j=1}^{n} \omega_j d_{ij} \tag{2.4-22}$$

另一种是几何加权平均，即

$$d_i = \left(\prod_{j=1}^{n} d_{ij}^{\omega_j} \right)^{\frac{1}{\sum\limits_{j=1}^{n} \omega_j}} \tag{2.4-23}$$

（4）以总功效系数为判据，对各方案进行排序。功效系数越大，方案越优；反之，功效系数越小，方案越劣。

例 2.4-7：应用功效系数法综合评价某个地区某一时段的居民消费水平。根据我国居民消费的实际情况，结合消费统计指标口径，应该从宏观消费指标、居民货币收入、居民食物支出、居民住房状况、公共福利状况和文化生活状况等六个方面综合评价。

解：

选择 6 个评价指标，即人均纯收入（f_1）、人均消费支出（f_2）、恩格尔系数（f_3）、人均住房使用面积（f_4）、家庭劳力平均负担人口数（f_5）、生活消费品占支出中的比重（f_6）。用专家评估法确定 6 个指标权重分别是

$$\omega_1 = 0.2500, \omega_2 = 0.1875, \omega_3 = 0.1250$$
$$\omega_4 = 0.1250, \omega_5 = 0.1875, \omega_6 = 0.1250$$

在 6 个评价指标中，f_1、f_2、f_4、f_6 是正向指标，f_3、f_5 是逆向指标。对于正向指标，功效系数的计算公式为

$$d_j = \begin{cases} \dfrac{x_j - x_j^{(s)}}{x_j^{(h)} - x_j^{(s)}}, & x_j > x_j^{(s)} \\ 0, & x_j \leqslant x_j^{(s)} \end{cases}$$

对于逆向指标，功效系数的计算公式为

$$d_j = \begin{cases} \dfrac{x_j^{(s)} - x_j}{x_j^{(s)} - x_j^{(h)}}, & x_j > x_j^{(s)} \\ 0, & x_j \leqslant x_j^{(s)} \end{cases}$$

这里，功效系数的取值范围是 $0 \leqslant d_j \leqslant 1$。

用加权算术平均计算总功效系数。总功效系数

$$d = \sum_{j=1}^{6} \omega_j \, d_{ij}$$

对于某一时段全国和某三个地区的居民消费水平进行综合评价，其样本数据和评价结果见表 2.4-5。综合评价结果表明，A_1 地区居民消费水平远远高于全国平均水平，A_2 地区接近全国平均水平，A_3 地区远远低于全国平均水平。

样本数据和评价结果　　　　　　　　表 2.4-5

评价指标 评价地区		f_1 （元/人）	f_2 （元/人）	f_3 （%）	f_4 （m²/人）	f_5 （人/人）	f_6 （%）	总功效系数 d
不允许值		400.00	320.00	58.00	12.00	1.90	55.00	
满意值		550.00	450.00	50.00	20.00	1.60	70.00	
全国平均	x_j	423.76	356.95	56.36	18.09	1.72	62.80	0.3898
	d_j	0.1584	0.2842	0.2050	0.7613	0.6000	0.5200	
A_1 地区	x_j	533.20	433.53	51.00	15.78	1.70	68.80	0.8032
	d_j	0.8880	0.8733	0.8750	0.4725	0.6667	0.6200	
A_2 地区	x_j	456.70	388.27	55.21	14.30	1.80	64.47	0.3777
	d_j	0.3780	0.529	0.3488	0.2875	0.3333	0.3647	
A_3 地区	x_j	476.28	338.30	56.4	14.00	1.82	59.10	0.2835
	d_j	0.5085	0.1408	0.2000	0.2500	0.2667	0.2733	

2.4.4　物元决策方法

1. 物元分析和矛盾问题

实际决策问题要实现的目标和给出的条件之间存在矛盾。例如，工程项目的质量或规模等目标与成本预算等条件往往存在一定矛盾。这一类问题统称为矛盾问题。矛盾问题普遍存在于社会、经济、工程和日常生活等所有领域。

针对目标和条件相矛盾的优化决策问题，除了帕累托（Pareto）优化和多目标决策等理论和方法以外，广东工业大学蔡文研究员创建的物元分析理论，为解决矛盾问题，寻找矛盾问题的规律，建立解决矛盾问题的数学模型提供了理论依据，为科学决策和系统评价的发展开创了一条新的途径。

物元分析研究的是解决矛盾问题的规律和方法。物元分析的理论体系由物元理论和可拓集合理论所构成，是研究物元及其变换的一门学科。物元分析用物元表示现实世界的问题，物元分析理论的创立，受到国内外著名学者的广泛重视和充分肯定，并且在社会、经济和技术等领域取得了许多应用成果。

物元分析的数学基础是可拓集合论，可拓集合论的诞生绝非偶然，它是建立在实践基础之上，是人类辩证思维发展的必然结果。

经典数学的基础是经典集合论。在经典集合中，一个元素与某个集合的关系，要么属于它，要么不属于它，二者必居其一。经典集合描述确定事物的非此即彼属性。用 0 和 1 两个数表示元素与集合的这种"非"与"是"的属性，其数学表达形式是特征函数。从思维形式来看，经典集合论满足形式逻辑的三大定律，即同一律、排中律和矛盾律。

模糊数学的基础是模糊集合论。在模糊集合论中，一个元素与某个集合的关系，或者属于它，或者不属于它，或者在一定程度上属于它，三者必居其一。模糊集合论描述现实世界事物的模糊性，用 $[0, 1]$ 上的数描述事物具有某种属性的程度，其数学表现形式是隶属函数。模糊集合论突破了排中律的限制，以模糊逻辑作为思维推理的依据。

集合是描述思维对客观事物的识别和分类的数学方法。客观事物是复杂、多变和不断运动的，思维对客观事物的识别和分类也不能只有一个模式。经典集合论不能描述事物及其性质的可变性，可拓集合的建立，为人们描述事物的变化提供了有力的工具。

要解决矛盾问题，必须研究"非"与"是"的转化。"曹冲称象"事件中，大象不属于能够直接称重的物体集合，但是，经过变换，将大象变换为等重的石块，大象就转化为能够直接称重物体的集合。可拓集合能够描述事物的可变性，研究不属于某集合而又能够转化为属于该集合的元素及其变换性质，是解决矛盾问题数学方法的基础。在可拓集合中，用 $(-\infty, +\infty)$ 中的数表示元素与集合的这种可变属性，其数学表达形式是关联函数。关联函数把逻辑值域从 $\{0, 1\}$ 扩展到整个实数域，能够充分描述事物可变性在程度上的不同层次关系。从思维形式来看，可拓集合论不仅突破了排中律，而且矛盾律也被突破了。形式逻辑的矛盾律，是从固定的范畴着眼，A 不是非 A，同一事物不能断言它是 A，又是非 A。在可拓集合中，是从辩证范畴着眼，A 有条件转化为非 A，A 又是非 A，这是现实世界辩证矛盾在形式思维中的表现，因此，可拓集合论是以辩证逻辑和形式逻辑相结合的可拓逻辑为推理基础。

物元分析是研究和提示解决矛盾问题理论与方法的新学科，阐述了可变事物的基本结构和变换机理，是质量与环境的统一体。限于篇幅，本节仅介绍物元决策模型的基本原理及其应用。

2. 物元和可拓集合的基本概念

在物元分析中，人、事和物统称事物。事物各具不同特征，事物的特征又由相应的量值所规定，事物的名称、特征和量值是事物的三要素，由此，给出物元的定义。

定义 2.4-1（物元）：设事物的名称为 N，关于特征 c 的量值为 v，则三元有序组称为事物的基本元，简称物元，N、c、v 称为物元 R 的三要素。

如果事物有多个特征，n 个特征记作 $c_1, c_2, \cdots, c_n$，相应量值记作 $v_1, v_2, \cdots, v_n$，则物元记为

$$
R = \begin{bmatrix} N & c_1 & v_1 \\ & c_2 & v_2 \\ & \vdots & \vdots \\ & c_n & v_n \end{bmatrix} = \begin{bmatrix} R_1 \\ R_2 \\ \vdots \\ R_n \end{bmatrix}
$$

并称为 n 维物元，简记为 $R = (N, C, V)$，其中

$$C = \begin{bmatrix} c_1 \\ c_2 \\ \vdots \\ c_n \end{bmatrix}, V = \begin{bmatrix} v_1 \\ v_2 \\ \vdots \\ v_n \end{bmatrix}$$

定义 2.4-2（物元变换）：使物元 $R_0 = (N_0, c_0, v_0)$ 变换为物元 $R = (N, c, v)$ 或若干个物元 $R_i = (N_i, c_i, v_i)$，$i = 1, 2, \cdots, n$，称为物元 R_0 的变换，记作 $T R_0 = R$ 或 $T R_0 = \{R_1, R_2, \cdots, R_n\}$。

物元变换可以是对事物的特征、量值或它们组合的变换。设有物元 R_1、R_2、R_3，对物元变换规定如下的基本运算。

1）积变换

如果 $T_1 R_1 = R_2$，$T_2 R_2 = R_3$，使 R_1 变为 R_3 的变换则称为变换 T_2 与 T_1 的积变换，记作

$$T = T_2 T_1$$

2）逆变换

如果 $T R_1 = R_2$，使 R_2 变为 R_1 的变换则称为 T 的逆变换，记作 T^{-1}。则

$$T^{-1}(T R_1) = T^{-1} R_2 = R_1$$

3）或变换

如果 $T_1 R_1 = R_2$，$T_2 R_1 = R_3$，使 R_1 变为 R_2 或 R_3 的变换称为 T_1 与 T_2 的或变换，记作

$$T = T_1 \vee T_2$$

4）与变换

如果 $T_1 R_1 = R_2$，$T_2 R_1 = R_3$，使 R_1 变为 R_2 和 R_3 的变换称为 T_1 与 T_2 的与变换，记作

$$T = T_1 \wedge T_2$$

定义 2.4-3（可拓子集）：设 $\widetilde{A}$ 是论域 U 上的一个可拓子集，对任意 $u \in U$，都对应一个实数 $K_{\widetilde{A}}(u) \in (-\infty, +\infty)$，则称 $K_{\widetilde{A}}(u)$ 为元素 u 对 $\widetilde{A}$ 的关联度。实值函数

$$K_{\widetilde{A}}(u) : U \to (-\infty, +\infty)$$
$$u \to K_{\widetilde{A}}(u)$$

称为可拓子集 $\widetilde{A}$ 的关联函数，简记为 $K(u)$，并称 $A = \{u \mid u \in U, K(u) \geqslant 0\}$ 为可拓子集 $\widetilde{A}$ 的经典域，称 $A = \{u \mid u \in U, -1 \leqslant K(u) < 0\}$ 为 $\widetilde{A}$ 的可拓域，称 $A = \{u \mid u \in U, K(u) < -1\}$ 为 $\widetilde{A}$ 的非域。

可拓子集是经典集合的发展。在经典集合中，论域 U 上的子集 A，元素不属于 A，就一定属于 $\bar{A}$。但是，$\bar{A}$ 常由两类本质不同的元素组成。例如，某工作台加工钢结构件的规格是 $\phi 50 - 0.1 \sim \phi 50 + 0.1$，经检验加工的钢结构件可分为合格品和不合格品两种。而在不合格品中，有两类性质不同的工件，一类是高度 $d \geqslant 50.1$ 的钢结构件，一类是高度 $d \leqslant 49.9$ 的钢结构件。前者通过重新加工可以变为合格品，后者按确定规格无法继续加工，只能视为废品。前一类钢结构件称为可返产品，后一类工件称为废品。可拓子集是这一类实际问题的数学表示。合格品、可返产品和废品集合分别是可拓子集的经典域、可拓

域和非域。

定义 2.4-4 （点与区间的距）：点 x_0 与区间 $[a,b]$ 的距离称为点与区间的距，记作

$$p(x_0,X) = \left| x_0 - \frac{1}{2}(a+b) \right| - \frac{1}{2}|b-a|$$

其中，记 $X = [a,b]$

注意，点与区间的距离对于开区间、半开半闭区间同样适用。

定理 2.4-1：设 X_0、X 是实数域上的两个区间，$X \supset X_0$，且无公共端点，令关联函数

$$K(x) = \frac{p(x,X_0)}{p(x,X) - p(x,X_0)} \tag{2.4-24}$$

则 $x \in X_0$ 的充要条件是 $K(x) \geqslant 0$；$x \in X - X_0$ 的充要条件是 $-1 \leqslant K(x) < 0$；$x \in \overline{X}$ 的充要条件是 $K(x) < 1$。

定义 2.4-5 （节域）：设有物元 $R = (N,c,v)$，事物 N 关于特征 c 的允许范围为 V，子集 $V_0 \in V$。如果在某限制条件下，对任意 $x,y \in V_0$，x 变为 y，事物 N 不变；而对任意 $x \in V_0$，$y \in V_0$，x 变为 y，事物 N 变为超出限制条件的另一事物，则称 V_0 为在该限制条件下 N 关于 c 的节域。

定义 2.4-6 （问题）：给定物元 R 和实现它的条件物元 r，则称它们构成问题 p，记作

$$p = R \cdot r$$

定义 2.4-7 （相容问题）：给定问题 $p = R \cdot r$，$r = (N,c,v)$，$K(x)$ 是 N 关于 C 取值范围 V 上的关联函数。如果物元 R 要实现，N 关于 C 必须取值 $V_0(R)$，则 $K[xV_0(R)]$ 称为问题 $p = R \cdot r$ 的相容度，简记为 $K_r(R)$。当 $K_r(R) \geqslant 0$ 时，问题 $R \cdot r$ 称为相容问题；否则，称为不相容问题。

3. 物元决策步骤

产品质量往往涉及技术、经济和社会等许多方面的因素，具体可以用产品性能、生产性、可靠性、安全性、经济效益、社会效益等指标进行评价，这些指标存在不相容性和可变性，给综合评价带来不少困难。利用物元分析方法，建立物元决策模型，能够较好地得到解决，并能够较完整地反映产品质量的综合水平。物元决策模型对于经济效益评价、企业信用等级评价、项目评估等问题也是有效的。下面介绍物元决策模型的建模步骤。

1）建立物元矩阵

根据产品生产和销售过程中积累的数据资料，选择产品质量评价指标和相应的变化范围，确定评价产品质量的经典域和节域物元矩阵，并确定待评产品的物元矩阵。

（1）确定经典域物元矩阵

$$R_0 = (N_0,c_0,v_0) = \begin{bmatrix} N_0 & c_1 & X_{01} \\ & c_2 & X_{02} \\ & \vdots & \vdots \\ & c_n & X_{0n} \end{bmatrix}$$

其中，N_0 表示标准产品，$c_i(i=1,2,\cdots,n)$ 表示产品评价指标，$X_{0i} = [a_{0i},b_{0i}](i=1,2,\cdots,n)$ 表示标准产品评价指标的经典域。

（2）确定节域物元矩阵

$$R = (N, c, v) = \begin{bmatrix} N & c_1 & X_{\rho 1} \\ & c_2 & X_{\rho 2} \\ & \vdots & \vdots \\ & c_n & X_{\rho n} \end{bmatrix}$$

其中，N 表示节域产品，即包括标准产品和可拓性产品。可拓性产品是指能转化为标准产品的产品。$X_{pi} = [a_{pi}, b_{pi}](i = 1, 2, \cdots, n)$ 表示产品评价指标的节域。

（3）确定待评产品物元矩阵

$$R_B = (N_B, c_B, v_B) = \begin{bmatrix} N_B & c_1 & x_1 \\ & c_2 & x_2 \\ & \vdots & \vdots \\ & c_n & x_n \end{bmatrix}$$

其中，N_B 表示待评产品，x_i 表示待评产品关于指标 $x_i(i = 1, 2, \cdots, n)$ 的指标值。

2）建立关联函数

在产品质量物元决策模型中，关联函数可由下列条件确定：

（1）经典域 X_{0i} 和节域 X_{pi} 有共同右端点，即 $b_{0i} = b_{pi}(i = 1, 2, \cdots, n)$。

（2）$K(a_{pi}) = -1$，$K(a_{i0}) = 0$

（3）$K(x)$ 是增函数，线性或非线性的。例如，选择线性的关联函数，可以取

$$K_i(x) = \frac{x - a_{i0}}{a_{i0} - a_{pi}}(i = 1, 2, \cdots, n)$$

综合关联函数为

$$K(x) = \sum_{i=1}^{n} d_i K_i(x)$$

式中，$d_i(i = 1, 2, \cdots, n)$ 表示各评价指标的权重系数。

3）评价标准

（1）当 $K(x) \geqslant 0$ 时，待评产品符合标准产品条件。

（2）当 $K(x) < -1$ 时，待评产品不符合标准产品条件，且不能转化为标准产品。

（3）当 $-1 \leqslant K(x) < 0$ 时，待评产品不符合标准产品条件，但属于可拓性产品，可转化为标准产品。

例 2.4-8：为了针对某建筑设备进行质量评价，选择四个评价指标，即 c_1（功能）、c_2（碳排放）、c_3（维修性）、c_4（价格）。各评价指标均采取专家评分法进行评定，确定三个评价等级，用 10 分制评分，标准如表 2.4-6 所示。

评价标准 表 2.4-6

评价等级	评价标准	评分
一	满足用户要求	10
二	基本满足用户要求	8
三	不能满足用户要求	5

解：

产品的经典域物元矩阵和节域物元矩阵分别为

$$R_0 = \begin{bmatrix} N_0 & c_1 & [8,10] \\ & c_2 & [7,10] \\ & c_3 & [7,10] \\ & c_4 & [8,10] \end{bmatrix}$$

$$R = \begin{bmatrix} N & c_1 & [7,10] \\ & c_2 & [6,10] \\ & c_3 & [6.5,10] \\ & c_4 & [7.5,10] \end{bmatrix}$$

现有两台建筑设备 A 和 B，其待评物元矩阵分别是

$$R_A = \begin{bmatrix} N_A & c_1 & 9 \\ & c_2 & 8.5 \\ & c_3 & 6.5 \\ & c_4 & 7 \end{bmatrix}$$

$$R_B = \begin{bmatrix} N_B & c_1 & 8 \\ & c_2 & 6 \\ & c_3 & 7 \\ & c_4 & 9 \end{bmatrix}$$

四个评价指标的权重系数分别取

$$d_1 = 0.4, d_2 = 0.2, d_3 = 0.1, d_4 = 0.3$$

经过计算，两台建筑设备 A 和 B 的综合关联函数值分别是

$$K(v_A) = \sum_{i=1}^{4} d_i K_i(v_A) = 0.25$$

$$K(v_B) = \sum_{i=1}^{4} d_i K_i(v_B) = -0.05$$

按照前述的物元决策模型评价标准，建筑设备 A 的关联度 $K(v_A) > 0$，符合标准产品要求。建筑设备 B 的关联度满足条件 $-1 < K(v_B) < 0$，不符合标准设备的要求，但属于可拓性产品，可转化为标准设备。

2.4.5　多属性决策分析应用

问题描述：对省道一段高速公路项目的三个备选路线方案进行多属性决策。

解：

1. 定性指标的定量化

定性指标的定量化需要通过专家分别对三个备选方案的定性指标给出得分区间，然后通过集值统计方法得到其最终的指标值。专家打分如表 2.4-7 所示。

专家打分表　　　　　　　　　　　　　表 2.4-7

准则层	属性层	单位	性质	类型	方案 A	方案 B	方案 C
技术 指标 (B1)	路线长度（C11）	km	定量	成本型	5.080	5.201	5.133
	路基土石方（C12）	m³	定量	成本型	731405	613851	681528
	涵洞工程（C13）	道	定量	成本型	24	25	23
	防护与排水工程（C14）	m³	定量	成本型	9840	10462	10318
	特殊路基处理（C15）	m³	定量	成本型	240645	320303	263885
经济 指标 (B2)	投资估算（C21）	万元	定量	成本型	28525	30252	27977
	经济内部收益率（C22）	%	定量	效益型	14.08	13.52	14.30
	经济净现值（C23）	万元	定量	效益型	53288	52046	54632
	动态投资回收期（C24）	年	定量	成本型	8.557	8.921	8.223
社会 指标 (B3)	与地区发展政策的符合程度（C31）	10 分制	定性	效益型	7.26	5.91	6.33
	对沿线产业发展的影响（C32）	10 分制	定性	效益型	6.13	6.62	5.75
	对就业的影响（C33）	10 分制	定性	效益型	5.13	6.12	5.63
	对资源开发利用的影响（C34）	10 分制	定性	效益型	6.5	6.67	6.17
环境 指标 (B4)	对水环境的影响（C41）	10 分制	定性	效益型	7.08	6.55	5.89
	对声环境的影响（C42）	10 分制	定性	效益型	7	6.12	6.55
	水土流失面积（C43）	m²	定量	成本型	56929	62976	54021
	工程占地（C44）	亩	定量	成本型	423.52	433.252	424.174
安全 指标 (B5)	圆曲线最小半径（C51）	m	定量	效益型	650	310	450
	最大纵坡（C52）	%	定量	成本型	2.733	4.753	2.967
	平纵面线性组合（C53）	10 分制	定性	效益型	7.37	6.37	6.75
	运行速度协调性（C54）	10 分制	定性	效益型	7.51	5.55	6.45

2. 决策矩阵的规范化

将定性指标值量化后，可得三个路线方案的相关指标参数情况。

采用向量变换法对决策矩阵 $=(u_{ij})_{3\times21}(i=1,2,3;j=1,2,\cdots,21)$ 进行规范化处理，得规范化矩阵 $=(v_{ij})_{3\times21}$，如表 2.4-8 所示。

相关指标参数　　　　　　　　　　　表 2.4-8

属性编号 方案	C11	C12	C13	C14	C15	C21	C22	C23	C24	C31	C32	C33	C34	C41	C42	C43	C44	C51	C52	C53	C54
A	0.584	0.529	0.576	0.519	0.646	0.584	0.582	0.577	0.577	0.642	0.573	0.525	0.582	0.626	0.615	0.584	0.582	0.765	0.677	0.622	0.662
B	0.570	0.630	0.553	0.634	0.485	0.551	0.559	0.563	0.554	0.523	0.619	0.626	0.597	0.580	0.538	0.528	0.569	0.365	0.390	0.537	0.489
C	0.578	0.568	0.601	0.574	0.589	0.596	0.591	0.591	0.601	0.560	0.537	0.576	0.552	0.521	0.576	0.616	0.581	0.530	0.624	0.570	0.568

3. 评价指标权重的确定

按照 AHP 方法确定准则层和属性层的权重，结果如表 2.4-9 所示。

AHP 计算的权重结果   表 2.4-9

决策层	准则层	$W_i^{(1)}$	属性层	$W_{ij}^{(2)}$	W_{ij}
最佳路线 （A）	技术指标 （B1）	0.2281	路线长度（C11）	0.1702	0.0388
			路基土石方（C12）	0.2433	0.0601
			涵洞工程（C13）	0.1402	0.0320
			防护与排水工程（C14）	0.2177	0.0497
			特殊路基处理（C15）	0.2086	0.0476
	经济指标 （B2）	0.2036	投资估算（C21）	0.3328	0.0678
			经济内部收益率（C22）	0.3290	0.0670
			经济净现值（C23）	0.2049	0.0417
			动态投资回收期（C24）	0.1332	0.0271
	社会指标 （B3）	0.2501	与地区发展政策的符合程度（C31）	0.3389	0.0848
			对沿线产业发展的影响（C32）	0.2691	0.0673
			对就业的影响（C33）	0.1526	0.0382
			对资源开发利用的影响（C34）	0.2394	0.0599
	环境指标 （B4）	0.1764	对水环境的影响（C41）	0.3222	0.0568
			对声环境的影响（C42）	0.1668	0.0294
			水土流失面积（C43）	0.2392	0.0422
			工程占地（C44）	0.2718	0.0479
	安全指标 （B5）	0.1418	圆曲线最小半径（C51）	0.1772	0.0251
			最大纵坡（C52）	0.2220	0.0315
			平纵面线性组合（C53）	0.3198	0.0454
			运行速度协调性（C54）	0.2810	0.0398

注：各属性权重 $W_{ij} = W_i^{(1)} \times W_{ij}^{(2)}$。

按照简单线性加权法对路线方案进行决策，即采用公式（2.4-13），可以获得 3 条路线方案的加权值，如表 2.4-10 所示。

各方案加权值   表 2.4-10

方案 ＼ 权值	加权值
A	0.59691
B	0.554841
C	0.573789

由该表结果可见，路线方案 A 是最佳选择。

思考与练习题

1. 设有 5 个可行方案 $a_i(i = 1, 2, \cdots, 5)$，4 个决策指标 $f_j(j = 1, 2, 3, 4)$ 的决策问题，

其中，f_1、f_2、f_3 为正向指标，f_4 为逆向指标。其决策矩阵为

$$X = (x_{ij})_{5 \times 4} = \begin{bmatrix} 0 & 2 & 7 & 2 \\ 4 & 4 & 8 & 6 \\ 4 & 2 & 14 & 3 \\ 14 & 1 & 15 & 4 \\ 10 & 2 & 20 & 3 \end{bmatrix}$$

分别用向量归一化法、线性比例变换法、极差变换法对决策矩阵进行标准化处理。

2. 某人拟购置一套住房，有四家房地产公司的四套住宅供他选择，评价指标为价格（f_1）、使用面积（f_2）、距离工作单位的路程（f_3）、设备（f_4）、环境（f_5）。其中设备和环境为定性指标，四套住房各指标的评价数据如表 2.4-11 所示。写出该问题的决策矩阵，并按第 1 题的三种方法对矩阵进行标准化处理。

各指标瓶颈数据 表 2.4-11

指标 f_j 住房 A_i	价格 （万元）	使用面积 （m²）	路程 （km）	设备	环境
A_1	3	100	10	7	7
A_2	2.5	80	8	3	5
A_3	1.8	50	20	5	9
A_4	2.2	70	12	5	9

3. 在第 1 题中，设 4 个决策指标的权重向量为 $W = (0.4, 0.3, 0.2, 0.1)^T$，试分别用简单线性加权法和 TOPSIS 法进行决策。

4. 试用改进理想解法对第 1 题中的问题进行决策。

5. 在第 2 题中的购置住房问题中，设 5 个评价指标的权重向量为 $W = (0.0682, 0.2113, 0.1177, 0.2767, 0.3261)^T$，试用 TOPSIS 法对第 2 题中的购房问题进行决策分析。

6. 试用改进理想解法，对第 2 题中的购房问题决策分析。

7. 设某钢结构生产设备，基于其产品（钢构件）质量的评价指标有 4 个，即 c_1（性能 1）、c_2（性能 2）、c_3（性能 3）、c_4（性能 4）。根据该设备试验数据和专家评审意见，合格设备的经典域物元矩阵和节域物元矩阵分别为

$$R = \begin{bmatrix} N_0, & c_1, & [82.5, 87.5] \\ & c_2, & [81.5, 85] \\ & c_3, & [105, 115] \\ & c_4, & [0.04, 0.05] \end{bmatrix}$$

$$R = \begin{bmatrix} N, & c_1, & [80, 87.5] \\ & c_2, & [77.5, 85] \\ & c_3, & [95, 115] \\ & c_4, & [0.035, 0.05] \end{bmatrix}$$

现有一新型生产设备，测得 4 个评价指标的平均值为 $x_1 = 85.5$，$x_2 = 81$，$x_3 = 113$，$x_4 = 0.045$，取评价指标的权重系数 $d_1 = d_4 = 0.2$，$d_2 = d_3 = 0.3$，试对该生产设备进行

物元分析。

2.5 序贯决策分析

前几节讨论的决策问题，多数都是决策者作出一次判断，为单阶段决策或者静态决策。在实际决策中许多决策问题并非如此简单，整个过程是复杂的，需要决策者前后作出多次判断，采取多次行动，决策过程才能完成。此类决策问题，称之为序贯决策。

2.5.1 序贯决策分析概述

序贯决策是指按时间顺序排列起来，以得到按顺序的各种决策（策略），是用于随机性或不确定性动态系统最优化的决策方法。

1. 序贯决策基本概念

有些决策问题，在进行决策后又产生一些新情况，需要进行新的决策，如此反复。这样决策、情况、决策……，就构成一个序列，这就是序贯决策。决策者仅作一次决策即可的，称之为单阶段决策。实际情况下，生产或经营活动为适应当下情况需要，不仅需要单阶段决策，更需要进行多阶段决策，即序贯决策。

序贯决策是指按时间顺序排列起来，以得到按顺序的各种决策（策略），也就是在时间上有先后之别的多阶段决策方法，也称动态决策法。多阶段决策的每一个阶段都需作出决策，从而使整个过程达到最优。多阶段的选取不是任意决定的，而是依赖于当前面临的状态，从而影响整个过程的活动。当各个阶段的决策确定后，就组成了问题的决策序列或策略，称为决策集合。

2. 序贯决策特点

（1）无后效性。序贯决策是前一阶段决策方案的选择，直接影响到后一阶段决策方案的选择，后一阶段决策方案的选择取决于前一阶段决策方案的结果。

（2）多阶段性。序贯决策是在时间上有先后之别的多阶段决策。决策者关心的是多阶段决策的总结果，而不是各阶段的当即结果。

（3）预测性。决策的实施是对采用的多种可行方案进行比较，择其最优。序贯决策是对各种可行方案的前景加以预测，预测的结果中会显示出最优可行方案。

（4）条件性。序贯决策是根据最优性原理求解，问题是所涉及的过程都要满足一定的条件，即马尔科夫性。也就是利用转移概率矩阵和相应的利润矩阵对不同方案在作出预测的基础上进行决策。

（5）连续性。每个阶段所面临的状态，带有各自的不确定性，因此需要对每一个阶段作决策，下一个阶段决策是在前一个阶段决策基础上再进行决策，这样连续进行，形成序列方案。

3. 基本过程

从初始状态开始，每个时刻作出最优决策后，接着观察下一步实际出现的状态，即收集新的信息，然后再作出新的最优决策，反复进行直至最后。

系统在每次作出决策后下一步可能出现的状态是不能确切预知的，存在两种情况：

（1）系统下一步可能出现的状态的概率分布是已知的，可用客观概率的条件分布来描述。对于这类系统的序贯决策研究得较完满的是状态转移律具有无后效性的系统，相应的序贯决策称为马尔科夫决策过程，它是将马尔科夫过程理论与决定性动态规划相结合的产物。

（2）系统下一步可能出现的状态的概率分布不知道，只能用主观概率的条件分布来描述。用于这类系统的序贯决策属于决策分析的内容。

4. 应用前景

序贯决策方法在工程管理领域的动态作业环境中具有特别的应用场景。比如，可以应用于建筑材料（包括预制构件）物流配送车辆调度、现场建筑材料的动态堆放或库存、建筑设备或资源的动态或应急配置与调度等方面。

2.5.2 多阶段决策分析

1. 多阶段决策概念

在经济活动中，常常需要将决策过程分解为若干阶段，分别对每个阶段作出决策。这些阶段的决策结果，前后相互衔接，彼此相互关联，前阶段决策结果影响后阶段决策目标，后阶段决策状态又依赖于前阶段状态设置，各阶段决策形成一个完整的决策过程。决策者关心的不单是各阶段决策结果，而是整个决策过程的总体效应。比如，一个大型工程项目的建设周期决策就属于此类问题。如果一个决策问题，需要经过相互衔接、相互关联的若干阶段决策才能完成，则称之为多阶段决策。

多阶段决策是指决策者在整个决策过程中作出时间上先后有别的多项决策。它通常比只需作出一项决策的单阶段决策要复杂，它或是要决策者一次确定各阶段应选择的一串最优策略，或是找出表示一个过程内连续变化的一条控制变量曲线，或是确定适合不同状态的灵活策略。

在生产运营活动中，某些问题决策过程可以划分为若干相互联系的阶段，每个阶段需要作出决策，从而使整个过程取得最优。由于各个阶段不是孤立的，而是有机联系的，也就是说，本阶段的决策将影响下一阶段的发展，从而影响整个过程效果，所以决策者在进行决策时不能够仅考虑选择的决策方案使本阶段最优，还应该考虑本阶段决策对最终目标产生的影响，从而作出对全局来讲是最优的决策。

在日常生产和生活中，存在着不少多阶段决策问题，如最短路问题、机器负荷的分配问题、生产与存贮问题、水库调度问题等，这些问题可采用动态规划的方法来解。然而生产实际中还存在这样一类问题，它不仅是一个多阶段决策问题，而且还同时具有多个目标。如某一工程的施工可分为多个阶段进行，每个阶段都存在着几种不同的施工方案，而每种施工方案都有相应的工期和费用，所以需要围绕多个阶段施工方案进行合理优化选择，从而满足项目工期要求又最省费用的多目标，或者满足总预算（费用）限制条件下的项目工期最短目标。

2. 多阶段决策方法

由于信息不确定、收集不完全，或者不断变化的原因，难以一次性作出有关抉择，需要根据信息的调整或更新，分几次作出抉择。这种需要几次决策才能解决的问题，则称之为多阶段决策问题。

1）基本方法

单阶段决策所用的方法一般都可用于多阶段决策之中，但多阶段决策还有一些特殊方法，如动态规划方法、多阶段决策树、控制论方法等，其中动态规划方法最为常用。

（1）动态规划方法是一种解动态规划问题的方法，指从终点逐段向始点方向寻找最优策略的方法。

（2）决策树分析，就是利用概率分析原理，用树状图描述备选方案的内容、参数、状态以及在实施过程中不同阶段方案的相互关系，对方案进行系统分析和评估的方法。应用决策树分析法不仅能进行单阶段决策，而且对多阶段决策也是行之有效的。

（3）控制论方法是应用控制理论研究、辨识和解决系统控制问题的科学方法。

本节主要介绍基于决策树的多阶段决策方法。当每个阶段的决策确定以后，全部过程的决策就是这些阶段决策所组成的一个决策序列。

2）多阶段决策问题的基本要素

多阶段决策问题的基本要素包括：阶段数、状态变量、决策变量、状态转移方程和目标函数。同时，多阶段决策需要重点关注下列方面：

（1）阶段数：有限阶段决策问题和无限阶段决策问题。

（2）状态变量：连续多阶段决策问题和离散多阶段决策问题。

（3）阶段个数是否明确：定期多阶段决策问题和不定期多阶段决策问题。

（4）参数取值情况：确定多阶段决策问题和不确定多阶段决策问题。

多阶段决策分析的关键，是适当地划分阶段，确定各阶段的状态变量，寻找各阶段之间的联系，并且从后到前用逆序归纳法进行决策分析。对每一阶段决策，可以用各种单阶段决策方法。

例 2.5-1：某厂家的建筑装修配件产品装箱出厂，每箱有产品1000件，产品的次品率有 0.01、0.40、0.90 三种可能，相应概率分别为 0.2、0.6、0.2。对产品的检验有两种方案：方案 1 为整箱检验（a_1），检验费 100 元；方案 2 是不作整箱检验（a_2），可先从任意一箱中随机地抽取一件产品作为样品，依据检验结果再决定采取方案 a_1 或 a_2，抽样成本为 4.20 元。试对下列问题作出决策。

① 是否需要抽样？

② 在抽样或不抽样的前提下，如何进行检验？

解：

这是二阶段决策问题。设 a_1、a_2 分别表示整箱检验和不整箱检验方案，θ_1、θ_2、θ_3 分别表示产品次品率为 0.01、0.40、0.90 三种状态。对于抽样检验一件产品，$X=1$ 和 $X=0$ 分别表示样品为次品和合格品两个结果。经过简单计算，得到该问题的收益矩阵

$$Q = (q_{ij})_{2 \times 3} = \begin{bmatrix} -100 & -100 & -100 \\ -2.5 & -100 & -225 \end{bmatrix}$$

相应的损失矩阵为

$$R = (r_{ij})_{2 \times 3} = \begin{bmatrix} 97.5 & 0 & 0 \\ 0 & 0 & 125 \end{bmatrix}$$

计算各有关概率值

$$P(X=0) = \sum_{j=1}^{3} P(X=0 \mid \theta_j)P(\theta_j) = 0.99 \times 0.2 + 0.60 \times 0.6 + 0.10 \times 0.2 = 0.578$$

$$P(\theta_1 \mid X=0) = \frac{P(X=0 \mid \theta_1)P(\theta_1)}{P(X=0)} = \frac{0.99 \times 0.2}{0.578} = 0.3426$$

$$P(\theta_2 \mid X=0) = \frac{P(X=0 \mid \theta_2)P(\theta_2)}{P(X=0)} = \frac{0.60 \times 0.6}{0.578} = 0.6228$$

$$P(\theta_3 \mid X=0) = \frac{P(X=0 \mid \theta_3)P(\theta_3)}{P(X=0)} = \frac{0.10 \times 0.2}{0.578} = 0.0346$$

$$P(X=1) = \sum_{j=1}^{3} P(X=1 \mid \theta_j)P(\theta_j) = 0.01 \times 0.2 + 0.40 \times 0.6 + 0.90 \times 0.2 = 0.422$$

$$P(\theta_1 \mid X=1) = \frac{P(X=1 \mid \theta_1)P(\theta_1)}{P(X=1)} = \frac{0.01 \times 0.2}{0.422} = 0.0047$$

$$P(\theta_2 \mid X=1) = \frac{P(X=1 \mid \theta_2)P(\theta_2)}{P(X=1)} = \frac{0.40 \times 0.6}{0.422} = 0.5687$$

$$P(\theta_3 \mid X=1) = \frac{P(X=1 \mid \theta_3)P(\theta_3)}{P(X=1)} = \frac{0.90 \times 0.2}{0.422} = 0.4265$$

将以上各后验概率值标注在决策树图第二阶段 S_2 处的状态枝上，于是，后验概率矩阵

$$P(\theta \mid H) = \begin{array}{c} \theta_1 \\ \theta_2 \\ \theta_3 \end{array} \begin{array}{cc} X=0 & X=1 \\ \begin{bmatrix} 0.3426 & 0.0047 \\ 0.6228 & 0.5687 \\ 0.0346 & 0.4265 \end{bmatrix} \end{array}$$

后验行动方案的期望损失值矩阵为

$$R(a \mid H) = RP(\theta \mid H) = \begin{bmatrix} 97.5 & 0 & 0 \\ 0 & 0 & 125 \end{bmatrix} \begin{bmatrix} 0.3426 & 0.0047 \\ 0.6228 & 0.5687 \\ 0.0346 & 0.4265 \end{bmatrix}$$

$$= \begin{array}{c} a_1 \\ a_2 \end{array} \begin{array}{cc} X=0 & X=1 \\ \begin{bmatrix} 33.40 & 0.4582 \\ 4.321 & 53.31 \end{bmatrix} \end{array}$$

将抽样后各方案的期望损失值标注在图 2.5-1 决策树第二阶段 S_2 上相应状态点处，并截去非最满意方案，完成了第二阶段的决策分析。将各满意方案的期望损失值填入第二阶段 A_2 上的决策点处。

最后，进行第一阶段的决策分析。计算第一阶段 S_1 上各状态点（这里仅有一个点）的期望损失值，将第一阶段的最满意方案的期望损失值填入以上的决策点处，这里，期望损失值 6.89 元还包括了抽样一件产品的费用 4.20 元。至此，完成该问题决策分析全过程。

由图 2.5-1 可见最满意方案是，应抽取一件产品作样品检验。若为正品，则无须检验整箱产品；若为次品，则整箱检验。该问题的期望损失值为 6.89 元，其中包含抽样费用。

有些多阶段决策问题，其决策过程阶段数并不是很明确，决策次数事前并不明确，没有明确的结束阶段，其决策阶段划分次数依赖于决策过程中出现的特殊情况，对于这类决

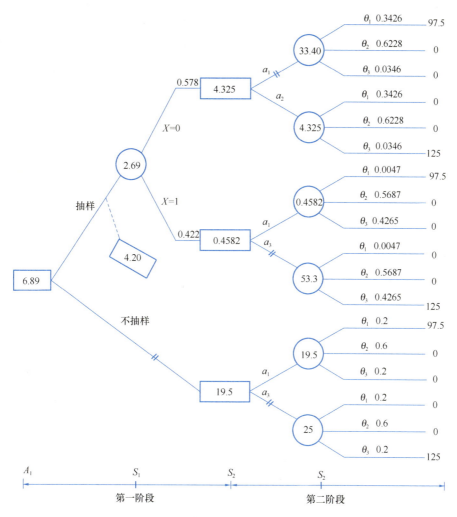

图 2.5-1 决策树

策问题如果仅利用向后归纳法解是行不通的，必须与向前归纳法结合使用，下面通过具体例子解释有关方法。

例 2.5-2：在例 2.5-1 中，如果第一次抽样后，继续进行第二次、第三次等若干次抽样，每次抽样成本均为 4.2 元，样本量均为 1，试进行序列决策，并画出决策树图。

解：

序列决策树图不能够一次绘制成功，而是随着决策过程序列的延伸和终止依次进行。下面，结果值均用期望损失值表示，同时，为了简化图形，行动方案 a_1 和 a_2 可能出现的状态及其对应的损失值均在图中略去，仅在方案枝末端标注上期望损失值。

先进行第一阶段决策分析，将图 2.5-1 决策树图中，第一阶段计算结果各期望损失值标注在图 2.5-2 中 A_1、A_2 上决策点的相应位置。在 A_1 上决策点处，由于不抽样行动方案 a_1、a_2 的期望损失值分别为 19.5 和 25，均大于抽样费用 4.20，需要进行第一次抽样 S_1，同时修去 a_1 和 a_2 方案枝，用 $X_1 = 0$ 和 $X_1 = 1$ 分别表示任意抽取一个样品为正品和次品。

在 A_2 上 $X_1 = 1$ 的决策点处，由于行动方案 a_1 的期望损失值 0.4582 已小于抽样费用

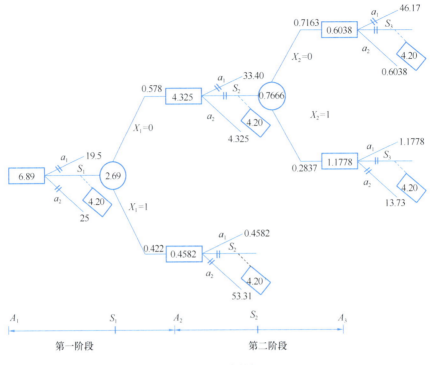

图 2.5-2　决策树

4.20，所以第二次抽样分枝 S_2 在此处被截断，决策序列在该分枝上终止。而在 $X_1 = 0$ 的决策点处，由于行动方案 a_1、a_2 的期望损失值分别为 33.40 和 4.324，均大于抽样费用 4.20。因此，在此分枝上，可进行第二次抽样，抽样结果用 X_2 表示，同样，$X_2 = 0$ 和 $X_2 = 1$ 分别表示第二次抽样抽取一个样品为正品和次品。第二次抽样的后验概率计算，依题意应将第一次抽样的后验概率作为先验概率看待，计算方法和一次抽样的情形相似。其计算过程为

$$P(X_2 = 0) = \sum_{j=1}^{3} P(X_2 = 0 \mid \theta_j) P(\theta_j \mid X_1 = 0)$$

$$= 0.99 \times 0.3426 + 0.60 \times 0.6228 + 0.10 \times 0.0346 = 0.7163$$

$$P(\theta_1 \mid X_2 = 0) = \frac{P(X_2 = 0 \mid \theta_1) P(\theta_1 \mid X_1 = 0)}{P(X_2 = 0)} = \frac{0.99 \times 0.3426}{0.7163} = 0.4735$$

$$P(\theta_2 \mid X_2 = 0) = \frac{P(X_2 = 0 \mid \theta_2) P(\theta_2 \mid X_1 = 0)}{P(X_2 = 0)} = \frac{0.60 \times 0.6228}{0.7163} = 0.5217$$

$$P(\theta_3 \mid X_2 = 0) = \frac{P(X_2 = 0 \mid \theta_3) P(\theta_3 \mid X_1 = 0)}{P(X_2 = 0)} = \frac{0.10 \times 0.0346}{0.7163} = 0.00483$$

$$P(X_2 = 1) = \sum_{j=1}^{3} P(X_2 = 1 \mid \theta_j) P(\theta_j \mid X_1 = 0)$$

$$= 0.01 \times 0.3426 + 0.40 \times 0.6228 + 0.90 \times 0.0346 = 0.2837$$

$$P(\theta_1 \mid X_2 = 1) = \frac{P(X_2 = 1 \mid \theta_1) P(\theta_1 \mid X_1 = 0)}{P(X_2 = 1)} = \frac{0.01 \times 0.3426}{0.2837} = 0.01208$$

$$P(\theta_2 \mid X_2 = 1) = \frac{P(X_2 = 1 \mid \theta_2)P(\theta_2 \mid X_1 = 0)}{P(X_2 = 1)} = \frac{0.40 \times 0.6228}{0.2837} = 0.8782$$

$$P(\theta_3 \mid X_2 = 1) = \frac{P(X_2 = 1 \mid \theta_3)P(\theta_3 \mid X_1 = 0)}{P(X_2 = 1)} = \frac{0.90 \times 0.0346}{0.2837} = 0.1098$$

于是，第二次抽样的后验概率矩阵为

$$
P(\theta_2 \mid X_2) = \begin{array}{c} \\ \theta_1 \\ \theta_2 \\ \theta_3 \end{array} \overset{\begin{array}{cc} X_2 = 0 & X_2 = 1 \end{array}}{\begin{bmatrix} 0.4735 & 0.01208 \\ 0.5217 & 0.8782 \\ 0.00483 & 0.1098 \end{bmatrix}}
$$

在 A_3 上相应的决策点处，后验行动方案 a_1、a_2 的期望损失值矩阵为

$$R(a \mid X_2) = RP(\theta_2 \mid X_2) = \begin{bmatrix} 97.5 & 0 & 0 \\ 0 & 0 & 125 \end{bmatrix} \begin{bmatrix} 0.4735 & 0.01208 \\ 0.5217 & 0.8782 \\ 0.00483 & 0.1098 \end{bmatrix}$$

$$
= \begin{array}{c} \\ a_1 \\ a_2 \end{array} \overset{\begin{array}{cc} X_2 = 0 & X_2 = 1 \end{array}}{\begin{bmatrix} 46.17 & 1.1778 \\ 0.6038 & 13.73 \end{bmatrix}}
$$

这表示，对应于 $X_2 = 0$ 的决策点处，方案 a_2 的期望损失值 0.6038 已小于抽样费用 4.20，则序列决策的这一分枝应该终止。同样，对于 $X_2 = 1$ 的决策点处，由于方案 a_1 的期望损失值 1.1778 也小于抽样费用，则这一分枝也应终止。于是，到此决策序列全终止。

下面，根据图 2.5-3 用递序归纳法进行决策分析。

在 A_3 上 $X_2 = 0$ 的决策点处，最满意行动方案为 a_2，截去 a_1 和 S_3；在 $X_2 = 1$ 的决策处，最满意行动方案为 a_1，截去 a_2 和 S_3，在 S_2 上状态点处，期望损失值为

$$0.6038 \times 0.7163 + 1.1778 \times 0.2837 = 0.7666 (元)$$

在 A_2 上 $X_1 = 0$ 的决策点处，最满意行动方案为 a_2，截去 a_1 和 S_1；在 $X_1 = 1$ 的决策点处，最满意行动方案为 a_1，截去 a_2 和 S_2，在 S_1 上状态点处，其期望损失值为

$$4.325 \times 0.578 + 0.4582 \times 0.422 = 2.69 (元)$$

截去 a_1、a_2。

综上所述，决策结果是，应该进行抽样检验。若为正品，则采取行动方案 a_2，即整箱产品不予检验；若为次品，则采取行动方案 a_1，即整箱产品予以检验。序列决策过程也可以用简化决策树图表示，如图 2.5-3 所示。

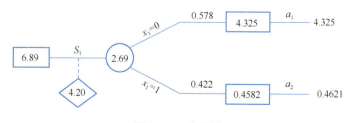

图 2.5-3　决策树

2.5.3 马尔科夫决策分析

马尔科夫（M. A. Markov）提出了一种描述系统状态转移的数学模型，称为马尔科夫过程，简称马氏过程。利用马氏过程分析系统当前状态并预测未来状态的决策方法，称为马尔科夫决策，简称马氏决策。本节在讨论正规随机矩阵及其相关的几个概念的基础上，简要地介绍马尔科夫链、马尔科夫决策及其应用实例。

1. 正规随机矩阵

1）随机矩阵、概率向量及其性质

设 $U = (u_1, u_2, \cdots, u_n)^T$，如果

$$u_i \geqslant 0 (i = 1, 2, \cdots, n)$$

且

$$\sum_{i=1}^{n} u_i = 1$$

则称 n 维向量 U 为概率向量，如果 n 阶矩阵 A 的每一行都是 n 维概率向量，则称 A 为随机矩阵。

随机矩阵 A 和概率向量 U 有以下性质。

性质 2.5-1：若 $U \in R^n$ 为一概率向量，$A = (a_{ij})_{n \times n}$ 为随机矩阵，则 $Y = A^T U$ 仍为概率向量。

性质 2.5-2：若 $A = (a_{ij})_{n \times n}$，$B = (b_{ij})_{n \times n}$ 为随机矩阵，则 AB 仍为随机矩阵。

2）正规随机矩阵

设 $A = (a_{ij})_{n \times n}$ 为随机矩阵，若存在正整数 k 使得 A^k 的每一个元素均为正数，则称随机矩阵 A 为正规随机矩阵。

例 2.5-3：设随机矩阵

$$A = \begin{bmatrix} 0 & 1 \\ \frac{1}{2} & \frac{1}{2} \end{bmatrix}$$

$$B = \begin{bmatrix} 1 & 0 \\ \frac{1}{2} & \frac{1}{2} \end{bmatrix}$$

试判定 A、B 是否为正规随机矩阵。

解：

由于存在 $k = 2$，使得

$$A^2 = \begin{bmatrix} \frac{1}{2} & \frac{1}{2} \\ \frac{1}{4} & \frac{3}{4} \end{bmatrix}$$

所以 A 为正规随机矩阵，而当 $k = 1, 2, \cdots, n$，有

$$B = \begin{bmatrix} 1 & 0 \\ \frac{1}{2} & \frac{1}{2} \end{bmatrix}, B^2 = \begin{bmatrix} 1 & 0 \\ \frac{3}{4} & \frac{1}{4} \end{bmatrix}, B^3 = \begin{bmatrix} 1 & 0 \\ \frac{7}{8} & \frac{1}{8} \end{bmatrix}, \cdots, B^n = \begin{bmatrix} 1 & 0 \\ 1 - \frac{1}{2^n} & \frac{1}{2^n} \end{bmatrix}$$

由归纳法可知，不存在 $k = 1, 2, \cdots, n$ 使得 B^k 的每个元素均为正数，所以 B 不是正规随机矩阵。

为了讨论马氏决策，这里不加证明地给出正规随机矩阵的一个重要性质。

3）正规随机矩阵的重要性质

定义 2.5-1：A 为正规随机矩阵，则

（1）存在 n 维概率向量 X，使得

$$A^T X = X$$

式中，$X = (x_1, x_2, \cdots, x_n)^T, x_j > 0 (j = 1, 2, \cdots, n)$。

（2）当 $k \to +\infty$ 时，$A^k \to B$，其中，B 的每一行都相同，且均为 X^T。

（3）对于任一 n 维概率向量 U，当 $k \to +\infty$ 时，恒有

$$(A^k)^T U \to X$$

式中，X 为 n 维概率向量。

2. 马尔科夫链

马尔科夫链（Markov Chain），描述了一种状态序列，其每个状态值取决于前面有限个状态。马尔科夫链是具有马尔科夫性质的随机变量的一个数列。这些变量的范围，即它们所有可能取值的集合，被称为"状态空间"，而随机变量的值则是在某个时间的状态。有关马尔科夫链的具体概念介绍如下。

定义 2.5-2：设 ξ_m 为随机变量，则称随机变量序列 $\xi_m (m = 1, 2, \cdots)$ 或 $\{\xi_m\} (m = 1, 2, \cdots)$ 为链，并称由 $\xi_m (m = 1, 2, \cdots)$ 的全体状态构成的有限集为该链的状态集，记作

$$N = \{N_1, N_2, \cdots, N_n\}$$

定义 2.5-3：设链 $\{\xi_m\} (m = 1, 2, \cdots)$，其状态为 $N = \{N_1, N_2, \cdots, N_n\}$，若对于任意正整数 k 及 $i_1, i_2, \cdots, i_k, i_{k+1}$（$i_1, i_2, \cdots, i_k, i_{k+1} \leqslant n$），条件概率等式为

$$P(\xi_{k+1} = N_{i_{k+1}} \mid \xi_1 = N_{i_1}, \xi_2 = N_{i_2}, \cdots, \xi_k = N_{i_k}) = P(\xi_{k+1} = N_{i_{k+1}} \mid \xi_k = N_{i_k})$$

$$(2.5\text{-}1)$$

成立，则称随机变量序列 $\{\xi_m\} (m = 1, 2, \cdots)$ 为马尔科夫链，或马氏链。

公式（2.5-1）表明，马尔科夫链 $\{\xi_m\} (m = 1, 2, \cdots)$ 中任一随机变量 ξ_{k+1} 所处某一状态 $N_{i_{k+1}}$ 的概率仅与前面相邻的 ξ_k 所处状态 N_{i_k} 有关，而与前面其他随机变量 $\xi_{k-1}, \xi_{k-2}, \cdots, \xi_1$ 所处的状态 $N_{i_{k-1}}, N_{i_{k-2}}, \cdots, N_{i_1}$ 无关，通常，称这种性质为马氏链的无后效性。

例如，销售某种商品，若以一个月为一期，链 $\{\xi_m\} (m = 1, 2, \cdots)$ 表示从某一个月开始，该商品的月销售状况，销售状态 $N = \{N_1, N_2, \cdots, N_n\}$ 分别表示畅销、一般和滞销，一般而言，某月的销售状况仅与前月的销售状况有关，而与再前面月份的销售状况无关。因此，该商品销售状况所构成的链 $\{\xi_m\} (m = 1, 2, \cdots)$ 为马氏链，且 i, j, k 为正整数，状态集 $N = \{N_1, N_2, \cdots, N_n\}$，若对于任意正整数 s，条件概率等式

$$P(\xi_{s+k} = N_j \mid \xi_s = N_i) = P(\xi_{k+1} = N_j \mid \xi_1 = N_i) \qquad (2.5\text{-}2)$$

成立，则称马氏链 $\{\xi_m\} (m = 1, 2, \cdots)$ 为齐次马尔科夫链，简称齐次马氏链。

公式（2.5-2）表示，齐次马氏链的条件概率 $P(\xi_{s+k} = N_j \mid \xi_s = N_i)$ 与 s 无关。接下来将对齐次马氏链进行详细介绍。

定义 2.5-4：设有齐次马氏链 $\{\xi_m\} (m = 1, 2, \cdots)$，则称其对应的条件概率

$$p_{ij}(\xi_{s+1} = N_j \mid \xi_s = N_i)(i, j = 1, 2, \cdots, n; s \text{ 为任意正整数}) \qquad (2.5\text{-}3)$$

为从状态 N_i 到 N_j 转移概率，称对应的矩阵

$$P = \begin{bmatrix} p_{11} & p_{12} & \cdots & p_{1n} \\ p_{21} & p_{22} & \cdots & p_{2n} \\ \vdots & \vdots & & \vdots \\ p_{n1} & p_{n2} & \cdots & p_{nn} \end{bmatrix} \tag{2.5-4}$$

为转移概率矩阵，简称转移矩阵。

显然，转移矩阵 P 满足以下性质：

(1) $p_{ij} \geqslant 0 (i,j = 1,2,\cdots,n)$。

(2) $\sum\limits_{j=1}^{n} p_{ij} = 1 (i = 1,2,\cdots,n)$。

定义 2.5-5：设有齐次马氏链 $\{\xi_m\}(m = 1,2,\cdots)$，对于正整数 k，称条件概率

$$p_{ij}(k) = P(\xi_{s+1} = N_j \mid \xi_s = N_i)(i,j = 1,2,\cdots,n; s \text{ 为任意正整数}) \tag{2.5-5}$$

为从状态 N_i 经过 k 个时期转移到状态 N_j 的 k 步转移概率，简称 k 步转移概率，称对应的矩阵

$$P(k) = \begin{bmatrix} p_{11}(k) & p_{12}(k) & \cdots & p_{1n}(k) \\ p_{21}(k) & p_{22}(k) & \cdots & p_{2n}(k) \\ \vdots & \vdots & & \vdots \\ p_{n1}(k) & p_{n2}(k) & \cdots & p_{nn}(k) \end{bmatrix} \tag{2.5-6}$$

为 k 步转移概率矩阵。

同样，矩阵 $P(k)$ 满足以下性质：

(1) $p_{ij}(k) \geqslant 0 (i,j = 1,2,\cdots,n)$。

(2) $\sum\limits_{j=1}^{n} p_{ij}(k) = 1 (i = 1,2,\cdots,n)$。

为使读者便于理解，现将上述若干要领的关系，综合成如图 2.5-4 所示的框图形式。

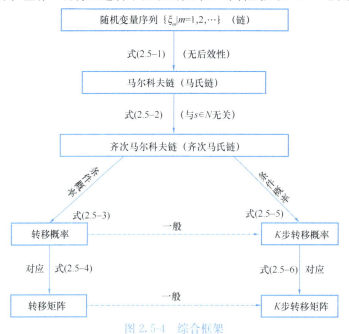

图 2.5-4 综合框架

例 2.5-4： 某商场对第一、二天分别购买某商品 A、B、C 品牌的顾客 100 名作对比统计，其结果如表 2.5-1 所示，试求某顾客第一天买 A 品牌，而第三天买 B 品牌商品的概率。

统计数据　　　　　　　　　　　　　　表 2.5-1

顾客（人/次）　　第二天品牌 第一天品牌	A	B	C
A	20	50	30
B	20	70	10
C	30	30	40

解：

不妨设顾客当天所购买的商品仅与前一天所买商品有关，用 ξ_m 表示第 m 天所购商品的品牌，则 $\{\xi_m\}(m=1,2,\cdots)$ 为一马氏链。

令状态集 $N=\{N_1,N_2,N_3\}=\{A,B,C\}$，问题所求的是二步转移概率 $p_{12}(2)$，由题设知，转移矩阵为

$$P=\begin{bmatrix} 0.2 & 0.5 & 0.3 \\ 0.2 & 0.7 & 0.1 \\ 0.3 & 0.3 & 0.4 \end{bmatrix}$$

于是，顾客第一天买 A 品牌，而第二天买 A、B、C 品牌商品的概率分别是

$$p_{11}=0.2, p_{12}=0.5, p_{13}=0.3$$

第二天买 A、B、C 品牌，而第三天买 B 品牌的概率分别是

$$p_{12}=0.5, p_{22}=0.7, p_{32}=0.3$$

因此，第一天买 A 品牌商品而第三天买 B 品牌商品的概率为

$$p_{12}(2)=p_{11}p_{12}+p_{12}p_{22}+p_{13}p_{32}=\sum_{l=1}^{3}p_{1l}p_{12}=(0.2,0.5,0.3)\begin{bmatrix} 0.5 \\ 0.7 \\ 0.3 \end{bmatrix}=0.54$$

上述计算过程和更一般的计算过程，可以用图 2.5-5 表示。

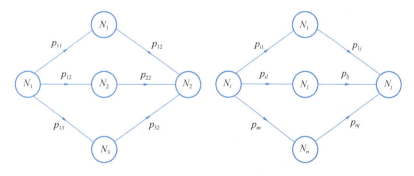

图 2.5-5　计算过程示意图

通过上例，给出了计算 k 步转移概率的一般方法，二步转移概率

$$p_{ij}(2) = \sum_{l=1}^{n} p_{il}\, p_{lj} \quad (i,j = 1,2,\cdots,n) \tag{2.5-7}$$

对应的二步转移矩阵

$$P(2) = PP = P^2 \tag{2.5-8}$$

一般地,k 步转移概率

$$p_{ij}(k) = \sum_{l=1}^{n} p_{il}(k-1)\, p_{lj} \quad (i,j = 1,2,\cdots,n) \tag{2.5-9}$$

对应的 k 步转移矩阵

$$P(k) = P(k-1)P = P^k \tag{2.5-10}$$

定义 2.5-6:设第 k 个时期(或第 k 步)随机变量 ξ_k 所处的状态 N_i 的概率为 $S_i(k)$,则称概率向量

$$S(k) = \left[s_1(k), s_2(k), \cdots, s_n(k) \right]^T$$

为第 k 个时期(或第 k 步)的状态概率向量,称 $S(0)$ 为初始状态的概率向量。

一般来说,当 $S(0)$ 和 P 确定之后,可以求出任一时期任一状态的概率,即马氏链完全确定。具体计算如下:

第一个时期 ξ_1 的状态概率向量 $S(1)$ 可由矩阵 P 和 $S(0)$ 计算得到,即

$$S(1) = P^T S(0) \tag{2.5-11}$$

式中,$S_i(1) = \sum_{l=1}^{n} p_{li}\, S_l(0)$。

第 k 个时期 ξ_k 的状态概率向量

$$S(k) = (P^k)^T S(0) \tag{2.5-12}$$

式中,$S_i(k) = \sum_{l=1}^{n} p_{li}(k)\, S_l(0)$。

同样,第 $k+m$ 个时期 ξ_{k+m} 的状态概率向量

$$S(k+m) = (P^k)^T S(m) \tag{2.5-13}$$

例 2.5-5: 市场有 A、B、C 三种品牌的同类商品相互竞争,其市场占有率分别为 $S_1(0) = 0.45$,$S_2(0) = 0.35$,$S_3(0) = 0.20$。据月统计资料表明,该类商品的转移概率矩阵为

$$P = \begin{bmatrix} 0.90 & 0.05 & 0.05 \\ 0.10 & 0.80 & 0.10 \\ 0.10 & 0.15 & 0.75 \end{bmatrix}$$

试求该类商品的三种品牌在第三个月的市场占有率。

解:

该问题已知 $S(0)$ 和 P,要求 $S(3)$,设 $\{\xi_m\}(m=1,2,\cdots)$ 表示顾客第 m 个月购买该类商品的状况,$\{\xi_m\}(m=1,2,\cdots)$ 为一马氏链,其状态集 $N = \{N_1, N_2, N_3\} = \{A, B, C\}$,由式 (2.5-11) 知,第一个月 A、B、C 品牌商品的市场占有率为

$$S(1) = P^T S(0) = \begin{bmatrix} 0.90 & 0.10 & 0.10 \\ 0.05 & 0.80 & 0.15 \\ 0.05 & 0.10 & 0.75 \end{bmatrix} \begin{bmatrix} 0.45 \\ 0.35 \\ 0.25 \end{bmatrix} = (0.4600, 0.3325, 0.2075)^T$$

由式（2.5-13）知，第三个月 A、B、C 品牌商品的市场占有率为

$$S(3) = (P^3)^T S(1) = \begin{bmatrix} 0.90 & 0.05 & 0.05 \\ 0.10 & 0.80 & 0.10 \\ 0.10 & 0.15 & 0.75 \end{bmatrix}^{2^T} \begin{bmatrix} 0.4600 \\ 0.3325 \\ 0.2075 \end{bmatrix} = (0.47440, 0.031128, 0.21432)^T$$

定义 2.5-7：设有齐次马氏链 $\{\xi_m\}(m=1,2,\cdots)$，若对于一切状态 N_i，存在不依赖于 i 的常数 π_j，对于状态 N_i，恒有

$$\lim_{k \to +\infty} p_{ij}(k) = \pi_j (j = 1,2,\cdots,n) \tag{2.5-14}$$

成立，则称该齐次马氏链具有遍历性，常数 π_j 称为状态 N_i 的稳定状态概率，向量 $\Pi = (\pi_1, \pi_2, \cdots, \pi_n)^T$ 称为稳定状态概率向量。

与公式（2.5-14）等价的还有另一种极限形式，即若 $\{\xi_m\}(m=1,2,\cdots)$ 具有遍历性，由公式（2.5-12）及公式（2.5-14），则有

$$\lim_{x \to +\infty} S_i(k) = \lim_{x \to +\infty} \sum_{l=1}^{n} p_{li}(k) S_l(0) = \sum_{l=1}^{n} \pi_j S_l(0) = \pi_j \sum_{l=1}^{n} S_l(0) = \pi_j \tag{2.5-15}$$

综上所述，齐次马氏链有如下一些性质：

（1）转移矩阵 P 为随机矩阵。

（2）k 步转移矩阵等于转移矩阵的 k 次幂，即

$$P(k) = P^k$$

（3）第 k 个时期的状态概率向量与 P 和 $S(0)$ 的关系是

$$S(k) = (P^k)^T S(0)$$

（4）若 P 为正规随机矩阵，对应的马氏链具有遍历性，且其状态概率向量为 π，则由定义 2.5-1 知

$P^T \Pi = \Pi$；

$P(k) \to B$（当 $k \to +\infty$ 时），其中 B 的每一行向量均相同，均为 Π^T；

$S(k) \to \Pi$（当 $k \to +\infty$ 时），即

$$\lim_{x \to +\infty} P(\xi_k = N_j) = \pi_j$$

这表示，齐次马氏链经历一定时间的状态转移，最后达到与初始状态完全无关的稳定状态。

例 2.5-6：试计算例 2.5-5 中，马氏链的稳定状态概率向量。

解：

设稳定状态概率向量

$$\Pi = (\pi_1, \pi_2, \pi_3)^T$$

其中，分量 $\pi_j(j=1,2,3)$ 分别对应同类不同品牌商品 A、B、C。由性质（1）（4）知

$$P^T \Pi = \Pi$$

即

$$\begin{bmatrix} 0.90 & 0.10 & 0.10 \\ 0.05 & 0.80 & 0.15 \\ 0.05 & 0.10 & 0.75 \end{bmatrix} \begin{bmatrix} \pi_1 \\ \pi_2 \\ \pi_3 \end{bmatrix} = \begin{bmatrix} \pi_1 \\ \pi_2 \\ \pi_3 \end{bmatrix}$$

此方程组的三个方程并非相互独立的，用补充方程 $\pi_1 + \pi_2 + \pi_3 = 1$ 与方程组中前两个

方程联立，即有

$$\begin{cases} 0.90\pi_1 + 0.1\pi_2 + 0.1\pi_3 = \pi_1 \\ 0.05\pi_1 + 0.8\pi_2 + 0.15\pi_3 = \pi_2 \\ \pi_1 + \pi_2 + \pi_3 = 1 \end{cases}$$

解之得

$$\Pi = (\pi_1, \pi_2, \pi_3)^T = (0.5, 0.2857, 0.2143)^T$$

3. 马尔科夫决策过程

有一类动态决策问题，所关注的系统在不同时期的状态概率是变化的，同时任一时期的状态概率仅与相邻的前一时期的状态有关。这类决策问题满足马氏链的无后效性，所以可以用马氏链的状态概率性质与计算方法来解决此类决策问题，称之为马尔科夫决策。马尔科夫决策过程是基于马尔科夫过程理论的随机动态系统的最优决策过程。马尔科夫决策过程是序贯决策的主要研究领域。

1）马尔科夫决策过程的基本概念

马尔科夫决策过程是一个四元组 (S, A, P, R)，其中：

S：状态空间（State Space），表示所有可能的状态的集合。

A：行动空间（Action Space），表示所有可能的行动的集合。

P：状态转移概率（Transition Probability），表示在当前状态采取某个行动后，转移到下一个状态的概率。记作：$P(s' \mid s, a)$。

R：奖励函数（Reward Function），表示在当前状态采取某个行动后，获得的即时奖励。记作：$R(s, a, s')$。

在马尔科夫决策过程中，决策者在每个时刻根据当前状态选择一个行动，并根据状态转移概率转移到下一个状态，同时获得一个即时奖励。决策者的目标是选择一组行动序列（策略），使得累积奖励最大化。

2）马尔科夫决策过程的重要性质

马尔科夫性（Markov Property）：当前状态的转移概率仅依赖于当前状态和行动，与历史状态和行动无关。这意味着未来的状态转移仅依赖于当前状态，而与过去无关。

策略（Policy）：策略是一个从状态到行动的映射函数，表示在某个状态下应该采取的行动。策略可以是确定型的或随机性的。

例 2.5-7：某生产装配式建筑部品部件的预制工厂 A，为了与另外两个生产同部品部件的 B 和 C 预制工厂竞争，有三种可供选择的对策方案：①发放其他构配件优惠；②开展广告宣传；③优质售后服务。三种方案分别实施以后，经统计调查知，该类部品部件的市场占有率的转移矩阵分别是

$$P_1 = \begin{bmatrix} 0.95 & 0.025 & 0.025 \\ 0.10 & 0.80 & 0.10 \\ 0.10 & 0.15 & 0.75 \end{bmatrix}$$

$$P_2 = \begin{bmatrix} 0.90 & 0.05 & 0.05 \\ 0.15 & 0.75 & 0.10 \\ 0.10 & 0.15 & 0.75 \end{bmatrix}$$

$$P_3 = \begin{bmatrix} 0.90 & 0.05 & 0.05 \\ 0.10 & 0.80 & 0.10 \\ 0.15 & 0.15 & 0.70 \end{bmatrix}$$

三种方案实施的成本费分别是 150 万元、40 万元和 30 万元。此外，由市场调查知道，该类部品部件的市场销售总量为 1000 万件，每销售一件可获利 1 元。为保证在今后长期经营中获取最大利润，预制工厂应该采取何种对策方案？

解：

这是长期经营不变策略问题，应用马氏决策。

(1) 求转移矩阵 $P_i (i = 1, 2, 3)$ 的稳定状态概率向量

$$\Pi^{(i)} = (\pi_1^{(i)}, \pi_2^{(i)}, \pi_3^{(i)})^T (i = 1, 2, 3)$$

对于不同方案，容易求得：

方案① $\pi_1^{(i)} = 0.667, \pi_2^{(i)} = 0.190, \pi_3^{(i)} = 0.143$。

方案② $\pi_1^{(i)} = 0.559, \pi_2^{(i)} = 0.235, \pi_3^{(i)} = 0.206$。

方案③ $\pi_1^{(i)} = 0.545, \pi_2^{(i)} = 0.273, \pi_3^{(i)} = 0.182$。

(2) 求出预制工厂 A，采取各方案所获的期望利润值，结果见表 2.5-2。

计算结果 表 2.5-2

方案 \ 项目	市场占有率	毛利期望值（万元）	方案成本费用（万元）	纯利润期望值（万元）
①	0.667	667	150	517
②	0.559	559	40	519
③	0.545	545	30	515

(3) 决策结果。比较表 2.5-2 中三个方案的纯期望利润值，方案②是生产部品部件的工厂 A 应采取的长期策略。

2.5.4 序贯决策分析应用

1. 智慧工地专利购买投资和采用计划决策

问题描述：某建筑企业为提升智慧工地标准计划购买某类专利，购置费 10 万元。若购买了专利，可在本公司的工程项目中大规模采用（a_1）、中规模采用（a_2）、小规模采用（a_2）三种可行方案。由于专利技术改进后智慧工地配置带来的效益（产出）状态可能出现三种情况，即效益好（θ_1）、效益一般（θ_2）和效益不好（θ_3）。其状态概率分别为

$$P(\theta_1) = 0.6, P(\theta_2) = 0.3, P(\theta_3) = 0.1$$

根据历史统计资料预测分析，智慧工地改进后带来的效益或收益矩阵（单位：万元）为

$$Q = (q_{ij})_{3 \times 3} = \begin{bmatrix} 40 & 20 & -30 \\ 30 & 30 & -20 \\ 10 & 10 & 10 \end{bmatrix}$$

为了准确掌握投入产出动向，该企业拟进行智慧工地的试验性采用，其试验费为 5 万元。试验的结果分别是该智慧工地满意（H_1）、一般（H_2）和不满意（H_3）三种情况。由于试验面不广，试验结果准确性有限，已知试验的似然分布矩阵如表 2.5-3 所示。如果不购买专利，企业将购置费 10 万元投资其他项目，同期可获利 11 万元，试对以下问题作出决策。

① 是否购买有关智慧工地的某类专利？

② 购买专利后是否进行智慧工地的试验性采用？

③ 在试验或不试验的前提下，如何确定该企业的智慧工地规模化采用计划？

似然分布矩阵

表 2.5-3

$P(H_i/\theta_j)$（分布距阵）　　　θ_j（状态） H_i（方案）	θ_1	θ_2	θ_3
H_1	0.6	0.2	0.2
H_2	0.3	0.6	0.3
H_3	0.1	0.2	0.5

解：

这是三阶段决策问题，画出此问题的决策树，如图 2.5-6 所示。图中表明，从前向后决策过程划分为三个阶段，分别注明第一、第二、第三阶段。S_1、S_2 分别表示第二、第三阶段决策树状态点的位置，A_1、A_2、A_3 分别表示第一、第二、第三阶段决策点的位置，按照逆序归纳法，从后到前，依次分阶段逐步进行。

先从第三阶段开始，计算各试销状态下的后验概率

$$P(H_1) = \sum_{j=1}^{3} P(H_1 \mid \theta_j)P(\theta_1) = 0.6 \times 0.6 + 0.2 \times 0.3 + 0.2 \times 0.1 = 0.44$$

$$P(\theta_1 \mid H_1) = \frac{P(H_1 \mid \theta_1)P(\theta_1)}{P(H_1)} = \frac{0.6 \times 0.6}{0.44} = 0.181$$

$$P(\theta_2 \mid H_1) = \frac{P(H_1 \mid \theta_2)P(\theta_2)}{P(H_1)} = \frac{0.2 \times 0.3}{0.44} = 0.136$$

$$P(\theta_3 \mid H_1) = \frac{P(H_1 \mid \theta_3)P(\theta_3)}{P(H_1)} = \frac{0.2 \times 0.1}{0.44} = 0.046$$

同理可得

$$P(H_2) = 0.39, P(\theta_1 \mid H_2) = 0.462, P(\theta_2 \mid H_2) = 0.462, P(\theta_3 \mid H_2) = 0.076$$

$$P(H_3) = 0.17, P(\theta_1 \mid H_3) = 0.353, P(\theta_2 \mid H_3) = 0.353, P(\theta_3 \mid H_3) = 0.294$$

再计算第三阶段各状态点的期望收益值，用矩阵计算，设后验概率矩阵为

$$P(\theta \mid H) = \begin{array}{c} \\ \theta_1 \\ \theta_2 \\ \theta_3 \end{array} \begin{array}{ccc} H_1 & H_2 & H_3 \\ \left[\begin{array}{ccc} 0.181 & 0.462 & 0.353 \\ 0.136 & 0.462 & 0.353 \\ 0.046 & 0.076 & 0.294 \end{array}\right] \end{array}$$

则后验行动方案的期望收益值矩阵

$$Q(a \mid H) = QP(\theta \mid H) = \begin{bmatrix} 40 & 20 & -30 \\ 30 & 30 & -20 \\ 10 & 10 & 10 \end{bmatrix} \begin{bmatrix} 0.818 & 0.462 & 0.353 \\ 0.136 & 0.462 & 0.353 \\ 0.046 & 0.076 & 0.294 \end{bmatrix}$$

$$\begin{matrix} & H_1 & H_2 & H_3 \\ = \begin{matrix} a_1 \\ a_2 \\ a_3 \end{matrix} & \begin{bmatrix} 34.06 & 25.44 & 12.36 \\ 27.70 & 26.20 & 15.30 \\ 10 & 10 & 10 \end{bmatrix} \end{matrix}$$

将上述后验概率值和期望收益值，分别标注在图 2.5-6 决策树第三阶段 S_2 上的各状态枝和状态点处，由于在试验调查值 $H_i(i=1,2,3)$ 的条件下，最满意方案分别是

$$a(H_1) = a_1, a(H_2) = a_2, a(H_3) = a_3$$

将第三阶段后验各最满意方案的期望收益值标注在 A_3 上各决策点处，并在各非最满意方案的方案枝上标上截枝符号。

同样，对第二阶段和第一阶段作类似的计算和分析，将结果标注在决策树 S_1 处的状态点和 A_1、A_2 上的决策点处，截去非最满意方案枝，即不进行试验性采用方案。

在图 2.5-6 中，需要同时画出不同试验方案的决策树分枝，以及相应的第三阶段的决策点、状态点和状态枝，并按期望值准则同步完成第三阶段决策过程。另外，在试验方案中，第二阶段中最佳方案期望收益值需减去 5 万元的试销费用，第一阶段需减去 1 万元的购买专利费用。

由第三阶段决策进入第二阶段决策，最后在第一阶段完成决策。三阶段分段决策完成后，该问题的决策过程才全部结束。决策的全过程在三阶段决策树图 2.5-6 中看得十分清楚。

综上所述，该问题的最佳方案是购买专利并进行试销，若试验结果满意（H_1），则应该大规模采用（a_1）；若试验情况一般（H_2），或者不满意（H_3），则应该中规模采用（a_2），上述决策过程的期望收增值 $EMV=12.805$（万元）。若不购买专利，由题意知可获利 11 万元 $<$ 12.805 万元。故不应该采取此方案。

2. 建筑企业管理策略决策

问题描述：某建筑企业在工程承包业务方面的效益状态分别为良好和一般两种，效益良好时可获年利润 100 万元，效益一般时仅获年利润 30 万元，以一年为一期。如果采用某种管理技术（该管理技术的成本为每年 15 万元），会提升企业的承包业务效益。假设不采取管理技术与采取管理技术的效益状态转移矩阵分别为 $P_1 = \begin{bmatrix} 0.8 & 0.2 \\ 0.4 & 0.6 \end{bmatrix}$，$P_2 = \begin{bmatrix} 0.9 & 0.1 \\ 0.7 & 0.3 \end{bmatrix}$。并假定上一年该企业的成本业务效益为良好。1）为了保证今后三年企业获得的承包利润总和最大，应该采取什么策略方案？2）如果每年是否采取管理技术的策略，需要依据上一年承包业务效益情况而定，那么又该如何进行决策？

解：

1）这是短期经营不变策略问题。不能用求稳定状态概率的办法解决（试比较与例 2.5-7 的不同），应该先确定三年中每年的期望利润值，再比较采用管理技术或不采用管理技术的利润总和，从而作出决策。

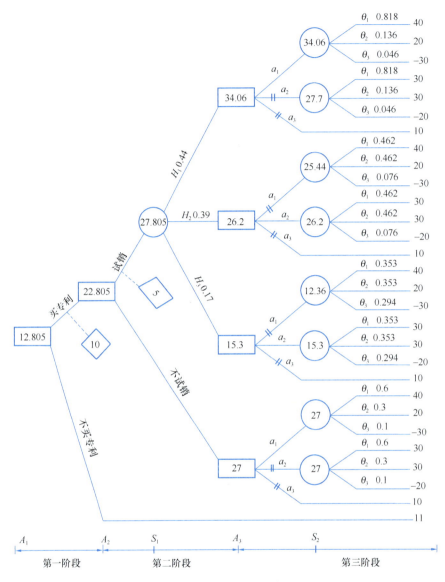

图 2.5-6　多阶段决策树

（1）不采纳管理技术的策略时，第二、第三年的转移矩阵分别为

$$P_1(2) = P_1{}^2 = \begin{bmatrix} 0.8 & 0.2 \\ 0.4 & 0.6 \end{bmatrix}^2 = \begin{bmatrix} 0.72 & 0.28 \\ 0.56 & 0.44 \end{bmatrix}$$

$$P_1(3) = P_1{}^3 = P_1{}^2\, P_1 = \begin{bmatrix} 0.72 & 0.28 \\ 0.56 & 0.44 \end{bmatrix}\begin{bmatrix} 0.8 & 0.2 \\ 0.4 & 0.6 \end{bmatrix} = \begin{bmatrix} 0.688 & 0.312 \\ 0.624 & 0.376 \end{bmatrix}$$

对于第一年，由于上一年效益良好，故不采纳管理技术的策略时，第一年效益良好和一般的概率分别为 0.8 和 0.2。而对于第二、三年，由上面计算可知，效益良好和一般的概率分别为 0.72 和 0.28，0.688 和 0.312，于是，三年所获期望利润值总和为

$$L_1 = (100 \times 0.8 + 30 \times 0.2) + (100 \times 0.72 + 30 \times 0.28) + (100 \times 0.688 + 30 \times 0.312)$$
$$= 244.56(万元)$$

（2）采取管理技术的策略时，类似地求得第二、三年的转移矩阵分别为

$$P_2(2) = P_2{}^2 = \begin{bmatrix} 0.9 & 0.1 \\ 0.7 & 0.3 \end{bmatrix}^2 = \begin{bmatrix} 0.88 & 0.12 \\ 0.84 & 0.16 \end{bmatrix}$$

$$P_2(3) = P_2{}^2 P_2 = \begin{bmatrix} 0.88 & 0.12 \\ 0.84 & 0.16 \end{bmatrix}\begin{bmatrix} 0.9 & 0.1 \\ 0.7 & 0.3 \end{bmatrix} = \begin{bmatrix} 0.876 & 0.124 \\ 0.868 & 0.132 \end{bmatrix}$$

同样，可以求出三年所获期望利润值总和，并扣除管理技术成本费，其期望纯利润值总和为

$$\begin{aligned} L_2 &= (100 \times 0.90 + 30 \times 0.1) + (100 \times 0.88 + 30 \times 0.12) \\ &\quad + (100 \times 0.876 + 30 \times 0.124) - 3 \times 5 \\ &= 230.92(\text{万元}) \end{aligned}$$

因此，比较 1）、2），为使三年内企业获得的承包业务利润总和最大，最佳方案应该是不采取管理技术的策略，其期望利润值总和为 244.56 万元。

2）每年是否采取管理技术需要依据上一年承包业务效益情况而定，这是短期经营可变策略问题，即在三年内的每一年都需要对是否采取管理技术策略，作一次决策。此问题可视为一个三阶段决策问题，采用决策树图进行分析。为了简化决策树图，根据马氏链的性质，每一时期的状态概率仅与相邻前一期状态概率有关。因此，只需画出相邻两个阶段的决策树，其中一个前期取效益良好状态，另一个前期取效益一般状态。

（1）设 x_0、y_0 分别表示初始为效益良好和效益一般状态的期望利润值总和；x_i、y_i 分别表示第 $i-1$ 年为效益良好和效益一般状态的期望利润值总和，即从第 i 年起及以后各年均采取最优策略的期望利润值总和，根据题意，画出相邻两期的决策树，如图 2.5-7 所示。

由图 2.5-7，分别计算状态点 A、B、C、D 的期望收益值为

A：$0.8(x_i + 100) + 0.2(y_i + 30) = 0.8 x_i + 0.2 y_i + 86$

B：$0.9(x_i + 85) + 0.1(y_i + 15) = 0.9 x_i + 0.1 y_i + 78$

C：$0.4(x_i + 100) + 0.6(y_i + 30) = 0.4 x_i + 0.6 y_i + 58$

D：$0.7(x_i + 85) + 0.3(y_i + 15) = 0.7 x_i + 0.3 y_i + 64$

于是，可得 x_{i-1}、y_{i-1} 的递推关系基本公式

$$\begin{cases} x_{i-1} = \max(0.8 x_i + 0.2 y_i + 86, 0.9 x_i + 0.1 y_i + 78) \\ y_{i-1} = \max(0.4 x_i + 0.6 y_i + 58, 0.7 x_i + 0.3 y_i + 64) \end{cases} \tag{2.5-16}$$

（2）下面，用逆序归纳法进行决策分析，在式（2.5-38）中，由题意先令 $x_3 = y_3 = 0$，得

$$x_2 = \max(86, 78) = 86$$
$$y_2 = \max(58, 64) = 64$$

这表示，如果第二年效益良好，则第三年不用采取管理技术；如果第二年效益一般，则第三年要采用管理技术。

同理，在式（2.5-38）中，再令 $i = 2$，代入 $x_2 = 86$，$y_2 = 64$，得

$$x_1 = \max(0.8 \times 86 + 0.2 \times 64 + 86, 0.9 \times 86 + 0.1 \times 64 + 78)$$

$$= \max(167.6, 161.8) = 167.6$$

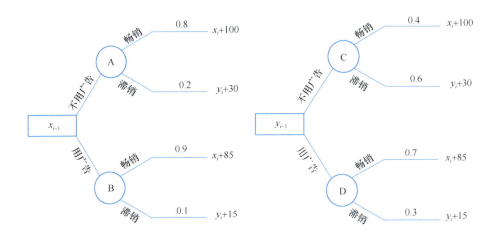

$$y_1 = \max(0.4 \times 86 + 0.6 \times 64 + 58, 0.7 \times 86 + 0.3 \times 64 + 64)$$
$$= \max(130.8, 143.6) = 143.6$$

这表示，如果第一年为效益良好，则第二年无需采用管理技术；如果第一年效益一般，则第二年需采用管理技术。

最后，在式（2.5-38）中，代入 $x_1 = 167.6$，$y_1 = 143.6$，得

$$x_0 = \max(0.8 \times 167.6 + 0.2 \times 143.6 + 86, 0.9 \times 167.6 + 0.1 \times 143.6 + 78)$$
$$= \max(248.76, 243.18) = 248.76$$
$$y_0 = \max(0.4 \times 167.6 + 0.6 \times 143.6 + 58, 0.7 \times 167.6 + 0.3 \times 143.6 + 64)$$
$$= \max(211.08, 224.34) = 224.34$$

这表示，如果初始状态为效益良好，则第一年不采用管理技术；如果初始状态为效益一般，则第一年需采用管理技术。

以上决策分析的结论是，如果前一年（含初始状态）承包业务效益良好，则该年无需采用管理技术的策略；如果前一年（含初始状态）承包业务效益一般，则该年需要采取管理技术的策略，三年内该企业的承包业务的期望利润值总和为 248.76 万元。

思考与练习题

1. 解释以下名词。

（1）多阶段决策；（2）序列决策；

（3）马尔科夫决策；（4）群决策。

2. 某公司开发成功某种新产品，考虑是否正式投产。如果投产，经营成功可获利 49 万元，经营失败则亏损 7 万元，经营成功的概率为 0.4，失败的概率为 0.6。该公司打算投产前采取两项措施：第一项措施是小批量试销，试销成本 2 万元，不论实际经营成功或失败，试销给出准确信息的概率为 0.95；第二项措施是一般性市场调查，调查费用 1 万元，不论实际经营状态，调查给出准确信息的概率为 0.80。试问该公司应该如何决策，是否采取试销或调查措施。采取措施后应该如何产销新产品，不采取措施又应该如何产销新产品？

3. 某公司考虑进出口商品的包装，假定改进包装后，喜欢这种包装的顾客占顾客总数比例可能取两个值，即 $\theta_1 = 0.4$，$\theta_2 = 0.6$，其概率 $P(\theta_1) = P(\theta_2) = 0.5$。如果 $\theta_1 = 0.4$，公司将比原来少获利 10000 元；如果 $\theta_2 = 0.6$，则公司将比原来多获利 10000 元。为了掌握顾客对新包装的态度，可以对顾客抽样考察，由于抽样费用昂贵，每人要花费 500 元，公司决定抽样人数不超过 2 人。试问，公司应该如何决策？

4. 某厂使用的元件要从外厂购买，今有甲、乙两厂都生产该种元件。如果使用甲厂元件，每箱可获利 600 元。如果使用乙厂元件，每箱获利多少要看次品率情况，乙厂元件每箱的次品率有 0.1、0.2、0.3 三种，其概率分别为 0.4、0.3、0.3。使用这三种次品率元件，每箱分别获利 800 元、600 元、400 元。购买乙厂元件，可以从一箱中抽取 2 个元件检验，如果 2 个元件都是合格品，每箱元件加价 8 元；如果 1 个是合格品，另一个是次品，降价 12 元；如果 2 个均为次品，降价 32 元。一旦抽样检验，不论结果如何都得购买。试问，该厂应该购买哪个厂的元件？如果购买乙厂元件，是否应该抽样检验？

5. 某市场经销甲、乙、丙内一家公司的同类产品。根据过去的资料，三家公司的产品在该市场的占有率分别为 50%、30%、20%。今年年初，丙公司制订了一项新的销售和服务方针，市场调查表明，甲公司的原顾客只有 70% 仍将购买甲公司的产品。余下的顾客 10% 和 20% 分别转向乙、丙公司；乙公司保持原顾客的 80%，余下的各一半将转向甲、丙公司；丙公司保住原顾客的 90%，余下的各一半转向甲、乙公司，假设这种销售势头保持不变。

(1) 将此产品销售问题表示为马氏链，并求出一步转移概率矩阵。

(2) 分别求出三家公司第一季度和第二季度在该市场的销售占有率。

(3) 分别求出三家公司最终在该市场的销售占有率。

6. 某公司的某种产品，销售状态分为畅销（θ_1）和滞销（θ_2）两种。如果畅销，每年可获得 100 万元；如果滞销，每年亏损 80 万元。以一年为一个时期，如果不采取特殊措施（a_1）状态转移矩阵为

$$P = \begin{bmatrix} 0.7 & 0.3 \\ 0.4 & 0.6 \end{bmatrix}$$

如果采取特殊措施（a_2），状态转移矩阵为

$$Q = \begin{bmatrix} 0.8 & 0.2 \\ 0.6 & 0.4 \end{bmatrix}$$

但每年需付出 20 万元的费用。假定上一年为滞销，在下列情况下，为了获得最大利润，该公司应该采取何种策略？

(1) 只经营 2 年，各年的措施不变。

(2) 只经营 2 年，各年的措施可以不同。

(3) 长期经营，各年的措施不变。

(4) 长期经营，各年的措施可以不同。

7. 某大型石化厂每季度要对所有生产中的泵进行检查，一般将泵按其外壳的腐蚀状况确定为下列五种状态之一：

状态 0 很好，完好如新；

状态 1 良好，稍有腐蚀；

状态 2 及格，轻度腐蚀；

状态 3 可用，大面积腐蚀；

状态 4 不能用，完全腐蚀。

该厂目前采用"一种状态"维修策略，即处于状态 4 才维修，每台费用 500 元。为减少维修费用，希望找到新的维修策略。一种是"两种状态"维修策略，即处于状态 3、4，都要维修。另一种是"三种状态"维修策略，即处于状态 2、3、4，都要维修。平均维修费状态 2 为每台 200 元，状态 3 为每台 250 元。假定每一台泵通过维修后在下一季度都处于状态 0，由统计资料可知，泵从状态 i 变到下周期状态 j 的概率如表 2.5-4 所示。

泵的状态变化概率   表 2.5-4

P_{ij} (状态变化概率) (i)（状态） \ (j)（状态）	0	1	2	3	4
0	0	0.6	0.2	0.1	0.1
1	0	0.3	0.4	0.2	0.1
2	0	0	0.4	0.4	0.2
3	0	0	0	0.5	0.5
4	0	0	0	0	1

试分别求出各种维修策略下，该厂（长期）期望每季度每台泵的维修费用，且最优维修策略是什么？

8. 设有 4 个方案，2 个目标，3 个专家，决策目标的权重向量 $W = (0.5, 0.5)^T$，专家权重系数 $\lambda_1 = 0.4$，$\lambda_2 = 0.3$，$\lambda_3 = 0.3$，采用五级评分制，三个专家单独对方案进行评价，其评价矩阵分别为

$$U^{(1)} = \begin{bmatrix} 1 & 4 \\ 2 & 1 \\ 3 & 2 \\ 4 & 3 \end{bmatrix}, \ U^{(2)} = \begin{bmatrix} 3 & 2 \\ 1 & 3 \\ 4 & 1 \\ 2 & 4 \end{bmatrix}, \ U^{(3)} = \begin{bmatrix} 2 & 4 \\ 3 & 3 \\ 1 & 1 \\ 4 & 2 \end{bmatrix}$$

试用综合加权法进行群组决策。

【本章小结】

针对各种不同潜在方案的最佳选择，即决策分析，是工程管理经常面临的重要任务之一，贯穿于工程项目从决策、准备（招标投标）、设计、采购、施工到运营的全寿命周期各个阶段有关计划或方案的抉择。本章介绍了决策分析的基本概念和不同类型的决策算法，包括基于不确定性结果的不确定型和风险决策（包括决策树）、基于信息变化考虑的贝叶斯决策、多阶段重复操作的序贯决策等决策分析方法。不同类型的决策分析方法具有不同的应用场景，特别适用于解决具有不确定性、动态性和复杂多变等特点下的建设工程管理决策问题，能够提供更加有效和合理的决策方案。

本章参考文献

[1] NUTT P C, WILSON D. Handbook of decision making [M]. [s. l.]: Wiley, 2010.

[2] POLLOCK J L. Thinking about acting: logical foundations for rational decision making [M]. Oxford: oxford University Press, 2006.

[3] 赵新泉. 管理决策分析 [M]. 北京: 科学出版社, 2014.

[4] 王国华, 梁樑. 决策理论与方法 [M]. 合肥: 中国科学技术大学出版社, 2014.

[5] 西蒙·弗兰奇, 约翰·莫尔, 纳蒂娅·帕米歇尔. 决策分析 [M]. 李华旸. 译. 北京: 清华大学出版社, 2012.

[6] 刘晓君. 建设项目投资决策理论与方法 [M]. 北京: 中国建筑工业出版社, 2009.

[7] BIRNBAUM M H. New paradoxes of risky decision making [J]. Psychological review, 2008, 115 (2): 463.

[8] TRIMMER P C, HOUSTON A I, MARSHALL J A, et al. Decision-making under uncertainty: biases and Bayesians [J]. Animal cognition, 2011, 14: 465-476.

[9] GILBOA I. Making better decisions: decision theory in practice [M]. [s. l.]: Wiley-Blackwell, 2011.

[10] TAGHAVIFARD M T, DAMGHANI K K, MOGHADDAM R T. Decision making under uncertain and risky situations [J]. Society of actuaries, 2009: 1-31.

[11] SHIMP K G, IMTCHELL M R, BEAS B S, et al. Affective and cognitive mechanisms of risky decision making [J]. Neurobiology of learning and memory, 2015, 117: 60-70.

[12] BERMÚDEZ J L. Decision theory and rationality [M]. Oxford: Oxford University Press, 2009.

[13] SMITH J E, WINTERFELDT D V. Decision analysis in management science[J]. Management science, 2004, 50(5): 561-574.

[14] ROBERT C P. The bayesian choice: from decision-theoretic foundations to computational implementation [M]. [s. l.]: Springer, 2007.

[15] SMITH J Q. Bayesian decision analysis principles and practice [M]. Cambridge: Cambridge University Press, 2010.

[16] FAGGINI M, VINCI C P, ABATEMARCO A. Decision theory and choices: a complexity approach [M]. [s. l.]: Springer Science & Business Media, 2010.

[17] LIESE F, MIESCKE K J. Statistical decision theory: estimation, testing, and selection [M]. [s. l.]: Springer, 2008.

[18] PENA J, NÁPOLES G, SALGUEIRO Y. Explicit methods for attribute weighting in multi-attribute decision-making: a review study [J]. Artificial intelligence review, 2020, 53: 3127-3152.

[19] BOZORG-HADDAD O, ZOLGHADR-ASLIB, LO ÁICIGA H A. A handbook on multi-attribute decision-making methods [M]. [s. l.]: John Wiley & Sons, 2021.

[20] ROIJERS D M, VAMPLEW P, WHITESON S, et al. A survey of multi-objective sequential decision-making [J]. Journal of artificial intelligence research, 2013, 48: 67-113.

[21] WEN M, LIN R, WANG H, et al. Large sequence models for sequential decision-making: a survey [J]. Frontiers of computer science, 2023, 17(6): 349.

[22] 伯纳德·W. 泰勒. 数据、模型与决策 [M]. 侯文华, 杨静蕾. 译. 北京: 中国人民大学出版社, 2019.

系统仿真

知识图谱

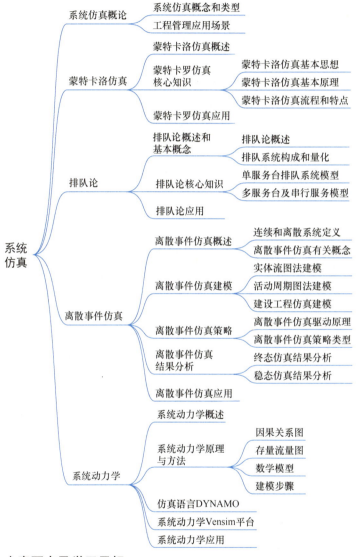

系统仿真概论
- 系统仿真概念和类型
- 工程管理应用场景

蒙特卡洛仿真
- 蒙特卡洛仿真概述
- 蒙特卡罗仿真核心知识
  - 蒙特卡洛仿真基本思想
  - 蒙特卡洛仿真基本原理
  - 蒙特卡洛仿真流程和特点
- 蒙特卡罗仿真应用

排队论
- 排队论概述和基本概念
  - 排队论概述
  - 排队系统构成和量化
- 排队论核心知识
  - 单服务台排队系统模型
  - 多服务台及串行服务模型
- 排队论应用

离散事件仿真
- 离散事件仿真概述
  - 连续和离散系统定义
  - 离散事件仿真有关概念
- 离散事件仿真建模
  - 实体流图法建模
  - 活动周期图法建模
  - 建设工程仿真建模
- 离散事件仿真策略
  - 离散事件仿真驱动原理
  - 离散事件仿真策略类型
- 离散事件仿真结果分析
  - 终态仿真结果分析
  - 稳态仿真结果分析
- 离散事件仿真应用

系统动力学
- 系统动力学概述
- 系统动力学原理与方法
  - 因果关系图
  - 存量流量图
  - 数学模型
  - 建模步骤
- 仿真语言DYNAMO
- 系统动力学Vensim平台
- 系统动力学应用

本章要点及学习目标

本章的主要内容，在介绍系统仿真有关概念的基础上，分别介绍蒙特卡罗仿真、排队论、离散事件仿真和系统动力学等系统仿真方法。通过本章的学习，让读者了解系统仿真的基本概念、重要作用、基本类型及适用情况，掌握各种系统仿真方法的思想或原理、有关定义、模型构建和仿真试验有关算法、策略和步骤，能够利用各种系统仿真方法解决潜在的工程管理领域的仿真模拟问题。

3.1 系统仿真概论

3.1.1 系统仿真概念和背景

3.1.1.1 系统仿真的基本概念

系统仿真，就是按照时间进度模拟现实系统中各种处理过程的操作。无论采用手工操作还是计算机处理，仿真都是通过人类智慧活动对系统进行研究，并基于这种研究活动的观测结果，对实际系统进行合理分析和推断，以了解其特性。

使用仿真模型可以更深入地了解一个行为随时间而变化的系统。仿真模型的建立，就是通过数学的、逻辑的、符号关联的形式来表征所关注的系统，涉及系统中的各类实体和研究对象。仿真模型一旦构建完毕，即可用于研究现实系统所面临的各种 what-if 问题。在仿真过程中，通过考察系统元素的各种可能变化，可以预测其对系统整体性能的影响。应用仿真研究某个系统，不必等到该系统建成之后，而是在系统设计阶段就可以进行。综上，仿真模型既可以作为分析工具对现有系统进行基于因素变化的系统效果预测，也可以作为设计工具检验新系统在各种潜在环境下的运行性能。

某些实际案例可对应的模型非常简单，可以使用数学方法求解。这些解可以使用微积分、概率论、代数或其他数学技法获得。此类解通常包括一个或多个数值型参数，这些参数被称为系统性能指标。然而，很多现实系统过于复杂，以至于无法使用数学方法求解。这种情况下，可以使用基于数值求解和计算机技术的仿真方法，用于模拟随时间变化的系统行为。通过仿真获得的输出数据，可视为现实系统的观测抽样。这些仿真生成的数据被用于评价系统性能。

3.1.1.2 系统仿真的重要作用

专用仿真语言或仿真工具的出现、基于低成本完成大规模系统模拟计算的能力，以及仿真所具有的优势，这些因素使得系统仿真跻身于广泛使用和不可代替的运筹学和系统分析工具之列。很多学者围绕系统仿真方法的适用性进行了研究，总结归纳了下述系统仿真的重要作用：

（1）仿真技术使得研究复杂系统或其子系统之间的内部互动关系成为可能，弥补数学解析方法的局限性。

（2）可对影响系统的信息变化、组织变化和环境变化进行模拟，进而观测这些变化对模型行为的影响。

（3）通过数字或逻辑的系统模拟与运行试验，系统仿真能够避免物理试验的高成本、现场试验的不安全风险和正常生产干扰。

（4）仿真模型设计过程中所获得的相关知识和理解，对于研究或关注系统的调整改进具有重要价值。

（5）通过调整仿真输入，就可以观测对应输出的变化情况，从而有助于了解哪一个输入是关键变量，以及变量之间是如何相互影响的。

（6）仿真可在新方案或新策略实施之前，对其进行试验，以便对可能发生的情况作出预判。

（7）仿真可以作为教学工具来弥补传统解析法的不足，更系统和直观地解释关键过程，促进虚拟教学的发展。

（8）数字孪生和人工智能的发展，更需要结合系统仿真方法实现数字孪生中涉及的系统干扰影响和计划调整效果的预测功能。

3.1.1.3 系统仿真的特点

系统仿真能够迎合用户，因为它模仿实际系统可能出现的情况，或者帮助认知一个尚在设计阶段的系统。仿真输出数据是对实际系统输出的直接写照。此外，不依赖于牵强的假设（比如假设不同随机变量遵从同一个统计分布）而建立一个系统的仿真模型是可能的，而这些假设多用于解析模型之中。由于这样或那样的原因，仿真成为问题求解的常用技术。

相对于优化模型，仿真模型更侧重"运行"而非"求解"。给定某个输入集和模型特征参数之后，仿真模型就可以运行，所模拟的系统行为会被观测到。改变输入参变量或模型特征参数会生成一系列的场景，这些场景就是需要评估的方案。一个好的解决方案——无论是基于现有系统或新设计系统——将被推荐实施。

系统仿真具有很多优点，许多学者对此进行了分析，其中部分优点总结如下：

（1）可在不影响系统正常运行的情况下研究分析新策略、新方案、决策规则、组织流程等。

（2）可以在不消耗资源的情况下测试新硬件设计方案、物理布局、交通系统等带来的收益。

（3）针对某种现象发生可能的成因或机理，可检验其可行性。

（4）仿真环境下，时间可以被压缩或延长，以实现所研究现象的加速或减速。

（5）系统仿真能够促进了解系统变量之间的相互作用。

（6）系统仿真能够促进了解影响系统性能的诸多变量的重要性。

（7）能够揭示哪些过程或环节会造成生产流程、信息、物料等要素的过度延迟。

（8）仿真研究有助于理解系统整体是如何运行的，而不是每个人主观臆想的那样。

（9）能够容易地回答 what-if 问题，有利于新系统设计的优化决策。

与此同时，系统仿真也存在一些缺点：

（1）仿真建模需要一定的建模经验与专业知识积累。

（2）仿真输入数据需要处理历史和经验数据，耗费时间。

（3）仿真结果的分析理解需要专业知识和统计学知识。

针对以上缺点，一些仿真软件配备了高效的模型构建功能，包括基于图形的模型构建方法，一些仿真软件也集成了仿真输出分析的功能。同时，大数据分析、深度学习等人工智能方法也逐渐被应用于与系统仿真相结合，从而能够高效地处理上述系统仿真方法面临的缺陷问题，全面提升系统仿真方法的有效性和适用性。

3.1.2 系统仿真类型

3.1.2.1 系统和系统仿真模型定义

所谓系统，是指为了实现某种目标而组合在一起的对象的集合，这些对象之间依照规则彼此交互、相互依存。施工项目生产系统就是一个例子，建筑材料、机器设备以及人工操作在施工进程中共同协作，完成建筑产品的生产。系统常常被系统外部环境发生的变化所影响，这些变化发生在系统外部环境之中。在开展系统建模的时候，需要确定系统与其外部环境之间的边界。边界的划分取决于所研究问题的目标（问题目标不同，边界也可能不同）。

例如，在装配式构配件生产系统中，决定构配件需求信息的因素可看作生产系统外部环境影响的结果，因而这些因素是外部环境的一部分。然而，如果考虑到构配件供应对构配件需求的影响，那么构配件生产与项目需求就存在一定的联系，此时这种联系就必须被视为系统内部活动。

要研究一个系统，需要了解该系统内部要素之间的关系，从而预测评估新方案对此系统运作的影响。某些情况下，可以借助系统本身进行实验，然而这种方法并不总是可行，因为新系统可能并不存在，仅停留在概念模式或设计阶段。即使系统存在，也可能因为成本、安全等原因无法使用其进行实验。因此，系统研究多借助系统模型来完成。

系统仿真模型是指为进行系统研究而定义的"系统表示"。对大多数研究而言，只需要考虑那些会影响所研究问题的系统因素，这些因素需要在系统模型中得到展现。按照定义，模型是对实际系统的简化，另外，模型在某些地方又要足够详细，以保证获得与真实情况一致的有效结论。针对同一个系统，如果研究目标不同，则需要建立不同的模型。正如系统要素包括实体、属性以及活动，模型中也要表现有关实体、属性以及活动等要素。但是，模型不需要包含所有实体和活动，只需包括那些与研究目标相关的要素即可。

3.1.2.2 系统仿真方法类型

根据不同的模拟思路、描述方法和模拟目标，系统仿真方法具有多个类型。

1. 蒙特卡罗仿真

蒙特卡罗（Monte Carlo）仿真，又称为计算机随机模拟方法，或者随机抽样或统计试验方法。它是以概率统计理论为基础的一种方法，属于计算数学的一个分支。它是在20世纪40年代中期为了适应当时原子能事业的发展而发展起来的。传统的经验方法由于不能逼近真实的物理过程，很难得到满意的结果，而蒙特卡罗方法由于能够真实地模拟实际物理过程，故解决问题与实际非常符合，可以得到很圆满的结果。当所求问题的解是某个事件的概率，或者是某个随机变量的数学期望，或者是与概率、数学期望有关的量时，通过某种试验的方法，得出该事件发生的频率，或者该随机变量若干个具体观察值的算术平均值，通过它得到问题的解。这就是蒙特卡罗方法的基本思想。

2. 排队论

排队论（Queuing Theory），或称随机服务系统理论，是通过对服务对象到来及服务时间的统计研究，得出这些数量指标（等待时间、排队长度、忙期长短等）的统计规律，然后根据这些规律来改进服务系统的结构或重新组织被服务对象，使得服务系统既能满足服务对象的需要，又能使机构的费用最低或某些指标最优。它是数学运筹学的分支学科，也是研究服务系统中排队现象随机规律的学科，广泛应用于计算机网络、生产、运输、库存等各项资源共享的随机服务系统。排队论研究的内容有三个方面：统计推断，根据资料建立模型；系统的性态，即和排队有关的数量指标的概率规律性；系统的优化问题，其目的是正确设计和有效运行各个服务系统，使之发挥最佳效益。排队论是采用基于统计学的数学模型或公式，专门针对制造业、物流运输、电信服务、医疗卫生和工程建设等领域的排队问题，属于离散事件系统问题。

3. 离散事件仿真

若系统中状态随时间的变化是在某些离散时间点或量化区间上发生的，这样的模型称为离散事件模型，对应的系统称为离散事件系统。客观现实中，这样的系统是大量存在的。它们不仅存在于工程系统中，而且还大量出现于非工程（如经济、社会和生物等）领域之中。在这类系统的研究、开发、改造、设计和规划等工作中，人们经常需要了解哪些变量是系统的可控制因素以及它们对系统稳定性和发展进程等方面的影响。例如，在服务系统、生产系统、物流系统、机场、港口、城市道路网的规划设计和运行管理中，人们希望根据系统状态有效预测和控制它们，充分利用系统的能力，发挥最大效益。由于状态是离散变化的，而引发状态变化的事件是随机发生的，因此这类系统的模型很难用数学方程来描述。这种情况下，离散事件仿真（Discrete-Event Simulation）就成了有效的工具。

4. 系统动力学

连续系统是指系统的状态变量随时间变化而发生连续变化。这类系统的动态特性可以用微分方程或一组状态方程来描述，也可以用一组差分方程或一组离散状态方程来描述。系统动力学（System Dynamics）是一种连续系统仿真技术。它的研究对象主要是复杂的社会经济系统和生态系统，以及某些可以用一阶微分方程组描述的系统。其任务在于揭示这些系统的信息反馈特性，以显示组织结构、放大作用和延迟效应是怎样相互作用而影响到系统的行为模式的。系统动力学是系统科学的一个分支，也是一门沟通自然科学和社会科学领域的横向学科，实质上就是分析研究复杂反馈大系统的系统仿真方法。系统动力学的核心概念是反馈，其中因果关系图和存量流量图是用来表达系统结构的主要工具。

3.1.3　工程管理应用场景

系统仿真作为管理系统研究和实践中的一个重要技术手段，在求解一些复杂系统问题中，具有如下特点：

（1）仿真是一种数字技术。对于大多数具有随机因素的复杂系统，往往很难甚至无法用准确的数学模型表述，从而也无法采用解析方法评价，于是系统仿真通常就成为解决这类问题的好方法。

（2）由于电子计算机可以加速仿真过程和减少仿真误差，所以计算机在系统仿真中占有十分重要的地位。系统仿真以问题导向方式来建模分析，使系统仿真为广大科研人员及管理人员所接受。

（3）通过仿真，能够对所研究的系统进行类似物理实验、化学实验等那样的实验。仿真实验所依据的不是现实系统本身及其所存在的实际环境，而是作为系统映像的系统模型。

系统仿真是一种辅助管理决策和系统设计的现代化管理技术，它在以下几方面发挥作用：

（1）现行运行系统的性能评价。对现有运行系统进行深入了解、改进，如果在实际系统中进行实验，会花费大量成本和时间，或者难以实现。通过计算机仿真则可使系统工作不受干扰，可对拟定条件下的系统性能作出预测、分析与评价，利于提出改进方案。

（2）新建系统的性能预测。对于所设计的新系统，在未能确定它的优劣的情况下，可以不必花大量投资去建立它，而是采用计算机仿真对新系统的可能性和经济效益作出正确的评价，帮助人们选择最优或较优的设计方案。

（3）决策方案评价与优化。通过收集、处理和分析有关信息，可拟订多个不同的决策方案，涉及不同的决策变量和参数组合。针对这些不同决策方案进行多次仿真运行获得性能指标，根据指标对不同决策方案分析比较，从中决策出最优方案。

仿真模型的作用，可作为解释手段去说明一个系统或问题，作为分析工具去确定系统的关键组成部分或项目，作为设计标准去综合分析和评价所建议的决策措施，也作为预测方法去预报和辅助计划系统的未来发展。

系统仿真应用的范围非常广泛，除了在军事活动、生产制造、医疗保健、商业运作等领域广泛应用，在工程管理领域也有应用，场景包括：

（1）基于成本、工期、质量、安全、碳排放和噪声等指标控制下的工程项目当前设计方案评价分析以及新设计方案的评价与决策。

（2）成本、工期、质量、安全、碳排放限制下的工程项目当前施工计划或方案评价以及新施工计划或方案的评价与决策。

（3）成本或资源有限情形下工程项目施工现场机械设备配置和调度当前方案的评价分析以及新方案的评价与决策。

（4）成本和数量限制下多个施工现场的机械设备调度当前方案评价分析以及新方案的评价与决策。

（5）重复性操作工程项目（如高层建筑、公路项目等）的当前施工计划或方案的评价分析以及新计划或方案的评价与决策。

（6）工程项目建造材料（包括装配式建筑预制构件）供应链和现场堆放方案当前状态评价分析以及新方案的评价与决策。

（7）工程项目建筑材料（包括装配式建筑预制构件）的库存方案当前状态评价分析以及新方案的评价与决策。

（8）工程项目或设施运营过程中的维护维修计划或方案当前状态的评价分析以及新计划或方案的评价与决策。

（9）基于工程项目智能监测的施工过程干扰管理或动态管控数字孪生的当前状态评价分析、应对方案的预测评价与决策。

（10）基于远程智能监测的建筑材料（包括预制构件）供应链干扰管理或动态管控数字孪生的当前状态评价分析、应对方案的预测评价与决策。

（11）基于远程智能监测的工程设施动态运维管控数字孪生的当前状态评价分析、维护方案的预测评价与决策。

（12）建造机器人或智能设备的运行线路规划或干扰应对方案的当前状态评价分析以及新方案的评价与决策。

以上工程管理应用领域（9）到（12），反映了现代信息通信技术和工业4.0基础上的智能建造战略目标下工程管理智能决策对系统仿真技术的需求。作为数字孪生的基础或重要组成部分，系统仿真必不可少，对智能建造同样如此。所以，系统仿真在建筑业，特别是在智能建造发展背景下，仍将发挥重要作用。

3.2　蒙特卡罗仿真

3.2.1　蒙特卡罗仿真概述

蒙特卡罗仿真方法，又称随机抽样或统计试验方法，是一种基于"随机数"和概率论的计算方法，可以解决静态或动态问题。该方法属于计算数学的一个分支。蒙特卡罗仿真是以概率和统计理论方法为基础的一种计算方法，是使用随机数（或更常见的伪随机数）来解决很多计算问题的方法。将所求解的问题同一定的概率模型相联系，用电子计算机实现统计模拟或抽样，以获得问题的近似解。

1777 年，法国的 Buffon 提出用投针试验的方法求圆周率 π。这被认为是蒙特卡罗仿真方法的起源。蒙特卡罗仿真方法于 20 世纪 40 年代由美国在第二次世界大战中研制原子弹的"曼哈顿计划"计划的成员 S. M. 乌拉姆和 J. 冯·诺伊曼首先提出。为象征性地表明这一方法的概率统计特征，数学家冯·诺伊曼用驰名世界的赌城，即摩纳哥的 Monte Carlo，来命名这种方法，为它蒙上了一层神秘色彩。1950 年，美国运筹学教授约翰逊用蒙特卡罗仿真方法来描述和模拟带有随机性的战斗过程，首先用于坦克交战模拟。从此，蒙特卡罗仿真方法成为用计算机进行统计试验、模拟随机现象的主要形式。

蒙特卡罗方法所特有的优点，使得它的应用范围越来越广。它的主要应用范围包括：粒子输运问题，统计物理，典型数学问题，真空技术，激光技术以及医学、生物、探矿等方面，特别适用于在计算机上对大型项目、新产品项目、工程项目和其他含有大量不确定因素的复杂决策系统进行风险模拟分析。随着科学技术的发展，其应用范围将更加广泛。

3.2.2　蒙特卡罗仿真思想

蒙特卡罗方法属于试验数学的一个分支，源于早期用几率近似概率的数学思想，即当试验次数 N 充分多时，某一事物发生的概率为

$$p \approx \frac{n}{N}$$

所以，蒙特卡罗仿真方法也称随机抽样（Random Sampling）法，或统计试验（Statistical Testing）方法。当所要求解的问题是某种事件出现的概率，或者是某个随机变量的期望值时，它们可以通过某种"试验"的方法，得到这种事件出现的频率，或者这个随机变数的平均值，并用它们作为问题的解。这就是蒙特卡罗仿真方法的基本思想。蒙特卡罗仿真方法通过抓住事物运动的几何数量和几何特征，利用数学方法来加以模拟，即进行一种数字模拟试验。它是以一个概率模型为基础，按照这个模型所描绘的过程，通过模拟试验的结果，作为问题的近似解。

很早以前人们就知道用事件发生的"频率"来决定事件的"概率"。考虑平面上的一个边长为 1 的正方形及其内部的一个形状不规则的"图形"，如何求出这个"图形"的面积呢？蒙特卡罗仿真方法是这样一种"随机化"的方法：向该正方形"随机地"投掷 N 个点，有 M 个点落于"图形"内，则该"图形"的面积近似为 M/N。可用民意测验来作一个不严格的比喻。民意测验的人不是征询每一个登记选民的意见，而是通过对选民进行

小规模的抽样调查来确定可能的优胜者。其基本思想是一样的。

当系统中各个单元的可靠性特征量已知,但系统的可靠性过于复杂,传统的经验方法由于不能逼近真实的物理过程,难以建立可靠性预计的精确数学模型,或者模型太复杂而不便应用时,则可用随机模拟法近似计算出系统可靠性的预计值。蒙特卡罗仿真方法由于能够真实地模拟实际物理过程,故解决问题与实际非常符合,可以得到很圆满的结果。蒙特卡罗仿真能够帮助人们从数学上表述物理、化学、工程、经济和管理学中一些非常复杂的相互作用,最终转换为有关随机数的模拟仿真问题。

蒙特卡罗仿真方法利用与待解问题具有相同概率特性的随机试验和统计分析方法,求解所需参数的统计估值及概率特征的方法,是一种统计试验的定量方法。随着模拟试验次数的增多,其预计精度也逐渐增高。该方法是借助概率化的数学模型解决问题的一种方法,它特别适用于一些用解析法难以求解甚至不可能求解的问题。蒙特卡罗仿真方法可以用来解决概率型问题,也可以用来解决非概率型问题。

可以通俗地说,蒙特卡罗仿真方法是用随机试验的方法计算积分,即将所要计算的积分看作服从某种分布密度函数 $f(r)$ 的随机变量 $g(r)$ 的数学期望

$$E(g) = \int_0^\infty g(r) f(r) \mathrm{d}r$$

通过某种试验,得到 N 个观察值 $r_1, r_2, \cdots, r_N$,(用概率语言来说,从分布密度函数 $f(r)$ 中抽取 N 个子样 $r_1, r_2, \cdots, r_N$),将相应的 N 个随机变量的值 $g(r_1)$,$g(r_2)$,$\cdots$,$g(r_N)$ 的算术平均值

$$\bar{g}_N = \frac{1}{N} \sum_{i=1}^N g(r_i)$$

作为积分的估计值(近似值)。

设有统计独立的随机变量 $X_i (i = 1, 2, 3, \cdots, k)$,其对应的概率密度函数分别为 $f(x_1)$,$f(x_2)$,$\cdots$,$f(x_k)$,功能函数式为 $Z = g(x_1, x_2, \cdots, x_k)$。

首先根据各随机变量的相应分布,产生 N 组随机数 $x_1, x_2, \cdots, x_k$ 值,计算功能函数值 $Z_i = g(x_1, x_2, \cdots, x_k)(i = 1, 2, \cdots, N)$,若其中有 L 组随机数对应的功能函数值 $Z_i \leqslant 0$,则当 $N \to \infty$ 时,根据伯努利大数定律及正态随机变量的特性有:事件发生概率,系统评价指标。

从蒙特卡罗仿真方法的思路可看出,该方法回避了有关系统分析中的数学困难,不管状态函数是否非线性、随机变量是否非正态,只要模拟的次数足够多,就可得到一个比较精确的与系统有关的事件发生概率和系统评价指标。并且,由于蒙特卡罗仿真方法思路简单,易于编制程序。

3.2.3 蒙特卡罗仿真原理

由概率定义知,系统中某事件发生的概率可以用大量试验中该事件发生的频率来估算,当样本量足够大时,可以认为该事件的发生频率即为其概率。因此,可以先对影响某种系统评价指标的随机变量进行大量的随机抽样,然后把这些抽样值一组一组地代入功能函数式,确定有关事件是否发生,最后从中求得事件发生概率。蒙特卡罗法正是基于此思路进行分析的。

1. 蒙特卡罗仿真模拟过程

蒙特卡罗仿真的模拟试验过程，就是将试验过程（如投针问题）转化为数学问题，在计算机上实现。因此，可将蒙特卡罗仿真模拟，定义为一种通过设定随机过程，反复生成时间序列，计算参数估计量和统计量，进而研究其分布特征的方法。可以把蒙特卡罗仿真过程归结为三个主要步骤：构造或描述概率过程；实现从已知概率分布抽样；建立各种估计量。

1）构造或描述概率过程

对于本身就具有随机性质的问题，主要是正确描述和模拟这个概率过程，对于本来不是随机性质的确定型问题，比如计算定积分，就必须事先构造一个人为的概率过程，它的某些参量正好是所要求问题的解。即要将不具有随机性质的问题转化为随机性质的问题。

2）实现从已知概率分布抽样

构造了概率模型以后，由于各种概率模型都可以看作是由各种各样的概率分布构成的，因此产生已知概率分布的随机变量（或随机向量），就成为实现蒙特卡罗方法模拟试验的基本手段，这也是蒙特卡罗方法被称为随机抽样的原因。最简单、最基本、最重要的一个概率分布是（0，1）上的均匀分布（或称矩形分布）。随机数就是具有这种均匀分布的随机变量。随机数序列就是具有这种分布的总体的一个简单子样，也就是一个具有这种分布的相互独立的随机变数序列。产生随机数的问题，就是从这个分布中抽样的问题。在计算机上，可以用物理方法产生随机数，但价格昂贵，不能重复，使用不便。另一种方法是用数学递推公式产生。这样产生的序列，与真正的随机数序列不同，所以称为伪随机数，或伪随机数序列。不过，多种统计检验表明，它与真正的随机数，或随机数序列具有相近的性质，因此可把它作为真正的随机数来使用。由已知分布随机抽样有各种方法，与从（0，1）上均匀分布抽样不同，这些方法都是借助于随机序列来实现的，也就是说，都是以产生随机数为前提的。由此可见，随机数是实现蒙特卡罗模拟的基本工具。

3）建立各种估计量

一般说来，构造了概率模型并能从中抽样后，即实现模拟试验后，就要确定一个随机变量，作为所要求的问题的解，可称之为无偏估计。建立各种估计量，相当于对模拟试验的结果进行考察和登记，从中得到问题的解。

2. 随机数的产生与检验

对随机现象进行模拟，实质上是要给出随机变量的模拟，也就是说利用计算机随机地产生一系列数值，它们的出现服从一定的概率分布，一般称这些数值为随机数。随机数产生的方法有多种：手工法、随机数表法、物理方法、数学方法等，其中数学方法适用于用计算机产生，其方法有平方取中法、移位指令加法、同余法（又分为乘同余法、加同余法、混合同余法）。通常是先在计算机上产生在 [0，1] 区间均匀分布的随机数，通过变换再得到所要求给定的随机数，这个过程一般称为随机抽样。计算机产生均匀分布的随机数是借助确定的递推算法实现的，这种随机数只有近似相互独立和在给定区间分布的特征，故此称为伪随机数。

1）均匀分布随机数的产生

最常用的是在 [0，1] 区间内均匀分布的随机数，也就是说得到的这组数值可以看作是 [0，1] 区间内均匀分布的随机变量的一组独立的样本值。其他分布的随机数可利用均匀分布的随机数产生。

计算机仿真中产生 $[0,1]$ 区间内均匀分布随机数的方式有三种：

一是利用高级语言所带的随机数产生函数。一般高级语言都带有随机数产生函数，它们所生成的随机数都是经过检验并且可用的，这里就不再详细介绍检验的方法了。

二是利用仿真语言中提供的随机数发生器。一般的仿真语言中都提供若干随机数发生器，在使用某种仿真语言进行仿真时，应对其均匀性及独立性进行检验。

三是自己编程产生。随机数产生的方法较多，其中乘同余法使用较广。用以产生均匀分布随机数的乘同余法的递推公式为

$$\begin{cases} x_n = x_n \ / \ M \\ x_{n+1} = (\lambda x_n) \mathrm{mod} M \end{cases} \tag{3.2-1}$$

其中，λ 是乘因子，M 是模数，mod 代表取模运算，即获取 (λx_n) 除以 M 后的余数。

2）非均匀分布随机数的产生

所谓随机变量模拟，就是产生与给定的随机变量具有相同分布的随机数（序列）。而这些随机变量就是生产建设过程中出现各种不确定性随机结果或现象的某个变量。

（1）离散型随机变量的模拟

设 X 为离散型随机变量，且 $P\{X=a_i\}=P_i,P_i \geqslant 0,\sum P_i=1$（$i=1,2,\cdots$）。又设 ξ 为 $[0,1]$ 区间上均匀分布的随机数

令

$$X=\begin{cases} a_1,0 \leqslant \xi < P_1 \\ a_2,P_1 \leqslant \xi < P_1+P_2 \\ \vdots \\ a_i,P_1+P_2+\cdots+P_{i-1} \leqslant \xi < P_1+P_2+\cdots+P_i \end{cases} \tag{3.2-2}$$

则

$$\begin{aligned} P\{X=a_i\} &= P\{P_1+P_2+\cdots+P_{i-1} \leqslant \xi < P_1+P_2+\cdots+P_i\} \\ &= P_1+P_2+\cdots+P_i-(P_1+P_2+\cdots+P_{i-1}) \\ &= P_i \end{aligned} \tag{3.2-3}$$

所以，随机数 ξ 决定了随机变量 X 的取值情况，从而达到模拟的目的。公式（3.2-3）代表离散型随机变量 X 服从的离散型概率分布。

（2）连续型随机变量的模拟

对于连续型随机变量的模拟，一般采用逆变换法。设 X 是连续型随机变量，其分布函数 $F(x)$ 为已知，即 $F(x)=P\{X \leqslant x\}$，且 $F(x)$ 的反函数 $F^{-1}(x)$ 存在。由分布函数的性质可知，$F(x)$ 的值域为 $[0,1]$，即 $0 \leqslant F(x) \leqslant 1$。设 ξ 为 $[0,1]$ 区间上均匀分布的随机数，令 $\xi=F(x)$，则 $X=F^{-1}(\xi)$ 就是以 $F(x)$ 为分布函数的随机变量。

例 3.2-1： 产生以 $f(x)$ 为概率密度函数的随机数

$$f(x)=\begin{cases} 3x^2,x>0 \\ 0, \quad 其他 \end{cases}$$

解：

首先确定分布函数

$$F(x)=\int_{\infty}^{x} f(x)\mathrm{d}x=\int_0^x 3x^2\mathrm{d}x=x^3, 而 F^{-1}(x)=x^{\frac{1}{3}}$$

设 ξ_i 是 （0，1） 区间上均匀分布的随机数，$i = 1,2,\cdots$。令 $x_i = \xi_i^{\frac{1}{3}}$，则 x_i 就是以 $f(x)$ 为密度函数的随机数。

3）随机数性能检验

由用数学方法产生随机数的原理和方法，可以知道，计算机产生随机数是借助确定的递推算法实现的，这种随机数只有近似相互独立和在给定区间分布的特征，因而，它们实际上是伪随机数，有必要根据实际需要，制定性能指标，对其性能进行检验。检验的指标重点是伪随机数的均匀性、独立性和周期性，检验的原理是依据假设检验的方法。

3. 随机事件模拟

用蒙特卡罗法时，需要用最基本的均匀分布的随机数，来实现随机事件的模拟，产生具有一定概率特性的随机数。

1）简单事件的模拟

（1）单个事件模拟

给定随机事件 A，且 $P(A) = P,0 < P < 1$。

设 ξ 为 $[0,1]$ 区间上均匀分布的随机数，若 $\xi \leqslant P$，则认为事件 A 发生，否则视为不发生。随机事件 A 的发生，与 $[0,1]$ 区间上均匀分布的随机数 $\xi \leqslant P$ 是两个不同的随机现象，但它们具有完全相同的随机特性和概率分布。而在一般情况下，判定随机数 $\xi \leqslant P$ 较易，且能方便地在计算机上实现，因而蒙特卡罗法模拟的基本思想，就是用一个易于实现的随机现象，去模拟另外一个随机特性完全相同但不易实现的随机现象。

例 3.2-2：某个建筑企业对项目投标的成功率为 $P = 0.4$，如投标 10 次，试模拟其投标过程。

解：

产生 10 个 $[0,1]$ 区间上均匀分布的随机数 $\xi_1,\xi_2,\cdots,\xi_{10}$；若 $\xi_i \leqslant 0.4$，则认为中标，否则为不中标。其过程如表 3.2-1 所列。

投标模拟过程   表 3.2-1

序号	1	2	3	4	5	6	7	8	9	10
ξ_i	0.608	0.432	0.257	0.934	0.634	0.720	0.255	0.838	0.586	0.274
命中情况	×	×	✓	×	×	×	✓	×	×	✓

比较结果，可以很容易地看出第 3、7、10 次投标成功，其余不成功。用蒙特卡罗法进行模拟，动态地显示了投标过程。

（2）事件组的模拟

给定事件 $A_1,A_2,\cdots,A_s$，且 $P(A_i) = P_i,i = 1,2,\cdots,s;\sum_{i=1}^{s} P_i = 1$。

将 $[0,1]$ 区间分成 s 个小区间，使第 i 个小区间的长度恰好等于 P_i。设 ξ 为 $[0,1]$ 区间上均匀分布的随机数，若 ξ 落在第 i 个小区间内，则认为事件 A_i 发生。若用代数式表示，则为当 ξ 满足以下不等式时，则认为 A_i 发生。

$$\sum_{j=1}^{i-1} P_i \leqslant \xi < \sum_{j=1}^{i} P_j \tag{3.2-4}$$

例 3.2-3: 某个企业 4 次投标某甲方项目的成功概率分布如表 3.2-2 所列。模拟该企业对该甲方项目的投标结果。

投标成功概率分布　　　　　　　　　　　　　　　表 3.2-2

X	0	1	2	3	4
$P\{X = X_i\}$	0.10	0.30	0.40	0.13	0.07
累加	0.10	0.40	0.80	0.97	1.00

2) 复合事件的模拟

有些随机现象需要用两个或更多的随机事件来共同表示。如实现投标成功和盈利目标，是由投标成功和投标成功条件下实现盈利目标这两个事件来表示的。因此，在解决了简单事件模拟的基础上，还需要实现对复合事件的模拟。

下面以由两个事件构成的复合事件为例说明复合事件的模拟方法，对由多个事件构成的复合事件，其模拟方法相同。

设 A、B 为两个事件且 $P(A)$、$P(B)$ 已知，其联合试验的可能结果有四种：

$AB, A\overline{B}, \overline{A}B, \overline{AB}$，分别用 C_i 表示，$i = 1,2,3,4$。

即 $\qquad\qquad C_1 = AB, C_2 = A\overline{B}, C_3 = \overline{A}B, C_4 = \overline{AB}$ $\qquad\qquad$ (3.2-5)

方法一：计算复合事件的发生概率

当 A、B 两事件相互独立时，产生两个 $[0, 1]$ 区间上均匀分布的随机数 ξ_1、ξ_2，由表 3.2-3 决定哪一个结果出现。

状态对应表　　　　　　　　　　　　　　　　表 3.2-3

随机数状态	$\xi_1 \leqslant P(A)$	$\xi_1 \leqslant P(A)$	$\xi_1 > P(A)$	$\xi_1 > P(A)$
试验结果	AB	$A\overline{B}$	$\overline{A}B$	$\overline{AB}$

采用这种方法，需要产生两组随机数。

方法二：直接计算每个事件 C_i 发生的概率

$$P_1 = P(C_1) = P(AB) = P(A)P(B)$$

$$P_2 = P(C_2) = P(A\overline{B}) = P(A)P(\overline{B})$$

$$P_3 = P(C_3) = P(\overline{A}B) = P(\overline{A})P(B)$$

$$P_4 = P(C_4) = P(\overline{AB}) = P(\overline{A})P(\overline{B})$$

余下的步骤是采用事件模拟方法决定哪个 C_i 出现即可。

对于非独立的情形要用到条件概率，给定条件概率 $P(B \mid A)$。产生两个 $[0, 1]$ 区间上均匀分布的随机数 ξ_1、ξ_2。

$$若\xi_1 \leqslant P(A),则\begin{cases} 当\xi_2 \leqslant P(B \mid A) \text{ 时}, AB \text{ 发生} \\ 当\xi_2 > P(B \mid A) \text{ 时}, A\overline{B} \text{ 发生} \end{cases}$$

$$若\xi_1 > P(A),则\begin{cases} 当\xi_2 \leqslant P(B \mid A) \text{ 时}, \overline{A}B \text{ 发生} \\ 当\xi_2 > P(B \mid A) \text{ 时}, \overline{AB} \text{ 发生} \end{cases}$$

其中

$$P(B \mid \overline{A}) = \frac{P(B) - P(A)P(B \mid A)}{1 - P(A)}$$

另一种方法是直接计算每一个事件发生的概率 C_i：

$$P_1 = P(C_1) = P(AB) = P(A)P(B \mid A)$$

$$P_2 = P(C_2) = P(A\overline{B}) = P(A)P(\overline{B} \mid A) = P(A)[1 - P(B \mid A)]$$

$$P_3 = P(C_3) = P(\overline{A}B) = P(\overline{A})P(B \mid \overline{A}) = [1 - P(A)]P(B \mid \overline{A})$$

$$P_4 = P(C_4) = P(\overline{A}\,\overline{B}) = P(\overline{A})P(\overline{B} \mid \overline{A}) = [1 - P(A)][1 - P(B \mid \overline{A})]$$

其中，$P(B \mid \overline{A})$ 已由前式给出计算方法，余下的工作按事件组处理。

例 3.2-4： 某个企业项目投标的成功概率为 0.6，现投标两次，$P(A)$、$P(B)$ 分别表示前后两次投标的成功概率。试模拟投标结果。

解：

产生两个 $[0，1]$ 区间上均匀分布的随机数 $\xi_1 = 0.577,\xi_2 = 0.716$。若两次投标独立，由

$$\xi_1 = 0.577 < 0.6 = P(A)$$
$$\xi_2 = 0.716 > 0.6 = P(B)$$

所以第一次投标成功，第二次投标不成功。

若两次投标不独立，并设 $P(B \mid A) = 0.8$，则由 $\xi_1 \leqslant P(A),\xi_2 \leqslant P(B \mid A)$，所以两次投标都成功。若不考虑相关性会得出错误结论。

4. 效率指标和模拟精度

1）效率指标

在掌握了基本模拟技术的基础上，蒙特卡罗仿真方法可用来决定对某系统过程进行定量描述的效率指标。

（1）概率性的效率指标

有些情况下，事件 A（可理解为某种行动的结果）发生的概率是未知的，此时，可用蒙特卡罗法对事件 A 发生的概率进行估计。其实施步骤如下：

① 给出事件 A 及一组（或一个）判定事件 A 发生与否的条件；

② 产生一组随机数；

③ 用随机数来模拟条件是否实现，若模拟的结果是这一组条件实现，则认为事件 A 发生，否则为不发生；

④ 反复模拟 n 次，若 A 发生的次数为 m，则 $P(A) \approx \dfrac{m}{n}$。

（2）平均特性的效率指标

设 $x_1,x_2,\cdots,x_n$ 是用蒙特卡罗法模拟系统过程中某些效率指标的随机数值，则

$$\overline{x} = \frac{1}{n}\sum_{i=1}^{n} x_i \tag{3.2-6}$$

就可作为该效率指标的近似值，如平均达标率、平均损坏数、平均优良率等。$\overline{x}$ 也可理解为效率指标的数学期望或均值的估计值。

在系统过程的模拟中，有时还需要对模拟某效率指标的随机观察值的离散特性进行估计。

设 $x_1,x_2,\cdots,x_n$ 是某效率指标的一组随机实现（统计抽样），也可认为是服从给定分布的随机数值，则描述随机观察值离散特性的估计公式为

$$\hat{D} = \frac{1}{n-1} \sum_{i=1}^{n} (x_i - \overline{x})^2 \tag{3.2-7}$$

其中，$\frac{1}{n} \sum_{i=1}^{n} x_i$ 为效率指标（均值）的估计值。

实质上 $\hat{D}$ 就是效率指标方差估计值，则 $\sigma = \sqrt{\hat{D}}$ 是均方差的估计值。$\hat{D}$ 和 σ 在模拟精度的估计中特别有用。

2）模拟精度估计

（1）影响精度的主要因素

对不同的模拟方法有不同的精度估计，但影响蒙特卡罗法模拟精度的因素却只有两个，即方差和模拟次数。

设随机变量 X 的分布为给定，其均值和方差分别用 μ 和 D 表示。$X_1, X_2, \cdots$ 是一列与 X 分布相同的随机变量，可以证明，以概率 0.95 成立。

$$|\overline{X} - \mu| \leqslant 2\sqrt{D/n} \tag{3.2-8}$$

在许多问题中，方差 D 一般是未知的，这时要用它的估计量来代替：

$$\hat{D} = \frac{1}{n-1} \sum_{i=1}^{n} (X_i - \overline{X})^2 \tag{3.2-9}$$

因而，在蒙特卡罗法模拟中，计算精度带有一定的随机性。即使是采用同一种方法，对同一个问题进行模拟，其精度也有一定的起伏。从上面的结果即可看到，影响模拟精度的因素主要有两个：模拟次数和方差。

模拟精度与 $\frac{1}{\sqrt{n}}$ 成正比，因此，要使精度提高一位小数（10 倍），则试验次数就要增加为原来的 100 倍，通过此途径来提高精度计算量太大。

模拟精度还依赖于方差，用具有较小方差的方法产生随机数，可在不增加计算量的前提下使精度提高，这就是方差缩减技术。

（2）精度和模拟次数的估计

在蒙特卡罗法中，为了保证结果具有给定的精度，必须进行次数足够的试验。下面给出粗略的估计公式。

① 事件发生概率的精度估计。如果从 n 次模拟试验中所得出的事件 A 的频率为 P^*，则事件 A 的概率真值 P 将处于下列范围内：

$$P = P^* \pm 2\sqrt{\frac{P^*(1-P^*)}{n}} \tag{3.2-10}$$

用蒙特卡罗方法估计事件 A 的概率时，为了使最大的实际可能误差不大于给定的 ε，所必需的模拟次数不应少于

$$N = \frac{4P(1-P)}{\varepsilon^2} \tag{3.2-11}$$

式中，$P = P(A)$。但由于 P 为未知，此时可用前面几批的试验结果对 P 值予以估计，然后再随着试验次数的不断增加予以修正。

② 平均效率指标的精度估计。如果从 n 次模拟试验中所得到的某效率指标观察值的算术平均值为 $\overline{x}$，则效率指标（数学期望）的真值将在下列范围内：

$$\mu = \overline{x} \pm \frac{2}{\sqrt{N}} \sqrt{\hat{D}} \qquad (3.2\text{-}12)$$

式中

$$\overline{x} = \frac{1}{N} \sum_{i=1}^{n} x_i, \hat{D} = \frac{1}{N-1} \sum_{i=1}^{N} (X_i - \overline{X})^2, x_1, x_2, \cdots, x_N$$

为 N 次模拟结果。

用蒙特卡罗法估计随机变量 X 的数学期望 μ 时，如果要求误差不超过规定的 ε，则必需的最低模拟次数不应少于 $N = \dfrac{4\hat{D}}{\varepsilon^2}$。可用前几批的试验结果进行预先粗略估计，然后随着试验的进行再予以修正。

3.2.4　蒙特卡罗仿真流程和特点

微视频3-1 蒙特卡洛仿真动画解析

1. 蒙特卡罗仿真模拟流程

根据蒙特卡罗仿真的思想原理和基本要点，可以把蒙特卡罗仿真方法的解题流程归纳如下：

（1）针对所关注的问题构造概率统计模型，即建立数学模型，确定问题解的指标。

（2）收集上述模型中风险变量的数据，确定风险因素的概率分布函数。

（3）根据所关注问题的风险分析精度要求，确定模拟次数 N。

（4）根据模型中各随机变量分布，建立随机变量抽样方法，通过计算机随机抽样。

（5）代入所建立的模型进行计算，求出问题的随机解或样本值；同时进行精度估计，即最小和最大值、数学期望值和单位标准偏差。

（6）重复第（4）、（5）步 N 次，产生 N 个样本值，对得到的 N 个样本值进行统计分析，生成概率分布图，通常为正态分布图。

例 3.2-5： 某投资项目每年所得盈利额 A 由投资额 P、劳动生产率 L 和原料及能源价格 Q 三个随机特征的变量所决定。如果利用蒙特卡罗仿真进行该项目营利额 A 的评估，可遵循有关步骤或流程。

解：

（1）建立根据三个随机变量计算项目营利额 A 的数学模型，营利额 A 即为问题解的指标。

$$A = aP + bL^2 + cQ^{\frac{1}{2}} + d$$

其中，参数 a、b、c、d 需要根据历史和经验数据回归获得。

（2）收集模型中三个随机变量 P、L、Q 的数据，确定相应的概率分布函数 $f(P)$、$f(L)$、$f(Q)$。

（3）根据误差要求和公式（3.2-12）计算确定模拟次数 N。

（4）根据 $f(P)$、$f(L)$、$f(Q)$，建立随机变量抽样方法，通过计算机随机抽样。

（5）分别将 P、L、Q 的抽样值代入模型计算营利额 A，求出 A 的样本值，同时进行精度估计。

（6）重复第（4）、（5）步 N 次，产生 N 个营利额 A 的样本值，对得到的 N 个样本值进行统计分析，生成诸如正态分布的概率分布图。

2. 蒙特卡罗仿真基本特点

蒙特卡罗仿真具有很多特点，应用范围广，原则上没有什么限制，能解决解析法难以解决甚至无法解决的复杂问题。同时，该方法特别适用于随机因素较多的问题。但是，采用蒙特卡罗仿真方法，各种因素对最终结果的影响不如解析法直接明了，即蒙特卡罗仿真方法的"盲目性"。具体来讲，蒙特卡罗仿真方法的优缺点总结如下。

1）优点

（1）能够比较逼真地描述具有随机性质的事物的特点及物理实验过程。从这个意义上讲，蒙特卡罗方法可以部分代替物理实验，甚至可以得到物理实验难以得到的结果。用蒙特卡罗方法解决实际问题，可以直接从实际问题本身出发，而不从方程或数学表达式出发。它有直观、形象的特点。

（2）受几何条件限制小。在计算 s 维空间中的任一区域 D_s 上的积分时，无论区域 D_s 的形状多么特殊，只要能给出描述 D_s 的几何特征的条件，就可以从 D_s 中均匀产生 N 个点。

（3）收敛速度与问题的维数无关。由误差定义可知，在给定置信水平情况下，蒙特卡罗方法的收敛速度为 $O[N^{(1/2)}]$，与问题本身的维数无关。维数的变化，只引起抽样时间及估计量计算时间的变化，不影响误差。也就是说，使用蒙特卡罗方法时，抽取的子样总数 N 与维数 s 无关。维数的增加，除了增加相应的计算量外，不影响问题的误差。这一特点，决定了蒙特卡罗方法对多维问题的适应性。

（4）误差容易确定。蒙特卡罗仿真方法的误差为概率误差，定义为 $\varepsilon = \dfrac{\delta_a \sigma}{\sqrt{N}}$。式中，$\delta_a$ 与置信度 α 是一一对应的，根据问题的要求确定出置信水平后，查标准正态分布表，就可以确定出 δ_a。蒙特卡罗方法的误差为概率误差，所以蒙特卡罗仿真方法的误差容易确定。

（5）程序结构简单，易于实现。在计算机上进行蒙特卡罗方法计算时，程序结构简单，分块性强，易于实现。

2）缺点

（1）收敛速度慢。如前所述，蒙特卡罗方法的收敛速度为 $O[N^{(1/2)}]$，一般不容易得到精确度较高的近似结果。对于维数少（三维以下）的问题，不如其他方法好。

（2）误差具有概率性。由于蒙特卡罗仿真方法的误差是在一定置信水平下估计的，所以它的误差具有概率性，而不是一般意义下的误差。

（3）进行模拟的前提是各输入变量是相互独立的。

3.2.5 蒙特卡罗仿真应用

1. 工程项目吊装设备添置问题

问题描述：有一工程项目施工现场打算添置一台塔式起重机专门服务于装载建筑材料的卡车的卸载（12h 服务），卡车按一定的间隔时间来到工地，排队接受卸载服务，先来者先卸载，卡车司机会抱怨等待太久才能卸载，因为：①会影响其绩效和下一单的运载服务；②卡车排队太多还会停在收取停车费的工地以外。工程项目经理想了解等待时间超过 30min 的卡车的比例为多少，若该比例太大，则考虑再增设一塔式起重机。

解：

1）模拟过程

卡车到达排队→通过塔式起重机卸载→卡车司机抱怨

2）调查数据

观察100辆卡车到达工地的间隔时间和卸载持续时间，分别得到如下两个表所显示的统计数据，包括随机数对应范围，即离散型概率分布。

到达间隔时间（min）	卡车数	频率	累计频率	随机数对应范围
5	18	0.18	0.18	0.00～0.17
10	17	0.17	0.35	0.18～0.34
15	15	0.15	0.50	0.35～0.49
20	12	0.12	0.62	0.50～0.61
25	10	0.10	0.72	0.62～0.71
30	9	0.09	0.81	0.72～0.80
45	8	0.08	0.89	0.81～0.88
50	5	0.05	0.94	0.89～0.93
55	2	0.02	0.96	0.94～0.95
60	1	0.01	0.97	0.96
65	1	0.01	0.98	0.97
70	1	0.01	0.99	0.98
75	1	0.01	1.00	0.99
总计	100	1.00		

卸载时间（min）	卡车数	频率	累计频率	随机数对应范围
10	48	0.48	0.48	0.00～0.47
15	20	0.20	0.68	0.48～0.67
20	16	0.16	0.84	0.68～0.83
25	12	0.12	0.96	0.84～0.95
30	2	0.02	0.98	0.96～0.97
35	2	0.02	1.00	0.98～0.99
总计	100	1.00		

3）产生均匀分布的两组随机数

（1）产生0～1（0.00～0.99）间隔两组均匀分布的随机数。一组用于模拟卡车到达工地的间隔时间，另一组模拟卡车卸载时间。

（2）由第一组产生的一个随机数代表当前到达此工地的一辆卡车，若此随机数的值为0.70，通过第一个表可以确定所模拟的该卡车到达的时间与前一辆卡车到达时的间隔时间为 25min。

（3）由第二组产生的一个随机数代表正在通过塔式起重机卸载的一辆卡车，若此随机数的值为 0.80，通过第二个表可以确定所模拟的该卡车通过塔式起重机卸载的时间为 20min。

4）通过手工进行蒙特卡罗模拟

100 辆卡车的到达、排队和卸载行程（假设模拟开始时间为 0），可以统计等待超过 30min 的卡车数总数，除以 100 就可得到超过 30min 的卡车比例，有关数据如下表所示。

卡车编号	到达间隔随机数	间隔时间（min）	卸载时间随机数	卸载时间（min）	到达时间（min）	开始卸载时间（min）	结束卸载时间（min）	等待时间（min）
1	0.57	20	0.50	15	20	20	35	0
2	0.03	5	0.89	25	25	35	60	10
3	0.95	55	0.31	10	80	80	90	0
4	0.38	15	0.80	20	95	95	105	0
⋮	⋮	⋮	⋮	⋮	⋮	⋮	⋮	⋮
100	⋮	⋮	⋮	⋮	⋮	⋮	⋮	⋮

2. 建筑设备维修方案问题

问题描述：某项目的一建筑设备上有三个容易损坏需要更换的零部件，每个零部件正常工作寿命为随机变量，其概率分布根据现场调查数据获得，如下表所示。

寿命（h）	1000	1100	1200	1300	1400	1500	1600	1700	1800	1900
概率	0.10	0.13	0.25	0.13	0.09	0.12	0.02	0.06	0.05	0.05

任何一个零部件损坏都将使该设备停止工作。从有零部件损坏，设备停止工作，到检修工到达开始更换零部件为止，称为一个延迟时间。延迟时间也是随机变量，其概率分布同样根据现场调查数据获得，如下表所示。

延迟时间（min）	5	10	15
概率	0.6	0.3	0.1

设备停工时每分钟损失 5 元，检修工每小时工时费 12 元，零部件每个成本 16 元。更换一个零部件需要 20min，同时更换两个零部件需要 30min，同时更换三个零部件需要 40min。现在有两种维护或更换方案：

方案一：该零部件损坏一个更换一个。

方案二：一旦有零部件损坏就全部更换。

试通过蒙特卡罗仿真辅助决策该设备的零部件更换方案。

解：

在这一问题中，关注的零部件寿命在 1000～1900h 之间，而延迟在 5～15min 之间。

为了进行仿真，首先将零部件寿命和延迟时间与随机数对应，而对应规则分别根据给出的零部件寿命和延迟时间的离散型概率分布而转换，如下两个表所示。

零部件寿命（h）	频率	随机数区间
1000	0.10	（0，0.10）
1100	0.13	［0.10，0.23）
1200	0.25	［0.23，0.48）
1300	0.13	［0.48，0.61）
1400	0.09	［0.61，0.70）
1500	0.12	［0.70，0.82）
1600	0.02	［0.82，0.84）
1700	0.06	［0.84，0.90）
1800	0.05	［0.90，0.95）
1900	0.05	［0.95，1.00）

延迟时间（min）	频率	随机数区间
5	0.60	（0，0.6）
10	0.30	［0.6，0.9）
15	0.10	［0.9，1.0）

由于在这一问题中各个零部件的寿命完全决定了系统的运行状态，也即决定了两个更换方案的费用大小，故选择零部件损坏作为事件，这三个零部件损坏的事件分别记为A、B、C。

1）方案一的仿真

（1）产生初始事件表。

事件类型	发生时刻	延迟时间
A	1400h	5min
B	1500h	15min
C	1500h	15min

（2）仿真时钟推进，计算费用，产生下一个事件。由上表看出，最早发生的事件是A，所以，$t = 1400h$，

$$费用 =（5+20）×5+20×（12/60）+1×16 = 145（元）$$

下一个A事件发生的时刻为第2400h 25min（随机产生的零部件寿命为1000h），刷新事件表，即删去旧的A事件，产生新的A事件。刷新后的事件表如下。

事件类型	发生时刻	延迟时间
A	2400h 25min	5min
B	1500h	15min
C	1500h	15min

（3）寻找事件表中的最早事件进行处理。

由上表看出，B、C事件同时发生在第1500h，故同时处理。时钟步进为 $t=1500h$，再根据费用的计算方法得：

费用＝145＋（15＋30）×5＋30×（12/60）＋2×16＝408（元）

最后利用随机数产生新事件B和C，刷新事件表，得到如下的新事件表。

事件类型	发生时刻	延迟时间
A	2400h 25min	5min
B	2700h 45min	10min
C	2900h 45min	5min

（4）重复（3），$t=2400h\ 25min$。

费用＝408＋（5＋20）×5＋20×（12/60）＋1×16＝553（元）

事件类型	发生时刻	延迟时间
A	3700h 50min	5min
B	2700h 45min	10min
C	2900h 45min	5min

重复这一过程，一直到需要的时间结束即可得到方案的费用。

2）方案二的仿真

方案二与方案一的区别就是一旦损坏，就更换三个零部件。设初始事件表仍为方案一初始表，如下表所示。

事件类型	发生时刻	延迟时间
A	1400h	5min
B	1500h	15min
C	1500h	15min

表中最早的事件是A，处理事件A时要考虑延时，更换三个零部件的时间和费用。

费用＝（5＋40）×5＋40×（12/60）＋3×16＝281（元）

根据下一次三个零部件损坏的时刻刷新后的事件表如下：

事件类型	发生时刻	延迟时间
A	2400h 45min	5min
B	2600h 45min	10min
C	2800h 45min	5min

再重复上述过程，累加费用，即可得到方案二的总费用。最后比较两种更换维护方案的费用大小即可确定选取那一种。

程序运行结果：$T=100000$（h）

方案一：费用＝32705（元）

方案二：费用＝24429（元）

从而得出方案二较方案一更优。

3. 构配件运载卡车运载计划对工程项目的影响问题

问题描述：预制构件厂供应一装配式建筑项目的预制构件（如预制楼板），需要的该类型预制构件要求在项目工序 A 结束时已经到达现场，否则会延误下一工序和项目工期，导致项目成本增加。通过数据收集分析，已知工序 A 每天的结束时刻（小时：分）和频率以及预制构件发车时刻（小时：分）和频率分别如下两个表所示，工序 A 的结束时刻和预制构件发车时刻都是在下午，而运载卡车运行时间为均值 55min、标准差为 5min 的正态随机变量。试问供应商提出的预制构件运载计划是否满足工程项目需求，即不影响下个工序启动和延误项目工期？

工序 A 结束时刻	1：53	1：55	1：57	1：49
频率	0.3	0.4	0.2	0.1
预制构件出发时刻	1：00	1：05	1：10	
频率	0.7	0.2	0.1	

解：

需要设置随机变量，分别代表项目工序 A 结束时刻 T_1、构件卡车出发时刻 T_2 和卡车运行时间 T_3。当卡车到达时刻满足下列公式时，预制构件供应商的运载计划将不会影响下个工序和延误工程项目工期，否则说明供应商的运载计划不合理：

$$T_1 \geqslant T_2 + T_3$$

（1）分别确定 T_1、T_2、T_3 的概率分布函数：

T_1 为服从下表所示的离散型概率分布的离散随机变量：

工序 A 结束时刻（T_1）	1：53	1：55	1：57	1：49
频率	0.3	0.4	0.2	0.1
累计频率	0.3	0.7	0.9	1.0
随机数对应范围	(0.0, 0.3)	[0.3, 0.7)	[0.7, 0.9)	[0.9, 1.0)

T_2 为服从下表所示的离散型概率分布的离散随机变量：

预制构件出发时刻（T_2）	1：00	1：05	1：10
频率	0.7	0.2	0.1
累计频率	0.7	0.9	1.0
随机数对应范围	(0.0, 0.7)	[0.7, 0.9)	[0.0, 1.0)

T_3 为服从均值 55min、标准差为 5min 的正态随机变量，即 $T_3 = \text{normrnd}(55,5)$

（2）根据误差要求和公式（3.2-12）计算确定模拟次数 N。

（3）根据上述 T_1、T_2、T_3 的概率分布函数，通过计算机进行 T_1、T_2、T_3 的随机抽样。

（4）分别将 T_1、T_2、T_3 的抽样值代入前述表达式判断是否成立，如果成立表示供应商的运载计划合理（用 1 代表），否则表示不合理（用 0 代表）。记录下每一轮仿真试验（即随机抽样）的结果。

（5）重复第 3—4 步 N 次，产生 N 个有关供应商运载计划判断的样本值，对得到的 N 个样本值（1 或 0）进行统计分析，代表合理的样本值数累加除以 N，即代表供应商运载计划合理的概率。

思考与练习题

    1. 蒙特卡罗仿真方法的基本思想是什么？

    2. 用蒙特卡罗仿真模型解决实际问题的基本步骤是什么？

    3. 蒙特卡罗仿真方法的优缺点各有哪些？

    4. 由蒙特卡罗仿真方法的误差公式可以推断出其有哪些优缺点？

    5. 蒙特卡罗仿真模拟与随机抽样统计分析有什么区别？

    6. 某企业计划投资建立某产品生产线，为此必须对该产品未来能实现多少利润进行预测和分析。建立该生产线需投资 5 万元。产品能实现多少利润主要受以下三个不确定因素的影响：售价、成本与年销售量。经过有关生产、计划、销售人员分析，考虑到原材料供应、市场竞争和价格浮动等因素的作用，初步估计售价、成本与年销售量可能出现的情况及其发生概率，见下表。试用蒙特卡罗仿真方法分析建立此产品生产线的未来盈亏状况。

售价（元）	发生概率	成本（元）	发生概率	年销售量（万件）	发生概率
5	0.3	2	0.1	3.5	0.2
6	0.5	3.5	0.6	4	0.4
6.5	0.2	4.5	0.3	4.5	0.4

3.3　排队论

3.3.1　排队论概述

    排队现象在日常生活中普遍存在，不仅是人们在排队中浪费时间，还有在工厂中等待加工的产品、等待生产的机器、等待降落或起飞的飞机等也在排队中浪费时间。时间是一种宝贵的资源，所以减少排队的等待时间是一个值得分析的重要问题，服务中的等待时间问题越来越引起人们的重视。减少排队等待时间，可以通过增加有关设备或服务人员来实现，但又会导致成本的增加。所以，有必要对排队问题进行研究，在增加服务能力的成本和等待所产生的成本之间需要决策取舍，而排队论即是解决有关排队问题的方法之一。

    当顾客进入一家银行去贷款、取现金或存钱时；当顾客去洗车或修车，去杂货店购物时，他们越来越把满意服务定义为快速服务。意识到这种情况，越来越多的公司集中精力减少等待时间并将其作为提高质量的一个重要因素。装载卡车到达施工现场后排队卸载，预制构件生产过程中排队加工处理，等待的时间越少越好。一般来说，可以通过增加施工现场的卸载设备或预制厂的中间加工服务台来减少等待时间，但增加吊装卸载设备或服务台意味着增加成本。此时，排队等待的顾客（或卡车）与服务平台（或卸载设备）便构成一个排队系统，如图 3.3-1 所示。现实世界各个领域都存在相应的排队系统，如表 3.3-1 所示。

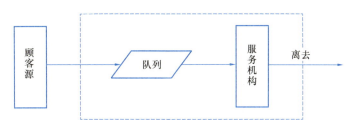

图 3.3-1　排队系统示意图

排队系统示例　　　　　　　　　　　　表 3. 3-1

到达的顾客	要求服务的内容	服务机构
不能运转的机器	修理	修理技工
修理技工	领取修配零件	发放零件的管理员
电话呼唤	通话	交换台
到达工地的卡车	卸载	塔式起重机

　　排队形成的原因是，人们或事物到达服务台的速率比服务速率高。但是，这并不表示服务运营人手不够或没有处理客户流的全部能力。实际上，从长期来看，大多数商务和组织有充足的可用服务能力来满足客户需求。排队现象的产生是由于顾客并不是按一个不变的、均匀的速率到来，他们也不会在每一个时间段均匀地到达。顾客的到来是随机的，而且服务的时间各有不同，所以一个队列的长度不断增加或减少（有时没有人排队）。但从长期来看，这个队列形成了平均顾客到达率和平均服务时间。例如，生产工厂某个服务台每小时平均处理每类产品 100 个，可是某个小时可能只有 60 个该类产品到来，存在不确定性。但是，在某个特殊的时间，排队的形成是因为此时顾客到达率高于平均数。

　　由于不确定性的存在，排队论需要通过概率形式来进行分析，具有量化指标的排队论的分析结果是基于概率的。管理者用这些运作统计数据（比如在队伍中排队的平均人数）来作关于运作的队列的决策。不确定性或随机性是排队系统的共同特性，顾客的到达间隔时间与顾客所需的服务时间中，至少有一个具有随机性。排队论研究的首要问题是系统的主要数量指标（如：系统的队长（系统中的顾客数）、顾客的等待时间和逗留时间等）的概率特性，然后进一步研究系统优化问题，与这两个问题相关联的还有系统的统计推断问题。

1. 性态问题（即数量指标的研究）

　　研究排队系统的性态问题就是通过研究系统的主要数量指标的瞬时性质或统计平衡下的性态来研究排队系统的基本特征。

2. 最优化问题

　　排队系统的最优化问题涉及排队系统的设计、控制以及系统有效性的度量，包括系统的最优设计（静态最优）和已有系统的最优运行控制（动态最优）。系统的最优设计，是在服务系统设置之前，对未来运行的情况有所估计，确定系统的参数，使设计人员有所依据；系统的最优运行控制，是对已有的排队系统寻求最优运行策略，其内容很多，有最小费用问题、服务率的控制问题等。

3. 统计推断问题

排队系统的统计推断是通过对正在运行的排队系统多次观测、搜集数据，用数理统计的方法对得到的资料进行加工处理，推断所观测的排队系统的概率规律，建立适当的排队模型。

不同的排队系统，有不同的排队模型。最后将讨论这些排队系统的不同，但更多地聚焦于其中最常见的两种：单服务台系统和多服务台系统。排队的管理决策基于顾客的到达率和服务时间。它们被用在队列公式中来计算运营管理的特征，比如队列中的平均顾客数量和一个顾客必须等待的时间。基于对不同的队列系统的研究，队列公式的设置也不同。比如，由一个管理人员负责设备进入库存处理的业务窗口，就与一个卖飞机票的有三四个服务员的柜台有很大不同。在学习队列公式之前，先列举不同队列的形成因素及其影响。

3.3.2 排队系统构成和量化指标

1. 排队系统的基本组成及特征

实际中的排队系统是各种各样的，但从决定排队系统进程的因素看，它由三个基本部分组成：输入过程、排队规则和服务机构。由于输入过程、排队规则和服务机构的复杂多样性，可以形成各种各样的排队模型，因此在研究一个排队系统之前，有必要弄清楚这三部分的具体内容和结构。

1）输入过程

输入过程是说明顾客来源及顾客是按怎样的规律到达系统，它包括三方面内容：

顾客总体（顾客源）数：它可能是有限的，也可能是无限的。例如，卡车维修的等待队列，受场地限制，有限的客户群体是 20 辆卡车。但更加普遍的是，假设一个排队系统有无限客源。

顾客到达率：顾客在特定时间到达一个服务部门的速率，或者相继到达的时间间隔的概率分布。

到达的方式：是单个到达还是成批到达。

针对顾客到达率，一般来说假定顾客的到达为相互独立的，随着时间的延续而随机变化。常用定长分布（即等距时间到达）、最简流（Poisson 流）（即负指数分布）和一般独立分布来描述到达率。尽管到达率可以通过任何分布描述，但是研究认为上述分布常常可以用泊松分布描述。其在 t 时段内到达 n 个顾客的概率为

$$P_n(t) = \frac{(\lambda t)^n}{n!} e^{-\lambda}, n = 0, 1, \cdots \tag{3.3-1}$$

即参数为 λt 的泊松分布。由概率论知识可知，泊松分布的参数即其均值。因此，λ 的涵义是单位时间到达系统的平均顾客数，即到达率。

2）排队规则

排队规则是顾客接受服务的顺序，超市对顾客的服务规则是"先到先服务"，也就是队列中的第一个人最先接受服务，这是最普遍的排队系统。但也有其他的排队系统。比如一个机器操作工人可能竖排堆放零件，放在最高处的零件最先被取到，这种队列称为"后到先服务"；或者这个机器操作工人可能只是简单地取出一个装满零件的盒子，然后随机从里面取出零件，这样的排队规则叫作随机队列。通常有预约时，顾客以预约的先后顺序

接受服务——比如在一个牙医或者外科医生的诊所里，或者是餐馆里，这种情况下，客户按照预先设定的顺序接受服务，而不考虑他们到达的时间。最后一种情况是顾客按照其姓氏在字母表中的顺序排序，比如学校入学面试或求职面试。排队规则是指顾客到达系统后排队等候服务的方式和规则。基于以上分析，可将排队规则分为三种类型。

（1）损失制：顾客到达时，若所有服务台均被占，服务机构又不允许顾客等待，此时该顾客就自动离去。

（2）等待制：顾客到达时，若所有服务台均被占，他们就排队等待服务。等待制的排队规则又可按顾客被服务的次序分为以下几种：

① 先到先服务，即顾客按到达的先后顺序接受服务。

② 后到先服务。

③ 具有优先权的服务。

④ 随机挑选顾客进行服务的随机服务。

（3）混合制：损失制与等待制的混合，这种排队规则既允许排队又不允许队列无限长。分为队长（容量）有限的混合制系统，等待时间有限的混合制系统（等待时间＜固定的时间，否则就离去），以及逗留时间有限的混合制系统。

① 系统容量有限制。

② 等待时间有限制。

3）服务机构

假设生产工厂某个环节只有一台设备和一个操作员，该生产工厂称为服务机构，而该台设备加上操作员在排队系统中称为服务台。服务机构的要素主要包括：

（1）服务台的数目。在多个服务台的情形下，是串联或是并联。

（2）服务率：特定时间内能够接受服务的平均顾客数量，与顾客所需的服务时间有关。服务率同到达率相似，也是随机变量。顾客购买量不同，服务率就不同。常见顾客的服务时间分布有：定长分布、负指数分布、一般分布等。

在排队论中用比率来形容到达和服务是传统的方法。正如到达率一样，服务时间用概率分布来表示。该领域的科学家证明，服务时间经常用负指数概率分布来表示。但是，到达和服务是由互补的方式来观测的。因此，服务时间必须表示为与到达率一致的服务率。

要讨论服务时间服从负指数分布的情形，参数为 μ，即

$$f(t) = \begin{cases} \mu e^{-\mu t}, t \geqslant 0 \\ 0, t < 0 \end{cases} \tag{3.3-2}$$

由于服务时间的均值为 $1/\mu$，即平均对每位顾客的服务时间为 $1/\mu$，可得，参数 μ 的涵义：服务率，即单位时间平均服务完 μ 个顾客。

2. 排队系统的主要量化指标

1）队长 L 与等待队长 L_q

队长是指在系统中的顾客数（包括正在接受服务的顾客），而等待队长是指系统中排队等待的顾客数，它们都是随机变量，是顾客和服务机构双方都十分关心的数量指标，显然，队长等于等待队长加上正在被服务的顾客数。

2）等待时间 W_q 与逗留时间 W

顾客的等待时间是指从顾客进入系统的时刻起直到开始接受服务为止这段时间，而逗

留时间是顾客在系统中的等待时间与服务时间之和。在假定到达与服务是彼此独立的条件下，等待时间与服务时间是相互独立的。等待时间与逗留时间是顾客最关心的数量指标，应用中关心的是统计平衡下它们的分布及期望平均值。

3）忙期与闲期

从顾客到达空闲的服务机构起，到服务台再次变为空闲止，这段时间是系统连续工作的时间，称为系统的忙期，它反映了系统中服务员的工作强度。与忙期对应的是系统的闲期，即系统连续保持空闲的时间长度。在排队系统中，统计平衡下忙期与闲期是交替出现的。而忙期循环是指相邻的两次忙期开始的间隔时间，显然它等于当前的忙期长度与闲期长度之和。

4）输出过程

输出过程也称离去过程，是指接受服务完毕的顾客相继离开系统的过程。刻画一个输出过程的主要指标是相继离去的间隔时间和在一段已知时间内离去顾客的数目，这些指标从一个侧面也反映了系统的工作效率。

此外，在不同的排队系统中，还会涉及其他数量指标，例如在损失制与混合制排队系统中，由于服务能力不足而造成的顾客的损失率及单位时间内损失的平均顾客数，在多服务台并行服务的系统中，某个时刻正在忙的服务台数目，以及服务机构的利用率（或称为服务强度）等。

3.3.3 单服务台排队系统模型

1. 单服务台排队系统基本模型

单一服务台是排队系统中最简单的形式，而单一服务台自然对应单一队列。单一服务台排队系统需要考虑的最重要因素包括：排队规则（顾客接受服务的顺序）、顾客的自然分布（顾客来源形式）、到达率（顾客排队的概率分布）和服务率（顾客得到服务的时间）。

单服务台模型系统，它有下面的特征或假设：

（1）无限的客源。

（2）先到先服务的排队规则。

（3）到达率服从泊松分布。

（4）服务率服从指数分布。

同时假定：

λ ＝到达率（单位时间的平均到达数）

μ ＝服务率（单位时间的平均服务数）

并且 $\lambda < \mu$（顾客服务率大于顾客到达率），则可以用下面的公式计算单服务台模型的量化指标。

在排队系统中一个顾客都没有（包括服务台）的概率为

$$P_0 = 1 - \frac{\lambda}{\mu} \tag{3.3-3}$$

有 n 个顾客在排队的概率为

$$P_0 = \left(\frac{\lambda}{\mu}\right)^n \left(1 - \frac{\lambda}{\mu}\right) \tag{3.3-4}$$

系统中的平均顾客数（即正在接受服务的和还在排队的）为

$$L = \frac{\lambda}{\mu - \lambda} \qquad (3.3\text{-}5)$$

排队的顾客平均数为

$$L_q = \frac{\lambda^2}{\mu(\mu - \lambda)} \qquad (3.3\text{-}6)$$

一个顾客在排队系统中花费的平均时间为

$$W = \frac{1}{(\mu - \lambda)} = \frac{L}{\lambda} \qquad (3.3\text{-}7)$$

一个顾客排队所花的平均时间为

$$W_q = \frac{\lambda}{\mu(\mu - \lambda)} \qquad (3.3\text{-}8)$$

系统忙的平均概率（顾客必须等待的概率），被定义为利用因子

$$U = \frac{\lambda}{\mu} \qquad (3.3\text{-}9)$$

系统闲的概率（顾客可以直接接受服务）为

$$I = 1 - U = 1 - \frac{\lambda}{\mu} \qquad (3.3\text{-}10)$$

最后一个公式 $1 - \frac{\lambda}{\mu}$ 也等于 P_0。也就是队列中没有顾客的概率和系统空闲的概率相等。把平均到达率和服务率代入上面的公式，可以计算类似超市系统的多个量化指标。

例 3.3-1：当 $\lambda = 24$，$\mu = 30$，那么

$P_0 = 1 - \frac{\lambda}{\mu} = 1 - \frac{24}{30} = 0.2$（系统中没有顾客的概率）

$L = \frac{\lambda}{\mu - \lambda} = \frac{24}{30 - 24} = 4$（平均 4 个顾客在系统中）

$L_q = \frac{\lambda^2}{\mu(\mu - \lambda)} = \frac{24^2}{30 \times (30 - 24)} = 3.2$（在排队队列中的平均顾客数）

$W = \frac{1}{\mu - \lambda} = \frac{1}{30 - 24} = 0.167(\text{h})$（约 10min）（每个顾客在系统中的平均时间）

$W_q = \frac{\lambda}{\mu(\mu - \lambda)} = \frac{24}{30 \times (30 - 24)} = 0.133(\text{h})$（约 8min）（每个顾客在队列中的平均时间）

$U = \frac{\lambda}{\mu} = \frac{24}{30} = 0.8$（系统忙，顾客必须等待的概率）

$I = 1 - U = 1 - 0.8 = 0.2$（系统闲，顾客立即得到服务的概率）

以上这些运营变量是平均数，而且假定为稳态下的平均数。稳态是一个平均数为常量的系统，它代表平均运营统计常量，由一个时间段决定。与这个条件相关的是，利用因子 U 必须小于 1，即

$U < 1$ 或 $\frac{\lambda}{\mu} < 1.0$

且 $\lambda < \mu$

换句话说，到达率必须小于1，服务率必须大于到达率，否则系统的等待队列将无限长，系统永远不会达到稳态。

2. 服务时间未定义和服务时间不变

以上单服务台模型假设顾客到达率服从泊松分布，服务时间服从指数分布。但是，有时候情况可能不完全这样。比如，许多企业使用自动化仪器或者机器人执行有关任务，这样服务时间可以是恒定的。因此，到达率服从泊松分布、服务时间是常量的单服务台模型是前述单服务台模型的一种更简化的应用。

下面首先给出未定义服务时间的单服务台排队模型的运营特性计算公式：

$$P_0 = 1 - \frac{\lambda}{\mu} \tag{3.3-11}$$

$$L_q = \frac{\delta^2 \sigma^2 + \left(\frac{\lambda}{\mu}\right)^2}{2\left(1 - \frac{\lambda}{\mu}\right)} \tag{3.3-12}$$

$$L = L_q + \frac{\lambda}{\mu} \tag{3.3-13}$$

$$W_q = \frac{L_q}{\delta} \tag{3.3-14}$$

$$W = W_q + \frac{1}{\mu} \tag{3.3-15}$$

$$U = \frac{\lambda}{\mu} \tag{3.3-16}$$

未定义服务时间的关键公式是等待队列中顾客的数量 L_q。在这个公式中，μ 和 λ 分别是具有独立服务时间的任何一概率分布的均值和标准差。对泊松分布来说，均值与标准差相等。如服务时间是指数分布，其他泊松分布也有同样的关系。因此，如果在公式(3.3-12)中令 $\mu = \lambda$，就和服务时间服从指数分布时的基本公式相等。实际上，所有的排队论公式都可以简化为单服务台模型。

例 3.3-2： 某个施工项目现场的施工工具领取只有一个窗口，需求人员随机到来办理领取，服从泊松分布，平均到达率是每小时 20 人。领取办理（工具检查和登记）的时间不是服从泊松分布，而是服从均值为 2min、标准差为 4min 的正态分布。试计算前述单服务台模型的量化指标。

解：

前述单服务台模型的量化指标计算如下：

$P_0 = 1 - \frac{\lambda}{\mu} = 1 - \frac{20}{30} = 0.33$（工具领取窗口空闲的概率）

$L_q = \frac{\lambda^2 \sigma^2 + (\lambda/\mu)^2}{2(1 - \lambda/\mu)} = \frac{20^2(1/15)^2 + (20/30)^2}{2(1 - 20/30)} = 3.33$（队列中的等待人数）

$L = L_q + \frac{\lambda}{\mu} = 3.33 + 20/30 = 4.0$（等待和正办理领取工具的人员）

$W_q = \frac{L_q}{\lambda} = \frac{3.33}{20} = 0.1665(h)(10min)$（在队列中的等待时间）

$W = W_q + \frac{1}{\mu} = 0.1665 + \frac{1}{30} = 0.1998(h)(12min)$（在窗口排队系统中的时间）

$U = \lambda / \mu = 20/30 = 67\%$（工具领取窗口使用率）

在服务时间为常量的情况下，$\sigma = 0$，代入公式可计算 L_q：

$$L_q = \frac{\delta^2 \sigma^2 + \left(\frac{\lambda}{\mu}\right)^2}{2\left(1 - \frac{\lambda}{\mu}\right)} = \frac{\left(\frac{\lambda}{\mu}\right)^2}{2\left(1 - \frac{\lambda}{\mu}\right)} = \frac{\lambda^2}{2\mu(\mu - \lambda)} \tag{3.3-17}$$

以上有关 L_q 计算的新公式（3.3-17）与单服务台基本模型 L_q 的计算公式（3.3-6）相比多除以了 2，而其他有关 L、W 和 W_q 的计算公式是一样的。

例 3.3-3： 某个施工现场设置有一装卸车自动洗车平台，洗车平台可以自动地一次洗一辆装卸车，是一个常量，每次 4.5min。每小时到达的装卸车辆数是 10，到达率服从泊松分布。试确定装卸车辆等待队列的平均车辆数和平均等待时间。

解：

该排队系统装卸车辆等待队列的平均车辆数和平均等待时间计算如下：

$\lambda = 10$（每小时车辆数）

$\mu = 60/4.5 = 13.3$（每小时车辆数）

$L_q = \frac{\lambda^2}{2\mu(\mu - \lambda)} = \frac{10^2}{2 \times 13.3 \times (13.3 - 10)} = 1.14$（等待的车辆数）

$W_q = \frac{L_q}{\lambda} = \frac{1.14}{10} = 0.114$(h)(6.84min)（在队列中的等待时间）

3. 有限长度的队列

对一些排队系统来说，可能由于形成环境限制，如施工现场场地大小限制，队列的长度是有限的，这样的系统称为有限队列。为了应对、模拟这种情况，前述单服务排队模型需要调整。

处理有限队列系统，必须修改基本的单服务台队列模型。在这种情形下应该注意：服务率不需要比到达率大（即不需要 $\mu > \lambda$）以使系统保持稳态。假设 M 是系统的最大队长，量化指标计算如下：

$$P_0 = \frac{1 - \frac{\lambda}{\mu}}{1 - \left(\frac{\lambda}{\mu}\right)^{M+1}} \tag{3.3-18}$$

$$P_n = (P_0)\left(\frac{\lambda}{\mu}\right)^n, n \leqslant M \tag{3.3-19}$$

$$L = \frac{\frac{\lambda}{\mu}}{1 - \frac{\lambda}{\mu}} - \frac{(M+1)\left(\frac{\lambda}{\mu}\right)^{M+1}}{1 - \left(\frac{\lambda}{\mu}\right)^{M+1}} \tag{3.3-20}$$

因为 P_n 是系统中有 n 个单位的概率，所以如果定义 M 为系统允许的最大数，那么 P_M 是（当 $n = M$ 时 P_n 的值）顾客不能进入系统的概率。其余的公式是：

$$L_q = L - \frac{\lambda(1 - P_M)}{\mu} \tag{3.3-21}$$

$$W = \frac{L}{\lambda(1 - P_M)} \tag{3.3-22}$$

$$W_q = W - \frac{1}{\mu} \tag{3.3-23}$$

例 3.3-4： 某个施工项目的现场只有能停 1 辆预制构件运载卡车接受卸载和 3 辆运载卡车等待卸载的空间。如果等待的卡车队列满了（3 辆卡车），运载卡车不得不停靠在施工现场以外（产生停车费用和耽误卡车自身效率）。运载卡车等待卸载平均需要 30min，而卡车卸载过程的平均时间是 20min。排队等待（间隔）时间和卸载时间都服从指数分布，排队系统中最多能有 4 辆车。$\lambda = 2$，$\mu = 3$，$M = 4$，试计算该排队系统的量化指标。

解：

该系统属于有限长度队列的单服务平台排队系统，可采用公式（3.3-18）～公式（3.3-23）来计算：

$$P_0 = \frac{1 - \frac{\lambda}{\mu}}{1 - \left(\frac{\lambda}{\mu}\right)^{M+1}} = \frac{1 - \frac{2}{3}}{1 - \left(\frac{2}{3}\right)^5} = 0.38(系统中没有卡车的概率)$$

$$P_M = (P_0)\left(\frac{\lambda}{\mu}\right)^{n=M} = 0.38 \times \left(\frac{2}{3}\right)^4 = 0.076(系统满负荷的概率)$$

$$L = \frac{\frac{\lambda}{\mu}}{1 - \frac{\lambda}{\mu}} - \frac{(M+1)\left(\frac{\lambda}{\mu}\right)^{M+1}}{1 - \left(\frac{\lambda}{\mu}\right)^{M+1}} = \frac{\frac{2}{3}}{1 - \frac{2}{3}} - \frac{5 \times \left(\frac{2}{3}\right)^5}{1 - \left(\frac{2}{3}\right)^5} = 1.24(系统中或现场的卡车数)$$

$$L_q = L - \frac{\lambda(1 - P_M)}{\mu} = 1.24 - \frac{2 \times (1 - 0.067)}{3} = 0.62(等待的卡车数)$$

$$W = \frac{L}{\lambda(1 - P_M)} = \frac{1.24}{2 \times (1 - 0.067)} = 0.67(h)(40.3min)(系统或现场卡车总的平均时间)$$

$$W_q = W - \frac{1}{\mu} = 0.67 - \frac{1}{3} = 0.33(h)(20.3min)(系统或现场卡车平均等待时间)$$

4. 有限客源

对一些排队系统，能够到达服务设施的潜在顾客数量是特定的、有限的，这称为有限客源。如某制造公司运营一个有 20 台机器的工厂，由于要不断工作，导致很多的机器出现故障和磨损，需要经常修理；当一台机器不能运转的时候，将被贴上维修标签，记录机器出现故障的日期，并请修理工维修。公司有一个有经验的修理工和一个助手。他们按照先到先服务的规则，按机器损坏的顺序修理。机器损坏服从泊松分布，服务时间服从指数分布。本例中有限的客源是工厂里的 20 台机器，用 N 表示。

单服务台到达率服从泊松分布，服务时间服从指数分布，客源是有限的，此时计算排队运营特性的公式如下（其中 λ 是客源中每单位的到达率）：

$$P_0 = \frac{1}{\sum_0^N \frac{N!}{(N-n)!}\left(\frac{\lambda}{\mu}\right)^n} \tag{3.3-24}$$

$$P_n = \frac{N!}{(N-n)!} \left(\frac{\lambda}{\mu}\right)^n P_0, n = 1, 2, \cdots, N \qquad (3.3\text{-}25)$$

$$L_q = N - \left(\frac{\lambda + \mu}{\lambda}\right)(1 - P_0) \qquad (3.3\text{-}26)$$

$$L = L_q + (1 - P_0) \qquad (3.3\text{-}27)$$

$$W_q = \frac{L_q}{(N - L)\lambda} \qquad (3.3\text{-}28)$$

$$W = W_q + \frac{1}{\mu} \qquad (3.3\text{-}29)$$

P_0 和 P_n 的计算都比较复杂，难以通过手工计算，可以采用 Excel 或者编程计算。

例 3.3-5： 针对上述制造公司，每台机器出现故障并叫来修理工前平均运营 200h，平均修理时间是 3.6h，损坏的比率服从泊松分布，服务时间服从指数分布。试分析机器因为故障造成的空闲时间以决定是否增加修理工。

解：

$$\lambda = \frac{1}{200} = 0.005$$

$$\mu = \frac{1}{3.6} = 0.278$$

$$P_0 = \frac{1}{\sum_0^N \frac{N!}{(N-n)!} \left(\frac{\lambda}{\mu}\right)^n} = \frac{1}{\sum_0^{20} \frac{20!}{(20-n)!} \left(\frac{0.005}{0.278}\right)^n} = 0.65 \text{（系统中没有机器修理的}$$

概率）

$$L_q = N - \left(\frac{\lambda + \mu}{\lambda}\right)(1 - P_0) = -\left(\frac{0.005 + 0.278}{\lambda}\right)(1 - 0.65) = 0.169 \text{（等待的机器数）}$$

$$L = L_q + (1 - P_0) = 0.169 + (1 - 0.65) = 0.52 \text{（系统中的机器数）}$$

$$W_q = \frac{L_q}{(N - L)\lambda} = \frac{0.169}{(20 - 0.52) \times 0.005} = 1.74(\text{h}) \text{（系统中的待修时间）}$$

$$W = W_q + \frac{1}{\mu} = 1.74 + \frac{1}{0.278} = 5.33(\text{h}) \text{（系统中的等待时间）}$$

以上计算结果表明，不出现机器维修的概率 P_0 是 0.65，代表出现机器维修的概率是 $1-0.65=0.35$，即修理工有 35% 的时间在维修机器。系统中的机器 $L=0.52$，说明 20 台机器中，平均 0.52 台（或 $100\% \times 0.52/20 = 2.6\%$）出现故障，等待修理或正在被修理。每台损坏的机器的空闲时间（出现故障等待修理或正在修理）平均是 5.33h，所以系统中的修理工是足够的。

3.3.4 多服务台及串行服务模型

1. 多服务台队列排队系统模型

比单服务台排队系统稍微复杂一点的是由多于一个服务台服务的单一队列。这种类型的排队问题的例子包括飞机值机柜台，乘客排成一列，等待几个代理人中的一个服务，以及邮局队列，客户排成一列等待几个邮政职员提供服务。建设工程中，施工现场可能有运载卡车在排队等待 2 台塔式起重机中的任一台给予卸载服务，也属于这类排队。

首先介绍多服务台排队系统的排队公式。根据先到先服务的排队规则，同时假设泊松到达、指数服务时间和无限客源。其参数定义如下：

$\lambda =$ 到达率

$\mu =$ 服务率

$c =$ 服务台数量

$c\mu =$ 有效服务率，必须高于到达率

多服务台队列模型的量化指标计算公式如下：

系统中没有顾客的概率

$$P_0 = \frac{1}{\sum_{n=0}^{c-1} \frac{1}{n!} \left(\frac{\lambda}{\mu}\right)^n + \frac{1}{c!} \left(\frac{\lambda}{\mu}\right)^c \left(\frac{c\mu}{c\mu - \lambda}\right)} \tag{3.3-30}$$

系统中有 n 个顾客的概率

$$P_n = \begin{cases} \frac{1}{c! c^{n-c}} \left(\frac{\lambda}{\mu}\right)^n P_0, & n > c \\ \frac{1}{n} \left(\frac{\lambda}{\mu}\right)^n P_0, & n \leqslant c \end{cases} \tag{3.3-31}$$

系统中平均顾客数

$$L = \frac{\lambda\mu \left(\frac{\lambda}{\mu}\right)^c}{(c-1)! (c\mu - \lambda)^2} P_0 + \frac{\lambda}{\mu} \tag{3.2-32}$$

队列中等待服务的顾客数

$$L_q = L - \frac{\lambda}{\mu} \tag{3.3-33}$$

顾客在系统中接受服务的平均时间

$$W = \frac{L}{\lambda} \tag{3.3-34}$$

顾客在系统中花费的平均等待时间

$$W_q = W - \frac{1}{\mu} = \frac{L_q}{\lambda} \tag{3.3-35}$$

顾客必须等待的概率

$$P_W = \frac{1}{c!} \left(\frac{\lambda}{\mu}\right)^c \frac{c\mu}{c\mu - \lambda} P_0 \tag{3.3-36}$$

注意到上面的公式，如果 $c = 1$（一个服务台），就与单服务台系统相同。

2. 单队列一串和多串服务排队系统模型

除了单队列单服务台和单队列多服务台这两类最普遍的排队模型，还有两种其他常见的排队系统：单队列一串服务台服务和单队列多串服务台服务，如图 3.3-2 所示。

一个由单一队列和一串单一的服务台构成的排队系统的例子是，应聘者在人事办公室内排队等待应聘一份特定的工作。所有的应聘者在一个区域内等待并且按照姓名字母表顺序应聘。应聘者需要接受测试、回答问题、填表等一系列的面试过程。这种排队系统的另

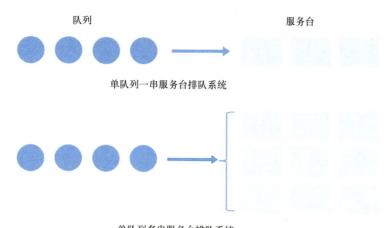

图 3.3-2　单队列一串服务台和单队列多串服务台的排队系统示例

一个例子是钢结构预制件组装线，在一条组装线上产品等待接受一系列机器的加工。

如果在人事办公室例子中增加一条面试流程，结果就是单队列多串服务台的排队系统。类似地，如果产品需要在三条组装线的任意一条进行加工，那么结果将是一个多串服务台的排队系统。

常见的排队系统分类有四种。其他排队系统是常规排队系统的变体，如下所示：

（1）如果等待时间太长，客户不进入排队系统或离开排队系统。

（2）服务台不是按照先到先服务的原则工作，而是按照其他原则服务，比如字母表顺序或预约顺序，如在诊所。

（3）服务时间不服从指数分布，或者没有定义，或者是不变的常量。

（4）到达率不服从泊松分布。

（5）如果有多个服务台，常常发生串队（即在队列之间移动），比如在银行有多个咨询台或杂货店有几个收银员的情况。

3.3.5　排队论应用

1. 土石方开挖施工排队系统决策分析

问题描述：某个工程项目的土石方开挖施工，需要装卸车到达现场接受挖土机的装载服务（需要现场人员的引导），然后离开运往目的地卸载土石方，再返回施工现场进行下一轮的土石方装载和运输。目前装卸车的到达率（每小时平均顾客到达数）为 24，每 2.5min 有一辆装卸车到达（即 1/24×60min）；目前服务率是 30，即每小时每台挖土机可装载 30 辆装卸车。如挖土机正在装载其他的装卸车，则刚到达的装卸车会排队等待。如果装卸车等待时间过长，会降低装卸车的使用率，因为装卸车的台班费增加而增加成本，同时带来现场拥挤。针对上述情况，项目经理考虑两个可选方案来减少装卸车的等待时间：①增加一个现场人员；②增加一台挖土机。试采用排队论分析比较两种可选方案。

解：

根据当前的装卸车到达率和服务效率，利用公式（3.3-3）～公式（3.3-10）可计算出该排队系统的有关指标如下：

$$P_0 = 1 - \frac{\lambda}{\mu} = 1 - \frac{24}{30} = 0.2 (排队系统中没有装卸车的概率)$$

$$L = \frac{\lambda}{\mu - \lambda} = \frac{24}{30 - 24} = 4 (平均4辆装卸车在排队系统中)$$

$$L_q = \frac{\lambda^2}{\mu(\mu - \lambda)} = \frac{24^2}{30 \times (30 - 24)} = 3.2 (在排队队列中的平均装卸车数量)$$

$$W = \frac{1}{(\mu - \lambda)} = \frac{1}{30 - 24} = 0.167(h)(10min)(每辆装卸车在系统中的平均时间)$$

$$W_q = \frac{\lambda}{\mu(\mu - \lambda)} = \frac{24}{30 \times (30 - 24)} = 0.133(h)(8min)(每辆装卸车在队列中的平均时间)$$

$$U = \frac{\lambda}{\mu} = \frac{24}{30} = 0.8 (系统忙, 装卸车必须等待的概率)$$

$$I = 1 - U = 1 - 0.8 = 0.2 (系统闲, 装卸车立即得到服务的概率)$$

同样, 可分别计算两个方案的排队系统有关指标。

方案一: 增加一个现场人员。增加一个现场人员每周将增加成本900元。经市场调研确认出每减少1min的装卸车等待时间, 每周因为避免装卸车等待可减少台班费损失450元。

如果增加一个现场人员, 装卸车的等待时间减少了, 装卸车的服务率提高到 $\mu = 40$, 即每小时装卸40辆。假定装卸车的到达率不变($\lambda = 24$)。将它们代入公式(3.3-3)～公式(3.3-10)可得到:

$$P_0 = 1 - \frac{\lambda}{\mu} - 1 - \frac{24}{40} = 0.4 (排队系统中没有装卸车的概率)$$

$$L = \frac{\lambda}{\mu - \lambda} = \frac{24}{30 - 24} = 1.5 (排队系统中的装卸车平均数)$$

$$L_q = \frac{\lambda^2}{\mu(\mu - \lambda)} = \frac{24^2}{40 \times (40 - 24)} = 0.8 (排队队列中的装卸车数)$$

$$W = \frac{1}{(\mu - \lambda)} = \frac{1}{40 - 24} = 0.063(h)(3.75min)(每个装卸车在排队系统中的平均时间)$$

$$W_q = \frac{\lambda}{\mu(\mu - \lambda)} = \frac{24}{40 \times (40 - 24)} = 0.038(h)(2.25min)(每辆装卸车在队列中的平均时间)$$

$$U = \frac{\lambda}{\mu} = \frac{24}{40} = 0.6 (装卸车必须等待的概率)$$

$$I = 1 - U = 1 - 0.6 = 0.4 (装卸车不用等待的概率)$$

可见, 每辆装卸车的平均等待时间从8min减少到2.25min, 是一个极大的改变。

每辆装卸车减少等待的时间为 8.00 - 2.25 = 5.75 (min), 根据装卸车每减少1min的等待时间可减少台班费损失每周450元, 可得到每辆装卸车因为减少排队可节约的总额为 5.75 × 450 = 2587.5 (元/周)。

因为多出的现场人员每周多支出900元, 每周的纯结余为 2587.5 - 900 = 1687.5 (元/周)。

可见, 增加一位现场人员后土石方开挖施工效益更好, 所以该项目经理可能会接受这个选择。

方案二：增加一台挖土机。考虑增加一台挖土机，总成本是 36000 元，同时增加一个现场人员每周 1200 元。

新的挖土机和现场人员，构成现场另一个装卸点和另一列装卸车排队。假设装卸车会在两个队列之间均匀分布，这样两个队列的装卸车到达率将是原来到达率的一半：

$\lambda = 12$，即每小时 12 辆装卸车到达施工现场。

服务率还是一样：

$\mu = 30$，即每小时每台挖土机可装卸 30 辆装卸车。

将它们代入公式（3.3-3）～公式（3.3-10）可得到：

$P_0 = 0.60$（排队系统中没有装卸车的概率）

$L = 0.67$（排队系统中的装卸车平均数量）

$L_q = 0.27$（排队队列中的装卸车数）

$W = 0.055$（h）（3.33min）（每辆装卸车在排队系统中的平均时间）

$W_q = 0.022$（h）（1.33min）（每辆装卸车在队列中的平均时间）

$U = 0.40$（装卸车必须等待的概率）

$I = 0.60$（装卸车不用等待的概率）

根据装卸车每减少 1min 的等待时间每周可减少台班费损失 450 元，可得到每周总节约为（8.00－1.33）×450＝3000（元/周）。

减去每周新增现场人员的花费，每周的纯节约为 3000－1200＝1800（元/周）。

因为布置这个挖土机增加的资金是 36000 元，将用 20 周收回初始投资（36000/1800＝20 周）。通过增加一台挖土机，下面每周收益比只增加一个现场人员的收益多 112.5（元）（＝1800－1687.5），但是没有考虑在收回投资的前 20 周内的支出和增加现场人员带来的成本。

表 3.3-2 总结了每个选项的量化指标。对一个项目经理而言，这两个选择都比现在的状况好，因为现在每辆装卸车的等待时间是 8min。但是，项目经理很难在这两个选项之间抉择，可能需要考虑除等待时间外的其他因素。例如，装卸车的空闲时间在第一个选项中是 0.40，在第二个选项中是 0.60，两个选项间有很大的区别。另一个因素是新增挖土机要增加柴油和维修等带来的成本。

每种方案的量化指标   表 3.3-2

量化指标	当前系统	方案一	方案二
L	4.00 辆装卸车	1.50 辆装卸车	0.67 辆装卸车
L_q	3.20 辆装卸车	0.90 辆装卸车	0.27 辆装卸车
W	10.00min	3.75min	3.33min
W_q	8.00min	2.25min	1.33min
U	0.80	0.60	0.40

但最后的决策还是要基于管理者的经验和他的感知需求。正如上面所说的，排队系统分析结果仅为决策者提供信息，并不能得到确切的像最优化模型一样的推荐决策。

两个案例的备选方案说明成本权衡与改善服务相关。随着服务水平的上升，相关的成本也在上升。例如，当采用备选方案一增加一个现场人员时，虽然等待时间减少了，提供服务的成本增加了，但是服务质量提高时，与等待时间相关的成本减少了。保持适当的服务水平应尽可能地减少这两个成本的总和。成本的权衡选择用图 3.3-3 表示。随着服务水平的提高，服务成本上升，但等待的成本下降。两种成本之和用总成本曲线表示，应该维持的服务水平是总成本曲线最低的水平。（但这并不意味着，所选择的就是成本最小的方法，因为以上模型使用的数据是平均值，因此具有不确定性）。

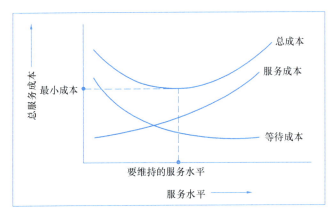

图 3.3-3　服务水平成本权衡图

2. 施工现场卸载排队系统分析

问题描述：某个工程项目针对排队等待卸载的建筑材料运载卡车卸载情况展开调查分析，得知到达现场的建筑材料运载卡车每小时到达 4 辆，服从泊松分布，每辆卡车卸载平均花费 12min，服从指数分布。

（1）计算该卸载排队系统的量化指标（P_0, L, L_q, W, W_q, P_w）。

（2）对上面描述的卸载排队系统增加一台起重机负责建筑材料的卸载，从而使卸载排队系统成为一个有两个通道的多服务台排队系统，计算该排队系统的量化指标。

解：

（1）确定单服务台系统的量化指标

$\lambda = 4$（每小时到达的顾客数）

$\mu = 5$（每小时服务的顾客数）

$P_0 = 1 - \dfrac{\lambda}{\mu} = 1 - \dfrac{4}{5} = 0.20$（排队系统中没有顾客的概率）

$L = \dfrac{\lambda}{\mu - \lambda} = \dfrac{4}{5 - 4} = 4$（排队系统中的平均卡车数量）

$L_q = \dfrac{\lambda^2}{\mu(\mu - \lambda)} = \dfrac{4^2}{5 \times (5 - 4)} = 3.2$（系统中的平均等待卡车数量）

$W = \dfrac{1}{\mu - \lambda} = \dfrac{1}{5 - 4} = 1$(h)（卡车在系统中的平均时间）

$W_q = \dfrac{\lambda}{\mu(\mu - \lambda)} = \dfrac{4}{5 \times (5 - 4)} = 0.80$(h)(48min)（卡车的平均等待时间）

$P_w = \dfrac{\lambda}{\mu} = \dfrac{4}{5} = 0.80$（由于起重机忙,卡车必须等待服务的概率）

（2）确定多服务台系统的量化指标

$\lambda = 4$（每小时到达的卡车数量）

$\mu = 5$（每小时服务的卡车数量）

$c = 2$（起重机台数）

$$P_0 = \cfrac{1}{\displaystyle\sum_{n=0}^{c-1} \frac{1}{n!}\left(\frac{\lambda}{\mu}\right)^n + \frac{1}{c!}\left(\frac{\lambda}{\mu}\right)^c\left(\frac{c\mu}{c\mu - \lambda}\right)}$$

$$= \cfrac{1}{\frac{1}{0!}\times\left(\frac{4}{5}\right)^0 + \frac{1}{1!}\times\left(\frac{4}{5}\right)^1 + \frac{1}{2!}\times\left(\frac{4}{5}\right)^2\times\frac{2\times 5}{2\times 5 - 4}}$$

$= 0.429$（排队系统中没有卡车的概率）

$$L = \frac{\lambda\mu\left(\frac{\lambda}{\mu}\right)^c}{(c-1)!\,(c\mu - \lambda)^2}P_0 + \frac{\lambda}{\mu} = \frac{4\times 5\times\left(\frac{4}{5}\right)^2}{1!\,(2\times 5 - 4)^2}\times 0.429 + \frac{4}{5}$$

$= 0.952$（系统中的平均卡车数量）

$L_q = L - \dfrac{\lambda}{\mu} = 0.952 - \dfrac{4}{5} = 0.152$（系统中平均等待卡车数量）

$W = \dfrac{L}{\lambda} = \dfrac{0.952}{4} = 0.238(\text{h})(14.3\text{min})$（卡车在系统中的平均时间）

$W_q = \dfrac{L_q}{\lambda} = \dfrac{0.152}{4} = 0.038(\text{h})(2.3\text{min})$（卡车的平均等待时间）

$P_w = \dfrac{1}{c!}\left(\dfrac{\lambda}{\mu}\right)^c\dfrac{c\mu}{c\mu - \lambda}P_0 = \dfrac{1}{2!}\times\left(\dfrac{4}{5}\right)^2\times\dfrac{2\times 5}{2\times 5 - 4}\times 0.429 = 0.229$（卡车必须等待卸载的概率）

3. 预制厂装载排队系统决策分析

问题描述：某个部品部件预制厂，运载卡车到达工厂后，排对等待3个装载点之一来执行装载任务（假设每个装载点都可满足部品部件的类型要求），运载卡车到达工厂后按照先到先装载的原则等待装载。根据预制厂管理部门数据调查，平均每小时到达工厂的卡车数是10辆，工厂每小时平均完成装载的卡车数是4辆。试从工厂管理部门角度分析目前的装载安排是否满足市场需要。

解：

由数据调查得知，$\lambda = 10$（每小时到达工厂的卡车数），$\mu = 4$（工厂每小时装载完成的卡车数），$c = 3$（装载点数量，即服务台数量）。

该工厂的卡车排队系统属于多服务台队列排队系统，所以可采用公式（3.3-30）～公式（3.3-36）计算该运载卡车的排队系统的量化指标：

工厂（或系统）中没有卡车的概率

$$P_0 = \cfrac{1}{\displaystyle\sum_{n=0}^{c-1} \frac{1}{n!}\left(\frac{\lambda}{\mu}\right)^n + \frac{1}{c!}\left(\frac{\lambda}{\mu}\right)^c\left(\frac{c\mu}{c\mu - \lambda}\right)}$$

$$= \cfrac{1}{\frac{1}{0!}\times\left(\frac{10}{4}\right)^0 + \frac{1}{1!}\times\left(\frac{10}{4}\right)^1 + \frac{1}{2!}\times\left(\frac{10}{4}\right)^2 + \frac{1}{3!}\left(\frac{10}{4}\right)^{c3}\left(\frac{3\times 4}{3\times 4 - 10}\right)} = 0.045$$

工厂的平均卡车数：

$$L = \frac{\lambda\mu\,(\lambda/\mu)^c}{(c-1)!\,(c\mu-\lambda)^2}\,P_0 + \frac{\lambda}{\mu} = \frac{10 \times 4 \times (10/4)^3}{(3-1)! \times (3 \times 4 - 10)^2} \times 0.045 + \frac{10}{4} = 6$$

队列中等待装载的卡车数

$$L_q = L - \frac{\lambda}{\mu} = 6 - \frac{10}{4} = 3.5$$

卡车在工厂完成装载的平均时间

$$W = \frac{L}{\lambda} = \frac{6}{10} = 0.60(h)(36min)$$

卡车在工厂花费的平均等待时间

$$W_q = \frac{L_q}{\lambda} = \frac{3.5}{10} = 0.35(h)(21min)$$

卡车必须等待（即工厂中有 3 辆或更多的卡车）的概率

$$P_w = \frac{1}{c!}\left(\frac{\lambda}{\mu}\right)^c \frac{c\mu}{c\mu-\lambda}\,P_0 = \frac{1}{3!}\left(\frac{10}{4}\right)^c \frac{3 \times 4}{3 \times 4 - 10} \times 0.045 = 0.703$$

可见，每辆卡车需要平均 21min 的等待，且 0.703 的等待概率比较高。说明目前的装载安排有待改善，否则会给客户（部品部件需求方和运输机构）造成时间浪费，影响工厂的市场形象。所以，工厂管理部门尝试通过增加 1 个装载点来解决问题。现在重新计算 $c=4$ 的情况下的有关量化指标：

$P_0 = 0.073$（工厂没有卡车的概率）

$L = 3.0$（工厂的平均卡车数）

$W = 0.3$（h）（18min）（每个卡车完成装载的平均时间）

$L_q = 0.5$（工厂等待装载的平均卡车数）

$W_q = 0.05$（h）（3min）（卡车在队列中的平均等待时间）

$P_w = 0.31$（卡车必须等待装载的概率）

根据上述计算，卡车的等待时间从 21min 大幅度地降低到 3min，且等待的概率从 0.703 大幅度地降低到 0.31。工厂管理部门一般会考虑增加装载点带来的成本，同时会考虑客户满意带来的成本节约——市场印象评分提升。所以，考虑到卡车排队时间和排队概率大大降低，工厂管理部门比较容易作出有关决策。

思考与练习题

1. 分析解释什么情况下达到符合泊松分布、服务时间不确定的单服务台排队模型和服务时间服从指数分布的基本模型具有一样的量化指标。

2. 分析列举排队论的基本构成和量化指标。

3. 分析讨论排队论和蒙特卡罗仿真方法的区分和联系。

4. 某个工程项目现场设有一检修点和一检修人员专门负责来到现场的卡车的检修，来到现场的卡车的到达过程服从泊松分布，平均每 30min 1 辆；检修时间服从负指数分布，每辆卡车检修平均需要 12min。试求：检修人员空闲的概率，检修点恰有 3 辆卡车的概率，检修点至少有 1 辆卡车的概率，在检修点的卡车平均数，每辆卡车在检修点的平均逗留时间，检修点等待检修的平均卡车数；每辆卡车平均等待检修的时间；卡车在检修点等待时间超过 10min 的概率。

5. 一个工程项目现场的建筑材料运载卡车需要塔式起重机进行卸载，根据资料统计，运载材料的卡车需要相继到达该工地的时间间隔服从负指数分布，平均每 30min 来一辆；塔式起重机卸载一辆卡车的时间也服从负指数分布，平均需要 20min。该现场已有一台塔式起重机专门承担卸载任务，试问项目经理是否需要考虑再增加一台塔式起重机来承担卸载任务。

6. 某车辆维修站有 2 个维修工。车辆的到来服从参数 $\lambda = 4$ 辆/h 的泊松分布，维修时间服从 $\mu = 1$ 辆/h 的负指数分布。维修站里最多只能停放 3 辆车（不包括正在维修的车辆）。试求：

（1）该排队系统的各项量化指标。

（2）如要使维修站损失顾客的概率小于 0.35，应该至少增设多少个维修工人？

7. 为开办一个小型汽车冲洗站，必须决定提供等待汽车使用的场地大小。设要冲洗的汽车到达服从泊松分布，平均每 4min 1 辆，冲洗的时间服从负指数分布，平均每 3min 洗 1 辆。试计算当所提供的场地仅能容纳①1 辆；②3 辆；③5 辆（包括正在被冲洗的 1 辆）时，由于等待场地不足而转向其他冲洗站的汽车的比例。

8. 某车间有 5 台机器，每台机器的连续运转时间服从负指数分布，平均连续运转时间为 15min。有 1 个修理工，每次修理时间服从负指数分布，平均每次需 12min。①修理工空闲的概率；②5 台机器都出故障的概率；③出故障机器的平均台数；④等待修理机器的平均台数；⑤每台机器的平均停工时间；⑥每台机器的平均等待修理时间。

9. 某工厂有 6 台同类设备，按参数 $\lambda = 1$ 台/d 的泊松分布发生故障。现安排两名工人同时负责修理这 6 台设备，修理时间服从负指数分布，每个工人每天可修理 3 台设备。试求：

（1）修理工空闲的概率、发生故障的机器台数、等待修理的机器台数、有效到达率、平均逗留时间及设备完好率。

（2）若安排每个修理工人负责修理 3 台设备，试与（1）的指标进行比较。

10. 某汽车修理部有 4 个停车位，当所有车位被占满时，新到达待修车辆则离去另求服务。前来寻求修理的汽车按泊松流到达，平均每天到达 2 辆。该修理部现有 4 个修理工，当待修车辆不足 4 辆时，空闲的修理工会协助修理。修理一辆汽车所需时间服从负指数分布，若 1 个修理工修理 1 辆汽车，则平均需 3d；若 4 个修理工修理 3 辆汽车，则平均需 2.5d；若 4 个修理工修理 2 辆汽车，则平均需 2d；若 4 个修理工修理 1 辆汽车，则平均需 0.75d。根据以上资料，回答下列问题：

（1）画出系统的状态转移图。

（2）求系统的状态概率。

（3）求系统的损失率。

（4）求系统中平均的汽车数量。

（5）求每辆汽车在系统中逗留的时间。

3.4　离散事件仿真

静态仿真描述的是系统在某个时间点的状态，而动态仿真描述的是系统行为随时间的变化。若系统中状态随时间的变化是在某些离散时间点或量化区间发生，这样的模型称为离散事件模型，对应的系统称为离散事件系统。由于状态是离散变化的，引发状态变化的事件是随机发生的，这类系统的模型很难用数学方程来描述，而离散事件系统仿真就成为了有效的工具。这里介绍离散事件系统仿真建模的基本概念、建模策略和典型离散事件系统。相对于前一节介绍的排队论，离散时间仿真没有那么多有关顾客来源和服务时间的规律限制以及排队结构限制，能够模拟更复杂的动态系统。

3.4.1　离散事件仿真概述

1. 连续系统与离散系统

在系统仿真中最重要的一种分类是按系统中起主导作用的状态变量的变化是否连续，分为离散系统和连续系统。

1）离散系统

离散系统是指系统状态变量仅在时间轴的离散点集上发生改变。如考虑资源管理的施工系统是一个离散系统，其状态变量（例如现场卡车数量）仅在卡车到达或离开现场那一刻才发生改变。图 3.4-1 左侧描述了卡车数量的离散变化过程。

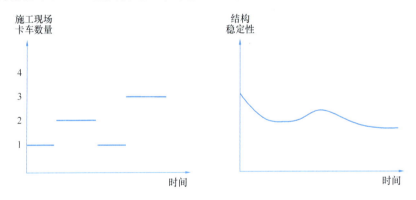

图 3.4-1　离散系统状态变量和连续系统状态变量

2）连续系统

连续系统是指其状态变量随时间变化而连续变化的系统。如正常运营下建筑结构稳定性是一个连续系统，其随使用或运营时间的变化是连续发生的，如图 3.4-1 右侧所示。

离散系统中的变量是随着时间离散变化的。当系统中的变量（状态变量或者属性值）在某个时点发生变化时称为一个事件，称这样的仿真为离散事件仿真。例如施工系统、预制构件生产系统、库存系统、运输系统等。动态系统仿真可以是离散的也可以是连续的。

管理科学中的大部分仿真是离散事件仿真。管理科学中大部分模型是离散事件模型：生产、库存、队列、运输和其他系统等，离散仿真更适合这类建模。

2. 离散事件仿真有关概念

为了阐述清楚离散事件仿真方法，需要说明涉及离散事件仿真建模和仿真策略的一些基本概念，具体如下。

1）实体

一个系统边界内部的客观对象称为实体（Entity）。系统中的实体可分为临时实体和永久实体。

临时实体（Transaction）又称主动实体、活动实体，是指先进入系统并经过相应的环节后再离开系统，在系统中的数量经常变化的实体。如生产系统中的零部件、物流系统中的货物、银行和超级市场中的顾客、道路交通交叉口系统中的车辆和行人等。

永久实体是指经常处于系统之内，其数量保持稳定的实体。如排队系统中的服务员、生产系统中的机器设备、交通系统中的道路设施等。永久实体又称为资源，资源是为主动实体提供服务的实体。资源在同一时间能够为一个或多个实体提供服务。一个主动实体同时可要求资源的一个或多个单元。实体要求资源时被拒绝，它或者进入队列等待，或者进行其他活动。如果实体获得资源，实体要保持一段时间，然后释放资源。资源有许多可能的状态，至少是繁忙和空闲，还可能是故障。

属性和行为相同或相近的实体可以用类来描述，这样做可以简化系统的组成和关系。例如，窗口服务系统可以看成是由"服务员"和"顾客"两类实体组成的，而两类实体之间存在服务与被服务的关系。

2）属性

属性（Attributes）是实体特征的描述，一般是实体所拥有的全部特征的一个子集，用特征参数变量表示。选用哪些特征参数作为实体的属性与建模目的有关，可参照下述原则选取：

（1）便于实体的分类，例如将理发店顾客的性别（"男"或"女"）作为属性考虑，可将顾客分为两类，每类顾客占用不同的服务台。

（2）便于实体行为的描述，例如将飞机的飞行速度作为属性考虑，便于对飞机实体的行为（如两地的飞行时间）进行描述。

（3）便于排队规则的确定，例如生产线上待处理工件的优先级水平有时需考虑为"工件"实体的一个属性，以便于"按优先级排队"规则的建立和实现。

3）状态

状态（State）是对实体活动的特征状况或性态的划分，其表征量为状态变量。如在理发店服务系统中"顾客"有"等待服务""接受服务"等状态，"服务员"有"忙"和"闲"等状态。状态可以作为动态属性进行描述。

4）活动

活动（Activity）是占用一定时间和资源导致系统状态发生改变的一定过程。活动所占用的时间区段称为工期（Duration）。工期可以是定时的或随机的。在离散事件建模中，一般要给出工期的计算公式或概率分布函数，保证实体在一进入某一活动时其工期就可计算，或从某一概率分布函数中抽样得到。如"塔式起重机"对"安装"的服务，其工期可从指数分布函数抽样得到。很多情况下活动是由几个实体协同完成的。

5）事件

事件（Event）是引起系统状态发生瞬间变化的事实，它可以是主动实体到达和离开系统、系统中实体属性值的改变，或者是一次活动的开始和结束。事件可以分为时间事件和状态事件。时间事件是依照系统的作业规则在预定时间发生的事件，状态事件是当系统状态符合某种条件时发生的事件。考察活动、状态和事件三者间的联系。由于事件的发生会导致状态的变化，而实体的活动可以与一定的状态相对应，因此可以用事件来标识活动的开始和结束。其间的关系如图 3.4-2（a）所示，图中 S 表示状态，A 表示活动，E 表示事件，P 表示进程。

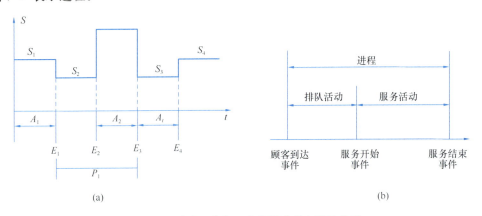

图 3.4-2　活动、状态、事件及进程之间的关系

6）进程

进程（Process）由若干事件及若干活动组成，一个进程描述了它所包括的事件及活动间的相互逻辑关系和时序关系。如在一个排队服务系统中，一个顾客到达系统，经过排队，直到服务员为其服务完毕后离去可称为一个进程。事件、活动、进程之间的关系如图 3.4-2（b）所示。

7）仿真时钟

仿真时钟（Simulation Clock）用于表示仿真时间的变化。在连续系统中，将连续模型进行离散化而成为仿真模型时，仿真时间的变化基于仿真步长的确定，可以是定步长，也可以是变步长。在离散事件动态系统中，引起状态变化的事件的发生时间是随机的，因而仿真时钟的推进步长完全是随机的；而且，在两个相邻发生的事件之间系统状态不会发生任何变化，因而仿真时钟可以跨过这些"不活动"周期。从一个事件发生时刻直接推进到下一个事件发生时刻，仿真时钟的推进呈现跳跃性，推进的速度具有随机性。可见，仿真模型中时间控制部件是必不可少的，以便按一定规律来控制仿真时钟的推进。

仿真时钟的推进方法如下：

（1）事件调度法（事件增量法）。按下一最早发生事件的发生时间推进。

在事件调度法中，事件表按事件发生时间先后顺序安排事件。时间控制部件始终从事件表中选择具有最早发生时间的事件记录，然后将仿真时钟修改到该事件发生时刻。对每一类事件，仿真模型有相应的事件子程序。每一个事件记录包含该事件的若干个属性，其中事件类型是必不可少的，要根据事件类型调用相应的事件子程序。在事件子程序中，处理该事件发生时系统状态的变化，进行用户所需要的统计计算。如果是条件事件，则应首先进行条件测试，以确定该事件是否确能发生，如果条件不满足，则推迟或取消该事件。该事件子程序处理完后返回时间控制部件。这样，事件的选择与处理不断地进行，仿真时钟不断地从一个事件发生时间推进到下一最早发生事件的发生时间，直到终止仿真的条件或程序事件发生时停止仿真。

（2）固定增量法。早期的离散事件仿真中采用此方法，其类似于连续系统的等步长方法策略。

选择适当的时间单位 T 作为仿真时钟推进时的增量，每推进一步作如下处理：若该步无事件发生，则仿真时钟再推进一个时间单位 T；若该步内有若干事件发生，则认为这些事件均发生在该步的结束时刻。为便于进行各类事件处理，用户必须规定当出现这种情况时各类事件处理的优先顺序。

这种方法的缺点包括：①仿真时钟每推进一步，均要检查事件表以确定是否有事件发生，增加了执行时间；②该步任何事件的发生均认为发生在这一步的结束时刻，如果 T 选择较大，则会引入较大的误差；③要求用户事先确定各类事件的处理顺序，增加了建模的复杂性。

固定增量推进法主要用于系统事件发生时间具有极强的周期性的模型，如定期订货的库存系统，以年、月为单位的经济计划系统等。

8）统计计数器

连续系统仿真的目的是要得到状态变量的动态变化过程并由此分析系统的性能。离散事件系统的状态变量随着事件的不断发生也呈现出动态变化过程，但仿真的主要目的不是要得到这些状态变量是如何变化的，因为这种变化是随机的。某一次运行得到的状态变化过程只不过是随机过程的一次取样，因而如果进行另一次独立的仿真运行所得到的变化过程可能完全是另一种情况，所以它们只有在统计意义下才有参考价值。

例如在理发店服务系统中，由于顾客到达的时间间隔具有随机性，服务员为每一位顾客服务的时间长度也是随机的，因而在某一时刻，顾客排队的队长或服务台的忙闲情况是完全不确定的。在分析系统时，感兴趣的可能是系统的平均队长、顾客的平均等待时间或是服务员的利用率等。在仿真模型中，需要有一个统计计数部件，以便统计系统中的有关变量。

9）队列

队列（Queue）是指处于等待状态的实体序列。在离散事件仿真系统建模时，队列可作为一种特殊实体对待。

为了对系统的几个基本概念有更深入的了解，特列举了一些系统的简化模型中有关实体、属性、活动、事件和状态变量的具体说明，如表 3.4-1 所示。

系统基本概念实例　　　　　　　　　　　　　　　　　　表 3.4-1

系统	实体	属性	活动	事件	状态变量
银行	出纳员、顾客	账户号、支票号、余额	存款、取款	顾客到达、顾客离去、出纳员服务	出纳员忙度、等待的顾客数
超级市场	购物篮、结账台、顾客	售价、购货单、货物、位置	选购、交款	顾客到达、找到货物、结账离去	结账台忙度、等待的顾客数、等待时间

续表

系统	实体	属性	活动	事件	状态变量
港口	码头、船台、起重机、船	码头号、载重量、船号	装卸货物	到港、靠码头、装卸货、离港	起重机闲忙度、港内停留船舶数及停留时间
急救室	护士、医生、病床、病人	病情、护士医生服务速度、病人发病率	病人就诊	病人到达、离去、检查、诊断	护士医生忙度、就诊病人数、病人等候时间
通信	信道、接收站、发送站、信息	站名、速率、信息量、距离	传输	信道忙、信道闲、发送	信道闲忙度、传输等待时间
库存	库房、管理员、物品	容量、库房号、地点	进货、出货	作业到达、机器故障	库存水平、缺货量、费用

3. 离散事件仿真的基本步骤

离散事件仿真研究的一般过程类似于连续系统仿真，它包括系统建模、确定仿真算法、建立仿真模型、设计仿真程序、运行仿真程序、输出仿真结果并进行分析等。下面仅就离散事件系统仿真中的一些特殊问题进行讨论。

1）系统仿真建模

离散事件系统的模型一般可以用流程图或网络图的方式来描述。它们都反映了临时实体在系统内部经历的过程、永久实体对临时实体的作用以及它们之间的逻辑关系。系统建模方法一般包括：实体流程图法、活动周期图法。

2）仿真策略选择

确定采用怎样的仿真策略推进离散事件系统的仿真时钟，从而实现仿真试验。仿真策略类型主要包括：事件调度法、活动扫描法、进程交互法、三段扫描法（三阶段法）等。仿真策略的选择和系统建模过程以及仿真程序实现都有相互影响的关系。

3）仿真程序实现

根据已经确定的系统仿真模型、仿真策略，实现被计算机认识和可执行的仿真程序。该过程是系统状态转移的动态描述，首先要定义系统的状态变量，确定有关随机变量的产生方法。可采用高级语言或者仿真语言（如 GPSS、SLAM、SIMAN 等）编程实现。有些仿真系统平台（如 CYCLONE、AOOS 等）的图形界面建模，可以直接生成可被计算机认识和执行的仿真模型，此时该步骤可以省掉不考虑。

4）仿真试验结果分析

离散事件系统固有的随机性，每次仿真试验结果仅仅是随机变量的一次取样，以此仿真试验要运行足够多次，才能提高仿真结果的可信性和置信水平。另外，离散事件仿真结果分析可分为：终止型仿真（仿真运行长度限制）和稳态型仿真（仿真结果达到一定要求的稳定程度）输出数据分析和系统方案比较。

3.4.2　离散事件仿真建模

离散事件仿真系统的建模方法一般包括实体流程图法和活动周期图法。不同的建模方法，对模拟有不同的视角，对图形单元有不同的要求。

1. 实体流程图法

1）实体流程图

采用与计算机程序流程图相类似的图示符号和原理，建立表示临时实体产生、在系统中流动、接受永久实体"服务"以及消失等过程的流程图。借助实体流程图，可以表示事件、状态变化及实体间相互作用的逻辑关系。计算机程序框图——思想和编制方法已广为接受，实体流程图的编制方法虽然简单，但对离散事件系统的描述却比较全面，应用比较普遍。

用实体流程图法建模要点：一是要对实际系统的工作过程有深刻的理解和认识，二是要将事件、状态变化、活动和队列等概念贯穿于建模过程中。实体流程图法建模的常用符号包括：

（1）菱形框——判断。

（2）矩形框——事件、状态、活动等中间过程。

（3）圆端矩形框——开始和结束。

（4）箭头线——逻辑关系。

实体流程图法建模的具体思路为：

（1）确定组成系统的实体及属性，将队列作为一种特殊的实体来考虑。

（2）分析各种实体的状态和活动，及其相互间的影响。队列实体的状态是队列的长度。

（3）考虑有哪些事情（事件）导致了活动的开始或结束，或者可以作为活动开始或结束的标志，以确定引起实体状态变化的事件，并合并条件事件。

（4）分析各种事件发生时，实体状态的变化规律。

（5）在一定的服务流程下，分析与队列实体有关的特殊操作（如换队等）。

（6）通过以上分析，以临时实体的流动为主线，用约定的图示符号画出仿真系统的实体流程图。

（7）给出模型参数的取值、参变量的计算方法及属性描述变量的取值方法。属性描述变量，如顾客到达时间、服务时间等，可以取一个固定值（由某一计算公式取值）；也可以是一个随机变量，要给出其分布函数。

（8）给出队列的排队规则。有多个队列存在时，还应给出其服务规则（包括队列的优先序、换队规则等）。

2）示例

例 3.4-1： 施工现场塔式起重机服务系统。

某个工程项目施工现场，配置有一台塔式起重机负责将材料吊运到工点。有材料需要塔式起重机运送，如果塔式起重机正在启动，就在一旁等候。塔式起重机按先来先吊运的原则服务，而且只要有运送吊运要求就不停歇。仿真建模目的是研究在假定材料吊运要求间隔和每一批次吊运所花的时间服从一定概率分布时，考察塔式起重机的忙闲情况。

分析：

本问题只有一个队列，材料不会因吊运排队太多而离去，因此队列规则很简单，没有特殊的队列操作。需给出的模型属性变量：

每一批次材料吊运要求的到达时间（随机变量），从分布函数中获取；

塔式起重机为每一批次材料吊运所需的时间（随机变量），从分布函数中获取；

批次材料等待吊运队列的排队规则：先到先服务（FIFO），每到一批次材料就排在队尾，塔式起重机先为排在队首的批次材料服务。

有关实体、活动和实体状态变化情况说明如表 3.4-2 所示，而该施工现场材料吊运系统的实体流程图如图 3.4-3 所示。

实体、活动和实体状态说明 表 3.4-2

实体	塔式起重机（永久）	批次材料（临时）	批次材料队列
活动	吊运	占用塔式起重机	—
状态	忙碌/空闲	等待/接受吊运	队列长度

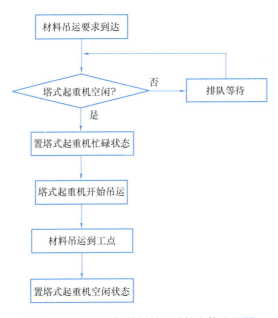

图 3.4-3　施工现场材料吊运系统实体流程图

例 3.4-2： 材料库存处理系统实体流程图。

某一个施工现场配置一人员同时负责 2 类材料（A 类和 B 类）到达现场后的库存处理工作。A 类材料比 B 类材料有更高的优先级处理权。B 类材料到达现场时，按先来先服务的原则等待该人员一一处理完成。建模研究所配置人员的忙闲率。

分析：

此例中有两类实体（A 类材料和 B 类材料）同时流动，可能出现资源冲突。

模型属性变量：A 类材料到达时间，B 类材料到达时间，处理 A 类材料所需时间，处理 B 类材料所需时间。

排队规则：A 类材料和 B 类材料分别排队；优先进行 A 类材料的处理。

注：实体流程图是为描述实体流动和相互间逻辑关系而绘制的，与计算机程序框图不同，与编程实现的要求还有较大距离。

有关实体、活动和实体状态变化情况说明如表 3.4-3 所示，而该材料库存处理系统的实体流程图如图 3.4-4 所示。

实体、活动和实体状态说明　　　　　　　　　　　　　　表 3.4-3

实体	人员（永久）	A 类材料（临时）	B 类材料（临时）	A 类材料队列	B 类材料队列
活动	处理 A/处理 B	处理 A（占用人员）	处理 B（占用人员）	—	—
状态	空闲/处理 A/处理 B	等待/接受处理	等待/接受处理	长度	长度

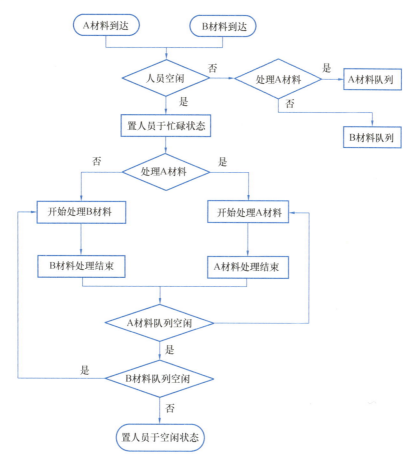

图 3.4-4　材料库存处理系统实体流程图

3）仿真模型运行演示

仿真模型的人工运行要求遍历流程图的各个分支和实体的各种可能状态，在时间逐步变化的动态条件下，分析事件的发生及状态的变化过程，以检查模型的组成和逻辑关系是否正确。

假定：系统初始状态，包括永久实体"工作人员"及特殊实体"队列"的状态。初始时刻是指仿真开始的时刻，可以对应为实际系统（库存处理）开始工作的时间。此时工作人员为"闲"，队列长度为"0"（空）。

模型参数及变量的取值：包括第 i 批次材料与第 $i-1$ 批次材料到达的时间间隔 T_i，以及工作人员为第 i 批次材料的库存处理时间 S_i。一般来说，T_i、S_i 均为随机变量，应根据其分布函数产生。为举例方便，取其样本值为：

$T_1=15$，$T_2=32$，$T_3=24$，$T_4=40$，$T_5=22$，……

$S_1 = 43$，$S_2 = 36$，$S_3 = 34$，$S_4 = 28$，……

仿真模型的人工运行规则：

规则 1——确定当前时间：运行开始时，取当前时间 $TIME = t_0$（为仿真初始时刻）。运行开始后，当前时间逐步向前推移，且递推至下一个最早发生事件的发生时刻。如果当前时间有 A 类材料到达事件发生，转规则 2；若有 A 类材料处理结束事件发生，转规则 3。

规则 2——材料到达事件处理：假定在时刻 $TIME$ 有材料批次 i 到达，根据实体流程图可知，如果此时工作人员忙，则入队列等待，队列长度加 1；否则置工作人员为"忙"状态，开始处理材料，且在 $d_i = TIME + S_i$ 时刻处理结束。

规则 3——材料结束事件处理：假定在时刻 $TIME$ 有材料批次 i 处理结束，根据实体流程图可知，如果此时队列长度为 0，则置工作人员为"闲"状态；否则，队列中排在队首的一批次材料开始被处理，队列长度减 1，并且该批次材料在 $c_i = TIME + S_i$ 时刻被处理结束。

上述规则体现了"事件调度法"的基本思想。如果还存在其他事件或复杂的服务流程时，则需增加相应的规则。

该库存处理系统仿真模型的人工运行结果如表 3.4-4 所示。

库存处理系统仿真模型的人工运行结果　　　　　　表 3.4-4

时间	事件		工作人员状态	队列状态		下一最早事件
	当前	将来	t	$t + \Delta t$	长度	
0	No	15/1A	闲	闲	0	15/1A
15	1A	47/2A，58/1C	闲	B1	0	47/2A
47	2A	71/3A	B1	B1	1	58/1C
58	1C	94/2C	B1	B2	0	71/3A
71	3A	111/4A	B2	B2	1	94/2C

备注：iA 表示第 i 批次材料到达（Arrive），iC 表示第 i 批次材料处理结束（Complete），Bi 代表忙于（Busy）处理第 i 批次材料。

2. 活动周期图法

1）活动周期图

实体流程图法中，实体的行为模式在有限的几种情况之间周而复始地变化，表现出一定的生命周期形式。比如，理发员实体，其状态在"忙"和"闲"之间不断变化，"忙"意味着理发员与顾客正在协同完成"理发"活动。顾客实体，其群体行为是在"到达""等待""理发"和"离去"之间周而复始变化。

活动周期图法（Activity Cycle Diagram，ACD）正是基于这种思想逐步形成的一种离散事件系统仿真建模方法。该建模方法以直观的方式显示了实体的状态变化历程和各实体之间的交互作用关系，便于理解分析。由于可以充分反映各类实体的行为模式，并将系统的状态变化以"个体"状态变化的集合方式表示出来，因此可以更好地表达众多实体的并发活动和实体之间的协同。活动周期图法也是图形建模方法的典型表征形式。活动周期图建模的基本图形单元如图 3.4-5 所示，具体要素介绍如下：

实体状态：空闲（Idle）、激活（Active）。

状态之间：用箭头连接，不同的实体用不同的线型，表示各种实体的变化历程。

激活状态：通常是实体的活动，模型中活动的工期可采用随机抽样的方法事先加以确定。

闲置状态：通常表示无活动发生，是实体等待参加某一活动的状态，其持续时间在模型中无法事先确定，取决于有关活动的发生时刻与工期。

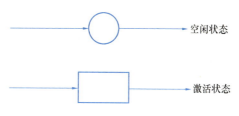

图 3.4-5　活动周期建模的基本图形单元

每一类实体的生命周期都由一系列状态组成。随着时间的推移和实体间的相互作用，各个实体从一个状态变化到另一个状态，形成一个变化过程。

活动周期图建模过程如下：

（1）确定组成系统的实体及属性：确定组成系统的永久实体和临时实体，队列不作为实体考虑。

（2）分别画出各实体的活动周期图：以实际过程为依据，队列作为排队等待状态来处理；实体流程图中作为事件看待的操作或行为，要拓展为活动来处理。活动周期图服从两个原则：

① 交替原则：空闲状态和活动状态必须交替出现。如果实际系统中某一活动完成后其后续活动就立即开始，则后续活动为直联活动。为使直联活动与其前置活动的连接仍符合交替原则，规定这两个活动之间存在一个虚拟的队列。

② 闭合原则：每类实体的活动周期图都必须是闭合的，其中临时实体的活动周期图表示一个或几个实体从产生到消失的循环过程，而永久实体的活动周期图则表示一个或几个实体被占用和被释放的循环往复过程。

（3）将实体的活动周期图联结成系统的活动周期图：以各实体之间的协同活动为纽带，将各种实体的活动周期图合并在一起。

（4）增添必需的虚拟实体：在活动周期图中，当一个活动的所有前置空闲状态均取非零值（队列不空）时，该活动才有可能发生。利用这一特性，可以增添某些必要的虚拟实体，并假定它们与另外的实体协同完成某项活动。利用这种办法可以为实体活动的发生加上某种附加条件，从而实现"隔时发生"的建模效果。

（5）标明活动发生的约束条件和占用资源的数量：

① 活动是否可以发生的判断条件，这些条件应是用活动周期图示符号无法或不便表达的。活动发生的条件一般为某种表达式，标在活动框的旁边。

② 永久实体在参加一次协同活动时被占用和活动完成时释放的数量。协同活动发生时占用/释放永久实体（资源）的数量标在相应箭头线的旁边（带有＋/－符号），数量为1时不标。

（6）给出模型参数的取值、参变量的计算方法及属性描述变量的取值方法，并给出排队规则和服务规则。

2）示例

例 3.4-3：某一工程项目施工现场配置一台塔式起重机负责进场运载卡车的卸载工作，该台塔式起重机同时承担将现场其他建筑材料吊运到工点。卸载工作比材料调运有更高的优先级。每批次材料吊运按照提出要求的先后顺序原则予以执行。试通过离散事件仿真模拟研究塔式起重机的忙闲率。

分析：

（1）模型实体：此例中有三类资源或实体，塔式起重机、卡车和批次材料，塔式起重机和卡车需要匹配满足，从而避免资源冲突。

（2）实体属性或状态：塔式起重机的状态包括忙碌（卸载和吊运中）和空闲，卡车的状态包括忙碌（卸载）和空闲（排队等待）。不考虑批次材料的状态。

（3）模型活动：具有三个活动周期，即塔式起重机的、卡车的和批次材料的活动周期。如图 3.4-6 所示。

（4）排队规则：卡车卸载和每批次材料吊运分别排队；优先进行卸载服务。

（5）模型属性变量：运载卡车到达时间，每批次材料吊运要求提出时间，每辆卡车卸载时间，每批次材料吊运时间。

实体、活动和状态之间的关系说明（1） 表 3.4-5

模型实体	塔式起重机（永久）	运载卡车（临时）	其他材料（临时）
模型活动	卡车卸载/材料吊运	卸载（占用塔式起重机）	吊运（占用塔式起重机）
实体状态	忙碌（卸载或吊运）、空闲	接受卸载（启动）、排队等待（空闲）	

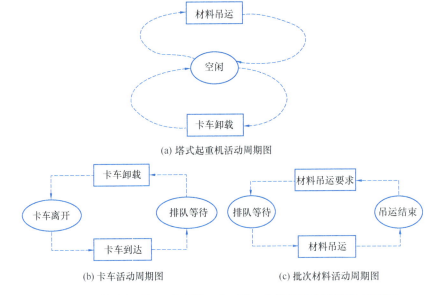

(a) 塔式起重机活动周期图

(b) 卡车活动周期图　　　　(c) 批次材料活动周期图

图 3.4-6　塔式起重机运行系统 3 个（类）实体的活动周期图（ACD）

该施工现场塔式起重机运行系统的模型实体、模型活动和实体状态之间的关系说明如表 3.4-5 所示。综合上述三个实体的活动周期图，就可以得到施工现场同时承担运载卡车卸载和现场其他材料吊运的塔式起重机运行系统的 ACD 仿真模型，即塔式起重机运行系统的离散事件仿真模型，如图 3.4-7 所示。

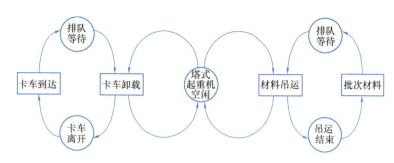

图 3.4-7 塔式起重机运行系统活动周期图（ACD）——仿真模型

3）活动周期图模型的运行规则

（1）确定初始状态

① 标记临时实体在初始状态下的位置。一般情况下，它们处于生命周期起始点所对应的空闲状态。如"塔式起重机空闲"状态；有时部分实体可能处在"排队等待"等中间状态。

② 标记永久实体在初始状态下的位置。一般情况下，它们处于"等待"等空闲状态。

（2）确定运行规则

规则1：活动的发生与执行。按照服务优先级，依次检查临时实体每一项活动的前置状态（均为空闲状态）和标在活动上方的发生条件，判断活动是否可以开始。满足以下两个条件的活动可以开始：

① 活动的所有前置状态中均有实体停留，且各类永久实体的数量超过或等于相应箭头线上所标明的占用量。

② 活动发生的约束条件已经满足。如果某项活动可以开始，则在相应的活动框中标出正在进行该活动的临时实体标号；对于那些被确定可以开始的活动，需根据各项活动的工期分别确定其终止时间（等于当前时间加上活动工期），并将终止时间标在活动框外。

规则2：确定当前时间。检查所有活动的终止时间，从中选择最小者作为当前时间。

规则3：活动的完成。从所有已发生的活动中，检出终止时间等于当前时间的临时实体，删掉其标在活动框外的终止时间。

运行过程中要注意标注实体的状态、时间等，对从系统"外部"到达的临时实体标注时要注意：

①"外部"状态中一般有无数个临时实体存在，因此无法一一标注，可特殊标注，代表有很多临时实体存在于系统"外部"。

② 从前置活动进入到"外部"状态的临时实体不必再行标注。

4）活动周期图建模特点总结

相对于其他离散仿真建模方法，活动周期图建模方法拥有下列优点：

（1）界面友好，易于建立仿真模型。

（2）易于理解仿真模型中各元素间的相互关系。

（3）易于检查和发现模型的错误。

（4）需要较少的学习熟悉时间。

（5）易于提高系统仿真使用效率。

活动周期图建模方法称为离散事件仿真系统的重要建模方法。一般情况下，建模方法也将影响仿真策略，即仿真策略的选择会受到建模方法的影响。

3. 针对建设工程模拟的仿真建模

一些针对建设工程模拟的离散事件仿真平台，包括 CYCLONE、COOPS、CIPROS、STROBOSCOPE，都是采用基于 ACD 建模方法拓展开发的针对建设工程模拟的离散事件仿真系统。

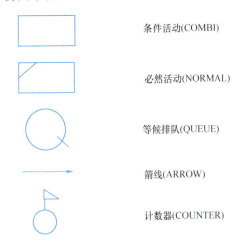

图 3.4-8　仿真平台 CYCLONE
模型的建模单元示意图

1）基于 CYCLONE 的建设工程仿真建模

CYCLONE 平台将施工活动或工序划分为"条件活动"（标识为 COMBI）和"必然活动"（标识为 NORMAL）。CYCLONE 的建模单元如图 3.4-8 所示。这里条件活动，表示需要空闲或排队等待服务的资源才能启动的活动。必然活动，表示只要紧前活动都完成，该活动就可以启动。另外，CYCLONE 模型会采用 CON N（Consolidate N）和 GEN N（Generate N）两个依附资源排队单元（或纯粹的圆形单元）的符号，分别模拟紧前活动完成 N 个轮次才能启动下一活动，或者紧前活动结束将导致下一活动启动 N 个轮次。

例 3.4-4： 一个土石方开挖施工过程，如图 3.4-9 所示，需要挖土机和卡车两类资源。挖土机将土石方挖掘并装载在卡车上，然后继续挖掘装载下一辆卡车。卡车将满载的土石方运送到一定地方卸载处理，然后返回到开挖现场等待再次装载。试图通过 CYCLONE 建立仿真模型。

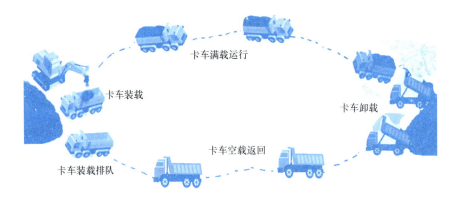

图 3.4-9　土石方开挖施工过程示意图

分析：

（1）模型实体：此例中需要考虑的有两类主要资源或实体，即挖土机和卡车。另外两类实体（即驾驶员和土石方），在此不用分析和考虑。

（2）实体状态：挖土机的属性或状态包括忙碌和空闲，卡车的属性或状态包括满荷和空载。另一类实体为土石方，不考虑其状态变化。

（3）活动：挖土机和卡车都有各自的活动周期，挖土机只是负责土石方的挖掘和装载，卡车负责运载土石方到达一定地点卸载，然后返回再次排队等待装载土石方。卡车装载为"条件活动"，需要满足两类资源（空闲挖土机和空载卡车）才能启动；卡车满荷载运行、卸载、空载运行属于"必然活动"，只要紧前活动完成（逻辑关系满足）就可启动。

（4）排队规则：卡车到达土石方挖掘现场后按照先到先服务的优先规则，每台挖土机独自完成一辆卡车的装载，然后再负责下一辆卡车的装载。卡车在卸载地点因为现场环境不用排队卸载，卸载后立即空载返回。

（5）模型属性变量：卡车满荷运行和空载运行时间，每辆卡车的土石方挖掘装载时间，每辆卡车的卸载时间。

实体、活动和状态之间的关系说明（2）　　　　　　　　　　　　表 3.4-6

模型实体	挖土机	卡车
模型活动	卡车装载 （条件活动—COMBI）	装载（条件活动） 满载运行、卸载、空载运行（必然活动—NORMAL）
实体状态	忙碌、空闲	忙碌（装载、满荷运行、卸载、空载运行）、空闲（排队装载）

该土石方开挖施工过程的模型实体、模型活动和实体状态之间的关系说明如表 3.4-6 所示。根据以上分析，该土石方开挖过程（系统）的 CYCLONE 仿真模型如图 3.4-10 所示，其中反映了挖土机和卡车的 2 个周期循环作业。挖土装载活动，需要挖土机和卡车两类处于空闲或排队状态的资源才能启动。然后挖土机将返回等待再次挖土装载，而满载土石方的卡车自然启动运行，到达目的地后自然启动卡车卸载活动。这里没有必然活动，全部是条件活动，也没有 CON N 和 GEN N 符号。有关必然活动以及 CON N 和 GEN N 符号的使用，可见本节后面的应用部分。

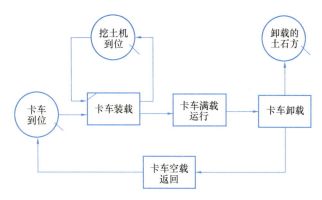

图 3.4-10　土石方开挖施工过程的 CYCLONE 仿真模型

2）基于 AOOS 的建设工程仿真建模

ACD 和 CYCLONE 等仿真建模方法，最大的特点之一就是明确显示有关资源的循环流动和潜在的排队或等待现象，同时需要区分"条件活动"和"必然活动"。但是，如果模拟复杂的施工过程会使模型烦琐和庞大。为此，Micro Saint 和 AOOS 采用简单化的 ACD，从而保持活动的图形表达，除去有关实体流动和忙闲状态的图形表达。该简化的

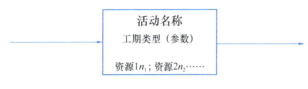

图 3.4-11　仿真平台 AOOS
模型的建模单元示意图

ACD 十分类似于关键路径法的单代号（AON）网络图，由活动单元和箭线单元构成，不需要区分"条件活动"和"必然活动"，如图 3.4-11所示。每个活动单元显示重要信息，如活动名称、活动工期描述函数类型（如常数、均匀分布、三角形分布、正态分布等）的前三个英文字母缩写和有关参数、启动活动需要的资源（设备、员工、材料）名称和数量。不用明确显示资源的循环流动和潜在排队或等待现象，很多复杂的信息（定量和定性）可通过活动单元编辑窗口输入或调整，需要根据箭线连接的前后活动之间的逻辑关系来定义可再用资源（设备和员工）的流向和消耗资源（如材料）的产生位置。一些 CYCLONE 等模型显示的信息（如资源排队情况）通过系统内部反映，需要结合 AS 扫描仿真策略在仿真系统编程中实现，要求很高的编程技术。

针对例 3.4-4 和图 3.4-9 所示土石方开挖施工过程，如果采用 AOOS 建模方法，可得到如图 3.4-12 所示的 AOOS 仿真模型。可见，AOOS 仿真模型看起来比 CYCLONE 仿真模型更简单易懂，特别是在模拟更复杂的建设施工过程时，因为不需要设置很多有关资源流动循环的排队单元而更容易得到简单明了的仿真模型。

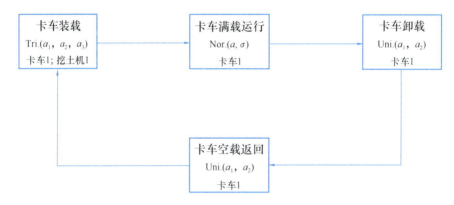

图 3.4-12　土石方开挖施工过程的 AOOS 仿真模型

3.4.3　离散事件仿真策略

离散事件系统仿真的策略，是指推动仿真时钟、跟踪实体和动态调整控制实体属性从而驱动仿真试验的有关机制和方法。仿真策略是在仿真模型的基础上进行仿真试验驱动，仿真策略也将影响仿真建模形式，同时引导仿真程序的实现。

1. 离散事件仿真驱动基本原理

1）仿真驱动机制

实体、事件和活动是离散事件仿真系统的重要组成部分，其中最能反映系统本质属性的对象就是随机离散事件。离散事件系统仿真试验驱动过程的核心，就是安排和处理离散事件和仿真时钟的推进。因此，离散事件系统仿真具有事件安排和时间推进的基本仿真机制——面向事件的仿真方法，如图 3.4-13 所示。

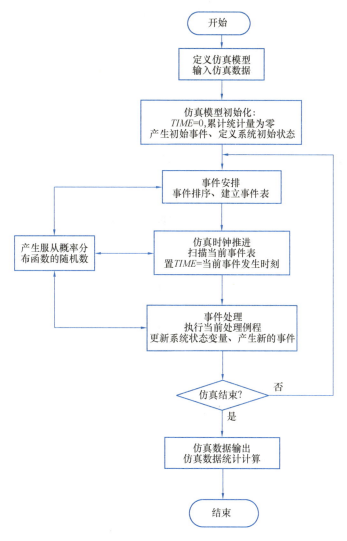

图 3.4-13　离散事件系统基本仿真机制框图

在较为复杂的离散事件仿真系统中，一般都存在诸多的实体，这些实体之间相互联系、相互影响，然而其活动的发生却统一在同一时间基上，采用何种方式推进仿真时钟，建立起各类实体之间的逻辑关系，是离散事件仿真试验的重要驱动机制。

2）仿真时钟的推进方式

（1）事件单位推进（面向事件的仿真时钟推进）

仿真时钟是按下一最早发生事件的发生时间推进，即时间控制部件从事件表中选择具有最早发生时间的时间记录，然后将仿真时钟推进到该事件发生的时刻。对于每一类事件，仿真模型应建立相应的事件子程序（事件例程），并根据最早发生事件的类型调用相应的事件子程序，进行事件处理，然后返回时间控制部件。这样，事件的选择与处理不断地进行，仿真时钟就从一个事件发生时刻推进到下一个最早发生事件的发生时刻上，直到仿真运行满足规定的终止条件为止。仿真时钟的推进呈现跳跃性。由于事件的产生具有随机性，仿真时钟的推进速度也是随机的。

（2）时间单位推进（面向时间间隔的仿真时钟推进）

类似于连续系统仿真的等步长策略，即仿真时钟以固定的时间间隔推进，在每一个时间间隔点，判断是否有事件发生，若有事件发生则按优先顺序处理事件，改变系统状态，且事件发生在该步结束时刻，然后再向前推进一个时间单位。

事件单位推进方式效率较高，一般情况下可以节省时间，广泛采用，但其设计和实现比较复杂。对于大多数离散事件系统，由于一般都具有较强的随机性，所以最常采用面向事件的仿真时钟推进方式。

时间单位推进将每步内发生的所有事件都当作是该步末端时刻发生的，使得一些时间间隔较小的事件表现为同步发生，这样就会产生较大的偏差。为了克服这个缺点，需要将时间单位取得足够小，这又使计算量增大。基于时间单位推进方式的特点，它主要用于系统事件发生时间具有较强周期性的模型，如定期订货的库存系统，以年月为单元的经济计划系统等。

2. 离散事件仿真策略类型

连续系统仿真方法主要是研究满足不同精度和速度要求的连续模型的离散化方法。离散事件系统的模型难以采用某种规范的形式，一般采用流程图或网络图的形式才能准确地定义实体在系统中的活动。推动仿真时钟、跟踪实体和调整控制实体属性以驱动离散事件仿真试验，需要离散事件仿真策略来引导。离散事件仿真策略，一般包括事件调度法、活动扫描法、三阶段法和进程交互法。

仿真策略一般将和仿真建模方法，如仿真语言、图形建模界面等，结合在一起来将抽象化的模型转换为计算机认识的形式。FTRTRAN 是一些仿真工具，如 GPSS/H，采用的仿真语言，而 SIMAN V、IMSCRIPT Ⅱ.5 和 SLAM Ⅱ 是一些特殊设计的仿真语言。随着计算机的发展，采用图形进行建模成为一种趋势。一些仿真工具或平台，如 Micro Saint、ARENA，以及一些针对建筑施工系统的专用仿真平台，包括 CYCLONE、COOPS、CIPROS 和 AOOS，都高度依赖图形建模方法。同时，这些建模方法，将和仿真策略融合在一起来推动仿真时钟发展和实现仿真试验运行。所以，不同的仿真建模方法，适应不同的仿真策略。

1）事件调度仿真策略

事件调度法（ES）最早出现在 1963 年兰德公司的 Markowitz 等推出的 SIMSCRIPT 语言的早期版本中。它的基本思想是：将事件例程作为仿真模型的基本单元，按照事件发生的先后顺序不断地执行相应的事件例程。每一事先可预知其发生时间的确定事件（如顾客到达、离去）都带有一个事件例程，用以处理事件发生后对实体状态所产生的影响，并安排后续事件；条件事件（如顾客结束排队）不具有事件例程，对它的处理隐含在某一确定事件的例程中。因此，事件调度法中所说的事件指的是确定事件。对实体流程图建立的仿真模型，一般

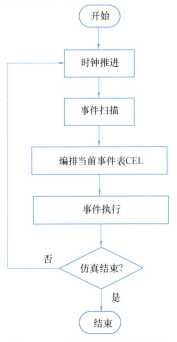

图 3.4-14　事件调度法仿真策略

可采用事件调度法。

事件调度法仿真策略的流程归纳如图 3.4-14 所示，而具体步骤如下：

（1）初始化：

① 设置仿真的开始时间 t_0 和结束时间 t_f。

② 设置实体的初始状态。

③ 设置初始事件及其发生时间 t_s。

（2）时钟推进：仿真时钟 $TIME = t_s$。

（3）事件扫描，确定当前时钟 $TIME$ 下发生的事件 $E_i, i = 1,2,3,\cdots,n$，并按规则排序，产生当前事件表 CEL。

（4）依序安排 CEL 中各事件发生，调用相应事件例程：如果 $TIME \leqslant t_f$，执行

{

case E_i of

E_1：执行 E_1 的事件例程；产生后续事件类型及发生时间；

……

E_n：执行 E_n 的事件例程；产生后续事件类型及发生时间；

end case

}

否则，转（6）。

（5）将仿真时钟 $TIME$ 推进到下一最早事件发生时刻，转（2）。

（6）仿真结束。

上述第（5）步体现了仿真时钟的推进机制，是将仿真时钟推进到下一最早事件的发生时刻。与连续系统仿真中的时间推进方法——固定时间增量法不同，反映了离散事件系统状态仅在离散时刻点上发生变化的特点，这种时间推进方法为离散事件系统仿真策略所普遍采用，称为下一事件增量法，简称事件增量法。

对于例 3.4-3 的塔式起重机运行系统，按照上图所示的仿真策略设计事件例程的逻辑流程图。该塔式起重机运行系统有四个事件例程：

（1）运载卡车到达事件 E_1。

（2）卡车卸载结束事件 E_2。

（3）批次材料吊运要求到达事件 E_3。

（4）批次材料吊运结束事件 E_4。

运载卡车到达事件 E_1 和卡车卸载结束事件 E_2 的事件例程逻辑流程分别如图 3.4-15、图 3.4-16 所示，另外两个事件例程逻辑流程这里不再给出。

基于事件调度法仿真策略，上述 E_1 事件例程（卡车到达）和 E_2 事件例程（卸载服务结束）分别如图 3.4-15 和图 3.4-16 所示。

所有事件例程中都有安排将来事件的操作，其中下一卡车到达时间和卸载服务时间的产生由随机抽样公共程序完成，将来事件会被插入事件表。如果事件 E_3（批次材料吊运要求到达）与其他事件同时发生，则被赋予它较低的优先级。另外，为了在仿真运行过程中定时采集系统数据，可以再增加一类数据采集事件。

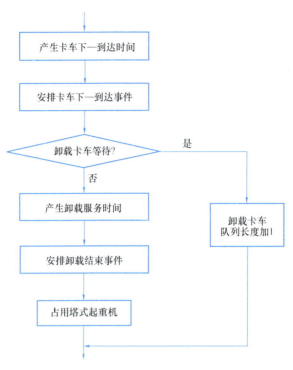

图 3.4-15　E_1 事件例程（卡车到达）

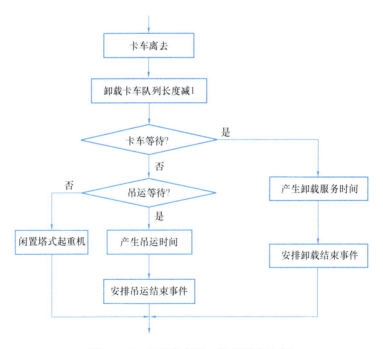

图 3.4-16　E_2 事件例程（卸载服务结束）

事件调度法中，仿真时钟的推进仅仅依据对下一个最早发生的事件的判断，而该事件发生的任何条件的测试则必须在该事件处理程序内部去处理。如果条件满足，该事件发生，而如果条件不满足的话，则推迟或取消该事件的发生。因此，从本质上讲，事件调度法是一种"预定事件发生时间"的策略。这样，仿真模型中必须预定系统中最先发生的事件，以便启动仿真进程。在每一类事件处理例程中，除了要修改系统的有关状态外，还要预定本类事件的下一事件将要发生的时间。该仿真策略对于活动持续时间确定性较强（可以是服从某种分布的随机变量）的系统是比较方便的。

但是，事件的发生不仅与时间有关，而且与其他条件有关，即只有满足某些条件时才会发生。这种情况下，事件调度法策略的弱点就表现出来了，由于这类系统的活动持续时间具有不确定性，因而无法预定活动的开始或终止时间。

2）活动扫描仿真策略

活动扫描（AS）仿真策略，是针对事件调度法（ES）仿真策略存在的缺陷而产生的。活动扫描仿真策略最早出现在 1962 年 Buxton 和 Laski 发布的 CSL 语言中。采用活动扫描仿真策略的仿真工具或平台包括 GSP、CLS、HOCUS、SIMON 以及 Micro Saint 和 AOOS。

活动扫描仿真策略与活动周期图（ACD）有较好的对应关系。ACD 中的任一活动（激活状态）都可以由开始和结束两个事件来表示，例如"服务"这一活动由"服务开始"和"服务结束"两个事件来表示。每一事件都有相应的活动例程。活动例程中的操作能否进行取决于一定的启动条件，该条件一般与时间和系统的状态有关，而且时间条件需优先考虑。确定事件的发生时间事先可以确定，因此其活动例程的启动条件只与时间有关，条件事件例程启动条件与系统状态有关。

一个实体可以有几个活动例程，协同活动（如"卸载开始"）的活动例程只归属于参与的一个实体（一般为永久实体，如塔式起重机）。在活动扫描法中，除设置系统仿真时钟外，每一实体都带有标志自身时钟值的时间单元（Time-Cell）。时间单元的取值由所属实体的下一确定事件刷新。

活动周期法的基本思想是，用各实体时间单元的最小值推进仿真时钟；将仿真时钟推进到一个新的时刻点后，按优先序执行可激活实体的活动例程，使启动条件通过的事件得以发生并改变系统的状态和安排相关确定事件的发生时间。因此，与事件调度法中的事件例程相当，活动例程是活动扫描法的基本模型单元。

活动扫描仿真策略流程如图 3.4-17 所示，活动扫描仿真策略的步骤具体如下：

（1）初始化：

① 设置仿真的开始时间 t_0 和结束时间 t_f。

② 设置实体的初始状态。

③ 设置实体时间单元 Time-Cell$[i]$ 的初值；$i = 1, 2, 3, \cdots, m$；m 是实体个数。

（2）设置仿真时钟 $TIME = t_0$。

（3）如果 $TIME \leqslant t_f$，转（4）；否则，转（6）。

（4）活动例程扫描：

for （$j=1$；$j \leqslant n$；$j++$）

｛

　　　　例程 A_j 隶属于实体 E_i；
　　　　if（$Time\text{-}Cell[i] \leqslant TIME$ 且 A_j 的测试条件 $D[j]$ = true）then
　　　　　执行活动例程 A_j；
　　　　　若 A_j 中安排了 E_i 的下一事件则刷新 $Time\text{-}Cell[i]$；
　　　　　退出当前循环，重新开始扫描；
　　　　end if
　　　}

　　（5）时钟推动：推进仿真时钟 $TIME = \min\{Time\text{-}Cell[i] \mid Time\text{-}Cell[i] > TIME\}$；

　　（6）仿真结束。

　　以上算法表明，活动扫描仿真策略要求在某一仿真时刻点上对所有当前（$Time\text{-}Cell[i] = TIME$）可能发生的和过去（$Time\text{-}Cell[i] < TIME$）应该发生的事件反复进行扫描，直到确认已没有可能发生的事件才推进仿真时钟。

　　在活动扫描仿真策略中，每一活动例程都由两部分构成：

　　（1）探测头：活动例程中所带的测试条件。

　　（2）动作序列：活动例程所要完成的具体操作，只有在测试通过后才被执行。

　　活动扫描仿真策略的主要任务是进行时间扫描，以确定仿真时钟的下一时刻，下一时刻是由最早发生的确定事件决定的。在事件调度法中，时间扫描是通过事件表完成的；而在活动扫描法中，时间扫描是通过时间单元 $Time\text{-}Cell$ 完成的。

　　$Time\text{-}Cell$ 是各个实体的地方时钟，而系统仿真时钟是全局时钟。$Time\text{-}Cell$ 有两种取值方法。

　　（1）绝对时间法：将 $Time\text{-}Cell$ 的时钟值设定在相应实体的确定事件发生时刻。

　　（2）相对时间法：将 $Time\text{-}Cell$ 的时钟值设定在相应实体确定事件发生的时间间隔上。

　　不管采用哪一种时间扫描方法，进行活动例程扫描时 $Time\text{-}Cell$ 的取值小于 0 的永久实体，表明其处于等待状态。上面给出的仿真策略采用的是绝对时间法。

　　与事件调度法不同，这里进行时间扫描时也可采用表的方法，但表处理的结果仅仅是求出最小时间值，而不需确定当前要发生的事件。因此，$Time\text{-}Cell$ 表中只存放时间值即可，与事件表相比，其结构与处理过程要简单得多。

　　同样参照例 3.4-3 的塔式起重机运行系统，设计活动例程的逻辑流程图。有 6 个活动例程需要考虑：

　　（1）A_1：卡车到达。

　　（2）A_2：开始卡车卸载。

　　（3）A_3：卡车卸载结束。

　　（4）A_4：批次材料吊运要求到达。

　　（5）A_5：批次吊运开始。

　　（6）A_6：批次吊运结束。

　　上面的 6 个活动例程分属 3 个实体，A_1 是卡车的活动例程，A_4 是材料的活动例程，A_2、A_3、A_5、A_6 均为塔式起重机的活动例程。前 3 个活动例程相应的逻辑流程图分别如图 3.4-18～图 3.4-20 所示。

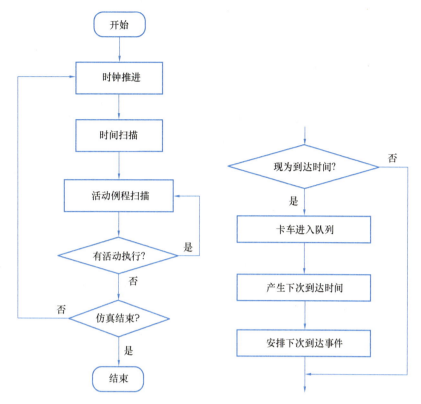

图 3.4-17　活动扫描法仿真策略　　图 3.4-18　A₁ 活动例程（卡车到达）

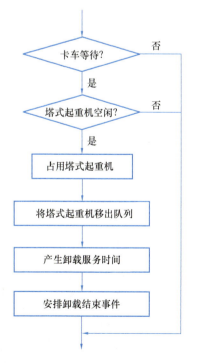

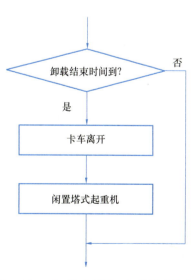

图 3.4-19　A₂ 活动例程（卸载活动开始）　　图 3.4-20　A₃ 活动例程（卸载活动结束）

3）三阶段扫描仿真策略

由于活动扫描法将确定事件和条件事件的活动例程同等对待，都要通过反复扫描来执行，因此效率较低。1963 年，Tocher 借鉴事件调度法的某些思想，对活动扫描法进行了改进，提出了三段扫描法。三段扫描法兼有活动扫描法简单和事件调度法高效的优点，因此被广泛采用，已逐步取代了最初的活动扫描法。不少针对建设工程施工系统的仿真工具或平台都采用三段扫描策略，包括 CYCLONE、RESQUE、COOPS 和 STROBOSCOPE。

同活动扫描法一样，三段扫描法的基本模型单元也是活动例程。但是在三段扫描法中，活动例程被分为两类：

（1）B 类活动例程——描述确定事件的活动例程，在某一排定时刻必然会被执行。也称确定活动例程。

（2）C 类活动例程——描述条件事件的活动例程，在协同活动开始（满足状态条件）或满足其他特定条件时被执行。也称条件活动例程或合作活动例程。

显然，B 类活动例程像事件调度法中的事件例程一样可以在排定时刻直接执行，只有 C 类活动例程才需扫描执行。

基于这种思想，给出三段扫描法的仿真策略步骤如下：

（1）初始化：

① 设置仿真的开始时间 t_0 和结束时间 t_f。

② 设置实体的初始状态。

③ 设置初始 B 类活动例程及其调用时间 t_s。

（2）时钟推进：置仿真时钟 $TIME = t_s$（A 阶段）

（3）确定当前时钟 $TIME$ 下调用的 B 类活动例程 $A_i(i = 1,2,\cdots,n)$。（A 阶段）

（4）B 类例程调用（执行 A 阶段确定的当前发生的 B 类活动例程）

if（$TIME \leqslant t_f$）then

{

　　case A_1：执行活动例程 A_1；

　　……

　　case A_n：执行活动例程 A_n。

　　end case

}

否则，转（7）。

（5）C 类例程扫描（反复检查各 C 类活动启动条件；完成通过测试的活动序列）

for（$j = 1; j \leqslant m; j ++$）（$m$ 为 C 类例程个数）

{

　　if（若 A_j 的启动条件 $D[j] =$ true）then

　　　　执行活动例程 A_j；

　　　end if

　　退出当前循环，重新开始扫描；

}

（6）推进仿真时钟 $TIME$ 到下一最早 B 类例程调用时刻；转（2）。

（7）仿真结束。

B 类例程的调用时刻在 B 类和 C 类活动例程中均可安排。

具体实现时，将活动扫描法中的确定事件（B 类活动）的活动例程中的探测头去掉，其余不变。三段扫描法的仿真策略的流程如图 3.4-21 所示。

实体按表 3.4-7 所示的格式来记录。

实体记录格式   表 3.4-7

时间单元 （Time-Cell）	下一次 B 类活动例程 （C 类活动带有标志）	上一次活动例程 （C 类活动带有标志）

三阶段仿真策略在进行有关事件扫描时，按照下列步骤：

（1）先检查实体记录格式中的第二项内容是否是 B 类，若是则比较其时间单元的值，从中找到一个最小值作为仿真时钟的未来值。

（2）然后产生一个时间单元值等于仿真时钟未来值的实体名表，表中的实体在下一事件发生时必定要改变状态。

（3）在将仿真时钟推进到其未来值时，总控程序将实体名表与实体记录相匹配，调用当前时刻执行的 B 类活动例程。

（4）B 阶段调用完成后，再对 C 类活动例程进行扫描。

4）进程交互仿真策略

事件调度（ES）仿真策略和活动扫描（AS）仿真策略的基本模型单元分别是事件例程和活动例程，这些例程都是针对事件而建立的，而且在 ES 和 AS 仿真策略中，各个例程都是独立存在的。不论是活动扫描法，还是事件调度法，都需要考虑每类实体的进程或生命周期，且该进度需要被分割为更基本的部分。对基于事件调度的仿真，每个进程要被分割为独立的事件例程，每个事件例程被定义为所有可能的事件后果。对基于活动扫描法的仿真，必须定义所有活动的列表，同时理清活动之间的动态逻辑关系。

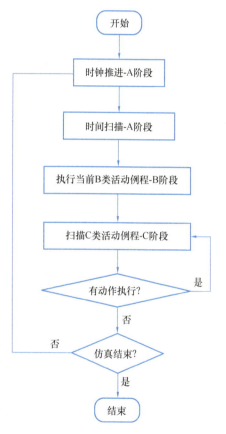

图 3.4-21　三阶段扫描法仿真策略

不同于活动扫描仿真和事件调度仿真，进程交互（PI）仿真将每个实体的整个进程考虑为仿真模型中基本的模型单元。一个进程被定义为一个实体在系统中必须经历的操作序列。进程交互法的基本模型单元是进程。进程与例程的概念有着本质的区别，它是针对某类实体的生命周期而建立的，因此一个进程中要处理实体流动中发生的所有事件（包括确定事件和条件事件）。

进程交互法的基本模型单元是进程。进程与例程的概念有着本质的区别。它是针对某类实体的生命周期而建立的，因此一个进程中要处理实体流动中发生的所有事件（包括确定事件和条件事件）。

为了说明进程交互仿真策略的基本思想，现在以单服务台排队系统为例进一步说明。单服务台排队系统中的顾客进程如图 3.4-22 所示。

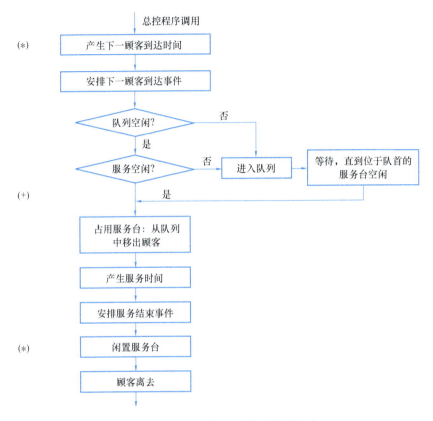

图 3.4-22　单服务台排队系统中的顾客进程

图 3.4-22 中，符号＊或＋标定的是进程的复活点。进程中的复活点表示延迟结束后实体所到达的位置，即进程继续推进的起点，在单服务员排队系统中，顾客进程的复活点与事件存在对应关系。进程交互法中，实体的进程需要不断推进，直到某些延迟发生后才会暂时锁住。一般需要考虑如下两种延迟的作用：

（1）无条件延迟。实体停留在进程中的某一点上不再向前移动，直到预先确定的延迟期满。如顾客停留在服务过程中直到服务完毕。

（2）条件延迟。延迟期的长短与系统的状态有关，事先无法确定。条件延迟发生后，实体停留在进程中的某一点，直到某些条件得以满足后才能继续向前移动。如队列中的顾客一直在排队，等到服务台空闲且自己处于队首时方能离开队列接受服务。

在使用进程交互仿真策略时，不一定对所有各类实体都进行进程描述。例如，单服务台排队系统的例子中，只需给出顾客（临时实体）的进程就可以描述所有事件的处理流程。这体现了进程交互法的一种建模观点，即将系统的演进过程归结为临时实体产生、等待和被永久实体处理的过程。

进程交互法的基本思想是，通过所有进程中时间值最小的无条件延迟复活点来推进仿真时钟；当时钟推进到一个新的时刻点后，如果某一实体在进程中解锁，就将该实体从当前复活点一直推进到下一次延迟发生为止。进程交互（PI）仿真策略叙述如下：

（1）初始化。

① 设置仿真的开始时间 t_0 和结束时间 t_f。

② 设置各进程中每一实体的初始复活点及相应的时间值。$T[i,j], i=1,2,\cdots,m; j=1,2,\cdots,n[i]$；$m$ 是进程数，$n[i]$ 是第 i 个进程中的实体数。

（2）推进仿真时钟 $TIME = \min\{T[i,j] \mid j$ 处于无条件延迟 $\}$。

（3）如果仿真时钟 $TIME \leqslant t_f$，转向（4）；否则转向第（5）步。

（4）for($i=1$; $i \leqslant m$; $i++$)
```
{
    for(j=1; j≤[i]; j++)
    {
        if( T[i,j] = TIME )
        {
            从当前复活点开始推进实体 j 的进程 i，直到下一次延迟发生为止；
            如果下一延迟是无条件延迟
            {
                设置实体 j 在进程 i 中的复活时间 T[i,j]；
            }
        }
        if( T[i,j] < TIME )
        {
            如果实体 j 在进程 i 中的延迟结束条件满足
            {
            从当前复活点开始推进实体 j 的进程 i，直到下一次延迟发生为止；
            如果下一次延迟是无条件延迟
            {
                设置 j 在 i 中的复活时间 T[i,j]；
                退出当前循环，重新开始扫描；
            }
            }
        }
    }
}
```

（5）结束仿真。

进程交互（PI）仿真策略中初始化过程的第二步，初始状态处于条件延迟的实体的复活时间置为 t_0。显然，进程交互法兼有事件调度法和活动扫描法的特点，但其算法比二者都复杂。采用 PI 仿真策略的仿真工具或平台包括 IMAN、ProModel、SimScript、ModSim 和 Extend。

3. 四种仿真策略的比较

1）事件调度法

（1）按下一最早事件发生时间推进仿真时钟。

（2）仅安排确定事件例程，条件事件隐含在确定事件例程中处理。

（3）事件表的操作比较复杂。

（4）基本模型单元——事件例程。

2）活动扫描法

（1）按各实体时间单元的最小值推进仿真时钟。

（2）确定事件与条件事件均考虑，条件事件活动例程（协同活动例程）归属于永久实体。

（3）基本模型单元——活动例程。

（4）相对 ES，系统内部需要对实体流动仔细对待。

3）三阶段法

（1）将活动例程分为 B 类活动例程与 C 类活动例程。

（2）B 类活动例程为 AS 中确定事件活动例程中去掉探测头所得者。

（3）兼有 ES 和 AS 的优点，是基于 ES 思想对 AS 的改进。

（4）系统程序结构比 ES 和 AS 更加复杂。

4）进程交互法

（1）以进程中时间最小的无条件延迟复活点来推进仿真时钟。

（2）不一定对所有各类实体都进行进程描述。

（3）基本模型单元为进程例程。

（4）系统程序复杂，需有仿真语言支持。

其中，ES 和 AS 仿真策略，相比其他两类仿真策略，都需要更多的扫描检查来推动仿真时钟，这在以前（特别是 20 年前）会受到计算机硬件性能的限制而使仿真试验或运行时间太长，遏制仿真效率。在有关硬件技术突破后的今天，因为更多扫描检查带来的仿真试验或运行时间问题也不那么重要。

3.4.4 离散事件仿真结果分析

因为离散事件仿真模型中有不少随机变量，每一轮仿真试验获得的结果是该轮运算或试验的样本值，所以需要采用统计学方法对仿真结果进行统计分析。根据仿真运行试验的基本方法和统计分析方法的不同，离散事件系统仿真运行方式可以分为两种：

（1）终态仿真：是指仿真试验在某个持续时间段上运行，系统的初始状态必须加以明确指定，同时必须指定仿真结束时刻或给出仿真停止条件，如最大仿真运行时间长度或仿真试验轮次。终态仿真结果对初始状态有明显的依赖性。

（2）稳态仿真：是通过系统仿真试验得到的系统性能指标达到一定稳定状态时的估计值，结束条件一般是通过充分长的仿真试验时间或足够多的仿真试验轮次获得的观测样本，或以系统的稳态判据为真。稳态仿真试验结果一般应与初始状态无关。

1. 终态仿真结果的分析

1）重复运行法

一般情况下，终态仿真采用的是重复运行法。所谓重复运行法，是指选用不同的独立随机数序列，采用相同的参数、初始条件以及相同的采样次数 n 对系统重复仿真运行。利用重复运行仿真方法，可以得到独立的仿真结果。

对一个终态仿真系统，由于每次运行是相互独立的，因此可以认为每次运行的结果 $X_i(i=1,2,\cdots,n)$ 是独立同分布的随机变量，从而可以采用经典的统计方法对结果进行分析。

由于每次仿真运行的初始条件和参数是相同的，每次仿真运行的结果也必然是相近的，相互之间的偏差不会很大，因此可以假设仿真结果 $X_1,X_2,\cdots,X_n$ 是服从正态分布的随机变量。

随机变量 X 的期望值 $E(X)$ 的估计值 μ 为

$$\mu = \frac{1}{n}\sum_{j=1}^{n}X_j \pm t_{n-1,\frac{\alpha}{2}}\sqrt{S^2(n)/n} \tag{3.4-1}$$

其中

$$S^2(n) = \sum_{j=1}^{n}\frac{[\bar{X}(n)-X_j]^2}{n-1} \tag{3.4-2}$$

$$\bar{X}(n) = \frac{1}{n}\sum_{j=1}^{n}X_j \tag{3.4-3}$$

其中，α 为置信度水平。

根据中心极限定理，产生的样本点 X_j 越多，即重复运行的次数越多，X_j 则越接近于正态分布，因此重复运行的次数不能太少。

例 3.4-5 模拟施工现场塔式起重机卸载预制构件运载卡车的仿真系统，仿真目的是分析目前塔式起重机的利用率 ρ 和一个工作日内塔式起重机卸载一辆预制构件卡车的平均时间 ω。在相同的初始条件下经过 4 次独立的仿真运行，得出结果如表 3.4-8 所示。试计算塔式起重机利用率 ρ 的 95% 置信区间和卡车卸载平均时间 ω 的 95% 置信区间。

塔式起重机运行系统仿真结果　　　　　　　　表 3.4-8

运行序号	塔式起重机利用率 ρ	卸载时间 ω
1	0.808	3.74min
2	0.875	4.53min
3	0.798	3.84min
4	0.842	3.98min

解：

试塔式起重机利用率的点估计值为

$$\bar{\rho} = 0.808$$

$\bar{\rho}$ 的方差为

$$S^2(n) = 0.036^2$$

查表得 $t_{3,0.025} = 3.18$，故

$$\rho = \bar{\rho} \pm t_{3,0.025}\sqrt{S^2(n)/n} = 0.808 \pm 3.18 \times 0.036$$

因此，ρ 的 95% 置信区间为

$$0.694 \leqslant \rho \leqslant 0.922$$

类似地，计算每辆卡车的平均卸载时间的点估计值

$$\bar{\omega} = 4.02(\text{min})$$

$\bar{\omega}$ 的方差为

$$S^2(n) = 0.176^2$$

故

$$\omega = \bar{\omega} \pm t_{3,0.025}\sqrt{S^2(n)/n} = 4.02 \pm 3.18 \times 0.176$$

ω 的 95% 置信区间为

$$3.46 \leqslant \omega \leqslant 4.58$$

2）序贯程序法

在上面的重复分析法中，通过规定次数的仿真运行可以得到随机变量取值的置信区间，置信区间的长度与仿真次数 n 的平方根成反比。

显然，若要缩小置信区间的长度就必然增加仿真次数 n。这样就产生了另一个方面的问题：即在一定的精度要求下，规定仿真结果的置信区间，设法确定能够达到精度要求的仿真次数。这样做可以对置信区间的长度进行控制，避免作出不适用的结论。

如上例中的塔式起重机利用率的置信区间为 $0.694 \leqslant \rho \leqslant 0.922$，可能就太大了。由上面的公式可知，样本 X 的 $100(1-\alpha)$% 置信区间的半长为

$$\beta = t_{n-1,\frac{\alpha}{2}} \cdot \hat{\sigma}(\bar{X}) \tag{3.4-4}$$

式中

$$\hat{\sigma}(\bar{X}) = S/\sqrt{n} \tag{3.4-5}$$

S 为样本的标准差，n 为仿真试验或重复运行次数。设给定以准确度的临界值 ε，即限定置信区间的长度为 $[\bar{X}-\varepsilon, \bar{X}+\varepsilon]$，并给定置信度 $(1-\alpha)$，为达到此要求，需要取足够大的仿真运行次数 n，使之满足

$$P(|\bar{X} - X| < \varepsilon) \geqslant 1-\alpha \tag{3.4-6}$$

$$n \geqslant n_0$$

且

$$\beta = \frac{t_{n-1,\frac{\alpha}{2}} \cdot S_0}{\sqrt{n}} \leqslant \varepsilon \tag{3.4-7}$$

初始仿真次数 n_0 至少大于 2，最好取 4 或 5。可推出

$$n \geqslant \left(\frac{t_{n-1,\frac{\alpha}{2}} \cdot S_0}{\varepsilon}\right)^2 \tag{3.4-8}$$

n 的解就是满足上式的最小整数。

这里假定 n 次独立重复运行结果总体方差 σ^2 的估计值 $S^2(n)$ 随着增加 n 次运行没有显著变化，因此可用 n_0 的总体方差代替。

在上例中，如果希望计算出的塔式起重机利用率以 0.95 的概率落入半长为 0.04 的区间，可按上述方法计算得出运行次数为 15。

实际上，利用 n_0 次仿真运行的方差 $S^2(n_0)$ 来代替 n 次仿真运行的方差，会使计算出的 n 值偏大。为了消除这种影响，一般采用序贯程序法，步骤为：

（1）预定独立仿真运行的初始次数 $n_0 \geqslant 2$，置 $n = n_0$ 独立运行 n 次。

（2）计算该 n 次运行的样本 $X_1, X_2, \cdots, X_n$ 以及相应的 $S^2(n)$。

（3）计算 $\beta = t_{n-1, \frac{\alpha}{2}} \cdot \sqrt{\dfrac{S^2(n)}{n}}$，若 $\beta \leqslant \varepsilon$ 则得到置信度为 $(1 - \alpha)$ 的满足精度要求的置信区间 $[\overline{X}(n) - \beta, \overline{X}(n) + \beta]$，从而确定了相应的仿真次数 n。

（4）否则令 $n = n + 1$，进行仿真得到样本值 X_{n+1}。

（5）返回步骤（2）。

采用序贯程序法，对上例进行计算，得到的仿真次数为 13，比用解析法得到的次数要少。

2. 稳态仿真结果的分析

除了终态仿真研究之外，还需要研究一次仿真运行时间很长的仿真，研究系统的稳态性能。在仿真运行过程中，每相隔一段时间即可获得一个观测值 Y_i，从而可以得到一组自相关时间随机序列的采样值 $Y_1, Y_2, \cdots, Y_n$，其稳态平均值定义为

$$v = \lim_{n \to \infty} \frac{1}{n} \sum_{i=1}^{n} Y_i \tag{3.4-9}$$

如果 v 的极值存在，则 v 与仿真的初始条件无关。

稳态仿真结果分析的主要目的仍是对系统状态变量的估计及使估计值达到给定精度要求时停止。

1. 批均值法

一般来说，对于稳态仿真若采用类似重复运行法那样利用全部观测值进行估计，得到的估计值 $\widehat{Y}$ 与实际的稳态值 Y 之间会有偏差：

$$b = \widehat{Y} - Y \tag{3.4-10}$$

这里 b 称为在点估计 $\widehat{Y}$ 中的偏移。这个偏移是由人为的或任意的初始条件所引起，希望得到一个无偏估计，至少也希望偏移值 b 相对于 Y 值尽可能地小。

如果在点估计中有明显的偏移，采用大量的重复运行来减少点估计的变化范围，可能会导致错误的置信区间。这是因为偏移不受重复次数的影响，增加重复运行次数只会使置信区间围绕错误的估计点 $Y + b$ 变短，而不会围绕 Y 变短。

为了降低偏移影响，一般采用批均值法，基本思想是：仿真运行时间足够长，可以得到足够多的观测值 $Y_1, Y_2, \cdots, Y_m$，将 $Y_i (i = 1, 2, \cdots, m)$ 分为 b 批，每一批中有 l 个观测值，则每批观测数据如下：

第一批：$Y_1, Y_2, \cdots, Y_l$

第二批：$Y_{l+1}, Y_{l+2}, \cdots, Y_{2l}$

第 n 批：$Y_{(n-1)l+1}, Y_{(n-1)l+2}, \cdots, Y_{nl}$

首先对每批数据进行处理，分别得出每批数据的均值

$$\bar{Y}_j = \frac{1}{l} \sum_{k=1}^{l} Y_{(j-1)l+k} \tag{3.4-11}$$

由此可得总的样本均值为

$$\bar{Y} = \frac{1}{n} \sum_{j=1}^{n} \bar{Y}_j = \frac{1}{m} \sum_{i=1}^{l} Y_i \tag{3.4-12}$$

置信区间的计算公式

$$v = \bar{Y} \pm t_{n-1,\frac{a}{2}} \cdot \sqrt{\frac{s_j^2(n)}{n}} \tag{3.4-13}$$

$$S_j^2(n) = \frac{1}{n-1} \cdot \sum_{j=1}^{n} (\bar{Y}_j - \bar{Y})^2 \tag{3.4-14}$$

2. 稳态序贯法

利用批均值法进行计算时，假定每批观测值的均值是独立的，但实际上 $\bar{Y}_1, \bar{Y}_2, \cdots,$ $\bar{Y}_n$ 是相关的。为了得到不相关的 $\bar{Y}_j$，直观做法是保持批数 n 不变，不断增大 l，直到满足不相关的条件为止。

但是如果 n 选择过小，则 $\bar{Y}_j$ 的方差加大，结果得到的置信区间就会偏大，为此 n 也必须足够大。这样为了达到精度要求就必须选择足够大的 n 和 l，使得样本总量 $m = n \times l$ 特别大，而仿真过程中时间的耗费也是一个必须考虑的重要因素。

下面给出一种尽可能减少 m 的方法：

设仿真运行观测值的批长度为 l，已有观测值 $\lambda \cdot l$ 批（$\lambda \geqslant 2$），考察相隔为 i 的两批观测值批均值的相关系数

$$\rho_i(l) = Cov[\bar{Y}_j, \bar{Y}_{j+i}] \quad (j = 1, 2, \cdots, n-1) \tag{3.4-15}$$

随 l 的变化规律大致有三种情况：

(1) $\rho_i(l)$ 为递减函数。

(2) $\rho_i(l)$ 的值一次或多次改变方向，然后严格地减少到 0。

(3) $\rho_i(l) < 0$ 或者随 l 变化无一定规律。

根据 $\rho_i(l)$ 的以上三种特性，给予批均值法的稳态序贯法原理如下：

(1) 给定批数因子 n、f 以及仿真长度 m_1（m_1 是 nf 的整数倍），$\rho_i(l)$ 的判断值为 μ，置信区间的相对精度为 γ，置信水平 a。令 $i = 1$。

(2) 进行长度为 m_i 的仿真运行，获得 m_i 个观测值 $Y_1, Y_2, \cdots, Y_{m_i}$。

(3) 令 $l = m_i/(nf)$，计算 $\bar{Y}_k (k = 1, 2, \cdots, nf)$，计算 $\rho_j(nf, l)$（可以取 $j=1$）。

(4) 若 $\rho_j(nf, l) \geqslant \mu$，则说明 m_i 太小，需加大 m_i，可令 $i = i+1$，且 $m_i = 2m_{i-1}$，返回第 (2) 步获取其余 m_{i-1} 个观测值。

(5) 若 $\rho_j(nf, l) \leqslant 0$，则表明增加仿真运行长度（批长度）无助于 $\rho_j(l)$ 的判断，执行第 (8) 步。

(6) 若 $0 < \rho_j(nf, l) \leqslant \mu$，计算 $\bar{Y}_k(2l)$，$(k = 1, 2, \cdots, \frac{nf}{2})$，计算 $\rho_j(\frac{nf}{2}, 2l)(j = 1)$，判

断 $\rho_j(l)$ 是否具有第二类特征：若 $\rho_j\left(\dfrac{nf}{2},2l\right)\geqslant\rho_j(nf,l)$，则说明 $\rho_j(l)$ 确实具有第二类特征，需进一步加大 m_i，令 $i=i+1$，且 $m_i=2m_{i-1}$，返回第（2）步获取其余 m_{i-1} 个观测值。

（7）若 $\rho_j\left(\dfrac{nf}{2},2l\right)<\rho_j(nf,l)$，则说明 $\rho_j(l)$ 已具有第一类特征，且达到 $\rho_j(l)$ 的判断值 μ 的 l 已得到，可以相信 $\rho_j(n,fl)$ 的值满足独立性要求，此时用批均值法计算该 n 批长度为 fl 的置信区间。

（8）计算 $\overline{Y}_k(n,fl)$，$\overline{Y}(n,fl)$ 以及置信区间的半长 $\delta=t_{n-1,\frac{a}{2}}\cdot\sqrt{S^2/n}$，最后得：$\hat{\gamma}=\delta/\overline{Y}(n,fl)$。

（9）如果 $\hat{\gamma}>\gamma$，说明精度不满足要求，令 $i=i+1$，且 $m_i=2m_{i-1}$，返回第（2）步获取其余 m_{i-1} 个观测值。

（10）如果 $\hat{\gamma}\leqslant\gamma$，则达到精度要求，可令估计值 $v=\overline{Y}(n,fl)\pm\delta$，仿真停止。

与终态仿真结果分析类似，稳态序贯法较好地解决了批长度的确定及仿真运行总长度的确定问题，并能满足规定的置信区间要求。

3.4.5 离散事件仿真应用

微视频3-2 离散事件仿真——Simio动画演示

离散事件仿真平台或软件包括 Arena、Micro Saint、Anylogic、ExtendSim、SimProcess、Promodel、FlexSim 和 Simio。其中，Anylogic 除了提供离散事件仿真功能以外，还提供系统动力学功能（见下一节）。Simio 是一个结合工业 4.0 发展推出的离散事件仿真平台。不过，这些离散事件仿真平台大多针对制造业的生产过程，需要二次开发才能完全模拟复杂的工程建设过程。专门针对建设工程，特别是施工过程模拟的离散事件复杂平台或软件，包括 CYCLONE（或 MicroCYCLONE）、COOPS、CIPROS、STROBOSCOPE、AOOS，它们基本上都是采用 ACD 或在此基础上拓展的图形建模方法，同时结合三阶段扫描或活动扫描的仿真策略。这里介绍 CYCLONE 和 AOOS 的应用。

1. 问题描述：建筑工程项目楼板施工混凝土浇筑过程

某建筑工程项目的一楼面施工需要浇筑 $88m^3$ 的混凝土，由混凝土搅拌厂提供混凝土，通过搅拌车运送到施工现场，然后卸入吊斗，吊斗通过塔式起重机吊运到楼层工作面，由工人卸料混凝土，卸料后同班组工人对混凝土进行摊铺处理，而吊斗通过塔式起重机返回搅拌车卸料地点准备再次装料。每辆搅拌车通过几轮次的卸料后空载返回搅拌塔，装料后再次驶往施工现场。该混凝土浇筑过程的逻辑关系如图 3.4-23 所示，假设 1 台塔式起重机和 1 个工人班组专门负责混凝土的吊运、卸料和摊铺，搅拌车卸载每次只能卸料一个吊斗。两种组合的资源（搅拌车、吊斗、塔式起重机和工人）情况如表 3.4-9 所示。其中每小时成本是根据设备台班费和工人的工日费换算获得，搅拌车和塔式起重机的每小时成本包括司机成本在内。每个混凝土浇筑施工活动的工期如表 3.4-10 所示，分别用相应的分布函数来表示，该表显示了各工期的分布函数类型和有关参数。注意：这些概率函数表示的施工活动工期，可以通过历史和经验数据拟合取得。

试分别通过离散事件仿真方法 CYCLONE 和 AOOS 系统，分别模拟预测采用两组资源

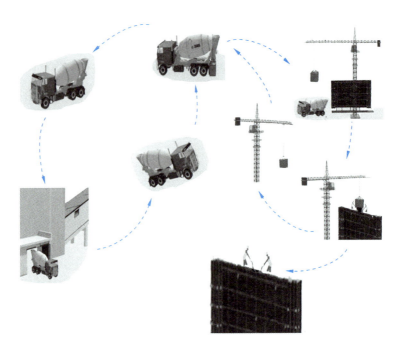

图 3.4-23　施工现场混凝土浇筑过程示意图

组合浇筑 88m³ 的混凝土需要的工期（h）、资源总成本、生产效率和每种资源的利用率。

两种组合的资源配置参数（大小、数量、每小时成本）　　　　　表 3.4-9

组合 资源名称	组合 1			组合 2		
	规格	数量	每小时成本（元/h）	规格	数量	每小时成本（元/h）
混凝土搅拌车	8m³	3 辆	360	8m³	4 辆	480
塔式起重机	—	1 台	130	—	1 台	130
吊斗	2m³	1 个	—	2m³	2 个	—
工人班组	3 人	1 组	60	3 人	1 组	60

混凝土浇筑施工活动和其工期（分布函数类型和参数）　　　　　表 3.4-10

活动	工期（分布类型和参数）
搅拌车装料（Load mixer）	13.0
搅拌车驶往现场（Mixer travel to site）	Tri（22.0，25.0，28.0）
搅拌车卸料（Unload mixer to fill bucket）	Tri（1.8，2.0，2.2）
搅拌车返回（Mixer return）	Tri（18.0，22.0，25.0）
吊运吊斗（Hoist bucket）	Uni（3.0，4.0）
清空吊斗（Empty bucket）	Tri（0.8，1.0，1.2）
塔式起重机（吊斗）返回（Tower crane return）	Uni（3.0，3.5）
摊铺混凝土（Spread concrete）	Uni（5.0，7.0）

2. 仿真建模：基于 CYCLONE 和 AOOS 的混凝土浇筑过程仿真模型构建

采用 CYCLONE 仿真平台，获得的该混凝土浇筑过程的仿真模型如图 3.4-24 所示。这里还采用了 CON4 和 GEN4 两个符号，用来模拟每辆搅拌车需要连续向吊斗卸料 4 个轮次才能完成卸载，而 4 表示搅拌车容量相对吊斗容量的整数倍数。这里设置了 3 个必然活动，和紧前活动之间一般不需要资源空闲或排队单元（圆形加斜线。CON4 依附的圆形，只是为了标识 CON4 的作用。

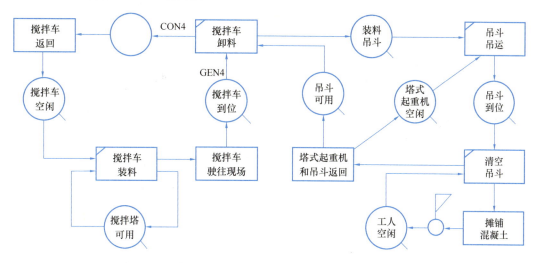

图 3.4-24　模拟施工现场混凝土浇筑过程的 CYCLONE 模型

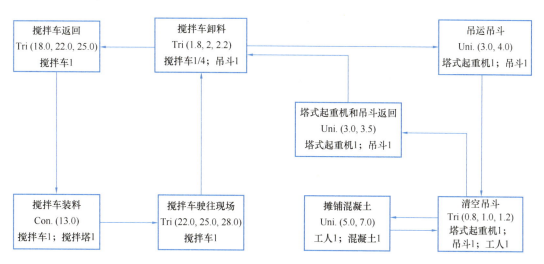

图 3.4-25　模拟施工现场混凝土浇筑过程的 AOOS 模型

如果采用 AOOS 仿真平台模拟该混凝土浇筑过程，其仿真模型如图 3.4-25 所示。这里，活动单元"搅拌车卸料"需要的搅拌车数量为 1/4，模拟每辆搅拌车需要连续向吊斗卸料 4 个轮次才能完成卸载，这里 4 表示搅拌车容量相对吊斗容量的整数倍数，与 CYCLONE 的 CON N 和 GEN N 具有同样的功能。显然，AOOS 模型比 CYCLONE 模拟简洁明了，不过许多功能需要结合仿真系统的对话窗口和复杂的仿真系统编程来实现。

3. 仿真试验：针对 2 组资源组合的仿真试验分析

根据以上建筑工程项目楼层混凝土浇筑施工过程案例数据以及 CYCLONE 和 AOOS 仿真模型，分别按照 2 个资源组合进行了浇筑 88m³ 混凝土的仿真试验，仿真试验重复次数为 100 次。采用两种仿真系统平台获得同样的仿真结果，如表 3.4-10 所示，包括完成浇筑 88m³ 混凝土的工期、资源总成本（注意：因为吊斗的成本较低，这里没有考虑）。各种资源的利用率。仿真结果显示，尽管组合 2 比组合 1 多使用了 1 辆混凝土搅拌车和 1 个吊斗，但是资源组合 2 比组合 1 需要较少的时间和成本来完成 88m³ 混凝土的浇筑。另外，虽然资源组合 2 的混凝土搅拌车和吊斗的利用率相比组合 1 较低，但是组合 2 的塔式起重机和工人班组的利用率比组合 1 提升了更多，同时吊斗的成本较低。可以推断，采用组合 2 后的资源成本减低和生产效率的提升，主要是因为提高了塔式起重机和工人班组的有效利用。表 3.4-11 还显示，几种资源的利用率还有提升空间，可以模拟试验更多的资源组合来寻求最佳的资源组合。

微视频3-3 离散事件仿真——AOOS动画演示

针对两组资源组合的混凝土浇筑过程模拟的仿真试验结果　　　　　表 3.4-11

仿真结果 ＼ 资源组合	资源组合 1		资源组合 2	
工期（h）	8h 2min		6h 1min	
资源总成本（元）	4578.32		4152.65	
生产效率（元/m³）	52.04		47.19	
资源利用率（%）	混凝土搅拌车（3 辆）	69.35	混凝土搅拌车（4 辆）	62.10
	塔式起重机（1 台）	71.49	塔式起重机（1 台）	89.07
	吊斗（1 个）	89.06	吊斗（2 个）	56.45
	4 人班组（1 组）	64.26	4 人班组（1 组）	79.67

上述介绍的是通过离散事件仿真来模拟预测施工过程的工期、成本和生产效率。离散事件仿真，还可以模拟施工过程来预测其污染排放、资源消耗和人体工效学风险（工人疲劳风险和肌肉骨骼疾患风险），读者可以尝试结合一定的建模方法和仿真策略，通过编程或对有关仿真软件进行二次开发来实现。

读者可通过 MicroCYCLONE 介绍（网址：https://engineering.purdue.edu/CEM/people/Personal/Halpin/Sim/MicroCYCLONE/Index.html）来进一步学习 CYCLONE 仿真平台。

思考与练习题

1. 试说明离散事件系统仿真与连续系统仿真的区别。

2. 试举例说明离散事件系统仿真中事件、状态、活动及进程的关系。

3. 有如下排队系统，试画出系统中顾客排队的队长随时间变化的情况，并统计计算仿真运行长度为 40min 时系统中平均队长和平均等候时间。观察到几个顾客到达的时间间隔分别为 5、6、7、14、6min，对应于每个顾客接受服务的时间分别为 12、5、13、4、9min。

4. 离散事件系统模型的组成要素包括哪些？试举例说明。

5. 对比分析固定增量时间推进法和下次事件时间推进法的作用和优缺点。

6. 事件调度法仿真模型由哪些部分组成？各组成部分分别有哪些作用？

7. 简要描述事件调度法仿真建模方法的基本思想。

8. 简要描述活动扫描法和三阶段扫描法的基本思想。

9. 三阶段扫描法和事件调度法、活动扫描法相比有哪些优点？

10. 试分别用事件调度法、活动扫描法、进程交互法对理发店系统进行仿真描述（即用相应的仿真算法描述仿真过程）。

3.5 系统动力学

系统动力学（System Dynamics，SD）是一种连续系统仿真技术。它的研究对象主要是复杂的社会经济系统和生态系统，以及某些可以用一阶微分方程组描述的系统。其任务在于揭示这些系统的信息反馈特性，以显示组织结构、放大作用和延迟效应是怎样互相作用而影响到系统的行为模式的。要学习系统动力学构模原理与方法，可以从学习并掌握系统动力学的图形表示方法入手。系统动力学中常用到四种图形表示方法，分别是系统框图、因果关系图、存量流量图和纯流率－流位关系图。本节将讨论借助因果关系图和存量流量图的建模方法。

3.5.1 系统动力学概述

1. 系统动力学的概念

系统动力学，是由美国麻省理工学院（MIT）的福瑞斯特（Forrester）教授创造的，一门以控制论、信息论、决策论等有关理论为理论基础，以计算机仿真技术为手段，定量研究非线性、高阶次、多重反馈复杂系统的学科。它也是一门认识系统问题并解决系统问题的综合交叉学科。从系统方法论来说：系统动力学是结构的方法、功能的方法和历史的方法的统一。它基于系统论，吸收了控制论、信息论的精髓，是一门综合自然科学和社会科学的横向学科。系统动力学对问题的理解，是基于系统行为与内在机制间的相互紧密的依赖关系，并且透过数学模型的建立与操作的过程而获得的，逐步发掘出产生变化形态的因、果关系，系统动力学称之为结构。系统动力学模型不但能够将系统论中的因果逻辑关系与控制论中的反馈原理相结合，还能够从区域系统内部和结构入手，针对系统问题采用非线性约束，动态跟踪其变化情况，实时反馈调整系统参数及结构，寻求最完善的系统行为模式，建立最优化的模拟方案。

系统动力学是帮助理解复杂系统的机构和动态行为特征的一门学科，它不以抽象的假设为依据，而是以现实存在的世界为基础，追寻能够改善系统行为的机会和途径。系统动力学方法是通过建立系统动力学模型来反映各变量之间的结构关系，并动态地模拟各子系统行为的方法，它强调的是宏观控制，是对传统管理方法的传承和补充。

2. 系统动力学的特点

系统动力学是一门基于系统内部变量的因果关系，通过建模仿真方法，全面动态研究系统问题的学科，它具有如下特点：

（1）系统动力学能够研究工业、农业、经济、社会、生态等多学科系统问题。系统动力学模型能够明确反映系统内部、外部因素间的相互关系。随着调整系统中的控制因素，可以实时观测系统行为的变化趋势。它通过将研究对象划分为若干子系统，并且建立各个子系统之间的因果关系网络，建立整体与各组成元素相协调的机制，强调宏观与微观相结合、实时调整结构参数，多方面、多角度、综合性地研究系统问题。

（2）系统动力学模型是一种因果关系机理性模型，它强调系统与环境相互联系、相互作用；它的行为模式与特性主要由系统内部的动态结构和反馈机制所决定，不受外界因素干扰。系统中所包含的变量是随时间变化的，因此运用该模型可以模拟长期性和周期性系统问题。

（3）系统动力学模型是一种结构模型，不需要提供特别精确的参数，着重于系统结构和动态行为的研究。它处理问题的方法是定性与定量结合统一，分析、综合与推理的方法。以定性分析为先导，尽可能采用"白化"技术，然后再以定量分析为支持，把不良结构尽可能相对地"良化"，两者相辅相成，和谐统一，逐步深化。

（4）系统动力学模型针对高阶次、非线性、时变性系统问题的求解不是采用传统的降阶方法，而是采用数字模拟技术，因此系统动力学可在宏观与微观层次上对复杂的多层次、多部门的大系统进行综合研究。

（5）系统动力学的建模过程便于实现建模人员、决策人员和专家群众的三结合，便于运用各种数据、资料、人们的经验与知识，也便于汲取、融汇其他系统学科与其他科学的精髓。

基于上述特点，系统动力学已经被广泛应用于社会学、管理学、经济学、生态学等学科以及物流、制造业、农业和建筑业等领域。

3.5.2　系统动力学原理与方法

系统动力学对系统问题的研究，是基于系统内在行为模式、与结构间紧密的依赖关系，通过建立数学模型，逐步发掘出产生变化形态的因、果关系。系统动力学的基本思想是充分认识系统中的反馈和延迟，并按照一定的规则从因果逻辑关系图中逐步建立系统动力学流程图的结构模式。

1. 因果关系图

一般来说，系统动力学的建模过程是一个从因果关系图—存量流量图—数学模型的过程。因果关系图具有直观、概括和清晰的特点，它是在问题的定性分析阶段常用的一种辅助分析工具。它也是最后撰写仿真分析报告或论文时常用来说明系统结构的一种表达方式。因果关系图在建立系统模型过程中的作用是：

（1）确定系统的边界，即系统中包含的主要变量。

（2）指明变量间的因果关系、作用方向（利用因果关系链）。

（3）说明系统的基本结构，即主要的因果回路。

下面介绍因果链及其极性、因果回路及基本概念，并举例说明运用这些概念实现建模的方法。

1）因果链及其极性

因果关系图由很多变量组成，这些变量之间可以用因果链联系。从原因指向结果的箭头线就叫作因果链。每条因果链都具有极性，如果变量 A 的增加（减少）会导致变量 B 的增加（减少），那么 A 和 B 之间称作正因果链，用"＋"号标于因果关系链旁。相反，如果变量 A 的增加（减少）会导致变量 B 的减少（增加），那么 A 和 B 之间称作负因果链，用"－"号表示。其中，A 表示原因，B 表示结果。如图 3.5-1 所示。

因果关系只是用来表示变量之间的一种逻辑关系，既不考虑具体的计量单位，也不考虑时间的变化。如果在一个系统中，两个变量之间存在影响关系，那么这种影响不是正影响关系，就是负影响关系，没有另外第三种关系。

2）因果回路及其极性

原因产生结果，而结果又可能构成了新的变化的原因，新的原因又能产生新的结果，如此连续作用可形成一定长度的因果链。最终这样的因果链也可能以反馈的形式作用到最初的原因上而产生新的结果。图 3.5-2 所示是人口增长模型中变量和因果链形成的闭合回路，这样的回路称为因果回路。

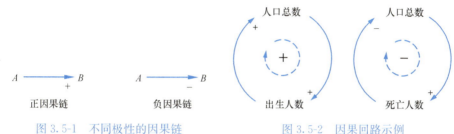

图 3.5-1　不同极性的因果链　　　　图 3.5-2　因果回路示例

在因果回路上因果链极性的累积效应产生了回路的极性。因果回路的极性可以按表 3.5-1 中给出的原则加以确定。

因果回路极性的确定原则　　　　　　　　　　　　　　表 3.5-1

回路中负极性因果链个数	回路极性	名称	特性
偶数	正（＋）	正反馈回路	自增长性
奇数	负（－）	负反馈回路	自调整性

图 3.5-3 是简单库存问题的因果关系与因果回路的图示。简单库存问题中库存调整数量（即订货率）的增加使得库存量增加，二者之间是正的因果链。期望库存是系统的控制目标，是常数。库存量增加将导致期望库存与它的库存差额减小，形成库存量与库存差额之间的负的因果链。由于系统的目标是使得实际库存量达到期望库存，当存在差额时就需要进货调整库存，本系统中库存调整时间为常数，差额越大，单位时间的调整数量也越大，差额与调整数量是正相关，即正的因果链。图 3.5-3 中，库存量→库存差额→调整数量→库存量这个因果回路中有三个因果链，其中有一个负的因果链，为奇数，所以这个反馈环是负反馈环。在系统中，当库存量低于期望库存，将出现库存量逐渐增多并稳定地趋向期望库存量的

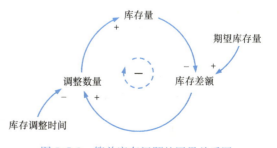

图 3.5-3　简单库存问题的因果关系图

行为。

3）因果回路图的绘制原则

（1）图中每个链条必须代表变量之间存在因果关系，而不是相关关系。

（2）图中每个因果链都要标注极性。

（3）判断回路极性。

（4）命名回路，标注为 R1、R2 或 B1、B2。

（5）指出因果链中的重要延迟。

（6）变量名应当是名词或名词短语。

（7）图形布局要美观、合理。

（8）变量定义要选择合适的概况程度。

（9）界定好图的规模。

（10）明确表示出负回路的目标。

2. 存量流量图

因果关系图为系统分析提供了很好的帮助，但也存在一些明显的不足之处。比如，它不能区别不同性质的变量。另外，系统中的状态变量的变化是一种积累效应，也受到速率的影响。而因果关系图中系统的状态变量只有增加或减少的变化，而不能表示其按比例的变化。为了更精确地表示系统中变量的这些变化情况，将采用存量流量图。首先要说明一些基本概念。

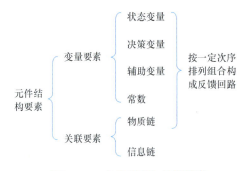

图 3.5-4　变量要素与关联要素

1）变量要素与关联要素

对系统反馈结构来说，需要用到一些变量要素与关联要素，而这两者合起来又称为元件结构要素。把这些要素按一定的次序排列组合就能构成因果回路。所有这些要素列在图 3.5-4 中。

2）状态变量

状态变量是描述系统积累效应的变量，又称为流位（Level）。状态变量的基本特性是它的累加性。状态变量可观察，可保留。

系统中任一特定时刻的状态变量值是系统中从初始时刻到此特定时刻的物质或信息流动的累积结果。它可以用下式表示：

$$L(未来时刻) = L(当前时刻) + 当前至未来时间间隔上的改变值$$

式中，$L(T)$ 表示 T 时刻的状态变量值。

状态变量的图形符号是一个矩形框（图 3.5-5）。

3）决策变量

决策变量是描述系统的累计效应变化快慢的变量，又称为流率（Rate）。按照系统动力学的理论，系统中任一时刻的流率值取决于信息反馈决策。决策变量的基本特性是其瞬时性。这也意味着决策变量不能被测量，也不能被保留。

决策变量的标记是一个表示阀门的符号（图 3.5-5）。

状态变量与决策变量是系统中最重要的两个变量。两者之间的关系如图 3.5-5 所示。

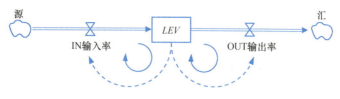

图 3.5-5　状态变量与决策变量的关系

图 3.5-5 中的云状符号表示系统边界之外物质的来源和去处，其相应的术语分别是源（Source）和汇（或称漏）（Sink）。

状态变量有以下两条性质：

（1）状态变量仅随决策变量变化而变化。

令 DT 是当前时刻与前一时刻的时间间隔。

如果 DT 足够小，则有

$$LEV（当时时刻）= LEV（前一时刻）+ DT \times RATE（间隔中的平均值）$$

（2）状态变量是信息反馈决策的信息源。

4）常数

常数是不随时间变化而变化的量，如期望库存量。常数的标记是一个小圆圈加上一条短横杠，而在此圆圈旁边标注变量名称（图 3.5-6）。

5）辅助变量

辅助变量是在信息源到决策行动之间用于帮助表达信息反馈决策的变量。辅助变量的标记是一个圆圈，在此圆圈内标注变量名称（图 3.5-6）。

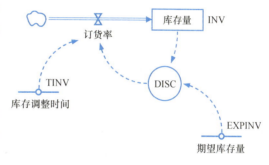

图 3.5-6　简单库存问题的存量流量图

6）因果回路

因果回路是以上所述的元件结构要素按一定的次序排列和组合而成的构件结构要素。一条最简单的因果回路可由一个状态变量、一个决策变量、一个常数加上物质链和信息链所组成。当系统中只存在一条因果回路时，称其为简单系统；而当系统中存在多条（相互耦合的）因果回路时，称其为复杂系统。此时系统的行为是多个因果回路相互作用，相互耦合的整体效应。

下面用存量流量图的形式来描绘以前用因果关系图曾经描绘过的系统。如前所述，使用存量流量图描述系统问题比之用因果关系图描述有更多的优势，是系统动力学建模的重要步骤。初学者要通过反复建模练习逐步加深体会，才能达到熟练应用的地步。

对有关符号需要说明的是，用实线加箭头表示物质链；用虚线加箭头表示信息链。在此箭头表示物质传递和信息流动的方向（图 3.5-6）。

简单库存问题中库存量是系统的状态变量；期望库存量是系统的控制目标，是常数；库存差额=期望库存量−库存量，是决策的辅助变量；订货率=库存差额；库存调整时间，是决策变量。如图 3.5-5 所示，在决策过程中，检测出关于库存量状态的信息，并将目前状态与目标期望库存进行比较，根据偏差作出如何行动的决策，即订货与否、订多少。在行动过程中，决策产生的行动将改变系统的状态，从而产生关于新状态的信息。订货导致库存量的增加是物质链；库存状态变化对订货决策的作用是信息链。

3. 数学模型

系统动力学的数学模型由流位方程、速率方程、辅助方程、常量方程、初值方程等组成，其书写一般采用 DYNAMO 语言规定的格式，因而模型本身就是计算机程序。

1）流位方程

作用：流位方程描述系统中实体流在状态变量上的积累过程。

书写格式：

$$L \quad LV.K = LV.J + (DT)\left(\left[\pm\frac{1}{CV}\right]\right)(RV.JK \pm [RV.JK], [CV], [LV.J])$$

式中：

L ——流位方程的标志；

LV ——流位变量名；

RV ——速率变量名；

CV ——常量；

DT ——计算间距，其值可根据仿真精度的要求适当选取；

[ ] ——括号中的各项为任选项。

K、J、L、JK、KL ——变量的时间下标。K 为当前时刻，J 为前一时刻，L 为下一时刻，JK 和 KL 分别表示相邻两个不同的时间间隔，KL 将在下面的速率方程介绍中用到，其相互关系如图 3.5-7 所示。

图 3.5-7　时间下标的相互关系

要点：

（1）流位方程描述积分过程，它是唯一含有计算间距的方程类型，假设当前和 t 时刻的速率分别为 RI 和 RO，其原形为

$$L_t = L_0 + \int_0^t (RI - RO)\,dt$$

（2）仅在流位方程中可以包含前一时刻的流位值，即 $LV.J$。

2）速率方程

作用：速率方程指出被控系统内实体流在流位变量间的流动情况，速率变量控制流位变量流入和流出的速度，体现着系统内部的控制策略。

书写格式：

$R \; RV.KL = f([AV.K], [LV.K], [RV.JK], [CV])$

说明：

R——速率方程的标志。

RV——速率变量名。

AV——辅助变量名。

$f(\ )$——表达式。

[ ]——方括号中的各项为任选项。

要点：

（1）速率方程不含计算间距 DT，即不含积分作用。

（2）速率方程左边的速率变量的值，是对正在进行计算的时刻 K 之后立即出现的 KL 期间而言的。

3）辅助方程

作用：辅助方程用来刻画速率方程的细节，以增强其清晰度和意义。

$A \quad AV.K = f([AV.K],[LV.K],[RV.JK],[CV])$

说明：

A——辅助方程的标志。

AV——辅助变量名。

$f(\ )$——表达式，方括号中的各项为任选项。

要点：

（1）模型中的辅助方程均在同一时刻上计算，由编译程序自动安排。

（2）辅助变量之间应避免循环定义。

4）常量方程

作用：常量方程用来定义模型中的参数值。

书写格式：

$C \quad CV = f(Constant)$

说明：

C——常量方程标志。

CV——常量。

要点：

（1）常量没有时间下标，在整个计算期间内不变化。

（2）常量可以依赖于其他的常量。

5）初值方程

作用：初值方程为流位变量赋初值。

书写格式：

$N \quad LV = f([CV],[LV])$

说明：

N——初值方程的标志。

LV——流位变量名，但不含时间下标。

$f(\ )$——表达式。

[ ]——方括号中的项为任选项。

要点：

（1）所有的流位变量必须在仿真运算开始时赋初值。

（2）速率变量不需要且不应赋初值，因为它们由流位变量的初值所完全确定。

（3）允许用某个已赋初值的流位变量表示另一流位变量的初值，但流位的初始值之间不能互相依赖。

6）计算顺序

计算顺序是按流位方程、辅助方程、速率方程的顺序进行的。对于每一类方程，其计算顺序由编译程序自动安排。必须给出所有流位变量在 $t=0$ 时的初值，而仿真计算是从 $t=0$ 到 $t=0+DT$ 间距内的速率方程开始的。

7）计算间距 DT

计算间距是在仿真计算中使用的一个纯粹技术上的步长，它一般不是真实系统的时间单位。计算间距选择得过长，以致超过了系统最短的时间延迟，将引起系统输出的不稳定；但选择得过短，将增加仿真计算时间。一般可按下述准则选择计算间距：

在任何模型中，计算间距应小于系统中最短时滞的一半，但是为了节省计算时间，计算间距不应小于最短时滞的 1/5。

8）量纲

在每个方程中必须保持量纲的一致性。速率方程的量纲是单位时间内的流入量或流出量，而计算间距是有关时间的量纲。从建模的角度看，量纲分析是检验方程是否正确的一个重要方法。

4. 系统动力学建模步骤

系统动力学建模是实现系统动力学功能的关键环节，其主要步骤如下。

1）明确问题，确定系统的边界

建模过程中最重要的步骤就是明确问题，从而继续接下来的建模。建模的关键在于对问题的取舍，并不是所有问题都必须被考虑在内，只需要关心那些被认为与聚焦的问题密切相关的因素。而且不能将模型的边界定得过于宽广，否则模型将很难完成。值得注意的是，系统动力学是针对关注的问题而建模，而不是对系统建模。

2）提出动态假设

在明确了系统的边界后，建模者应该能够提出和详细地解释问题行为的假设，同时建模过程中基于不断学习和深入了解不断地修正和完善有关假设（动态假设）。最终能够对所研究的动态问题给出一个内生性的解释。系统动力学模型关注的主要是内生变量，而对外生变量的数量关注应该很少，并且必须确保没有任何内生变量能够通过反馈来影响该变量。

3）建立数学方程

在完成了模型边界和动态假设之后，需要更深入地来理解整个模型，建立数学方程过程就能让你认识到在前两阶段未注意到或者未讨论的模糊概念以及未消除的矛盾。建立数学方程的过程实际上是建模者针对问题的理解程度所作的一项测试。

4）进行模型测试

事实上，在第一个数学方程式确定以后，对模型的测试也就开始了。每个数学方程都必须检查其量纲是否一致。模型的灵敏度和策略必须在假设条件不确定的前提下被评估，而且模型的测试条件必须是极端的，这些条件有可能根本无法在现实生活中达到。这种极端条件下的测试能够帮助发现模型的缺陷，有助于对模型进行改进。

5）方案设计与评估

一般情况下，所建立的模型都是为了各种方案所服务的。当确定了系统动力学的反馈结构以及其状态变量速率、变量结构并通过测试以后，就可以用它来设计和评估改进政策。不同方案之间的相互作用也必须被考虑，因为系统一般是高度非线性的，有时它们会互相加强并产生巨大的协同作用。

3.5.3　系统动力学仿真语言 DYNAMO

DYNAMO 是系统动力学的专用计算机仿真语言。它的创始人是美国麻省理工学院的 Alexander L. Pugh。DYNAMO 的最初版本出现于 1959 年，之后经过不断的改进，陆续发展出了各种不同版本。但尽管版本不同，它们都遵循相同的基本原理。

DYNAMO 语言的特点是面向用户，面向构模者，易学易用，经过短时期训练就能够掌握。

1. DYNAMO 语言中的时间机制

DYNAMO 语言中的时间机制如图 3.5-8 所示。其中，J 表示上一时刻；K 表示当前时刻；L 表示下一时刻；DT 为一个确定的时间间隔，称为步长。由此可以得到两个长度相等的时间间隔 JK 和 KL。按照时间机制的规定，还可以得出以下关系式：

$$J = K - DT$$

$$L = K + DT$$

在以后的变量命名中，要用到时间标志。时间标志可分为双标志和单标志两种形式。双标志只有两个，它们是 JK 和 KL，分别表示两个不同的时间间隔。单标志也只有两个，它们是 J 和 K，分别表示两个不同的时刻。

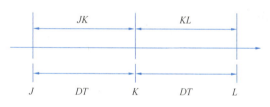

图 3.5-8　DYNAMO 语言中的时间机制

2. 基本规定

1）变量名

变量名由不超过 6 个的字母或数字组成，其中第一个字符必须为字母。命名的基本原则是使读者容易识别变量的涵义。

2）代数运算符

代数运算符要表示最基本的四则运算：＋、－、＊、/。另外，乘法也可用（变量名）（变量名）的形式表示并实现。

3）语句

要掌握 DYNAMO 程序的基本结构首先要掌握 DYNAMO 的语句。DYNAMO 语句的一般格式为：

标识符 语句体

其中在标识符和语句体之间至少要有一个空格。

DYNAMO 语句的分类如图 3.5-9 所示。

4）方程语句中的变量表示

对于状态变量和辅助变量，需要取并且只能取单标志，例如

$LEV.J\ INV.K\ NOHS.K$

对于决策变量，需要取并且只能取双标志，例如

$IN.JK\ OUT.KL$

常数无时间标志，例如

FDL

图 3.5-9　DYNAMO 语句的分类

3. 方程语句

1）状态方程（即 L 方程）

状态方程为 DYNAMO 语言的主要方程之一，它具有标准格式。例如，

$L\qquad HOUSE.K = HOUSE.J + DT * RH.JK$

$L\qquad POP.K = POP.J + (DT)(IN.JK - OUT.JK)$

上式也可写成

$L\qquad POP.K = POP.J + DT * IN.JK - DT * OUT.JK$

以上例子中∠为状态方程的标识符。

状态方程最直接的涵义为计算 K 时刻的状态变量值。

2）速率方程（即 R 方程）

速率方程的实例为

$R\qquad RB.KL = POP.K * FB$

对速率方程要注意以下说明：

（1）速率方程无标准格式，它按照构模思路建立。其形式与模型结构，尤其是因果回路的结构有密切关系。速率方程的建立是系统动力学建模的重点和难点之一。

（2）在步长 DT 内认为速率保持不变。

（3）在速率方程中左边的决策变量的时间下标一定是 KL。实际上，在本时间间隔内计算的决策变量值将在下一时间间隔内的状态变量计算中才用到。其中的时间推进机制如图 3.5-10 所示。从该图可见，本时间间隔内的 KL 到了下一时间间隔内就被标成了 JK，正是此时间间隔内的速率值参与了下一步中的状态变量的计算。

图 3.5-10　DYNAMO 语言中的时间推进机制

3）辅助方程（即 A 方程）

辅助方程是在反馈系统中描述信息的运算式。其中"辅助"的涵义是帮助建立速率方程。辅助方程的直接作用是计算时刻 K 的辅助变量值。例如

$A \quad DISC.K = EXPINV.K - INV.K$

$R \quad RO.KL = DISC.K/TINV$

以上例子中参与决策变量 $RO.KL$ 计算的变量 $DISC.K$ 在辅助方程中加以定义和计算，此处 $DISC.K$ 是一个辅助变量。

4）常数方程（即 C 方程）

常数方程有标准形式，其格式为

$C \quad$ 常数变量名 $=$ 数值

例如

$R \quad RB.KL = POP.K * FB$

$C \quad FB = 0.005$

5）初始值方程（即 N 方程）

初始值方程作用是给状态变量（L）、决策变量（R）或辅助变量（A）赋初始值，例如

$L \quad POP.K = POP.J + (DT)(IN.JK - OUT.JK)$

$N \quad POP = 100000$

$R \quad RB.KL = POP.K * FB$

$N \quad RB = 100$

另外，初始值方程也可以用于计算常数，例如

$N \quad VOL = H * W * L$

$C \quad H = 0.5$

$C \quad W = 2$

$C \quad L = 3.5$

注意：在初始值方程中的变量，需要去掉原来带有的时间标志。

6）表函数

表函数的作用是表示两个变量之间的非线性关系。

表函数的基本形式：

$TABLE(TAB, X, XLOW, XHIGH, XINCR)$

说明：

TAB ——表量名（因变量）。

$\quad X$ ——自变量，具有时间下标。

$XLOW$ ——自变量 X 的最小取值。

$XHIGH$ ——自变量 X 的最大取值。

$XINCR$ ——自变量 X 的取值间隔。

自变量的取值规定为在最小值和最大值之间取等步长的若干值，因变量取值由表量语句决定。下给出一个表函数的例子。

要表示如图 3.5-11 所示的函数关系，首先在横轴上等间隔地取若干值，作为自变量。

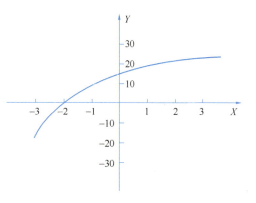

图 3.5-11　可用表函数表示的函数实例

然后按照所给的函数关系求得相应的函数值（因变量）。将所得结果列于表 3.5-2 中。

X	3	2	1	0	1	2	4
Y	-20	0	10	16	20	24	30

将此函数关系用 DYNAMO 语句表示，可写成如下形式：

$A\ Y.K = TABLE(YTAB, X.K, -3, 3, 1)$

$T\ YTAB = -20, 0, 10, 16, 20, 24, 30$

其中用到了一个 T 方程，而变量 Y 用辅助变量的形式表示。

辅助变量 Y 坐标的值是在特定点之上由插补求出的。DYNAMO 中采用的是线性插补的方法。线性插补是一种近似的方法，其优点在于它的灵活性和简单性。当然，线性插补在某些情况下可能会产生一些误差，不过 DYNAMO 的机制和建模时的考虑可以把误差控制在允许的范围之内。

在表函数的书写中要注意：① $TABLE$ 函数的第一项变量名与 T 方程左边的变量名一定相同；② T 方程无独立性，它必须与表示因变量的方程（如上例中的 A 方程）同时存在，并且一般将两者写在一起。

DYNAMO 提供多种类型的函数，以便建模者建立方程和调试模型。除上面已介绍过表函数 $TABLE$ 外，还有延迟函数 $DELAY$、平滑函数 $SMOOTH$ 以及数学函数、逻辑函数、测试函数。限于篇幅，关于函数定义和应用的详细介绍，读者可阅读相关系统动力学的专门书籍。

4. 控制语句

不同的版本下控制语句有所不同，在此介绍微机版本的控制语句。

1）$SAVE$ 语句

需要保存其值的变量在本语句中加以规定。

2）$SPEC$ 语句

本语句中规定与仿真运行有关的参数值。这些参数有

DT ——表示仿真运行步长；

$LENGTH$ ——表示仿真运行周期（长度）；

$SAVPER$ ——表示保存仿真结果数据间隔长度。

本语句的标准格式为

$SPEC\ DT = 数值 /LENGTH = 数值 /SAVPER = 数值$

例如 $SPEC\quad DT = 2/LENGTH = 90/SAVPER = 2$

其涵义为：仿真步长为 2（时间单位），仿真运行终止时间（仿真运行长度）为 90，每隔 2（时间单位）保存仿真数据。

将本节第 2、3 款讨论的库存模型用 DYNAMO 语句表示如下：

库存模型

$L\quad INV.K = INV.J + DT * RO.JK$

$N\qquad INV = 50$

$R\quad RO.KL = (EXPINV - INV.K)/TINV$

$$C \qquad EXPINV = 750$$
$$C \qquad TINV = 15$$
$$SPEC \quad DT = 2/LENGTH = 60/SAVPER = 2$$
$$SAVE \quad INV, RO$$

3.5.4 系统动力学 Vensim 平台

1. 平台简介

Vensim 是一种可视化建模工具，利用这种工具可以将系统动力学的模型概念化和文档化，并能对模型进行仿真、分析和优化。Vensim 提供了简单而灵活的建模方式来绘制因果关系图和存量流量图并在图上进行仿真。

使用 Vensim 建立动态模型，只要用图形化的各式箭头记号连接 3.5.3 节介绍的 DYNAMO 各式变量记号，并将各变量之间的关系以适当方式写入模型，各变量之间的因果关系便随之记录完成，而各变量、参数间之数量关系以方程式功能写入模型。通过建立模型的过程，可以了解变量间的因果关系与回路，并可通过程序中的特殊功能了解各变量的输入与输出间的关系，便于使用者了解模型架构，也便于模型建立者修改模型的内容。

Vensim 是系统动力学研究领域应用最广泛的建模和仿真软件，包含了系统动力学研究中的几乎所有标准函数。Vensim 包含多个版本，其中 PLE 版本是专门为教学设计的简化版本，可以免费使用。Vensim PLE 可以从 Ventana Systems 公司的主页下载。

本节将以一个反映劳动力和库存关系的问题为例，简单介绍如何通过 Vensim PLE 构建系统动力学模型和进行仿真试验。该模型展示了库存管理策略和劳动力雇用策略可以导致生产的不稳定。

2. Vensim 建模界面

从开始菜单进入 Vensim PLE，进入后主界面如图 3.5-12 所示。这个界面可以看作是带有一系列工具的绘图工作台。Vensim 窗口的主界面以绘图区域为主，包括标题栏、菜单栏、工具栏和分析工具等。如果在 Vensim 中打开一个模型（见图 3.5-12），则绘图工具栏和状态栏也会出现。

有关绘图工具栏和状态栏说明如下：

（1）标题栏：显示当前打开的模型文件名称和选中的变量名称。

（2）菜单栏：菜单栏是上下文敏感的，具体内容根据打开的模型和正在进行的操作有所变化。大多数常用的菜单命令列在了快捷工具栏中。

（3）工具栏：工具栏中的按钮是常用的菜单项和仿真命令。分为三组，从左到右依次是：文件操作命令、仿真命令和控制命令。

（4）绘图工具栏：包含创建因果关系图和积量与流量图的全部工具。

（5）分析工具：分析工具用于显示绘图区域中变量的有关信息，包括位置信息、变量值以及从仿真数据集中得到的行为信息。

（6）状态栏：显示了绘图区域和其中对象的状态。状态栏中的按钮可以改变所选对象的状态并且可以切换视图。

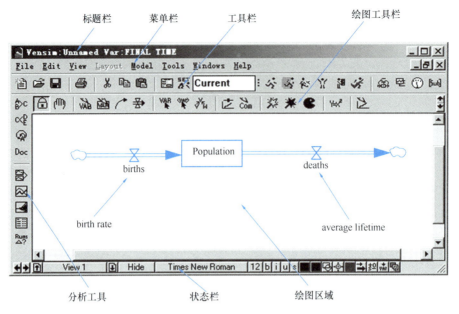

图 3.5-12　Vensim 建模界面

3. 模型构建

在菜单栏找到 File – New Model，或从工具栏创建：直接单击 New Model 按钮，就可创建一个新模型。创建后，出现模型设置界面，可以设置初始时间、终止时间、时间步长和单位等仿真基本条件。可选择默认设置，即直接单击 OK 按钮，弹出如图 3.5-13 所示的空白主界面。

1）绘制因果关系图

按照如表 3.5-3 所示的因素，在上述建模界面通过 Vensim 有关工具或功能，将构建出如图 3.5-14 所示的库存问题因果关系图。

主要影响因素表　　　　　　　　　　　　　　　　　　　　　表 3.5-3

生产相关因素	库存相关因素	销售相关因素	劳动力相关因素
产量 （Production）	库存 （Inventory）	销量 （Sales）	劳动力 （Workforce）
劳动生产率 （Productivity）	目标库存 （Target Inventory）		目标劳动力 （Target Workforce）
目标产量 （Target Productivity）	库存调整量 （Inventory Correction）		雇用量 （Net Hire Rate）
	库存覆盖比例 （Inventory Coverage）		劳动力调整时间 （Time to Adjust Workforce）
	库存调整时间 （Time to Correct Inventory）		

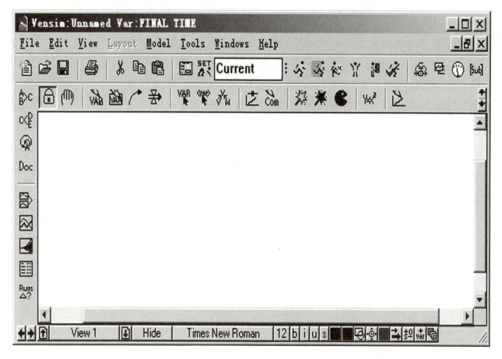

图 3.5-13　Vensim 建模主界面

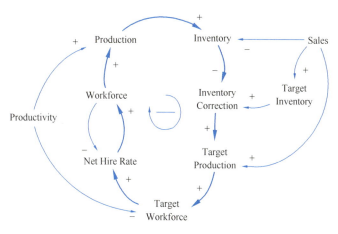

图 3.5-14　库存问题的因果关系图

2）绘制存量流量图

在 Vensim 建模界面，通过状态变量（即存量）、决策变量（即流量）和辅助变量等有关按钮或功能，将构建出如图 3.5-15 所示的库存问题的系统动力学模型。

3）为变量输入公式

在存量流量图构建完成后，在图 3.5-15 的基础上为各变量添加相应的公式，需要添加的公式如表 3.5-4 所示。有关变量的公式添加，通过 Vensim 提供的公式按钮以及对应的对话框可以完成。

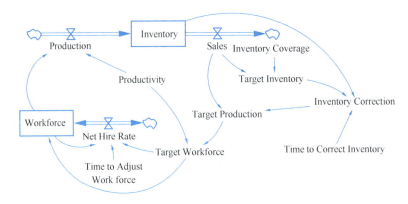

图 3.5-15　库存问题的系统动力学模型

需要设置的有关变量　　　　　　　　表 3.5-4

变量名称	变量类型	表达式	单位
Inventory	Lever	INTEG(Production-Sales，300) 初始值为 300	Widget
Net Hire Rate	Rate	(Target Workforce-Workforce)/Time to Adjust Workforce	Person/Month
Production	Rate	Workforce * Productivity	Widget/Month
Productivity	Constant	1	Widget/Month/Person
Sales	Rate	100＋STEP(50，20)阶跃输入	Widget/Month
Target Production	Auxiliary	Sales＋Inventory Correction	Widget /Month
Target Workforce	Auxiliary	Target Production/Productivity	Person
Time To Adjust Workforce	Constant	3	Month
Workforce	Level	INTEG(Net Hire Rate，Target Workforce) 初始值为 Target Workforce	Person
Inventory Correction	Auxiliary	(Target Inventory-Lnventory)/Time to Correct Inventory	Widget/Month
Time To Correct Inventory	Constant	2	Month
Target Inventory	Auxiliary	Sales * Inventory Coverage	Widget
Inventory Coverage	Constant	3	Month

4)检查模型结构

打开有关模型文件，如图 3.5-16 所示。在进行模拟前，要单击锁定🔒按钮将模型锁定，使得不能被意外修改。

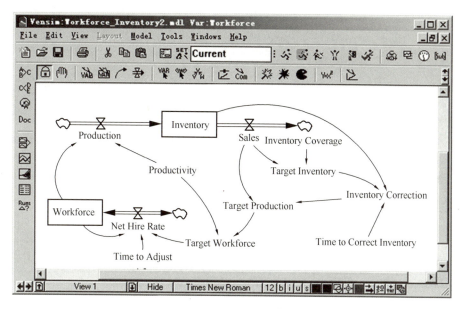

图 3.5-16　劳动力-库存模型

然后，利用 Vensim 提供的分析工具来检查模型的结构。有关检查工具包括：因果树图(Causes Tree Diagram)、影响树图(Uses Tree Diagram)、环路(Loops)分析和文档(Document)分析。

5)模型设定

在进行模拟前，要设定模拟的初始条件。选择菜单栏的 Model Setting 菜单，然后弹出模型设置对话框。在模型设置对话框中设定模型的仿真条件和运行条件等，如表 3.5-5 所示。

模型的仿真条件和运行条件

表 3.5-5

条件	Final Time	Initial Time	Time Step	Saveper
初值	100	0	0.25	Time Step
单位	Month	Month	Month	Month

4. 仿真试验

1)综合仿真试验

Vensim 可以保存多次运行结果并进行对比，首先要设定运行的名称。选定后，单击综合仿真按钮，Vensim 将按照综合仿真(SyntheSim)模式运行，如图 3.5-17 所示。

双击图 3.5-17 中的运行名称编辑框 Current ，输入第一次运行名称 baserun。单击综合仿真按钮，Vensim 将按照综合仿真(SyntheSim)模式运行，如图 3.5-17 所示。

在综合仿真模式下，每个变量要么叠加了一个曲线图形，要么在下方出现了一个滑动条。滑动条出现在常数的下方，而其他变量上侧叠加了一个小的曲线图。如果将鼠标移动到变量上，则会出现一个较大的曲线图。

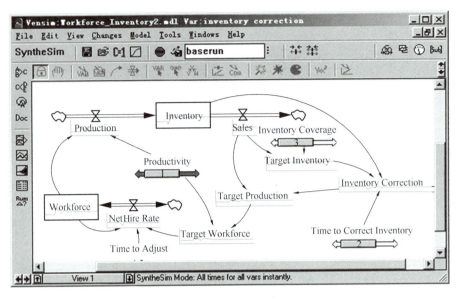

图 3.5-17 综合仿真运行

双击运行名称编辑框，将运行名称改为 experiment，则在 experiment 下运行的数据集将不会改变 baserun 中的运行数据集。用鼠标前后拖动变量 productivity 下的滑动条，变量上叠加的蓝色曲线会随着仿真运算动态变化，而 baserun 的运行结果则以红线显示并保持不变。将鼠标指针移动到变量(假定为 Workforce)上时，所弹出的曲线图显示了两次运行的结果，如图 3.5-18 所示。

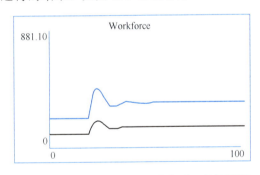

图 3.5-18 有关 Workforce 的实时运行结果图

选中变量 Workforce，单击图形按钮得到图 3.5-19 的输出结果。途中显示了两次不同运行的结果，这两条曲线并没有本质差别。首先，曲线所表现出来的行为都是所谓的"阻尼波动"；其次，两次运行的结果可以看作仅仅是图形垂直标度的差异。

关闭 Workforce 变量的输出图形，选中 Inventory 变量，单击图形按钮 ⊠，得到图 3.5-20所示的输出图形。

从图 3.5-20 种可以看出库存的波动行为与劳动力相似，区别在于库存在上涨前有一个减少的过程。更重要的是，两次模拟的库存曲线完全相同。可以通过对比两次运行的具体数据来说明。单击表格按钮得到两次运行数据比较表。

2)单次仿真

综合仿真高效直观地显示了模型的行为，但是对于大型模型，运行时间相对较长，模型变量众多，同时观察各个变量已经不可能。借助于单次仿真试验可以较好地解决这个问题，单次仿真还有利于他人重复仿真过程。

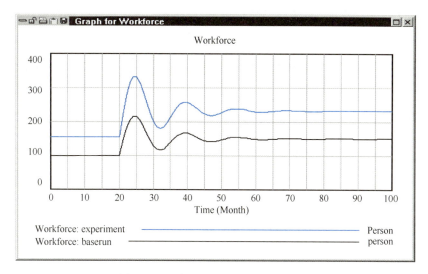

图 3.5-19　变量 Workforce 的运行结果

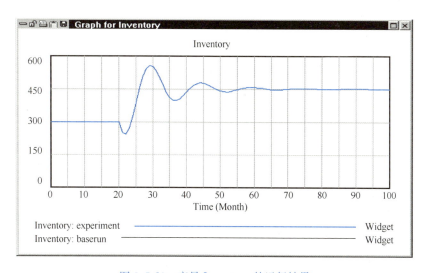

图 3.5-20　变量 Inventory 的运行结果

在综合仿真状态下，单击停止仿真按钮 ，模型中的小图形和滑动条将消失，模型恢复到刚打开时候的状态，即图 3.5-17 所示状态。

单击仿真设置按钮 ，有一些变量名称将以蓝底黄字显示，如 productivity 。这些变量都是常数变量，它们在仿真的过程当中不能改变。可以在仿真开始前设置这些变量，并观察不同设置条件下的模型行为。

单击绘图区域中的变量 Time to Adjust Workforce，会出现一个文本编辑框 3 。可以尝试放慢雇用新工人的速度（以及解雇现有工人的速度）是否可以消除波动。理想状态是从旧的库存和劳动力水平平滑过渡到新的水平。在文本框内输入数字 12 取代原来的数字 3，然后按下 Enter 键。这将把劳动力的调整时间从 3 个月改变为

12 个月。单击单次仿真按钮 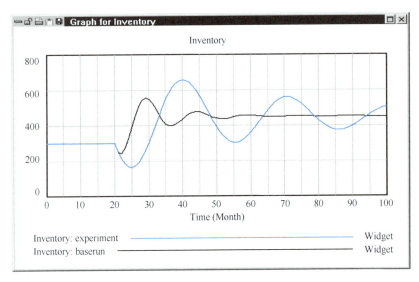，模型将进行仿真，并将仿真数据集存储于 experiment 的运行结果中。

在绘图区域选中变量 Inventory，然后单击图形按钮 ，得到图 3.5-21 所示的输出结果。

图 3.5-21　单次仿真输出结果

图 3.5-21 所示的结果显示了劳动力调整时间为 3 个月（baserun）和 12 个月（experiment）时得到的不同库存状态。结果表明，放慢雇用和解雇工人的速度实际上加大了波动的幅度并且延长了波动周期。

本节简单介绍了使用 Vensim 建立系统动力学模型，并以一简单的劳动力-库存模型为例进行了建模和仿真试验的介绍。Vensim 提供的工具可以建立和分析复杂的系统动力学模型。除了 Vensim，其他系统动力学平台或软件还包括 Anylogic、PowerSim 和 iThink。

3.5.5　系统动力学应用

围绕高速公路维护管理问题的政策制定和维护方案决策，在分析高速公路维护管理系统动态性和复杂性的基础上结合中国的实际情况，建立高速公路维护管理系统的系统动力学模型，并进行了仿真试验分析。

1. 问题描述：高速公路维护管理系统

路面使用性能是高速公路养护管理系统的关键变量，这里以路面状况指数 PCI（Pavement Condition Index）来表示。随着交通荷载及环境因素的长期共同作用，高速公路路面会受到不同程度的损坏，路面使用性能也会随之下降。

运营机构主要负责运营和维护公路资产，他们必须实时关注路面使用性能状况和现有资金情况，以便决策高速公路养护和维修方案（即维护时机和维护手段），从而防止路面性能低于最低要求。中国高速公路维护资金主要由用户收费和政府补贴构成。为了评估高速公路长时期收费的作用以及政府补贴和监管机制的影响，这里考虑将政府每年的补贴预算分成直接分配给运营机构的补贴和给予用户的补贴，其比例的多少将由政府部门根据用户的满意度来决定。用户满意度增加，说明运营机构工作有成效，其补贴分配比例将增加，而用户费用补贴比例将减少。反之，用户满意度减少，说明运营机构工作不完善，其补贴分配比例将减少，而用户费用补贴比例将增加。用户费用补贴的增加或减少，将反映针对用户的收费向下或向上调节。

以上分析说明，高速公路维护管理是一个涉及多利益相关者和多因素间相互作用、反馈和动态影响的复杂系统。为了合理计划高速公路维护方案和决策，需要模拟高速公路维护系统以评估围绕各利益相关者的各种影响因素。

2. 仿真建模：高速公路维护系统的系统动力学模型构建

根据高速公路维护系统分析和系统动力学方法，通过系统动力学软件 Vensim 建立了高速公路维护管理系统中高速公路网络、运营机构、用户及政府之间相关变量的因果循环图，其中"＋"/"－"号分别表示正面/负面影响，如图 3.5-22 所示。

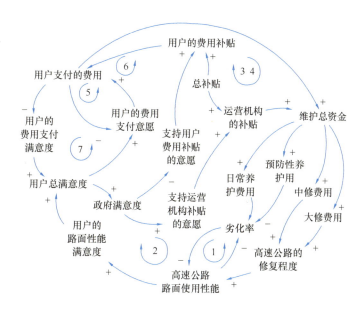

图 3.5-22　高速公路维护系统相关变量因果循环图

在因果循环图基础上，通过 Vensim 建立高速公路维护管理系统动力学模型，如图 3.5-23所示。高速公路维护管理系统作为一个整体，由代表相关利益的高速公路网络、运营机构、用户和政府四个子系统连接而成。

1)高速公路路面使用性能子系统

路面使用性能被划分为"优、良、中、次、差"5 个等级，其劣化过程可以用马尔科夫模型来描述，而状态转移概率矩阵是马尔科夫模型的核心内容和关键所在，它表示的是路面使用性能从一种状态转移到另一种状态的概率。在进行马尔科夫概率预测时需要假定：①预测期系统状态数保持不变；②系统的状态转移概率不会随时间变化；③状态转移概率只与当前的状态有关，而与之前的状态无关，即无后效性。马尔科夫概率转移矩阵可表示为：

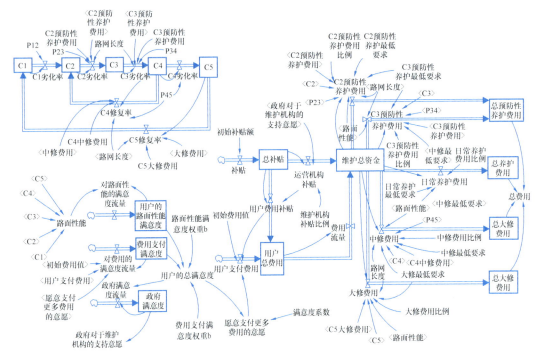

图 3.5-23　高速公路维护系统的存量流量图

$$\boldsymbol{P} = \begin{bmatrix} P_{11} & P_{12} & P_{13} & P_{14} & P_{15} \\ P_{21} & P_{22} & P_{23} & P_{24} & P_{25} \\ P_{31} & P_{32} & P_{33} & P_{34} & P_{35} \\ P_{41} & P_{42} & P_{43} & P_{44} & P_{45} \\ P_{51} & P_{52} & P_{53} & P_{54} & P_{55} \end{bmatrix}$$

其中，P_{ij} 表示从状态 i 转移到状态 j 的概率。

当路面使用性能劣化时，它的状态就会变差，而且运营费用将会增加。路面损坏状况是反映路面结构完整性或完整程度的变量，其评价指标是路面状况指数 PCI。在研究路面损坏状况时，需要选取若干典型的路段，对损坏进行调查和评定，根据需要确定相应的维护对策评价标准，如表 3.5-6 所示。

损坏状况评价标准　　　　　　　　　　　　　　表 3.5-6

损坏状况评价	优(C1)	良(C2)	中(C3)	次(C4)	差(C5)
PCI	100~85	85~70	70~55	55~40	≤40
维护对策	日常养护	C2 预防性养护	C3 预防性养护	中修	大修

这里假设：①在现有的路面日常养护及预防性养护条件下，使用性能不会从低水平向高水平转移，即当 $i<j$ 时，$P_{ij}=0$；②大修手段能使路面性能恢复到最优的状态，中修手段能使路面性能恢复到良的状态；③根据路面的大量计算数据可得，高速公路路面使用性能在一年时间内不会大幅度下降，故可近似认为路面使用性能只会从高等级转移到次一级的水平，即当 $j-i\geqslant 2$ 时，$P_{ij}=0$。

故状态转移矩阵可简化为：

$$P = \begin{bmatrix} P_{11} & P_{12} & 0 & 0 & 0 \\ 0 & P_{22} & P_{23} & 0 & 0 \\ 0 & 0 & P_{33} & P_{34} & 0 \\ 0 & 0 & 0 & P_{44} & P_{45} \\ 0 & 0 & 0 & 0 & P_{55} \end{bmatrix}$$

取路面性能各状态或等级(表 3.5-6)的 PCI 中值，即 $M_0 = \{92.5, 77.5, 62.5, 47.5, 20\}$。如果某时期高速公路路面性能处在各等级或状态的概率分别由 $C1$、$C2$、$C3$、$C4$ 和 $C5$ 来表示，则该时期高速公路的路面性能 PCI 值为：

$$PCI = 92.5C1 + 77.5C2 + 62.5C3 + 47.5C4 + 20C5$$

在不进行任何维护的情况下，$C1$、$C2$、$C3$、$C4$ 的劣化率分别是 $C1 \cdot P12$、$C2 \cdot P23$、$C3 \cdot P34$、$C4 \cdot P45$。

2)运营机构子系统

运营机构需要对高速公路资产的养护及修复进行决策，其维护费用会随着路面使用性能的降低而逐渐上涨，因此确定合理的维护决策是在资源限制条件下保证费用最小化以及维持路面性能的关键因素。

高速公路维护手段通常包括日常养护、预防性养护、中修和大修。日常养护是针对高速公路的例行检查和简单维护，以维持高速公路的日常运行。预防性养护是指在路面性能下降到低等级(见表 3.5-6)之前通过维修减小劣化率，但不提升路面性能等级。中修是指在路面性能达到次级性能($C4$)时通过维修提升性能等级到良($C2$)；大修是指在路面性能达到最差($C5$)时通过维修提升性能等级到优($C1$)。上述维护活动在高速公路全寿命期内反复操作，直至高速公路拆除为止。确定合适的维护时机是维护管理的关键，也是运营机构的主要职责。日常养护贯穿高速公路维护的每个阶段，运营机构可以通过制定最低维护要求确定何时进行 $C2$ 状态下的预防性养护(简称 $C2$ 预防性养护)、$C3$ 状态下的预防性养护(简称 $C3$ 预防性养护)、中修和大修。

当采取各项维护手段时，原先的劣化率就会相应地减少，其减少的比例与投入的维护费用正相关。例如，当投入预防性养护费用，其相应公式如下：

$C2$ 劣化率 $= MAX(C2 \cdot P_{23} - C2$ 预防性养护费用/$C2$ 预防性养护费用/路网长度，0)；

$C3$ 劣化率 $= MAX(C3 \cdot P_{34} - C3$ 预防性养护费用/$C3$ 预防性养护费用/路网长度，0)；

$C2$ 预防性养护资金 = IF THEN ELSE{路面性能<$C2$ 预防性养护最低要求：AND：路面性能≥$C3$ 预防性养护最低要求，MIN{维护总资金×$C2$ 预防性养护资金比例×[1+($C2$ 预防性养护最低要求−路面性能)/100]，$C2 \cdot P_{23}$ 为 $C2$ 预防性养护费用×路网长度}，0}；

$C3$ 预防性养护资金 = IF THEN ELSE{路面性能<$C3$ 预防性养护最低要求：AND：路面性能≥中修最低要求，MIN{维护总资金×$C3$ 预防性养护资金比例×[1+($C3$ 预防性养护最低要求−路面性能)/100]，$C3 \cdot P_{34}$ 为 $C3$ 预防性养护费用×路网长度}，0}。

3)用户子系统

用户是高速公路资产的直接使用者，也是高速公路维护系统的主要利益相关者。用户对高速公路的满意度主要来自于对高速公路路面性能的满意度以及对高速公路费用支付的满意度。因而，用户的总满意度 $= a \times$ 路面性能满意度 $+ b \times$ 费用支付满意度(a、b 分别反映路面性能满意度和费用支付满意度影响用户总体满意度的权重，其值会随着地区及经济条件的改变而改变）。其中，路面性能及费用支付的满意度流量分别为预期值和实际感受值之间的差异。Homburg 等（2005）通过两组实验分析了用户满意度对支付意愿的影响，结果均显示用户满意度对支付意愿有较强的正向的显著影响。

其他主要公式如下：

对路面性能的满意度流量＝路面性能－用户的路面性能满意度；

用户的路面性能满意度 ＝ INTEG(对路面性能的满意度流量，100)；

费用支付满意度 ＝ INTEG(对费用的满意度流量，50)。

4）政府子系统

政府部门在高速公路维护管理过程中扮演重要角色，不但决定补贴额度和针对运营机构和用户的补贴比例，同时将根据用户总满意度情况作出上述决策。可见，有关政府部门不仅会影响高速公路资产的变化，还会与运营机构以及用户这些利益相关者相互影响。政府满意度受到用户总满意度的影响，同时影响高速公路和用户的费用补贴。

其主要公式如下：

政府满意度流量＝用户的总满意度-政府满意度；

政府满意度 ＝ INTEG(政府满意度流量，50)。

3. 仿真试验：高速公路维护系统的系统动力学仿真试验分析

这里选取中西部某高速公路为例，选取该高速公路长度为 100km 的路网长度，根据每 100m 测定的数据和有关数据分析获得的该高速公路在采取维修措施前的状态转移概率矩阵为：

$$P = \begin{bmatrix} 0.8145 & 0.1855 & 0 & 0 & 0 \\ 0 & 0.6451 & 0.3549 & 0 & 0 \\ 0 & 0 & 0.5598 & 0.4402 & 0 \\ 0 & 0 & 0 & 0.5602 & 0.4398 \\ 0 & 0 & 0 & 0 & 1 \end{bmatrix}$$

初始的路面使用性能状态分布可用初始概率矩阵表示为：

$$P_0 = \begin{bmatrix} 0.8145 & 0.1809 & 0.0046 & 0 & 0 \end{bmatrix}$$

初始补贴额＝250（万元）；

日常养护最低要求＝95（万元）；

$C2$ 预防性养护最低要求＝85（万元）；

$C3$ 预防性养护最低要求＝75（万元）；

中修最低要求＝65（万元）；

大修最低要求＝55（万元）。

本次模拟以 30 年为限，通过仿真试验得到路面性能、用户满意度及政府满意度之间的相互影响和相互作用的关系，如图 3.5-24 所示。从图中可以看出，在前 10 年内，路面性能随着时间的推移而下降，而 10 年以后路面性能反而开始回升，待上升到一定程度之后，路面性能又开始下降，之后就是重复之前的规律，而用户满意度和政府满意度是随着路面性能的改变而改变，变化幅度和变化频率基本保持一致。

图 3.5-25 表示的是大修费用图，大修费用从第 10 年开始发生，而路面性能也从第 10

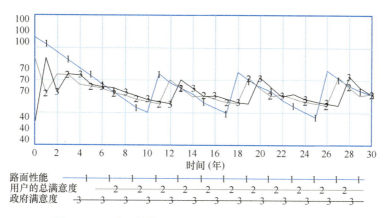

图 3.5-24　路面性能、用户满意度及政府满意度关系图

年开始有所回升，说明大修对于路面性能的提高有很显著的作用，当路面性能低于大修最低要求时即进行大修，从而使路面性能呈现周期性的变化，其变化规律符合现实情况。

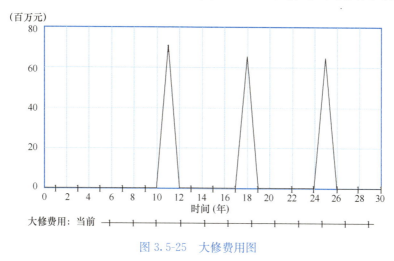

图 3.5-25　大修费用图

　　基于上述仿真分析可知，所建立的高速公路维护管理系统动力学模型能够反映政府部门投资、运营机构决策、用户满意度和路面使用性能之间的相互影响关系。基于系统动力学仿真软件 VensimPLE 所建立的模型，方便决策者通过改变有关参数进行灵敏性仿真分析，从而找到关键影响因素，为管理者迅速提供决策依据。

　　在此基础上，通过政府的补贴与路面性能之比（简称补贴性能比）以及运营机构的费用与路面性能之比（简称费用性能比）来确定其最佳的维护策略和方案。图 3.5-26 表示的是当政府改变初始补贴额时，其补贴与路面性能的比值，该值越大，说明补贴所获得效益越低，故在当前条件下，政府投入 250 万元的补贴额所获得的效益相对最高。

　　图 3.5-27 所示的是当运营机构改变其维护策略时，其总费用与路面性能的比值，该值越大，说明费用效益水平越差。故而说明尽管提高最低维护要求能提高路面性能，但事实上其费用性能比反而降低，故运营机构可适当降低维护标准。

　　该案例在分析高速公路维护管理系统复杂特性的基础上，构建了高速公路维护系统动力学模型，根据中国实际情况建立了有关变量之间的量化关系，详细分析了包括高速公路

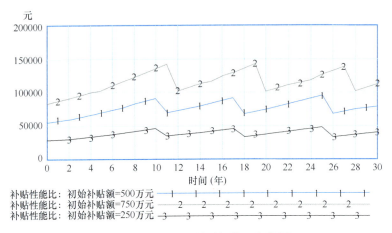

图 3.5-26 政府的补贴性能比变化图

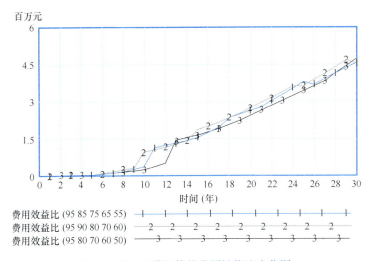

图 3.5-27 运营机构的费用性能比变化图

网络、运营机构、用户及政府在内的各子系统之间相互影响的长期动态关系。然后结合某高速公路的维护系统案例，模拟评估了一定时间内高速公路路面性能与运营机构维修决策以及政府预算分配方案之间的动态关系，展示了所建系统动力学模型的有效性和实用性。该案例说明，通过系统动力学方法能够为建设工程管理需要的优化决策提供宏观和量化的模拟评估手段，为政府部门和有关机构的决策提供参考依据。

思考与练习题

1. 分析说明系统动力学建模中因果关系图有哪些作用？

2. 分析解释何为因果回路，说明如何判断因果回路的极性？

3. 分析解释何为状态变量（存量）和决策变量（流量），说明它们之间的联系和区别。

4. 资源消耗模型：某地区有人口 500 万，每年增加人口 5 万。平均寿命为 70 岁。额定平均每人消耗 1t 煤。现探明该地区有煤炭资源 5 亿 t。试模拟该地区资源的消耗情况。

（1）分析该问题的因果关系，画出流图进行仿真，仿真运行 50 年，对仿真结果进行分析。

（2）分析评价政策变化所产生的后果：

① 当人口年增长为 10 万时，系统状态的改变如何？你有何对策？

② 采取节能措施，平均每人每年消耗 0.8t 煤时，系统状态的改变又如何？你有何对策？

5. 退休基金模型：企业为建立职工退休养老基金制度，每年从每个职工的平均工资中留成 P 元作为退休基金。筹集的基金每年进行投资，年得益为该投资总额的 5%。企业职工每年增长 3%，职工平均工作年限是 T_1 年。每个退休职工平均每年领取退休金 Q 元，职工退休后的平均寿命是 T_2 年。试分析研究最佳退休基金留成问题。要求：

（1）分析该问题的因果关系，画出流图进行仿真。

（2）当 $T_1 = 40$ 年，$T_2 = 15$ 年，$Q = 1500$ 元时，留成多少元才算满意？分别模拟 $P > Q$、$P = Q$、$P < Q$ 的情况，并评价结果。

【本章小结】

在决策方案或计划时需要预测评价，但因为建设工程的随机性、动态性和复杂关系，往往难以构建数学公式来完成，为此可利用低成本、低风险和能够反复试验的计算机系统仿真方法。蒙特卡罗仿真侧重于个体随机试验，排队论侧重于排队系统的数理统计，离散事件仿真侧重于系统过程和复杂事件模拟，系统动力学侧重于宏观影响和反馈作用模拟，各种方法各有特点，能够解决不同的工程管理问题。系统仿真具有回答"What-If"的功能，可以结合优化算法解决其目标函数难以建立的问题。另外，系统仿真中的建模和数据分析等瓶颈，可以结合大数据分析和机器学习来解决。

本章参考文献

[1] 隽志才. 管理系统仿真建模及应用 [M]. 北京：清华大学出版社，2010.

[2] 郭齐胜，徐享忠. 计算机仿真 [M]. 北京：国防工业出版社，2011.

[3] 胡运权. 运筹学教程 [M]. 北京：清华大学出版社，2018.

[4] LAW A M, KELTON W D. Simulation modeling and analysis [M]. [S. l.]：McGraw Hill，2000.

[5] HARRISON R L. Introduction to monte carlo simulation [C]. AIP Conference Proceedings，2010：17.

[6] RUBINSTEIN R Y, KROESE D P. Simulation and the monte carlo method [M]. [S. l.]：John Wiley & Sons，2016.

[7] BHAT U N. An introduction to queueing theory：modeling and analysis in applications [M]. Boston：Birkhäuser，2008.

[8] SHORTLE J F, THOMPSON J M, Gross D, et al. Fundamentals of queueing theory [M]. [S. l.]：John Wiley & Sons，2018.

［9］ PIDD M. Computer simulation in management science ［M］. ［S. l. ］：Wiley，1998.

［10］ DIAZ R，BEHR J G. Discrete-event simulation ［J］. Modeling and simulation fundamentals，2010：57.

［11］ BALA B K，ARSHAD F M，NOH K M. System dynamics ［J］. Modelling and simulation，2017：274.

［12］ GRÖBLER A，THUN J H，MILLING P M. System dynamics as a structural theory in operations management ［J］. Production and operations management，2008，17(3)：373-384.

［13］ THOMOPOULOS N T. Essentials of monte carlo simulation：statistical methods for building simulation models ［M］. ［S. l. ］：Springer Science & Business Media，2012.

［14］ GENTLE J E. Random number generation and monte carlo methods ［M］. ［S. l. ］：Springer-Verlag，1998.

［15］ KALASHNIKOV V V. Mathematical methods in queuing theory ［M］. ［S. l. ］：Springer Science & Business Media，2013.

［16］ 甘益兴. 基于排队论中几个问题的探讨 ［D］. 武汉：华中科技大学，2008.

［17］ BANKS J，CARSON J S，Nelson B L. Discrete-event system simulation ［M］. ［S. l. ］：Prentice Hall，1999.

［18］ ROBINSON S. Discrete-event simulation：from the pioneers to the present，what next? ［J］. journal of the operational research society，2005，56：619-629.

［19］ HALPIN D W，RIGGS L S. Planning and analysis of construction operations ［M］. ［S. l. ］：Wiley，1992.

［20］ MARTINEZ J，IOANNOU P G. General-purpose systems for effective construction simulation ［J］. Journal of construction engineering and management，1999，125(4)：265-276.

［21］ ZHANG H，TAM C M，LI H Activity object-oriented simulation strategy for modeling construction operations ［J］. Journal of computing in civil engineering，2005，19(3)：313-322.

［22］ ZHANG H Discrete-event simulation for estimating emissions from construction processes ［J］. Journal of management in engineering，2015，31(2)：4，14，34.

［23］ LYNEIS J M，FORD D N. System dynamics applied to project management：a survey，assessment，and directions for future research ［J］. System dynamics review：the journal of the system dynamics society，2007，23(2)：157-189.

［24］ MARTINEZ-MOYANO I J，RICHARDSON G P. Best practices in system dynamics modeling ［J］. System dynamics review，2023，29(2)：102-123.

［25］ 贾素玲. Vensim 软件建模指导手册［D/OL］. 北京：北京航空航天大学经济管理学院.［2019-01-07］. https：//wenku. so. com/d/18416011b3ada4dfa974a4e2c9bd8339.

［26］ 张宏，任芳敏，郑荣贝. 基于系统动力学的高速公路维护管理系统仿真研究 ［J］. 系统仿真学报，2016，28(3)：676.

机器学习

知识图谱

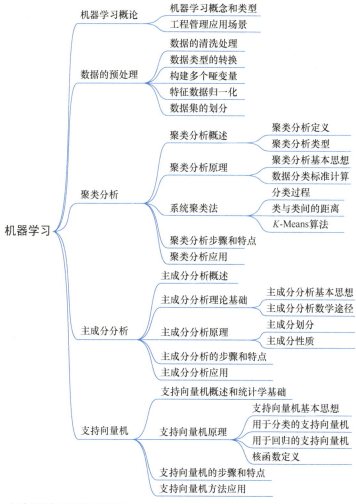

机器学习

- 机器学习概论
  - 机器学习概念和类型
  - 工程管理应用场景
- 数据的预处理
  - 数据的清洗处理
  - 数据类型的转换
  - 构建多个哑变量
  - 特征数据归一化
  - 数据集的划分
- 聚类分析
  - 聚类分析概述
    - 聚类分析定义
    - 聚类分析类型
  - 聚类分析原理
    - 聚类分析基本思想
    - 数据分类标准计算
  - 系统聚类法
    - 分类过程
    - 类与类间的距离
    - K-Means算法
  - 聚类分析步骤和特点
  - 聚类分析应用
- 主成分分析
  - 主成分分析概述
  - 主成分分析理论基础
    - 主成分分析基本思想
    - 主成分分析数学途径
  - 主成分分析原理
    - 主成分划分
    - 主成分性质
  - 主成分分析的步骤和特点
  - 主成分分析应用
- 支持向量机
  - 支持向量机概述和统计学基础
  - 支持向量机原理
    - 支持向量机基本思想
    - 用于分类的支持向量机
    - 用于回归的支持向量机
    - 核函数定义
  - 支持向量机的步骤和特点
  - 支持向量机方法应用

本章要点及学习目标

　　本章的主要内容，是在介绍机器学习有关概念的基础上，分别介绍数据预处理、聚类分析、主成分分析和支持向量机等机器学习基础算法。通过本章的学习，让读者了解机器学习和人工智能的关系、机器学习模型类型及工程管理应用场景，掌握数据预处理有关方法，以及聚类分析、主成分分析和支持向量机的思想或原理、有关算法、实现步骤和特点，能够利用其解决工程管理有关问题。

4.1 机器学习概论

4.1.1 机器学习概念和背景

1. 机器学习基本概念

1）机器学习发展背景

人类往往对其在成长和生活过程中积累的经验进行"归纳"，从而获得有关"规律"。当人类遇到未知的问题或者需要对未来进行"推测"的时候，常常使用这些"规律"，对未知问题与未来进行"推测"，从而指导自己的生活和工作。人类所具有的最独特创造力在于可以通过已有经验与常识进行学习，学习是人类具有的一种重要智能行为，因此具备学习能力是人类的一个极其重要的特征。社会学家、逻辑学家、心理学家和计算机科学家对学习的定义有各自的看法，比如"学习是一个系统对环境的适应性变化，使得系统在下一次完成同样或类似的任务时更为有效"，"学习是构造或修改对于所经历事物的表示"，或者"学习是知识的获取"。这些观点各有侧重，第一种观点强调学习的外部行为效果，第二种则强调学习的内部过程，而第三种主要是从知识工程的实用性角度出发。

随着科学技术的发展，人们开始探索如何制造智能机器来替代人的繁复的智力劳动，并且在某些方面已经取得了巨大成功。然而，机器不是人，它不具备人的思维、学习和创造能力。一个不具有学习能力的智能机器很难称得上是一个真正的智能机器，但是以往的智能机器都普遍缺少学习的能力。例如，它们遇到错误时不能自我校正；不会通过经验改善自身的性能；不会自动获取和发现所需的知识。它们的推理仅限于演绎而缺少归纳，因此至多只能够证明已存在的事实、定理，而不能发现新的定理、定律和规则等。随着人工智能的深入发展，这些局限性表现得愈加突出。如何使机器具备智能，使机器可以模拟人的大脑思维，可以像人一样地思考问题、学习新知识，就成为亟需解决和发展的科学问题。正是在这种情形下，机器学习（MachineLearning，ML）逐渐成为人工智能领域的核心研究内容之一。

现在针对机器学习的应用已遍及人工智能领域的各个分支，如专家系统、自动推理、自然语言理解、模式识别、计算机视觉、智能机器人、生物信息学等领域。在这些研究中，如何获取知识成为突出的瓶颈，人们试图采用机器学习的方法加以克服。

机器学习是一门多领域交叉学科，其理论基础涉及概率论、统计学、逼近论、凸分析、最优化理论和计算复杂度理论等，研究如何使机器具备智能，使机器可以模拟或实现人类的学习行为，以获取新的知识或技能，重新组织已有的知识结构使之不断改善自身的性能。这里所说的"机器"，指的就是计算机；现在是电子计算机，以后还可能是量子计算机、光子计算机或神经计算机等。机器学习是人工智能的核心，是使机器具有智能的根本途径，其应用遍及人工智能的各个领域，它主要使用归纳、综合而不是演绎。目前，如何使机器具备拟人化的学习，进行更深层次的理解工作，还有很多问题需要探索和解决。

2）机器学习定义

一般而言，机器学习的研究主要是从生理学、认知科学的角度出发，理解人类的学习过程，从而建立人类学习过程的计算模型或认知模型，并发展成各种学习理论和学习方法，在此基础上，研究通用的学习算法，进行理论上的分析，建立面向任务的具有特定应用的学习系统。但至今还没有统一的"机器学习"的定义，而且也很难给出一个公认的和准确的定义。

许多学者给了机器学习不同的定义，比如"机器学习是一门人工智能的科学，该领域的主要研究对象是人工智能，特别是如何在经验学习中改善具体算法的性能"，"机器学习是对能通过经验自动改进的计算机算法的研究"以及"机器学习是用样本数据或以往的经验对计算机编程以优化性能指标"等。例如，对于无人驾驶设备而言，机器学习的任务是根据路况或环节确定驾驶方式。例如，遇到行人或障碍物时应当避让，遇到红灯时应当停车等。学习性能的度量可以是事故发生的概率。经验就是大量的人类驾驶数据。一般来说，训练一个无人驾驶设备需要几百万千米且包含各种环境或路况的人类驾驶数据。从这些数据中，机器学习算法能提取出在各种路况下人类的正确驾驶方式。然后，在无人驾驶的情况下，根据学习到的相应驾驶方式来操纵设备。例如，如果路口亮起红灯，人类驾驶员就会制动。机器学习算法提取出这一模式，从而能在传感器识别出红灯时发出制动的指令。从上面的这个例子可以看出，机器学习的原理与人类学习十分相似，都是对已知的经验数据加以提炼，以掌握完成某项任务的方法。

机器学习与人类学习经验的过程是类似的。事实上，机器学习的一个主要目的就是把人类思考归纳经验的过程转化为计算机通过对数据的处理计算得出模型的过程。经过计算机得出的模型能够以近似于人的方式解决很多灵活复杂的问题。图 4.1-1 示意了机器学习与人类学习的类比。

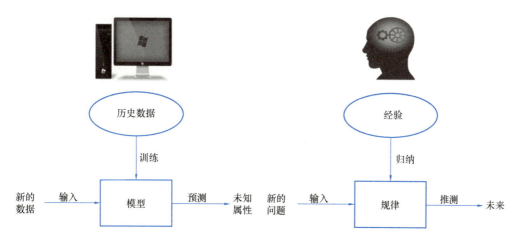

图 4.1-1　机器学习与人类学习的类比

机器学习中的"训练"与"预测"过程可以对应到人类的"归纳"和"推测"过程。通过这样的对应，可以发现，机器学习的思想并不复杂，仅仅是对人类在生活中学习成长的一个模拟。由于机器学习不是基于编程形成的结果，因此它的处理过程不是因果的逻辑，而是通过归纳思想得出的相关性结论。

3）机器学习的特点

首先，机器学习算法可以从海量数据中提取与任务相关的重要特征。例如，在人脸识别技术中，机器学习算法能从人脸面部提取很多细节特征，来区别任意两个不同的人脸，其识别准确率超过人类。

其次，机器学习算法可以自动地对模型进行调整，以适应不断变化的环境。例如，在房价预测系统中，机器学习算法能自动根据类似的小区的最新交易记录，对某小区的房价预测作出迅速调整。这样的反应速度往往非人力所能及。

然而，机器学习也并非无所不能。机器学习面临的第一个问题是：机器学习算法需要大量的训练数据来训练模型。在训练数据不足的情况下，机器学习算法往往会面临两个挑战。第一，训练数据的代表性不够好。这使得模型在面对完全陌生的任务场景时会"不知所措"。例如，如果在无人驾驶汽车算法的训练数据中没有包含雪天的行驶记录，那么经训练得到的模型很可能无法在雪天给出正确的驾驶指令。第二，训练数据的一些特殊的特征可能将模型带入过度拟合的误区。过度拟合就是指算法过度解读训练数据，从而失去了模型的可推广性。

机器学习面临的第二个问题是：目前它还没有在创造性的工作领域中取得成效。例如，艺术创作还主要依赖于人类的情感与思维，许多构造性的数学证明还无法由机器学习来完成，许多猜想性质的科学研究也仍然需要科学家的灵感与智慧。

机器的能力是否能超过人，很多人持否定意见。一个主要论据是：机器是人造的，其性能和动作完全是由设计者规定的，因此无论如何其能力也不会超过设计者本人。这种观点对不具备学习能力的机器来说的确是成立的，可是对具备学习能力的机器来说就值得深思了，因为这种机器的能力在应用中不断地提高，过一段时间之后，设计者本人也不知它的能力到了何种水平。

2. 机器学习和人工智能的关系

人工智能是一门新理论、新技术、新方法和新思想不断涌现的前沿交叉学科，它是在控制论、信息论和系统论的基础上诞生的，涉及哲学、心理学、语言学、神经生理学、认知科学、计算机科学、信息科学、系统科学、数学以及各种工程学方法，这些学科为人工智能的提供了丰富的知识和研究方法。作为一门前沿交叉学科，人工智能的研究领域十分广泛，涉及机器学习、数据挖掘、知识发现、模式识别、计算机视觉、专家系统、自然语言理解、自动定理证明、自动程序设计、智能检索、多智能体、人工神经网络、博弈论、机器人学、智能控制、智能决策支持系统等领域，相关研究成果也已广泛应用到生产、生活的各个方面。

机器学习是人工智能的核心，也是使机器具有智能的根本途径。学习是人类最重要的能力，通过学习，人们可以解决过去不能解决的问题。机器学习研究的是机器怎样模拟或实现人类的学习行为，以获取新的知识或技能，重新组织已有的知识结构使之不断改善自身的性能。只有让计算机系统具有类似人的学习能力，才有可能实现人类智能水平的人工智能系统。因此，机器学习在人工智能中起着举足轻重的作用，是人工智能研究的核心问题之一，也是当前人工智能理论研究和实际应用的非常活跃的领域。

机器学习的核心原理是让计算机模仿人类的思考方式，像人一样自己领悟概念和原理。但总体来看，采用机器学习认识到的东西还是趋于表象，而不能像人一样深入认识事物。这就导致机器学习只能解决一些难度有限的问题，在一些有深度的问题上就显得无能为力。深度学习是在机器学习的基础上发展起来的，其目的就是解决机器学习解决不了的问题。和机器学习相比，深度学习在计算量和计算深度上都有质的飞跃。有关深度学习的内容将在下一章介绍。

3. 机器学习基本要素

机器学习方法之间的不同，主要来自其学习模型、学习准则、优化算法的不同。学习模型、学习准则、优化算法，称之为机器学习的三个要素，其将决定机器学习方法的具体构成。

1）学习模型

机器学习首要考虑的问题是学习什么样的模型。在监督式机器学习中，给定训练集，学习的目的是希望能够拟合一个函数 $h(x, \theta)$ 来完成从输入特征向量 x 到输出标签的映射。这个需要拟合的函数 $h(x, \theta)$ 就称为模型，它由参数向量 θ 决定。θ 称为模型参数向量，θ 所在的空间称为参数空间。一般来说，模型有两种形式，一种形式是概率模型（条件概率分布），另一种形式是非概率模型（决策函数）。决策函数还可以再分为线性和非线性两种，对应的模型就称为线性模型和非线性模型。在实际应用中，将根据具体的学习方法来决定采用概率模型还是非概率模型。

将训练得到的模型称为一个假设，从输入空间到输出空间的所有可能映射组成的集合称为假设空间。在监督式机器学习中，模型就是所要学习的条件概率分布或决策函数。模型的假设空间包含所有可能的条件概率分布或决策函数。例如，假设决策函数是输入特征向量 x 的线性函数，那么模型的假设空间就是所有这些线性函数构成的函数集合。假设空间中的模型一般有无穷多个，而机器学习的目的就是从这个假设空间中选择出一个最好的预测模型，也就是在参数空间中选择一个最优的估计参数向量 θ。

2）学习准则

在明确了模型的假设空间之后，接下来需要考虑的是按照什么样的准则从假设空间中选择最优的模型，即学习准则或策略问题。

机器学习最后都归结为求解最优化问题，为了实现某一目标，需要构造出一个目标函数，然后让目标函数达到极大值或极小值，从而求得机器学习模型的参数。如何构造出一个合理的目标函数，是建立机器学习模型的关键，一旦目标函数确定，接下来就是求解最优化问题。

对于监督式机器学习中的分类问题与回归问题，机器学习本质上是给定一个训练样本数据集 $T = \{(x_1, y_1), (x_2, y_2), \cdots, (x_i, y_i), \cdots, (x_N, y_N)\}$，尝试学习 $x_i \rightarrow y_i$ 的映射函数 $\hat{y_i} = h(x_i, \theta)$，其中 θ 是模型的参数向量，使得给定一个输入样本数据 x，即便这个 x 不在训练样本中，也能够为 x 预测出一个标签值 $\hat{y_i}$。

在机器学习领域，存在三个容易被混淆的术语：损失函数、成本函数和目标函数，它们之间的区别和联系如下。

（1）损失函数：通常是针对单个训练样本而言的，用来衡量模型在每个样本实例 x_i 上的预测值 $h(x_i, \theta)$ 与样本的真实标签值 y_i 之间的误差，记作 $L[y_i, h(x_i, \theta)]$。损失函数的值越小，说明预测值 $\hat{y_i}$ 与实际观测值 y_i 越接近。

（2）成本函数：通常是针对整个训练样本集（或者一个 Mini-Batch）的总损失 $J(\theta) = \sum_{i=1}^{N} L[y_i, h(x_i, \theta)]$。常用的成本函数包括均方误差、均方根误差、平均绝对误差等。函数的值越小，说明模型对训练集样本数据的拟合效果越好。

（3）目标函数：是一个更通用的术语，表示最终待优化的函数。

由于损失函数和成本函数只是在针对样本集上有区别，因此在有些书中统一使用损失函数这个术语，但书中的相关公式实际上采用的是成本函数的形式。

3）优化算法

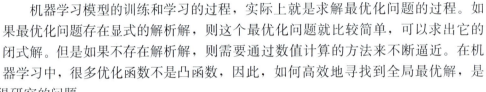

微视频4-1 机器学习动画解析

在获得了训练样本集、确定了假设空间以及选定了合适的学习准则之后，就要根据学习准则（策略）从假设空间中选择最优模型，需要考虑用什么样的计算方法来求解模型的最优参数估计。

机器学习模型的训练和学习的过程，实际上就是求解最优化问题的过程。如果最优化问题存在显式的解析解，则这个最优化问题就比较简单，可以求出它的闭式解。但是如果不存在解析解，则需要通过数值计算的方法来不断逼近。在机器学习中，很多优化函数不是凸函数，因此，如何高效地寻找到全局最优解，是一个值得研究的问题。

4.1.2　机器学习模型类型

机器学习模型的类型有多种，按不同的标准或分类方式，比如所关注的任务类型或学习方式等，可以划分出下列几个类型的机器学习。

1. 按任务类型分类

按任务类型分类，机器学习模型可分为回归、分类、聚类和维数约简模型等。

1）回归

在现代，回归分析主要指的是研究两个或者多个变量之间相互关系的一种方法。在回归分析中，假设有一个数据集

$$T = \{(x_1, y_1), (x_2, y_2), \cdots, (x_i, y_i), \cdots, (x_N, y_N)\}$$

其中，$x_i \in R^d$ 是一个 $d(d \geqslant 1)$ 维特征向量，$y_i \in R$ 为输入样本 x_i 的标签（期望输出）。机器学习的任务是根据该数据集推断出函数 $h(x, \theta)$，使得

$$y = h(x; \theta) \tag{4.1-1}$$

这里将 y 称为因变量，将 x 称为自变量。函数 $h(x; \theta)$ 称为 y 对 x 的回归函数。回归主要指的是研究 y 和 x 之间的关系，其中 y 是连续型变量。如果 $d = 1$，则称为一元回归分析，因为只有一个自变量；如果 $d > 1$，则称为多元回归分析。按照函数的类型，回归分析可分为线性回归分析和非线性回归分析。

在回归问题中，要预测的因变量是连续型的，样本标签是取值于某个区间的实数，其值通常为连续值。房价预测是一个经典的回归问题。在房价预测问题中，每一个训练样本数据都是某地区的一笔房屋交易记录。训练样本数据中含有诸如房屋面积、房型、地段、房龄等特征，并且含有交易价格作为其标签值。显然，在房价预测问题中，既无可能也无必要完全精确地预测出给定房屋的价格，而只要预测出的房屋价格能接近其真实价格即可。这恰是一般回归问题的目标：输出接近真实标签的预测。实际上，如果一个回归问题的模型在训练数据上的预测过于准确，那么就有可能出现过度拟合的问题。

回归问题在实际中有着非常广泛的应用，很多实际问题都可以转化为回归问题的形式，例如：

（1）幸福指数（y）与工作收入（x_1）、家庭和睦（x_2）和健康情况（x_3）之间的关系；

（2）工作能力（y）与受教育程度（x_1）、职称等级（x_2）和工作经验（x_3）之间的关系。

2）分类

在分类问题中，机器学习的任务是将对象归类到已经定义好的若干类别中。例如，要判定一个水果是苹果、桃子或是杏子。解决这类问题的办法是先给一些各种类型的水果让算法学习，然后根据学习得到的经验对一个水果的类型作出判定。这就像一个幼儿园的小朋友，老师先拿各种水果教他们，告诉每种水果是什么样子的，接下来这些孩子就会认识这些类型的水果了。这种学习方式称为监督式机器学习，它有训练和预测两个过程，在训练阶段，用大量的样本进行学习，得到一个判定水果类型的模型；在预测阶段，给一个水果，就可以用这个训练得到的模型来判定水果的类别。

每个样本数据一般表示成（x,y）的形式，这里 $x \in R^d$ 是一个 $d(d \geqslant 1)$ 维特征向量，$y \in R$ 为输入样本 x 对应的类别标签，每一个类别标签值代表一个类。分类的目标是要根据每个样本的特征向量 x 构建一个函数 $f(x,a)$，使得 $f(x,a)$ 能够输出 x 对应的类别标签值。在分类中，如果类别只有两类，则称为二分类；如果多于两类，则称为多分类。例如，在手写数字识别任务中，类别标签取 0～9 这 10 个可能值，这是含有 10 个类别的分类问题。在二分类问题中，通常使用整数来表示不同的 y 值，$y \in \{0,1\}$ 或者 $\in \{-1, 1\}$。一般而言，$y = 1$ 表示正例，$y = 0$ 或者 $y = -1$ 表示反例。

分类问题的任务又可以分为两种形式。第一种任务的形式是，要求对类别作出明确的预测。例如，在手写数字识别任务中，要求输出对给定图片中的数字的预测。这种任务形式就称为类别预测任务。第二种任务的形式是，要求计算出给定对象属于每一个类别的概率。例如，在点击率预测任务中，要求输出用户点击给定连接的概率。这种任务形式就称为概率预测任务。概率预测任务比类别预测任务要求更高，这是因为，一旦算出对象属于每一类别的概率，就可以将具有最大概率的那个类别作为该对象的类别预测。

根据上面的描述，可以知道分类问题和回归问题是非常相似的。它们的区别在于，在分类问题中，类别标签只取有限个可能值；而在回归问题中，要预测的因变量 y 是连续的，样本标签是连续值。

值得指出的是，分类问题与回归问题是可以相互转化的。对于一个分类问题，可以将其转化为对给定对象所属类别的概率的预测。而概率是在 [0，1] 内的连续值，因此概率预测可以认为是一个回归问题。而对于一个回归问题，可以通过标签值的区间化将其转化为一个类别标签。例如，根据用户的特征预测用户的年龄时，可以将年龄分段：0～18 岁为未成年段，19～45 岁为青年段，46～65 岁为中年段，66 岁及以上为老年段。由此，可以将年龄表示为取 4 个值的类别标签，其中每个类别标签值表示一个年龄段，因而可以应用分类问题的算法来预测用户所处年龄段，从而得到一个近似的年龄预测。

3）聚类

自然界和社会生活中经常会出现"物以类聚，人以群分"的现象，例如，羊、狼等动物总是以群居的方式聚集在一起，志趣相投的人们通常会组成特定的兴趣群体。

在聚类问题中，机器学习的任务就是按照某一个特定的准则（如距离），把一个数据集划分成若干个不相交的子集，每个子集被称为一个簇，使得同一个簇内的数据对象具有尽可能高的相似性，而不同簇中的数据对象具有尽可能大的差异性，实现"物以类聚"的效果。通过这样的划分，每个簇可能对应于一些潜在的概念，如一个簇表示一个潜在的类别。例如，抓取了 1 万个网页，要完成对这些网页的归类，在这里并没有事先定义好的类别，也没有已经训练好的分类模型。聚类算法要自己完成对这 1 万个网页的归类，保证同一类网页是同一个主题的，不同类型的网页是不一样的。

聚类问题与监督式机器学习中的分类问题类似，目的都是将数据按模式归类。二者的区别是：聚类是非监督式机器学习任务，仅限于对未知类别标签的一批数据进行归类，只把相似性高的数据对象聚合在一起，这里没有事先定义好的类别，其类别所表达的涵义通常是不确定的；而分类是监督式机器学习任务，利用已知类别标签的训练样本训练出一个模型来预测未知数据的类别，其类别所表达的涵义通常是确定的。

例如，对于数据集 $\{1,2,3,4,5,6,7,8,9\}$，在进行聚类划分时，可以按照是否是奇数或偶数将它划分成 $\{1,3,5,7,9\}$ 和 $\{2,4,6,8\}$ 两个子集；也可以按照每个数除以 3 之后的余数进行划分，分成 $\{1,4,7\}$、$\{2,5,8\}$、$\{3,6,9\}$ 三个子集。再如，在一个新闻门户网站中，每天都有来自多个频道的各类文章，如果希望为用户个性化地推送新闻，就需要了解每一个用户对哪一类文章感兴趣。一个可行的方法是对新闻类的文章进行聚类分析，然后，根据用户的历史浏览记录，推断该用户感兴趣的文章类别，从而为其推送该类别的文章。

聚类分析在零售、保险、银行、医学等诸多领域有广泛的应用，可以用于发现不同的企业客户群体特征、消费者行为分析、市场细分、交易数据分析、动植物种群分类、医疗领域的疾病诊断、环境质量检测等，还可用于互联网和电商领域的客户分析、行为特征分类等。聚类既可以作为一个单独的任务，用于揭示样本数据之间内在的分布规律，又可以作为分类等其他学习任务的前置步骤，用于数据的预处理。在数据分析过程中，可以先对数据进行聚类分析，发现其中蕴含的类别特点，然后进行分类等处理。

4）维数约简

随着通信与信息技术和互联网技术的不断发展，人们收集和获得数据的能力越来越强。而这些数据已呈现出维数高、规模大和结构复杂等特点。人们想从这些大数据（维数高、规模大、结构复杂）中挖掘有意义的知识和内容以指导实际生产和具体应用。在机器学习任务中，每一条训练数据都可以用一个特征向量来表示。在许多应用中，特征向量的维数相当高，有时甚至达到以百万为数量级。然而，在分类、回归等学习任务中，特征并非越多越好。一方面，维数过高的特征会增加求解问题的复杂性和难度，容易产生所谓的"维数灾难"问题；另一方面，原始高维特征向量的不同特征之间往往存在冗余信息或噪声，一些现象没有反映出数据的本质特征，如果直接对原始高维特征向量进行处理，不会得到理想的结果。而与分类、回归等学习任务密切相关的特征仅是高维特征空间中的某个低维嵌入，在很多情况下，原始空间的高维样本点映射到低维嵌入子空间后更容易学习。所以，通常需要首先对数据进行维数约简，然后对约简后的数据进行处理。顾名思义，维数约简就是降低数据的维数，即通过某些数学变换关系，将原始的 n 维数据约简成 $m(m \leqslant n)$ 维数据，实现将数据点从高维空间映射到低维特征空间中，并要保证约简后的数据特征能反映甚至更能揭示原始数据的本质特征。

对数据进行维数约简的主要目的：

（1）降低数据的维数以减少存储量和计算复杂度；

（2）去除噪声的影响；

（3）从数据中提取本质特征以便后续处理；

（4）将高维数据投影到低维（二维或三维）可视空间，以便人们对数据分布有直观的理解。

2. 按学习方式分类

按学习方式来分类，机器学习模型可以分为监督式、非监督式、强化学习三大类。半监督式或弱监督式机器学习可以认为是监督式机器学习与非监督式机器学习的结合。

1）监督式机器学习

监督式机器学习，也称监督学习，通过使用带有正确标签的训练样本数据进行学习得到一个模型，然后用这个模型来对输入的未知标签的测试样本进行预测并输出预测的标签。其中，模型的输入是某一样本的特征，模型的输出结果是这一样本对应的标签。监督式机器学习模型如图 4.1-2 所示。监督式机器学习中的训练样本数据是带标签的。例如，要识别图像中水果的种类，则需要用带有类别标签（即标注了每张图像中水果的类别，如桃子、香蕉、苹果、梨）的样本进行训练，得到一个模型；然后就用这个训练好的模型对输入测试图像中未知种类的水果进行预测，判断图像中的水果种类。日常生活中的很多机器学习应用，如垃圾邮件分类、手写文字识别、人脸识别、语音识别等都是监督式机器学习。

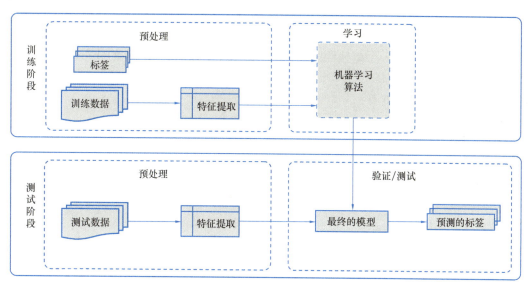

图 4.1-2　监督式机器学习模型

监督式机器学习中的训练样本由输入值 x 与标签值 y 组成 (x,y)，其中 x 为样本的特征向量，是模型的输入值；y 为标签值，是模型的输出值。标签值可以是整数也可以是实数，还可以是向量。

监督式机器学习的任务主要包括分类和回归两类：

（1）分类：分类是根据已知样本的某些特征，判断一个新样本属于哪种类别。通过特征选择和学习，建立判别函数以对样本进行分类。分类模型是基于对带类别标签的训练样本数据的学习，来预测测试样本的类别标签。类别标签是离散的、无序的值。例如，在医学诊断中将肿瘤判断为良性的还是恶性的。

（2）回归：回归是一种统计分析方法，用于确定两个或多个变量之间的相关关系。回归的目标是找出误差最小的拟合函数作为模型，用特定的自变量来预测因变量的值。回归模型是针对连续型输出变量 y 进行预测，通过从大量的训练样本数据中寻找输出值 y 与输入值 x 之间的关系，然后根据这种关系来预测测试样本的输出值 y，其中 y 的取值是实数值。例如，根据一个人的学历、工作年限、所在城市、行业等特征来预测这个人的收入。

2）非监督式机器学习

现实生活中常常会有这样的问题：因缺乏足够的先验知识，难以对样本标签进行人工标注或进行人工标注的成本太高。显然，希望计算机能代替人们完成这些工作，或至少提供一些帮助。

非监督式机器学习又称为无监督学习，它的输入样本并不需要标注，而是自动从样本中学习特征实现预测。非监督式机器学习通常使用大量的无标注数据进行学习或训练，每一个样本是一个实例。非监督式机器学习的本质是学习数据中的统计规律或潜在结构。非监督式机器学习可以将学习得到的模型用于对已有数据的分析，也可以用于对未来数据的预测。

非监督式机器学习模型主要包括高斯混合模型、隐马尔科夫模型、条件随机场模型。非监督式机器学习的任务主要包括聚类和数据维数约简等。

3）强化学习

机器学习是一种从经验数据中构造和改善模型的理论与方法，监督式机器学习和非监督式机器学习主要以带标签或不带标签样本数据作为反映外部环境特征的经验数据。除样本数据之外还可使用外部环境的反馈信息作为经验数据构造和改善模型，由此形成一种名为强化学习的机器学习类型。

强化学习又称为再励学习或评价学习，采用类似于人类和动物学习中的"交互→试错"机制，通过智能体与外部环境进行不断的交互，获取外部环境的反馈信息，学习从环境状态到行为动作的映射，来优化调整计算模型或行为动作，实现对序贯决策问题的优化求解。强化学习具有一定的自主学习能力，无须给定先验知识，只需与环境进行不断交互获得经验指数，最终找到适合当前状态的最优动作选择策略，取得整个决策过程的最大累积奖励。深度强化学习将强化学习和深度学习有机地结合在一起，使用强化学习方法定义问题和优化目标，使用深度学习方法解决状态表示、策略表示等问题，通过各取所长的方式协同解决复杂问题。

4.1.3　工程管理应用场景

机器学习方法已经在市场营销、物流运输、进出口贸易、工业制造和建设工程等领域获得广泛应用。机器学习是实现数字和智能建造过程中的关键要素，是解决有关数字或智能技术环节的重要方法。针对本书对机器学习的介绍内容，机器学习方法在工程管理领域的应用场景主要体现在以下几个方面。

1. 工程历史和实时原始数据的聚类分析

根据工程领域有关历史和实时等大量数据的知识挖掘和目标指数（如工程造价、建材价格、碳排放量、房产价格等）预测，首先需要通过聚类分析方法对数据进行预处理。比如，对于工程造价的大量历史和实时数据，可以根据项目所在地区、地质情况、市场环境、项目类型、结构类型来鉴定和选择最具代表性的工程造价数据分类，从而提升有关指数的回归或预测效果。

2. 工程历史和实时原始数据的降维处理

通过主成分分析方法的映射原理，将工程历史和实时数据转变为一组新的线性无关的主成分数据。因此，对于影响工程有关目标指数（如工程造价、建材价格、碳排放量、房产价格等）的大量且相互关联的指标数据，需要通过主成分分析获得没有关联的指标数据，降低数据维度，减少数据冗余，从而促进工程数据的特征提取，进一步提升机器学习在有关工程指数的回归预测效果。

3. 有限样本数据下的工程指数预测问题

利用支持向量机（Support Vector Machine，SVM）方法在有限样本数据下对工程有关目标指数（如工程造价、建材价格、碳排放量、房产价格等）进行回归预测。比如，EPC工程总承包模式下，需要在合同签订前对工程造价给予合理预测，否则将给业主或承包商带来风险，另一方面，有关工程造价的案例数据往往难以收集，样本有限。包括SVM在内的机器学习方法，能够实现样本有限下的工程造价等指数预测。

4. 有关工程图像文本分类和关注目标识别

除了回归预测以外，支持向量机在有关分类和识别方面的应用已经得到了广泛的发展。支持向量机能够应用于工程管理领域有关施工现场图像数据以及现场记录、修改通知等文本的分类，促进施工现场管理和合同管理的有效实施。同时，支持向量机还能够辅助实现施工现场设备和人员的识别，检测有关工程设备或结构的很少发生但影响极大的故障或事故，提升工程安全管理的效率。

4.2　数据的预处理

数据是机器学习的原料，数据的质量会直接决定所建模型的预测能力和泛化能力。在大多数情况下，原始采集到的数据通常是"脏"数据，非常不利于模型的训练，不宜直接用来建模，需要对数据进行预处理之后才能进入建模环节。

所谓的"脏"数据，是指数据可能存在以下几种主要问题：

（1）数据缺失：属性值为空的情况。例如，一些人不愿意填写自己的体重，高收入的人可能不愿意填写自己的收入。

（2）离群点/异常值：数据值不合常理的情况。例如，由于人工录入的错误，出现人的身高为负数的情况，导致有离群点（异常值）存在。

（3）数据不一致：数据前后存在矛盾的情况。例如，年龄与生日日期不符。

（4）数据冗余：数据量或者属性数目超出数据分析需要的情况。

（5）数据集不均衡：各个类别的数据量相差悬殊的情况。

所以，在采集到原始数据以后，在创建机器学习模型之前，需要对数据进行预处理。数据预处理是机器学习流程中非常重要的一环。本节将介绍几种常用的数据预处理方法。

4.2.1　数据的清洗处理

数据清洗，顾名思义就是去除数据集中的"脏"数据。在大数据时代，在获取海量数据的同时，肯定会遇到很多"脏"数据，因此需要根据某种规则将它们"清洗"掉。数据清洗的主要思想是通过填补缺失值、平滑或删除离群点，并解决数据的不一致性来"清洗"数据。需要注意，数据清洗的工作一般是由计算机完成，而不是人工去除。数据清洗的步骤主要包括：分析数据、缺失数据的处理、离群样本数据的处理、冗余和重复数据的处理等。

1. 缺失数据的处理

现实世界中，在获取数据的过程中，会存在各种原因导致数据丢失和空缺。有些缺失数据可能是由于采集数据时有遗漏或者无法采集造成的；也有些缺失数据可能是暂时无法采集，但是过一段时间后可能就能得到。在后面章节介绍的算法中，有些算法能够直接处理缺失数据，如决策树算法；而有些算法不能直接处理缺失数据，如线性回归。

对于缺失数据的处理，首先要明确缺失数据的重要性。如果有数据缺失的属性对于目标值的预测不是很重要，那么可以直接删除该属性。如果有数据缺失的属性对于目标值的预测很重要，不能直接删除，那么通常可以采用如下方法来处理。

1）使用平均值或中位数进行填补。对于服从均匀分布的数据，用该变量的平均值填补缺失；而对于数据分布不对称或倾斜的情况，采用中位数进行填补可能比采用平均值进行填补更好。

2）采用插值法进行填补。使用已有未缺失数据通过某种方法来生成该缺失数据。比如，随机插补法，随机选取一个未缺失的值来填充该缺失的部分。

（1）热平台插补法：在未缺失的数据中找到一个与缺失样本最相似的样本，使用该样本对缺失的部分进行填充。

（2）拉格朗日插值法或牛顿插值法。

3）模型预测法。采用能够直接处理缺失数据的模型来进行建模，然后进行推理预测。例如，可以构造一棵决策树来预测缺失的值。

以上几种方法各有优缺点，具体使用时需要根据数据的分布情况和缺失情况来综合考虑。一般而言，模型预测法是使用较多的方法，准确率较高。

2. 离群点数据的处理

在实际数据中，经常会碰到离群点数据，可以通过画图的方法找到这些离群点，但是画图的目的毕竟是手工判断离群点，并且数据量大时，画图的效率很低。这里介绍一些分析离群点的基本方法。

1）简单数据分析

对于收集的数据，一般会对其中的属性值有大概的先验感受。可以利用这种先验来制定某种规则，从而筛选出异常的数据。例如，人的身高、体重不可能存在负值等。

2）3σ 法则

对于服从正态分布的数据，异常值是那些观测值与均值的偏差超过 3 倍标准差的数据。对于正态分布，可知道 $P(|x-\mu|) > 3\sigma) \cong 0.003$，因此这部分数据属于小概率情况。该法则或方法是基于正态分布，以假定数据服从正态分布为前提的。

3）箱形图法

箱形图，是一种显示一组数据分散情况资料的统计图，因为能显示一组数据的上边缘、下边缘、中位数、上四分位数、下四分位数而得名。首先求得数据的上四分位值 Q_3 和下四分位值 Q_1，计算四分位距 $IRQ = Q_3 - Q_1$，识别出满足下列标注的异常值：小于 $Q_1 -$

$1.5IRQ$ 或大于 $Q_3+1.5IRQ$ 的值。相比 3σ 法则，箱形图法依靠实际数据，不需要事先假定数据服从特定的分布形式。另外，判断异常值的标准以四分位数和四分位距为基础，多达 25% 的数据可以变得任意远而不会很大地扰动四分位数，异常值能对这个标准产生影响。可见，箱形图在识别异常值方面有一定的优越性。

4）建模法

在分析离群点数据时可以通过建模的方法来判断，对于那些不能很好地拟合模型的数据，就可以判断为异常值。对于聚类的模型，那些不属于任何一类的数据被称为离群点；对于回归模型，那些偏离预测值的数据被称为离群点。在了解数据分布的时候建模的方法效果通常比较好，但是对于高维数据效果可能很差。

5）基于距离法

比较任意两个样本的空间距离，对于那个远离其他样本的样本可以视为离群点。该方法操作简单，但是计算复杂度很高，并且对于那种多簇分布、数据密度不均的情况适用度不高。

6）基于密度法

也可以参照样本密度来判断离群点。如果一个样本的局部密度低于它的大部分近邻样本的密度，可以认为该样本为离群点。

离群点数据有可能是由随机因素产生的，也有可能是由不同机制产生的。如何处理离群点数据取决于离群点的产生原因以及应用目的。若是由不同机制产生的，就要重点对离群点进行分析，其中一个应用为异常行为检测。若是由随机因素产生的，则要忽略或者剔除离群点。如果模型对于离群点很鲁棒，可以忽略离群点，不作处理。但是如果模型对于离群点很敏感，则要剔除离群点。

3. 冗余、重复数据的处理

在很多实际数据中，经常存在冗余甚至重复数据。此时，需要删除一些冗余和重复的变量。一方面，删除这些变量之后能够降低数据的规模，进而降低算法的计算时间；另一方面，有些算法在存在冗余数据时会导致性能降低。

为了删除冗余变量，可以采用主成分分析来进行降维。使用主成分分析的缺点是新变量是原来变量的线性组合，这样一般难以解释新变量。因此，一般采用一些启发式方法来删除那些冗余甚至重复的变量。首先，可以计算变量两两之间的相关系数。若相关系数接近 1 或者 -1，则说明对应的这两个变量之间存在线性相关性，需要删除其中一个变量。在实际操作中，为了消除变量之间的线性相关性，可以要求任何两个变量之间的相关系数的绝对值低于一个阈值（如 0.75）。虽然这种方法只考虑了两两之间的相关系数而忽视了多个变量之间的相互关系，但是在很多情况下这种简单的处理方法也能取得较好的效果。

4.2.2　数据类型的转换

数据类型可以简单划分为数值（Numeric）型和非数值型。数值型又可以分为连续（Continuous）型和离散（Discrete）型。非数值型有类别（Categorical）型和非类别型，其中类别型可进一步分为定类（Nominal）型和定序（Ordinal）型，非类别型是字符串（String）型。

在分类任务中，通常需要将连续数值型进行离散化处理。例如，年收入特征（或属性）是数值变量，其取值是数值型而非类别型，可以将年收入在 0～10 万元归类为"低"收入，年收入在 10 万～20 万元归类为"中"收入，年收入超过 20 万元归类为"高"收入，将其转化为类别型特征（或属性）。

对于非数值型，需要进行类型转换，即将非数值型转换为离散数值型，以方便机器学习算法后续处理。定类变量的值只能将研究对象分类，即只能决定研究对象是同类或不同类。例如，人的性别可分为男性和女性两类；婚姻状况可分为未婚、已婚、分居、离婚、丧偶等类。这些变量的值，只能区别异同，属于定类层次。设计定类变量的各个类别时，要注意两个原则。一个是类与类之间要互相排斥，即每个研究对象只能归入一类；另一个是所有研究对象均有归属，不可遗漏。例如，人的性别分为男性和女性两类，它既概括了人的性别的全部类别，同时类别之间又具有排斥性。对于定类型，可以使用独热（One-hot）编码，如彩色三基色为 Red、Green、Blue，独热编码可以把三基色变为一个三维稀疏向量，Red 表示为（0，0，1），Green 表示为（0，1，0），Blue 表示为（1，0，0）。需要注意的是，在类别值较多的情况下，可以使用稀疏向量来节省空间，目前大部分算法实现均接受稀疏向量形式的输入。还有其他编码方式，如二进制编码等，感兴趣的读者可以查阅相关参考资料。

定序变量是比定类变量层次更高的变量，它不仅具有定类变量的特质，即区分类别的能力，还能决定次序，即变量的值可以区别研究对象的高低或大小，具有＞与＜的数学特质。例如，文化程度可以分为大学、高中、初中、小学、文盲；工厂规模可以分为大、中、小；年龄可以分为老、中、青。这些变量的值，既可以区分异同，也可以区别研究对象的高低或大小。对于定序型，可以使用序号编码，如成绩，分为中等、良好、优秀三档，序号编码可以按照大小关系对定序型特征赋予一个数值 ID，例如"中等"用 1 表示，"良好"用 2 表示，"优秀"用 3 表示，转换后依旧保留了大小关系。

对于字符串型，有多种表示方式，如词袋模型、主题模型、词嵌入模型。各种表示有不同的适用场景和优缺点，需要进一步了解的可以查阅相关参考资料。

4.2.3　构建多个哑变量

在建模中，不是所有的模型都能够直接处理类别型变量。有些模型，如基于决策树的模型，能够较好地处理类别型变量。但另外一些模型，如线性回归和逻辑斯谛回归，不能直接处理类别型变量。在这种情况下，一种通用的方法是将类别型变量转化为多个哑变量。

哑变量的取值只能为 0 或者 1。例如，人的性别只能为男或者女，因此，可以将类别型变量"性别"转化为哑变量"性别是男"。这样，在考虑"性别是男"、年龄、体重、身高这四个特征时，可以直接使用线性回归或者逻辑斯谛回归等模型。注意，在这个例子中，也可以构建"性别是女"作为新的变量，但没有必要同时构建"性别是男"和"性别是女"这两个哑变量。因为如果"性别是男"的取值是 1 的话，"性别是女"的取值肯定是 0，所以没有必要引入冗余的哑变量。另外，如果在构建哑变量的时候引入冗余信息，在有些模型如线性回归中会导致计算方面的问题。

一般来说，如果一个类别型变量 x_i 有 C 种不同的取值，可以建立 C-1 个新的哑变量来替换。假设把 x_i 的 C 种不同取值记为 $\{v_{i1}, v_{i2}, \cdots, v_{iC}\}$，则可以将每个哑变量定义为

"x_1 的取值为 v_{ij}", 这里 $j = 1, 2, \cdots, C\text{-}1$。

如果一个类别型变量有过多的不同取值，则需要作进一步的处理。如果直接转化为哑变量，则会生成大量的哑变量，而且大部分哑变量的值为 0。事实上，对那些能够直接处理类别型变量的模型（如决策树）来说，一个类别型变量如果有过多的不同取值，也会影响这个变量在模型中的使用。在这种情况下，一种方法是将那些取值太多的类别型变量进行简化，以减少可能的取值数目。例如，如果该类别型变量是定序变量，那么可以将相邻的几个不同值归约到同一个值。

4.2.4　特征数据归一化

特征数据的归一化是机器学习的一项基础工作。通常，可搜集到的特征一般具有某种涵义，例如，在身体健康检查中，通常要采集身高、体重、血压、红细胞计数等指标特征。大部分成人的身高在 $150 \sim 200$ cm，极差大概为 50cm；但是每个人的红细胞计数可能相差很大，每立方毫米的计数从 $4000000 \sim 5500000$ 都是正常的，极差大概为 1500000。由于不同的特征往往具有不同的量纲，数值间的差别可能很大，如果不进行归一化处理，则可能会影响到数据分析的结果。如果直接用原始指标特征值进行分析，就会突出数值较大的指标在综合分析中的作用，相对削弱数值较小指标的作用，影响模型的预测精度。为了消除特征数据之间的量纲和取值范围差异的影响，需要对特征进行数据归一化（标准化）处理。特征数据归一化的目标就在于使具有不同量纲的特征转换为无量纲的标量，并且将所有的特征都统一到一个大致相同的数值区间内，让不同维度上的特征在数值上具有可比性。原始数据经过数据归一化（标准化）处理后，各个特征数据处于同一数量级，适合进行综合对比评价。

当然，不是所有的机器学习模型都需要对数据进行归一化。在实际应用中，通过梯度下降法求解的模型（包括线性回归、逻辑斯谛回归、支持向量机、神经网络等模型）通常需要数据归一化，因为经过归一化后，梯度在不同特征上更新速度趋于一致，可以加快模型收敛速度。而决策树模型并不需要对数据进行归一化，决策树在节点分裂时主要依据数据集关于特征的信息增益比，而信息增益比与特征是否经过归一化是无关的。

1. 线性归一化

线性归一化也称最小-最大归一化，它对原始数据进行线性变换，使结果映射到 [0，1]区间，实现对原始数据的等比缩放，归一化公式为

$$x_{\text{normal}} = \frac{x - x_{\min}}{x_{\max} - x_{\min}} \tag{4.2-1}$$

式中，x 为原始数据；$x_{\max}$ 为原始数据的最大值；$x_{\min}$ 为原始数据的最小值；x_{normal} 为归一化后的值。

最小一最大归一化通过利用变量取值的最大值和最小值将原始数据转换为界于某一特定范围的数据，从而消除量纲和数量级影响，改变变量在分析中的权重来解决不同度量的问题。由于该归一化方法在对变量无量纲化过程中仅仅与该变量的最大值和最小值这两个极端值有关，而与其他取值无关，这使得该方法在改变各变量权重时过分依赖两个极端取值。

2. 零均值归一化

零均值归一化将原始数据映射到均值为 0、标准差为 1 的分布上（高斯分布/正态分

布）。假设原始特征的均值为 μ、标准差为 σ，那么零均值归一化公式为

$$z = \frac{x - \mu}{\sigma} \qquad (4.2\text{-}2)$$

即每一变量值与其平均值之差除以该变量的标准差。虽然该方法在无量纲化过程中利用了所有的数据信息，但是该方法在无量纲化后不仅使得转换后的各变量均值相同，且标准差也相同，即无量纲化的同时还消除了各变量在变异程度上的差异，从而转换后的各变量在聚类分析中的重要性程度是同等看待的。

在分类、聚类算法中，在使用距离来度量相似性时，或者使用主成分分析技术进行降维时，零均值归一化方法表现更好。在不涉及距离度量、协方差计算，以及数据不符合正态分布的时候，可以使用线性归一化方法或其他归一化方法。例如图像处理中，将 RGB 图像转换为灰度图像后将其值限定在 [0，255] 的范围内。

4.2.5　数据集的划分

机器学习的主要任务就是如何更好地利用数据集来构建"好"的模型。回顾机器学习的定义，为了能够在任务上提高性能，需要学习某种经验。这里，需要学习的就是由一组样本或实例构成的数据集，而为了确定性能 P 是否能够提高，还需要一个不同的数据集来测量性能。因此，数据集需要分为两部分，用于学习的数据集称为训练集，用于测试最终性能的数据集称为测试集。为了保证学习的有效性，需要保证训练集和测试集不相交，并且还要满足独立同分布假设，即每一个样本都需要独立地从相同的数据分布中提取。"独立"保证了任意两个样本之间不存在依赖关系；"同分布"保证了数据分布的统一，从而在训练集上的训练结果对于测试集也是适用的。

一般模型应当在训练集上进行训练，然后在测试集上对训练好的模型进行性能评估。从严格意义上讲，测试集只能在所有超参数和模型参数选定后使用一次。不可以使用测试样本来选择模型，如调参。由于无法从训练误差估计泛化误差，因此也不应只依赖训练样本来选择模型。鉴于此，可以预留一部分在训练集和测试集以外的样本来进行模型选择。这部分用于模型选择的数据集通常称为"验证集"。例如，可以从给定的训练集中随机选取一小部分作为验证集，而将剩余部分作为真正的训练集。所以，在机器学习中，通常随机地将数据集划分成三部分，分别为训练集、验证集和测试集。训练集是已知样本标签的数据集，主要用来训练模型；验证集用于训练过程中模型的选择和调参，对模型进行验证，把在验证集上表现较好的模型当作最终的模型；测试集是样本标签未知的数据集，用来评估最终训练好的模型性能。

值得注意的是测试集不出现在模型的训练过程中。在训练模型的时候，只能用验证集来评估模型的性能，进行模型的选择和调参，而不应该在训练时直接使用测试集来评估模型，更不应该将测试集加入到训练集中参与模型的训练。在训练过程中，参与模型训练的只有训练集中的样本数据，验证集可以辅助调整模型的超参数等。

思考与练习题

1. 机器学习和人工智能之间的关系是什么？

2. 机器学习有哪些基本要素?

3. 机器学习如何分类? 监督式机器学习和非监督式机器学习的定义分别是什么? 它们有什么区别?

4. 机器学习中数据清洗的定义是什么? 数据清洗的步骤是什么? 有哪几种数据清洗方法? 数据清洗一般是通过什么途径实现?

5. 机器学习数据有哪些类型? 哪些类型数据需要转换? 举例说明如何转换?

6. 机器学习数据预处理中设置哑变量的意义是什么? 如果设置哑变量?

7. 为什么在机器学习中需要对特征数据作归一化处理? 有哪几种归一化方法?

8. 机器学习中为什么需要将样本数据分为训练集、验证集和测试集三个部分? 它们各自的作用收益是什么?

4.3 聚类分析

聚类既可作为一个单独的非监督式机器学习任务,用于揭示样本数据间的内在联系与区别,也可作为分类等其他机器学习任务的预处理步骤。聚类分析在销售、保险、银行、医学、制造业和建筑业等诸多领域的机器学习应用中都有着重要作用。

4.3.1 聚类分析概述

1. 聚类分析定义

聚类分析的基本思想认为,研究的数据集中的数据之间存在不同程度的相似性,根据数据的几个属性,找到能够度量它们之间相似程度的量,把一些相似程度较大的归为一类,另一些相似程度较大的归为另一类。

如前所述,相对于聚类,分类是事先知道要分成几类,通过对数据集进行学习得到分类器,从而完成对新数据的分类,属于有监督的学习。例如,一个教室的人,可以得知的是按照性别可以归为男女两类,这就是分类。聚类是无监督学习,事先不知道要分成几类,聚类就是将没有类标志的数据聚集成有意义的类。还是一个教室里面的同学,如果按照所学专业进行归类,便不确定可以分为几类,这就是聚类。或者说,分类(Categorization or Classification)就是按照某种标准给对象贴标签(label),再根据标签来区分归类。聚类是指事先没有"标签",而通过某种成团分析找出事物之间存在聚集性原因的过程。分类是事先定义好类别,类别数不变。分类器需要由人工标注的分类训练语料训练得到,属于有指导学习范畴。聚类则没有事先预定的类别,类别数不确定。聚类不需要人工标注和预先训练分类器,类别在聚类过程中自动生成。分类适合类别或分类体系已经确定的场合,如按照国图分类法分类图书;聚类则适合不存在分类体系、类别数不确定的场合,一般作为某些应用的前端,如多文档文摘、搜索引擎结果后聚类(元搜索)等。

聚类分析中的数据类型包括区间标度变量(Interval-Scaled Variables),二元变量(Binary Variables),标称型、序数型和比例型变量(Nominal, Ordinaland Ratio Variables)和混合类型变量(Variables of Mixed Types)。

在解决实际的问题时,聚类分析中的数据通常采用数据矩阵和相异度矩阵这两种典型的数据结构。数据矩阵可以说是一个二维空间的数据关系表,是描述对象与属性的结构的一种数据表达方式。在数据矩阵中，每一列表示的是对象的一个属性，而每一行则表示一个数据对象。

相异度矩阵是描述对象与对象的结构的一种数据表达方式，是由几个数据对象两两之间的相异度构成的一个多阶矩阵，并且由于相异度矩阵是对称的结构，所以可以省略掉对称部分的数据，写成上三角或下三角的形式。

在非监督式机器学习中，训练样本的标签是未知的。非监督式机器学习的目标是通过对无标签的训练样本的学习来揭示样本数据之间内在的分布规律，为进一步的数据分析提供基础。聚类（Clustering）是一种典型的非监督式机器学习任务，试图对数据集中未知类别的数据对象进行划分，将它们按照一定的规则划分为若干个不相交的子集，每个子集称为一个"簇"（Cluster）。同一簇中的数据对象具有较高的相似度，而不同簇中的数据对象具有较大的差异性。聚类与分类的主要区别是其并不关心样本的类别，而是把相似的数据聚集起来形成某一簇。由于簇是数据集的子集，簇内的数据对象彼此相似，而与其他簇的数据对象不相似，因此，簇可以看作数据集的"隐性"分类，聚类分析可能会发现数据集的未知分类。

聚类分析（Cluster Analysis）是一种将研究对象分为相对同质的群组（Clusters）的统计分析技术，也叫分类分析（Classification Analysis）或数值分类（Numerical Taxonomy），它是研究（样品或指标）分类问题的一种多元统计方法，所谓类，通俗地说，就是指相似元素的集合。

聚类分析有关变量类型：定类变量，定量（离散和连续）变量。

聚类分析的原则：是同一类中的个体有较大的相似性，不同类中的个体差异很大。

2. 聚类分析分类

聚类分析的功能是建立一种分类方法，它将一批样品或变量，按照它们在性质上的亲疏、相似程度进行分类。聚类分析的内容十分丰富，按其聚类的方法可分为以下几种：

（1）系统聚类法：开始每个对象自成一类，然后每次将最相似的两类合并，合并后重新计算新类与其他类的距离或相近性测度。这一过程一直继续直到所有对象归为一类为止，并类的过程可用一张谱系聚类图描述。

（2）调优法（动态聚类法）：首先对 n 个对象初步分类，然后根据分类的损失函数尽可能小的原则对其进行调整，直到分类合理为止。

（3）最优分割法（有序样品聚类法）：开始将所有样品看成一类，然后根据某种最优准则将它们分割为二类、三类，一直分割到所需的 k 类为止。这种方法适用于有序样品的分类问题，也称为有序样品的聚类法。

（4）模糊聚类法：利用模糊集理论来处理分类问题，它对经济领域中具有模糊特征的两态数据或多态数据具有明显的分类效果。

（5）图论聚类法：利用图论中最小支撑树的概念来处理分类问题，创造了独具风格的方法。

（6）聚类预报法：利用聚类方法处理预报问题，在多元统计分析中，可用来作预报的方法很多，如回归分析和判别分析。但对一些异常数据，如气象中的灾害性天气的预报，使用回归分析或判别分析处理的效果都不好，而聚类预报弥补了这一不足，这是一个值得重视的方法。

聚类分析根据分类对象的不同又分为 R 型和 Q 型两大类，R 型是对变量（指标）进行分类，Q 型是对样品进行分类。

变量聚类（R 型聚类）：进行变量聚类，找出彼此独立且有代表性的自变量，而又不丢失大部分信息。

样品聚类（Q 型聚类）：对事件（Cases）进行聚类，或是说对观测量进行聚类。

R 型聚类分析的目的有以下几方面：

（1）可以了解变量间及变量组合间的亲疏关系。

（2）对变量进行分类。

（3）根据分类结果及它们之间的关系，在每一类中选择有代表性的变量作为重要变量，利用少数几个重要变量作进一步分析计算，如进行回归分析或 Q 型聚类分析等。

Q 型聚类分析的目的主要是对样品进行分类，分类的结果是直观的，且比传统分类方法更细致、全面、合理。当然，使用不同的分类方法通常会得到不同的分类结果。对任何观测数据都没有唯一"正确的"分类方法。实际应用中，常采用不同的分类方法，对数据进行分析计算，以便对分类提供具体意见，并由实际工作者决定所需要的分类数及分类情况。

4.3.2 聚类分析原理

1. 基本思想

聚类分析是建立一种分类方法将一批样本或变量按照它们在性质上的相似、疏远程度进行科学分类的方法。聚类分析可以分为 Q 型聚类和 R 型聚类两种，Q 型聚类是指对样本进行分类，R 型聚类是指对变量进行分类。

其基本思想是认为研究的样本或变量之间存在着程度不同的相似性，根据一批样本的多个观测指标，具体找出一些能够度量样本或指标之间相似程度的统计量。以这些统计量为划分类型的依据，把一些相似程度较大的样本（或变量）聚合为一类，把另外一些彼此之间相似程度较大的样本（变量）也聚合为一类。关系密切的聚合到一个小的分类单位，关系疏远的聚合到一个大的分类单位，直到把所有的样本（或变量）都聚合完毕，把不同的类型一一划分出来，形成一个由小到大的分类系统；最后再把整个分类系统画成一张图，将亲疏关系表示出来。

简单地说，即物以类聚。把相近的聚为一类，即以距离表示相近，实现样品聚类或 Q 型聚类。把相似的聚为一类，即以相似系数表示相似，实现变量聚类或 R 型聚类。

2. 数据分类标准计算

为了将样品（或指标）进行分类，就需要研究样品之间的关系。目前用得最多的方法有两个：一种方法是相似系数；另一种方法是距离。聚类分析中可采用不同类型的标准，通常 Q 型聚类采用距离统计量，R 型聚类采用相似系数统计量。距离作为样品之间的相似程度的度量，是聚类分析的基础。另外，可以选择以下几类距离概念：欧氏距离、曼哈顿距离和明科夫斯基距离等。

1）距离

设有 n 个样本，每个样本观测 p 个变量，数据结构为

$$\begin{bmatrix} x_{11} & x_{12} & \cdots & x_{1p} \\ x_{21} & x_{22} & \cdots & x_{2p} \\ \cdots & \cdots & \cdots & \cdots \\ x_{n1} & x_{n2} & \cdots & x_{np} \end{bmatrix} \tag{4.3-1}$$

其中，x_{ij} 是第 i 个样本第 j 个指标的观测值。因为每个样本点有 p 个变量，可以将每个样本点看作 p 维空间中的一个点，那么各样本点间的接近程度可以用距离来度量。以 d_{ij} 为第 i 样本点与第 j 样本点间的距离长度，距离越短，表明两样本点间相似程度越高。最常见的距离指标有：

欧氏距离：

$$d_{ij} = \sqrt{\sum_{k=1}^{p} (x_{ik} - x_{jk})^2} \tag{4.3-2}$$

绝对距离（曼哈顿距离）：

$$d_{ij} = \sum_{k=1}^{p} |x_{ik} - x_{jk}| \tag{4.3-3}$$

切比雪夫距离：

$$d_{ij} = \max_{1 \leqslant k \leqslant p} |x_{ik} - x_{jk}| \tag{4.3-4}$$

马氏距离：

$$d_{ij} = \left[(X_i - X_j)' S^{-1} (X_i - X_j) \right]^{\frac{1}{2}} \tag{4.3-5}$$

其中，$X_i = (x_{i1}, x_{i2}, \cdots, x_{ip}), i = 1, 2, \cdots, n$，$S$ 是样本数据矩阵相应的样本协方差矩阵，即 S 的元素。

$$s_{ij} = \frac{1}{n-1} \sum_{k=1}^{n} (x_{ki} - \bar{x}_i)(x_{kj} - \bar{x}_j)$$

2）相似系数

对于 p 维总体，由于它是由 p 个变量构成的，而且变量之间一般都存在内在联系，因此往往可用相似系数来度量各变量间的相似程度。相似系数介于 -1 至 1 之间，绝对值越接近于 1，表明变量间的相似程度越高。常见的相似系数有：

夹角余弦：

$$\cos \vartheta_{ij} = \frac{\sum_{k=1}^{n} x_{ki} x_{kj}}{\sqrt{\sum_{k=1}^{n} x_{ki}^2 \sum_{k=1}^{n} x_{kj}^2}}, \quad i, j = 1, \cdots, p \tag{4.3-6}$$

相关系数：

$$r_{ij} = \frac{\sum_{k=1}^{n} (x_{ki} - \bar{x}_i)(x_{kj} - \bar{x}_j)}{\sqrt{\sum_{k=1}^{n} (x_{ki} - \bar{x}_i)^2 \sum_{k=1}^{n} (x_{kj} - \bar{x}_j)^2}}, \quad i, j = 1, \cdots, p \tag{4.3-7}$$

4.3.3　系统聚类法

聚类分析作为一种重要的多元分类工具，能够通过无监督学习将相似样本分门别类，有利于研究者作出正确的判断。聚类分析方法有很多，其中系统聚类分析（或称层次聚类分析）的使用频率较高，其优势在于能够综合利用各种变量信息进行样本的聚类或 Q 型聚类，并将分类结果清晰、直观地体现在聚类图谱上，相较于传统聚类方法来说更加合理、全面。

1. 分类过程

系统聚类分析的基本思想：首先将每个样本单独聚为一类，然后确定样本之间的"距离"公式，将距离相近的样本聚为一类，之后计算类与类之间的距离，按类内差异最小、类间差异最大的原则将距离相近的类合并，直至使每个样本都进入合适的类中为止，从而生成理想的分类结果。若在聚类过程中，距离的最小值不唯一，则将相关的类同时进行合并。

2. 类与类间的距离

系统聚类方法的不同取决于类与类间距离的选择，由于类与类间距离的定义有许多种，例如定义类与类间距离为最近距离、最远距离或两类的重心之间的距离等，所以不同的选择就会产生不同的聚类方法。常见的有：最短距离法（Single Linkage）、最长距离法（Complete Linkage）、中间距离法（Median Method）、可变距离法（Flexible Median）、重心法（Centroid）、类平均法（Average）、可变类平均法（Flexible Average）、Ward 最小方差法（Ward Minimum Variance）及离差平方和法等。

设两个类 G_l、G_m，分别含有 n_1 和 n_2 个样本点。

1）最短距离法

$$d_{lm} = \min\{d_{ij}, X_i \in G_l, X_j \in G_m\} \tag{4.3-8}$$

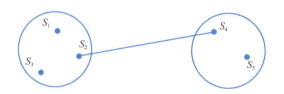

图 4.3-1 最短距离示意图

2）最长距离法

$$d_{lm} = \max\{d_{ij}, X_i \in G_l, X_j \in G_m\} \tag{4.3-9}$$

图 4.3-2 最长距离示意图

3）重心法

两类的重心分别为 $\bar{x}_l$、$\bar{x}_m$，则

$$d_{lm} = d_{\bar{x}_1 \bar{x}_2} \tag{4.3-10}$$

图 4.3-3　重心间距离示意图

4）类平均法

$$d_{lm} = \frac{1}{n_1 \ n_2} \sum_{X_i \in G_l} \sum_{X_j \in G_m} d_{ij}$$ (4.3-11)

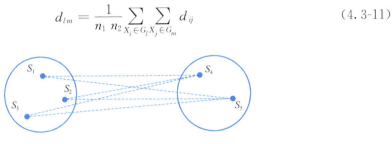

图 4.3-4　平均距离示意图

5）Ward 离差平方和法

首先将所有样本自成为一类，然后每次缩小一类，每缩小一类离差平方和就要增大，选择使整个类内离差平方和增加最小的两类合并，直到所有的样本归为一类为止。

3. 基于 K-Means 算法的聚类规则

1）K-Means 算法概述

K-Means 算法是一种很典型的基于距离的聚类算法，采用距离作为相似性的评价指标，即认为两个对象的距离越近，其相似度就越大。该算法认为簇是由距离靠近的对象组成的，因此把得到紧凑且独立的簇作为最终目标。

K-Means 聚类算法的优点主要有：①算法快速、简单；②对大数据集有较高的效率且是可伸缩的；③时间复杂度近于线性，而且适合挖掘大规模数据集。K-Means 聚类算法的时间复杂度是 $O(nkt)$，其中 n 代表数据集中对象的数量，t 代表算法迭代的次数，k 代表簇的数目。

K-Means 算法接受输入量 k，然后将 n 个数据对象划分为 k 个聚类以便使所获得的聚类满足：同一聚类中的对象相似度较高；而不同聚类中的对象相似度较低。聚类相似度是利用各聚类中对象的均值所获得的一个"中心对象"（引力中心）来进行计算的。

2）K-Means 算法工作过程

首先从 n 个数据对象中任意选择 k 个对象作为初始聚类中心；对于所剩下的其他对象，则根据它们与这些聚类中心的相似度（距离），分别将它们分配给与其最相似的（聚类中心所代表的）聚类；然后再计算每个所获新聚类的聚类中心（该聚类中所有对象的均值）；不断重复这一过程直到标准测度函数开始收敛为止。一般都采用均方差作为标准测度函数。k 个聚类具有以下特点，各聚类本身尽可能紧凑，而各聚类之间尽可能分开。

（1）从 n 个数据对象任意选择 k 个对象作为初始聚类中心。

（2）重新计算每个（有变化）聚类的均值（中心对象）。

（3）根据每个聚类对象的均值（中心对象），计算每个对象与这些中心对象的距离，并根据最小距离重新对相应对象进行划分。

（4）循环步骤（2）到步骤（3），直到每个聚类不再发生变化为止。

K-Means 算法是一种较典型的逐点修改迭代的动态聚类算法，其要点是以误差平方和为准则函数，逐点修改类中心：一个像元样本按某一原则，归属于某一组类后，就要重新计算这个组类的均值，并且以新的均值作为凝聚中心点进行下一次像元聚类；逐批修改类中心：在全部像元样本按某一组的类中心分类之后，再计算修改各类均值，作为下一次分类的凝聚中心点。

K-Medoids 算法是对 K-Means 算法的改进，主要是为了消除 K-Means 算法中可能出现的数量上占比小但度量上差距比较大的值对均值点定位的影响。K-Medoids 算法不采用簇中对象的平均值作为参照点，而是选用簇中位置最中心的对象，即中心点（Medoid）作为参照点。K-Medoids 算法采用 K-Medoids 聚类代价函数确定参考点。K-Medoids 聚类代价函数评估了对象与其参照对象之间的平均相异度。为了判定一个非代表对象 O_{random} 是否是当前一个代表对象 O_j 的好的替代，对于每一个非代表对象 p，考虑下面的四种情况：

（1）p 当前隶属于代表对象 O_j。如果 O_j 被 O_{random} 所代替，且 p 离 O_i 最近，$i \neq j$，那么 p 被重新分配给 O_i（图 4.3-5）。

（2）p 当前隶属于代表对象 O_j。如果 O_j 被 O_{random} 代替，且 p 离 O_{random} 最近，那么 p 被重新分配给 O_{random}（图 4.3-6）。

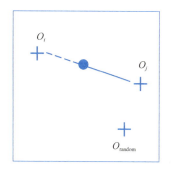 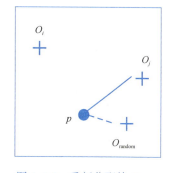

图 4.3-5　重新分配给 Q_j　　　图 4.3-6　重新分配给 Q_{random}

（3）p 当前隶属于 O_j，$i \neq j$。如果 O_j 被 O_{random} 代替，而 p 仍然离 O_i 最近，那么对象的隶属不发生变化（图 4.3-7）。

（4）p 当前隶属于 O_i，$i \neq j$。如果 O_j 被 O_{random} 代替，且 p 离 O_{random} 最近，那么 p 被重新分配给 O_{random}（图 4.3-8）。

围绕中心点划分 PAM（Partitioning Around Medoids）算法是最早提出的 K-Medoids 算法之一。其设计思想如下：

（1）为每个簇任意选择一个代表对象（中心点）。

（2）剩余的对象根据其与代表对象的距离分配给其最近的一个簇。

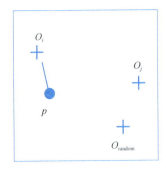

图 4.3-7　不发生变化

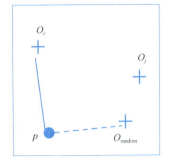

图 4.3-8　重新分配给 Q_{random}

（3）反复用非代表对象来替换代表对象，以提高聚类的质量。

与 K-Means 算法相比较，当存在噪声和孤立点时，PAM 比 K-Means 算法更健壮。这是因为中心点不像平均值那么容易被极端数据影响。

4.3.4　聚类分析的步骤和特点

1. 聚类分析基本步骤

1）数据预处理

（1）选择数量、类型和特征的标度，它依靠特征选择和特征抽取，前者选择重要的特征，后者把输入的特征转化为一个新的显著特征，它们经常被用来获取一个合适的特征集来为避免"维数灾难"进行聚类。

（2）将孤立点移出数据，孤立点是不依附于一般数据行为或模型的数据，常会导致有偏差的聚类结果。

2）定义距离函数

需要定义衡量数据点间相似度的一个距离函数，通常通过定义在特征空间的距离度量来评估不同对象的相异性，特征类型和特征标度的多样性决定了距离度量必须谨慎且经常依赖于应用，如 Euclidean 距离，经常被用作反映不同数据间的相异性，子图图像的误差更正能够被用来衡量两个图形的相似性。

3）确定聚类测度

在获得个体距离的基础上，将距离最近的两个样本聚为类，剩余样本为另一类，此时需要测度类与类之间的亲疏程度，即类间距离，以进行进一步的聚类。系统聚类方式主要有八种，分别为最短距离法、最长距离法、中间距离法、重心法、类平均法、可变类平均法、可变法以及离差平方和法。

通常聚类结果中若孤类点过多，说明聚类方式的使用效果较差，从减少孤类点的角度来看，采用离差平方和法（也称 Ward 方法）获得的聚类效果最好。Ward 方法聚类的原则是选择同类样本内离差平方和增加最小的两类优先合并。

设定 n 个样本可分为 k 类 G_1，G_2，…，G_k，n_t 表示 G_t 中的样本个数，x_{it} 表示 G_t 中第 i 个样本，表示 G_t 的重心，那么 G_t 的离差平方和为

$$S_t = \sum_{i=1}^{n_t} (x_{it} - \bar{x_t})' (x_{it} - \bar{x_t})$$

（4.3-12）

它反映了类间样本的分散程度，若将 G_p 与 G_q 聚为新类 G_r，则其离差平方和分别为

$$S_p = \sum_{i=1}^{n_p} (x_{ip} - \bar{x_p})'(x_{ip} - \bar{x_p}) \tag{4.3-13}$$

$$S_q = \sum_{i=1}^{n_q} (x_{iq} - \bar{x_q})'(x_{iq} - \bar{x_q}) \tag{4.3-14}$$

$$S_r = \sum_{i=1}^{n_r} (x_{ir} - \bar{x_r})'(x_{ir} - \bar{x_r}) \tag{4.3-15}$$

从而得到类与类之间距离的推算公式

$$D_{kr}^2 = \frac{n_k + n_p}{n_r + n_k} D_{kp}^2 + \frac{n_k + n_q}{n_r + n_k} D_{kq}^2 + \frac{n_k}{n_r + n_k} D_{pq}^2 \tag{4.3-16}$$

若 G_p 与 G_q 距离较近，则它们聚集后增加的离散平方和应较小，因此设定 G_p 与 G_q 之间的平方距离为

$$D_{pq}^2 = S_r - S_p - S_q \tag{4.3-17}$$

4）评估输出

聚类作为一个无管理程序，其结果的评价没有客观的标准，要借助于一个类有效索引，一个通常的决定类数目的方法是选择一个特定的类有效索引的最佳值，这个索引能否真实地得出类的数目是判断该索引是否有效的标准，但是对于交叠类的集合等复杂的数据集，却通常行不通。

2. 聚类分析特点

聚类分析被认为是数据挖掘中知识发现的基本工具，在基于历史样本数据的机器学习领域中发挥着重要的作用。Q 型聚类分析或针对样本分类的聚类分析的特点包括：

（1）聚类分析的本质是使具有高相似度的某类事物合并聚集，排除不同类的事物，使样本集的同质性提高，异质性降低。

（2）聚类分析方法能够为机器学习方法如支持向量机等提供质量更可靠的样本数据。

（3）聚类分析可以按照样本数据对象在性质上的距离远近程度等多个指标进行分类。

（4）对样本数据的聚类分析结果是直观的，聚类谱系图非常清楚地表现其数值分类结果。

（5）聚类分析所得到的结果，即对样本数据的分类处理，比传统分类方法更细致、全面、合理。

采用 K-均值、K-中心点等算法的聚类分析工具已被加入到许多著名的统计分析软件包中，如 SPSS、SAS 等。在 SPSS 中通过 Analyze→Classify 进入聚类分析界面，主要采用两种方法，即 K-均值聚类法（K-Means Cluster）和系统聚类法（Hierarchical Cluster）。

K-Means Cluster 过程使用的就是非系统聚类法中最常用的 K-均值聚类法。该方法也被称为快速聚类法或逐步聚类法，该聚类反映对被观测对象的特征的各变量进行分类。当

要聚成的类数已知时，使用快速聚类过程可以很快将观测量分到各类中去，其特点是处理速度快，占用计算机内存少。快速样本聚类适用于大样本的聚类分析。在 SPSS 中点击 Analyze→Classify→K-Means Cluster，进入快速聚类分析（K-Means Cluster）对话框。

分层聚类，也称系统聚类，该聚类反映事物的特点的变量很多，往往根据所研究的问题选择部分变量对事物的某一方面进行研究。在 SPSS 中点击 Analyze→Classify→Hierarchical Cluster，进入系统聚类法分析（Hierarchical Cluster）对话框。

4.3.5　聚类分析应用

1. 问题描述：基于工程造价预测目标的样本数据处理

建筑工程造价预测模型的建立过程中，往往不加区分地直接使用历史数据库中的相关工程信息，并进一步对待建工程的造价情况进行预测。而实际工程项目必然存在个体性与差异性，在工程造价指标有多个的情况下，难以客观判断拟建工程的相似工程，若直接对样本进行学习训练，可能会因项目的不同导致预测准确度的降低，甚至出现预测值的严重偏差。

为了有效合理利用工程建造历史数据进行工程项目造价预测，需要采取一种有效的统计分析方法对样本数据进行分类，筛选出与待评估工程具有一定相似度的若干典型工程项目。然后，在此基础上再进行建筑工程造价的预测工作。

系统聚类法（Hierarchical Cluster）的本质是使具有高相似度的某类事物合并聚集，并将不同类的事物排除，使样本集整体的同质性提高，而异质性越来越低。这一特征与造价预测基于的之前工程样本精细化的需求相契合，并能为支持向量机提供质量更可靠的样本数据，因此基于系统聚类分析的建筑工程造价预测不仅是可行的，而且是极其必要的。

一企业在某省承建的 65 组建筑工程项目的造价数据，在剔除类别不符的无用信息以及相互重叠的冗余信息后，初步得到了 50 组有效的训练样本。一方面，建筑面积、层数等定量指标按照实际工程数据输入；另一方面，定性指标按照一定的量化标准进行属性的赋值。$X_1 \sim X_{18}$ 作为输入集，单方造价 Y 作为输出集。量化之后的预测指标数据如表 4.3-1 所示。

量化的原始样本数据　　　　　　　　　　　　　　　　表 4.3-1

样本编号	地上建筑面积 X_1	地下建筑面积 X_2	地上层数 X_3	地下层数 X_4	地上平均层高 X_5	地下平均层高 X_6	桩基类别 X_7	基础类别 X_8	建筑结构形式 X_9	抗震等级 X_{10}	地面面层材料 X_{11}	内墙装饰 X_{12}	外墙装饰 X_{13}	消防系统类型 X_{14}	安装完备程度 X_{15}	项目管理水平 X_{16}	施工环境 X_{17}	工期 X_{18}	单方造价 Y
1	11454.79	1460.83	16	2	2.80	3.90	2	3	3	3	4	3	4	3	3	4	3	320	2520.34
2	6598.51	915.32	7	1	3.00	3.95	4	2	2	3	2	2	3	4	2	3	4	136	1838.97
3	4571.23	482.56	8	1	3.00	4.00	5	1	4	4	5	5	5	4	4	4	5	160	1934.30
4	21508.20	3253.61	18	3	2.90	3.70	1	3	2	1	1	2	1	1	2	2	1	356	2598.00
5	9285.88	1857.89	14	2	2.80	3.70	4	3	5	4	3	4	3	3	4	3	3	306	2579.73
6	2280.17	350.32	6	1	3.15	4.10	4	2	2	1	2	1	2	1	2	2	1	112	1502.34
7	16021.46	2534.76	19	3	2.80	4.10	5	3	4	3	4	5	4	5	4	5	4	400	2743.29

续表

样本编号	地上建筑面积 X_1	地下建筑面积 X_2	地上层数 X_3	地下层数 X_4	地上平均层高 X_5	地下平均层高 X_6	桩基类别 X_7	基础类别 X_8	建筑结构形式 X_9	抗震等级 X_{10}	地面面层材料 X_{11}	内墙装饰 X_{12}	外墙装饰 X_{13}	消防系统类型 X_{14}	安装完备程度 X_{15}	项目管理水平 X_{16}	施工环境 X_{17}	工期 X_{18}	单方造价 Y
8	5021.48	0.00	5	0	3.20	0.00	2	1	3	2	2	3	3	2	4	3	4	100	1466.78
9	4517.78	721.54	13	2	2.80	3.80	3	2	1	1	3	2	2	1	3	2	2	255	2342.36
10	5675.62	905.36	12	2	2.80	3.85	1	3	3	2	2	3	2	1	2	3	2	238	2385.76
11	8901.35	952.34	9	1	2.80	3.95	4	2	4	4	3	4	3	3	4	2	3	180	2220.36
12	4950.75	887.92	11	2	2.85	3.75	4	4	3	2	3	2	3	2	3	2	2	225	2327.45
13	10925.57	1524.69	15	3	2.90	4.00	3	5	4	3	4	3	5	3	3	3	5	306	2587.59
14	6750.29	1180.75	6	1	3.15	4.20	3	2	2	2	2	3	4	4	3	3	2	125	1639.85
15	1985.74	0.00	5	0	3.20	0.00	3	1	1	1	1	3	1	3	2	1	2	95	1301.73
16	3958.61	405.27	10	1	2.90	3.95	4	3	4	3	4	4	3	4	4	3	4	295	2387.15
17	7504.64	1125.80	7	1	2.90	4.25	4	3	5	4	5	5	3	3	5	4	4	154	2023.46
18	12698.33	1028.95	11	1	2.80	4.00	3	4	3	3	3	2	3	3	4	3	2	195	2254.77
19	2789.32	1602.83	5	1	3.15	4.10	3	5	3	5	4	4	5	3	3	3	2	102	1625.78
20	10229.31	1300.45	15	2	2.80	3.80	2	1	2	2	3	1	2	4	2	3	2	295	2350.45
21	12682.74	1087.75	12	2	3.20	4.20	5	4	4	3	3	4	3	5	4	5	5	235	2415.06
22	3898.07	602.73	6	1	3.10	4.00	3	3	2	3	2	1	1	1	2	3	1	110	1546.26
23	13210.34	1650.87	16	2	2.90	3.75	3	4	4	3	5	4	4	5	4	5	5	330	2512.35
24	3120.45	0.00	5	0	3.10	0.00	2	2	1	2	1	2	2	3	2	1	1	92	1348.52
25	12597.82	1850.49	18	3	2.80	3.60	3	3	3	3	5	3	5	3	5	3	4	382	2713.84
26	13564.32	1616.34	15	2	2.90	3.80	1	2	1	1	3	2	3	1	1	1	2	286	2424.61
27	3600.83	512.37	10	1	3.10	4.20	2	1	2	1	2	1	2	1	2	1	2	290	2132.80
28	4682.35	1120.36	8	2	2.95	3.90	3	3	3	2	1	2	2	1	3	2	2	170	1982.66
29	9987.32	1302.54	14	2	2.80	3.90	4	3	3	3	5	4	3	3	5	3	5	300	2498.36
30	12687.62	1528.91	13	2	2.80	3.90	3	4	3	4	3	5	5	5	4	4	3	275	2465.89
31	12954.70	1421.80	16	2	3.15	3.90	4	4	2	2	3	2	2	3	2	2	3	330	2492.45
32	5508.32	450.12	12	1	2.80	4.15	5	5	3	3	3	3	3	3	3	3	5	250	2385.72
33	7952.64	702.51	10	1	2.90	4.30	2	3	2	1	3	2	2	2	2	2	1	190	2298.38
34	3892.37	645.30	6	1	3.10	4.00	2	2	3	2	2	2	3	4	3	2	2	120	1624.58
35	6841.29	712.34	9	1	2.85	4.20	3	2	3	2	3	4	3	4	3	4	2	185	2242.36
36	19256.29	2450.38	16	2	3.00	3.85	5	4	4	3	4	4	3	3	3	3	4	330	2495.60
37	16010.84	2408.74	19	3	2.90	3.70	4	4	5	4	5	5	5	5	4	5	4	410	2757.90
38	9850.32	982.36	11	1	2.80	4.20	4	2	2	4	2	4	3	2	3	2	3	210	2351.82
39	4658.81	532.22	8	1	2.90	3.95	3	2	3	4	3	2	3	2	3	3	3	162	2151.32
40	9047.69	1159.64	14	2	2.80	3.70	4	4	4	3	4	4	4	2	3	3	4	288	2537.95

续表

样本编号	地上建筑面积 X_1	地下建筑面积 X_2	地上层数 X_3	地下层数 X_4	地上平均层高 X_5	地下平均层高 X_6	桩基类别 X_7	基础类别 X_8	建筑结构形式 X_9	抗震等级 X_{10}	地面面层材料 X_{11}	内墙装饰 X_{12}	外墙装饰 X_{13}	消防系统类型 X_{14}	安装完备程度 X_{15}	项目管理水平 X_{16}	施工环境 X_{17}	工期 X_{18}	单方造价 Y
41	7529.88	2459.68	9	3	2.85	3.80	4	4	3	4	3	3	5	4	4	5	3	220	2329.69
42	13863.71	1631.46	17	2	2.85	3.90	2	3	3	2	2	4	2	2	3	3	4	320	2422.00
43	10245.12	851.24	12	1	2.80	4.10	2	1	1	1	1	2	2	1	1	1	1	308	2265.64
44	7567.87	1214.23	9	2	2.80	3.90	3	4	3	2	3	3	2	3	2	2	2	190	2356.78
45	15698.77	1093.14	15	1	2.80	4.30	3	5	4	3	5	5	4	4	4	4	3	342	2465.90
46	12678.51	1909.84	13	2	2.75	3.90	3	4	2	3	2	4	4	3	4	3	2	260	2418.12
47	6820.91	1227.36	11	2	2.80	3.85	1	3	3	2	3	5	4	3	2	2	2	220	2247.33
48	4082.63	0.00	5	0	3.15	0.00	3	4	2	4	2	3	4	4	3	4	2	108	1572.48
49	8165.33	845.32	10	1	2.90	4.00	5	4	3	4	3	4	3	5	4	5	4	290	2357.06
50	22137.46	3309.38	20	3	2.75	3.80	4	5	4	3	4	5	3	5	5	4	4	415	2750.88

通过对指标内涵的描述，可将工程造价预测指标分为定量指标和定性指标两类。定量指标包括地上建筑面积、地下建筑面积、地上层数、地下层数、地上平均层高、地下平均层高、工期以及单方造价，其取值可通过相关工程项目资源获取，并直接按指标相对应的实际工程数据输入。

定性指标是指需要用文字语言进行描述的字符型变量，包括桩基类别、基础类别、建筑结构形式、抗震等级、地面面层材料、内墙装饰、外墙装饰、消防系统类型、安装完备程度、项目管理水平和施工环境，此类数据只有转化为离散的数值向量才能被预测模型识别并使用。为此，在广泛查阅相关文献以及实际工程案例的基础上，使用等距划分法将定性指标离散化，即确定每个定性指标具有代表性的类别构成，并对各特征属性用 1～5 的刻度来表示，从而通过赋值将定性指标转化为定量指标。

2. 聚类分析：工程造价样本数据的系统聚类分析

这里利用 SPSS20.0 对工程造价样本数据进行系统聚类，以获取相似的工程类。由于各特征指标的量纲不同，如建筑面积的量纲为 m^2，而层高的量纲为 m，并且数据的数量级大小不一，因此在聚类之前需要对数据进行标准化处理。在 SPSS 中使用描述统计功能，可直接获得经 Z-score 标准化后的样本数据，如表 4.3-1 所示。

将处理后的输入集 $X_1 \sim X_{18}$ 输入 SPSS 中，选择系统聚类法（Hierarchical Cluster）进行分析。并确定度量标准为 Euclidean 距离，聚类方法采用 Ward 测度，然后根据个案（样本）进行系统聚类。可获得反映聚类过程各样本的合并情况的树状聚类图，如图 4.3-9 所示。根据该树状图可知，经过 6 次聚类可将所有个案合并为一类，在最后一步的迭代过程中，所有样本工程可分为两大类，其中第一类有 33 个，第二类有 17 个，如表 4.3-2 所示。为了克服样本量过小带来的误差，使预测模型达到更好的预测效果，选择样本量较大的第一类相似样本开展进一步的预测分析。

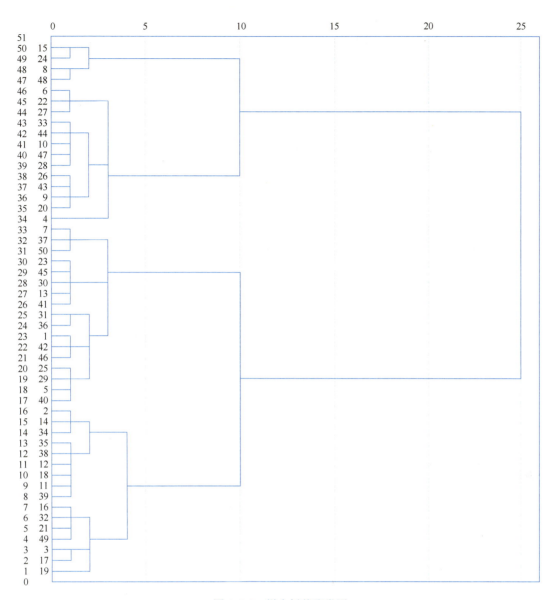

图 4.3-9 样本树状聚类图

样本系统聚类结果 表 4.3-2

类别	样本编号																
1类	19	17	3	49	21	32	16	39	11	18	12	38	35	34	14	2	40
	5	29	25	46	42	1	36	31	41	13	30	45	23	50	37	7	
2类	4	20	9	43	26	28	47	10	44	33	27	22	6	48	8	24	15

思考与练习题

1. 什么叫聚类分析? 其基本思想是什么? 聚类分析的标准有哪些?

2. 聚类测度有什么涵义？有哪些聚类测度？

3. K-均值聚类和系统聚类的关系是什么？

4. 系统聚类法的基本步骤是什么？

5. 简述最长聚类法的聚类步骤。

6. 简述快速聚类的基本思想及主要步骤。

7. 简述最优分割法的步骤。

8. 简述 Ward 离差平方和法的基本思想。

9. 在数据处理时，为什么通常要进行标准化处理。

10. 填空题：

a）系统聚类法是在聚类分析的开始，每个样本自成_____；然后，按照某种方法度量所有样本之间的亲疏程度，并把最相似的样本首先聚成一小类；接下来，度量剩余的样本和小类间的_____，并将当前最接近的样本或小类再聚成一类；如此反复，直到所有样本聚成一类为止。

b）常见的两类聚类法分别为：_____和_____。

11. 设有六个样品，每个样品只测量一个指标，分别是 1、2、5、7、9、10。

a）试用最短距离法、最长距离法、中间距离法、类平均法、重心法和离差平方和法将它们分类，并画出聚类谱系图。

b）自己设置一个距离阈值 d，写出最终的聚类结果。

4.4　主成分分析

主成分分析即是利用映射原理降低原始数据的维度，通过正交变换将原来众多可能存在相关性的变量转化为一组新的线性无关的综合指标，这组综合指标是由原始指标线性组合而成，把转化后的综合指标称作主成分。主成分分析作为一种面向模式分类的特征提取方法，不受主观因素的影响，得到的主成分互不相关，数据冗余少，这有利于数据的特征提取，是机器学习中常用的一种数据处理方法。在总体信息损失达到一定程度的前提下，用尽可能少的综合指标来代替原来的指标，准确地抓住矛盾的关键部分，这种方法既提高了工作效率又利于揭示变量之间的内在联系。

4.4.1　主成分分析概述

主成分分析是将高维空间变量指标转化为低维空间变量指标的一种统计方法。由于评价对象往往具有多个属性指标，较多的变量对分析问题会带来一定的难度和复杂性。然而，这些指标变量彼此之间常常又存在一定程度的相关性，这就使含在观测数据中的信息具有一定的重叠性。正是这种指标间的相互影响和重叠，才使得变量的降维成为可能。即在研究对象的多个变量指标中，用少数几个综合变量代替原高维变量以达到分析评价问题的目的。当然，这少数指标应该综合原研究对象尽可能多的信息以减少信息的失真和损失，而且指标之间彼此相互独立。

主成分分析，也称主分量分析，被经典统计学家认为是确定一个多元正态分布等密度椭球面的主轴，这些主轴由样本来估计。然而，现代越来越多的人从数据分析的角度出发，用一种不同的观点来考察主成分分析。这时，不需要任何关于概率分布和基本统计模型的假定。这种观点实际上是采用某种信息的概念，以某种代数或几何准则最优化技术对一个数据阵的结构进行描述和简化。

主成分分析方法的主要目的就是通过降维技术把多个变量化为少数几个主要成分进行分析的统计方法。这些主要成分能够反映原始变量的绝大部分信息，它们通常表示为原始变量的某种线性组合。为了使这些主要成分所含的信息互不重叠，应要求它们互不相关。当分析结束后，最后要对主成分作出解释。当主成分用于回归或聚类时，就不需要对主成分作出解释。另外，主成分还有简化变量系统的统计数字特征的作用。对于任意 p 个变量，描述它们自身及其相互关系的数字特征包括均值、方差、协方差等，共有 $p + \frac{1}{2}p(p-1)$ 个参数。经过主成分分析后，每个新变量的均值和协方差都为零，所以，变量系统的数字特征减少了 $p + \frac{1}{2}p(p-1)$ 个。在对变量系统进行简化时，最重要的是当系统变量被有效地降到 2 维时（即两个主成分），就可以在平面上描绘每个样本点，以获得直接观察样本点间的相关关系以及样本群点的分布特点和结构。所以，主成分分析使高维数据点的可见性成为可能。在数据信息的分析过程中，对直观图像的观察是一种重要手段，它能更好地协助系统分析人员的思维与判断，及时发现大规模复杂数据群中的普遍规律与特殊现象，极大地提高数据信息的分析效率。在当今的决策支持系统理论与方法的研究中，将抽象空间或者高维空间中的信息以及一些更为复杂的现象转换为直观的平面图示是一种重要的研究途径，能够提高决策人员的洞察能力。

主成分分析法来源于实践。例如，从事数据分析工作的人往往面临一张数据表，即数据矩阵。例如，在分析读者学习情况时，得到一张成绩表，该表的列表示某门课程各读者成绩，行表示一个读者的各科成绩。一般而言，可以构造一个数据矩阵，列表示变量或指标，行表示相应变量的测量数据。一个数据矩阵阶数往往非常大，使人眼花缭乱，抓不住重点，找不出规律。主成分分析的主要任务就是以某种最优方法综合一张数据表的信息，以达到简化数据矩阵，降低数据维数，从而揭示其主要结构信息，并给出关于数据矩阵所提供信息的合理解释。这方面的一个著名成功应用实例是美国统计学家斯通（Stone）在 1947 年对美国国民经济的研究。他利用美国 1929—1938 年各年的数据，得到了 17 个反映国民收入与支出的变量要素，如雇主补贴、消费资料、生产资料、纯公共支出、净增库、股息、利息以及外贸平衡等。在进行主成分分析后，用三个变量就取代了原来的 17 个变量，并且精度高达 97.4%。根据经济学知识，斯通给这三个综合变量分别取名为总收入 F_1、总收入变化率 F_2、经济发展或衰退的趋势 F_3。更有意思的是，这三个新变量其实都是可以直接测量的。

主成分分析以最少的信息丢失为前提，将众多的原有变量综合成较少几个综合指标，通常综合指标（主成分）有以下几个特点：

（1）主成分个数远远少于原有变量的个数：原有变量综合成少数几个因子之后，因子将可以替代原有变量参与数据建模，这将大大减少分析过程中的计算工作量。

（2）主成分能够反映原有变量的绝大部分信息：因子并不是原有变量的简单取舍，而是原有变量重组后的结果，因此不会造成原有变量信息的大量丢失，并能够代表原有变量的绝大部分信息。

（3）主成分之间应该互不相关：通过主成分分析得出的新的综合指标（主成分）之间互不相关，因子参与数据建模能够有效地解决变量信息重叠、多重共线性等给分析应用带来的诸多问题。

（4）主成分具有命名解释性。

总之，主成分分析是研究如何以最少的信息丢失将众多原有变量浓缩成少数几个因子，如何使因子具有一定的命名解释性的多元统计分析方法。

4.4.2　主成分分析理论基础

1. 主成分分析基本思想

主成分分析的主要降维思想可用如下简单几何观点解释。假设矩阵 A 是对具有 p 个变量指标的 n 个样本所测量的数据矩阵。矩阵 A 的 n 行可看作空间 R^p 中的 n 个点或向量，表示 n 个个体 $X_1,X_2,\cdots,X_n$，而 $X_k=(x_{k1},x_{k2},\cdots,x_{kp})^T$。主成分分析本质上就是对原坐标系进行平移和旋转变换，使得新坐标的原点与数据群的重心重合，新坐标系的第一个坐标轴与数据变异的最大方向相对应，新坐标系的第二轴与第一轴标准正交，并且对应于数据变异的第二大方向，以此类推。这些新轴分别被称为第一主轴 U_1，第二主轴 U_2……如果经过舍去少量信息后，主轴 $U_1,U_2,\cdots,U_m(m<p)$ 能够十分有效地表示原数据的变异情况，则原来的 p 维空间 R^p 就被降至 m 维空间 R^m。生成的空间 $R(U_1,U_2,\cdots,U_m)$ 被称为 m 维主超平面，尤其是当 $m=2$ 时，就简称为主平面。这样就可以用原样本群点在主超平面上的投影来近似表达原样本群。原样本点在主超平面的第一主轴上的投影称为第一主成分 u_1，它构成新数据表的第一个分析变量，在主超平面的第二主轴上的投影称为第二主成分 u_2，它构成新数据表的第二个分析变量……记主成分 u_k 均值和方差分别为 $E(u_k)$、$Var(u_k)$，则主成分的分析结果为

$$E(u_k)=0,k=1,2,\cdots,m,\quad Var(u_1)\geqslant Var(u_2)\geqslant\cdots\geqslant Var(u_m)$$

2. 主成分分析的数学途径

对于给定的一个高维（p 维）复杂变量系统（n 个样本），现在需要分析此变量系统的信息结构。为此，希望对原数据进行简化，但要达到信息损失最小，以期分析数据结构。从数学上讲，就是要对原数据变量降维，以获得新的变量对问题进行解释。要达到这一目的，可从多种途径考察，现简述如下。

1）数据变异方向最大原理

如果试图以一个一维向量空间取代原 p 维向量空间，则应该寻找数据群点分布方差最大的一个方向 u_1，将其作为新的综合变量方向，再将所有样本点在该方向上投影，就可获得原数据群在一维空间的最佳近似表示。如果要在二维空间中近似地表示原数据群点，则要寻找一个与 u_1 垂直的方向 u_2，且数据群在此方向（u_2）的分布方差仅次于 $Var(u_1)$，是第二大的。如此下去，直到满足最大限度地保持原数据信息为止。

2）最小二乘原理

对原 p 维空间 R^p 中的样本群 $G=\{X_1,X_2,\cdots,X_n\}$，现在要通过一个线性变换，将其变为更低维的空间 $R(U_1,U_2,\cdots,U_m)$，使得原数据点在此空间的投影能近似地代替原数

据，且信息损失最少。这实际上只需应用最小二乘原理。设原数据点 X_k 在空间的投影点为 $\hat{X_k}$，则信息损失最少的表达式为

$$\min \sum_{k=1}^{n} w_k \| X_k - \hat{X_k} \|^2 \tag{4.4-1}$$

其中，$w_k(k=1,2,\cdots,n)$ 为样本点的权重。

3）数据群相似度改变最小原理

假设以距离来衡量样本点之间的相似性，则主成分分析理论证明主超平面可以使数据群的相似性改变最小（此时用 m 维主超平面近似表达原数据群），此即

$$\min \sum_{i=1}^{n} \sum_{j=1}^{n} w_i w_j (\| X_i - X_j \|^2 - \| \hat{X_i} - \hat{X_j} \|^2) \tag{4.4-2}$$

4）系统变量综合表现能力最佳原理

如果试图用一个综合变量来代替原数据变量，则第一主成分 u_1 就是最好的选择。用统计语言描述就是变量 u_1 与原数据变量的相关系数最大。

$$\max \sum_{k=1}^{n} R^2(u_1, X_k) \tag{4.4-3}$$

如果是用两个主成分 u_1、u_2 来综合原数据信息，则要求下式成立

$$\max \sum_{k=1}^{n} \sum_{i=1}^{2} R^2(u_i, X_k) \tag{4.4-4}$$

4.4.3 主成分分析原理

1. 主成分划分

下面以系统变量综合表现能力最佳原理为出发点，详细讨论主成分分析原理。

1）第一主成分

对于给定的 p 维随机向量 $X = (x_1, x_2, \cdots, x_p)^T \in R^p$，假定二阶矩存在，记 $\vec{\mu} = E(X), V = V(X) = E[X - E(X)][X - E(X)]^T$。考虑如下线性变换

$$\begin{cases} y_1 = \vec{a}_1^T X = a_{11}x_1 + a_{12}x_2 + \cdots + a_{1p}x_p \\ y_2 = \vec{a}_2^T X = a_{21}x_1 + a_{22}x_2 + \cdots + a_{2p}x_p \\ \quad\vdots \qquad\quad\vdots \qquad\qquad\vdots \\ y_p = \vec{a}_p^T X = a_{p1}x_1 + a_{p2}x_2 + \cdots + a_{pp}x_p \end{cases} \tag{4.4-5}$$

使得变换后的 y_1 是 $x_1, x_2, \cdots, x_p$ 的一切线性函数中方差最大的。但由于有

$$Var(k\vec{a}_1^T X) = k^2 Var(\vec{a}_1^T X)$$

所以应该限制线性变换（4.4-5）的系数矩阵行向量 $\vec{a}_k^T$ 为单位向量，从而转变为求解如下问题

$$\begin{cases} \max \quad Var(y_1) = \vec{a}_1^T V \vec{a}_1 \\ \text{s.t.} \quad \vec{a}_1^T a_1 = 1 \end{cases} \tag{4.4-6}$$

的解。此时 y_1 称之为第一主成分。

设 $\lambda_1 \geqslant \lambda_2 \geqslant \cdots \geqslant \lambda_p \geqslant 0$ 为非负定矩阵 V 的特征根，$u_1, u_2, \cdots, u_p$ 为相应的单位特征向量，且两两相互正交。令 $U = (u_1, u_2, \cdots, u_p) = (u_{ij})_{p \times p}$ 为正交矩阵，则有

$$V = U \begin{bmatrix} u_1 & & & \\ & u_2 & & \\ & & \ddots & \\ & & & u_p \end{bmatrix} U^T = \sum_{k=1}^{p} \lambda_k u_k u_k^T \qquad (4.4\text{-}7)$$

由于有

$$\vec{a_1}^T V \vec{a_1} = \sum_{k=1}^{p} \lambda_k \vec{a_1}^T u_k u_k^T \vec{a_1} = \sum_{k=1}^{p} \lambda_k (\vec{a_1}^T u_k)^2 \leqslant \lambda_1 \sum_{k=1}^{p} (\vec{a_1}^T u_k)^2$$

$$= \lambda_1 \sum_{k=1}^{p} \vec{a_1}^T u_k u_k^T \vec{a_1} = \lambda_1 \vec{a_1}^T U U^T \vec{a_1} = \lambda_1 \vec{a_1}^T \vec{a_1} = \lambda_1$$

特别取 $\vec{a_1} = u_1$ 有

$$u_1^T V u_1 = u_1^T (\lambda_1 u_1) = \lambda_1 \qquad (4.4\text{-}8)$$

因此，$y_1 = u_1^T X$ 就是所求的第一主成分，其方差具有最大值 λ_1。

2）第二主成分

如果第一主成分所含信息不够多，不足以代表原始的 p 个变量，则要考虑第二主成分 y_2。为了使 y_2 所含信息与 y_1 不重叠，应要求

$$Cov(y_1, y_2) = 0$$

因此，第二主成分就是下列问题的解

$$\begin{cases} \max & V(y_2) = a_2^T V a_2 \\ \text{s. t.} & Cov(y_1, y_2) = 0 \\ & a_2^T a_2 = 1 \end{cases} \qquad (4.4\text{-}9)$$

同样可以求第三主成分、第四主成分等。一般而言，第 k 主成分是下列问题的解

$$\begin{cases} \max & V(y_k) = a_k^T V a_k \\ \text{s. t.} & Cov(y_k, y_i) = 0, i = 1, 2, \cdots, k-1 \\ & a_k^T a_k = 1 \end{cases} \qquad (4.4\text{-}10)$$

现在求第二主成分。由式（4.4-9）知

$$Cov(y_1, y_2) = Cov(u_1^T X, a_2^T X) = a_2^T V u_1 = \lambda_1 a_2^T u_1 = 0$$

于是

$$a_2^T u_1 = 0$$

从而有

$$Var(y_2) = a_2^T V a_2 = \sum_{k=1}^{p} \lambda_k (a_2^T u_k)^2 = \sum_{k=2}^{p} \lambda_k (a_2^T u_k)^2$$

$$\leqslant \lambda_2 \sum_{k=2}^{p} (a_2^T u_k)^2 = \lambda_2 \sum_{k=1}^{p} (a_2^T u_k)^2 = \lambda_2 \, a_2^T U U^T a_2 = \lambda_2 \, a_2^T a_2 = \lambda_2 \qquad (4.4\text{-}11)$$

当取 $a_2 = u_2$ 时，则有

$$u_2^T V u_2 = u_2^T (\lambda_2 u_2) = \lambda_2 \qquad (4.4\text{-}12)$$

所以，$y_2 = u_2^T X$ 就是所求的第二主成分，且具有方差 λ_2。

3）第 k 主成分

基于上述方法，可以此类推，从而求出第 k 主成分为 $y_k = u_k^T X$，其可以具体表示为

$$y_k = u_{1k} x_1 + u_{2k} x_2 + \cdots + u_{pk} x_p, \, k = 1,2,\cdots,p \qquad (4.4\text{-}13)$$

第 k 主成分具有方差 $\lambda_k (k = 1,2,\cdots,p)$。

2. 主成分性质

假设反映研究对象属性的指标有 p 个，即 $X = (x_1, x_2, \cdots, x_p)^T$，将这些指标看成 p 维随机变量，则它的期望记为 $\vec{\mu} = E(X)$，其二阶矩阵（协方差矩阵）记为 $V = V(X) = E[X - E(X)][X - E(X)]^T$。对于这种对象观察了 n 个样本，其数据矩阵记为 $X_{n \times p} = [x_{ij}]$。当把每个指标 $x_k (k = 1,2,\cdots,p)$ 看成随机变量时，观察的 n 个对象便是相应样本值。据此计算矩阵 V 的特征根 $\lambda_1 \geqslant \lambda_2 \geqslant \cdots \geqslant \lambda_p \geqslant 0$ 和相应的单位特征向量 $u_1, u_2, \cdots, u_p$，便可构造第 k 主成分，如公式（4.4-13）所示。下面解释主成分的有关性质。

1）主成分的均值、协方差、方差

记主成分 $Y = (y_1, y_2, \cdots, y_p)^T$，从前面的讨论可知 $Y = U^T X$，其期望值和特征根为

$$E(Y) = \begin{bmatrix} E(y_1) \\ E(y_2) \\ \vdots \\ E(y_p) \end{bmatrix}, \quad \Lambda = \begin{bmatrix} \lambda_1 & & & \\ & \lambda_2 & & \\ & & \ddots & \\ & & & \lambda_p \end{bmatrix} \qquad (4.4\text{-}14)$$

则有

$$E(Y) = E(U^T X) = U^T E(X) = U^T \vec{\mu}$$
$$Var(Y) = U^T Var(X) U = U^T V U = \Lambda \qquad (4.4\text{-}15)$$

对于原始变量与主成分之间的总方差，由于

$$tr(\Lambda) = tr(U^T V U) = tr(U^T U V) = tr(V)$$

所以

$$\sum_{k=1}^{p} Var(x_k) = \sum_{k=1}^{p} Var(y_k) = \sum_{k=1}^{p} \lambda_k \qquad (4.4\text{-}16)$$

也就是说，主成分分析把原始的 p 个变量 $x_k (k = 1,2,\cdots,p)$ 的总方差 $tr(V)$ 分解成了 p 个不相关变量 $y_k (k = 1,2,\cdots,p)$ 的方差之和 $\sum_{k=1}^{p} \lambda_k$。

2）主成分两两正交

样本数据通过转换 $y_k = u_k^T X$，获得的主成分 $y_k (k = 1,2,\cdots,p)$ 两两正交，即满足

$$\begin{cases} y_i^T y_j = 0, 1 \leqslant i \neq j \leqslant p \\ |y_k|^2 = \lambda_k, k = 1,2,\cdots,p \end{cases} \qquad (4.4\text{-}17)$$

3）主成分变换

上述的 $Y = U^T X$，被称之为 X 的主成分变换。此变换是可逆的，即 $X = UY$，这里被称为基于主成分的恢复数据变换。

4）原始变量 X 与主成分 Y 之间的相关性

根据 $Y = U^T X$ 得 $X = UY$，即

$$x_k = u_{k1} y_1 + u_{k2} y_2 + \cdots + u_{kp} y_p, k = 1, 2, \cdots, p \tag{4.4-18}$$

故有

$$Cov(x_j, y_i) = Cov(u_{ji} y_i, y_i) = u_{ji} \lambda_i \tag{4.4-19}$$

$$\rho(x_j, y_i) = \frac{Cov(x_j, y_i)}{\sqrt{Var(x_j)} \sqrt{Var(y_i)}} = \frac{\sqrt{\lambda_i}}{\sqrt{v_{jj}}} u_{ji} = \sqrt{\lambda_i} u_{ji}, j, i = 1, 2, \cdots, p \tag{4.4-20}$$

5）主成分对原始变量的贡献率

将第 k 主成分 y_k 占总方差的比例

$$\frac{\lambda_k}{\sum\limits_{i=1}^{p} \lambda_i} (k = 1, 2, \cdots, p) \tag{4.4-21}$$

称之为主成分 y_k 的贡献率。第一主成分 y_1 的贡献率最大，表明它解释原始变量 $x_k (k = 1, 2, \cdots, p)$ 的能力最强，而 $y_1, y_2, \cdots, y_p$ 的解释能力依次减弱。主成分分析的目的就是为了减少变量的个数，因此一般是不会使用所有 p 个主成分的，忽略一些带有较小方差的主成分将不会给总方差带来大的影响。前 q 个主成分的贡献率之和

$$\Lambda_q = \frac{\sum\limits_{k=1}^{q} \lambda_k}{\sum\limits_{k=1}^{p} \lambda_k} = \frac{\sum\limits_{k=1}^{q} \lambda_k}{\sum\limits_{k=1}^{p} v_{kk}} (1 \leqslant q \leqslant p) \tag{4.4-22}$$

被称之为主成分 $y_1, y_2, \cdots, y_q$ 的累计贡献率。它表明 $y_1, y_2, \cdots, y_q$ 解释原始变量 $x_k (k = 1, 2, \cdots, p)$ 的能力。通常取较小的主成分变量维数 q，使得累计贡献率达到一个较高的百分比（通常要求 85% 以上）。这时的主成分 $y_1, y_2, \cdots, y_q$ 可用来代替原始变量 $x_1, x_2, \cdots, x_p$，从而达到降低变量维数的目的，同时使得原始信息损失尽量小。

4.4.4　主成分分析的步骤和特点

1. 主成分分析计算步骤

在了解了主成分的性质后，现在可以讨论主成分的计算步骤。对于给定的 p 维空间 R^p 中的 n 个样本，其数据矩阵记为 $X_{n \times p} = [x_{ij}]$。主成分的计算步骤如下：

（1）计算随机变量 X 的协方差矩阵 $V = V(X)$，其中

$$E(X) = [E(x_1), E(x_2), \cdots, E(x_p)]^T$$

$$V = V(X) = E[X - E(X)][X - E(X)]^T$$

$$= \begin{bmatrix} Var(x_1) & Cov(x_1, x_2) & \cdots & Cov(x_1, x_p) \\ Cov(x_2, x_1) & Var(x_2) & \cdots & Cov(x_2, x_p) \\ \vdots & \vdots & \cdots & \vdots \\ Cov(x_p, x_1) & Cov(x_p, x_2) & \cdots & Var(x_p) \end{bmatrix} \tag{4.4-23}$$

（2）计算矩阵 S 的前 q 个特征根使得贡献率之和 $\Lambda_q \geqslant \alpha$，其中 α 通常取 85% 左右，贡献率之和 Λ_q 可通过式（4.4-22）计算。

（3）计算矩阵 S 的前 q 个特征根所对应的单位特征向量

$$u_k = (u_{1k}, u_{2k}, \cdots, u_{pk})^T, k = 1, 2, \cdots, q \tag{4.4-24}$$

（4）根据式（4.4-24）计算前 q 个主成分分量

$$y_k = u_{1k}x_1 + u_{2k}x_2 + \cdots + u_{pk}x_p, k = 1, 2, \cdots, q \tag{4.4-25}$$

（5）根据式(4.4-25)中原始变量与各主成分之间的系数关系作出解释，必要时给出图示。

针对主成分分析方法的上述流程或步骤，为了便于理解，下面给出进一步说明：

（1）由于有些问题中各项指标的量纲不一致，从而可能造成协方差矩阵中数据差异较大，为了消除这种差异，可以将协方差矩阵改为相关矩阵，上面的所有讨论结果完全一样，并不影响最终的结果。所以，可用相关矩阵 R 代替二阶矩 V，此时有

$$R = (r_{ij})_{p \times p}, r_{ij} = \frac{Cov(x_i, x_j)}{\sqrt{Var(x_i)Var(x_j)}} \tag{4.4-26}$$

注意式（4.4-26）与式（4.4-24）的差别。

（2）如果不知道随机变量 X 的分布，从而无法计算其期望及二阶矩，则还可以用样本的点估计代替。假设对随机变量 X 进行了 n 次观察，其样本矩阵记为 $X_{n \times p} = [x_{ij}]_{n \times p}$，则有如下估计计算，令

$$\overline{X}_k = \frac{1}{n}\sum_{i=1}^{n} x_{ik}, k = 1, 2, \cdots, p, \quad s_{ij} = \frac{1}{n}\sum_{k=1}^{n}(x_{ki} - \overline{X}_i)(x_{kj} - \overline{X}_j)$$

则有

$$V \approx \hat{V} = (s_{ij})_{p \times p}, \quad R \approx \hat{R} = \left(\frac{s_{ij}}{\sqrt{S_{ii}}\sqrt{S_{jj}}}\right)_{p \times p} \tag{4.4-27}$$

（3）当用协方差矩阵 $S = (s_{ij})_{p \times p}$ 或者 $\hat{R}$ 计算主成分时，获得的主成分表达式（4.4-25）变为

$$y_k = u_{1k}\tilde{x}_1 + u_{2k}\tilde{x}_2 + \cdots + u_{pk}\tilde{x}_p, k = 1, 2, \cdots, q \tag{4.4-28}$$

此时对应的指标是：

$$\tilde{x}_k = \begin{cases} x_k - \bar{x}_k, & \text{如果 } V = S \\ \dfrac{x_k - \bar{x}_k}{\sqrt{S_{kk}}}, & \text{如果 } V = \hat{R} \end{cases} \tag{4.4-29}$$

2. 主成分分析特点

主成分分析就是用较少的新变量代替原来较多的旧变量，而且使新变量尽可能多地保留原有信息的方法。在许多领域得到了广泛的应用。它的具体特点如下：

1）主成分个数远远少于原有变量的个数

与其他评价方法相比，主成分分析是将原有变量综合成少数几个主控因素之后，由主控因素代替原有变量参与数据建模，这将减少选择指标时所花费的精力。同时，按照方差大小依次排列的顺序将主成分分析中的各主成分进行排序，在分析问题中，可以选取方差较大的几个主成分，舍弃较小的成分，减少分析过程中的计算工作量。

2）主成分能够反映原有变量的绝大部分信息

之所以说主成分分析能够将原有变量的绝大部分信息反映出来，主要是因为主成分分

析的过程并不是将原有变量进行简单取舍，而是通过线性变换，将原有变量重新组合，从而得到原有信息的主要成分，因此，组合后的主成分能够代表原有变量的绝大部分信息，而不会造成变量信息的大量丢失。

3）主成分之间互不相关

通过对原始数据变量进行主成分分析而得到的新的综合指标，它们之间是互不相关的，应用变换后的主成分来组建数据模型，可以使数据建模信息重叠、多重共线性等诸多问题得以解决。

4）主成分具有客观性和合理性

在以往的综合评价函数中，都会因为各种不确定因素而使结果不具备客观性，而通过主成分分析得到各个主成分，是将其贡献率（即该主成分所包含的信息量在原始数据信息中的比重）作为权数，因此，这些权数具有客观性、合理性。

主成分分析，可以认为是一种基于数学思想的指标降维方法。该方法借助线性规划中的正交变换，将给定的若干具有相关关系的变量归纳为少数互不相关的综合变量，这些新的综合变量携带了绝大部分原始指标的重要信息，将复杂的矩阵关系简单化，从而实现指标的降维。经主成分分析获取的新变量，并非将原始数据进行比重筛选，而是由原始变量线性组合得来的，因此能够在有效保证原始数据完整性与准确性的前提下进行指标信息的浓缩。

在 SPSS20.0 的主页面点击 Analyze→Dimension Reduction→Factor，可进行数据指标降维处理的主成分分析。

4.4.5　主成分分析应用

影响工程造价的因素有很多，各因素或指标之间一般存在着数量上的直接或间接关系，部分因素可用某些已有因素表示，造成样本信息的大量重叠。从理论上看来，任何一个特征指标都有可能对建筑工程造价造成一定的影响，然而实际的造价预测过程中并不需要对所有特征指标都逐一考虑，而是需要关注重要影响因素。如果在数据输入过程中忽视了某些重要影响因素，则会导致预测模型的准确性不足，预测效果欠佳，因此需要对特征指标进行合理分析，获得综合性的主要影响因素，而非简单地进行比重筛选。

1. 问题描述：工程造价样本数据

定性指标是指需要用文字语言进行描述的字符型变量，包括桩基类别、基础类别、建筑结构形式、抗震等级、地面面层材料、内墙装饰、外墙装饰、消防系统类型、安装完备程度、项目管理水平和施工环境，此类数据只有转化为离散的数值向量才能被预测模型识别并使用。为此，在广泛查阅相关文献以及实际工程案例的基础上，使用等距划分法将定性指标离散化，即确定每个定性指标具有代表性的类别构成，并对各特征属性用 1~5 的刻度来表示，从而通过赋值将定性指标转化为定量指标，如表 4.3-1 所示。根据上一节所述的聚类分析方法，对表 4.3-1 所示的样本数据进行聚类分析处理后，所获得的样本造价数据如表 4.3-2 所示。

2. 主成分分析：工程造价影响指标降维

这里再次利用 SPSS20.0 对表 4.3-2 所示的 18 个指标进行主成分分析，获得指标相关矩阵（表 4.4-1）、解释总方差（表 4.4-2）、碎石图（图 4.4-1）、主成分矩阵（表 4.4-3）。

表 4.4-1

指标相关矩阵

	X_1	X_2	X_3	X_4	X_5	X_6	X_7	X_8	X_9	X_{10}	X_{11}	X_{12}	X_{13}	X_{14}	X_{15}	X_{16}	X_{17}	X_{18}
X_1	1	0.75	0.842	0.562	-0.289	-0.227	0.062	0.415	0.215	-0.19	0.253	0.305	0.001	0.091	0.114	0.259	0.152	0.774
X_2	0.75	1	0.654	0.831	-0.209	-0.434	0.045	0.417	0.197	-0.003	0.19	0.223	0.266	0.038	0.237	0.371	0.096	0.618
X_3	0.842	0.654	1	0.74	-0.431	-0.46	0.045	0.427	0.306	-0.129	0.37	0.357	-0.145	-0.046	0.036	0.253	0.294	0.959
X_4	0.562	0.831	0.74	1	-0.38	-0.714	0.03	0.296	0.259	0.148	0.221	0.173	0.065	-0.065	0.094	0.29	0.136	0.728
X_5	-0.289	-0.209	-0.431	-0.38	1	0.282	0.069	-0.122	-0.178	-0.153	-0.212	-0.306	-0.059	0.248	0.001	-0.046	-0.032	-0.438
X_6	-0.227	-0.434	-0.46	-0.714	0.282	1	0.062	-0.117	-0.119	-0.303	-0.098	0.122	0.202	0.263	0.002	0.085	-0.029	-0.461
X_7	0.062	0.045	0.045	0.03	0.069	0.062	1	0.075	0.283	0.088	0.21	0.286	-0.078	0.233	0.235	0.233	0.436	0.133
X_8	0.415	0.417	0.427	0.296	-0.122	-0.117	0.075	1	0.168	0.037	0.169	0.186	0.124	-0.029	0.201	0.219	0.162	0.458
X_9	0.215	0.197	0.306	0.259	-0.178	-0.119	0.283	0.168	1	0.399	0.567	0.502	-0.007	0.126	0.49	0.311	0.393	0.354
X_{10}	-0.19	-0.003	-0.129	0.148	-0.153	-0.303	0.088	0.037	0.399	1	0.077	0.022	0.242	0.019	0.246	0.085	0.195	-0.062
X_{11}	0.253	0.19	0.37	0.221	-0.212	-0.098	0.21	0.169	0.567	0.077	1	0.548	0.247	0.063	0.458	0.454	0.356	0.421
X_{12}	0.305	0.223	0.357	0.173	-0.306	0.122	0.286	0.186	0.502	0.022	0.548	1	0.256	0.307	0.42	0.502	0.443	0.413
X_{13}	0.001	0.266	-0.145	0.065	-0.059	0.202	-0.078	0.124	-0.007	0.242	0.247	0.256	1	0.26	0.263	0.427	0.064	-0.136
X_{14}	0.091	0.038	-0.046	-0.065	0.248	0.263	0.233	-0.029	0.126	0.019	0.063	0.307	0.26	1	0.226	0.566	0.084	0.066
X_{15}	0.114	0.237	0.036	0.094	0.001	0.002	0.235	0.201	0.49	0.246	0.458	0.42	0.263	0.226	1	0.222	0.399	0.084
X_{16}	0.259	0.371	0.253	0.29	-0.046	0.085	0.233	0.219	0.311	0.085	0.454	0.502	0.427	0.566	0.222	1	0.211	0.335
X_{17}	0.152	0.096	0.294	0.136	-0.032	-0.029	0.436	0.162	0.393	0.195	0.356	0.443	0.064	0.084	0.399	0.211	1	0.327
X_{18}	0.774	0.618	0.959	0.728	-0.438	-0.461	0.133	0.458	0.354	-0.062	0.421	0.413	-0.136	0.066	0.084	0.335	0.327	1

从表 4.4-1 的相关矩阵中可以看出，18 个预测指标间的关联系数较高，即各指标有较强的相关性，说明使用主成分分析对影响工程造价的指标进行降维处理是有必要的和合理的。

解释总方差　　　　　　　　　　　　　　　　　表 4.4-2

成分	初始特征值			提取平方和载入		
	合计	方差的百分比（%）	累积百分比（%）	合计	方差的百分比（%）	累积百分比（%）
1	5.659	31.437	31.437	5.659	31.437	31.437
2	2.954	16.41	47.848	2.954	16.41	47.848
3	1.719	9.549	57.397	1.719	9.549	57.397
4	1.487	8.259	65.655	1.487	8.259	65.655
5	1.146	6.368	72.024	1.146	6.368	72.024
6	0.963	5.348	77.371	0.963	5.348	77.371
7	0.772	4.287	81.659	0.772	4.287	81.659
8	0.691	3.838	85.497	0.691	3.838	85.497
9	0.595	3.304	88.801	0.595	3.304	88.801
10	0.555	3.083	91.884	0.555	3.083	91.884
11	0.437	2.426	94.31	0.437	2.426	94.31
12	0.346	1.921	96.23	0.346	1.921	96.23
13	0.264	1.465	97.695	0.264	1.465	97.695
14	0.194	1.079	98.774	0.194	1.079	98.774
15	0.115	0.641	99.415	0.115	0.641	99.415
16	0.065	0.362	99.777	0.065	0.362	99.777
17	0.031	0.173	99.951	0.031	0.173	99.951
18	0.009	0.049	100	0.009	0.049	100

从解释总方差（表 4.4-2）和碎石图（图 4.4-1）可以看出，18 个主成分的特征值均大于 0，满足主成分分析的要求，其中主成分 1 携带了最大的原始信息量 31.437%，并且

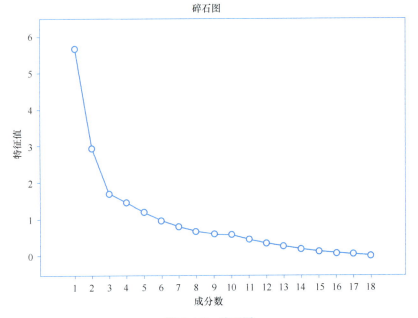

图 4.4-1　碎石图

随着主成分数目的增加单个主成分包含的信息逐渐减少。从图 4.4-1 所示的碎石图可知，前 8 个主成分的累计贡献率达 88.801%，大于 85%，满足前文设定的可靠区间范围，因此，可选择前 8 个主成分代替原指标作为建筑工程造价预测模型的输入集。

为了更直观地确定主成分得分，利用表 4.4-3 的成分矩阵以及各主成分对应的特征值，计算得出主成分单位化特征向量，如表 4.4-4 所示。

成分矩阵   表 4.4-3

指标＼成分	成分							
	1	2	3	4	5	6	7	8
X_1	0.762	−0.287	0.346	−0.126	0.006	0.102	−0.054	0.017
X_2	0.763	−0.263	0.232	0.314	0.209	0.144	−0.079	0.199
X_3	0.86	−0.384	0.105	−0.217	−0.053	−0.041	−0.009	0.032
X_4	0.777	−0.406	−0.074	0.266	0.2	0.138	−0.034	−0.151
X_5	−0.437	0.253	0.258	−0.087	0.59	0.224	−0.355	−0.018
X_6	−0.434	0.536	0.453	−0.222	−0.275	0.17	0.12	0.081
X_7	0.242	0.438	−0.117	−0.418	0.433	−0.083	0.353	−0.191
X_8	0.504	−0.071	0.146	0.046	0.063	0.622	0.278	0.424
X_9	0.557	0.411	−0.428	−0.113	−0.027	−0.06	−0.255	0.31
X_{10}	0.125	0.245	−0.658	0.494	0.196	−0.092	0.211	0.251
X_{11}	0.587	0.407	−0.153	−0.083	−0.338	−0.006	−0.303	−0.089
X_{12}	0.592	0.513	0.07	−0.17	−0.34	−0.111	0.069	−0.034
X_{13}	0.151	0.44	0.235	0.701	−0.205	0.153	0.177	−0.264
X_{14}	0.136	0.554	0.481	0.09	0.324	−0.36	−0.048	0.22
X_{15}	0.383	0.559	−0.234	0.092	0.056	0.376	−0.336	−0.109
X_{16}	0.523	0.481	0.385	0.233	0.054	−0.288	0.056	0.093
X_{17}	0.44	0.411	−0.283	−0.346	0.148	0.16	0.247	−0.295
X_{18}	0.886	−0.282	0.081	−0.216	−0.01	−0.101	0.035	0.1

主成分特征向量值   表 4.4-4

指标＼成分特征向量	1	2	3	4	5	6	7	8
X_1	0.135	−0.097	0.201	−0.085	0.005	0.106	−0.070	0.025
X_2	0.135	−0.089	0.135	0.311	0.182	0.150	−0.102	−0.288
X_3	0.152	−0.130	0.061	−0.146	−0.046	−0.043	−0.012	0.046
X_4	0.137	−0.137	−0.043	0.179	0.175	−0.143	−0.044	−0.219
X_5	−0.077	0.086	0.150	−0.059	0.515	0.233	−0.460	−0.026
X_6	−0.077	0.181	0.264	−0.149	−0.240	0.177	0.155	0.117
X_7	0.043	0.145	−0.068	−0.281	0.378	−0.086	0.457	−0.276
X_8	0.089	−0.024	0.085	0.031	0.055	0.646	0.360	0.614
X_9	0.098	0.139	−0.249	−0.076	−0.024	−0.062	−0.330	0.449

成分特征向量 指标	1	2	3	4	5	6	7	8
X_{10}	0.022	0.083	−0.383	0.332	0.171	−0.096	0.273	0.363
X_{11}	0.104	0.138	−0.089	−0.056	−0.295	−0.006	−0.392	−0.129
X_{12}	0.105	0.174	0.041	−0.114	−0.297	−0.115	0.089	−0.049
X_{13}	0.027	0.149	0.137	0.471	−0.179	0.159	0.229	−0.382
X_{14}	0.024	0.188	0.280	0.061	0.283	−0.374	−0.062	0.318
X_{15}	0.068	0.189	−0.136	0.062	0.049	0.390	−0.435	−0.158
X_{16}	0.092	0.163	0.324	0.157	0.047	−0.299	0.073	0.135
X_{17}	0.078	0.139	−0.165	−0.233	0.129	0.166	0.320	−0.427
X_{18}	0.157	−0.095	0.047	−0.145	−0.009	−0.105	0.045	0.145

根据公式（4.4-25）和以上计算结果可分别求出 8 个主成分的数学表达式，以主成分 1 为例：

$$y_1 = 0.135x_1 + 0.135x_2 + 0.152x_3 + 0.137x_4 − 0.077x_5 − 0.077x_6 + 0.043x_7$$
$$+ 0.089x_8 + 0.098x_9 + 0.022x_{10} + 0.104x_{11} + 0.105x_{12} + 0.027x_{13} + 0.024x_{14}$$
$$+ 0.068x_{15} + 0.092x_{16} + 0.078x_{17} + 0.157x_{18}$$

余下各式以此类推，则根据样本的属性值即可进一步求出预测模型的输入数据集，如表 4.4-5 所示。

预测模型的输入集　　　　　　　　　　　表 4.4-5

样本 编号	主成分							
	1	2	3	4	5	6	7	8
1	0.169	−1.011	0.482	0.803	−1.248	−0.555	−0.542	−0.002
2	−1.568	−0.474	0.387	−0.328	1.490	−1.002	1.131	−0.963
3	−0.393	2.296	−1.077	0.042	−0.010	−1.360	0.137	−2.062
4	0.678	−0.675	−1.247	0.569	0.615	−1.633	0.108	0.821
5	1.644	0.570	1.315	−0.252	0.471	−1.446	0.504	−0.717
6	−0.697	0.076	−1.547	−0.215	−0.414	−0.419	−0.085	0.102
7	−0.790	−1.428	−1.585	0.557	0.460	0.380	0.680	0.779
8	0.555	0.071	−0.269	0.939	−0.118	1.159	1.321	0.531
9	−1.797	−0.133	2.009	0.314	0.441	0.012	−1.001	−0.956
10	−0.404	0.688	−0.726	−1.090	−0.182	−0.449	−0.354	0.417
11	−0.107	2.031	−1.089	0.085	−1.111	0.664	−0.683	0.143
12	−0.720	−0.855	0.180	0.217	−0.515	0.923	−0.434	1.248
13	−0.810	1.252	0.573	1.467	−0.019	2.743	−1.026	−0.269
14	−0.021	1.638	0.816	−1.529	2.195	1.140	−0.399	0.449
15	1.075	0.444	0.912	0.611	−0.307	−0.963	−1.385	1.034
16	1.252	−0.810	−1.135	−0.155	−0.343	−0.061	−2.072	−1.043

续表

样本编号	主成分							
	1	2	3	4	5	6	7	8
17	0.489	0.162	−0.924	−0.964	−0.478	0.534	−0.430	−1.807
18	0.465	0.382	0.687	1.744	−0.282	−0.494	0.858	0.794
19	−0.301	−1.664	1.444	−1.663	1.404	0.239	−0.183	−0.142
20	−0.112	0.870	−0.741	−1.858	−0.516	1.214	2.188	0.598
21	−1.709	0.021	−1.006	0.790	1.044	0.119	−1.910	1.244
22	−1.094	0.056	1.408	−0.499	−1.306	−1.438	−0.683	0.342
23	0.796	−0.723	0.182	−0.731	1.395	0.989	−0.908	−0.193
24	1.976	0.103	−0.439	0.096	0.825	−0.994	−0.906	0.950
25	−0.568	0.240	1.076	−0.724	−1.700	−0.789	0.204	−1.348
26	−1.387	−0.409	−0.862	0.912	−0.697	−0.238	0.733	−0.918
27	0.290	−0.957	−1.378	−1.294	−0.297	−0.034	0.245	0.205
28	0.355	0.090	0.191	2.665	1.338	−0.277	0.939	−0.529
29	0.073	−1.748	−0.123	−0.782	−0.556	0.082	−0.092	0.037
30	0.541	0.517	1.336	−0.520	−2.183	0.395	0.384	2.204
31	−0.180	−1.448	0.500	0.590	−0.606	0.706	1.466	−0.658
32	−0.049	1.137	0.217	−0.295	1.344	−0.847	1.679	1.345
33	2.350	−0.310	0.432	0.498	−0.133	1.699	0.518	−1.635

思考与练习题

1. 简述主成分分析法的作用、思想和数学途径。

2. 简述主成分分析法的步骤和特点。

3. 填空：

1）主成分的协方差矩阵为_____矩阵。

2）主成分表达式的系数向量是_____的特征向量。

3）原始变量协方差矩阵的特征根的统计涵义是_____。

4）原始数据经过标准化处理，转化为均值为_____，方差为_____的标准值，且其_____矩阵与相关系数矩阵相等。

5）因子载荷量的统计涵义是_____。

6）样本主成分的总方差等于_____。

7）在经济指标综合评价中，应用主成分分析，则评价函数中的权数为_____。

4. 设随机变量 $X = (X_1, X_2)'$ 的协差阵为 $\sum = \begin{bmatrix} 2 & 1 \\ 1 & 2 \end{bmatrix}$，试从 $\sum$ 和相关阵 R 出发求出总体主成分，并加以比较。

5. 设随机变量 $X = (X_1, X_2, X_3)'$ 的协差阵为 $\sum = \begin{bmatrix} 1 & -2 & 0 \\ -2 & 5 & 0 \\ 0 & 0 & 2 \end{bmatrix}$，试求 X 的主成分及主成分对变量 X 的贡献率。

4.5 支持向量机

4.5.1 支持向量机概述

以统计学习理论为基础，支持向量机（SVM）算法专门应用于研究在有限样本下的预测问题，该方法通过寻找有限样本信息模型的学习能力和模型的复杂性，即识别任意样本的无差错能力和对特定训练样本的学习精度之间的最佳折中结果，来获得足够好的推广能力。

传统的统计学研究的是样本量足够多的条件下的渐进性理论，然而在现实问题中，尤其是对于建筑工程而言，样本量无穷多的情况少之又少。从 20 世纪 60 年代起，Vapnik 等开始致力于研究小样本情况下的机器学习问题，并指出只要知道未知依赖关系所属的函数集的某些一般的性质，就足以通过样本数据估计出未知的依赖关系。到 20 世纪 90 年代，这种专门研究小样本情况下机器学习规律的理论逐渐丰富，最终形成了统计学习理论（Statistical Learning Theory，SLT）。

与传统的统计学研究方法相比，统计学习理论不仅考虑了学习过程中的收敛速度，而且对推广能力的控制提出了要求，为有限信息下的机器学习问题给出了系统的理论框架。同时，作为可替代神经网络的一种新兴理论，SLT 能有效避免局部极小值问题、过拟合问题等，可谓当前小样本统计学习方面的最优理论。

支持向量机（SVM）是以统计学理论中 VC 维（Vapnik-Chervonenkis Dimension）理论和风险最小化原则为基础的算法。支持向量机是以统计学习理论为基础而提出的，因为其在解决实际问题时表现出色，进一步促进了统计学习理论的推广与发展。支持向量机从最初被应用于回归估计和信号处理，发展到模式识别中的语音识别、文本分类问题，都取得了比较好的效果。

支持向量机算法虽然起步相对较晚，但是经过多年逐步深入的研究和发展，其在处理小样本问题方面体现了比较好的学习能力，处理了一些传统学习方法不能处理的问题，如泛化能力差、局部极小化等。近几年来以支持向量机的研究为基础，衍生出了很多新式的算法，如光滑支持向量机、最小二乘支持向量机、拉格朗日支持向量机以及广义支持向量机等。同时，很多学者提出了相关的学习策略，如针对各种实际应用问题提出的支持向量机核方法、针对分类器的性能提出的支持向量机集成算法、针对少量标记样本数据分类问题提出的主动学习支持向量机等。

作为一种新的机器学习理论，一般关注两个研究方向：分类支持向量机和回归支持向量机。近年来，支持向量机在分类领域的应用得到了广泛的发展，随着研究的深入，回归支持向量机也逐渐地应用到各个领域，比如针对工程造价的预测以及工程结构健康监测和损伤识别。

4.5.2 有关统计学理论

1. 机器学习问题的表示

人类智慧中最重要的一方面是智能学习行为，即通过分析已知事实的规律，举一反三，预测出未知事实的发展情况，基于数据的机器学习正是希望利用计算机技术模拟这种学习能力。通过对已知训练样本集的学习，找到系统输入输出之间内在的映射关系，从而尽可能准确地预测未知数据，达到机器学习的目的。机器学习的基本模型如图 4.5-1 所示。可将机器学习问题公式化地表示，即：已知输入与输出变量 x,y 遵循一个未知的联合概率 $F(x,y)$，抽取 n 个独立分布的观测样本组成训练集 (x_1,y_1)，(x_2,y_2)，$\cdots$，(x_n,y_n)。从给定函数参数集 $F(x,w)$，$w \in \Omega$（Ω 为参数集合）中选取一个最优函数 $f(x, w_0)$，使预测期望风险泛函 $R_{emp}(w)$ 最小化。

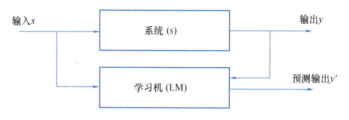

图 4.5-1　机器学习的基本模型

$$R_{emp}(w) = \int L[y, f(x,w)] \mathrm{d}F(x,y) \tag{4.5-1}$$

其中，$L[y, f(x,w)]$ 表示采用 $f(x,w)$ 对 y 进行预测造成的损失。损失函数因学习问题类型的不同而不同，例如在模式识别问题中

$$L[y, f(x,w)] = \begin{cases} 0 & y = f(x,w) \\ 1 & y \neq f(x,w) \end{cases} \tag{4.5-2}$$

而在函数回归估计的问题中，y 作为 x 的连续函数存在，则其损失函数可定义为

$$L[y, f(x,w)] = [y - f(x,w)]^2 \tag{4.5-3}$$

即采用最小平方差误差准则。而对概率密度估计问题，学习的目的是根据训练样本确定 x 的概率密度。记估计的密度函数为 $p(x,w)$，则损失函数可以定义为：

$$L[p(x,w)] = -\log p(x,w) \tag{4.5-4}$$

2. 有关统计学理论主要内容

有关支持向量机的统计学理论主要内容包括：经验风险最小化时统计推断过程一致性的充要条件等概念；基于这一系列概念的反映机器学习推广性的界；根据推广能力的界建立的针对小样本的归纳推理原则；实现这种新的推理原则的方法。其中，VC 维（Vapnik-Chervonenkis Dimension）、推广能力的界以及结构风险最小化是其核心内容。

1）函数集的 VC 维

VC 维是描述机器学习能力的重要指标之一，其定义为：对指示函数集 Q 而言，若存在 h 个样本能被 Q 中的函数以所有潜在的 2^h 种形式分成两类不同的向量，则称函数集 Q 能够打散 h 个样本，而 VC 维就是此函数集能够打散的最大样本数目 h。若存在函数集能够将任意数量的样本打散，则称其 VC 维为无穷大。

通常情况下，VC 维越大表示机器的学习能力越复杂。通过阈值的使用可以将有界实函数的 VC 维转化为成指示函数来表示。目前只知道一些特殊函数的 VC 维，例如：线性实函数在 n 维实数空间中的 VC 维为 $n+1$；$f(x,a) = \sin(ax)$ 的 VC 维无穷大，因此 VC 维的计算仍是统计学习理论（SLT）中一个有待研究的课题。

2）学习机器推广能力的界

首先，推广能力指的是机器学习模型对于未知数据的预测能力，也即泛化能力，可用学习机器的实际风险表示，但难以得出具体的计算结果。为了更好地描述这一问题，将期望风险与实际风险之间的接近程度定义为推广能力的界，也称作泛化误差的边界。SLT 针对两类分类问题总结了关于推广能力界的结论：包括经验风险最小函数在内的函数集中的所有函数，实际风险 $R(w)$ 与经验风险 $R_{\mathrm{emp}}(w)$ 二者间至少以 $1-\eta$ 的概率满足下式

$$R(w) \leqslant R_{\mathrm{emp}}(w) + \sqrt{\frac{h\ln\frac{2l}{h} - \ln\frac{\eta}{4}}{l}} \tag{4.5-5}$$

其中，h 表示 VC 维，l 表示样本数。

由式（4.5-5）可知，学习机器的风险为两部分之和：一部分为经验风险（训练误差），另一部分为置信范围，记作 $\phi(h/l)$。因此，学习机器的实际风险也可简化表示为

$$R(w) \leqslant R_{\mathrm{emp}}(w) + \phi(h/l) \tag{4.5-6}$$

综上可知，在样本量有限的情况下，$\phi(h/l)$ 会随 h 的增大而增大，造成 $R(a)$ 与 $R_{\mathrm{emp}}(a)$ 之间的差别增大，即泛化误差增大，导致"过学习"现象的产生。因此，在机器学习过程中要求经验风险最小，同时也使 VC 维尽量缩小，从而降低实际风险并对未知样本取得较好的推广能力。

3）经验风险最小化（Empirical Risk Minimization，ERM）

学习的目的在于使期望风险最小化，但是期望风险无法计算，因此传统的学习方法中采用了所谓经验风险最小化（ERM）准则，即用样本定义经验风险

$$R_{\mathrm{emp}}(w) = \frac{1}{n}\sum_{i=1}^{n} L\big[y_i, f(x_i,w)\big] \tag{4.5-7}$$

事实上，用 ERM 准则代替期望风险最小化并没有经过充分的理论论证，只是直观上合理的想当然做法，但这种思想却在多年的机器学习方法研究中占据了主要地位。人们多年来将大部分注意力集中到如何更好地使用最小化经验风险上，神经网络的学习方法就是基于经验风险的最小化原理，其学习算法中，对训练样本的学习误差区域最小甚至为 0。但是在某些情况下，当训练样本过小反而会导致推广能力的下降，引起神经网络方法经常出现的过学习（Overfitting）现象。

由此可以看出，在有限样本情况下经验风险最小并不一定意味着期望风险最小；学习机器的复杂性不但应与所研究的系统有关，而且要和有限数目的样本相适应。需要一种能够指导在小样本情况下建立有效的学习和推广方法的理论。

4）结构风险最小化原则（Structure Risk Minimization，SRM）

对于如何降低实际风险的上界，SLT 提供了一种原则：

首先将函数集 S 分解为一个嵌套的函数子集序列

$$S_1 \subset S_2 \subset \cdots \subset S_k \subset \cdots \subset S \tag{4.5-8}$$

函数集 S 中的任意子集 S_k 均有有限的 VC 维 h_k，并满足

$$h_1 \leqslant h_2 \leqslant \cdots h_k \leqslant \cdots \tag{4.5-9}$$

最后在每个子集中寻找经验风险 $R_{\text{emp}}(w)$ 最小者，并选择最小化经验风险与置信范围 $\phi(h/l)$ 之和最小的子集，从而获取最小的实际风险。

上述策略即为结构风险最小化原理，其模型如图 4.5-2 所示（其中，函数集子集满足 $S_1 < S_2 < S_3$；VC 维满足 $h_1 \leqslant h_2 \leqslant h_3$）。

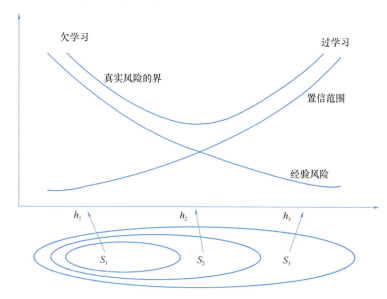

图 4.5-2　结构风险最小化原则示意图

4.5.3　支持向量机原理

1. 支持向量机基本思想

支持向量机（SVM）是针对模式识别问题提出来的，它的理论最初来自于对数据分类问题的处理。对于数据分类问题，如果采用传统的神经网络方法来实现，其机理可以简单地描述为：系统随机产生一个超平面并移动它，直到训练集中属于不同分类的点正好位于平面的不同侧面，这就决定了用神经网络方法进行数据分类最终获得的分割平面将相当靠近训练集中的点，从而出现过学习问题，造成神经网络方法的泛化性能较差。因此，在 SVM 方法中引入最优超平面，寻找一个满足分类要求的分割平面，并使训练集中的点距离该分割平面尽可能远，也就是使分割平面两侧的空白区域最大。

微视频4-2　支持向量机（SVM）动画解析

支持向量机算法建立在 SLT 中的 VC 维及结构风险最小化原则的理论基础之上，在样本信息有限的情况下，通过适当选择函数子集，寻找模型复杂度与模型准确性之间的最优点，以使学习机器的实际风险最小化。

SVM 是由样本线性可分时构建最优分类平面发展而来的，其基本思想见图 4.5-3。

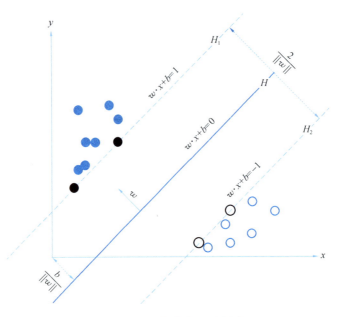

图 4.5-3　最优分类面示意图

　　圆圈和实体圆形分别代表有待分离的两类样本，H 为正确分开样本集的分类线，H_1、H_2 分别表示与 H 平行且离分界面最近的样本数据的直线。H_1 与 H_2 之间的距离为分类间隔（$2/\|w\|$），其值最大时，推广能力界中的置信范围达到最小，此时获得最优分类线。同时，H_1、H_2 上的向量称为支持向量（Support Vector），当拓展到高维空间时最优分类线就成了最优分类超平面。

　　分类线（面）方程为 $w \cdot x + b = 0$，可以对它进行归一化，使得对线性可分的样本集

$$(x_i, y_i), i = 1, 2, \cdots, n, x \in R^d, y \in \{+1, -1\}，满足$$
$$y_i[(w \cdot x_i) + b] - 1 \geqslant 0, i = 1, 2, \cdots, n \tag{4.5-10}$$

　　此时的分类间隔等于 $2/\|w\|$，使间隔最大等价于使 $\|w\|^2$ 最小。满足条件（4.5-10）且使 $\frac{1}{2}\|w\|^2$ 最小的分类面就叫作最优分类面，分类间隔面上的样本点就称作支持向量。

　　使分类间隔最大实际上就是对推广能力的控制，这是 SVM 的核心思想之一。统计学理论指出，在 N 维空间中，设样本分布在一个半径为 R 的超球范围内，则满足条件 $\|w\| \leqslant A$ 的正则超平面构成的指示函数集 $f(w, x, b) = sgn(w \cdot x) + b$，其中 $sgn()$ 为符号函数的 VC 维满足下面的界

$$h \leqslant \min([R^2 A^2], N) + 1 \tag{4.5-11}$$

　　因此，使 $\|w\|^2$ 最小就是使 VC 维的上界最小，从而实现 SRM 准则中对函数复杂性的选择。利用拉格朗日优化方法可以把上述最优分类面转化为其对偶问题，即在约束条件

$$\sum_{i=1}^{n} y_i a_i = 0, a_i \geqslant 0, i = 1, 2, \cdots, n \tag{4.5-12}$$

下对 α 求解下列函数的最大值

$$Q(a) = \sum_{i=1}^{n} a_i - \frac{1}{2} \sum_{i,j=1}^{n} a_i a_j y_i y_j (x_i x_j) \qquad (4.5\text{-}13)$$

a_i 为与每个样本对应的拉格朗日乘子。这是一个不等式约束下的二次寻优问题，存在唯一解。

容易证明，解中将只有一部分（通常是少部分）a 不为 0，其对应的样本就是支持向量。求解上述最优化问题后得到最优分类函数是

$$f(x) = \text{sgn}[(w \cdot x) + b] = \text{sgn}\left[\sum_{i=1}^{n} a_i^* y_i (x_i \cdot x) + b^*\right] \qquad (4.5\text{-}14)$$

式中的求和，实际上只对支持向量进行。b^* 是分类阈值，可以用任何一个支持向量［满足式（4.5-10）中的等号求得］，或者通过两类中任意一对支持向量取中值求得。在线性不可分的情况下，可以在条件式（4.5-10）中增加一个松弛变量 $\xi_i \geqslant 0$，成为

$$y_i[(w \cdot x_i) + b] - 1 + \xi_i \geqslant 0, i = 1, 2, \cdots, n \qquad (4.5\text{-}15)$$

将目标函数改为：$\min_{w,\xi} \frac{1}{2} \|w\|^2 + C \sum_{i=1}^{n} \xi_i$，即折中考虑最少错分样本和最大分类间隔，就得到广义最优分类面。其中，$C > 0$ 是一个常数，它控制对错分样本惩罚的程度，广义最优分类面的对偶问题与线性可分情况下几乎完全相同，只是相比式（4.5-12）多了一个约束条件

$$0 \leqslant a_i \leqslant C, i = 1, 2, \cdots, n \qquad (4.5\text{-}16)$$

对于非线性问题，按照广义线性判别函数思路，可以通过非线性变换转化为另一个空间（又称特征空间）中的线性问题，在变换空间中寻求最优分类面。经过变换的特征空间通常是高维的，有时甚至是无限的，这就为处理带来了困难，造成特征空间的维数灾难问题。支持向量机通过一种巧妙的方法来避免在高维空间中直接求解。

注意到，在上面的对偶问题中，无论是在寻优目标函数式（4.5-13）还是分类函数式（4.5-14）中，都只涉及训练样本之间的内积运算 (x_i, x_j)。假设有非线性映射 φ 将输入空间 R^n 中的样本映射到高维特征空间 H 中。当在特征空间中构造最佳超平面时，训练算法仅使用空间中的点积，即 $\varphi(x_i) \cdot \varphi(x_j)$，而没有单独的 $\varphi(x)$ 出现。因此，如果能找到一个函数 K，也就是通常所说的核函数，使得 $K(x_i, x_j) = \varphi(x_i) \cdot \varphi(x_j)$ 满足 Mercer 条件（后面将介绍），它就对应某一变换空间中的内积。

因此，解决非线性问题时，只要在最优超平面中采用适当的内积函数就可以实现某一变换后的线性分类，而计算复杂度没有增加，此时的目标函数式（4.5-13）变为

$$Q(a) = \sum_{i=1}^{n} a_i - \frac{1}{2} \sum_{i,j=1}^{n} a_i a_j y_i y_j K(x_i, x_j) \qquad (4.5\text{-}17)$$

相应的分类函数也变为

$$f(x) = \text{sgn}\left[\sum_{i=1}^{n} a_i^* y_i K(x_i \cdot x) + b^*\right] \qquad (4.5\text{-}18)$$

这一特点提供了解决算法可能导致的"维数灾难"问题的方法：在构造判别函数时，

不是对输入空间中的样本进行非线性变换，然后在特征空间中求解，而是先在输入空间变换向量，然后对结果再作非线性变换。这样，大部分工作量将在输入空间而不是在高维特征空间中完成。概括地说，就是首先通过用内积函数定义的非线性变换将输入空间变换到一个高维空间，在这个空间中求（广义）最优分类面。支持向量机分类函数在形式上类似于一个神经网络，输出中间结点的线性组合，每个中间节点对应一个支持向量。

显然，采用核函数在变换空间中求最优超平面的方法能保证训练样本全部被正确分类，即在经验风险为零的前提下，通过最大化分类间隔来获得最好的推广性能。如果希望在经验风险和推广性之间求得某种均衡，可以通过引入松弛变量 $\xi_i \geqslant 0$，处理方法与线性情况下相同。

从理论的角度来看，支持向量机比传统的方法具有更大的优势，这主要体现在以下方面：

（1）具有良好的理论基础。在统计学习理论的指导下，支持向量机克服了其他一些方法的缺陷，如神经网络的"过学习"问题。

（2）在结构风险最小化原则下，支持向量机方法具有良好的推广能力，从而使得它在小样本学习的条件下具有较好的学习能力。

（3）支持向量机将复杂的学习问题转化为高维线性空间中的简单问题来解决，增强了算法的可靠性和控制能力，通过引进核函数的思想，使得该方法能够解决特征维数较高的学习问题。通过引进不同的优化策略，可以对支持向量机的训练过程进行全局优化，提高学习效率。

2. 用于分类的支持向量机

前面分析支持向量机原理时已经就二类分类问题作了简要描述，以下将在此基础上对支持向量机分类问题（包括二类分类问题和多类分类问题）进行有关介绍。

1）SVM 二类分类模型

给定样本集：$x_i \in R^d, y_i \in \{1, -1\}, i = 1, 2, \cdots, l$ 和核函数 $K(x_i, x_j)$。K 对应特征空间 Z 中的内积，即：$K(x_i, x_j) = [\phi(x_i), \phi(x_j)]$。变换 $\phi: X \to Z$ 将样本从输入空间映射到特征空间，设计基于 SVM 的二类分类器，就是在 Z 中寻找一定意义下的最优超平面 $w \cdot \varphi(x) + b = 0$。具体来说，当样本集在 Z 中线性可分时，使分类间隔最大，即求解

$$\min_{w,b} \frac{1}{2} \| w \|^2$$
$$\text{s. t.} \quad y_i[w \cdot \phi(x_i) + b] \geqslant 1, i = 1, 2, \cdots, l \tag{4.5-19}$$

当样本集在 Z 中线性不可分时，为了使分类间隔和分类错误达到某种折中，引入一个松弛变量 $\xi_i \geqslant 0$，即求解

$$\min_{w,b} \frac{1}{2} \| w \|^2 + C \sum_{i=1}^{l} \xi_i$$
$$\text{s. t.} \quad y_i[w \cdot \phi(x_i) + b] \geqslant 1 - \xi_i, i = 1, 2, \cdots, l \tag{4.5-20}$$

式中，C 为正则化参数。由于特征空间的维数可能很高，甚至是无穷的，且变换 ϕ 并未直接给出，大多数方法不直接给出问题 [式（4.5-19）和式（4.5-20）]，而是求解它们的对偶问题

$$\min_a W(a) = \frac{1}{2} a^T Q a - e^T a \tag{4.5-21}$$

$$\text{s.t. } y^T a = 0, a_i \geqslant 0, i = 1, 2, \cdots, l$$

$$\min_a W(a) = \frac{1}{2} a^T Q a - e^T a \tag{4.5-22}$$

$$\text{s.t. } y^T a = 0, 0 \leqslant a_i \leqslant C, i = 1, 2, \cdots, l$$

式中，$a = (a_1, a_2, \cdots, a_l)^T$，$a_i$ 是问题［式（4.5-19）和式（4.5-20）］中不等式约束对应的拉格朗日乘积因子；海赛矩阵 Q 是半正定的，$Q_{ij} = y_i y_j K(x_i, x_j)$；$e = (1, 1, \cdots, 1)^T$。求解上述规划问题，得到一个二类分类器

$$f(x) = \text{sgn} \left[\sum_{i=1}^n a_i^* y_i K(x_i, x) + b^* \right] \tag{4.5-23}$$

式中，a_i^* 为不为 0 的拉格朗日乘子系数，其对应的训练样本就是支持向量。这就是支持向量机二类分类模型。

2）支持向量机多类分类模型

支持向量机最基本的理论是针对二类分类问题，SVM 二类分类方法具有清晰的几何涵义，其理论已经相当成熟。然而在实际应用中，多类分类问题更加实用。如何将支持向量机的优良特性推广到多类分类中，已成为目前支持向量机研究的另一个热点。

多分类问题用数学语言描述如下：给定训练集 (x_i, y_i)，其中 $x_i \in R^d$，$y_i \in \{1, 2, \cdots, l, K\}$，$i = 1, 2, \cdots, 1, K$ 为类别数，寻找一个决策函数 $f(x)$ 能够把 R^d 上的点分成 k 部分。

目前，已提出的 SVM 多类分类方法大致可分为两类：一次性求解法和分解重构法。一次性求解法是在所有训练样本上求解一个大型二次规划问题，同时将所有的类别分开，该方法变量个数多，计算复杂度很高，尤其当类别数目很多时，它的训练速度很低，分类精度也不高。分解重构法是一种将多分类问题转化为多个两类分类问题，并采用某种方法将多个两类分类器结合起来实现多类分类的方法，试验表明，分解重构法比一次性求解法更适合于实际应用。用分解重构法实现多类分类问题，关键的是如何解决多个两类分类器的构造问题，目前已经提出的 SVM 分解重构方法比较有代表性的有以下几种

（1）"一对多"方法

支持向量机多分类方法最早使用的算法就是"一对多"（One-Against-The-Rest）方法，即对于 k 类问题构造 k 个支持向量机子分类器。在构造第 i 个支持向量机子分类器时，将属于第 i 类别的样本标记为正类，不属于 i 类别的样本数据标记为负类。测试时，对测试数据分别计算各个子分类器的决策函数值，并选取函数值最大所对应的类别为测试数据的类别。第 i 个支持向量机需要解决下面的最优化问题

$$\min_{w^i, b^i, \xi^i} \frac{1}{2} (w^i)^T w^i + C \sum_{j=1}^l \xi'_j$$

$$\text{s.t. } (W^i)^T \phi(x_j) + b^i \geqslant 1 - \xi_j^i, \text{ 如果 } y_j = i \tag{4.5-24}$$

$$\phi(x_j) + b^i \leqslant -1 + \xi_j^i, \text{ 如果 } y_j \neq i \xi_j^i \geqslant 0, j = 1, 2, \cdots, l$$

解决式（4.5-24）的优化问题后，就可以得到 k 个决策函数 $(w^1)^T \phi(x) + b^1$，$(w^2)^T \phi(x) + b^2, \cdots, (w^k)^T \phi(x) + b^k$。

对于测试样本 x，将其输入这 k 个决策函数中得到 k 值最大值的函数对应的类别就是

该样本所属类别。可以看出，该方法需要训练 k 个支持向量机，故其所得到的分类函数的个数（k 个）较少，其分类速度相对较快。

（2）"一对一"方法

"一对一"（One-Against-One）方法也是基于两类问题的分类方法，不过这里的两类问题是从原来的多类问题中抽取的。具体的做法是：分别选取 2 个不同类别构成一个 SVM 子分类器，这样共有 $k(k-1)/2$ 个 SVM 子分类器。在构造类别 i 和类别 j 的 SVM 子分类器时，样本数据集选取属于类别 i 和类别 j 的样本数据作为训练样本数据，并将属于类别 i 的数据标记为正，将属于类别 j 的数据标记为负。"一对一"方法需要解决如下最优化问题

$$\min_{w_j^l, b_j, \xi_{ij}} \frac{1}{2}(w_{ij})^T w_{ij} + C\sum_{t=1}^{l} \xi_{ij}^t$$

$$\text{s. t. } (w_{ij})^T \phi(x_t) + b_{ij} \geqslant 1 - \xi_{ij}, \text{ 如果} y_t = i \qquad (4.5\text{-}25)$$

$$(w_{ij})^T \phi(x_t) + b_{ij} \geqslant -1 + \xi_{ij}, \text{ 如果} y_t = j, \xi \geqslant 0, j = 1, 2, \cdots, I$$

解决这一最优化问题后，也即用训练样本进行训练后就可以得到 $k(k-1)/2$ 个 SVM 子分类器。测试时，将测试数据对 $k(k-1)/2$ 个 SVM 子分类器分别进行测试，并累计各类别的得分，选择得分最高者所对应的类别为测试数据的类别。

（3）二叉树分类法

其基本思想是：对于 K 类的训练样本，训练 $K-1$ 个支持向量机，第 1 个支持向量机以第 1 类样本为正的训练样本，将第 $2, 3, \cdots, K$ 类训练样本作为负的训练样本训练第 1 个 SVM，第 i 个支持向量机以第 i 类样本为正的训练样本，将第 $i+1, i+2, \cdots, K$ 类训练样本作为负的训练样本训练第 i 个 SVM，直到第 $K-1$ 个支持向量机将以第 $K-1$ 类样本作为正样本，以第 K 类样本作为负样本训练第 $K-1$ 个 SVM。这样的分类方法所需要训练的支持向量机子分类器少，消除了在决策时存在同时属于多类或者不属于任何一类的区域，而且总的训练样本少，只有 $[K(K+1)/2-1] \times n$，近似为 $1-a-r$ 方法及 $1-a-1$ 方法的一半。

已提出的支持向量机多类分类方法还有决策有向无环图、QP-MC-SV 算法、LP-MC-SV 算法等，比较有影响力的是以上三种，其他的本文就不再赘述。

3. 用于回归估计的支持向量机

支持向量机方法最早是针对分类问题提出的，而且在这方面的应用已经非常成熟。如果把 SVM 在估计指示函数（模式识别）中得到的结果推广到估计实函数（回归估计）中，机器学习问题就由模式识别问题演变成了函数回归问题，因而模式识别分类问题可以看作函数回归逼近问题的一个特例。目前，已有不少学者开始支持向量回归的研究，并将其应用于实际经济、工程预测中，如电力价格的预测、交通流的时间序列分析等。

回归问题与分类问题的非常相近，不同之处在于它们的输出 y 的取值范围。在分类问题中，变量 y 仅取"$+1$"和"-1"两个值（当然在多类问题中也可取连续的整数），而在回归问题中，变量 y 可取任意实数值。为解决因变量 y 取值范围的差异，通过引入一个可选的损失函数，SVM 就能用于回归问题。学者提出几种可供选择的损失函数，包括基于最小平方误差标准的（Quadrati）拉普拉斯损失函数（Least Modulus）、针对数据的

分布未知时的 Huber 函数，以及 Vapnik 提出的支持向量稀疏的 ε 不敏感损失函数（ε-Insens）。随着 Vapnik 对 ε 不敏感损失函数的引入，已将其推广应用到非线性回归估计和曲线拟合中，并且表现出很好的学习效果。

支持向量机通过某种事先选择的非线性映射将输入向量映射到一个高维特征空间，在这个特征空间中进行非线性拟合。在形式上 SVM 输出是中间节点的线性组合，每个中间节点对应于一个支持向量，支持向量回归问题可以归结为求解一个凸二次规划问题。算法将实际问题通过非线性变换转换到高维特征空间（Feature Space）中，在高维空间中进行线性回归来实现原空间中的非线性回归。算法的性质能保证回归模型有较好的推广能力，同时它巧妙地解决了维数问题。算法复杂度与样本维数无关，支持向量回归算法完全根据部分训练样本构造回归函数，不需要关于问题和样本集或是回归函数结构的先验信息。

下面将介绍基于 ε 不敏感损失函数的回归支持向量机的学习算法或模型，包括线性支持向量机回归、非线性支持向量机回归、最小二乘支持向量机。首先假设给定了训练数据 $\{(x_i, y_i), i = 1, 2, \cdots, l\}$，其中 $x_i \in R^d$，是第 i 个学习样本的输入值，且为一 d 维向量 $X_i = (x_i^1, x_i^2, \cdots, x_i^d)$，$y_i \in R$ 为对应的目标输出值。先定义 ε 不敏感损失函数为

$$| y - f(x) |_\varepsilon = \begin{cases} 0, & | y - f(x) | \leqslant \varepsilon \\ | y - f(x) | - \varepsilon, & | y - f(x) | > \varepsilon \end{cases} \tag{4.5-26}$$

1）线性支持向量机回归

样本数据集为线性时，假定 $f(x)$ 为如下形式

$$f(x) = w \cdot x + b \tag{4.5-27}$$

其中，$w \cdot x$ 表示向量 $w \in R^N$ 与 $x \in R^N$ 的内积，$b \in R$。最优化问题为

$$\begin{aligned} &\min_{w,b} \frac{1}{2} \| w \|^2 \\ &\text{s. t. } y_i - w \cdot x_i - b \leqslant \varepsilon \\ &\quad w \cdot x_i + b - y_i \leqslant \varepsilon, i = 1, 2, \cdots, l \end{aligned} \tag{4.5-28}$$

对线性数据集，VC 维满足

$$h \leqslant \| w \|^2 r^2 + 1 \tag{4.5-29}$$

其中，r 为包络训练样本数据的最小球半径，因此，式（4.5-28）的最优化问题中，最小化 $\frac{1}{2} \| w \|^2$ 意味着最小化 VC 维，同时训练误差作为最小化问题的约束条件，因此，式（4.5-28）的最优化问题体现了 SRM 的思想，由此得到的回归估计函数具有较好的泛化能力。约束条件不可实现时，引入松弛变量 ξ_i, ξ_i^*，这样式（4.5-28）写为

$$\begin{aligned} &\min_{w;b,\varepsilon} \frac{1}{2} \| w \|^2 + c \sum_{i=1}^{l} (\xi_i + \xi_i^*) \\ &\text{s. t. } \quad y_i - w \cdot x_i - b \leqslant \varepsilon + \xi_i \\ &\quad w \cdot x_i + b - y_i \leqslant \varepsilon + \xi_i^* \\ &\quad \xi_i \geqslant 0, \ \xi_i^* \geqslant 0, \ i = 1, 2, \cdots, l \end{aligned} \tag{4.5-30}$$

其中，$C > 0$ 为惩罚系数，C 越大表示对超出 ε 管道数据点的惩罚越大。用乘子法求解

这个具有线性不等式约束的二次规划问题，即

$$
\begin{aligned}
\max_{\alpha,\alpha^*,\beta,\beta^*} \min_{w,b} \Big\{ L_p =& \frac{1}{2} \parallel w \parallel^2 + C\sum_{i=1}^{l}(\xi_i + \xi_i^*) \\
& - \sum_{i=1}^{l}\alpha_i(\varepsilon + \xi_i^* - y_i + w \cdot x_i + b) \\
& - \sum_{i=1}^{l}\alpha_i^*(\varepsilon + \xi_i^* + y_i - w \cdot x_i - b) \\
& - \sum_{i=1}^{l}(\beta_i\xi_i + \beta_i^*\xi_i^*) \Big\}
\end{aligned}
\tag{4.5-31}
$$

$\alpha_i, \alpha_i^*, \beta_i, \beta_i^* \geqslant 0, i = 1,2,\cdots,l$ 为拉格朗日乘子。由此

$$
\frac{\partial Lp}{\partial w} = 0 \rightarrow w = \sum_{i=1}^{l}(\alpha_i - \alpha_i^*)x_i = 0
$$

$$
\begin{aligned}
\frac{\partial Lp}{ab} &= 0 \rightarrow \sum_{i=1}^{l}(\alpha_i - \alpha_i^*) = 0 \\
\frac{\partial Lp}{\partial \xi_i} &= 0 \rightarrow C - \alpha_i - \beta_i = 0 \\
\frac{\partial Lp}{\partial \xi_i^*} &= 0 \rightarrow C - \alpha_i^* - \beta_i^* = 0
\end{aligned}
\tag{4.5-32}
$$

将式（4.5-32）代入式（4.5-31），得到对偶最优化问题

$$
\begin{aligned}
\max_{\alpha,\alpha^*} \Big\{ L_D =& -\frac{1}{2}\sum_{i=1}^{l}\sum_{i=1}^{l}(\alpha_i - \alpha_i^*)(\alpha_j - \alpha_j^*)x_i y_j \\
& - \varepsilon\sum_{i=1}^{l}(\alpha_i + \alpha_i^*) + \sum_{i=1}^{l}y_i(\alpha_i - \alpha_i^*) \Big\}
\end{aligned}
\tag{4.5-33}
$$

$$
\text{s. t.} \sum_{i=1}^{l}(\alpha_i - \alpha_i^*) = 0, 0 \leqslant \alpha_i \leqslant C, 0 \leqslant \alpha_i^* \leqslant C
$$

根据最优化的充要条件（KKT 条件，后面将介绍）知，在最优点，拉格朗日乘子与约束的乘积为 0，即

$$
\alpha_i(\varepsilon + \xi_i - y_i + w \cdot x_i + b) = 0
\tag{4.5-34}
$$

$$
\alpha_i^*(\varepsilon + \xi_i^* + y_i - w \cdot x_i - b) = 0
\tag{4.5-35}
$$

$$
\beta_i\xi_i = 0 \rightarrow (C - \alpha_i)\xi_i = 0
\tag{4.5-36}
$$

$$
\beta_i^*\xi_i^* = 0 \rightarrow (C - \alpha_i^*)\xi_i^* = 0
\tag{4.5-37}
$$

由式（4.5-34）和式（4.5-35）可得（反证法）

$$
\alpha_i \times \alpha_i^* = 0
\tag{4.5-38}
$$

该式说明如果 α_i 不为 0，则 α_i^* 必为 0，反之亦然。因此，最优化得到的 α_i 和 α_i^* 中，取值以下五种情况之一：① $\alpha_i = 0, \alpha_i^* = 0$；② $0 < \alpha_i < C, \alpha_i^* = 0$；③ $\alpha_i = 0, 0 < \alpha_i^* < C$；④ $\alpha_i = C, \alpha_i^* = 0$；⑤ $\alpha_i = 0, \alpha_i^* = C$。②~⑤所对应的称之为支持向量（Support Vector，SV），$\alpha_i - \alpha_i^*$ 称为支持值。由式（4.5-30）知，非支持向量（$\alpha_i = 0, \alpha_i^* = 0$ 对应的 X_i）对 w 没有贡献，只有支持向量对 w 有贡献，即对估计函数 $f(x)$ 有贡献，支持向量由此得

名，对应的学习方法称为支持向量机。在支持向量中，④和⑤对应的 x_i 称为边界支持向量（Boundary Support Vector，BSV），是超出 ε 管道之外的数据点，②和③对应的 x_i 称为标准支持向量（Normal Support Vector，NSV），是落在 ε 管道上的数据点。因此，ε 越大，支持向量数越少，但函数估计精度越低。

对于标准支持向量，如果 $0 < \alpha_i < C(\alpha_i^* = 0)$，由式（4.5-36）知 $\xi_i = 0$，则由式（4.5-34）可得

$$w \cdot x_i + b - y_i + \varepsilon = 0 \tag{4.5-39}$$

这样可计算估计函数中的参数 b 为

$$\begin{aligned} b &= y_i - \sum_{j=1}^{l} (\alpha_j - \alpha_j^*) x_j \cdot x_i - \varepsilon \\ &= y_i - \sum_{x_j \in SV} (\alpha_j - \alpha_j^*) x_j \cdot x_i - \varepsilon \end{aligned} \tag{4.5-40}$$

同样，对于满足 $0 < \alpha_i^* < C(\alpha_i = 0)$ 的标准支持向量，有

$$b = y_i - \sum_{x_j \in SV} (\alpha_j - \alpha_j^*) x_j \cdot x_l - \varepsilon \tag{4.5-41}$$

为了计算可靠，一般对所有标准支持向量分别计算 b 的值，然后求平均值，即

$$\begin{aligned} b = \frac{1}{N_{NSV}} \Big\{ &\sum_{0 < \alpha_i < C} \Big[y_i - \sum_{x_j \in SV} (\alpha_j - \alpha_j^*) x_j \cdot x_i - \varepsilon \Big] \\ &+ \sum_{0 < \alpha_i^* < C} \Big[y_i - \sum_{x_j \in SV} (\alpha_j - \alpha_j^*) x_j \cdot x_i + \varepsilon \Big] \Big\} \end{aligned} \tag{4.5-42}$$

式中，N_{NSV} 为标准支持向量数量。这样由式（4.5-32）和式（4.5-42）计算回归估计函数为

$$f(x) = \sum_{x_j \in SV} (\alpha_i - \alpha_i^*) x_i \cdot x + b \tag{4.5-43}$$

2）非线性支持向量机回归

如果目标值 y 和经过学习构造回归估计函数的值 $f(x)$ 之间的差别小于 ε（任一给定的正常数），则损失为 0。通过定义适当的核函数 $k(x_i, x_j) = \phi(x_i) \cdot \phi(x_j)$（$\phi(x)$ 为某一非线性函数）将输入样本空间非线性变换到另一特征空间进行线性回归估计，因此可假定非线性回归估计函数为

$$f(x) = w \cdot \phi(x) + b \tag{4.5-44}$$

式中，$w \in R^d$ 为权值向量，$b \in R$ 为间值，$(\cdot)$ 表示内积运算。目标是寻求 w 和 b，在满足 ε 不敏感损失函数前提下最小化 $w^T w / 2$。同时引入松弛变量 ξ_i, ξ_i^*，这样最优化问题为

$$\begin{aligned} &\min_{w, b, \xi_i, \xi_i^*} \frac{\| w \|^2}{2} + C \sum_{i=1}^{l} (\xi_i + \xi_i^*) \\ &\text{s. t. } y_i - [w \cdot \phi(x_i) + b] \leqslant \varepsilon + \xi_i \\ &\qquad [w \cdot \phi(x_i) + b] - y_i \leqslant \varepsilon + \xi_i^* \\ &\qquad \xi_i, \xi_i^* \geqslant 0, i = 1, 2, \cdots, l \end{aligned} \tag{4.5-45}$$

通过拉格朗日变换，得到其对偶最优化问题：

$$\max \left[\begin{array}{c} -\dfrac{1}{2}\sum_{i=1}^{l}\sum_{j=1}^{l}(a_i-a_i^*)(a_j-a_j^*)k(x_i,x_j)- \\ \varepsilon\sum_{i=1}^{l}(a_i+a_i^*)+\sum_{i=1}^{l}y_i(a_i-a_j^*) \end{array} \right] \tag{4.5-46}$$

$$\text{s. t. } \sum_{i=1}^{l}(a_i-a_i^*)=0, 0\leqslant a_i,a_i^*\leqslant C$$

其中，C 是正常数，称为惩罚参数。求解上述优化问题，对应于 $(a_i-a_i^*)\neq0$ 的训练样本即为支持向量，可得 $w=\sum_{i=1}^{l}(a_i-a_i^*)\phi(x_i)$，计算公式

$$b=\dfrac{1}{N_{NSV}}\Big\{\sum_{0\leqslant a_j\leqslant C}\Big[y_i-\sum_{x_j\in sv}(a_j-a_j^*)k(x_j,x_i)-\varepsilon\Big] \\ +\sum_{0\leqslant a_j^*\leqslant C}\Big[y_i-\sum_{x_j\in SV}(a_j-a_j^*)k(x_j,x_i)+\varepsilon\Big]\Big\} \tag{4.5-47}$$

式中，N_{NSV} 为标准支持向量的数量，可得间值 b，从而通过学习得到的回归估计函数为：

$$f(x)=\sum_{x_i\in SV}(a_i-a_i^*)k(x_i,x)+b \tag{4.5-48}$$

3）最小二乘支持向量机

Suykens 和 Vandewalle 提出了最小二乘支持向量机（Least Squares Support Vector Machine，LS-SVM）的结构。LS-SVM 作为一种基于统计理论的改进型支持向量机，具有先进的完备理论体系，能够将二次优化问题的解转化为线性方程组的求解，从而简化了问题的求解。由于采用最小平方误差作为损失函数，LS-SVM 较好地解决了小样本、非线性、高维数、局部极小点等实际问题。因此，LS-SVM 已成功地应用于多个领域，包括数据回归、模式识别、时间序列预测等。

最小二乘 SVM，它与标准 SVM 的主要区别在于采用不同的优化目标函数，并且用等式约束代替不等式约束，其具体推导过程如下：

设给定 n 个训练样本，训练样本集为 $D=\{(x_i,y_i)\mid i=1,2,\cdots,n\}, x_i\in R^n, y_i\in R, x_i$ 是 n 维输入数据，y_i 是输出数据。将输入集 R^n 用非线性映射 $\varphi(x_i)$ 映射到高维特征空间，则此时回归函数为：

$$f(x)=\langle w,\varphi(x)\rangle+b \tag{4.5-49}$$

式中，w 和 b 分别表示回归函数的权向量和偏移量，$\langle\cdot\rangle$ 指内积操作。与 SVM 不同的是，在利用结构风险最小化原则时，LS-SVM 在优化目标中选择了误差 ξ_i 的平方作为损失函数，同时将约束条件变为等式约束，因此 LS-SVM 的优化问题变为

$$\min_{w,b,e}J(w,e)=\dfrac{1}{2}w^Tw+\dfrac{1}{2}\gamma\sum_{i=1}^{n}e_i^2 \tag{4.5-50}$$

$$\text{s. t. } y_i=\langle w,\varphi(x_i)\rangle+b+e_i, i=1,2,\cdots,n; \gamma>0$$

其中，$\varphi(\ )$ 是核空间映射函数，w 是权矢量，误差变量 $e_i\in R, b$ 是回归误差（偏差量）。

损失函数 J 是误差平方和（SSE）和规则化量之和，γ 是可调常数。核空间映射函数的目的是从原始空间中抽取特征，将原始空间中的样本映射为高维特征空间中的一个向量，以解决原始空间中线性不可分的问题。为解决此优化问题，可构造拉格朗日函数

$$L(w,b,e,a) = J(w,e) - \sum_{i=1}^{n} \alpha_i \{\langle w, \varphi(x_i)\rangle + b + e_i - y_i\} \tag{4.5-51}$$

其中，拉格朗日乘子 $\alpha_i \in R$，对上式进行优化，即求 L 对 w,b,e_i,α_i 的偏导数等于零。

$$\begin{cases} \dfrac{\partial L}{\partial w} = 0 \rightarrow w = \sum_{i=1}^{n} \alpha_i \varphi(x_i) \\[2mm] \dfrac{\partial L}{\partial b} = 0 \rightarrow \sum_{i=1}^{n} \alpha_i = 0 \\[2mm] \dfrac{\partial L}{\partial e_i} = 0 \rightarrow \alpha = \gamma e_i \\[2mm] \dfrac{\partial L}{\partial \alpha_i} = 0 \rightarrow \langle w, \varphi(x_i)\rangle + b + e_i - y_i = 0 \end{cases} \tag{4.5-52}$$

消除变量 w 和 e，四个线性问题可化为以下矩阵方程

$$\begin{bmatrix} 0 & E^T \\ E & \Omega + E/\gamma \end{bmatrix} \begin{bmatrix} b \\ a \end{bmatrix} = \begin{bmatrix} o \\ y \end{bmatrix} \tag{4.5-53}$$

其中，$x = [x_1, \cdots, x_n]$，$y = [y_1, \cdots, y_n]$，$E = [1, \cdots, 1]^T$，$\alpha = [\alpha_1, \cdots, \alpha_n]$，$\Omega$ 是一个 $n \times n$ 维核函数的对称矩阵：

$$\Omega_{ij} = K(x_i, x_j) = \varphi(x_i)^T \varphi(x), i,j = 1,2,\cdots,n \tag{4.5-54}$$

核函数 $K(x_i, x_j)$ 满足 Mercer 条件。核函数具有降低高维空间计算复杂度的能力，在构造高性能最小二乘支持向量机中起着重要作用。那么，LS-SVM 模型可以表示为

$$\begin{aligned} y(x) &= \langle w, \varphi(x)\rangle + b \\ &= \sum_{i=1}^{n} \alpha_i \varphi(x_i) \cdot \varphi(x_j) + b \\ &= \sum_{i=1}^{n} \alpha_i K(x_i, x_j) + b \end{aligned} \tag{4.5-55}$$

即最小二乘支持向量机的核函数估计为

$$y(x) = \sum_{i=1}^{n} \alpha_i K(x_i, x_j) + b \tag{4.5-56}$$

核函数的形式包括线性核函数、径向基核函数、sigmoid 核函数等，将在下面介绍。

由推导过程可知，采用等式约束可以将二次规划问题转变为一组线性方程的求解，大大减少算法的复杂程度，同时又不会改变原本的核函数映射关系及全局最优等特性。而且，最小二乘支持向量机仅有两个参数，减少了算法复杂性。不过，两个超参数 γ 以及 σ 对 LS-SVM 模型的性能有很大影响，所以可以和智能优化算法结合来确定最优值。

4. 核函数的定义

上述关于 SVM 基本原理的讨论是建立在样本数据均为线性可分的基础上，然而现实问题中的大部分数据都是非线性不可分的。对此，SVM 选择利用一项合适的非线性映射 $\varphi(x)$，将原始空间中样本数据集映射到高维特征空间中转化为线性可分，在此基础上寻找

最优分类面，最后将在高维空间中找到的最优分类超平面映射回原始空间即可。由于高维特征空间的样本维数过高，计算难度太大，因此引入核函数 $K(x_i,x_j)$ 来解决这一问题。

定义核函数的形式如下

$$K(x_i,x_j) = \varphi(x_i) \cdot \varphi(x_j) \tag{4.5-57}$$

但由于很难得知 $\varphi(x)$ 的具体形式，SVM 的求解过程仍很困难。SLT 指出，任何满足 Mercer 条件的对称函数 $K(x_i,x_j)$ 都可等价为核函数。

Mercer 条件：对于一个连续对称函数 $K(x,x)$ 在空间 $L_2(C)$ 中存在展开式

$$K(x,y) = \sum_{k=1}^{\infty} a_k \varphi_k(x)\varphi_k(y) \tag{4.5-58}$$

其充分必要条件是

$$\iint_{CC} K(x,y)f(x)f(y)\mathrm{d}x\mathrm{d}y \geqslant 0 \tag{4.5-59}$$

对于所有 $f \in L_2(C)$ 都成立。

那么，在难以掌握非线性映射 $\varphi(x)$ 实际形式的情况下，只关注 $\varphi(x)$ 的内积结果同样可以得到 SVM 的决策函数。

目前，常用于 SVM 的核函数主要有线性核函数、多项式核函数、径向基核函数和 Sigmoid 核函数等。

1）线性核函数

$$K(x_i,x_j) = x_i \cdot x_j + c \tag{4.5-60}$$

式中，c 为可选的常数。线性核（Linear Kernel）函数是原始输入空间样本向量的内积，即特征空间和输入空间的维数是一样的，参数较少，运算速度较快。一般情况下，在训练样本的特征维数比训练样本本身的数量要多时，适合采用线性核函数。

2）多项式核函数

$$K(x_i,x_j) = (\alpha x_i \cdot x_j + c)^a \tag{4.5-61}$$

式中，a 表示调节参数；c 为可选常数；α 表示多项式最高次项次数。多项式核（Polynomial Kernel）函数的参数比较多，当多项式阶数较高时复杂度会很高。对于正交归一化后的数据，可优先选用多项式核函数。

3）径向基核函数

$$K(x_i,x_j) = \exp\left(-\frac{|x_i - x_j|^2}{2\sigma^2}\right) \tag{4.5-62}$$

式中，σ 为核参数，代表高斯函数的均方差，即函数在自变量方向上的宽度，σ 值越大，高斯函数的宽度越宽。与径向基神经网络相同，当宽度系数 σ 较小时，径向基函数的拟合性能较好，但 σ 过小会造成泛化能力变差。

4）Sigmoid 核函数（多层感知器）

$$K(x_i,x_j) = \tanh[v(x_i \cdot x'_j) + c] \tag{4.5-63}$$

其中，$v>0$ 和 $c<0$ 分别为尺度和衰减参数。这时支持向量机实现的是包含一个隐层的多层感知器，隐层节点数是由算法自动确定的，而且算法不存在困扰神经网络方法的局部极小点问题。

理论分析与试验结果都表明，支持向量机的性能与核函数的类型、核函数的参数以及

正则化参数都有很大的关系，其中与核函数及其参数关系最大。然而，目前没有足够的理论来指导如何选择有效的核函数及其参数值。通常，在支持向量机训练算法中，需要通过大量的试验来获得较优的参数，这种方法比较费时，而且获得的参数也不一定最优。因此，研究有关参数值的选择，对支持向量机的应用与发展有很重要的实际意义。值得一提的是，由于径向基核函数对应的特征空间是无穷维的，有限的样本在该特征空间中肯定是线性可分的，因此径向基核函数是最普遍使用的核函数。

4.5.4 支持向量机的步骤和特点

1. 支持向量机的回归预测步骤

本章介绍了支持向量机（SVM）的基本理论，包括针对分类问题和回归问题的支持向量机。这里给出基于回归估计或预测目的的支持向量机的基本步骤或流程如下：

（1）根据所评估问题或研究对象的特征，选择适当的评价指标，建立相应的指标体系。

（2）选择用于回归预测或估计的一段连续时间序列的历史样本数据。

（3）对已经选择的样本数据进行标准化处理，构建训练样本和测试样本。

（4）选择适当的支持向量回归算法或模型类型、核函数和有关参数。

（5）将求得的参数带入估计函数建立预测模型，用测试样本计算在未来时刻的预测值。

（6）计算函数误差，当误差的绝对值小于预先设定的某个值的时候，结束学习过程；否则，返回重新学习。

2. 支持向量机的特点

支持向量机是一种基于统计学习理论和结构风险最小化原则的机器学习方法，能有效地解决小样本分类和回归任务中的"过学习""维数灾难"和局部极小点等问题，具有良好的推广能力。具体特点如下。

1）优点

（1）基于统计学习理论中结构风险最小化原则和 VC 维理论，克服了"过拟合"等问题，具有良好的泛化能力，使得在有限的训练样本集上训练得到的学习模型在独立的测试集上仍能保持良好的性能。

（2）通过求解凸二次规划问题，可以得到全局的最优解，避免了局部极小点问题。

（3）SVM 模型的建立只依赖于被称为"支持向量"的少数样本，非支持向量样本的增减对建模结果没有影响，这不但可以帮助抓住关键样本、"剔除"大量冗余样本，降低算法的计算复杂度，而且具有较好的鲁棒性。

（4）通过非线性映射，将原样本空间中的非线性分类问题转化为高维特征空间中的线性分类问题，使得原来在低维样本空间中无法进行分类的样本在高维特征空间中可以通过一个线性超平面实现线性分类；通过核函数的引入，只需在原样本空间中计算样本向量与支持向量的内积，而不需要知道非线性映射函数 $\varphi(\cdot)$ 的显式表达式，巧妙地避免了高维特征空间中的"维数灾难"问题。

（5）由于有较为严格的统计学习理论作支撑，可以对用 SVM 方法建立模型的推广（泛化）能力作出评估。

2）缺点

（1）在样本量非常大时，核函数中内积的计算、求解拉格朗日乘子向量 $a = (a_1,$

a_2，…，a_n）的计算都是和样本个数有关的，会导致在求解模型时的计算量过大，算法的收敛速度仍然较慢，难以保证较高的实时性要求。

（2）核函数的选择及核参数的确定尚无理论依据，有时候难以选择一个合适的核函数，而且像多项式核函数，需要调试的参数也非常多。一般情况下选用径向基核函数的效果不会太差，但对于具体问题仍需相应的专业知识以及对象特性来合理地选择核函数。

（3）SVM模型不方便解决多分类问题。经典的SVM模型只给出了二分类算法，对于多分类问题，只能采用一对多模式来间接完成。

4.5.5　支持向量机方法应用

目前，可以找到一些实现支持向量机的开源代码或库，如Python中的scikit－learn库。另外，也有一些实现支持向量机功能的系统或平台，比如台湾大学的林智仁教授研发的libsvm（http：//www.csie.ntu.edu.tw/～cjlin/），读者可以参考利用。

1. 问题描述：根据历史样本数据预测工程造价

该应用采用前面两个章节介绍的有关工程造价预测的历史样本数据来预测当前项目的工程造价。根据前两节介绍的聚类分析法和主成分分析法，在50个案例和18个指标的工程项目造价数据样本基础上，分别通过数据分类和指标降维，获得了33个案例的8个主成分指标的造价数据样本矩阵，如表4.4-4所示。

2. 回归预测：基于LS-SVM回归模型的工程造价预测

将表4.4-4所示的33个案例和8个主成分指标样本工程造价数据，分成2组。一组是前25个样本数据作为学习训练之用，另一组是剩余的8个样本数据作为训练后的模型测试之用。根据本章介绍的有关理论和结合开源程序编程实现的最小二乘支持向量机（LS-SVM）系统，对表4.4-4中前第一组样本数据（即前25个样本数据）进行工程造价的回归训练，采用参数$C=14$，$\sigma=45$。然后，通过第2组样本数据（即后8个样本数据）进行工程造价回归预测结果的测试。该8个样本数据的工程造价与利用最小二乘支持向量机模拟的工程造价结果，如图4.5-4所示。

剩余8个数据测试获得的造价预测值及误差值　　　　　　表4.5-1

测试样本	单方造价实际值 （元/m²）	单方造价预测值 （元/m²）	相对误差 （%）	平均绝对值相对误差 （%）
26	2151.32	2097.26	2.51	
27	2537.95	2487.52	1.99	
28	2329.69	2352.86	−0.99	
29	2422.00	2486.13	−2.65	
30	2465.90	2411.71	2.2	1.82
31	2418.12	2442.57	−1.01	
32	2357.06	2329.18	1.18	
33	2750.88	2696.45	1.98	

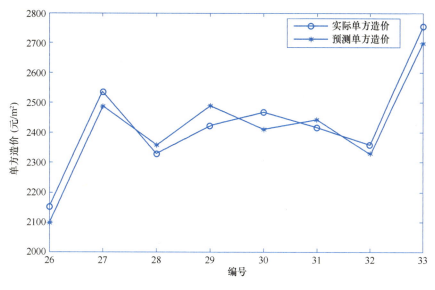

图 4.5-4　造价预测结果

这第 2 组 8 个样本数据的回归预测结果以及相对误差和平均绝对值相对误差 $MAPE$ 如表 4.5-1 所示。其中相对误差和平均绝对值相对误差采用下列公式计算获得。

$$\delta = \frac{y_i - \widehat{y_i}}{y_i}$$

$$MAPE = \frac{1}{n} \sum_{i=1}^{n} |\delta| \times 100\%$$

观察表 4.5-1 中的数据可发现：采用 LS-SVM 方法获得的建筑工程造价预测值的相对误差均控制在 ±10% 以内，说明 LS-SVM 模型表现良好，能够满足建筑工程在建设前期阶段造价预测的精度要求。而 LS-SVM 模型的平均绝对值相对误差上只有 1.82，完全满足精度要求。

思考与练习题

1. 什么是"支持向量"？支持向量机的基本原理是什么？支持向量机有什么特点？

2. 为什么说统计学习理论是支持向量机的理论基础？表现在哪些方面？

3. 支持向量机的基本思想是什么？

4. 针对分类的支持向量机和回归估计的支持向量机有什么不同？

5. 针对回归估计的线性支持向量机、非线性支持向量机和最小二乘支持向量机有什么相同点和不同点？

6. 给出针对回归估计的非线性支持向量机数学模型。

7. 常用的核函数有哪些？核函数的选择对支持向量机的性能有什么影响？

8. 支持向量机适用于解决哪些问题？

【本章小结】

本章介绍的是有关机器学习的部分基础内容。数据是机器学习的原料，但大多情况原始数据较"脏"，不利于模型训练，需要对数据进行预处理。聚类分析可作为一个单独的非监督式机器学习任务，也可用于揭示样本数据间的内在联系与区别，将研究对象分为相对同质的群组，如将预测工程造价的历史数据筛选出与待评估工程具有一定相似度的若干项目。主成分分析是利用映射原理降低原始数据维度，得到的主成分互不相关，数据冗余少，利于数据的特征提取。支持向量机，包括分类和回归支持向量机。基于历史数据的工程造价预测，采用的是回归类的最小二乘法支持向量机。

本章参考文献

［1］ 卢官明. 机器学习概论［M］. 北京：机械工业出版社，2021.

［2］ 王磊，王晓东. 机器学习算法导论［M］. 北京：清华大学出版社，2019.

［3］ 雷明. 机器学习原理、算法与应用［M］. 北京：清华大学出版社，2019.

［4］ ALPAYDIN E. Machine learning［M］.［s. l.］：MIT Press，2021.

［5］ JORDAN M I，MITCHELL T M. Machine learning：trends，perspectives，and prospects［J］. Science，2015，349(6245)：255-260.

［6］ MAHDAVINEJAD M S，REZVAN M，BAREKATAIN M，et al. Machine learning for internet of things data analysis：a survey［J］. Digital communications and networks，2018，4：161-175.

［7］ RAFIEI M H，ADELI H. Novel machine-learning model for estimating construction costs considering economic variables and indexes［J］. Journal of construction engineering and management，2018，144 (12)：4-18，106.

［8］ 丁烈云. 数字建造导论［M］. 北京：中国建筑工业出版社，2020.

［9］ ROH Y，HEO G，WHANG S E. A survey on data collection for machine learning：a big data - AI integration perspective［J］. IEEE transactions on knowledge and data engineering，2021，33：1328-1347.

［10］ ABONYI J，FEIL B. Cluster analysis for data mining and system identification［M］.［S. l.］：Springer Science & Business Media，2007.

［11］ KAUFMAN L，ROUSSEEUW P J. Finding groups in data：an introduction to cluster analysis ［M］.［S. l.］：John Wiley & Sons，2009.

［12］ WIERZCHOŃ S T，KLOPOTEK M A. Modern algorithms of cluster analysis［M］.［S. l.］：Springer International Publishing，2018.

［13］ KHERIF F，LATYPOVA A. Principal component analysis［M］// Machine learning.［S. l.］：Academic Press，2020.

［14］ MENG Y，QASEM S N，SHOKRI M，et al. Dimension reduction of machine learning-based forecasting models employing principal component analysis［J］. Mathematics，2020，8：1233.

［15］ SWATHI P，POTHUGANTI K. Overview on principal component analysis algorithm in machine learning［J］. International research journal of modernization in engineering technology and science，2020，2(10)：241-245.

[16] HASAN B M S，ABDULAZEEZ A M. A review of principal component analysis algorithm for di-mensionality reduction [J]. Journal of soft computing and data mining，2021，2(1)：20-30.

[17] SUKYKENS J A K，GESTEL T V，BRABANTER J D. Least squares support vector machines [M]. Singapore：World Scientific，2002.

[18] SCHOLKOPF B，SMOLA A J. Learning with kernels：support vector machines，regularization，optimization，and beyond [M]. [S. l.]：MIT Press，2002.

[19] SAPANKEVYCH N I，SANKAR R. Time series prediction using support vector machines：a sur-vey [J]. IEEE computational intelligence magazine，2009，4(2)：24-38.

[20] 王硕. 基于粒子群优化最小二乘支持向量机的建筑工程造价预测研究[D]. 青岛：青岛理工大学，2017.

[21] GUI G，PAN H，LIN Z，et al. Data-driven support vector machine with optimization techniques for structural health monitoring and damage detection [J]. KSCE journal of civil engineering，2017，21：523-534.

知识图谱

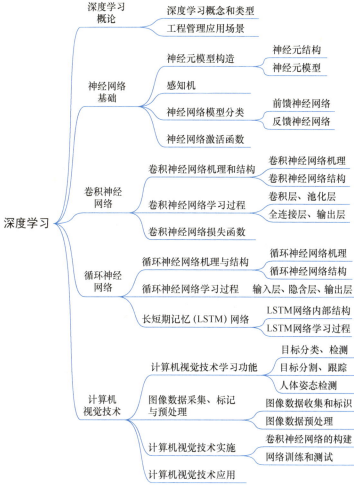

5

深度学习

本章要点及学习目标

　　本章的主要内容，在介绍深度学习有关概念的基础上，分别介绍神经网络基础、卷积神经网络、循环神经网络和计算机视觉技术。通过本章的学习，让读者了解深度学习与机器学习的关系、深度学习模型类型和潜在的工程管理应用场景、神经网络模型基本理论、掌握卷积神经网络和循环神经网络的机理和结构、学习过程，特别是基于卷积神经网络的计算机视觉技术的实施和应用。

5.1 深度学习概论

5.1.1 深度学习概念和背景

1. 深度学习基本概念

深度学习是机器学习的一个分支。在很多人工智能问题上，深度学习的方法突破了传统机器学习方法的瓶颈，推动了人工智能领域的快速发展。2006 年以来，以深度学习为代表的机器学习算法在机器视觉、图像识别、语音识别和自然语言处理等诸多领域取得了极大的成功，使人工智能再次受到学术界和产业界的广泛关注。深度学习是机器学习研究中的一个新的领域，属于机器学习的一个分支。近十年来，伴随着大数据和高性能计算硬件的迅猛发展，深度学习异军突起，为人工智能领域中的诸多应用提供了核心算法与模型。深度学习与机器学习和人工智能之间的关系如图 5.1-1 所示。CNN 和 RNN 分别表示卷积神经网络（Convolutional Neural Networks，CNN）和循环神经网络（Recurrent Neural Networks，RNN），属于深度学习的主要算法，也是本章将介绍的内容。

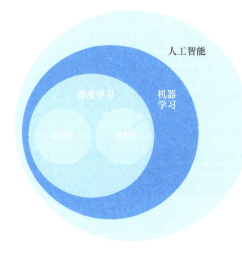

图 5.1-1 深度学习与机器学习和人工智能之间的关系

深度学习是相对浅层学习而言的。大部分深度学习是基于深层神经网络的模型，属于机器学习的一种。机器学习从提出、研究到发展，至今已有 60 多年了。机器学习的发展过程可以用波浪式前进、螺旋式上升来概括。这也和每个时期的技术条件、研究水平、人们的认知水平，尤其是对人类大脑的了解，以及社会整体文明进步水平有关。随着研究的不断深入，深度学习模型的结构不断优化，在语音识别、图像理解、自然语言处理、机器翻译等领域都取得了突破性的进展。

深度学习的核心在于使用模型中隐含的训练层模拟人脑中的神经元，这使得神经网络成为深度学习的基础。神经网络是以工程技术手段来模拟人脑神经网络的结构与特征的系统。利用人工神经元可以构成各种不同拓扑结构的神经网络，它是生物神经网络的一种模拟和近似。卷积神经网络是一种包含卷积层的深度神经网络，其模型设计受人类视觉皮层结构的启发。卷积神经网络通过卷积和池化操作自动学习图像在各个层次上的特征，这符合人们理解图像的常识。卷积神经网络是实现深度学习的一种算法，其在诸多领域，特别是在有关图像识别的计算机视觉方面，获得了广泛应用。

2. 深度学习发展背景

20 世纪 80 年代初，机器学习研究主要集中在对知识的描述和表达、存储，以及用知识库进行推理方面。其中，用符号表示人工智能比较流行，它集中在高层次的、人类可理解的，对问题、逻辑和搜索的符号表达上，以及基于其上的规则系统的构建，最具代表性的是专家系统。但是专家系统的功能和性能远远达不到人们的期望，而且专家系统也没有数学理论的支持，很难证明这种方法论的稳定性和正确性。

20世纪90年代后期，随着Vapnik统计学习理论的研究成熟，迎来了统计机器学习的黄金时期。此时出现了众多的统计学习模型，例如贝叶斯网络、朴素贝叶斯、支持向量机、决策树、随机森林等，在各种分类、回归、聚类问题上的准确性明显提高。统计机器学习模型获得成功的一个重要原因是它有稳固的统计学和最优化等数学理论的支撑，为机器学习研究和学习能力的提高提供了理论上的保证和方向上的指导。机器学习模型不是一个黑盒子，而是基于严格的数学计算。但是，统计机器学习模型往往需要领域专业人士和数据科学家做大量的特征工程工作，设计有效的特征，才能输入模型，得到满意的效果。

在众多统计学习模型中，人工神经网络是一大类算法。人工神经网络的发展同样经历了高潮低谷的交替起伏。在深度学习兴起之前的约20年时间里，由于计算能力和数据量的限制，人工神经网络的有效训练和学习往往只能停留在浅层次的小规模神经网络上，限制了其学习性能。此外，人工神经网络学习得到的模型也缺乏直观的可解释性。这些因素使得人工神经网络逐渐失去了吸引力。

直至2006年，机器学习领域泰斗、加拿大多伦多大学的Geoffrey Hinton和他的学生Salakhutdinov发表了一篇使用深层结构的神经网络模型实现数据降维的论文，提出了一种针对深度信念网络（DBN）的快速训练算法，引发了人工神经网络的第二次复兴。这篇文章表达了两个主要观点：①很多隐含层的人工神经网络具有优异的特征学习能力，学习得到的特征对数据有了更本质的刻画，从而有利于可视化或分类；②深层结构的神经网络在训练上的难度可以通过"逐层预训练"（Layer-wise Pre-training）来有效克服。紧接着，斯坦福大学、蒙特利尔大学、纽约大学等机构的研究人员先后发表了对深层结构模型的研究成果。2012年基于深度学习模型的AlexNet夺得ImageNet大规模视觉识别挑战赛冠军，开创了深度学习的新阶段。到了2015年，基于CNN的多个算法已经获得了超过95％的人类识别率。2016年，谷歌（Google）公司Deep Mind团队开发的基于深度强化学习模型的AlphaGo在围棋比赛中以4比1的成绩战胜了世界冠军李世乭，引起轰动。世界迎来又一轮人工智能变革的高潮。

深度学习本质上是对拥有深层结构的模型进行训练的一类方法的统称。深层结构是相对于浅层结构而言的。浅层结构模型通常包含不超过一层或两层的非线性特征变换，例如高斯混合模型（Gaussian Mixture Mode，GMM）、支持向量机及含有单隐含层的多层感知机（Multilayer Perceptron，MLP）等。相关研究已经证明，浅层结构对于内部结构不复杂、约束不强的数据具有较好的效果，但是当要处理现实世界中内部结构复杂的数据（如语音、自然声音、自然图像、视频等）时，这些模型就会出现表征能力不足的问题。而深层结构模型通过分层逐级地表示特征，在学习大数据内部的高度非线性关系和复杂函数表示等方面，比浅层结构模型具有更强的表征能力。

对于大多数传统的机器学习算法来说，它们的性能很大程度上依赖于给定的数据表示。因此，领域先验知识、特征工程和特征选择对于输出的性能是至关重要的。但是人工设计的特征缺乏应用于不同场景或应用领域的灵活性。此外，它们不是数据驱动的，不能适应新的数据或信息。过去人们已经注意到，一旦提取或设计出了任务的正确特征集，使用简单的机器学习算法就可以解决许多人工智能任务。例如，对于通过声音鉴别说话者的任务来说，说话者的声道大小是一个有用的特征，因为它为判断说话者是男性、女性还是儿童提供了有力线索。不幸的是，对于许多任务和各种输入（如图像、视频、音频和文本等），很难知道应该提取什么样的特征，更不用说它们在当前应用之外的其他任务上的泛化能力了。针对复杂的任务，人工设计特征不仅需要大量的领域知识，而且耗时费力。这就是设计自动、可扩展特征表示方法的强大动机。

深度学习解决的核心问题之一就是自动地将简单的特征组合成更加复杂的特征，并利用这些组合特征解决问题。深度学习归根结底也是机器学习，它是机器学习的一个分支，除了可以学习特征和任务之间的关联以外，还能自动从简单特征中提取更加复杂的特征。深度学习算法不同于传统的浅层学习算法，它舍弃了依靠手工精心设计的显式特征提取方法，通过逐层地构建一个多层的深度神经网络，让机器自主地从样本数据中学习到表征这些样本的更加本质的特征，相对于人工设计特征具有更强的特征表达能力和泛化能力，从而最终提升分类或预测的准确性。这也使得人工智能系统在无须太多人工干预的情况下，就能快速适应新的领域。

随着研究的不断深入，深度学习模型的结构不断优化，在语音识别、图像理解、自然语言处理、机器翻译等领域都取得了突破性的进展。在建设工程现场的视觉监测和工程合同文本的风险识别方面，深度学习都有相当程度的应用前景，是促进智能建造有效实现的人工智能技术方法。

5.1.2　有关神经网络类型

不同的神经网络模型的差异主要在于神经元的激活规则、神经网络模型的拓扑结构以及参数的学习算法等。目前，有关深度学习的几种常见的神经网络类型如下。

1. 卷积神经网络

卷积神经网络属于前面介绍的前馈神经网络之一，它对于图形图像的处理有着独特的效果，在结构上至少包括卷积层和池化层。卷积神经网络是最近几年不断发展的深度学习网络，并广泛被学术界重视和在企业中应用，代表性的卷积神经网络包括 LeNet-5、VGG、AlexNet 等。目前卷积神经网络主要应用于影像中的物体检测和识别、视频理解，除此之外，卷积神经网络还被应用于自然语言处理。实践证明，卷积神经网络可以有效地应用于自然语言处理中的语义分析、句子建模、分类等。

2. 循环神经网络

不同于卷积神经网络，循环神经网络更擅长于对语言文本的处理。文本的分析处理，更看重时序上的输入与上下文的联系。循环神经网络的内部记忆结构，刚好满足这样的需求场景，因此在文本处理方面循环神经网络更胜一筹。此网络概念从提出到现在已经有二三十年历史，在理论与实践方面有不少积累。特别是 1997 年 LSTM 神经元的引入，解决了此网络模型的疑难问题，使得此网络在市场应用中广泛落地。目前循环神经网络的主要落地场景在机器翻译、情感分析等 NLP 领域。特别是近几年媒体曝光较多的新闻写稿机器人，也是基于循环神经网络的一个应用。

3. 深度信念网络

深度信念网络是于 2006 年由 Geoffrey Hinton 提出的神经网络结构，它是一种生成模型，由多个受限玻尔兹曼机组成，采用逐层的方式进行训练，其结构可以理解为由多层简单学习模型组合而成的复合模型。深度信念网络是一个可以对训练的数据样本进行深层次表达的图形模型。深度信念网络可以作为其他深度神经网络的预训练部分，主要做深度神经网络的权值初始化工作。众所周知，不合适的权值初始化方式会影响模型最终的性能，而采取预训练的方式可以尽可能更优地初始化权值，这样的方式可以有效提升模型的性能和收敛速度。

4. 生成对抗网络

生成对抗网络（Generative Adversarial Networks，GAN）将对抗的思想引入机器学习领域，对抗的双方为判别模型和生成模型。其中，判别模型的职责是准确区分真实数据和生成数据，而生成模型负责生成符合真实数据概率分布的新数据。通过判别模型和生成模型两个神经网络的对抗训练，生成对抗网络能够有效地生成符合真实数据分布的新数据。生成对抗网络主要用于样本数据概率分布的建模，并生成与训练数据相同分布的新数据，例如，生成图像、语音、文字等。目前，GAN 主要应用于图像与视觉领域，以及自然语言处理领域，例如，提升图像分辨率、还原遮挡或破损图像、基于文本描述生成图像等。

5. 深度强化学习

深度强化学习是近几年深度学习中非常重要的技术领域，与其他机器学习的差异在于，深度强化学习更加注重基于环境的改变而调整自身的行为。Google 于 2015 年 2 月在 Nature 杂志上发表了 "Human-Level Control through Deep Reinforcement Learning"，详细阐述了通过深度强化学习计算机可以自己玩《Atari 2600》电子游戏。深度强化学习的运行机制由四个基本组件组成：环境、代理、动作、反馈。通过四者的关系，强调代理如何在环境给予的奖励或者惩罚的刺激下，逐渐改变自己的行为动作，使得尽可能使用环境，从而达到环境给予的奖励值最大，逐步形成符合最大利益的惯性行为。

5.1.3　工程管理应用场景

深度学习目前已广泛应用于多个领域，包括交通运输、制造业和建设工程领域等，特别是有关卷积神经网络和循环神经网络的应用。有关工程管理领域的深度学习具体应用场景包括下列几个方面。

1. 基于视觉的现场感知监测

除了有关建设工程项目的施工现场的各种图片或照片，施工现场监控摄像普遍安装，但其视频数据往往在出现事故后才被利用查询，没有充分利用现场监控摄像的价值。随着深度学习和卷积神经网络的发展，工程现场图片，特别是摄像视频数据的智能化处理和利用成为现实。通过基于卷积神经网络的计算机视觉技术，可以进行视频数据的分类，针对建筑材料、设备和工人等目标的检测，以及围绕它们的视频跟踪和描述等，从而实现工程管理有关施工安全管理、工程进度管理、人体工效学管理以及结构健康安全管理等方面的现场情况或状况的实时感知监测，促进工程项目的动态、循环和远程管控。

2. 智能建造设备的视觉控制

目前，智能建造设备或机器人，功能大多处于自动化阶段，而在行为控制和移动行走方面，特别是如何避开障碍物和寻找运行路线上，智能化程度不足，基于卷积神经网络的计算机视觉技术，为给智能设备配备"眼睛"带来了可能。在合理构建卷积神经网络模型和多源视觉数据融合的基础上，通过现场多角度的视频数据标注、训练与学习，同时结合适当的智能优化算法，有望使得智能设备或机器人能够对周围的工程现场环境，特别是障碍物，进行实时的目标检测、跟踪、判断和识别障碍物、搜寻和决策最佳移动路线，实现真正意义上的智能化建造设备和建造机器人。另外，也为特殊或危险环境下的建造设备的远程和无人操作，提供了技术支持。

3. 合同风险识别与文本分类处理

除了图像识别和视频处理，卷积神经网络在自然语言处理方面也得到应用。卷积神经网络在工程管理领域的自然语言处理，主要用于有关文本分类、关键词句识别和自动查询回复等任务。基于有关工程项目的一整段文字或者一句话（如工程记录、设计或施工修改通知或回复等），或者是一整个文件（如招标文件、承包合同、任务书等），通过卷积神经网络可以提取有关文字或文件中的词语和短语，如风险条款、责任归属等，实现合同风险识别或文本分类处理的自动化和智能化。另外，基于卷积神经网络的自然语言处理技术，还能够针对语音进行识别处理，从而实现工程现场通过有关语音材料进行责任识别、信息提取和知识问答等。

4. 有关时序数据的分析预测

循环神经网络可以用于时序数据的分析和预测。有些工程管理领域的预测，如工程造价、房价的基础数据集有多个影响因素，影响因素之间存在复杂的关联性，且工程造价和房价在与时间有较大的关联性的同时与其当前时期的市场环境也有关系。因此，使用LSTM模型来预测工程造价或房价等，可以提高其预测精度。

5. 建造机器人控制决策

循环神经网络可以用于机器人控制，通过处理机器人的传感器数据和控制信号，实现对机器人的控制和决策。目前，建造机器人的研究和应用受到广泛关注，但其水平大多还处于机械操作和低端自动化层面，缺乏有关行为控制和行为决策的智能化。因此，利用循环神经网络，可以解决目前建造机器人研发中面临的瓶颈问题。

6. 智能问答系统

循环神经网络可以用于问答系统，通过对有关问题和回答进行序列建模，从而实现问答系统的自动回答。因此，循环神经网络能够应用于工程管理领域有关施工现场或培训阶段的智能问答系统，解决有关工程法规、标准、设计规范等方面的快速语音查询问题。

5.2 神经网络基础

深度学习是机器学习基础上的进一步提升，其在计算量和计算深度上都有质的飞跃。深度学习关心的是那些采用之前所说的机器学习解决不了的问题。机器学习的核心原理是让计算机模仿人类的思考方式，像人一样自己领悟概念和原理。但是，机器学习只能解决一些难度有限的问题，在一些有深度的问题上就显得无能为力。深度学习的概念源于人工神经网络的研究，含多个隐含层的多层感知器就是一种深度学习结构。

深度学习通过组合低层特征形成更加抽象的高层表示属性类别或特征，以发现数据的分布式特征表示。研究深度学习的动机在于建立模拟人脑进行分析学习的神经网络，它模仿人脑的机制来解释数据，例如图像、声音和文本等。人脑是一个结构复杂的模型。深度学习模型所涉及的正是结构复杂的深度神经网络，因而比传统的浅层学习模型更加接近人脑的模型。在语音识别、图像识别、自然语言处理等人脑擅长的领域中，深度学习模型往往能够展示出其他机器学习模型所无法比拟的效果。

5.2.1　神经网络模型概述

神经网络（Neural Networks，NN）是指用大量的简单计算单元（即神经元）构成的非线性系统，它在一定程度上模仿了人脑神经系统的信息处理、存储和检索功能，是对人脑神经网络的某种简化、抽象和模拟。神经网络是以工程技术手段来模拟人脑神经网络的结构与特征的系统。利用人工神经元可以构成各种不同拓扑结构的神经网络，它是生物神经网络的一种模拟和近似。

早在 1943 年，心理学家 McCulloch 和数学家 Pitts 就合作提出了形式神经元的数学模型，从此开创了神经科学理论研究的时代。到了 1949 年，心理学家 Hebb 提出了著名的 Hebb 模型，认为人脑神经细胞的突触的强度是可以变化的。于是计算科学家们开始考虑用调整权值的方法来让机器学习，这就奠定了人工神经网络基础算法的理论依据。1957 年 Rosenblatt 提出了感知器模型，它由阈值性神经元组成，试图模拟动物和人脑的感知和学习能力。1982 年 Hopfield 提出了具有联想记忆功能的 Hopfield 神经网络，引入了能量函数的原理，给出了网络的稳定性判据，这一成果标志着神经网络的研究取得了突破性的进展。Rumelhart 和 McClelland 于 1986 年提出按照误差反向传播（Back Propagation，BP）算法训练的多层前馈神经网络，进一步推动了神经网络的发展。

作为对人脑最简单的一种抽象和模拟，NN 是人们模仿人的大脑神经系统信息处理功能的一个智能化系统，是 20 世纪 80 年代以来人工智能领域兴起的研究热点，在整个机器学习的发展历程当中起到了十分重要的作用。早期的机器学习研究是与其他领域的研究息息相关的，尤其是神经科学的发现对机器学习的研究有很大的启示作用。最初人们想要构造的就是一个参照人类大脑神经网络结构的机器，仿照人的思考模式进行工作。最近十多年来，人工神经网络的研究工作不断深入，已经取得了很大的进展，表现出了良好的智能特性。

目前，神经网络应用于解决实际问题，可以在几乎所有的领域中发现神经网络应用的踪影。当前它的主要应用领域有：模式识别、故障检测、智能机器人、非线性系统辨识和控制、市场分析、决策优化、智能接口、知识处理、认知科学等。神经网络具有一些显著的特点：具有非线性映射能力；不需要精确的数学模型；擅长从输入输出数据中学习有用知识；容易实现并行计算；由大量简单计算单元组成，易于用软硬件实现等。正因为神经网络是一种模仿生物神经系统构成的新的信息处理模型，并具有独特的结构，所以人们期望它能解决一些使用传统方法难以解决的问题。

5.2.2　神经元模型构造

1. 神经元结构

人工神经网络起源于人们想要制造一个能够模拟人类大脑神经系统工作方式的计算机应用，以及人类对自身认知系统功能的研究基础。现代的人工神经网络从字面上看更接近网状理论，"神经科学之父"的 Cajal 提出的神经元理论认为神经系统由大量的神经元

（Neuron）构成，为此奠定了基础。神经元其实就是一种细胞，是神经系统的基本结构和功能单位之一。神经元由细胞体（Soma）、树突（Dendrite）和轴突（Axon）三部分组成，图 5.2-1 是人脑中一个神经元结构的示意图。

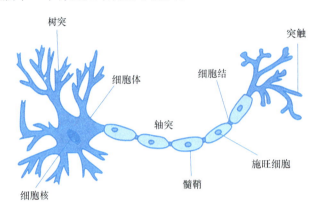

图 5.2-1　人脑神经元结构

细胞体由细胞核、细胞质和细胞膜组成，在这里会进行新陈代谢等各种生化过程，从而给神经元的活动提供能量。由细胞体向外伸出的最长的一条分支称为轴突，即神经纤维。细长的轴突是进行信息传递的"传导区"。远离细胞体一侧的轴突端部有许多分支称为轴突末梢，其上有许多称为突触（Synapse）的扣结，是神经元将自身信息传递给其他神经元的"输出区"。由细胞体向外伸出的其他许多较短的分支称为树突。树突相当于细胞的输入端，它用于接收周围其他神经细胞传入的神经冲动，是神经元的"信息接收区"。神经元具有两种常规工作状态：兴奋与抑制，即满足"0-1"律。当传入的神经冲动使细胞膜电位升高超过阈值时，细胞进入兴奋状态，产生神经冲动并通过轴突传递到突触，再由突触输出，输入到其他神经元的树突，从而实现将整合的信息向下一个神经元进行传递的过程；当传入的神经冲动使膜电位下降低于阈值时，细胞进入抑制状态，没有神经冲动输出。神经冲动只能由前一级神经元的轴突末梢传向下一级神经元的树突或细胞体，不能作反方向的传递。

有关神经科学研究确认，神经元在进行信息处理与传递时具有几种特点：神经元具有抑制和兴奋两种状态，状态根据细胞膜内外的不同电位差来表征；神经元传递信息的过程中存在一个阈值，只有当接收信息后细胞膜电位发生变化使得它的值超过这个设定的阈值时，神经元才会转换为兴奋状态，并将信息通过轴突继续传递；神经元与轴突具有数字信号和模拟信号的转换功能。

另外，神经元具有感受刺激和传导兴奋的功能，通过整合、传导和输出信息实现信息交换。一个神经元在兴奋传导过程中受到的刺激总和为所有与其相连神经元传递兴奋之和。从信息转换角度来看，神经元可以被认为是一个基本的编码单元。人工神经网络不仅从结构上，更重要的是从功能上，几乎完全借鉴了这种思想。人工神经网络中的人工神经元也暗含了这几个功能区域：接收区、触发区、传导区、输出区。其中，触发区最重要，不同的触发机制也标志着不同类型的神经元。

2. 神经元特点

除了基本激活机制，研究发现大脑不同位置的神经元实现各自的相应功能，且各种神经元具有相似的构成。在大脑受到损伤的早期，受伤部位的功能可能是由其他部位的神经元来代替实现的。这个现象在深度学习中也有类似的实现，机器学习称之为"迁移学习"（Transfer Learning）：在一个数据集上训练成型的深度神经网络，在另一个完全不同的数据集上只需稍加训练，就有可能适应和完成那个新的任务。

同时，研究发现神经元具有稀疏激活性，尽管大脑具有多达五百万亿个神经元，但真正同时被激活的仅有 1‰～4‰。这种稀疏激活性也影响了人工神经网络中的神经元的模型设计，例如稍后提到的 ReLU 激活函数，对小于 0 的输入都进行了抑制，极大地提高了选择性激活的特征。在 Dropout 及其他连接策略中，稀疏性也得到应用。

3. 神经元模型

有关神经系统的早期研究，聚焦于生理学与心理学方面。基于神经系统的开创性工作受到广泛关注，一些数学家开始与神经生理学家合作构建神经元（网络）数学模型。人工神经元模型的建立来源于生物神经元结构的仿生模拟，用来模拟人工神经网络。人们提出的神经元模型有很多，其中最早提出并且影响较大的是由心理学家 McCulloch 和数学家 Pitts 于 1943 年提出的模型。该模型称为 McCulloch-Pitts 神经元模型，简称 MCP 神经元模型。MCP 神经元以人脑神经元为原型，受到了其激活机制的启发和影响。然而，为了可以顺利地完成模型，不可避免地对神经元进行了抽象和简化，甚至有些已经跳出了人脑神经元的束缚。这种简单的神经元模型采用线性神经元和二值"开/关"相结合，被称为线性阈值神经元（Linear Threshold Neuron）模型。MCP 神经元包括多个输入参数和权值、内积运算、二值激活函数等人工神经网络的基础要素，该模型经过不断改进后，形成现在广泛应用的 BP 神经元模型。

在介绍 MCP 神经元模型之前，首先需要对神经元模型中使用的符号作一个说明。神经元接收到来自 n 个其他神经元传递来的输入信息，这些输入信号通过带权重的连接进行传递，神经元接收到的总输入值将与神经元的阈值进行比较，然后通过"激活函数"（Activation Function）处理以产生神经元的输出。设神经元输入用一个 n 维的列向量 x 表示，$x = (x_1, x_2, \cdots, x_n)^T$ 的每一个维度对应着一个权重参数 $w_i (i = 1, 2, \cdots, n)$，所有权重参数构成列向量 $w = (w_1, w_2, \cdots, w_n)^T$。神经元有一个偏置值（Bias）$b$，与 $w^T x$ 的加权求和项相加共同构成了神经元的净输入（Net Input）。这一净输入在经过激活函数 $f(\cdot)$ 的作用后得到输出 y，即为神经元的输出，总体表示为 $y = f(w^T x + b)$。这里使用的激活函数是最简单的单位阶跃函数，又称为硬限值（Hard Limit）传输函数，其输入和输出关系可以表示为

$$y = \begin{cases} 1, & w^T x + b > 0 \\ 0, & w^T x + b \leqslant 0 \end{cases} \tag{5.2-1}$$

一个简单的人工神经元模型就可以用从输入计算得到输出 y 的关系表达式来描述，具体表示为

$$y = \begin{cases} 1, & \sum_{i=1}^{n} w_i x_i > -b \\ 0, & \sum_{i=1}^{n} w_i x_i \leqslant -b \end{cases} \tag{5.2-2}$$

一般来说，人工神经元模型应具备以下三个要素：

（1）具有一组突触或连接，常用 w_i 表示第 i 个输入维度的强度。

（2）具有反映生物神经元时空整合功能的输入信号累加器 Σ。

（3）具有一个激活函数 $f(\cdot)$ 用于限制神经元输出。激活函数将输出信号限制在一个允许范围内。

一个典型的人工神经元的模型如图 5.2-2 所示。图 5.2-2 中，x 的每个维度 x_i 所对应的权重参数 $w_i(i=1,2,\cdots,n)$ 构成向量 w。在实际问题的处理中，偏置值 b 可以被视为权重参数向量 w 的一项，表本为 w_0，令 $w_0=b$。此时，

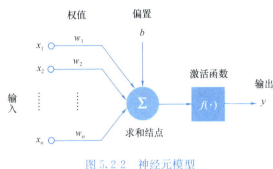

图 5.2-2　神经元模型

需要在输入向量 x 中也增加一个维度 x_0，并令 $x_0=1$，这样就可以将加权求和输入的整体表示为 $w^T x$，这是一种更为简洁的表示方法。

针对 MCP 模型，McCulloch 和 Pitts 在分析总结神经元基本特性的基础上，对神经元的内部工作机制进行推测，并用一个电路对原始的神经网络进行建模，所得到的模型就是 MCP 神经元模型，它是一个对输入数据线性加权的线性阶跃函数，可以描述为

$$
y=\begin{cases} 1, & \sum_{i=1}^{n} w_i x_i > -b,\ \text{且} z_i=0(i=1,\cdots,n) \\ 0, & \text{其他} \end{cases} \tag{5.2-3}
$$

注意到式（5.2-3）与式（5.2-2）的表示十分相似，其不同点就在于 MCP 模型中引入了一个抑制性输入 z 的概念，在式（5.2-3）中表现为 z_i，其取值范围为 $[0,1]$。对于输入 x 的每个维度 x_i，都可以通过改变 z_i 的取值来决定是否抑制这一维度的输入活性。如果 $z_i=0$，则输入正常；如果 $z_i=1$，则表示输入被抑制。通过这一抑制性输入可以实现仅改变其中一个维度的输入信号就能将输出调整为 0，在神经科学中可以类比为神经元中的一个树突接收到了抑制性的信号导致神经元未被激活。

作为最早的神经元模型，MCP 神经元模型不仅借鉴了许多其他领域的思想，同时也有着开创性的设计思维。该模型最初是作为一个电路而设计的，早期的很多神经网络模型都借鉴了电路设计的思想，例如之后诞生的 Hopfield 网络也是作为电路模型设计的。比较独特的一点是，MCP 神经元模型中的抑制性输入在后来的网络中几乎不再出现，而目前也没有研究表明这一超常规的思维是否会在今天的网络模型中起到特殊的效果。在当时看来，MCP 神经元模型是一项突破性的设计，它的出现给之后的神经网络研究打下了良好的基础。但是如今回顾这一模型，可以发现其中也存在一些不足之处。首先，MCP 神经元模型中的权重参数都是需要通过手工计算在初始时刻设置好的，不能进行自适应的调整。其次，它没有考虑神经元动作的相对时间，仅仅将输入与输出设计为一种简单的映射关系，这与真实的神经元反应其实是不符的。

5.2.3 感知机

1. 感知机原理

由于 MCP 神经元模型过于简单且有设计不合理的缺陷，使得只根据神经元连接间的激活水平改变权值的 Hebbian 学习规则难以有效实现。1958 年，Frank Rosenblatt 提出了由两层神经元组成的神经网络，命名为"感知机"（Perceptron），使得 Hebbian 学习规则可以进一步实体化从而更好地发挥它的效用。与 MCP 神经元模型类似，感知机同样是作为一个电路模型来设计的。由于感知机设计的合理性以及它所展现出的良好性能，它的出现在当时的学术界引起了不小的轰动。作为之后诞生的诸多人工神经网络模型的基础，感知机被视为人工神经网络的雏形。神经网络简单地说就是将多个神经元按一定的层次结构连接起来组成的一类网络感知机，是一种结构最简单的前馈神经网络。通常情况下，感知机一词所指的是单层感知机。

在前面介绍人工神经元模型的时候式（5.2-2）表示的是单个人工神经元的输入和输出关系。对于同一层中有多个神经元的感知机，这里引入了一种更为简洁的表示方法。设同一层中共有 k 个神经元，n 维的输入向量 x 的每一个维度与每个神经元之间全部进行连接，因此就有 $k \times n$ 个权值，由此构成了一个权重矩阵 W，即

$$W = \begin{bmatrix} w_{1,1} & w_{1,2} & \cdots & w_{1,n} \\ w_{2,1} & w_{2,2} & \cdots & w_{2,n} \\ \vdots & \vdots & & \vdots \\ w_{k,1} & w_{k,2} & \cdots & w_{k,n} \end{bmatrix} \tag{5.2-4}$$

在矩阵 W 中，元素的下标采用通用的顺序规范进行编排。权值的第一个下标代表该权值所要连接的目标神经元编号，第二个下标代表发送给该神经元的信号源。例如权值指的是从第二个信号源到第一个神经元之间的连接权值。这种顺序编排在此后涉及神经网络计算的时候就可以体现出方便之处，因为采用这种顺序编排方式可以直接将权值向量与输入向量相乘而不用进行转置处理。如果将矩阵 W 按行进行划分，就可以得到一个行向量，即

$$\begin{bmatrix} W_1^T \\ W_2^T \\ \vdots \\ W_k^T \end{bmatrix} \tag{5.2-5}$$

其中，第 i 个神经元连接的权重参数向量为

$$W_i = \begin{bmatrix} w_{i,1} \\ w_{i,2} \\ \vdots \\ w_{i,n} \end{bmatrix} (i = 1,2,\cdots,k) \tag{5.2-6}$$

令第 i 个神经元的偏置值为 b_i，输出为 y_i；k 个神经元的偏置值构成一个 k 维的列向量 $b = (b_1,b_2\cdots,b_k)^T$；$k$ 个神经元的输出构成一个 k 维的列向量 $y = (y_1,y_2,\cdots,y_k)^T$，则感知机输出表达形式为

$$y = f(Wx + b) \tag{5.2-7}$$

其中，第 i 个神经元的输出为

$$y_i = f(W_i^T x + b) \tag{5.2-8}$$

下面介绍感知机的工作原理。为了便于理解，首先考虑一个仅有两个输入的单神经元感知机结构，激活函数使用最简单的单位阶跃函数，则输出的表达形式为

$$y = \begin{cases} 1, & w_{1,1}x_1 + w_{1,2}x_2 > -b_1 \\ 0, & w_{1,1}x_1 + w_{1,2}x_2 \leqslant -b_1 \end{cases} \tag{5.2-9}$$

现在考虑用感知机解决一个简单的问题：使用感知机来实现一个二输入的与门（AND gate）。由表 5.2-1 所示的二输入与门真值表可以知道，与门仅在两个输入为 1 时输出为 1；否则输出为 0。

二输入与门真值表　　　　　　　　　　　　表 5.2-1

x_1	x_2	y
0	0	0
0	1	0
1	0	0
1	1	1

使用感知机来表示这个与门需要做的就是设置感知机中的参数，设置参数 $w_{1,1} = 1$，$w_{1,2} = 1$，$b_1 = -1$，则可以验证感知机满足表 5.2-1 的条件，能够实现二输入与门功能；设置参数 $w_{1,1} = 0.5$，$w_{1,2} = 0.6$，$b_1 = -0.8$，也可以满足表 5.2-1 的条件。实际上，满足表 5.2-1 条件的参数有无数多个。

对于二输入的与非门（NAND gate），对照表 5.2-2 所示的二输入与非门真值表可以知道，设置参数 $w_{1,1} = -0.2$，$w_{1,2} = -0.2$，$b_1 = 0.3$，感知机满足表 5.2-2 的条件，能够实现二输入与非门功能。同理，满足表 5.2-2 条件的参数有无数多个。

二输入与非门真值表　　　　　　　　　　　　表 5.2-2

x_1	x_2	y
0	0	1
0	1	1
1	0	1
1	1	0

对于二输入的或门（OR gate），对照表 5.2-3 所示的二输入或门真值表可以知道，设置参数 $w_{1,1} = 0.5$，$w_{1,2} = 0.5$，$b_1 = -0.4$，感知机满足表 5.2-3 的条件，能够实现二输入或门功能。同理，满足表 5.2-3 条件的参数有无数多个。

二输入或门真值表　　　　　　　　　　　　表 5.2-3

x_1	x_2	y
0	0	0
0	1	1
1	0	1
1	1	1

上述表明已经使用感知机表达了与门、与非门、或门，而其中重要的一点是使用的感

知机的形式是相同的，只是权重参数与偏置值不同。而这里决定感知机参数的不是计算机而是人，对权重参数和偏置赋予了不同值而让感知机实现了不同的功能。看起来感知机只不过是一种新的逻辑门，没有特别之处。但是，可以设计学习算法，使得计算机能够自动地调整感知机的权重参数与偏置值，而不需要人的直接干预。这些学习算法致使能够用一种根本上区别于传统逻辑门的方法使用感知机，不需要手工设置参数，也无须显式地排布逻辑门组成电路，而是通过简单的学习来解决问题。

2. 感知机的局限性

感知机本质上是一个关于输入信号的线性函数，只能处理线性可分的问题，即它只能限制性地表示线性决策边界，如逻辑操作的"与"（AND）"与非"（NAND）"或"（OR）。但是对于线性不可分的问题，单层感知机则无法表达。比如，对于感知机的异或门（XOR Gate）问题，却找不到一组合适的参数 $w_{1,1}$、$w_{1,2}$、b_1 来满足表 5.2-4 所示的二输入异或门真值表的条件。

二输入异或门真值表

表 5.2-4

x_1	x_2	y
0	0	0
0	1	1
1	0	1
1	1	0

有关学者指出，单层感知机的线性表达存在局限性，感知机不能表示像"异或"（XOR）这样的函数，为此，一些学者意识到可以通过增加感知机的层数来克服这一局限性，促成了多层感知机的产生。

5.2.4 神经网络模型分类

通过前述有关感知机的介绍，了解到感知机隐含着表示复杂函数的可能性，以及单层感知机的局限性。而解决办法就是将感知机堆叠起来，形成多层感知机（Multi-Layer Perceptron，MLP）。1974 年，Paul Werbos 将感知机堆叠起来形成神经网络，并且利用"反向传播"（Back Propagation，BP）方法训练神经网络自动学习参数，从而解决了"异或门"等非线性问题。将多个神经元进行连接即可建立人工神经网络模型。神经网络的类型多种多样，分别从不同角度对生物神经系统的不同层次进行抽象和模拟。当神经元模型确定后，一个神经网络的特性及其功能主要取决于网络的拓扑结构及学习训练方法。神经网络主要分为前馈神经网络、反馈神经网络和自组织网络。前馈神经网络包括 BP 网络、全连接神经网络和卷积神经网络，用于分类和预测；反馈神经网络包括循环神经网络和 Hopfield 网络，用于联想记忆和优化计算；自组织网络包括 ART 模型和 Kohonen 模型，用于聚类。

1. 前馈神经网络

前馈神经网络（Feedforward Neural Networks，FNN）是一种单向的多层感知机，即信息是从输入层开始，逐层向一个方向传递，一直到输出层结束。所谓"前馈"是指输入信号的传播方向为前向，在此过程中并不调整各层神经元连接的权值参数，而反向传播时是将误差逐层向后传递，通过反向传播（BP）方法来调整各层网络中神经元之间连接的权重参数。典型的前馈神经网如图 5.2-3 所示。

前馈神经网络中包含激活函数（sigmoid 函数、tanh 函数等）、损失函数（均方差损失函数、交叉熵损失函数等）、优化算法（BP 算法）等。前馈神经网络的每一层内的连接与单层感知机相同，都是将输入向量进行加权求和。层与层之间的连接是用上一层的输出向量作为下一层的输入向量，每一层都有各自的权重矩阵，通常采用上标来区分

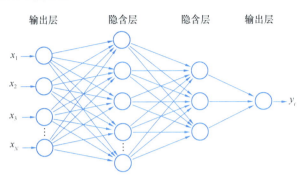

图 5.2-3　前馈神经网络结构图

不同的层。例如，第一层的权重矩阵表示为 $W^{(1)}$，第一层的输出向量表示为 $y^{(1)}$，第一层的激活函数表示为 $\varphi^{(1)}(*)$。不同的层具有不同的作用，根据该层在网络结构中的位置可以给它们分别命名。输入向量虽然不包括在正式的网络结构中，但是也可以将它看作一层，称为输入层（Input Layer）。网络的最后一层产生网络整体的输出，因此称为输出层（Output Layer）。位于输入层和输出层之间的其余层被称为隐含层（Hidden Layer）。网络中每一层的神经元个数可以相同也可以不同，输入和输出神经元数量都是根据网络要解决的具体问题而设定的，而隐含层所需要的最佳神经元数量是不可知的，如何进行预测和调整使它达到最优，目前仍然是一个值得研究的问题。

前馈神经网络的前向传播，可视为多个单层感知机的组合，前一层的输出向量作为下一层的输入向量。比如，首先以 x 为输入向量，经过网络的第一层可得到输出 $y^{(1)} = f^{(1)}(W^{(1)} x + b^{(1)})$。然后，将 $y^{(1)}$ 作为网络第二层的输入向量，继续前向传播，直至最后一层得到整个网络的输出。对于层数更多的前馈神经网络，网络的第 $m+1$ 层输出可以表示为 $y^{(m+1)} = f^{(m+1)}(W^{(m+1)} y^{(m)} + b^{(m+1)})$，这里可以将网络最初的输入向量 x 视为 $y^{(0)}$。

1）BP 神经网络

BP（Back Propagation）神经网络是 1986 年由 Rumelhart 和 McClelland 为首的科学家提出的概念，是一种按照误差逆向传播算法训练的多层前馈神经网络，是应用最广泛的神经网络模型之一。BP 神经网络算法的基本思想是学习过程由信号的正向传播和误差的反向传播两个过程组成。BP 神经网络模型如图 5.2-4 所示。

在前向传播的过程中，输入信号从输入层经隐含层处理，直至输出层。每一层的神经元状态只影响下一层神经元状态。如果输出层得不到期望输出，则转入反向传播，把误差信号从最后一层逐层反传，从而获得各个层的误差学习信号，根据预测误差调整网络权值和阈值，从而使 BP 神经网络预测输出不断逼近期望值。反向传播方法是一种训练一般网络的方法，多层神经网络只是其中的一个特例。在训练过程中有一个目标函数，通过优化目标函数可以确定参数的取值，一般采用代价函数作为目标函数，目标就是通过调整每一个权值 $w_{i,j}$ 来使得代价函数的值达到极小。通过代价函数（描述训练数据集整体误差）对前向传播结果进行判定，并通过反向传播过程对权重参数进行修正，起到监督式机器学习

的作用，一直到满足终止条件为止。

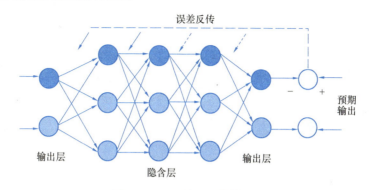

图 5.2-4　BP 神经网络模型图

2）全连接神经网络

全连接神经网络是一种多层的感知机结构。每一层的每一个节点都与上下层节点全部连接，这就是"全连接"的由来。对前一层和当前层而言，前一层的任意一个节点，都和当前层所有节点有连接。即当前层的每个节点在进行计算的时候，激活函数的输入是前一层所有节点的加权。在全连接神经网络中，每相邻两层之间的节点都有边相连，于是会将每一层的全连接层中的节点组织成一列，这样方便显示连接结构。整个全连接神经网络分为输入层、隐含层和输出层，其中隐含层可以更好地分离数据的特征。一个典型的全连接神经网络模型如图 5.2-5 所示。

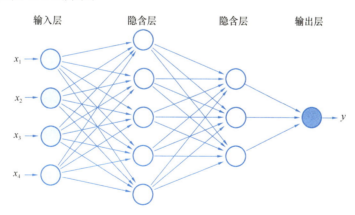

图 5.2-5　全连接神经网络模型

全连接神经网络，特别是在处理图像数据时，因为全连接特性导致神经网络有太多参数，而且有的图片会更大或者是彩色的图片，这时候神经网络的参数将会更多。参数增多除了导致计算速度减慢，还很容易导致过拟合的问题。

3）卷积神经网络

卷积神经网络（Convolutional Neural Networks，CNN）是一类包含卷积运算且具有深度结构的前馈神经网络。相比早期的 BP 神经网络，卷积神经网络最重要的特性在于"局部感知"与"参数共享"。卷积神经网络的整体架构为：输入层—卷积层—池化层—全连接层—输出层，如图 5.2-6 所示。

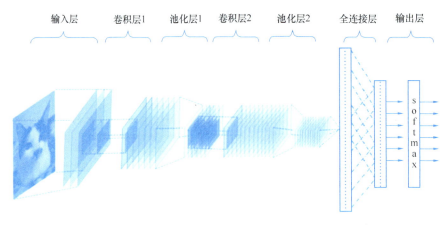

图 5.2-6　卷积神经网络图

卷积神经网络具有一些传统技术所没有的优点：①良好的容错能力、并行处理能力和自学习能力，可处理环境信息复杂、背景知识不清楚和推理规则不明确情况下的问题；②它允许样本有较大的缺损、畸变，运行速度快，自适应性能好，具有较高的分辨率；③它是通过结构重组和减少权值将特征抽取功能融合进多层感知器，省略识别前复杂的图像特征抽取过程。

2. 反馈神经网络

反馈神经网络（Feedback Neural Networks，FNN）的输出不仅与当前输入以及网络权重有关，还和网络之前的输入有关。它是一个有向循环图或是无向图，具有很强的联想记忆能力和优化计算能力。反馈神经网络常用的模型结构有：循环神经网络（Recurrent Neural Networks，RNN）和 Hopfield 网络等。

1）循环神经网络

循环神经网络（RNN），是指在全连接神经网络的基础上增加了前后时序上的关系，是一类以序列（Sequence）数据为输入，在序列的演进方向进行递归且所有节点（循环单元）按链式连接的递归神经网络。循环神经网络模型如图 5.2-7 所示。

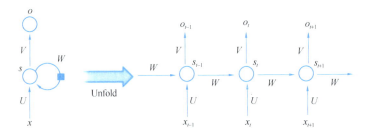

图 5.2-7　循环神经网络的模型图

循环神经网络具有记忆性、参数共享等特性，在对序列的非线性特征进行学习时具有一定的优势。循环神经网络在自然语言处理（Natural Language Processing，NLP），例如语音识别、语言建模、机器翻译等领域有应用，也用于各类时间序列预报。

RNN 具有以下两个优点：①处理序列数据时，输入的序列长度是固定不变的，因为在 RNN 中是从一种状态到另外一种状态的转移，而不是在可变长度的历史状态上进行计算；②状态转移函数具有相同的参数，传统神经网络中，同一网络层的参数是不共享的。而在循环神经网络中，输入层共享权重矩阵，隐含层共享权重矩阵，输出层共享权重矩阵，这反映了循环神经网络中的每一步都在重复做相同的事，只是输入有所不同，因此大大地减少了网络中需要学习的参数个数，降低了计算的复杂度。

2）Hopfield 网络

Hopfield 神经网络是一种单层互相全连接的反馈型神经网络。每个神经元既是输入也是输出，网络中的每一个神经元都将自己的输出通过连接权传送给所有其他神经元，同时又都接收所有其他神经元传递过来的信息。即网络中的神经元在 t 时刻的输出状态实际上间接地与自己 t-1 时刻的输出状态有关。神经元之间互连接，所以得到的权重矩阵将是对称矩阵。Hopfield 神经网络模型如图 5.2-8 所示。

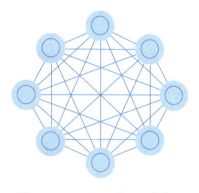

图 5.2-8　Hopfield 神经网络模型

在 Hopfield 神经网络中，每个时刻都只有一个随机选择的单元会发生状态变化。由于神经元随机更新，所以称此模型为离散随机型。Hopfield 网络的单元之间的连接权重对称，每个单元没有到自身的连接，单元的状态采用随机异步更新方式，每次只有一个单元改变状态。

5.2.5　神经网络激活函数

激活函数直观地模拟了人脑神经元特性：接收一组输入信号并产生输出。在神经科学中，人脑神经元通常有一个阈值，当神经元所获得的输入信号累积效果超过了该阈值，神经元就被激活而处于兴奋状态；否则处于抑制状态。在人工神经网络中，激活函数可以模拟人脑神经元的特性，从而在神经网络发展历史进程中具有相当重要的地位。

在前馈神经网络中，如果不用激活函数或使用线性激活函数，则每一层的输出都是上层输入的线性组合，层与层之间的连接依旧是线性的，无论如何增加其层数，最终获得的仅仅是线性表达能力的提升，这并不能满足大多数情况下网络对表达能力的要求。引入非线性的激活函数之后，深层神经网络才可以逼近任意函数，其表达能力将会大大加强，从而可以处理更多复杂的问题。

神经网络的激活函数出现在除输入层以外的每一层的最后，在层中的每个神经元接收上层数据作为输入完成累加求和的计算后，需要经过激活函数的处理才能作为下层的输入数据。根据实际情况的不同，可以选择是否添加激活函数和应该添加哪种激活函数。可供选择的激活函数有很多种，不同的激活函数可以得到不同的处理效果，但它们都应满足如下一些基本要求。

（1）非线性：激活函数最好是一个非线性函数。这样做的好处是，可以很好地提升神经网络的表达能力，将有些用线性函数没有办法解决的问题采用非线性的方式解决。只要神经网络的层数足够深、神经元的个数足够多，利用非线性函数就可以逼近任意复杂函数。

（2）可微分性：当采用基于梯度的优化算法时，激活函数需要满足可微分性。因为在反向传播更新权重参数的过程中，需要计算代价函数对权重的偏导数。早期的激活函数

sigmoid 满足连续可微分的特性，而 ReLU（Rectified Linear Units）函数仅在有限个点处不可微分。对于随机梯度下降（Stochastic Gradient Descent，SGD）算法，几乎不可能收敛到梯度接近零的位置，所以有限的不可微分点对于优化结果影响不大。

（3）单调性：激活函数的单调性，一方面保证单层网络为凸函数；另一方面，单调性说明其导数符号不变，使得梯度方向不会经常改变，从而让训练更容易收敛。

（4）恒等映射：激活函数需要尽量地近似为输入的一个恒等映射（Identity Mapping）。假设神经网络中神经元的激活函数是 $f_{(x)}$，$f_{(x)} = x$，$\dfrac{\partial f}{\partial x} = 1$，表示什么都不学，这样深度神经网络会很快达到收敛，训练时间会缩短。

（5）输出值范围：对激活函数的输出结果进行范围限定，有助于梯度平稳下降，早期的 sigmoid、tanh 等激活函数均具有此性质。但对输出值范围限定会导致梯度消失问题，而且强行让每一层的输出结果控制在固定范围会限制神经网络的表达能力。而输出值范围为无限的激活函数，例如 ReLU 函数，对应模型的训练过程更加高效，此时一般需要使用更小的学习率。

（6）计算简单：在神经网络的信号传递过程中，激活函数的计算量与网络复杂度成正比，神经元越多，计算量越大。激活函数的种类繁多，因此效果相似的激活函数，其计算越简单，训练过程越高效。

在神经网络的发展史中，随着网络结构的不断变化，激活函数也在不断地改进。下面介绍几种较有代表性的激活函数。

1. sigmoid 函数

sigmoid 函数也称为 logistic 函数，其数学表达式为

$$f_{\text{sigmoid}}(x) = \frac{1}{1 + e^{-x}} \tag{5.2-10}$$

sigmoid 函数的图形是一个 S 形曲线，是一个光滑函数且连续可导，如图 5.2-9 所示。sigmoid 函数输出的取值范围为 ［0，1］，可以将任意实数值映射到介于 0 和 1 之间的值，然后使用阈值分类器将 0 和 1 之间的值转换为 0 或 1，可以用来完成二分类任务。在其他激活函数出现之前，sigmoid 函数曾经是被广泛使用，但是由于其存在的一些缺点，导致近些年来逐渐被其他激活函数所取代。

sigmoid 函数的主要缺点表现在以下方面：

（1）输出的值域不是以 0 为中心对称的，即 $f_{\text{sigmoid}}(0)$ 的值不接近 0。非 0 中心对称的输出会使得其后一层的神经元的输入发生偏置偏移（Bias Shift），可能导致梯度下降的收敛速度变慢。

（2）sigmoid 是一个挤压函数，即当输入的值非常大或者非常小时，导数值趋于 0，梯度也会趋于 0，发生饱和现象。在深度神经网络层数很多、网络结构很复

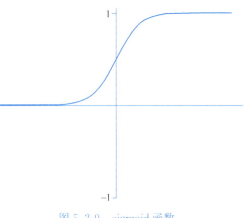

图 5.2-9　sigmoid 函数

杂的情况下，在反向传播的过程中，求多次梯度将会使梯度无限趋于 0，就会导致梯度消失。当误差梯度传播到第一层的神经元时，梯度已经趋于 0 或者等于 0，这样权重参数几乎无法进行更新，深度神经网络的训练变得困难。

2. tanh 函数

tanh 函数是双曲正切函数，其数学表达式为

$$f_{\text{tanh}}(x) = \frac{e^x - e^{-x}}{e^x + e^{-x}} = \frac{2}{1 + e^{-2x}} - 1 \tag{5.2-11}$$

tanh 函数也是一个光滑且连续可导的函数，形状与 sigmoid 函数很相似。tanh 函数的图形如图 5.2-10 所示，其取值范围为 $[-1, 1]$。tanh 函数区别于 sigmoid 函数的重要一点是它的输出是均值为 0 的值，解决了 sigmoid 函数导致后一层的神经元的输入发生偏置偏移的问题，使得梯度下降的收敛速度加快。但是，与 sigmoid 函数类似，tanh 函数两端的梯度也会趋于 0，梯度消失的问题依然没有解决，因此在深度网络中也无法得到有效的应用。

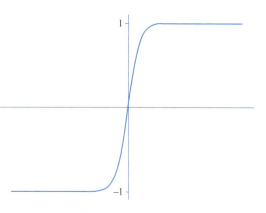

图 5.2-10　tanh 函数

3. ReLU 函数

修正线性单元（Rectified Linear Unit，ReLU）函数，又称为整流线性单元函数或线性整流函数。ReLU 函数是目前深层神经网络中广泛使用的激活函数。ReLU 函数首次大显身手是在 2012 年的 ImageNet 分类比赛中，比赛冠军深度神经网络模型 AlexNet 使用的激活函数正是 ReLU。ReLU 函数的数学表达式为

$$f_{\text{ReLU}}(x) = \begin{cases} x, & x > 0 \\ 0, & x \leqslant 0 \end{cases} = \max\{0, x\} \tag{5.2-12}$$

ReLU 函数的图形如图 5.2-11 所示。当输入 $x \leqslant 0$ 时，输出为 0；当 $x > 0$ 时，输出为 x。实验表明，使用 ReLU 函数得到梯度下降的收敛速度要比使用 sigmoid 或 tanh 函数时快很多，这主要是因为 ReLU 函数的导数在 $x > 0$ 时均为 1，且不会发生饱和。ReLU 函数可以有效地缓解梯度消失问题。此外，相比 sigmoid 与 tanh 函数的幂指数函数运算，ReLU 函数仅需要简单的阈值运算，计算速度快、开销小，因此，在目前的神经网络研究中得到广泛使用。

ReLU 函数具有生物上的可解释性，Lennie 等的研究表明大脑中同一时刻大概只有 1%～4% 的神经元处于激活状态，从信号上看神经元同时只对小部分输入信号

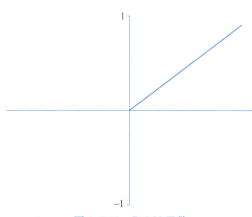

图 5.2-11　ReLU 函数

进行响应，屏蔽了大部分信号。sigmoid 函数和 tanh 函数会导致形成一个稠密的神经网络，ReLU 函数则有较好的稀疏性，大约有 50% 的神经元处于激活状态。ReLU 函数引入的稀疏激活性，让神经网络在训练时会有更好的表现。

ReLU 函数有着线性计算的性质，这样的性质使模型更容易优化。线性操作容易优化的性质不仅适用于卷积神经网络，也适用于其他的深度神经网络。在一些处理时间序列的深度网络中，当训练的网络含有线性操作时，信息会更容易在网络中进行传播。长短期记忆（LSTM）模型中对不同时间步中的信息累积求和，就是采用了线性操作。

ReLU 函数的缺点也很明显，同 sigmoid 函数一样，它是非 0 中心化的，会给后一层的神经网络引入偏置偏移，影响梯度下降的效率。另外，ReLU 函数在训练的过程中十分脆弱，在某些情况下会将一个神经元变成"死亡神经元"（Dead Neuron）。一个很大的梯度值经过一个神经元，在更新权重参数之后，导致所有数据再经过这个神经元时的输出均为负值，之后经过 ReLU 函数的输出始终为 0，即这个神经元再也不会对任何输入数据产生激活现象。当这种情况发生时，这个神经元的梯度将会一直为 0。虽然这样可以使后续传播过程中的计算量降低，带来了计算效率的提升，但死亡神经元过多将会影响参数的优化精度，使得网络最终的表现较差。如果在参数更新的过程中将学习率设置得很大，就有可能导致网络的大部分神经元处于"死亡"状态。所以，使用 ReLU 函数的网络，学习率不能设置太大。

针对 ReLU 函数的相关缺点，学者们提出了改进，提出了若干 ReLU 函数的变种，包括带泄露的修正线性单元（Leaky Rectified Linear Unit，LReLU）、参数化修正线性单元（Parametric Rectified Linear Unit，PReLU）、指数线性单元（Exponential Linear Unit，ELU）等。

4. LReLU 函数

带泄露的修正线性单元（LReLU）在 ReLU 梯度为 0 的区域保留了一个很小的梯度，以维持参数更新。LReLU 函数的数学表达式为

$$f_{\mathrm{LReLU}}(x) = \begin{cases} x, & x > 0 \\ \alpha x, & x \leqslant 0 \end{cases}$$

(5.2-13)

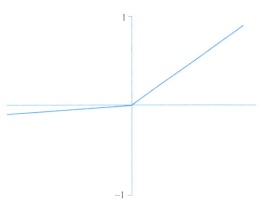

图 5.2-12　LReLU 函数

LReLU 函数图形如 5.2-12 所示。

LReLU 激活函数引入了一个参数 a 来解决"死亡神经元"的问题，在修正数据分布的同时保留了一部分负数区间的值，这样在负数区间内函数的导数始终为 a。在实际应用中，a 的取值范围是 $[0，1]$，通常将其设为 0.01。当 $a < 1$ 时，LReLU 函数也可以写成

$$f_{\mathrm{LReLU}}(x) = \max\{\alpha x，x\}$$

(5.2-14)

5. PReLU 函数

对于 LReLU 函数中的 a，基本上都是通过先验知识进行人工赋值的。然而，通过观察可以知道，代价函数对 a 的导数是可求的。何恺明等在 ReLU 函数的基础上引入了一

个可学习的参数，不同的神经元有不同的参数 a，由此得到一种新的激活函数，称为参数化修正线性单元（PReLU）函数。PReLU 函数的数学表达式为

$$f_{\text{PReLU}}(x)\begin{cases} x, & x>0 \\ \alpha_i x, & x\leqslant 0 \end{cases} = \max\{\alpha_i x, x\} \tag{5.2-15}$$

不同于 LReLU 函数，PReLU 函数神经元中的 a_i 不是一个固定的常数，而是每个神经元中可学习的参数，也可以是一组 PReLU 函数神经元共享的参数。当 $a_i=0$ 时，PReLU 函数可以看成 ReLU 函数，当 a_i 是一个很小的数时，PReLU 函数可以看成 LReLU 函数。

6. ELU 函数

LReLU 函数和 PReLU 函数解决了 ReLU 函数"死亡神经元"问题，但 ReLU 函数非 0 中心化的问题依然存在，而指数线性单元（ELU）解决了这个问题。ELU 是一个近似的 0 中心化的非线性函数，输出的均值接近 0，其数学表达式为

$$f_{\text{ELU}}(x) = \begin{cases} x, & x>0 \\ \alpha(e^x-1), & x\leqslant 0 \end{cases} = \max\{0, x\} + \min\{0, \alpha(e^x-1)\} \tag{5.2-16}$$

式中，a 是一个可调整的参数，控制着 $x\leqslant 0$ 时的 ELU 函数的饱和度。

7. Maxout 函数

Maxout 函数是一种分段线性函数，理论上可以拟合任意的凸函数。最直观的解释就是任意的凸函数都可以由分段线性函数以任意精度拟合，而 Maxout 函数则是求取 k 个隐含层。

节点的最大值，这些"隐含层"节点也是线性的，所以在不同的取值范围下，最大值也可以看作是分段线性的。与其他激活函数相比，它计算 a_i 次权值，从中选择最大值作权值，所以其计算量呈 a_i 倍增加。当 a_i 为 2 时，可看成分成两段的线性函数。

Maxout 函数的数学表达式为

$$f_{\text{Maxout}}(x) = \max(x_1^T+b_1, x_2^T+b_2, \cdots, x_k^T+b_k) \tag{5.2-17}$$

Maxout 函数采用线性操作，所以其计算简单，不会出现梯度饱和问题，同时又不像 ReLU 函数那样容易出现死亡神经元。Maxout 函数最大的问题是计算量成倍增长，模型训练过程较慢。

思考与练习题

1. 深度学习与机器学习和人工智能之间的关系是什么？
2. 简述神经网络的类型和特点。
3. 简述人工神经元的结构和特点。
4. 简述人工神经元模型的三个要素。
5. 简述感知机的基本原理。
6. 简述神经网络中激活函数的作用和类型。
7. 在反馈型神经网络中，有些神经元的输出被反馈至神经元的（　　　）。

A. 同层   B. 同层或前层   C. 前层   D. 输出层

8. 在神经网络的一个节点中，由激励函数计算得到的数值是该节点的（   ）。

A. 实际输出   B. 实际输入   C. 期望输出   D. 期望值

9. 在神经网络的一个节点中，由激励函数计算得到的数值，是与该节点相连的下一个节点的（   ）。

A. 实际输出   B. 实际输入   C. 期望输出   D. 期望值

10. BP 算法适用于（   ）。

A. 前馈型网络   B. 前馈内层互联网络

C. 反馈型网络   D. 全互联网络

5.3 卷积神经网络

深度学习实质上是给出了一种将特征表示和学习合二为一的方式。深度学习的特点是放弃了可解释性，单纯追求学习的有效性。经过多年的摸索尝试和研究，目前已经产生了诸多复杂的深度神经网络的模型，其中卷积神经网络、循环神经网络是两类典型的模型。卷积神经网络常被应用于空间性分布数据；循环神经网络在神经网络中引入了记忆和反馈，常被应用于时间性分布数据。

5.3.1 卷积神经网络概述

卷积神经网络（CNN）是一种具有局部连接、权重共享等特性的前馈神经网络，专门用来处理具有类似网格结构的数据的神经网络。20 世纪 80 年代中期日本学者福岛邦彦等提出的"神经认知机"（Neocognition）模型，是第一个基于神经元之间的局部连接性和层次结构组织的人工神经网络，可以视为卷积神经网络的雏形。1989 年，Yann LeCun 等对权重进行随机初始化后使用了反向传播算法对网络进行训练，并首次使用了"卷积（Convolution）"一词，将卷积神经网络成功应用到美国邮局的手写字符识别系统中。"卷积神经网络"一词表明该网络使用了卷积这种数学运算。卷积是一种特殊的线性运算。卷积神经网络是指那些至少在网络的一层中使用卷积运算来替代一般的矩阵乘法运算的神经网络。

近年来，卷积神经网络的局部连接、权值共享、池化操作及多层结构等优良特性使其受到了许多研究者的关注。卷积神经网络通过权值共享减少了需要训练的权值个数、降低了网络的计算复杂度，同时通过池化操作使得网络对输入的局部变换具有一定的不变性，如平移不变性、缩放不变性等，提升了网络的泛化能力。因此，卷积神经网络在诸多领域得到了广泛应用，特别因为其在图像分类、目标检测和语义分割上的优秀表现，使卷积神经网络在计算机视觉方面的应用十分突出。本节将介绍卷积神经网络的工作机理、基本结构和有关操作。

5.3.2 卷积神经网络机理和结构

1. 卷积神经网络工作机理

卷积神经网络是一种包含卷积层的深度神经网络，其模型设计受人类视觉皮层结构的启发。卷积神经网络通过卷积和池化操作自动学习图像在各个层次上的特征，这符合人们理解图像的常识。人在认知图像时是分层抽象的，首先理解的是颜色和亮度，然后是边缘、角点、直线等局部细节特征，接下来是纹理、几何形状等更复杂的信息和结构，最后形成整个物体的概念。

视觉神经科学（Visual Neuroscience）对于视觉机理的研究验证了这一结论，动物大脑的视觉皮层具有分层结构。眼睛将看到的景象成像在视网膜上，视网膜把光学信号转换成电信号，传递到大脑的视觉皮层（Visual Cortex），视觉皮层是大脑中负责处理视觉信号的部分。当光带处于某一位置和角度时，电信号最为强烈；不同的神经元对各种空间位置和方向偏好不同。位于后脑皮层的神经元与视觉刺激之间存在某种对应关系，即一旦视觉受到了某种刺激，后脑皮层的特定部分的神经元就会被激活。当看到眼前物体的边缘，而且这个边缘指向某一个方向时，另一种被称为"方向选择性细胞"的神经元会被激活。例如，某些神经元会对垂直边缘作出响应，而其他的神经元则会对水平或者倾斜边缘作出反应。

人类的视觉皮层位于头骨后部的枕叶中，它是处理视觉信息的重要部分。视觉皮层坐落于枕叶的距状裂周围，是一种典型的感觉型粒状皮层（Koniocortex Cortex）。它的输入主要来自于丘脑的外侧膝状体。目前已经证明，视觉皮层具有层次结构。初级视皮层（V1）的输出信息出送到两个渠道，分别成为背侧流（Dorsal Stream）和腹侧流（Ventral Stream）。背侧流起始于 V1，通过 V2，进入背内侧区和中颞区（MT，亦称 V5），然后抵达顶下小叶。背侧流常被称为"空间通路"（Where Pathway），参与处理物体的空间位置信息以及相关的运动控制，例如眼跳（Saccade）和伸取（Reaching）。腹侧流起始于 V1，依次通过 V2、V4，进入下颞叶（Inferior Temporal Lobe）。该通路常被称为"内容通路"（What Pathway），参与物体识别，例如面孔识别。该通路也与长期记忆有关。

由于视觉皮层的神经元对视野中的小区域敏感，这些区域被称为感受野（Receptive Field）。人类视觉皮层对视觉图像信号的处理，有着较强的局部感受野特性。局部感受野特性指空间的局部性、方向性、信息的选择性。视觉皮层对信号的处理采用稀疏编码原则，不同层神经元之间的信号传递并不都是全连接传递，根据功能的需要，后一层的神经元选择性地与前一层的神经元连接。在大脑中存在的这种局部敏感和方向选择的神经元网络结构可以有效降低神经网络的复杂程度，这也就是卷积神经网络的生物理论基础。

2. 卷积神经网络基本结构

卷积神经网络在经典的由全连接层组成的多层感知机（MLP）的基础上，添加了卷积层和池化层。采用卷积运算的卷积层是区别卷积神经网络和其他神经网络模型的重要特征。

卷积神经网络的模型设计受视觉神经科学中大脑视觉皮层研究的启发，模仿了视觉皮层中的简单细胞和复杂细胞处理视觉信息的过程及感受野的机制。简单细胞响应来自不同方向的边缘信息，复杂细胞则累积相近的简单细胞的输出结果，称为 Hubel-Wiesel 结构。CNN 包含了多阶段的 Hubel-Wiesel 结构。每个阶段通常包含了基本的模拟简单细胞的卷积操作和模拟复杂细胞的池化操作。在 CNN 中，图像中的子块（局部感受区域）作为层级结构的最底层的输入，信息依次传输到不同的层，每层通过一个过滤器获得观测数据的最显著的特征。这个方法能够获取对平移、缩放和旋转不变的观测数据的显著特征，因为图像的局部感受区域允许神经元或者处理单元可以访问到最基础的特征，例如定向边缘或者角点。

卷积神经网络的基本模型由输入层、卷积层（Convolutional Layer）、池化层（Pooling Layer）、全连接层（Fully Connected Layer）及输出层构成。卷积层和池化层一般会取若干个，采用卷积层和池化层交替设置，即一个卷积层连接一个池化层，池化层后再连接一个卷积层，以此类推。由于卷积层中输出特征图的每个神经元与其输入进行局部连接，并通过对应的连接权值与局部输入进行加权求和再加上偏置值，得到该神经元输入值，该过程等同于卷积过程，"卷积神经网络"也由此而得名。

一个典型的卷积神经网络包括一个特征提取器和一个分类（回归）器。特征提取器由多个卷积模块堆叠而成，每个卷积模块通常包括一个卷积层和一个池化层。后一个卷积模块对前一个卷积模块传递来的特征进行加工，从输入层的原始数据中逐层提取出高层语义信息，从而获得更高阶的特征。最终获得的特征作为分类（回归）器的输入。分类（回归）器通常采用2~4层的全连接前馈神经网络，因此又称全连接层。在卷积层与全连接层后通常会接激活函数。卷积神经网络的最后一层将其目标任务（分类、回归等）形式化为目标函数。通过计算预测值与真实值之间的误差或损失，凭借反向传播算法将误差或损失由最后一层逐层向前反馈，更新网络模型参数。

图5.3-1所示是一个用于卡车识别的卷积神经网络。不包括输入层，该网络由7层组成，其中包括2层卷积层、2层池化层、2层全连接层和1层输出层。输入层是128×128的二维卡车图像数据。卷积层和池化层有若干个特征图（Feature Map），每个特征图都与其前一层特征图以局部连接的方式相连接。第一个全连接层含的每个神经元与第二个池化层进行全连接；输出层与第二个池化层全连接，对全连接层输出的特征进行分类。

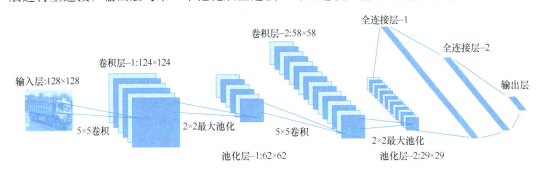

图5.3-1　一个有关卡车识别的卷积神经网络模型

5.3.3　卷积神经网络学习过程

1. 卷积层

卷积层是一个特征提取层，它往往采用多个不同的卷积核（权重参数不同）对输入的数据进行卷积操作，从输入数据中提取不同的特征。输入数据与卷积核进行卷积运算后的输出再通过激活函数后得到的结果称为特征图（FeatureMap）。一个特征图中的特征由一个卷积核计算得到，不同特征图由不同的卷积核计算得到。卷积层中卷积核的个数可根据不同的需求设置。经过多个卷积层的运算，最后得到图像在不同尺度的抽象表示。

卷积神经网络中的卷积层用不同的可训练的卷积核分别与前一层所有的特征图进行卷

积求和，并加上偏置，然后再将结果经过激活函数的输出形成当前层的神经元，从而构成当前层不同特征的特征图。一般地，卷积层的计算表达式为

$$y_j^l = f\left(\sum_{i=1}^{N_j^{l-1}} w_{i,j}\, x_i^{l-1} + b_j^l\right), \ j = 1,\ 2,\ \cdots, M \tag{5.3-1}$$

为表述方便称第 l 层为当前层，第 $l-1$ 层为前一层；y_j^l 表示当前层第 j 个特征图；$w_{i,j}$ 表示当前层第 j 个特征图与前一层第 i 个特征图的卷积核；x_i^{l-1} 表示前一层第 i 个特征图；b_j^l 表示当前层第 j 个特征图的偏置；N_j^{l-1} 表示与当前层第 j 个特征图连接的前一层所有特征图的数量；M 表示当前层特征图的数量；$f(\cdot)$ 表示激活函数，比如常用的修正线性单元（ReLU）等。

在卷积层中，每一个卷积核都是储存离散数字的网格，如图 5.3-2 所示的是一个 2×2 卷积核，可用于处理二维图像数据。在 CNN 训练开始前随机初始化卷积核，在训练期间，每个卷积核的权重（即网格中的离散数字）通过训练得到。

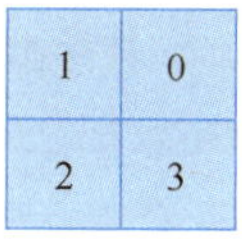

图 5.3-2　一个
2×2 卷积
核的例子

以图 5.3-2 所示的卷积核来举例说明卷积计算，给出一个 3 像素×3 像素的灰度图作为神经网络输入，则卷积层操作如图 5.3-3 所示。按照上述卷积计算公式，卷积核与输入特征图中的黄色高亮区域进行内积运算，即两个矩阵对应位置元素相乘后求和，再加有关偏置（该例设为 0），从而生成输出特征图中绿色高亮区域的一个值。在卷积操作中，卷积核沿输入特征图的宽度和高度平移滑动，该操作直到卷积核无法再进一步滑动为止。

卷积层通常使用相对较小的卷积核，这种设计有两个优点：当使用较小尺寸的卷积核时可以大大减少参数数量；小尺寸的卷积核可以从图像的不同区域学习提取不同的模式。需注意，图 5.3-3 中卷积操作案例是二维特征图的情况，当卷积层的输入是三维张量时，相应的卷积核也是三维立方体，沿输入的三维张量的高度、宽度和深度平移执行卷积操

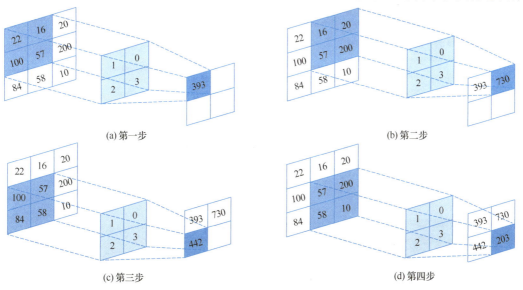

(a) 第一步　　　　　　　　　　　　　　　(b) 第二步

(c) 第三步　　　　　　　　　　　　　　　(d) 第四步

图 5.3-3　卷积层操作图例
（3×3 输入特征图，2×2 卷积核，2×2 输出特征图）

作，以生成相应的三维输出特征图。二维卷积核与三维卷积核在进行卷积操作时唯一的区别在于扩展了额外的维度，即对于三维的情况，除了在二维情况下沿宽度和高度平移卷积核，还沿着深度执行卷积操作。

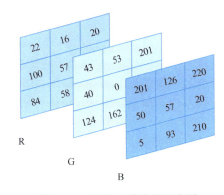

图 5.3-4　RGB 三维张量示意图

这里，以彩色图片为例说明三维卷积的运算过程。通常来说，一张彩色图片由红绿蓝（Red Green Blue，RGB）三通道组成，每个通道是一个矩阵，矩阵的尺寸是图片的宽度×高度，矩阵中的每一个数值的大小代表颜色的深浅，取值范围为 [0，255]，如图 5.3-4 所示。RGB 三通道对应的三种颜色叠加后便形成了彩色图片每个像素的颜色。如黑色像素点 RGB 值为（0，0，0），白色像素点 RGB 值为（255，255，255）。通过三维卷积核对 RGB 图像进行卷积计算，即对三通道的特征值进行相加。为简化计算，将卷积核初始化为由三个单位矩阵组成的 3×2×2 的三维张量。采用该卷积核对一个 3×3 的彩色图片进行卷积计算，则详细过程如图 5.3-5 所示。

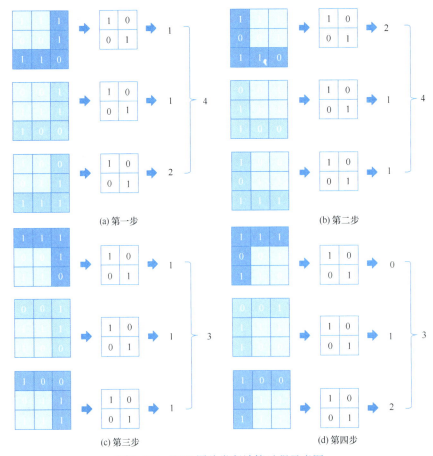

图 5.3-5　RGB 图片卷积计算过程示意图

卷积层中另外两个重要概念是步幅（Stride）和零填充（Zero-Padding）。在图 5.3-5 所示的卷积操作例子中，为了计算输出特征图，卷积核沿宽度和高度每次只移动一格，即以步幅为 1 进行平移。如果需要输出较小的特征图，则可以增加步幅，如将步幅设置为 2，如图 5.3-6 所示。但是对于某些需要在像素级别进行更加密集的预测和分析的应用中，如图像去噪和图像分割等，卷积操作后输出特征图应保持空间尺寸不变，甚至更大一些。保持输出特征图空间尺寸不变可以避免输出维度的崩塌，从而允许设计更深的网络。这可以通过在输入特征图的周围进行零填充来实现，即通过在输入特征图周围填充数值为 0 像素点来增加其空间尺寸，如图 5.3-6 所示，即为填充幅度为 1 的零填充。零填充不仅可以保持输出特征图的空间尺寸不出现大幅度减少，还可以避免输入特征图边界处的像素信息在卷积操作中被快速"过滤"而丢失。需注意，上述卷积核尺寸、步幅数量和零填充幅度，需要在卷积神经网络训练开始之前，基于计算机视觉任务的目标和网络架构进行设置，统称为超参数（Hyperparameter）。

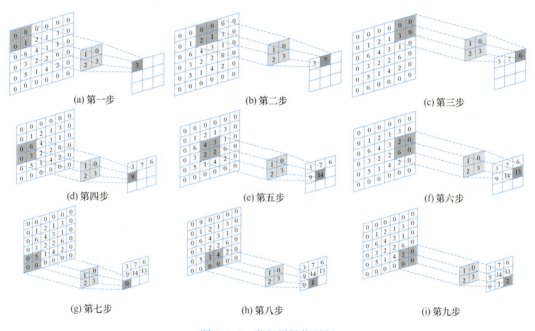

图 5.3-6 卷积层操作图例

（4×4 输入特征图，2×2 卷积核，步幅 2，零填充幅度 1，3×3 输出特征图）

根据上述描述，这里总结有关卷积操作的几个概念：

（1）输入大小：彩色图像输入为三维的张量，其大小为图像的宽度×高度×深度；灰度图像输入为二维矩阵，其大小为图像的宽度×高度。

（2）卷积核大小：即卷积核的作用范围。在进行 3D 卷积操作时，卷积核是一个三维张量，其大小为卷积核的宽度×高度×深度，其中卷积核的深度与输入彩色图像的深度相同；在进行 2D 卷积操作时，卷积核是一个二维矩阵，其大小为卷积核的宽度×高度。

（3）步幅大小：卷积核在从左往右、从上往下遍历图像时，每次滑动的像素点的距离大小。

（4）零填充大小：用 0 值为图像添加新的像素。这样原有的图像边缘像素信息可以被卷积操作多次运算，解决卷积运算不平衡的问题，扩大卷积操作之后输出特征图的大小，同时保持经卷积操作之后输出的特征图大小与输入的原始图像或特征图一致。

（5）输出特征图大小：输出特征图是一个张量，其大小为宽度×高度×深度，其中宽度和高度由输入大小、零填充、卷积核大小、步幅决定，深度为卷积核的个数。

假设输入一个大小为 $I \times I$ 的方阵图像，零填充大小设为 P，卷积核为 $K \times K$ 的方阵，步幅设为 S，输出特征图为一个 $O \times O$ 的方阵，则

$$O = \left\lfloor \frac{I + 2P - K}{S} \right\rfloor + 1 \tag{5.3-2}$$

式中，$\lfloor \rfloor$ 符号表示向下取整。

卷积层是卷积神经网络的核心部分，卷积层的加入使得神经网络能够共享权重，能够进行局部感知，并开始层次化地对图像进行抽象理解。

2. 池化层

特征图的个数随着卷积层层数的递增而增加，导致学习到的特征维数急速增加。如果直接利用所提取到的所有特征去训练分类（回归）器模型，则不免会带来维数灾难的问题，导致模型出现过拟合的情况。为了避免这样的问题，在卷积神经网络中，通常在卷积层之后加入池化层（Pooling Layer）来降低特征维数。

池化是卷积神经网络中另一个重要的概念。池化层的作用是对上一个卷积层提取的特征图进行下采样（Downsampling）操作，所以，池化层也称为下采样层。池化操作独立作用于每个通道的特征图上，它并不改变特征图的数目，只是减少特征图的大小。如果池化窗口的大小为 $n \times n$，其滑动步幅（Stride）为 n，那么经过一次池化操作后，输出特征图的大小是输入特征图的 $\frac{1}{n} \times \frac{1}{n}$。

池化层的作用是使特征图的输出对平移、缩放、旋转等变换的敏感度下降，对输入特征图进行下采样（缩减输出特征图尺寸），提取输入特征图中的紧凑特征，过滤不重要的杂散特征，同时降低特征维数，从而减少模型参数数量、计算时间和内存需求，也能起到防止过拟合的作用。池化操作的一般表达式为

$$y_j^l = f\left[\beta_j^l \text{down}(y_j^{l-1}) + b_j^l\right] \tag{5.3-3}$$

式中，y_j^l 和 y_j^{l-1} 分别表示当前层和前一层的第 j 个特征图；$\text{down}(\cdot)$ 表示一个下采样函数；β_j^l 和 b_j^l 分别表示当前层第 j 个特征图的乘性偏置和加性偏置，通常令 $\beta_j^l = 1$，$b_j^l = 0$；$f(\cdot)$ 为激活函数，一般采用恒等函数。

常见的池化操作有两种：最大值池化和均值池化。最大值池化表示下采样时从池化窗口内选取最大的值作为输出，平均值池化表示将池化窗口内所有元素的平均值作为输出。最大值池化常设置在卷积层后，用于突出显著特征，去除冗余；均值池化常设置在第一个全连接层前，将特征图的每个通道进行融合，降低特征向量维数。计算时，池化窗口在特征图上滑动，对局部区域的各通道计算最大值或均值。在经典的卷积神经网络模型中，通常会将池化窗口的大小设置为 2×2，滑动步幅设置为 2，使得输出特征图的大小变为输入特征图的 $\frac{1}{2} \times \frac{1}{2}$。当输入图像大小为 2 的高次方倍数时，这种池化设置会便于模型结构设计。图 5.3-7 和图 5.3-8 分别示意了池化窗口大小为 2×2、滑动步幅为 2 时的最大值池化和均值池化操作。

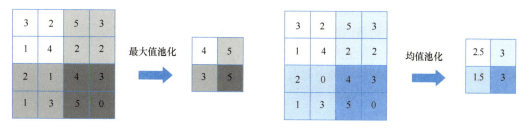

图 5.3-7　最大值池化操作示意图　　　　　　图 5.3-8　均值池化操作示意图

池化层具有以下三个特性：

（1）没有需要学习的参数。池化层和卷积层不同，没有需要学习的参数，而只是从目标区域中取出最大值或平均值。

（2）通道数不发生变化。经过池化运算，输入数据和输出数据的通道数不会发生变化，计算是按照通道独立进行的。

（3）对微小的变化具有鲁棒性。在最大池化中，输入数据发生微小偏差时，池化操作的输出值不会发生改变，因此对输入数据的微小偏差具有鲁棒性。

3. 全连接层

卷积层和池化层的交替堆叠组成了一个简单的卷积神经网络，这样的神经网络可以提取输入图像的高阶特征。为了将卷积神经网络更好地应用在具体的任务上，通常在模型的卷积层和池化层之后添加全连接层，全连接层与池化层进行全连接。

卷积神经网络中的全连接层等价于传统前馈神经网络中的隐含层。全连接层位于卷积神经网络隐含层的最后部分，并只向其他全连接层传递信号。特征图在全连接层中会失去空间拓扑结构，被扁平化成单一的特征向量，如图 5.3-9 所示。

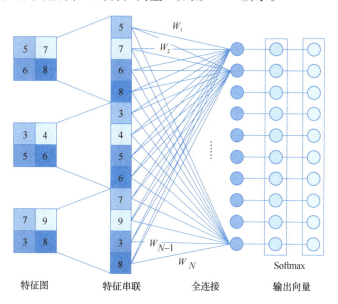

图 5.3-9　全连接层操作示意图

按照表征学习观点，卷积神经网络中的卷积层和池化层能够对输入数据进行特征提取，全连接层的作用则是对提取的特征进行非线性组合以得到输出，即全连接层本身不被期望具有特征提取能力，而是试图利用现有的高阶特征完成学习目标。

一些卷积神经网络中，全连接层的功能可由全局均值池化（Global Average Pooling）取代。全局均值池化会将特征图每个通道的所有值取平均，即若有 $7 \times 7 \times 256$ 的特征图，全局均值池化将返回一个 256 维的向量，其中每个元素都是 7×7，步幅为 7，无填充的均值池化。

4. 输出层

卷积神经网络中输出层的上游通常是全连接层，因此其结构和工作原理与传统前馈神经网络中的输出层相同。对于图像分类问题，输出层使用 Softmax 函数输出类别标签。后来有研究者在网络的最后一层中插入径向基函数（Radial Basis Functions，RBF）。也有研究者发现用支持向量机替换 Softmax 可以提高目标检测的分类准确率。输出层可设计为输出目标的中心坐标、大小和类别。在图像语义分割中，输出层直接输出每个像素的分类结果。

5.3.4 卷积神经网络损失函数

在卷积神经网络的卷积层、池化层、全连接层和输出层后，一般会采用最后的损失函数（Loss Function）估计 CNN 对训练数据作出标签预测的质量。在监督式学习中，训练数据的真实标签是已知的，损失函数可以对预测标签和真实标签的差异进行量化，使 CNN 可以通过反向传播算法不断缩小预测标签和真实标签的差异。

在介绍损失函数的定义前，需要对 CNN 进行规范化数学描述：已知 n 个训练样本 (X_s, D_s)，$s = 1, 2, \cdots, n$，其中 D_s 是 X_s 的真实标签。将 CNN 记为 $Y_s = f(X_s; W, b)$，其中 W 和 b 分别表示权重矩阵和偏置量。此时，可将损失函数定义为 $f(X_s; W, b)$ 与 D_s 之间的期望误差。

$$\text{Loss}(W, b) = \frac{1}{n} \sum_{s=1}^{n} div[Y_s, D_s] \tag{5.3-4}$$

下面介绍两种被广泛使用的损失函数。

1. 平方欧式距离损失函数（Squared Euclidean Distance Loss Function）

平方欧式距离损失函数用预测标签与真实标签之间的平方差来定义二者的差异。当 CNN 的输出是实数的标量或向量时，可以采用这种损失函数。平方欧式距离损失函数定义如下：

$$\frac{1}{n} \sum_{s=1}^{n} div[Y_s, D_s] = \frac{1}{n} \sum_{s=1}^{n} \left\{ \frac{1}{2} \| Y_s - D_s \|^2 \right\} = \frac{1}{n} \sum_{s=1}^{n} \left\{ \frac{1}{2} (y_{sl} - d_{sl})^2 \right\} \tag{5.3-5}$$

式中，$Y_s = (y_{sl} \mid l = 1, 2, \cdots, L)$，$D_s = (d_{sl} \mid l = 1, 2, \cdots, L)$，$s = 1, 2, \cdots, n$。该损失函数对 y_{sl} 可微，如下：

$$\nabla_{Y_s} div[Y_s, D_s] = [y_{s1} - d_{s1}, y_{s2} - d_{s2}, \cdots, y_{sl} - d_{sl}, \cdots, y_{sL} - d_{sL}] \tag{5.3-6}$$

2. 交叉熵损失函数（Cross Entropy Loss Function）

也称为对数损失函数或柔性最大传递损失函数。该损失函数主要用于分类问题，数学定义如下：

$$\frac{1}{n} \sum_{s=1}^{n} div[Y_s, D_s] = \frac{1}{n} \sum_{s=1}^{n} \left[-\sum_{l=1}^{L} d_{sl} \log(y_{sl}) \right] = \frac{1}{n} \sum_{s=1}^{n} [-\log(y_{sc})] \tag{5.3-7}$$

式中，神经网络预测标签 $Y_s = [y_{s1}, y_{s2}, \cdots, y_{sc}, \cdots, y_{sL}]$ 是一个概率分布，样本数据的真实标签为 $D_s = [0, 0, \cdots, 1, \cdots, 0]$，其中第 c 个元素是 1。该损失函数对 y_{sl} 可微，对于第 c 个元素，$\dfrac{d\ div[Y_s, D_s]}{dy_{sl}} = -\dfrac{1}{y_{sc}}$，而对于其他元素，$\dfrac{d\ div[Y_s, D_s]}{dy_{sl}} = 0$，如下：

$$\nabla_{Y_s} div[Y_s, D_s] = [0, 0, \cdots, -\frac{1}{y_{sc}}, \cdots, 0] \tag{5.3-8}$$

在了解 CNN 核心部件和常用损失函数后，就可以构造基础的 CNN 模型了。需要注意的是，以上介绍的卷积层、池化层、全连接层、激活函数和损失函数，都是经典 CNN 的基本元素，在当下人工智能、深度学习和计算机视觉技术快速发展的时代，CNN 正在快速进化。如何在 CNN 基本元素的基础之上进行创新和发展，增强 CNN 在处理各项工程项目管理任务中的性能，是当下工程管理和数字建造领域的研究前沿。

5.3.5 卷积神经网络特点

卷积神经网络的分组连接以及有关空间相关、参数共享和表征学习等特征，可以大幅降低参数数目，进而降低计算成本，减小网络训练过拟合风险。

1. 分组连接

相比于前馈神经网络中的全连接，卷积层中的神经元仅与其相邻层的部分，而非全部神经元相连。具体地，卷积神经网络第 m 层特征图中的任意一个像素都仅是第 $m-1$ 层中卷积核所定义的感受野内的像素的线性组合。

即使输入一张非常小的图像（如 100 像素×100 像素的灰度图），若直接采用全连接前馈神经网络，则输入层将有 10000 个神经元，每个神经元用于接收图像的一个像素点。如果将其与具有 1000 个神经元的隐含层连接，则所需要的参数数目至少为 $10000 \times 1000 = 10000000$。现实世界的应用往往要用具有更多隐含层的全连接神经网络处理尺寸更大的高维图像数据。例如，对于一张 $1280 \times 720 \times 3$ 的彩色输入图像和三个具有 1000 个神经元的隐含层而言，参数的数目超过 27 亿，即使在具有大量内存、多个中央处理器（Central Processing Unit，CPU）和图像处理器（Graphics Processing Unit，GPU）的设备上训练这样的网络也十分耗时。为了解决这个问题，需要在不损失神经网络深度和性能的前提下降低参数的数目，常用的方法是对神经元进行分组。

在全连接神经网络中，参数的数目即使对于小规模浅层网络而言也非常巨大，其原因在于两个全连接层之间每两个神经元之间都设置了一个参数。而在对神经元分组的神经网络中，参数被分配给一组神经元，而非分配给每两个神经元。以一个 3 像素×3 像素的灰度图作为神经网络（具有一个包含 12 个神经元的隐含层）输入来举例说明，则在全连接神经网络中，输入层与隐含层之间的参数数目为 $3 \times 3 \times 12 = 108$（个），如图 5.3-10（a）所示。而在对神经元分组的神经网络中，如果隐含层神经元按照 4 个一组的方式进行分组，那么输入层与隐含层之间的参数数目为 $3 \times 3 \times 12 \div 4 = 27$（个），如图 5.3-10（b）所示。

2. 空间相关

现实世界中很多数据都有局部相关的特性，同样，在图像分析中，每个像素与其周围

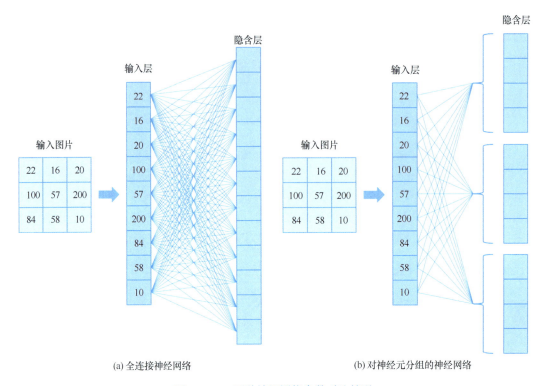

(a) 全连接神经网络　　　　　　　　　　(b) 对神经元分组的神经网络

图 5.3-10　两种神经网络参数对比情况

的像素有高度的空间相关性。通常，两个像素之间的距离越大，二者则越不相关。卷积操作可以对输入的图像数据先进行局部特征学习，然后将局部特征进行组合。和全连接神经网络相比，卷积神经网络中的当前层具有空间相关性的神经元与下一层特定区域内的神经元有参数连接，这可以使参数数量大幅降低，也可减小网络训练过拟合风险。

3. 权重共享

不同于全连接神经网络对每个元素设置一个参数或权重，卷积神经网络中不同区域的一组神经元共享一组参数或权重。通过权重或参数共享，卷积神经网络可大幅减少处理图像数据时的参数数量。

4. 表征学习

卷积神经网络具有表征学习能力，即能够从输入信息中提取高阶特征。具体地说，卷积神经网络中的卷积层和池化层能够响应输入特征的平移不变性，即能够识别位于空间不同位置的相近特征。能够提取平移不变特征是卷积神经网络在计算机视觉领域得到应用的原因之一。

平移不变特征在卷积神经网络内部的传递具有一般性的规律。在图像处理问题中，卷积神经网络前部的特征图通常会提取图像中有代表性的高频和低频特征；随后经过池化的特征图会显示出输入图像的边缘特征；当信号进入更深的隐含层后，其更一般、更完整的特征会被提取。反卷积和反池化（Un-pooling）可以对卷积神经网络的隐含层特征进行可视化。一个成功的卷积神经网络中，传递至全连接层的特征图会包含与学习目标相同的特征，例如图像分类中各个类别的完整图像。

思考与练习题

1. 试画出卷积神经网络的基本结构，并说明各模块的作用。
2. 与激活函数 sigmoid 相比，激活函数 ReLU 有什么优点？
3. 解释卷积神经网络的局部连接和权重共享。
4. 卷积层有什么作用？它如何操作？
5. 池化有什么作用？有哪些池化操作？
6. 全连接层有什么作用？它如何操作？
7. "深度学习"中的"深度"代表什么涵义？
8. 卷积神经网络中的损失函数有什么作用？
9. 假设输入是一个 300×300 的彩色（RGB）图像，使用全连接神经网络。如果第一个隐含层有 100 个神经元，那么这个隐含层一共有多少个参数（包括偏置参数）？
10. 卷积神经网络在哪些工程管理领域具有应用前景？

5.4 循环神经网络

循环神经网络（Recurrent Neural Networks，RNN）是一类特殊的神经网络，主要用于处理序列数据，如文本、语音、时间序列等。与传统的前馈神经网络不同，RNN 可以通过循环连接来处理序列数据中的时序信息，从而在处理序列数据时具有优势。

5.4.1 循环神经网络概述

循环神经网络源自于 1982 年由 John Hopfield 提出的霍普菲尔德网络。霍普菲尔德网络因为实现困难，在其提出的时候并没有被合适地应用。该网络结构也于 1986 年后被全连接神经网络以及一些传统的机器学习算法所取代。

循环神经网络是一种节点定向连接成环的人工神经网络。这种网络的内部状态可以展示动态时序行为。循环神经网络的主要用途是处理和预测序列数据。在之前介绍的全连接神经网络或卷积神经网络模型中，网络结构都是从输入层到隐含层再到输出层，层与层之间是全连接或部分连接的，但每层之间的节点是无连接的。但是如果要预测句子的下一个词语是什么，一般需要用到当前词语以及前面的词语，因为句子中前后词语并不是独立的。比如，当前词语是"中国"，之前的词语是"我是"，那么下一个词语大概率是"人"。

传统的机器学习算法非常依赖于人工提取的特征，使得基于传统机器学习的图像识别、语音识别以及自然语言处理等问题存在特征提取的瓶颈。而基于全连接神经网络的方法也存在参数太多、无法利用数据中时间序列信息等问题。随着更加有效的循环神经网络结构被不断提出，循环神经网络挖掘数据中的时序信息以及语义信息的深度表达能力被充分利用。因为循环神经网络是一种反馈神经网络，它对复杂的非线性问题有较强的学习能力和计算能力，且具有记忆功能。通过网络结构中引入时序的概念，能保留前面时刻的输出并作为后续时刻输入的一部分，使整个计算过程表现出动态特性。循环神经网络是一类以序列数据为输入，在序列的演进方向进行递归且所有节点（循环单元）按链式连接的递归神经网络。循环神经网络具有记忆性、参数共享等特性，在对序列的非线性特征进行学习时具有一定的优势。循环神经网络在自然语言处理（NLP），例如语音识别、语言建模、机器翻译等领域有应用，也用于各类时间序列预报。

当前预测位置和相关信息之间的间隔不断增大时，简单循环神经网络有可能会丧失学习到距离如此远的信息的能力，或者在复杂语言场景中，有用信息的间隔有大有小、长短不一，循环神经网络的性能也会受到限制。在这种情况下，1997 年 Hochreiter 和 Schmidhuber 提出了长短期记忆网络（Long Short-Term Memory，LSTM）。

基本的 RNN 中后面的节点对前面的节点感知力下降，也就是出现"记不住"的问题。而 LSTM 的核心技术是引入了一种块（Block）结构的单元格（Cell），来判断信息是否有用，解决"记不住"的问题。作为一种改进的循环神经网络，长短期记忆网络（LSTM）在继承 RNN 的优点的同时，能够克服基本循环神经网络的不足，能够缓解 RNN 存在的梯度消失问题。LSTM 目前已经成功地应用在语音识别、自然语言处理、机器翻译、图像描述等领域。

5.4.2　循环神经网络机理与结构

1. 循环神经网络工作机理

在传统的全连接前馈神经网络中，从输入层到隐含层，从隐含层到输出层，层与层之间是全连接的，同一层的节点之间是不存在连接的。这种传统的全连接前馈神经网络只能处理输入数据间没有关联关系的数据，对于处理像语音识别、自然语言处理（NLP）等涉及时间序列的任务就会遇到麻烦。比如说，当需要预测句子中接下来生成的一个单词是什么的时候，一般都会考虑到之前生成的单词，因为在一个句子中前后单词并不是相互独立的。

设计循环神经网络（RNN）的出发点就在于解决此类问题，其核心思想在于利用数据的序列信息。RNN 的循环特征体现在，网络对一个序列中的每个元素执行相同的任务，因为在序列中当前的输出与前面的输出均有关联。具体的表现形式为神经网络会对前面的信息进行"记忆"，捕获到目前为止所计算的信息，并将它应用在当前输出的计算过程中，即隐含层之间的节点不再和之前一样是无连接的，而是存在连接性的，并且隐含层的输入不仅包括输入层的输出还包括前一时间步隐含层的输出。理论上，循环神经网络能够处理任意长度的序列数据。但是在模型训练中，为了降低复杂性，往往假设当前的状态只与之前的几个状态是相关的。

2. 循环神经网络基本结构

在数据的分析中，RNN 具有强的适应性。RNN 与大多数神经网络一样，由输入层、隐含层和输出层构成。与其他神经网络结构不同的是其隐含层之间存在循环连接，由于这种连接的存在，使得 RNN 中的隐含层输入不仅包含当前时刻的数据，还包含前一时刻隐含层的输出数据。RNN 模型按时间序列展开的单隐含层单向模型结构如图 5.2-7 所示（这里不再重复给出）。

在图 5.2-7 中，x_t 表示 RNN 中某一时间步的输入，与多层感知机的输入不同，循环神经网络的输入是整个序列，即序列 $\{x_1, x_2, \cdots, x_{t-1}, x_t, x_{t+1}, \cdots, x_T\}$。需要注意的是此处的"时间步"并不特指现实中的时间概念，它仅表示在序列中的次序。例如，在语言模型中，每一个 x_t 表示一个词向量，整个序列就表示一句话。s_t 表示的是第 t 时间步隐含层的状态，o_t 表示的是第 t 时间步输出层的状态。

由图 5.2-7 可以清晰地看到上一时间步（第 $t-1$ 时间步）的隐含层是如何影响当前时间步（第 $t-1$ 时间步）的隐含层的。RNN 中的这种环状结构，就是把同一个网络复制多次，以时序的形式将信息不断传递到下一网络，也正是这种具有循环结构的神经网络具备了"记忆"语义连续性的功能。

从图 5.2-7 的展开过程可以看出 RNN 具有以下两个优点：

（1）处理序列数据时，输入的序列长度是固定不变的，因为在 RNN 中是从一种状态到另外一种状态的转移，而不是在可变长度的历史状态上进行计算。

（2）状态转移函数具有相同的参数，在传统神经网络中，同一网络层的参数是不共享的。而在循环神经网络中，输入层共享权重矩阵 U，隐含层共享权重矩阵 W，输出层共享权重矩阵 V，这反映了循环神经网络中的每一步都在重复做相同的事，只是输入有所不同，因此大大地减少了网络中需要学习的参数个数，降低了计算的复杂度。

5.4.3 循环神经网络学习过程

1. 输入层

输入层是对输入进行抽象，得到能够表示所有输入信息的向量，并将得到的向量传递给隐含层进行计算。x_t 表示的是第 t（$t=1$，2，3，$\cdots$）时间步的输入，比如说，在处理文本数据时，x_t 为第 t 个单词的词向量。在输入层处理自然语言时，需要将自然语言转化为机器能够识别的符号，所以需要将自然语言转变为数值，而单词是构成自然语言的基础，所以在处理的时候可以将单词视为基本单元并对它进行数值化转化而构成词向量。词向量主要有两种模式：one-hot 词向量和 Word2vec 词向量。one-hot 词向量是用一个指定长度的数值向量来表示一个单词，如果序列中单词的数量为 $|V|$，则生成的词向量的大小为 $|V|$，向量中只有一个元素为 1，其余元素均为 0。1 的位置对应着这个单词在词典中的位置，因此该向量可以代表整个单词。Word2vec 是通过神经网络或者深度学习对单词进行训练，输入为该单词的 one-hot 向量，然后需要通过嵌入矩阵将 one-hot 向量映射到嵌入向量，作为输入。

2. 隐含层

隐含层的输入具有两个来源，分别是输入层的输出、隐含层的输出。隐含层的输出具有两个去向，分别为传递给隐含层的自连接、传递给输出层作为输出层的输入。

RNN 可以只包含 1 个隐含层，也可以包含多个隐含层。多隐含层 RNN 指的是具有多个隐含层的循环神经网络，在训练过程中，单一隐含层的循环神经网络效果并不是很好，故而大多选择多隐含层循环神经网络。多隐含层 RNN 可以被视为深度循环神经网络。

3. 输出层

输出层对所有的隐含层的输出进行加权和函数处理，然后得到的数值就是输出层的输出结果。o_t 表示第 t 时间步的输出，这是第 t 时间步的输入和之前所有的历史输出共同作用的结果，比如说，在处理自然语言时，如果想得到预测序列中下一步的输出，需要对下一个词出现的概率进行建模，想让神经网络输出概率，那么可以使用 Softmax 层作为神经网络的输出层。

Softmax 函数可以视为一种归一化操作，Softmax 层的输入和输出均是向量，两个向量具有相同的维数。输出向量具有以下特征：每一项的值域为 0 到 1，所有项相加之和为 1。由于这些特征符合概率的特征，因此可以将它视为输出概率。

4. 向前传播

由图 5.2-7 可知，循环神经网络在第 t 时间步接收到输入数据之后，隐含层的输入值还受第 $t-1$ 时间步的输出数据及其权重影响。假设在输入层和隐含层中都各自包含了一个偏置神经元，某个隐含层神经元的阈值就可以等效为一个权值而计入连接权重矩阵 U 和 W 中，某个输出层神经元的阈值就可以等效为一个权值而计入连接权重矩阵 V 中。之所以作这样的假设，是为了后面呈现的一些数学表达式看起来更加简洁。另外，还假设图 5.2-7 所示的 RNN 已经完成了训练阶段，即权重矩阵 U、V、W 的值已经固定不变了，则 RNN 中隐含层把当前时间步（第 t 时间步）输入层的结果和前一时间步（第 $t-1$ 时间步）隐含层的结果作为输入进行计算，得到当前时间步隐含层的结果，并将它传递给输出层，进行输出层的计算。

$$h_t = U \cdot x_t + W \cdot s_{t-1} \tag{5.4-1}$$

$$s_t = f(h_t) \tag{5.4-2}$$

$$o_t = \varphi(V \cdot s_t) \tag{5.4-3}$$

在接收到输入 x_t 后，隐含层的值为 s_t，输出层的值为 o_t。

式（5.4-1）是隐含层的计算公式，h_t 表示的是第 t 时间步隐含层神经元的值，U 表示从输入层神经元到隐含层神经元的连接权重矩阵，W 表示从上一个时间步（前一个时间步）的隐含层到当前时间步的隐含层的连接权重矩阵，即自连接的权重，x_t 是第 t 时间步每个输入单元的值，s_{t-1} 是第 $t-1$ 时间步每个隐含层节点的值。由式（5.4-1）可以看出，第一项是接收来自输入层的数据，第二项是接收来自隐含层的数据。由此可见，隐含层的输出不仅取决于当前时间步输入层的输入 x_t，还取决于上一时间步（第 $t-1$ 时间步）隐含层的输出 s_{t-1}。

式（5.4-2）表示的是对隐含层神经元施加激活函数 $f(\cdot)$，产生隐含层单元的最终激活值 s_t，$f(\cdot)$ 是隐含层神经元的激活函数。

式（5.4-3）表示的是输出层的计算公式，输出层是一个全连接层，o_t 表示的是第 t 时间步输出单元的值，V 表示的是从隐含层神经元到输出层神经元的连接权重矩阵，$\varphi(\cdot)$ 是输出层神经元的激活函数。

如果将式（5.4-1）和式（5.4-2）递归地代入式（5.4-3），就可以得到

$$\begin{aligned}
o_t &= \varphi(V \cdot s_t) \\
&= \varphi(V \cdot f(U \cdot x_t + W \cdot s_{t-1})) \\
&= \varphi(V \cdot f(U \cdot x_t + W \cdot f(U \cdot x_{t-1} + W \cdot s_{t-2}))) \\
&= \varphi(V \cdot f(U \cdot x_t + W \cdot f(U \cdot x_{t-1} + W \cdot f(U \cdot x_{t-2} + W \cdot s_{t-3})))) \\
&= \varphi(V \cdot f(U \cdot x_t + W \cdot f(U \cdot x_{t-1} + W \cdot f(U \cdot x_{t-2} + W \cdot f(U \cdot x_{t-3} + \cdots)))))
\end{aligned}$$

$$\tag{5.4-4}$$

从式（5.4-4）可以看到，在第 t 时间步的输出 o_t 是受 x_t，x_{t-1}，x_{t-2}，x_{t-3}，$\cdots$ 影响的，也就是与第 t 时间步的输入以及第 t 时间步之前的每个时间步的输入相关的。其实，

RNN 的最大特点在于它将时间序列的思想引入神经网络构建中，中间隐含层不断地循环递归反馈，通过时间关系来不断加强数据间的影响关系，这就是 RNN 具有"记忆"的原因。

5. 训练

所谓 RNN 的训练，就是调整优化 RNN 的权重矩阵 U、V、W 的过程。对于多隐含层单向 RNN，按照时间序列展开，输入层数据经过多个隐含层前向传播到最后一层，然后，最后一层的输出反过来通过损失函数，采用反向传播的梯度下降法来调整各层的连接权重。RNN 的训练过程和传统神经网络类似，通常采用一种称为随时间变化的反向传播（Back Propagation Through Time，BPTT）算法，该算法非常类似于 BP 算法，只是更加复杂而已。如果将循环神经网络展开，那么权重矩阵 U、V、W 是共享的，而传统神经网络却不是。循环神经网络在使用梯度下降算法时，每一步的输出不仅依赖当前的网络，并且依赖前面若干步的网络。例如，在 $t = 4$ 时，还需要向后传递三步，后面的三步都需要加上各步的梯度。由于 BPTT 算法的推导比较复杂，这里就不展开讨论。

需要注意，BPTT 算法无法解决长期依赖（Long-Term Dependencies）问题，即当输入序列比较长或网络结构较深时，前后序列的数据信息的关联性减小甚至消失，从而导致网络无法学习到前序序列或前序网络层的重要信息，BPTT 算法会带来梯度消失（Gradient Vanishing）或梯度爆炸（Gradient Exploding）问题（共享的 W 权值会反复与梯度相乘，若该值大于 1，则会出现梯度爆炸问题；若该值小于 1，则会出现梯度消失问题）。对于梯度爆炸，可以在 RNN 网络中通过添加梯度截断、添加正则项等措施来解决。梯度消失比梯度爆炸更难解决，它可通过长短期记忆神经网络（Long Short-Term Memory Networks，LSTM）来解决。

在模型的训练过程中，RNN 通过反向传播算法将计算得到的误差损失反馈到参数节点处，进而求得参数对应的梯度值并进行参数更新。实际应用中，由于 RNN 存在特殊的循环结构，参数对应的梯度项在网络中以乘积的形式进行传播，而训练过程采用的是链式求导，因此在计算距离较远时间节点间的联系时，会因为雅可比矩阵的多次相乘而出现梯度消失或梯度爆炸问题。RNN 的内部结构图如图 5.4-1 所示。由于 $0 \leqslant \tanh \leqslant 1$，如果矩阵中的梯度项很大，经过多层反馈的矩阵相乘，梯度值呈指数攀升，最终趋向于无穷大值，导致参数也更新为无穷大值，出现梯度爆炸；如果矩阵中的梯度项小于 1，经过多层反馈的矩阵相乘，梯度值快速收缩，逐渐趋于 0，出现梯度消失。在循环神经网络中梯度爆炸问题虽然存在但较少发生，梯度消失现象则经常发生。

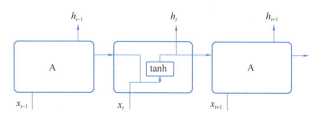

图 5.4-1　RNN 内部结构

图 5.4-2 通过颜色变化描绘了 RNN 计算距离较远时间节点间联系时出现梯度消失的

过程，展开网络中节点的颜色表示 1 时刻（第 1 时间步）输入信息 x_1 对当前时刻节点的影响，颜色越深影响越大。信息的正向传播过程中，随着不断地有新数据输入，x_1 对当前时刻节点的影响会产生衰减，时间跨度越长，衰减越明显，甚至丢失。如在第 7 时间步，x_1 对 x_7 的影响已基本消失。

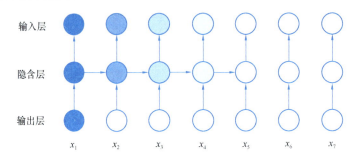

输入层　隐含层　输出层

x_1　x_2　x_3　x_4　x_5　x_6　x_7

图 5.4-2　RNN 梯度消失过程

5.4.4　长短期记忆网络

长短期记忆网络（Long-Short Term Memory，LSTM），是一种特殊的循环神经网络（RNN）。长短期记忆网络由 Hochreiter 和 Schmidhuber 在 1997 年初次提出。随后 Felix Gers 对其进行了进一步的改进和提升。与传统的 RNN 不同的是，LSTM 解决了训练过程中梯度消失和由时间反向传播引起的梯度爆炸问题，它能够学习到长期依赖关系。

采用 LSTM 结构的循环神经网络比标准的循环神经网络表现更好。与单一循环体结构不同，LSTM 是一种拥有三个"门"结构的特殊网络结构。在很多问题上，LSTM 都取得了相当巨大的成功，并得到了广泛的使用。LSTM 在 RNN 基础上，通过引入线性连接和门控制单元建立了长时间的时延机制，来解决 RNN 中的长期依赖问题，通过在记忆单元中保持一个持续误差来避免梯度消失或梯度爆炸问题的发生。记住长期的信息在实践中是 LSTM 的默认行为，是不需要付出很大代价才能获得的能力。因此，目前大多数循环神经网络都是通过 LSTM 结构实现的。

1. 长短期记忆网络内部结构

图 5.4-3 所示为 LSTM 模型解决 RNN 计算较远时刻节点之间联系出现梯度消失问题的主要思想过程。图 5.4-3 中的网络节点颜色表示第 1 时间步输入信息 x_1 对当前时刻节点的影响，小圈表示允许信息传递，短线表示截断信息传递。允许通过的信息会参与到后续的计算中，被截断的信息则不会。例如第 1 时间步输入信息 x_1 对第 5 和第 6 时间步的节点信息影响被传递下来。

LSTM 模型用一个存储器单元代替隐含层的常规神经元，该单元包括细胞状态以及一个门控机制，细胞状态可以在很长时间内保持其状态值。门控机制包括三个非线性门，即输入门、遗忘门和输出门。LSTM 内部结构如图 5.4-4 所示。

其中，h_{t-1}、C_{t-1} 分别是隐含层的记忆状态和 $t-1$ 时刻的输出，x_t 为当前时刻的输入，f_t、i_t、C_t、O_t、h_t 分别是 t 时刻遗忘门、输入门、记忆细胞、输出门以及隐含层的输出，a_t 是 t 时刻记忆细胞的更新状态，w 为各门控单元和细胞状态的权重和偏置矩阵，图中 σ 表示 sigmoid 激活函数。由图可知，在 t 时刻，一个 LSTM 隐含层单元的输入包括当前时

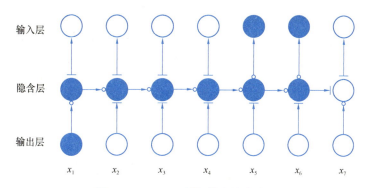

图 5.4-3　LSTM 缓解梯度消失过程

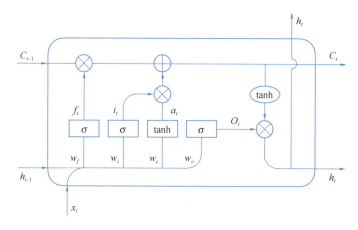

图 5.4-4　LSTM 隐含层单元内部结构

刻网络的输入值 x_t、上一时刻 LSTM 的输出值 h_{t-1} 和单元状态 C_{t-1}，输出包括当前时刻 LSTM 输出值 h_t 和当前时刻的单元状态 C_t。

在图 5.4-4 的 LSTM 内部结构中使用了两种激活函数，sigmoid 函数和 tanh 函数。在遗忘门、输入门和输出门使用 sigmoid 函数作为激活函数，控制信息的传递。sigmoid 的输出在 0 到 1 之间，符合门控的物理定义。在生成候选记忆时，使用 tanh 函数，其输出在 −1 到 1 之间，与大多数情况下的特征分布是 0 中心的吻合。求值时的激活函数，是对数据的处理，和其他神经网络中的激活函数选取方式一样。

2. 长短期记忆网络学习过程

LSTM 的学习过程分为两个部分，一部分是信号前向传播，另一部分是误差反向传播。学习过程在达到迭代次数设定的上限时或误差达到允许的范围时结束。

1）LSTM 的前向传播过程

单个 LSTM 隐含层单元的前向传播过程包括更新遗忘门、更新输入门、更新细胞的状态、更新输出门和更新隐含层输出五个部分。

（1）更新遗忘门。遗忘门决定从细胞状态中丢弃的信息。遗忘门将输入数据通过激活函数的非线性映射来判断细胞的上一个状态 C_{t-1} 的信息是否需要被保留，其计算如公式（5.4-5），计算过程如图 5.4-5 所示。遗忘门的输出 $f_{t-1} \in [0,1]$，0 表示将 C_{t-1} 的状态全部遗忘，

1 表示将 C_{t-1} 的状态全部记住。由于遗忘门的控制，单元能够保存很久之前的信息。

$$f_t = \sigma(w_f[h_{t-1}, x_t] + b_f) \tag{5.4-5}$$

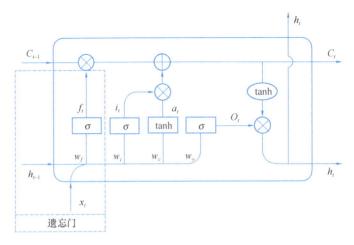

图 5.4-5　遗忘门计算过程

（2）更新输入门。输入门决定细胞状态的更新信息，包含两个部分，一部分使用激活函数 Sigmoid 来决定信息更新，输出 i_t；另一部分使用 tanh 激活函数来生成更新信息 a_t。输入门的计算公式为式（5.4-6），计算过程如图 5.4-6 所示。输入门能够避免不重要的内容进入后续计算。

$$i_t = \sigma(w_i[h_{t-1}, x_t] + b_i) \tag{5.4-6}$$

$$a_t = \tanh(w_c[h_{t-1}, x_t] + b_c) \tag{5.4-7}$$

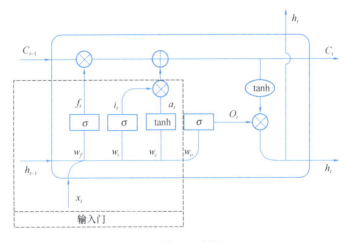

图 5.4-6　输入门计算过程

（3）更新细胞的状态。细胞状态负责对细胞状态进行更新，细胞状态 C_t 根据遗忘门和输入门输出来更新细胞状态。细胞状态的计算包括两部分：一部分是将旧状态 C_{t-1} 和遗忘门输出 f_t 相乘，丢弃需要丢弃的信息；另一部分是输入门的输出 i_t 与细胞更新状态 a_t，产生新的信息，两部分的结果相加就是新的细胞状态。细胞状态的计算公式为式（5.4-8），其中 $\odot$ 表示 Hadamard 积，计算过程如图 5.4-7 所示。

$$C_t = C_{t-1} \odot f_t + i_t \odot a_t \tag{5.4-8}$$

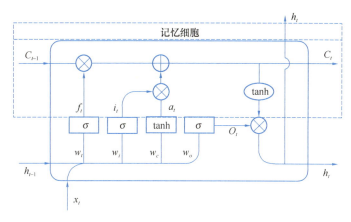

图 5.4-7　细胞状态计算过程

（4）更新输出门的输出。通过输出门得到一个细胞状态特征的判断条件，该判断条件决定神经元的输出值。将 h_{t-1} 和 x_t 通过激活函数的非线性映射得到输出门结果 O_t，输出门的计算过程如图 5.4-8 所示，计算公式为式（5.4-9）。

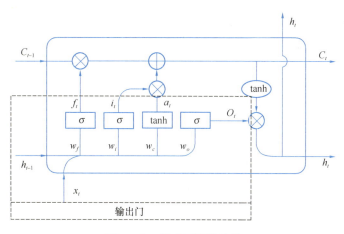

图 5.4-8　输出门计算过程

$$O_t = \sigma(w_o[h_{t-1}, x_t] + b_o) \tag{5.4-9}$$

（5）更新隐含层单元的输出。使用 tanh 激活函数激活细胞状态 C_t，将其映射到 $[-1，1]$，将其与输出门结果 O_t 相乘，就是隐含层的神经元的输出 h_t。隐含层单元输出的计算过程如图 5.4-9 所示，计算公式为式（5.4-10）。

$$h_t = O_t \odot \tanh(C_t) \tag{5.4-10}$$

2）LSTM 反向传播过程

与前馈神经网络类似，LSTM 网络的训练采用的是误差的反向传播算法（BP），不过由于 LSTM 处理的是序列数据，所以在使用 BP 的时候需要将整个时间序列上的误差传播回来，因此被称为 BPTT（Back-Propagation Through Time）。图 5.4-10 所示为 LSTM 反向传播过程。

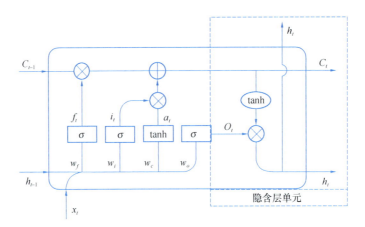

图 5.4-9　隐含层单元输出计算过程

由图 5.4-10 可知，h_{t-1} 的误差由 h_t 决定，C_{t-1} 的误差由 C_t 决定，而 C_t 的误差由两部分构成，一部分是 h_t，另一部分是 C_{t+1}。所以，在计算 C_t 反向传播误差的时候，需要 h_t 和 C_{t+1}，而 h_t 在更新的时候需要 h_{t+1}。

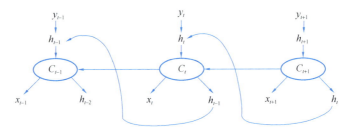

图 5.4-10　LSTM 反向传播过程

反向传播的目标是为了计算梯度，更新参数，所以要计算损失函数对 w 的偏导数。令 $\delta_t^{(h)} = \dfrac{\partial L}{\partial h_t}$、$\delta_t^{(C)} = \dfrac{\partial L}{\partial C_t}$，损失函数 $L(t)$ 包括两部分，一部分为 t 时刻的损失 $L(t)$，另一部分为 t 时刻之后的损失 $L(t+1)$，则有公式（5.4-11）：

$$L(t) = \begin{cases} L(t) + L(t+1), & t < \tau \\ L(t), & t = \tau \end{cases} \tag{5.4-11}$$

最后时刻 τ 的 $\delta_\tau^{(h)}$ 和 $\delta_\tau^{(C)}$ 为

$$\delta_\tau^{(h)} = \left(\frac{\partial O_\tau}{\partial h_\tau}\right)^T \frac{\partial L_\tau}{\partial O_\tau} = V^T(\hat{y}_\tau - y_\tau) \tag{5.4-12}$$

$$\delta_\tau^{(C)} = \left(\frac{\partial h_\tau}{\partial C_\tau}\right)^T \frac{\partial L_\tau}{\partial h_\tau} = \delta_\tau^{(h)} \odot O_\tau \odot \left[1 - \tanh^2(C_\tau)\right] \tag{5.4-13}$$

由 $\delta_{t+1}^{(h)}$ 和 $\delta_{t+1}^{(C)}$ 反向推导 $\delta_t^{(h)}$、$\delta_t^{(C)}$。$\delta_t^{(h)}$ 的梯度由 t 时刻的输出梯度误差和大于 t 时刻的误差两部分决定，即

$$\delta_t^{(h)} = \frac{\partial L}{\partial h_t} = \frac{\partial L_t}{\partial h_t} + \left(\frac{\partial h_{t+1}}{\partial h_t}\right)^T \frac{\partial L_{t+1}}{\partial h_{t+1}} = V^T(\hat{y}_t - y_t) + \left(\frac{\partial h_{t+1}}{\partial h_t}\right)^T \delta_{t+1}^{(h)} \tag{5.4-14}$$

$$\frac{\partial h_{t+1}}{\partial h_t} = \mathrm{diag}\big[O_{t+1}\odot(1-O_{t+1})\odot\tanh(C_{t+1})\big]w_o + \mathrm{diag}\big[\Delta C\odot f_{t+1}\odot(1-f_{t+1})\odot C_t\big]w_f$$
$$+ \mathrm{diag}\big[\Delta C\odot i_{t+1}\odot(1-a_{t+1}^2)\big]w_c + \mathrm{diag}\big[\Delta C\odot a_{t+1}\odot i_{t+1}\odot(1-i_{t+1})\big]w_i$$

$$(5.4\text{-}15)$$

其中

$$\Delta C = O_{t+1}\odot\big[1-\tanh^2(C_t)\big] \qquad (5.4\text{-}16)$$

而 $\delta_t^{(C)}$ 的反向梯度误差由前一层 $\delta_{t+1}^{(C)}$ 的梯度误差和本层的从 h_t 传回来的梯度误差两部分组成:

$$\delta_t^{(C)} = \Big(\frac{\partial C_{t+1}}{\partial C_t}\Big)^T \frac{\partial L}{\partial C_{t+1}} + \Big(\frac{\partial h_t}{\partial C_t}\Big)^T \frac{\partial L}{\partial h_t} \qquad (5.4\text{-}17)$$

代入公式 (5.4-8) 和公式 (5.4-15),则有

$$\delta_t^{(C)} = \delta_{t+1}^{(C)}\odot f_{t+1} + \delta_t^{(h)}\odot O_t\odot\big[1-\tanh^2(C_t)\big] \qquad (5.4\text{-}18)$$

根据推导所得的 $\delta_t^{(h)}$ 和 $\delta_t^{(C)}$ 可以计算出 $\dfrac{\partial L}{\partial w_f}$ 如下

$$\frac{\partial L}{\partial w_f} = \sum_{t=1}^{T}\big[\delta_t^{(C)}\odot C_{t-1}\odot f_t\odot(1-f_t)\big](h_{t-1})^T \qquad (5.4\text{-}19)$$

其余参数梯度同理。在求得目标函数每一个权值的梯度后,需利用优化算法更新权值,寻找最优权值,使目标函数的值达到最小,求解过程为

$$\theta^* = \arg\min_{\theta} L\big[f(x,\theta)\big] \qquad (5.4\text{-}20)$$

其中,θ^* 为 LSTM 的最优参数,θ 为 LSTM 的所有参数,$L(\cdot)$ 为目标函数值,$f(\cdot)$ 为网络输出值,x 为 LSTM 网络的输入。

5.4.5 循环神经网络特点

基于上述描述,循环神经网络的建模过程包括以下几个步骤:

(1) 数据预处理:首先需要对输入数据进行预处理,如去除噪声、标准化、向量化等,以提高模型的训练效果和泛化性能。

(2) 确定输入和输出:根据具体的应用场景,确定 RNN 的输入和输出,如文本分类任务中,输入可以是一个句子或一个文本段落,输出可以是一个分类标签。

(3) 序列长度处理:RNN 在处理序列数据时需要对序列长度进行处理,如截断、填充等,以保证输入数据的维度一致。

(4) 网络结构设计:根据具体的应用场景,设计合适的网络结构,如选择 LSTM 或 GRU 等不同的循环单元,设置隐含层的大小、层数等参数,以及选择合适的激活函数等。

(5) 模型训练:使用反向传播算法和梯度下降算法对模型进行训练,根据损失函数的变化来调整模型参数,以提高模型的性能和泛化能力。

(6) 模型评估:使用测试集对模型进行评估,选择合适的评估指标,如准确率、召回率、F1 值等来评估模型的性能和泛化能力。

(7) 超参数调优:RNN 中存在大量的超参数,如学习率、批次大小、正则化参数等,需要通过实验和交叉验证等方法来调优,以提高模型的性能和泛化能力。

（8）模型应用：将训练好的模型应用于实际场景中，如对新数据进行分类、回归、生成等任务。

根据上述有关循环神经网络和长短期记忆网络（及改进的循环神经网络）的介绍，可以总结出循环神经网络的主要特点如下：

（1）记忆性：循环神经网络能够存储和学习序列数据的历史信息，如文本、语音、时间序列等，具有循环连接和历史信息处理的特点，能够保留历史信息并利用历史信息来影响当前时刻的输出和隐藏状态。

（2）预测性能：循环神经网络在处理序列数据时通常具有很好的预测性能，能够学习到序列数据中的规律和特征，并用于分类、回归、生成等任务。

（3）参数共享：RNN 的隐含层节点之间的连接不仅包含输入到当前节点的信息，还包括从上一时间步或之前隐藏状态的信息，这种设计减少了参数的数量，从而提高了模型的训练效率。

（4）灵活性：由于其内部结构的特性，循环神经网络具有很高的灵活性，可以进行任何计算，这意味着 RNN 可以模拟任何可能的函数，可以根据不同的应用场景设计不同的网络结构和模型参数，如 LSTM、GRU 等。

综上所述，循环神经网络因其记忆性和参数共享的能力，以及作为通用人工智能的一部分，在处理与时间相关的复杂数据时表现出色。

思考与练习题

1. 循环神经网络与前馈神经网络相比有什么特点？
2. LSTM 是如何实现长短期记忆功能的？
3. 阐述循环神经网络的步骤和特点。
4. 简述循环神经网络的结构、基本思想和各层功能。
5. 分析比较长短期记忆网络（LSTM）与门限循环单元（GRU）网络的差别。
6. 当时序数据比较长时，循环神经网络（RNN）容易产生哪些长距离依赖问题？
7. 长短期记忆网络（LSTM）中的输入门有哪些作用？
8. 长短期记忆网络（LSTM）中的输出门有什么作用？
9. 长短期记忆网络（LSTM）设置遗忘门后，相比一般循环神经网络（RNN）具有哪些优点和缺点？
10. 通过举例分析循环神经网络在工程管理的哪些领域具有语音场景？

5.5 计算机视觉技术

在过去十年间，基于深度学习的计算机视觉技术快速发展，从模式感知逐渐转变为可以理解现实世界的智能计算系统，在各种基于视觉数据（图像或视频数据）的应用程序开发中起到了决定性作用。目前，计算机视觉技术也被广泛应用于工程管理领域，成为实现工程管理智能化的重要技术，也是实现智能建造的关键技术之一。

5.5.1　计算机视觉技术概述

1. 计算机视觉的涵义

视觉是人类最强大的感知方式之一，为人类提供有关周围环境的大量信息，使人类可以直接和周围的环境进行智能交互。计算机视觉技术旨在通过计算机模拟人类视觉。人类用视觉系统和大脑来观察和理解现实世界。其中，视觉系统主要由眼睛、外侧膝状体以及视皮层组成，通过这三部分实现对外界光线的感知和现实世界特征的推断，进而形成视觉的功能。计算机视觉，顾名思义，是指为计算机提供类似的视觉系统。更确切地说，计算机视觉是指利用计算机进行图像和视频的捕捉、分析和处理，使其具有接近人类视觉系统能力的科学。

计算机视觉技术可从现实世界中提取高层次的信息，产生特征和语义，并从视觉数据中提取可以与其他个体交互、产生影响、用于决策的信息，是一个利用几何学、物理学、统计学理论构建模型并从视觉数据中提炼符号信息的过程。基于计算机视觉技术的数字化工程项目监控系统，通过摄像机在不影响施工活动的前提下实时捕捉施工现场信息，将改善施工现场动态监控的时效性和准确度，是实现智能建造或智能化工程管理的重要一环。

2. 计算机视觉技术发展背景

计算机视觉技术发展至今已有 60 余年的历史。学界普遍认为，计算机视觉之父是Roberts。20 世纪 60 年代，Roberts 在麻省理工学院的博士论文首次讨论了通过计算机从数字图像中提取立方体、楔形体、棱柱体等多面体的三维几何信息的方法。这篇里程碑式的博士论文开启了计算机视觉研究的时代。其后，众多学者加入进来，建立了多种数据结构和推理规则，对数字三维场景进行了深入研究，包括边缘检测、线段拟合、角点特征提取、曲线和平面等几何要素分析等。

20 世纪 70 年代，Thomas Binford 在斯坦福大学成立了一个计算机视觉研究小组，并与其指导的许多博士生共同完成了该领域内基础且重要的工作，其中最为著名的是三维物体的通用圆柱体表征方法。70 年代中期，David Marr 提出了一种将计算分析和神经科学联系在一起的计算机视觉理论。该理论不同于以往计算机视觉相关分析方法，而是尝试使用算法来模拟人类的神经结构，在 20 世纪 80 年代成为计算机视觉领域十分重要的理论框架。

20 世纪 80 年代，计算机视觉相关研究进入了快速发展时期，并迎来了全球性研究热潮。这一期间出现了诸如主动视觉理论框架、视觉集成理论框架和物体识别理论框架，对二维视觉信息处理、三维图像建模研究都有了很大的提升。计算机视觉相关理论、意见和建议相继出现、蓬勃发展，对 David Marr 的理论框架作了改进和补充。

20 世纪 90 年代，计算机视觉理论和技术进一步发展，并逐渐被应用于军事、航空航天和工业制造等领域。在此期间，机器人视觉成为一个重要的研究方向，特别是在卡内基梅隆大学、普渡大学和斯坦福研究所等机构，其目标是让机器人识别、拾取、操作和检查各类零件。在一些危险的工作环境中，可以利用机器人视觉技术替代人类完成危险任务。在大规模工业制造场景中，借助机器人视觉技术替代人类工作可以显著提高生产线自动化程度和生产效率，避免安全隐患，节省生产成本。

进入 21 世纪，计算机视觉技术已被广泛应用于生产和生活的诸多领域，如工业探伤、自动焊接、智能建造、智能医疗、智能交通和智能家居等。2012 年，Geoffrey Hinton 和学生 Alex Krizhevsky 开发的 AlexNet 在 Image Net 图像识别竞赛中以精度的大幅领先获得冠军，使基于深度学习理论和卷积神经网络的计算机视觉技术开始得到学界的认可和社会的广泛关注。此后，各种基于深度学习理论的卷积神经网络结构层出不穷，在很多任务中已远远超过传统方法，在某些领域甚至超过了人类视觉系统，计算机视觉技术迎来了高速发展的智能化新时代。

3. 计算机视觉技术和深度学习的关系

近年来，得益于深度学习的推动，计算机视觉技术取得了快速发展，在各项视觉任务中都取得了巨大的进步。深度学习与计算机视觉技术的紧密结合并非一蹴而就，而是经历了漫长且坎坷的研究历程。要弄清楚为何当下绝大多数的计算机视觉技术都是基于深度学习开发的，就要了解计算机视觉的核心难点以及深度学习的发展历程。

计算机视觉被广泛认为是一个非常复杂且充满挑战性的研究领域，几乎没有任何一个研究问题得到了学界或业界普遍满意的通用性解决方案。出现这一现象的核心原因是，计算机视觉技术旨在通过计算机模拟人类视觉系统，而人类视觉系统十分强大，可以轻松完成多种实时任务，相比之下，即便计算机视觉技术取得了突飞猛进的发展，也很难得到人们的普遍满意。

具体而言，计算机视觉的第一个核心难点在于语义鸿沟。人类可以轻松且快速地从图像中识别出需要的关键信息，而计算机看到的图像只是一组由 0 到 255 之间的整数所构成的矩阵，要使计算机获得人类的视觉能力是十分困难的。这个现象不仅出现在计算机视觉领域，莫拉维克悖论发现，高级的推理只需要非常少的计算资源，而低级的对外界的感知却需要极大的计算资源。例如，要让计算机如成人般地下棋是相对容易的，但是要让计算机具备感知和行动能力却是相当困难的。计算机视觉的另一个核心难点是环境的复杂性和动态性。同样的物体或场景，在不同的拍摄视角、距离、构图、光照、遮挡程度之下，所呈现的图像矩阵可能截然不同。

为应对上述挑战，提高计算机视觉系统的性能，学者们将计算机视觉技术与机器学习相结合。机器学习允许计算机视觉系统从视频和图像数据中学习，即通过预先设计一些学习方法，使计算机视觉技术系统可以从现实观察（称为"训练数据"）自动执行学习，而不需要人类定义明确的逻辑和规则。常见的机器学习方法可以分为有监督学习（如决策森林、支持向量机、神经网络、贝叶斯分类器等）、无监督学习（如层次聚类、高斯混合模型、隐马尔科夫模型等）和介于二者之间的半监督学习。虽然这些机器学习方法已存在了很长时间，但是将复杂数学计算自动应用于大规模数据的深度学习是近几年才快速发展起来的。与数学或物理学靠一支笔和一张纸就能实现重大进展不同，深度学习这一领域中实验和理论分析是相辅相成的，甚至有时某种深度学习算法取得令人满意的实验结果后，人们才开始分析这种算法成功的理论基础和底层逻辑。只有当适合的数据和硬件可用于尝试新想法时，或可将旧想法的规模扩大时，才可能出现算法上的改进。可见，深度学习是一门工程科学。总的来说，三种技术力量在推动着基于深度学习的计算机视觉技术的进步：

（1）大数据。如果把深度学习模型比作发动机，那么大数据就是油料，即驱动深度学习模型运行的能源。没有大数据，一切皆不可能。数据量的大规模增加不仅得益于过去 20 多年里存储硬件的指数级增长，更得益于物联网的兴起和飞速发展。互联网使得收集与分发用于机器学习、深度学习的超大规模数据集变得可行。

（2）硬件。自 20 世纪 90 年代起，非定制 CPU 的运行速度提升了几千倍，虽然能运行小型深度学习模型，但对于计算机视觉所使用的深度学习模型而言，其计算能力仍然不足。通常，运行计算机视觉深度学习模型所需要的计算能力比笔记本电脑的计算能力高几个数量级，GPU 的发展满足了深度学习模型对高计算能力的需要。NVIDIA 和 AMD 等公司投资并开发了快速的大规模并行芯片（GPU），用于在屏幕上实时渲染复杂的 3D 场景，为越来越逼真的视频游戏提供图形显示支持。这些投资为深度学习模型的发展带来了巨大好处，因为深度学习模型的运行涉及许多矩阵乘法，是高度并行化的，十分适合在GPU 中进行运行计算。2007 年，NVIDIA 推出 CUDA（Compute Unified Device Architecture）运算平台，作为其 GPU 的编程接口，一些研究人员也开始基于 CUDA 编写深度学习算法，为随后深度学习模型的发展提供了硬件基础。随着深度学习模型的应用场景不断增加，深度学习行业已经开始投资研发专门的深度学习芯片，如 Google 的张量处理器（Tensor Processing Unit，TPU）就是为运行深度学习模型而生。相比 GPU，TPU 的运行速度和效率都是更高的。

（3）算法。除了大数据和硬件外，深度学习模型的算法改进，也是促使其成功的重要原因。通常，当神经网络层数较少时，其精度是小于其他机器学习方法的，如支持向量机和决策树，只有神经网络的层数在 10 层以上时，深度学习模型才开始大放异彩。然而，随着神经网络层数的增加，用于训练神经网络的反馈信号会逐渐消失，即出现梯度消失（Gradient Vanishing）问题，导致训练无法持续进行。这一问题随着几个里程碑算法的提出而得到了解决，如更好的神经层激活函数（Activation Function）、更好的权重初始化（Weight-Initialization）方案、更好的优化算法（Optimization Algorithm）、批标准化（Batch Normalization）、残差网络（Residual Networks，ResNet）等。如今，在这些简单且有效算法的加持下，人们可以从头开始训练上千层的深度学习模型。

5.5.2 计算机视觉技术学习功能

计算机视觉技术是一个紧密贴近应用的技术领域，作为人工智能的重要核心技术之一，已广泛应用于安防、金融、硬件、营销、驾驶、医疗、建筑等领域。在工程管理领域，计算机视觉的主要功能包括目标分类、目标检测、目标分割、目标跟踪和人体姿态检测。

1. 目标分类

目标分类指根据图像的语义信息对不同类别图像进行区分（图 5.5-1），是计算机视觉中非常重要的经典问题，也是目标检测、目标分割、目标跟踪、人体关键点检测等其他高层视觉任务的基础。目标分类在许多领域都有广泛的应用，如交通领域的交通场景识别、安防领域的人脸识别、医学领域的图像识别等。在工程管理领域，目标分类可被用于识别特定施工场景、识别误入危险区域的建筑工人等。

2. 目标检测

目标检测是在目标分类的基础上对目标进行定位（图 5.5-2）。目标检测性能的好坏直接影响后续更加高级的视觉任务的性能，如目标跟踪和动作识别等。需注意的是，现实世界中同一种类的物体具有多种尺寸和形态，同时也面临光照、遮挡、复杂背景等自然环

(a) 原图　　　　　　　　　　　　　　　(b) 目标分类结果

图 5.5-1　目标分类任务例图

(a) 原图　　　　　　　　　　　　　　　(b) 目标检测结果

图 5.5-2　目标检测任务例图

境因素的影响。因此，目标检测仍然是一项具有挑战性的研究课题。当前主要的挑战包括：如何提高目标物体定位的精度和速度；如何减小目标物体尺度、形变和遮挡对检测的影响；如何减少复杂背景对检测的干扰。在工程管理领域，目标检测可被用于检测施工场所的工人、材料和机械，为后续的职业健康安全、成本、质量、进度等管理工作提供数据基础。

3. 目标分割

与目标检测对图像中某个矩形区域进行分类不同，目标分割是将图像中的每个像素分为不同类别，实现从图像低层语义特征到高层语义信息的推理过程，最后得到不同区域的逐像素标注的分割图。目标分割又可细分为语义分割、实例分割和全景分割三种任务（图 5.5-3）。其中，语义分割指把一张图像的每一个像素进行分类，实例分割指按照目标对象进行分类，全景分割指对一张图像中的每一个像素进行分类的同时，又按照目标对象再对每一个像素进行分类。与目标检测相比，目标分割对目标物体的识别和定位更加精细，但分割效果也更易受到目标大小和图像质量的影响。在工程管理领域，目标分割可被用于检测和定位工人、材料和机械等对精度需求较高的任务。

4. 目标跟踪

目标跟踪是在视频序列中找到需要跟踪的目标，为下一步对视频的分析提供信息。如图 5.5-4 所示，ID（Identity）是指目标物体在当前视频帧的跟踪身份编号，准确有效的目标跟踪算法应力求使目标物体在整个视频中保持身份编号不变。目标跟踪并非一种孤立

(a) 原图

(b) 语义分割结果

(c) 实例分割结果

(d) 全景分割结果

图 5.5-3　目标分割任务例图

(a) 原图

类别：挖掘机
ID：1

(b) 目标跟踪结果

图 5.5-4　目标跟踪任务例图

的任务，而是常常与目标分类、目标检测和目标分割等众多计算机视觉任务结合在一起，实现场景理解和分析。在工程管理领域，目标跟踪可被用于实时追踪施工场所工人、材料和机械的运行轨迹，是实现成本、质量、进度监测与评估等任务的必要信息基础。

　　近年来，目标跟踪与深度学习的结合使目标跟踪技术获得了突破性的进展，但仍存在亟待解决的问题：①目标物体在图像中的尺寸变化、形状变化、目标丢失的情况会极大地

图 5.5-5　人体姿态检测任务例图

破坏目标跟踪的精度和稳定性。②背景中出现与目标物体相似的颜色、形状、纹理等干扰，两个相似物体距离较近，或目标物体被相似物体短暂遮挡时，目标跟踪算法所估计的结果很可能转移到背景中或周围相似的物体中。③目标跟踪常被用于视频分析和视觉导航等实时任务中，因此对算法的实时性有较强的需求。目标跟踪任务出现上述任何一个问题，整个跟踪过程就会被打断导致跟踪任务失败。当前，几乎所有主流目标跟踪算法都是针对特定任务设计的，并没有一种算法能有效应对上述全部问题，可见目标跟踪的研究前景广阔。

5. 人体姿态检测

人体姿态检测指对图像中的人物目标的身体姿态进行识别（图 5.5-5），在工程管理领域有广泛的应用，如建筑工人损伤性工作姿势识别、职业肌肉骨骼损伤程度评估、工作效率测算和评估、危险行为识别等。将人体姿态检测与目标跟踪相结合，可以综合识别建筑工人的行动轨迹和身体姿态，进而评估其行为模式，辅助实现科学、高效、预防性的职业健康安全管理。

5.5.3　图像数据采集、标记与预处理

要构建一个卷积神经网络实现图像分类任务，第一步要做的就是大规模收集图像数据并对数据进行标记，进而用标记好的数据训练、调试、评价其计算机视觉模型。随着深度学习的快速发展，越来越多的人认识到数据的价值，通过整理后的数据成为一种宝贵的资源，用于辅助决策。

1. 图像数据收集

计算机视觉技术中的数据采集是指从各种来源收集图像或视频数据以供后续分析和处理的过程。数据可以从监控摄像头、无人机、数码相机和网络上收集，也可以从已有数据集中提取。

计算机视觉技术中数据采集一般包括四个步骤：

（1）明确数据采集的目的和需求，包括需要采集的数据类型（图像、视频）、数量、质量要求等。

（2）根据需求选择合适的数据来源，可能包括摄像头、传感器、网络等。

（3）设计数据采集的方案和流程，包括数据采集的时间、地点、采集设备、采集方式以及需要控制的环境因素等。

（4）将采集后的数据存储到合适的数据库或文件系统中，并进行管理和维护，合理的数据管理可以提高数据的可访问性和可重复性。

2. 图像数据标识

数据采集虽然获取了原始数据，但通常这些数据并不包含足够的语义信息，无法直接用于训练和评估算法。这时，就需要通过数据标记这一过程，为原始数据提供额外信息，

使基于深度学习的计算机视觉模型能够从原始数据和额外信息中学习到有用的"知识"。在计算机视觉中，数据标记（或数据注释）指的是为图像或视频数据添加标签或注释，以描述图像中的内容、目标位置、类别、关键点、语义属性等信息。这些标签或注释可以是文本、数字、边界框、像素级别的标记等。数据标记的主要目的是使计算机能够理解和处理图像数据，从而实现各种视觉任务，例如目标检测、物体识别、图像分割等。被标记后的数据通常被划分为训练集、验证集和测试集。其中，训练集可用于计算机视觉模型的训练，验证集和测试集可用于评估算法的准确率、召回率、精确度等性能指标，以验证算法的有效性和泛化能力。通过上述关于数据标记概念和目的的描述，不难看出数据标记的准确性和质量对于后续计算机视觉任务的成功实现至关重要。数据标记的方法因任务类型、数据特点和标注需求而异，常见的数据标记方法有：

（1）边界框标注（Bounding Box Annotation）：用于目标检测任务，标记出图像中目标的位置和大小，通常使用矩形边界框来表示目标的位置。

（2）语义分割标注（Semantic Segmentation Annotation）：将图像中的每个像素分配到对应的语义类别中，形成像素级别的标记，用于实现精确的图像分割。

（3）实例分割标注（Instance Segmentation Annotation）：在语义分割的基础上，区分不同目标实例，为每个目标实例分配唯一的标识符，用于处理图像中存在重叠目标的情况。

（4）关键点标注（Keypoint Annotation）：标记图像中目标的关键点或关键部位，通常用于姿态估计、人体检测等任务。

（5）多标签分类（Multi-Label Classification）：为图像或视频中的目标分配多个类别标签，适用于存在多个目标或多个属性的情况。

（6）序列标注（Sequence Annotation）：用于视频等序列数据，标记出每一帧中目标的位置、类别等信息，以及目标在时间上的变化和轨迹。

（7）图像描述标注（Image Captioning Annotation）：为图像生成对应的自然语言描述，描述图像中的场景和内容，适用于图像理解和生成任务。

（8）半监督标注（Semi-Supervised Annotation）：结合自动算法和人工标注，利用自动算法生成初步标记，然后由人工对标记进行修正和调整，减少人工标注的工作量。

上述标注方法可以根据具体任务的需求进行组合和调整，以满足不同任务和数据的标注需求。在实际应用中，选择合适的标注方法需要考虑到任务类型、数据特点、标注成本和精度要求等因素。虽然数据标注方法是多种多样的，但不同数据标记方法的主要步骤是类似的，一般可以被归纳为以下五个步骤：

（1）确定标注任务，包括标注的类别、标注的级别（如边界框、像素级别）、标注的约束条件等。

（2）对原始数据进行数据清洗，确保被标记数据的质量和可用性。

（3）根据标记任务选择合适的标记工具或平台，如 LabelImg、LabelMe 等。

（4）根据任务要求使用标注工具对图像或视频数据进行标注，按照预先定义的标准进行操作，生成标记后的数据，并对标注结果进行质量控制，包括检查标注的准确性、一致性和完整性，发现并修正可能存在的错误或缺漏。

（5）将标注后的数据集整合到统一的数据存储系统中，确保数据的管理和维护，方便后续的使用、访问和更新。

3. 图像数据预处理

在图像数据采集和标记任务完成后，就可以直接开始计算机视觉模型的训练和测试了。但有时，为了提高模型训练的质量和效率，人们通常会对标记好的数据采取一些预处理，如图像尺寸调整、图像灰度化、图像归一化和图像数据增强。其中，图像尺寸调整的目的是将图像调整为统一的尺寸，以便于模型的训练和推理。缩小尺寸的图像还可以降低计算成本和内存占用。图像灰度化的目的是将彩色图像转换为灰度图像，以高效应对图像分类和边缘检测等特殊任务，同时可减少计算成本。图像归一化是将图像的像素值映射到固定范围内的过程，可以使得图像的像素值分布更加均匀，有利于模型的收敛和训练。图像增强是指通过一系列变换操作，增加数据集的多样性和数量。常见的增强操作包括旋转、翻转、裁剪、缩放、平移、色彩调整等。增强操作可以提高模型的泛化能力，防止过拟合。以上介绍的是计算机视觉中常见的数据预处理步骤，具体的预处理操作会根据任务的要求、数据的特点以及模型的需求而有所不同。合理的数据预处理可以提高模型的训练效率和准确性，从而提高计算机视觉系统的性能。下面，以施工车辆识别分类的计算机视觉任务为例更直观地阐述图像数据采集、标记和预处理的过程。这里，有关任务是对自卸卡车和混凝土搅拌车进行识别分类，因而需要大规模采集这两种施工车辆的图像和视频数据，即需要在施工现场拍摄一定数量的自卸卡车和混凝土搅拌车照片，并确保每张图片中只有一种施工车辆。把所有搜集好的图像统一转化为相同尺寸（如图像长×宽＝128×128），然后按类别存放在两个文件夹下，就完成了一个简单的施工车辆识别分类数据库的制作。然后，将数据库按一定比例（如5∶1∶4）划分为训练集、验证集和测试集。训练集用于模型的训练，验证集用于调式模型参数，测试集用于对训练、调试好的模型进行评测。当受制于环境和资源等因素的限制而难以收集到足够多的图片样本时，可以采用数据增强的方法，人为生成"新数据"。常见的图像数据增强方法有图像旋转、图像翻转、图像缩放等，如图5.5-6所示。

5.5.4　计算机视觉技术实施

基于前节介绍的理论和方法，和本节有关计算机视觉技术介绍，将以施工车辆识别分类为例，详细介绍如何构建一个基础的、基于卷积神经网络的目标分类模型。对图像或视频中的施工车辆进行识别分类，包括不同种类车辆的位置、进场时间、进场批次以及所运载材料的识别、定位和跟踪，从而辅助实施施工现场管理，即数字智能化工程管理的基础。

下面将介绍如何从零开始，构建一个可用于施工车辆识别分类的卷积神经网络模型。需注意的是，卷积神经网络的构建方式和程序并非一成不变，而应根据工程需要不断调试以得出当前最优结果。对模型结构、组件、函数等进行合理调整或创新，有时能带来意想不到的模型优化效果。

1. 卷积神经网络的构建

为快速帮助读者上手卷积神经网络的构建和应用，将构建一个结构简单的卷积神经网络。虽然结构简单，但其处理高维非线性数据（如彩色图像）的功能依然十分强大。所构建的模型包含以下几个部分：两个卷积层，两个最大池化层，两个全连接层和一个输出层。

(a) 原始图片　　　　　　　　　　　　　　　　(b) 图像旋转

(c) 图像翻转　　　　　　　　　　　　　　　　(d) 图像缩放

图 5.5-6　图像数据增强方法示意

如图 5.3-1 所示(这里不再重复给出)，该卷积神经网络输入端为 128×128 的 RGB 图像，采用六个 $5 \times 5 \times 3$ 的卷积核，对输入图像进行卷积操作，步幅为 1，无填充，则可以得到第一个卷积层中的六个特征图。每个特征图的尺寸为 $124 \times 124 (128-5+1=124)$。对第一个卷积层中的每个特征图进行 2×2 的最大池化操作，可以得到第一个池化层中的六个特征图。每个特征图的尺寸为 $62 \times 62 (124/2=62)$。

然后，采用 $96(16 \times 6)$ 个 5×5 的卷积核对第一个池化层中的每个特征图进行卷积操作，步幅为 1，无填充，则可以得到第二个卷积层中的特征图。每个特征图的尺寸为 $58 \times 58 (62-5+1=58)$。对第二个卷积层中的每个特征图进行 2×2 的最大池化操作，可以得到第二个池化层中的特征图。每个特征图的尺寸为 $29 \times 29 (58/2=29)$。

接着，对第二个池化层的所有特征图进行扁平化操作，转化为 $1 \times 13456 (16 \times 29 \times 29 =13456)$ 的一维矩阵，进而通过两个全连接层与输出层连接。两个全连接层神经元个数分别设置为 120 和 84。

最后，将第二个全连接层的 1×84 矩阵通过矩阵运算转化为 1×2 的输出层，采用交叉熵损失函数对预测标签和真实标签的差异进行量化，输出层第一个神经元输出值为一张图像是自卸卡车的概率，第二个神经元输出值为一张图像是混凝土搅拌车的概率。概率最大的施工车辆类别，即为模型的最终输出结果。

2. 卷积神经网络的训练和测试

对搭建好的卷积神经网络进行训练和调参，是确定模型参数的重要步骤。用制作好的数据库中的训练集，对模型进行10轮（Epochs）训练，训练过程中采用梯度下降方法对交叉熵损失函数进行优化，同时采用验证集不断监测模型的训练效果，调节模型的超参数（Hyper-Parameter）。超参数的调节是一项工程类问题，即计算机视觉模型超参数的选择很大程度上取决于数据特性、训练方式和模型结构。因此，在构建并应用卷积神经网络解决工程管理问题时，模型调参经验和对数据的了解程度，对提升模型精度也是尤为重要的。数据测试集中的所有图像都是模型在训练过程中没有"见过"的，因此，可以通过模型在测试集中的表现，较为客观地评价模型的训练效果。如果训练效果令人满意，便完成了卷积神经网络的全部构建过程。

在完成以上步骤后，便得到了训练好的卷积神经网络。所谓训练好的网络，即网络中所有参数、超参数都是确定的。一般来说，可将所有参数保存在一个文件中，每次使用模型时，加载并输入参数即可。刚刚训练好的卷积神经网络可以实现图像目标分类功能，即区分包含自卸卡车或混凝土搅拌车的图像，如第5.5.2节第1条所述。图像目标分类问题虽然看似简单，却是目标检测、目标分割、目标跟踪等一系列复杂计算机视觉任务的重要基础。

5.5.5 计算机视觉技术应用

计算机视觉技术被广泛应用于工程管理的各个领域，如职业健康安全风险监测、施工进度监测等。基于计算机视觉技术的监测系统更加准确高效，且可以节省人工成本，可以在不影响施工现场工作人员正常工作的情况下采集并分析数据，适用于户外建筑施工现场的复杂环境。本节介绍计算机视觉技术在工程管理领域的两个典型应用案例。

微视频5-1 计算机视觉技术动画解析

1. 施工人体工效学风险监测

1）案例描述

建筑施工作业有关弯腰、下蹲、抬举等损伤性工作姿势多次重复，极易引发工人肌肉、骨骼、肌腱、韧带、关节或脊椎损伤，在导致职业肌肉骨骼损伤风险的同时，也会带来工人疲劳积累和工作效率下降。按照人体工效学理论，可以通过减少工人损伤性工作姿势的频率管控肌肉骨骼损伤风险，所以称此风险为人体工效学风险。在我国建筑工人老龄化背景下，更应重视对人体工效学风险的防控。在这个案例中，将使用一个深度学习模型（卷积神经网络）对损伤性工作姿势进行分类，进而实现基于计算机视觉技术的施工人体工效学风险监测。

2）实践步骤

（1）损伤性工作姿势定义

构建基于计算机视觉技术的损伤性工作姿势监测方法，首先要定义所要识别的损伤性工作姿势的种类。对损伤性工作姿势的定义要考虑不同姿势的人体工效学涵义，因此，本案例采用人体工效学风险评估标准中的姿势分类方法，对损伤性工作姿势进行定义。鉴于OWAS（Ovako Working Posture Analyzing System）对人体工效学风险评估的有效性已在不同行业的许多工作环境中得到验证，本案例采用 OWAS 评估标准对建筑施工环境下的损伤性工作姿势进行量化定义。OWAS 根据工作姿势的频率定义其人体工效学风险程度，如果某种损伤性工作姿势的频率大于 OWAS 定义的风险阈值，则需要对工人采取相应措施，如工作培训、休息或轮换工作等。本案例基于 OWAS 中定义的损伤性工作姿势包括弯腰、下蹲、双臂抬举和单臂抬举。如果某位工人在施工中，维持损伤性工作姿态的时间超过 OWAS 定义的时间阈值，则应采取相应的人体工效学风险防护措施，如设置合理休息时间、规范建筑工人工作姿势、合理设置换班制度等。

（2）数据准备、标记和预处理

下一步是基于上述损伤性工作姿势定义构建建筑工人损伤性工作姿势图像数据集。图像数据的来源可以是网络图片，也可以是施工现场图片。所采集的图片应包含不同种类的损伤性工作姿势。接着，将所有图片尺寸转换为长和宽均为 128mm 的正方形，以便后续输入卷积神经网络进行训练和评估。然后，需要对所采集的图片进行标记，如图 5.5-7 所示。最后，对标记好的图像数据集进行数据增强处理，以提高模型的泛化能力，防止过拟合。数据增强相关参数设置如下：图像随机旋转角最大值 30°，图像随机水平平移比例最大值 0.3，图像随机垂直平移比例最大值 0.3，图像随机水平翻转。

图 5.5-7　损伤性工作姿势标记图例

（3）模型建立

基于本章 5.5.4 的内容构建一个深度卷积神经网络，如图 5.5-8 所示。所构建的模型采用 $5 \times 5 \times 3$ 的卷积核，对输入图像进行卷积操作，步幅为 1，无填充。同时，对每一个卷积层中的每个特征图进行 2×2 的最大池化操作。在完成两次卷积操作和池化操作后，网络以两个全连接层收尾。最后一层输出层对应弯腰、下蹲、双臂抬举和单臂抬举四种姿势。

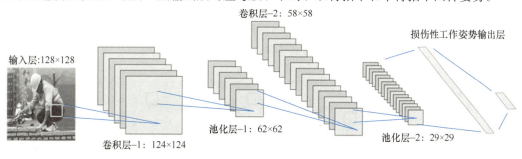

图 5.5-8　损伤性工作姿势分别卷积神经网络模型架构

（4）模型训练、评估和应用

利用准备好的损伤性工作姿势图像数据集，使用训练集对所建立的深度卷积神经网络进行训练。调整模型的超参数，如学习速率、训练轮次、批量大小等，以获取最佳的训练效果。训练完成后，使用测试集对训练好的模型进行评估，计算模型在测试集上的准确率、精确度等指标。最后，利用训练好的模型对新的工人施工作业图像进行分类预测，观察模型的分类结果，并与实际标签进行比较，如图 5.5-9 所示。通过训练和评估后的模型，可以得到一个在数据集上表现良好的损伤性工作姿势分类模型。该模型能够以高精度识别图像中建筑工人的工作姿态是否为损伤性工作姿势，为自动化人体工效学风险监测任务提供了有效的计算机视觉解决方案。

图 5.5-9 损伤性工作姿势识别结果示例

2. 装配式建筑材料进场延误干扰监测

1）案例描述

装配式建筑项目涉及的预制构件种类多、体积和重量大，运输和吊装等多阶段协同性高，与传统建造方式相比更易受进度干扰影响，造成进度推迟和成本超支等损失。建筑材料（如混凝土或预制构件）进场延误干扰，由交通阻塞、车辆故障、材料供应商发货延迟等原因造成，导致项目无法按照进度计划如期进行。这里介绍一种基于计算机视觉技术的装配式建筑材料进场延误干扰数字化监测方法，对进入施工现场的建筑材料运载车辆进行实时跟踪，记录其进场时间、所运载的材料和进场批次等信息，进而评估建筑材料进场延误干扰是否发生。如果干扰程度超过一定容许范围，则需要及时对干扰进行管控。这里主要关注对混凝土和预制构件进场延误干扰的监测。混凝土和预制构件通常由混凝土搅拌卡车和预制构件运载卡车送达施工现场，因此，监测进场的混凝土搅拌卡车和预制构件运载卡车可近似等同于对混凝土和预制构件的进场监测。

2）实践步骤

（1）数据准备、标记和预处理

本案例中，所采集的图片应包含混凝土车和预制构件运载卡车。接着，将所有图片尺寸转换为长和宽均为 160 的正方形，以便后续输入卷积神经网络进行训练和评估。然后，需要对所采集的图片进行标记，如图 5.5-10 所示。最后，对标记好的图像数据集进行数据增强处理，以提高模型的泛化能力，防止过拟合。数据增强相关参数设置如下：图像随机旋转角最大值 20°，图像随机水平平移比例最大值 0.2，图像随机垂直平移比例最大值

0.2，图像随机水平翻转。

(a) 标记：预制构件运载卡车　　　　　　　　(b) 标记：混凝土车

图 5.5-10　装配式建筑材料运载车辆标记图例

（2）装配式建筑材料进场时间监测

　　为实时监测进场的建筑材料（混凝土和预制构件）运载车辆，本案例构建了一个深度卷积神经网络，如图 5.5-11 所示。所构建的模型采用 $5\times5\times3$ 的卷积核，对输入图像进行卷积操作，步幅为 1，无填充。同时，对每一个卷积层中的每个特征图进行 2×2 的最大池化操作。在完成两次卷积操作和池化操作后，网络以四个全连接层收尾。最后一层输出层对应混凝土车和预制构件运载车两种装配式建筑材料运载车辆。

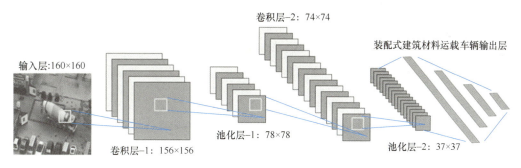

图 5.5-11　装配式建筑材料运载车辆识别模型

　　利用准备好的装配式材料运载车辆图像数据集，使用训练集对所建立的深度卷积神经网络进行训练。调整模型的超参数，如学习速率、训练轮次、批量大小等，以获取最佳的训练效果。训练完成后，使用测试集对训练好的模型进行评估，计算模型在测试集上的准确率、精确度等指标。通过训练和评估后的模型，可以得到一个混凝土车和预制构件运载车辆的分类模型。为了利用所构建和训练的模型实时监测装配式建筑材料进场时间，需要将监控摄像机安装在施工现场入口，并使其拍摄画面覆盖整个入口。当摄像机画面中出现有关车辆时，模型可以实时识别车辆的种类和进场时间，如图 5.5-12 所示。如果装载某一批次施工材料的车辆的实际到场时间晚于计划到场时间，则说明出现了装配式建筑材料进场时间延误干扰。如果延误时长超过材料所在工序的总时差或自由时差，则说明出现的干扰超过了进度计划的允许范围，应该及时采取相应的进度干扰管控措施。

图 5.5-12　装配式建筑材料运载车辆进场监测结果示例

思考与练习题

1. 近年来基于深度学习的计算机视觉技术之所以能飞快进步，得益于哪三种技术的快速发展？

2. 目标分类和目标检测任务的主要区别是什么？

3. 实例分割和语义分割任务的主要区别是什么？

4. 计算机视觉中数据采集包括哪些步骤？

5. 列举至少三种常见的数据标记方法。

6. 在计算机视觉模型训练和测试过程中，图像数据增强是必要的步骤吗？为什么？

7. 一个尺寸为 60×60 的特征图经过 2×2 最大池化操作后，尺寸变为多少？

8. 简述超参数的涵义和特点。

【本章小结】

深度学习是机器学习的一个分支，在很多人工智能问题上突破了传统机器学习方法的瓶颈。卷积神经网络和循环神经网络属于深度学习的两种模型，也是本章主要介绍的内容。卷积神经网络属于前面介绍的前馈神经网络之一，它对于图像的处理有着独特的效果。不同于卷积神经网络，循环神经网络更擅长于对语言文本的处理。文本的分析处理，更看重时序上的输入与上下文的联系。基于卷积神经网络的计算机视觉技术，在各种基于视觉数据的学习应用中起到了决定性作用，本章给予了专门介绍，包括有关卷积神经网络构造、视频数据处理、实施和有关工程管理的应用。

本章参考文献

［1］ 伊恩·古德费洛，约书亚·本吉奥，亚伦·库维尔. 深度学习［M］. 赵申剑，黎彧君，符天凡，李凯，译. 北京：人民邮电出版社，2021.

［2］ 高随祥，文新，马艳军，等. 深度学习导论与应用实践［M］. 北京：清华大学出版社，2019.

［3］ JANIESCH C，ZSCHECH P，HEINRICH K. Machine learning and deep learning［J］. Electronic Markets，2021，31(3)：685-695.

［4］　HINTON G E，SALAKHUTDINOV R R. Reducing the dimensionality of data with neural networks ［J］. Science，2006，313(5786)：504-507.

［5］　BUDUMA N，BUDUMA N，PAPA J. Fundamentals of deep learning［M］．［S. l.］：O′Reilly Media，2022.

［6］　GOODFELLOW I，BENGIO Y，COURVILLE A. Deep learning［M］．［S. l.］：MIT Press，2016.

［7］　AGHDAM H H，HERAVI E J. Guide to convolutional neural networks［M］．［S. l］：Springer，2017.

［8］　PINAYA W H L，VIEIRA S，GARCIA-DIAS R，et al. Convolutional neural networks［M］//Machine learning.［S. l.］：Academic Press，2020.

［9］　LI Z，LIU F，YANG W，et al. A survey of convolutional neural networks：analysis，applications，and prospects［J］. IEEE transactions on neural networks and learning systems，2021，33(12)：6999-7019.

［10］　FANG W，DING L，LOVE P E，et al. Computer vision applications in construction safety assurance［J］. Automation in construction，2020，110.

［11］　PARK J，YI D，JI S. Analysis of recurrent neural network and predictions［J］. Symmetry，2020，12(4)：615.

［12］　SHERSTINSKY A. Fundamentals of recurrent neural network (RNN) and long short-term memory (LSTM) network［J］. Physica D：nonlinear phenomena，2020，404：1-28.

［13］　DONAHUE J，HENDRICKS L A，GUADARRAMA S，et al. Long-term recurrent convolutional networks for visual recognition and description［C］. Proceedings of the IEEE Conference on Computer Vision and Pattern Recognition，2014：2625-2634.

［14］　LU L，ZHANG X，CHO K，et al. A study of the recurrent neural network encoder-decoder for large vocabulary speech recognition［C］. International Speech Communication Association，2015：3249-3253.

［15］　张宏，帅冰 . 基于自然语言处理的 FIDIC 银皮书责任追溯混合模型［J］. 系统工程，2024：1-12.

［16］　BISHOP C M. Pattern recognition and machine learning［M］．［S. l.］：Springer，2006.

［17］　KHAN S，RAHMANI H，SHAH S A A，et al. A guide to convolutional neural networks for computer vision［M］．［S. l.］：Springer，2018.

［18］　RAWAT W，WANG Z. Deep convolutional neural networks for image classification：a comprehensive review［J］. Neural computation，2017，29(9)：2352-2449.

［19］　SRINIVAS S，SARVADEVABHATLA R K，MOPURI K R，et al. A taxonomy of deep convolutional neural nets for computer vision［J］. Frontiers in robotics and AI，2016，2：36.

［20］　MATTILA M，VILKKI M. The occupational ergonomics handbook：section of OWAS methods ［M］．［S. l.］：CRC Press，2006.

［21］　ZHANG H，YAN X Z，LI H. Ergonomic posture recognition using 3D view-invariant features from single ordinary camera［J］. Automation in construction，2018(94)：1-10.

［22］　YAN X，ZHANG H. Computer vision-based disruption management for prefabricated building construction schedule［J］. Journal of computing in civil engineering，2021，35(6).

三维模型重构

知识图谱

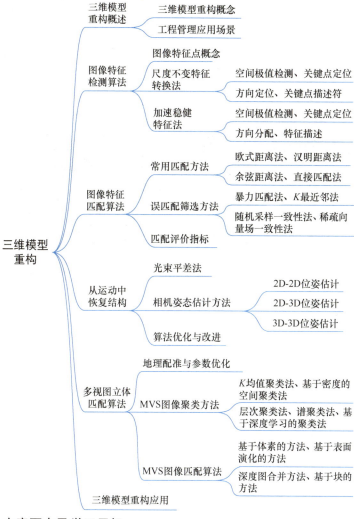

三维模型重构
- 三维模型重构概述
  - 三维模型重构概念
  - 工程管理应用场景
- 图像特征检测算法
  - 图像特征点概念
  - 尺度不变特征转换法
    - 空间极值检测、关键点定位
    - 方向定位、关键点描述符
  - 加速稳健特征法
    - 空间极值检测、关键点定位
    - 方向分配、特征描述
- 图像特征匹配算法
  - 常用匹配方法
    - 欧式距离法、汉明距离法
    - 余弦距离法、直接匹配法
  - 误匹配筛选方法
    - 暴力匹配法、K最近邻法
    - 随机采样一致性法、稀疏向量场一致性法
  - 匹配评价指标
- 从运动中恢复结构
  - 光束平差法
  - 相机姿态估计方法
    - 2D-2D位姿估计
    - 2D-3D位姿估计
    - 3D-3D位姿估计
  - 算法优化与改进
- 多视图立体匹配算法
  - 地理配准与参数优化
  - MVS图像聚类方法
    - K均值聚类法、基于密度的空间聚类法
    - 层次聚类法、谱聚类法、基于深度学习的聚类法
  - MVS图像匹配算法
    - 基于体素的方法、基于表面演化的方法
    - 深度图合并方法、基于块的方法
- 三维模型重构应用

本章要点及学习目标

　　本章介绍了建筑三维模型重构的关键技术和算法。知识点涵盖图像特征检测算法、图像特征匹配技术、从运动中恢复结构和多视图立体匹配算法以及三维重建实操方法。通过本章的学习，让读者理解图像特征检测与匹配算法的原理，掌握从运动中恢复结构和多视图立体匹配算法的概念和实现流程，能够应用工具完成建筑三维模型重建工作，并延伸思考模型在工程管理中的应用点。

6.1　三维模型重构概述

6.1.1　三维模型重构概念

激光扫描和摄影测量，包括基于无人机的图像采集，是工程建设目前经常用到的现代化测量方法，所获得的现场数据是工程管理或工程设计中的重要基础信息。三维点云是通过激光扫描或摄影测量等技术手段获取到的大量点云数据，代表了物体或场景的三维形状和结构。图 6.1-1（a）和图 6.1-1（b）分别是点云模型的远观和近景显示。读者可以发现，从可视化的角度来说，三维点云在足够密集的时候能够表现出不错的效果。本章将重点介绍基于图像的三维点云重建方法：运动恢复结构算法（Structure from Motion）。

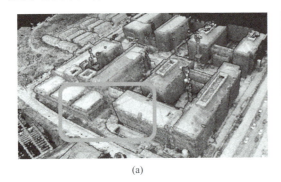
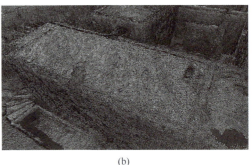

(a)　　　　　　　　　　　　　　　(b)

图 6.1-1　点云模型的远观（左图）和近景（右图）显示

在建设工程领域，从运动中恢复结构（Structure from Motion，SfM）不只是一项单一的技术，而是一种集合了多种算法的工作流程。这里的算法包括三维计算机视觉、传统摄影测量，甚至更为传统的测量技术。"SfM"实际上只是这个工作流程中的一步，这一名称也是计算机视觉类论文中一种相对学术的表达。由于在 SfM 算法后通常都需要进一步使用多视图立体视觉（Multi-View Stereo，MVS）算法丰富点云，加强可视化效果，这一工作流程有一个更为人熟知的完整名称是"SfM-MVS"。本节将介绍该工作流程中的主要步骤，包括：①检测图像特征点或关键点；②找出不同图像上这些关键点之间的对应关系，图像关键点匹配；③使用"SfM"对三维场景的几何形状、相机姿态和相机的内部参数进行估算；④对生成的场景的几何形状进行缩放和地理配准，以及应用 MVS 算法。

过去，在建筑工程领域也曾将传统摄影测量应用于工程测量和城市规划实践中。然而，那些技术在应用中需要相当严格地控制涉及的因素。例如，需要使用近乎平行的立体图像和严格要求的 60% 的重叠率。无论是通过直接获取还是从控制点重新计算来估计相机姿态，都必须准确测量每张图像拍摄时的相机 3D 位置和姿态。因为所有图片都将用于空间位置计算，缺乏冗余，导致相机校准至关重要。这些限制使得传统摄影测量过程非常耗时，且学习曲线陡峭。此后则出现了更为灵活的摄影测量方法，例如软拷贝摄影测量（Softcopy-Photogrammetry），在中国也被称为全数字测量（All Digital Photogrammetry）。这种方法能够在广泛的空间尺度上推导出高质量的地形数据成果。

由于传统摄影测量领域不断的发展，人们总是会下意识认为 SfM 只是摄影测量新发展的一环。然而，这并不完全正确。SfM 结合了摄影测量原理与 3D 计算机视觉算法，这些算法起源于完全不同的领域。随着 20 世纪 90 年代末数字摄影的普及和图像可用性的增长，SfM 算法在应用上的优点越来越显而易见。

6.1.2 现有方法的优缺点

激光扫描和摄影测量是两种常用的数据采集方法，它们各自具有一些优点和缺点，具体如下。

1. 激光扫描的优点

（1）高精度：激光扫描使用激光束进行测量，具有很高的测量精度，可以获取到非常准确的点云数据。

（2）全方位覆盖：激光扫描仪可以 360°全方位扫描周围环境，获取到建筑物或场景的完整几何信息。

（3）独立于光照条件：激光扫描不受光照条件的限制，可以在任何光照环境下进行扫描，不会对数据质量产生较大影响。

（4）自动化程度高：激光扫描设备可以自动进行扫描，不需要太多人工干预，提高了工作效率。

2. 激光扫描的缺点

（1）设备昂贵：激光扫描设备价格较高，对于一些预算有限的项目可能会增加成本。

（2）扫描速度较慢：激光扫描需要逐点扫描，扫描速度相对较慢，特别是大型场景或建筑物的扫描会耗费较多时间。

（3）难以扫描透明物体：激光扫描对于透明物体的扫描效果不佳，往往无法获得准确的点云数据。

3. 摄影测量的优点

（1）低成本：摄影测量使用相机进行测量，相比激光扫描设备，相机价格更低，成本较低。

（2）快速高效：摄影测量可以通过拍摄一系列照片来获取点云数据，拍摄速度相对较快，适用于大规模场景的测量。

（3）适用性广：摄影测量可以用于测量各种类型的物体，包括建筑物、地形等，具有较高的适用性。

4. 摄影测量的缺点

（1）对光照条件敏感：摄影测量受光照条件的影响较大，光照不均匀或强烈阴影可能会影响数据的准确性。

（2）精度受限：相比激光扫描，摄影测量的测量精度相对较低，尤其是对于远距离或细节丰富的物体。

（3）对纹理要求高：摄影测量需要物体表面具有一定的纹理和特征，否则可能无法获取到准确的点云数据。

6.1.3 工程管理应用场景

1. 项目前期现场勘测

工程项目前期决策或准备阶段，需要对工程现场进行勘探测量工作，从而预测有关风险。传统的测量方法需要人工测量和绘制，费时费力且容易出错。而利用三维点云重建技术，可以快速、准确地获取地形与已有建筑的几何信息，包括尺寸、形状、平面布置等，为后续的设计和规划提供可靠的数据基础。

2. 施工质量控制和进度管理

在建筑施工过程中，通过对施工现场进行三维点云重建，可以及时检查施工质量，发现和解决问题，避免施工过程中的错误和瑕疵。同时，可以利用三维点云重建技术监控施工进度，及时发现施工延误和进度偏差，有针对性地调整施工计划，确保项目按时完成。

3. 建筑物的变形监测和结构分析

在基础设施或建筑物的使用过程中，由于各种原因，如地震、荷载变化等，可能会出现变形和结构问题。通过定期对基础设施或建筑物进行三维点云重建，可以实时监测其变形情况，为分析决策提供实时数据，从而及时地对基础设施或建筑物采取相应的维修和加固措施，确保其安全性和稳定性。

本章接下来将通过对 SfM-MVS 方法的描述，概括介绍从一组图像中重建 3D 场景几何结构的典型工作流程。现在有许多基于 SfM 的方法可以解决这类问题；且每个基于 SfM-MVS 算法的特定软件的实现路径都可能会略有不同。鉴于这种多样性，并考虑到许多商业 SfM-MVS 软件包并未详细描述具体的操作过程，在此不作详细介绍。感兴趣的读者可以参考很多开源的软件与库（如 https：//opensfm. org/），并动手实践。

6.2 图像特征检测算法

6.2.1 图像特征点概念

图像特征检测的主要工作包括特征点识别和匹配，其作用就像是在不同的照片中找到相同的东西。比如，有一组照片，每张照片都是从不同角度拍摄的（图 6.2-1），但是其中可能有一些物体（比如设备、建筑物、人脸等）在多张照片中都出现过。特征点识别的任务就是在这些照片中找到一些独特的点，比如突出的角落、明显的边缘等。这些独特的点在不同的照片中都有出现，就好像是它们在不同的照片中留下了印记。而特征点匹配的

图 6.2-1　同一物体不同角度和比例

任务就是把在不同照片中找到的相同的独特点连接起来。这样，就知道哪些点在不同的照片中其实是同一个东西。通过特征点的识别和匹配，算法可以推断出相机是如何移动的，以及物体在空间中的位置。就像是通过找到相同的拼图块，可以还原出完整的拼图一样。在过去的几十年里，数字图像处理和计算机视觉领域都在特征识别方面有进展。这里的根本问题是如何以最佳方式提取出对局部点的描述，以便于正确地识别这些点之间的对应关系（通常是从此类点的大型数据集中识别），同时又不受方向、比例、光照或三维位置变化的影响。本节将主要介绍一种常用的图像特征识别算法——尺度不变特征转换方法（Scale-Invariant Feature Transform，SIFT）。

6.2.2 尺度不变特征转换法

图像特征检测工作的第一个关键步骤是要在许多不同的照片上识别出共同点。只有依靠这些关键"点"，才能将不同的图像匹配起来，然后重建出场景的几何结构。目前已经有一些技术来识别关键特征，例如基于匹配图像统计数据识别、"角点"特征识别、基于梯度的边缘检测、使用梯度平滑外积的特征值识别等技术。

以基于梯度的边缘检测为例，其目的是在图像中找到物体边界的过程，如图 6.2-2 所示。该方法利用图像中像素值的变化率（梯度）来识别边缘。想象在一片树林里，要想找到树和天空的交界处，可以观察到树木的颜色和形状与天空的颜色和形状之间的变化。这种变化就好比图像中的梯度，它说明一个区域是树还是天空的边界。在计算机图像中，可以通过计算每个像素周围的颜色变化来找到边缘。如果颜色变化很大，那么这个地方可能是一个边缘。下面的黑白照片的边缘便是如此检测出来的。

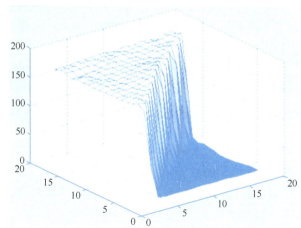

图 6.2-2　边缘检测示意图

这些技术的局限在于其识别关键点的尺度过于单一。例如检测一栋建筑时，只考虑窗户的特征，而不考虑其他尺度的特征。同时，这些技术仅适用于从相似视点拍摄的图像场景，难以识别在广泛而不同的视角下拍摄到的图像之间的特征。假设有两张照片，一张是从正面拍摄的一座建筑，另一张是从侧面拍摄的同一座建筑。这两张照片的角度和位置不同，但希望能够识别出这两张照片中的建筑是同一个。这时，需要通过识别和匹配这两张照片中的共同特征点（比如窗户、门、屋顶等），从而确定它们是同一个建筑物。通常将能够实现该功能的技术称为宽基线匹配技术。宽基线匹配需要具有尺度和方向不变性以及仿射不变性的特征点集合（即像素集合）。这些特征点必须能够适应由于两幅图像之间的视角变化而导致的目标特征中的几何失真。

（1）尺度不变性指的是无论物体在图像中有多大或多小，都能够识别出它。比如，一张照片中的人物，无论是远处拍摄的还是近处拍摄的，都能够认出他们。

（2）方向不变性是指无论物体在图像中的朝向如何，都能够识别出它。比如，一张照片中的箭头，无论是向左、向右还是向上，都能够识别出箭头的方向。

（3）仿射不变性是指无论物体在图像中发生了平移、旋转、缩放等变换，都能够识别出它。比如，一张照片中的房屋，无论是正对着拍摄的还是稍微倾斜一些的，都能够认出它。

目前使用十分广泛的方法是尺度不变特征变换（Scale-Invariant Feature Transform，SIFT）目标识别系统。SIFT 允许特征的相对位置发生显著变化，而描述表达仅发生很小的变化。比如说，建筑物在两次拍摄之间发生了一些变化，但 SIFT 算法依旧能够找到相同的特征点，且 SIFT 为此生成的描述符仍然能提供稳定的信息来进行比较和分析。此外，SIFT 对于非平面表面的三维视角变化具有很强的鲁棒性。例如，如果使用 SIFT 来分析建筑物的外观特征，当摄像机的角度稍微变化时，SIFT 仍然能够可靠地识别相同的建筑物特征点，而不受视角变化的影响。这对于建筑物的监测和识别在不同视角下的应用非常有用。

通俗来说，SIFT 的本质就是在不同的尺度空间上查找特征点（或称关键点），并计算出特征点的方向，以便后续的特征点匹配。SIFT 找到的特征点是一些十分突出的点，不会因光照、角度变化而受到影响，如角点、边缘点、暗区的亮点或亮区的暗点等。SIFT 依次有四个主要步骤：空间极值检测、关键点定位、方向分配和特征描述。

1. 空间极值检测

空间极值检测这一步涉及对位置和尺度的有效识别，这些位置和尺度可以从不同的视点重复分配给同一对象。如果使用学术的描述，可以这样说：使用空间尺度方法，通过在连续的尺度函数中搜索稳定的特征，来检测不会受尺度变化影响的位置；单色强度图像在不同尺度上与高斯函数递增地进行卷积，并减去连续高斯图像之间的差异；然后通过将每个样本点与其当前图像中的八个相邻点以及上下尺度中的九个相邻点进行比较来检测局部极值。

通俗地说，SIFT 的这一步需要使用一种方法来寻找在不同尺度下都能保持稳定的特征点，这些特征点不会因为图像的缩放等尺度变化而影响它们的位置。当处理一张黑白图像时，一般会使用不同尺度的模糊效果，就像在图像上放置不同大小的模糊镜片，然后逐渐减小模糊效果的强度。接着，会将相邻两个不同强度的模糊图像相减，以突出图像中的细节和变化。就好像一个视力很差的人戴着眼镜在观察一幅图画，先从度数最低的眼镜开始戴起，逐渐更换到略微清晰的眼镜，最后戴上一个更为清晰的眼镜；每次换眼镜，都会看到一些之前看不到的细节；最后，可以将每次眼镜切换后所看到的画面进行比较，以找出绘画的具体特点和变化，如图 6.2-3 所示。

有关知识点：一般常用高斯模糊来将图像钝化，它通过对图像中的像素进行加权平均来减少图像中的噪点或细节，从而使图像变得更加平滑，如图 6.2-4 所示。高斯模糊的公

图 6.2-3　钝化处理图像示例

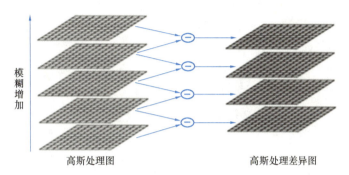

图 6.2-4　高斯模糊处理示意

式如式（6.2-1）所示。

$$G(x,y) = \left(\frac{1}{2\pi\,\sigma^2}\right) \cdot e^{-\left(\frac{x^2+y^2}{2\sigma^2}\right)} \tag{6.2-1}$$

其中，$G(x,y)$ 是模糊后的像素值，σ 是高斯函数的标准差。

希望找到图像中的局部极值点，也就是在一小块区域内是最高或最低的点。为此，需要拿每个图像中的点与其周围八个点（上、下、左、右以及四个角落的点）进行比较，同时还要考虑到图像在不同尺度上的相邻点。为了知道图像中哪个点的值最大，不仅要将点与其四周、四角的点进行对比，还要将图像组中其他图的点（不同尺度）进行比较。如图 6.2-5 所示，中间 x 位置的值需要跟所有圆圈位置的值来对比。

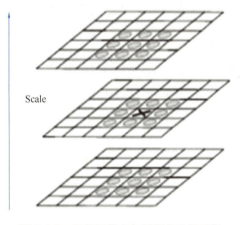

2. 关键点定位

关键点定位是 SIFT 算法中的一个重要步骤，它的目的是精确定位在尺度空间中检测到

图 6.2-5　局部极值点与周围点比较示例

的极值点，以及确定关键点的位置和尺度。SIFT 为每个候选关键点与附近像素数据的位置、比例和主曲率比率进行一个详细的三维二次函数拟合。这里的位置指的是关键点在图像中的精确位置，也就是在像素坐标系中的坐标值；在关键点定位中，SIFT 算法通过拟合二次函数来精确定位关键点的位置。这里的比例指的是关键点的尺度大小，也就是关键点周围区域的尺度；SIFT 算法在不同的尺度空间中检测关键点，并通过比例参数来确定关键点的尺度。这里的主曲率比率是描述关键点周围像素变化的一个重要指标，它可以帮

助确定关键点的稳定性和可靠性，通过计算关键点周围像素的主曲率比率，SIFT 算法可以评估关键点的特征，并确定是否是一个稳定的关键点。

针对一幅图像（图 6.2-6a），通常以上过程会识别大量关键点（图 6.2-6b），然后再从中去掉一些点，例如对比度较低的点（在图 6.2-6c）中删除，位置就像沿着一条边缘一样不确定或模糊的特征点（通过主曲率比率来反映，主曲率比率越高，意味着特征点的位置不够确定；在图 6.2-6d 中删除）。

(a)   (b)

(c)   (d)

图 6.2-6 SIFT 中选择关键点的几个阶段

图 6.2-6 的说明如下：①233 像素×189 像素的初始图像。②位于差高斯函数的最大值和最小值处的 832 个初始关键点。使用向量的方式来展现关键点的尺度、方向和位置。③在使用最小对比度作为阈值进行过滤后，剩余的 729 个关键点。④再使用主曲率比率进行过滤后留下的 536 个关键点（Lowe，2004）。

前面的描述可以总结为以下三步：

（1）尺度空间极值点检测：在不同的尺度空间对图像进行高斯模糊，然后通过寻找极值点来检测图像中的关键点。

（2）确定关键点位置和尺度：通过插值和拟合的方法，精确定位极值点的位置和尺度，找到关键点的准确位置。

（3）去除低对比度的关键点：剔除低对比度的关键点，只保留高对比度的关键点，以提高关键点的质量。

图像中识别的关键点密度取决于图像的纹理、清晰度和分辨率。复杂的场景效果最好，而相对缺乏特征的表面最具挑战性。图像的纹理越丰富、清晰度越高、分辨率越大，意味着图像中包含了更多的细节和特征，这样的图像通常会有更多的关键点。

3. 方向分配

前述讲到，需要保证三个不变性：尺度不变性、方向不变性和仿射不变性。当别出大量特征点，并且这些特征点满足尺度不变性要求之后，便需要利用方向分配来确保识别出的特征点满足方向不变性的要求。根据有关方向不变性的定义，这一步工作需要为每个特征点分配一个主方向。方向分配后，通常会在关键点周围的邻域内计算梯度方向，然后将这些梯度方向进行旋转，使其相对于主方向进行归一化。该方法满足了旋转不变性，这样后续再进行特征点匹配时，就不用担心图像旋转造成的影响。

该方法的具体做法，通过最接近关键点尺度的高斯平滑图像（即模糊图像）来分析局部强度梯度的主导方向，找出关键点周围最显著的方向，再为每个关键点分配一致的方向。在确定关键点的方向之前，还需要将关键点周围的像素分成若干个方向区间。如图 6.2-7 所示的一张图像中的关键点，其周围的像素分成若干个方向区间，如图 6.2-8 所示。

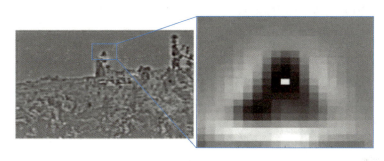

图 6.2-7　关键点示例

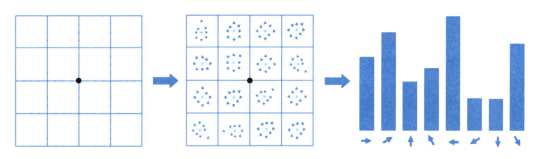

图 6.2-8　方向区间划分与确定主方向

接下来，将关键点周围的梯度信息分配到一个方向直方图中。通常针对每个区间，根据梯度方向将每个像素的梯度大小投影到对应的方向区间中，便能够形成一个直方图。在建立好梯度直方图后，需要找出直方图中的主方向。通常采用一定的算法（如寻找直方图峰值或者插值法）来确定直方图中的主要峰值，即表示关键点主要梯度方向的方向。比如，要采用寻找直方图峰值的方法，上图中的主方向便是"左方向"——从左数第五根柱子是最长的，而其对应的主方向是"左方向"。

4. 关键点描述符

到这一步，尺度不变和旋转不变都已经满足，接下来需要为每个关键点生成一个足够独特，但尽可能不受三维视点或光照变化影响的描述符（又称描述子）。顾名思义，一个特征点的描述符便是这个特征点的数学表示，当未来需要匹配不同图像中的点时，便可以通过比较、计算它们的描述符来完成。

SIFT 的方法是重点考虑强度梯度的敏感性，而不考虑这些梯度的位置；也就是说只关注值变化的强度，但不关心这些变化出现在什么位置。它会在每个关键点周围采样梯度的大小和方向，并根据关键点的方向来旋转这些采样值，如图 6.2-9 所示（Lowe，2004）。接着，对图像中的梯度进行加权处理，以防止远离描述符中心的大梯度对最终特征描述的具体内容产生过大的影响。最终会将梯度汇总到 4×4 的样本区域内。也正因为描述符只关注了特征点周围如 4×4 大小的一个相对小范围的信息，使得描述符对特征点位置的微小变化不太敏感。因此，描述符最终是一个包含八个方向区间的 4×4 直方图数组，每个关键点生成一个包含 128 个元素的特征向量。这个 128 维的向量便是这个关键点的数学表示。为了避免光照效应[①]，需要将这个向量归一化为单位长度，从而修正对比度的变化。另外，为了避免大梯度幅度对匹配产生影响，单位特征向量中的值被设定了一个阈值，因此也更加关注向量的方向。

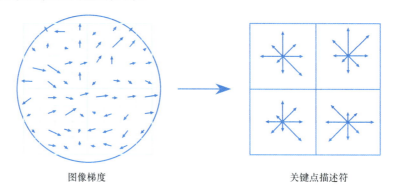

图像梯度　　　　　　　　　　　　　　关键点描述符

图 6.2-9　关键点描述符示例

以上是 SIFT 的四个阶段。需要注意到，SIFT 并不完全具备仿射不变性，而这对于匹配在大视角变化下的平面时反而是一种优势。如果想要对 SIFT 进一步了解，可参有关参考文献（Lowe，2004）。SIFT 的代码则可以从 http：//www. cs. ubc. ca/~lowe/keypoints/ 获取。

6.2.3　加速稳健特征法（SURF）

注意到前述 SIFT 算法在空间极值检测、关键点定位时计算复杂，导致其效率较低。为提高算法的运行效率，有学者提出了加速稳健特征算法（Speeded Up Robust Features，SURF），该算法在保障较好的尺度不变性、方向不变性和仿射不变性的同时，进行了改

---

① 光照效应是指光线与物体相互作用时产生的视觉效果和现象。它涉及光线的照射、反射、折射、散射等多种光学过程，以及这些过程对物体表面和形状的影响。光照效应可以影响观察物体时所感知到的颜色、亮度、阴影、反射等方面的变化。

进和优化，将运行速度提高了 3 倍以上，可看作加速版的 SIFT。与 SIFT 算法的步骤相同，SURF 算法同样有四个主要步骤：空间极值检测、关键点定位、方向分配和特征描述。

1. 空间极值检测

空间极值检测这一步使用空间尺度方法，通过在连续的尺度函数中搜索稳定的特征，来检测不会受尺度变化影响的位置；单色强度图像先进行高斯模糊，再构造 Hessian 矩阵，求对应的二阶导数初步取得局部极值点。通俗地说，在 SURF 的这一步，也是要使用一种方法来寻找在不同尺度下都能保持稳定的特征点。当处理一张黑白图像时，先进行高斯模糊后构造 Hessian 矩阵，这两种操作对离散的像素点可以合并为采用 Haar 模板[①]，如图 6.2-10所示（Viola 和 Jones，2001），模板会简化为几个矩形区域，然后进行不同区域图像的加减运算即可。使用不同尺寸的 Haar 模板来处理图像，模板的模糊

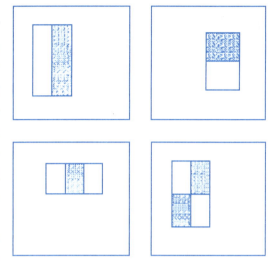

图 6.2-10　Haar 模板：从灰色矩形中的像素总和中减去位于白色矩形内的像素和

系数逐渐增大，得到不同强度的模糊图像，后续过程与 SIFT 相同。

有关知识点：一般常用 Hessian 矩阵（Hessian Matrix）生成图像稳定的边缘点，构建 Hessian 矩阵的过程类似对图像进行高斯模糊的过程。对一个图像 $f(x，y)$，其 Hessian 矩阵的计算公式为

$$H\big[f(x,y)\big] = \begin{bmatrix} \dfrac{\partial^2 f}{\partial x^2} & \dfrac{\partial^2 f}{\partial x\,\partial y} \\ \dfrac{\partial^2 f}{\partial x\,\partial y} & \dfrac{\partial^2 f}{\partial y^2} \end{bmatrix} \tag{6.2-2}$$

Hessian 矩阵的行列式值为

$$det H = \frac{\partial^2 f}{\partial x^2}\frac{\partial^2 f}{\partial y^2} - \frac{\partial^2 f}{\partial x\,\partial y}^2 \tag{6.2-3}$$

SIFT 算法使用高斯差分金字塔来检测图像中的极值点，改变的是图像的大小，如图 6.2-11（a）所示（Bay，et al.，2008）。SURF 算法使用 Haar 模板进行简化，如图 6.2-11（b）所示，该算法将卷积平滑操作改为图像的加减运算，实现更快速的尺度空间极值检测，该算法的图像大小不变，Haar 模板的大小改变。

2. 关键点定位

关键点定位与 SIFT 类似，首先将每个样本点与其当前图像中的八个相邻点以及上下尺度中的九个相邻点进行比较来检测局部极值，初步定位关键点。然后去掉错误定位、不

---

① Haar 模板是将边缘、线性、中心等特征组合成为 Haar 特征模板，模板内有黑色和白色两种矩形，模板的特征值即为不同矩形对应的白色矩形像素与黑色矩形像素的差。

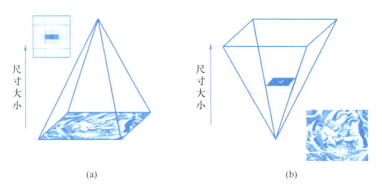

(a)　　　　　　　　　　　　　(b)

图 6.2-11　SIFT 和 SURF 算法

稳定的关键点。

需要找到图像中的局部极值点，即在一小块区域内是最高或最低的点，方法与 SIFT 相同，要将每个图像中的点与其周围八个点（上、下、左、右以及四个角落的点）、不同尺度上的相邻点（上下尺度）进行比较。

在这个过程中会识别很多关键点，可以采用三维线性插值法去掉一些点。在 $3 \times 3 \times 3$ 的相邻空间中，对前一步中得到的 Hessian 矩阵行列式的最大值进行插值处理，得到一些亚像素级的关键点，筛选去掉错误定位和不稳定的关键点，这样可以得到更稳定的关键点。

SURF 算法能进行快速 Hessian 矩阵的计算，对比于 SIFT 算法使用高斯差分图像来定位关键点，效率更高。

3. 方向分配

前述有关 SIFT 的方向分配是为了确保识别出的特征点满足方向不变性要求，SURF 这步也需要基于方向分配来达到这个要求。首先需要确定一个关键点，然后以该关键点为中心，在一定半径区域内来计算图像的 Haar 小波特征。具体来说，需要在关键点确定的圆形区域内，计算以关键点为中心、60°的扇形面积内的所有水平和垂直方向的 Haar 小波特征的和，然后用一定的角度旋转这个扇形，采用同样的方法计算旋转后扇形内的 Haar 小波特征总和，最后将所有扇形的 Haar 小波特征和进行比较，最大的 Haar 小波特征值对应的扇形方向为该关键点的主方向。如果另外一个扇形的 Haar 小波特征值超过最高峰值的 80% ，则在该扇形上创建该关键点的辅方向，如图 6.2-12 所示（Bay，et al.，2008）。

与 SIFT 算法使用梯度直方图来确定关键点的主方向不同，SURF 算法使用 Haar 小波特征能实现更快速的方向分配。

4. 特征描述

上一步确定关键点主方向是采用的圆形区域，这一步特征描述采用的是 4×4 的矩形区域块。SIFT 也是采用的 4×4 的矩形区域

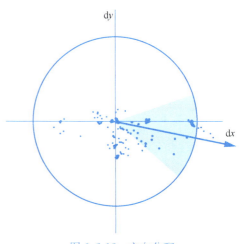

图 6.2-12　方向分配

块，但是两种方法划分矩形区域的方式不同，SURF 需要根据关键点的主方向确定。然后计算每个矩形区域内与主方向平行和垂直方向的 Haar 小波特征，包括水平方向值、水平方向绝对值、垂直方向值、垂直方向绝对值四个方向值，如图 6.2-13 所示（Bay, et al.，2008），因此描述符是 64 维的特征向量。与 SIFT 算法要有光照不变性相同，SURF 算法也需要保障光照不变性，但不需要进行其他处理，因为该算法使用 Haar 小波本身已经保障了光照不变性。在噪声干扰的图像中，SURF 算法描述特征向量的鲁棒性更好，因为其是一个区域的梯度信息的和，而 SIFT 算法仅使用单个像素来计算。

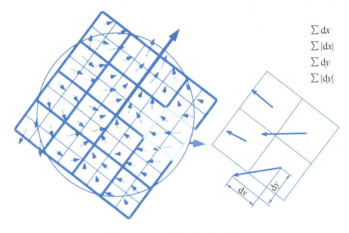

图 6.2-13　描述符计算示意

以上就是 SURF 算法的四个步骤，总的来说，SURF 算法在保持 SIFT 算法稳定性和准确性的基础上，通过对关键步骤进行优化和加速，实现了更快速的特征检测和描述，运行效率、亮度变化的图像特征检测都比 SIFT 算法好，使其在实际应用中具有更高的效率和性能。但是其在尺度不变性和方向不变性上都弱于 SIFT 算法。

6.2.4　其他方法

注意到前述有关 SIFT 和 SURF 算法，其计算很复杂，在实时图像特征检测中应用会面临不少问题。因此有学者提出了其他图像特征检测算法，以期能够用于实时检测中，并提高算法的性能，下面将简单介绍一些常见的方法。

1. ORB（Oriented FAST and Rotated BRIEF）

ORB 结合了 FAST（Features from Accelerated Segment Test）角点检测和 BRIEF（Binary Robust Independent Elementary Features）特征描述符，具有快速、鲁棒和旋转不变性的特点。

有关知识点：FAST 角点检测能快速检测角点特征，FAST 角点是指图像中的一个像素点，其与周围领域内足够多的像素点处于不同区域。该算法是给定一个阈值，然后对兴趣点所在圆周上的 16 个像素点进行判断，若这个含有 16 个像素点的圆上有 n 个连续的像素点的像素值都大于中心像素点像素值与给定阈值的和，或都小于中心像素点像素值与给定阈值的差，则该中心像素点为一个角点，见图 6.2-14。FAST 角点检测计算复杂度小，检测效果好。但是没有多尺度的特征和方向信息，这样就不能保障尺度不变性和方向不变性。

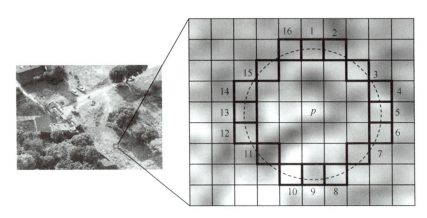

图 6.2-14　FAST 角点检测示意图

使用 BRIEF 平滑图像后，在关键点周围选择一个区域，在这个区域中随机挑选不同点对，随机方法包括均匀分布、高斯分布等（图 6.2-15）。注意点对选定后不能再改变（BRIEF 没有尺度不变性和方向不变性，且易受噪声影响）。下一步，比较点对两点像素值的大小，进行如下赋值后生成二进制描述符：

$$\tau(p;x,y):=\begin{cases}1, & \text{if}\, p(x)<p(y)\\0, & \text{otherwise}\end{cases} \tag{6.2-4}$$

图 6.2-15　点对选取方法示例图

ORB 则对 FAST 角点检测和 BRIEF 特征描述符进行了改进，使其满足尺度不变性和方向不变性。具体步骤分为两部分：第一步，ORB 对待处理图像进行不同尺度的高斯模糊，得到高斯金字塔，然后对每层金字塔作 FAST 角点检测，将不同比例图像得到的关键点作为 FAST 角点检测的结果。读者应该还记得 SIFT 算法中用高斯金字塔得到尺度不变性，这样的改进能弥补 FAST 角点检测没有尺度不变性的缺陷。第二步是采用 BRIEF，建立坐标系时以关键点为圆心，基于每个点的像素值找到该区域的形心，关键点的主方向即为关键点圆心指向形心，确定了关键点的主方向，使结果具有方向不变性。

上述介绍表明，ORB 算法比 SIFT 和 SURF 算法都简单很多，其运行效率高，适用于实时图像特征检测，但是对方向变化较多的物体可能检测有误差。

2. BRISK（Binary Robust Invariant Scalable Keypoints）

BRISK 也是在 SIFT 算法基础上改进的，优化了方向不变性、鲁棒性、运算速度等方面，降低了计算成本，更适用于实时图像检测任务中。其步骤也是包括空间极值检测、关键点定位、方向分配和特征描述。

首先是空间极值检测，采用与 ORB 算法类似的做法，构造高斯金字塔进行高斯模糊，采用 FAST 角点检测从每组金字塔图像中找到角点。再对得到的大量角点与其当前图像中的八个相邻点以及上下尺度中的九个相邻点进行比较来检测局部极值。

这一步得到的极值点较粗糙，第二步需要通过亚像素差值进行关键点定位。先对局部极值点的 FAST 分值进行二次函数插值，得到较精确的（x,y）坐标位置。再对尺度进行一维差值，得到极值点对应的尺度，这样就获得了较精确的位置和尺度。

第三步是方向分配，这是 BRISK 相比其他算法很重要的一个变化。使用采样关键点邻域的模式，也就是以关键点为圆心，构建不同半径的同心圆，在圆上均匀采样得到大量采样点，如图 6.2-16 所示（Leutenegger, et al.，2011）。为避免同心圆间重叠造成的影响，需要对同心圆上的采样点进行高斯模糊操作。将处理后的采样点两两进行组合，结合采样点对的梯度计算关键点的主方向。

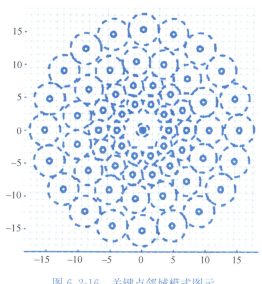

图 6.2-16　关键点邻域模式图示

最后是特征描述。将关键点的采样区域旋转到主方向后重新采样，采用类似 BRISK 描述符的做法，进行二进制编码，得到方向和尺度归一化的特征描述符。

3. FREAK（Fast Retina Keypoint）

FREAK 是在人眼识别物体的启发下提出的，也具有尺度不变性、方向不变性和较好的鲁棒性，同时计算快速，与 ORB 和 BRISK 一样，都是一种二进制的特征描述算子。

FREAK 的空间极值检测与 BRISK 算法相同，这里介绍不同的关键点定位。注意到，ORB 是随机采样，BRISK 是均匀采样，而 FREAK 采样是基于人眼视觉识别物体进行的（图 6.2-17）。都用 BRISK 中相同的做法来避免采样区域重叠的影响，但高斯模糊的半径是不同的。该采样方法得到很多采样点，不利于精确定位关键点，需要进行筛选；具体操作为建立一个关键点对应的所有采样点的矩阵，计算均值后重新排列，选取前几列即可较精确地描述关键点。

图 6.2-17 类似于视网膜神经节细胞分布的 FREAK 采样模式及其相应感受野的图示。

每个圆圈代表一个感受野，图像在该感受野中用相应的高斯核进行平滑处理（Alahi, et al., 2012）。然后是方向分配，与 BRISK 算法相同，都是基于采样点计算梯度得到关键点主方向，使其具有方向不变性，FREAK 选取的采样点特征为距离长的、对称的，最后得到特征点的二进制描述符。

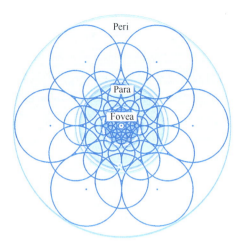

图 6.2-17　基于人眼视觉识别物体的
FREAK 采样

4. KAZE

KAZE 是 EECV 2012 年新提出来的特征点检测和描述算法，是一种比 SIFT 更稳定的特征检测算法，该算法是在图像域中进行非线性扩散处理的过程，相比 SIFT 和 SURF 采用线性尺度空间进行特征检测，KAZE 采用的非线性尺度空间保证了图像边缘在尺度变化中信息损失量非常少，从而极大地保持了图像细节信息。

KAZE 算法的步骤也包括空间极值检测、关键点定位、方向分配和特征描述。

KAZE 算法的改进之处主要体现在第一步空间极值检测，是通过非线性扩散滤波和加性算子分裂（Additive Operator Splitting，AOS）算法来构造非线性尺度空间。构造过程与 SIFT 类似，采用与原图像相同的分辨率进行采样，获得不同层级的尺度空间，该尺度参数是非线性扩散滤波的时间参数。然后对图像进行高斯模糊，结合 AOS 算法构建了非线性尺度空间。之后也是将样本点与其当前图像中的八个相邻点以及上下尺度中的九个相邻点进行比较来检测局部极值。

有关知识点：非线性扩散滤波方法是将图像亮度在不同尺度上的变化视为某种形式的流动函数的散度，可以通过非线性偏微分方程来描述：

$$\frac{\partial L}{\partial t} = div[c(x, y, t) \nabla L] \tag{6.2-5}$$

其中，$c(x, y, t) = g[\nabla L_\sigma(x, y, t)]$ 是传导函数，∇L_σ 是高斯模糊处理的图像梯度。

非线性扩散滤波中的偏微分方程没有解析解，因此，需要使用 AOS 数值方法来逼近微分方程，将上述偏微分方程离散化，得到方程的解为

$$L^{i+1} = \left[I - \tau \sum_{l=1}^{m} A_l(L^i) \right]^{-1} \tag{6.2-6}$$

其中，A_l 为图像在 l 维度的传导性矩阵，τ 为时间步长。

关键点定位与 SIFT 算法相同，是通过拟合二次函数来精确定位关键点的位置。方向分配与 SURF 算法相同，使用 Haar 小波特征。特征描述是基于尺度参数以关键点为中心取一个窗口，将其划分为 4×4 个子区域，用高斯核对每个子区域进行加权，得到子区域的描述向量。再通过另一个 4×4 的窗口对计算得到的子区域的描述向量进行加权，再归一化处理，得到 64 维的描述向量。

KAZE 算法在图像模糊、噪声干扰的图像中，检测的鲁棒性较好，且能更好地处理

边界模糊和细节丢失的问题。但是其尺度不变性比 SIFT 弱，运行时间与 SIFT 相近。

5. AKAZE（Accelerated-KAZE）

KAZE 由于需要构建非线性空间导致其运算速度很慢，AKAZE 是在 KAZE 基础上进行改进的，以期提高计算速度和准确性，对 KAZE 算法改进包括两方面：第一是引入快速显示扩散数学框架来快速求解偏微分方程。第二是引入一个高效的改进局部差分二进制描述符（M-LDB），较原始 LDB 增加了旋转与尺度不变的鲁棒性。其步骤也包括空间极值检测、关键点定位、方向分配和特征描述。

空间极值检测的不同体现在非线性尺度空间的构建，采用和 KAZE 相同的做法构建图像金字塔后，AKAZE 利用快速显示扩散（Fast Explicit Diffusion，FED）来构建非线性尺度空间，过滤金字塔每一层的图像，该方法具有 KAZE 使用 AOS 方法的稳定性，且计算量较小，易于实施。

知识点：快速显示扩散（FED）执行 M 次循环，每次循环有 n 步扩散，每一步的步长是变化的，初始步长起源于盒式滤波的因式分解：

$$\tau_j = \frac{T_{\max}}{2\cos^2\left[\pi\left(\dfrac{2j+1}{4n+2}\right)\right]} \tag{6.2-7}$$

其中，盒式滤波可以很好地近似高斯核，加快速度，易于实施。

在关键点定位阶段，AKAZE 算法采用与 SIFT 算法类似的提取关键点方式，即在同一金字塔层内的不同尺度的一组图像中寻找关键点。具体是先对过滤图像每层进行归一化处理，添加 Scharr 滤波器[①]，再通过判断是否大于给定阈值并是否为所取领域内的极大值来求极值点，这种做法比 SIFT 和 SURF 在 27 个像素的范围内寻找极值点，能及早去掉非极大值。最后通过拟合二次方程进行关键点亚像素级别的精确定位。注意到，KAZE 的方向分配操作与 AKAZE 的操作相同。

在检测到精确关键点后，AKAZE 采用 M-LDB 描述符来描述关键点的周围区域。M-LDB（Modified Local Difference Binary）描述符是基于 LDB 特征描述算法并针对图像的旋转和缩放进行改进的，LDB 与 BRIEF 的基本原则相同，但是鲁棒性更好，M-LDB 具有方向不变性和尺度不变性，能更好地描述图像的特征，且对内存要求低。

AKAZE 算法得到的描述符具有方向不变性、尺度不变性、光照不变性等，而且其鲁棒性、特征独特性和特征精度相比起 ORB、SIFT 算法提取出的特征要更好。与 SIFT、SURF 算法相比，AKAZE 算法更快。

思考与练习题

1. 试说明空间尺度的意义以及哪些方面类似于分辨率？
2. 试解释设定特征向量阈值的具体作用和有关原因。
3. 试简要介绍 SIFT 算法的特点，并说明该算法的工作步骤。

[①] Scharr 滤波器可以有效地提取图像边缘，提取较弱的边缘效果好，它是 X 方向和 Y 方向的边缘检测算子进行操作的。

4. SURF 算法的工作步骤与 SIFT 算法步骤的异同点有哪些?

5. 试简要阐述 SIFT、SURF、ORB、BRISK、FREAK、KAZE 和 AKAZE 图像特征检测算法的优势与劣势,并思考每种算法的建筑应用场景。

6. 某座高层建筑在不同时间点的监测图像中存在大量遮挡物(如脚手架、广告牌等),导致 SIFT 算法提取的特征点受到干扰,无法准确匹配建筑物本身的特征。试提出一种创新的方法或改进 SIFT 算法的方式,以应对上述情景中遮挡物带来的挑战,并确保在遮挡情况下仍能准确提取建筑物结构变化的特征。

6.3 图像特征匹配算法

6.3.1 特征匹配概述

图像匹配是将两张图像中相似或者相同的内容对齐,前提是这两张图像来自相同或相似的场景、具有相同或相似的形状,才能具有可匹配性。图像匹配中基于特征的匹配方法得到了广泛研究和应用,其中基于关键点的特征匹配是最基础的问题——它也能转化为其他特征的匹配。经过上一节的学习,现在已经能够得到每张图像的关键点,现在要通过关键点将两张图像进行关联,这就需要通过匹配两张图像的关键点(图 6.3-1)。关键点特征匹配由于匹配精度和效率等方面的考虑,且涉及不同成像时间、不同视角、不同传感器等获取图像的匹配,现在学者们提出了很多方法,在准确性、鲁棒性和高效性方面各有侧重,但是每种方法都会存在错误匹配的现象。因此,误匹配筛选方法也逐一被提出。最后需要对匹配的效果进行评价,便于在不同场景中选用适当的特征匹配算法。本节将详细介绍常用的图像匹配方法、误匹配筛选方法和匹配评价指标。

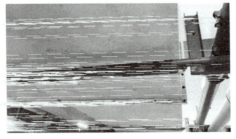

图 6.3-1 图像匹配示例

6.3.2 常用匹配方法

关于图像特征匹配,目前已涌现出了许多方法,主要从特征匹配的本质属性入手,从不同角度对特征匹配进行定义与假设,比如对不同特征描述符采用不同的匹配方法。下面将详细介绍几种常见的匹配方法。

1. 欧氏距离法(Euclidean Distance)

欧氏距离是空间中两点间的真实距离,该距离是一条直线,是通过计算平方和得到的,度量较准确,其计算公式如下,大家应该已经非常熟悉了。

$$d = \sqrt{\sum_{i=1}^{n} (x_i - y_i)^2}$$

(6.3-1)

其中，d 为计算的欧氏距离，x_i 和 y_i 是每个关键点的坐标位置表示。

欧式距离常用于基于局部图像梯度统计的浮点型描述符的关键点匹配，当距离小于某一阈值时，认为两个特征点匹配上了，即匹配成功，欧氏距离越短，代表两个关键点的匹配度越好。读者应该还记得，SIFT 特征描述符是通过对局部像素进行网格划分并统计 8 个方向上的梯度，确定梯度主方向，得到描述该关键点的高维向量；SURF 特征描述符中是统计扇形区域导数方向，进行特征描述。这两个图像特征检测算法得到的关键点特征描述都是浮点型（即可以进行计算的数字），对应的图像匹配是通过欧氏距离测度来定义的。

SIFT 算法中，首先确定一张图像中的关键点，再在另外一张图像中寻找离该关键点距离最近和次近的两个点（比如使用穷举法，计算另一张图像中每一个特征点与该关键点的距离），计算欧氏距离，再比较最近邻欧氏距离与次近邻欧氏距离的比值，当最近邻欧氏距离与次近邻欧氏距离的比值小于某个阈值时，则为匹配点。注意，这里的距离计算是通过描述符开展的。

SURF 算法在计算两个关键点间的欧氏距离来确定匹配度的基础上，加入了一个新变量，即 Hessian 矩阵的迹的判断。在特征检测中会记录每个 Hessian 矩阵的迹的符号，这种做法不影响运行量。如果两个特征点的矩阵的迹正负号相同，代表这两个关键点可能是匹配的，然后再进行欧氏距离计算。如果不同，说明这两个关键点的对比度变化方向是相反的，即使欧氏距离为 0，也直接去掉，这样减少了特征匹配的时间。

2. 汉明距离法（Hamming Distance）

汉明距离表示两个相同长度字符串对应位置的不同字符的数量，对两个字符串进行运算，如果对应位置相同，则返回 0，如果不同，则为 1，并统计结果为 1 的个数，该个数即为汉明距离。例如对于向量 1010101 和向量 1001001，汉明距离为 3。

根据汉明距离的定义，可发现它适用仅由 1 和 0 组成的二进制描述符。之前学习过了 ORB、BRISK、FREAK、KAZE 和 AKAZE 的图像特征检测算法，读者应该还记得它们的特征描述方式，都是二值型描述符，所以它们都可以用汉明距离进行关键点匹配。其中，FREAK 不是直接根据特征描述符计算汉明距离，而是根据人眼识别物体的特点选取前几位的字符，当前几位的字符的汉明距离小于给定阈值后，再用剩余的字符进行匹配，这样能很大程度去掉不匹配的关键点。

3. 余弦距离法（Cosine Distance）

余弦距离是用 1 减去余弦相似度，余弦相似度是两个向量夹角的余弦值，n 维空间中的余弦相似度为：

$$\cos(x, y) = \frac{x \cdot y}{|x| \cdot |y|}$$

(6.3-2)

余弦相似度的取值范围为 $[-1, 1]$，余弦距离的取值范围为 $[0, 2]$，夹角越小，趋近于 $0°$，余弦距离越接近于 2，两个向量的方向越相似；当两个向量的方向完全相反，余弦距离取最小值 0；当余弦距离为 1 时，两向量夹角为 $90°$。由此可知，余弦距离衡量两个向量方向的相对差异，不衡量距离或长度的绝对差异。在图像特征匹配中，就是特征向量之间的余弦距离计算，该方法与欧氏距离一样，适用于浮点型描述符的关键点匹配。

4. 直接匹配法

直接匹配法是将两张图像的特征匹配简化为两个点集对应的物体，如果对应则记为1，认为其是匹配的关系，否则便是不匹配的关系，具体方法主要有基于对应矩阵估计和基于图模型的特征匹配两种。

基于对应矩阵估计的方法是将一个点集进行变换，再映射到另一个点集，让这两个点集中能匹配的点尽可能重合，需要结合变换函数建模和参数估计。比如对于两张静态场景图像，图像得到的待匹配的两个点集一般满足多视图几何变换，表示为一个 3×3 的矩阵，矩阵中不同元素结构和矩阵的自由度代表平移、尺度、旋转、仿射等基础变换，结合点集的齐次坐标形式，可以反映点集间的这种静态几何变换的度量与建模。这种方法适用于刚性和非刚性匹配，但大量离群点会影响匹配效果，甚至失效，且该方法求解空间复杂，所需的运行时间较长。

基于图模型的特征匹配方法将待匹配特征点看作图的顶点，节点之间连接成边。在匹配时，需要节点之间的相似度高，而且要求节点连成的边之间的相似度也要高，使得节点之间的相似度和边之间的相似度之和最大，这时就可以从两个点集中匹配具有相似图结构的最大子集。该方法从全局结合局部结构的相似性对关键点集进行结构划分并配对，计算较复杂，且噪声和离群点会影响匹配效果。

上述介绍的图像特征匹配方法大量使用了穷举法，列举每个关键点对，但是该方法的效率很低。为此，有关学者们提出了快速最近邻（Fast Library for Approximate Nearest Neighbors，FLANN）方法，通过训练机器学习概念训练一种索引结构，能遍历潜在匹配关键点。其构建的 k 维树或 $k\text{-}d$ 树，通常用于空间分割多维数据以进行最近邻计算。具体做法是，以一张图像的关键点为基准，搜索与该关键点最邻近的另一张图像关键点和次邻近关键点。在每个层级上，$k\text{-}d$ 树使用不同的维度将数据点分成不同的节点，通常使用中值作为分割点来划分数据。由此产生的最近邻搜索递归进行，这个数据结构的优势在于它能够快速排除搜索空间中的大片区域，节省了时间和算力。但是复杂关键点描述符的高维空间会出现问题，一般来说，如果维度为 k，那么 $k\text{-}d$ 树的效率不会比穷举搜索更好，除非数据点的数量 $N \geqslant 2k$。

6.3.3　误匹配筛选方法

上一节的图像特征匹配方法在匹配关键点时，由于噪声、离群点等因素的影响都会存在错误匹配的关键点对，严重影响后面变换模型参数的解算，很多现有方法的误匹配率高达 50% 以上，通过设定更严格的阈值可以降低错误匹配比率，但可能丢失正确的关键点对。因此，为提高匹配率，需要在图像特征匹配的基础上进行误匹配筛选，并尽可能留下正确匹配的关键点对。在找到每张图像中的关键点后，就需要确定不同图像中的关键点之间的对应关系。然而，并不能保证每个关键点都会在另一张图像中找到匹配点。有学者使用 SIFT 算法的 128 维关键点数据，计算最近邻的欧氏距离与次近邻的欧氏距离之比，指定一个阈值，比如设定最小值为 0.8。据观察，这种"距离比"标准可以消除 90% 的错误匹配，同时仅丢失了不到 5% 的正确匹配。研究还发现，它表现比全局距离阈值更好，因为距离比率规定了正确匹配必须比其他选项明显"更正确"，从而增加了可靠匹配的可能性。反过来说，由于特征空间的高维性，虚假匹配不太可能比次接近的错误匹配好。因此，需要一些方法来筛选掉没有良好匹配的点。

于是，想要计算这个比率，就需要找到关键点的最近和次近点。通常关键点的数量庞大，且描述符具有复杂性（维度越高越难以计算）；这意味着在这样的高维空间中使用穷举的暴力欧氏最邻近搜索会产生高昂的计算成本。这个问题的一个有效解决方案是 k 维树或 k-d 树，由此产生的最近邻搜索以递归方式进行。该数据结构的优势在于它能够快速排除搜索空间中的大片区域，节省了时间和算力。

为了确保只有正确的对应关系保留下来，还需要采取进一步的步骤来过滤掉所有剩余的错误匹配。在同一场景的一对图像中识别出多个关键点时，可以计算图像对的基础矩阵（Fundamental Matrix，类似于本质矩阵）。通过指定两个图像之间的关系，基础矩阵（或称为 F 矩阵）约束了两个图像中正确识别出的关键点的位置，并可以通过八点法计算得到。八点法是计算 F 矩阵的一种简单而快速的方法，但它对关键点的位置的噪声很敏感。更常用的一种计算 F 矩阵的方法是随机样本一致性（Random Sample Consensus，RANSAC）法，RANSAC 算法首先从关键点中随机选取一个初始样本，然后使用数据的最小可能子集计算 F 矩阵。

也有研究通过对内部点集合运行迭代的 Levenberg-Marquardt（LM）算法来进一步优化这个 F 矩阵。LM 算法用于解决非线性最小二乘问题，它结合了梯度下降法和高斯-牛顿法。经过 LM 算法的迭代后，有了优化的 F 矩阵，再使用这个 F 矩阵计算误差；如果仍然有被认为是离群点的匹配点存在，那么这些外点将被移除或删除。如果在上述步骤之后，剩下的内部点匹配点非常少（少于 20 个），那么为了避免模型不稳定或不可靠，所有的匹配点都会被移除，不再考虑。这是一种防止由于内部点过少而导致误匹配或不确定性的措施。

下面详细介绍几种常用的误匹配筛选方法。

1. 暴力匹配法（Brute Force Matching）

暴力匹配也称为最近邻匹配（Nearest Neighbor Matching，NNM），在初始匹配的基础上，对已经匹配的关键点再依次与其他关键点进行交叉匹配，若匹配结果仍是第一次匹配的关键点，则该匹配是正确的。比如两个关键点 A 和 B，关键点 A 第一次匹配到的是关键点 B，反过来对关键点 B 进行匹配，若匹配到关键点 A，则该匹配是正确的，否则是错误的。暴力匹配能有效解决数据敏感性问题，并能召回更多潜在的正确的匹配点，现在已被应用于各种描述符匹配方法中，但它无法避免一对多的情况。

2. K 最近邻法（K Nearest Neighbor，KNN）

K 最近邻（KNN）是一种常用的机器学习算法，用于分类和回归问题。在 KNN 算法中，通过比较新数据点与训练数据集中的数据点之间的距离，来确定新数据点属于哪个类别或预测其数值。具体来说，首先对每个特征点计算其与另一图像所有特征点的距离（通常使用欧氏距离或曼哈顿距离等）；然后根据距离的大小，选择与新数据点距离最近的 K 个数据点（即 K 个最近邻）；K 近邻匹配最初的 K 一般为 2，即对每个匹配返回两个最近邻匹配点描述符。仅当第一个匹配与第二个匹配之间的距离比率足够大时，比率的阈值通常为 2 左右，可认为第一个匹配特征点是一个正确匹配。

由于 KNN 方法主要靠周围有限的近邻样本，而不是靠判别类域的方法来确定所属类别的，因此对于类域的交叉或重叠较多的关键点集来说，KNN 方法较其他方法更为适合。但是计算量较大，特别是关键点数量较多时计算复杂。因此，由于"维数灾难"的存在，复杂关键点描述符的高维空间会出现问题（例如 SIFT 关键点描述符有 128 个维度）。

一般来说，如果维度为 k，那么 k-d 树的效率不会比穷举搜索更好，除非数据点的数量 $N \geqslant 2k$。在实际应用中，当 $k > 8$ 时，寻找最邻近点的计算需要进行修改，以允许进行"近似匹配"，即为了将速度提高一个数量级而接受非最佳的相邻点。可以通过修改 k-d 树算法来实现这一点，允许识别的最近邻点处于相对误差范围内。感兴趣的读者还可以去了解"最佳节点优先"（Best Bin First，BBF）方法，这种算法实现了优先级搜索顺序，但对树中访问的节点数量设置了限制——如果在仅检查了前 200 个最近邻候选点之后就停止近似最近邻（Approximate Nearest Neighbor，ANN）搜索，可以大大节省时间（当关键点数量大于 100000 时，能够节省两个数量级的时间），同时仅丢失不到 5% 的正确匹配。因此，当与前面描述的距离比率标准一起使用时，BBF 算法在处理具有许多近邻的关键点的最困难情况时不必提供精确解决方案，因为无论在任何情况下，这些情况都会被距离比率标准过滤掉。此外，使用图形处理单元（Graphics Processing Unit，GPU）来计算高维最近邻搜索也可以减少所需的搜索时间。

3. 随机采样一致性法（Random Sample Consensus，RANSAC）

在同一场景的一对图像中识别出多个关键点时，一般会计算图像对的基础矩阵（Fundamental Matrix，类似于本质矩阵）。简单来说，基础矩阵描述了两幅图像之间的相对几何关系，特别是它们之间的相对位置和旋转，而不需要知道摄像机的内部参数（比如焦距和光心）。通过指定两个图像之间的关系，基础矩阵（或称为 F 矩阵）约束了两个图像中正确识别出的关键点的位置，并可以通过八点法计算得到。

八点法在两个未校准的视图上使用了八个或更多的点匹配，并使用一组线性方程来重建一个场景，其中所有位于一条直线上的点都会保持对齐（即"共线性"被保留）。如果某些点在现实世界中是共线的，它们在计算中也会被保持在同一条直线上。比如，两幅不同角度拍摄的照片上有一栋高楼，即在不同位置拍摄了同一栋高楼的不同部分，但这栋高楼的一条垂直线段仍然存在于两张照片中。使用八点法可以识别出这两个图像中的共线点，并将它们正确地保持在同一直线上，即使它们在图像中的位置稍有偏移或角度不同（Longuet-Higgins，1981）。

八点法是计算 F 矩阵的一种简单而快速的方法，但它对关键点的位置的噪声很敏感。有研究表明，在解决一组线性方程之前，对图像中的点进行简单的归一化可以大大提高使用八点法的效果。在计算 F 矩阵的时候，尝试计算候选的 F 矩阵；在多次迭代的过程中，每次迭代计算出一个候选 F 矩阵，最终选择最优者作为最终的 F 矩阵。一般会使用最小中值平方方法[①]和更常见的随机样本一致性方法来计算候选 F 矩阵。

RANSAC 是基于重采样的方法的一种，这类方法旨在初始匹配中通过反复地采样估计匹配点集间预定义的变换模型，来寻找满足其估计的模型的最大内点集作为正确的匹配对。RANSAC 假设所有关键点可以分为两组：外点（Outliers）[②] 和内点（Inliers）[③]，外

---

① 是一种统计技术，通过选择数据中具有中间值的子集来估计模型参数，以降低异常值的影响。

② 异常数据如噪声或无效点。

③ 符合最优参数模型的点。

点异常匹配数据可能是由于错误的测量、错误的假设、错误的计算等产生的，通过迭代方式估计数据的数学模型参数，则可以得到有效的样本数据。RANSAC 算法首先从关键点中选取一个初始样本，在样本中随机采样 K 个点（在本例中为七个点），对这 K 个点进行模型拟合，再计算其他点到该拟合模型的距离，并设置阈值①，也就是 RANSAC 的参数，大于阈值为外点，则舍弃，小于阈值为内点，则计入统计（图 6.3-2）。其中阈值需要根据具体情况来设置。

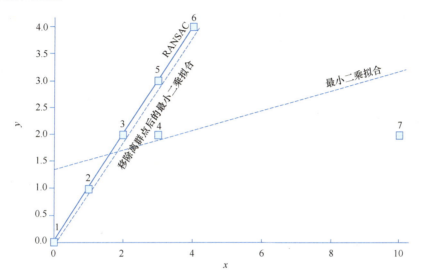

图 6.3-2　在存在异常值（7 号点）的情况下与最小二乘拟合的比较

这个采样过程将在不同的子集（也就是找到不同的 7 个点的集合）上迭代多次，以确保其中一个子集有 95％ 的机会②是只包含内部点的。最后选择内点数最多的模型，此时的模型为最优模型。相比之下，简单的最小二乘法不能找到适应于局内点的直线，原因是最小二乘法会尽量去适应包括局外点在内的所有点。与最小二乘法相比，RANSAC 方法对于外点的鲁棒性在下图的简单示例中得到了证明。

事实上，当外点数量远大于内点数量时，RANSAC 的性能会很差，因为该方法固有随机采样可能会导致拟合过程失真；而使用 SIFT 算法得到的关键点对中，内部点可能只有不到 1％。此外，理论上所需的运行时间会随着离群率的增加而呈指数增长，且一些非刚性情况无法建模。针对 RANSAC 的缺点，有学者提出了在确保高概率（如 95％）选择到一个好的子样本的前提下，如何计算所需的最少样本数量的方法；这也依赖于是否明确了受污染数据（也就是包含了离群值的数据）的比例。当超过 50％ 的数据受到污染时，RANSAC 的性能会大幅下降。

当然，除了 RANSAC，还有其他方法可供选择。例如最大似然估计样本一致性（Maximum Likelihood Estimation Sample Consensus，MLESAC）的类似算法，通过使用拟合解的对数似然度来改进 RANSAC；也就是不仅仅考虑阈值，还将误差分布囊括进来。

Lowe（2004）使用了霍夫变换（Hough Transform）来关联两幅图像，这个方法的思想类似于投票选举。在霍夫变换中，参数空间被分成很多小格子，每个格子代表了一组可能的参数。然后，每个数据点都像是一位选民，根据自己的信息给参数空间中的某些格子投票。当每个数据点的"投票"被累积时，这些投票的簇可以用来识别可能的解决方案。然而，因为考虑到计算成本呈指数增加，需要对参数空间进行更粗略的量化才能计算高维的基本矩阵（七个参数），所以一般只将这种技术应用在确定最佳仿射投影参数上。

通过将关键点限制在具有几何一致匹配的关键点之内，可以识别并组织出每对图像之间的轨迹（Track，也称特征轨迹），形成一组与重建过程中使用的图像库中的图像相匹配的轨迹集合（Snavely, et al., 2008）；也就是说，在图像重建的图像库中，哪些特征点在不同的图像之间相互匹配，每个轨迹就是一组匹配的关键点。也可以理解为一个轨迹就是同一三维点在不同图像上被观测到的对应像素点的集合。每个轨迹需要至少有位于三幅图像中的两个关键点被匹配为现实世界中的同一个点。如果同一个关键点在单个图像中出现了两次，那么就认为这个轨迹是不一致的。接着，通过分析一致的轨迹集合，可以绘制出图像之间的连接关系图，从而确定了每个图像与其他图像之间的关联性。这有助于构建图像之间的关系，为后续的图像处理步骤提供了有用的信息。轨迹集合在后续的步骤中还会继续使用。

4. 稀疏向量场一致性法（Sparse Vector Field Consensus，Sparse VFC）

为解决非刚性变换图像匹配问题，学者们提出了 Sparse VFC，该方法属于基于非参数模型的方法（Non-Parametric Model-Based Methods），主要基于先验条件插值或回归学习出定义的非参数函数，将一幅图像中的特征点映射到另一幅图像中，然后通过核查初始点匹配集中每个匹配对是否与估计出的对应函数一致来剔除错误匹配。

具体来说，Sparse VFC 引入了非刚性匹配的新框架，通过不同的变形函数来建立转换模型，且变形函数被限制在再生核希尔伯特空间内，并与正则化方法相关联，以强制执行平滑度约束（令模型关于某个值的输出结果是平滑函数），提高鲁棒性，然后通过不同的方法来处理严重的异常值。

Sparse VFC 大大提高了速度，而性能的下降几乎可以忽略不计，从图像特征错误匹配消除的角度来看，它优于 RANSAC 方法。该方法的局限性在于算法应用的有效性可能受到不同类型的损失函数的影响。

知识点：定义一种核函数就是定义了一个希尔伯特空间，这个核函数的再生性便于可不去计算高维特征空间中的内积（如点乘、标积），而只需计算核函数，降低了大量的计算量。核函数是一种数学函数，它将输入空间中的数据映射到一个高维特征空间，从而使原本线性不可分的数据在高维空间中变得线性可分。核函数在支持向量机（SVM）等机器学习算法中被广泛应用，它能够帮助算法更好地处理非线性问题，并提高模型的性能和泛化能力。常见的核函数包括线性核函数、多项式核函数、高斯核函数等。

正则化则是给损失函数加上一些规则限制，通过这种规则去规范后面的循环迭代。正则化是为了解决不适定问题或防止过拟合而引入额外信息的过程，典型的图像处理不适定问题包括：图像去噪、图像恢复等。

6.3.4 匹配评价指标

前文介绍的每种算法在运行效率、鲁棒性等方面各有不同。在实际使用时，需要根据具体情况来进行选择，比如基于关键点的准确性或匹配对的数量要求来选择合适的算法，这就需要不同情况下使用不同算法的评价指标。将介绍一些常用的指标来评价图像特征匹配算法的效果。

首先了解关键点匹配是否正确的概念（图 6.3-3）：

匹配正确的关键点（True Positive，TP）：关键点对间有匹配关系，且算法也认为有匹配关系。

匹配错误的关键点（False Positive，FP）：关键点对间没有匹配关系，但算法认为有匹配。

实际匹配、但算法认为不匹配的关键点（False Negative，FN）：关键点对间有匹配关系，但算法没有识别出。

图 6.3-3　概念涵义示例图

实际不匹配、算法也认为不匹配的关键点（True Negative，TN）：关键点对间没有匹配关系，且算法也未识别出。

1. 准确率（Precision）与召回率（Recall）

准确率是评估捕获的成果中目标成果所占的比例，准确率等于 TP 比上 TP 和 FP 综合的比值，衡量的是算法匹配的查准率。

召回率就是从关注领域中，召回目标类别的比例，召回率等于 TP 比上 TP 和 FN 综合的比值，衡量的是算法匹配的查全率。

2. F-Measure

准确率与召回率有时候会出现矛盾的情况，比如只搜索出了一个结果，且是准确的，那么准确率就是 100%，但是召回率就很低；而如果把所有结果都返回，那么召回率是 100%，但是准确率就会很低。为此，学者们提出了综合考虑这两个指标的方法，最常见的方法就是 F-Measure（又称为 F-Score），它是准确率与召回率的加权调和平均值，具体公式如下：

$$F = \frac{(a^2 + 1)PR}{a^2(P + R)} \qquad (6.3\text{-}3)$$

其中，P 代表准确率，R 代表召回率，常见的参数取 1，当 F 值较高时表明算法匹配效果较好。

3. E 值

E 值表示准确率 P 和召回率 R 的加权平均值，当其中一个为 0 时，E 值为 1，其计算公式：

$$E = 1 - \frac{1 + b^2}{\dfrac{b^2}{P} + \dfrac{1}{R}} \qquad (6.3\text{-}4)$$

其中，b 越大表示准确率在评价结果中占的权重越大。

4. ROC 曲线（Receiver Operating Characteristic）

真阳性率（True Positive Rate，TPR）就是准确率，匹配最好的算法对应的 TPR 为 1.0，因为不会有错误匹配，可用于量化实际发现了多少个可能的正确匹配关键点对。

假阳性率（False Positive Rate，FPR）是 FP 和所有应该不被匹配的关键点（包括 FP 和 TN）之间的比值。匹配最好的算法对应的 FPR 为 0.0，用于描述图像特征匹配算法匹配错误的关键点对的可能性。

这些指标的计算结果可用 ROC 曲线进行可视化，ROC 曲线是一个图形化的图表，横坐标是 FPR，纵坐标是 TPR，如图 6.3-4 所示（Kootte，et al.，2017）。根据不同的区分阈值来显示算法是否很好地区分真假匹配，可以直观地比较不同的图像特征匹配算法的效果，并为每个算法选择一个合适的阈值。ROC 曲线经过（0，0）和（1，1），一般情况下，这个曲线都应该处于（0，0）和（1，1）连线的上方。

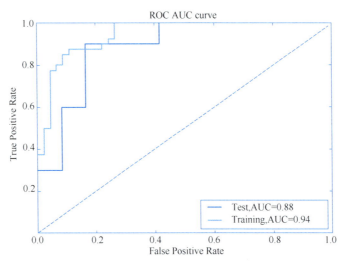

图 6.3-4　ROC 曲线图

ROC 曲线与坐标轴会围成一个封闭图形，Area Under roc Curve（AUC）的值就是处于 ROC curve 下方的那部分面积的大小。通常，AUC 的值介于 0.5 到 1.0 之间，较大的 AUC 代表了较好的匹配效果。

思考与练习题

1. 思考多维向量间的欧氏距离计算如何进行。

2. 介绍 RANSAC 算法在误匹配筛选中的作用，并说明其原理。

3. 对于两幅图像 A 和 B，它们的匹配结果为：总匹配点数量为 25，正确匹配点数量为 20，误匹配点数量为 3。请计算以下匹配评价指标：准确率、召回率和 F-Measure。

4. 假设有两个特征点的描述子如下：特征点 1 描述子：$D_1 = [10, 15, 20]$，特征点 2 描述子：$D_2 = [12, 18, 22]$。请分别计算特征点 1 和特征点 2 间的欧氏距离和汉明距离。

5. 根据暴力匹配、K 近邻匹配、RANSAC 和 Sparse VFC 四种误匹配筛选方法的特点，请简要阐述每种方法的适用场景，并举例说明。

6.4 从运动中恢复结构（SfM）

6.4.1 方法概述

有时人们会将 SfM-MVS 这一整个过程直接称为"SfM"；但从技术角度来看，"SfM"指的是一种单一的过程，即同时估计场景的三维几何结构和不同相机的位置和姿态（也就是相机的运动），SfM 结果示例见图 6.4-1。利用在前面部分识别出的几何上正确的特征对应（即轨迹关系），SfM 的目标是同时重建：（1）3D 场景结构；（2）相机位置和方向（即姿态估计或外部参数校准）；通常还包括（3）内部相机参数校准。

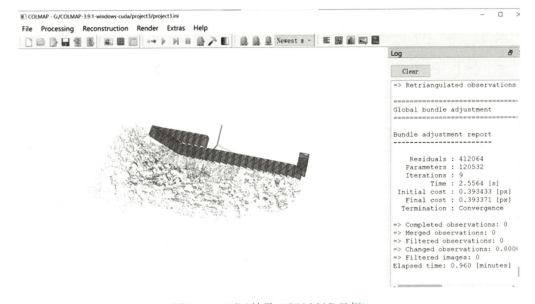

图 6.4-1　SfM 结果（COLMAP 示例）

在讨论场景重建之前，先来看看相机相关的参数，比如相机的位置、朝向等，这些都是在三维重建中必须考虑的信息。步骤（2）的相机外部参数表示三维场景坐标与相机坐标系之间的刚体变换。这个变换描述了相机的位置和朝向，以及如何将 3D 场景投影到相机的成像平面上。步骤（3）的内部相机参数可以用许多不同的相机模型来描述。最常见的模型是针孔相机模型，它描述了透视投影；其他模型包括仿射投影、正交投影和推扫模型。这些模型用来描述相机的光学性质，例如镜头焦距、畸变等。

相机内部参数由一个称为相机标定矩阵 K 的 3×3 上三角矩阵定义：

$$K = \begin{bmatrix} a_u & s & u_0 \\ 0 & a_v & v_0 \\ 0 & 0 & 1 \end{bmatrix} \tag{6.4-1}$$

其中，a_u 和 a_v 分别表示 x 和 y 方向上的图像缩放，s 代表了倾斜度。在假设像素是正方形的情况下，$s = 0$，而 $a_u = a_v = a$，其中 a 被视为镜头焦距，单位是像素尺寸。主点（u_0，v_0）被定义为与光轴相交的图像平面上的位置（光心位置）。

假设相机尚未经过预先校准，那就需要额外的内部参数来模拟内部像差（即径向畸变参数）。径向畸变会导致图像点从畸变中心以径向方向偏离，通常畸变中心被认为是主点（即图像中心附近的物体看起来正常，但远离中心的物体会出现形状的扭曲），并且可以通过畸变函数的两个系数（k_1 和 k_2）进行校正。径向畸变的主要原因是相机镜头对不同入射角度的光线折射程度不同，导致图像失真。故相机模型中包含径向畸变的程度因相机而异。

径向畸变是指由于相机镜头的物理特性，图像中的直线在拍摄过程中会呈现出轻微的曲线。这种现象主要是由于单目相机的镜头与图像传感器之间的距离不一致性所导致的。当图像中的线离图像中心越远时，径向畸变的影响越严重。为了纠正径向畸变，并进行相机校准，需要使用特定的方程，确保图像中的直线在重建过程中保持正确的形状。这个校准过程通常涉及计算相机的内部参数（如焦距和光心）和外部参数（如旋转和平移向量），以及使用这些参数来校正图像中的畸变。在计算机视觉中，OpenCV 等库提供了用于纠正这些畸变的工具和函数，使得这个过程变得更为简单和可行。

6.4.2　光束平差法

光束平差法（Bundle Adjustment，BA），也称光束法平差，能够同时生成对最佳的三维结构和视角参数（姿态和校准中至少一个）的估计。这里常用"联合最优（Jointly Optimal）"一词，表示同时考虑了场景结构和相机参数的参数。联合最优对结构和相机变化的参数估计，是通过最小化量化模型拟合误差的成本函数[①]的值来得出的，即将这些拍摄的图像和三维场景一起优化，以获得最佳的匹配。

例如，假设在一个公园里，有四个朋友分别站在公园的四个角落。如果每个人都用手电筒照向另外一个角落的朋友，但是因为手电筒的光线不是很直或者有点晃，所以光线可能不会完全对准对方。如果用光束平差法，就好像你站在中间，告诉每个人怎样微微调整他们的手电筒，使得所有的光线尽可能都交汇在公园的中心点。这样，即使每个人的手电筒光线不是完全准确，也能找到一个大家都满意的会合点。所以，光束平差法就是一种帮助从很多不完全准确的信息中，找到最可能的答案的方法。一般常常使用因式分解算法，计算奇异值，同时使用所有图像来计算相机姿态和 3D 场景几何。然而，这些算法要求所有关键点在所有帧中都可见（当然，现在也有方法来处理这个限制）。更为流行的可以替代的方法是顺序方法，它允许逐帧处理。下面将对其进行阐述。

在进行光束平差法的非线性参数优化之前，必须为参数赋予初始值。后续的工作则是不停地用大量数据调整优化初始值，直到得出满意解（有时未必是最优解），因此，初始值越合理，后续工作顺利进行的可能性就越大。为了避免在大规模 SfM 问题中找到非最佳（局部最小值）解决方案，场景重建过程通常从一对图像开始，称为"初始对"。初始对应该有大量的匹配点和大的基线（即视角差异很大），以确保重建的鲁棒性。在开始场景重建之前，需要初始化参数值。如果相机内部参数最初未知，则需要采用自校准方法。自校准工作已有大量现有研究。比如可以通过分析三帧或更多帧图像来实现自校准；或者可以利用两帧图像计算相机焦距，从而为其他相机参数提供参考。有了相机初始参数后，

---

① 成本函数（Cost Function）是在机器学习、优化和统计建模中常用的概念。它是一个数学函数，用来衡量模型预测或估计与实际观测数据之间的差异或误差。

可以对初始对中可见的轨迹（Tracks）进行三角测量，以获取特征位置的初始估计。

三角测量的目标是估计关键点的空间位置，即估计深度，通过不同位置对同一个路标点进行观察，从观察到的位置推断路标点的距离。对于两个关键点的坐标 x_1 和 x_2，则可通过下式求两个关键点的深度

$$s_2 x_2 = s_1 R x_1 + t \tag{6.4-2}$$

其中，s_1 和 s_2 分别是两个关键点的深度，R 和 t 为相机的旋转和平移运动。噪声可能会得到不精确的 R 和 t，从而让该公式为零，所以一般不是直接求解，而是用最小二乘法来估算结果。

初始化的主要目标是最小化每个轨迹的投影与初始对上相应关键点之间的误差。使用这个误差作为要最小化的最优性标准，使用双帧光束平差法（Two-Frame Bundle Adjustment）来解决由此产生的非线性最小二乘问题。光束平差法起源于摄影测量学，最早出现在 20 世纪 50 年代。这里的"光束"指的是将相机中心连接到三维点的光束，而"平差"指的是最小化重新投影误差。

有关光束平差法的具体过程，在初始对的两个图像之间把重新投影误差最小化之后，会将另一个相机加入到优化中（或者多个相机）。一般会选择包含了最多已经估计了三维位置的轨迹数的相机，或者选择具有最大关键点匹配数量的 75% 及以上数量的相机。新相机的外部参数使用直接线性变换技术进行初始化。这个技术使用一组已知的控制点（已知三维位置）将新图像的二维坐标映射到三维对象空间的三维坐标上。这可能在 RANSAC 过程中实现（参见第 6.3.3 节），并返回一个上三角矩阵 K，用于相机内部参数的初始化值（还包括 EXIF 标签）。然后会将新图像加入到新一轮的光束平差法中去，但是只允许更改新的相机的参数和它所观察到的点。如果新图像中的关键点已经被目前在模型中的任何一个相机观察到，那么这个点所有现存的光束都会用来对这个点的位置进行三角测量。如果任何一对射线之间的最大分离角小于指定的阈值（例如 2°），那么新点将被拒绝。可以将这个过程想象成在建立三维模型时，当引入新的照片时，会检查新照片中的特征点是否与已知的特征点太接近，如果太接近，会怀疑它们的准确性，并将其排除在外，以确保模型的准确性和稳定性。

为了提高此方案的准确性，最好对所有相机执行全局光束平差以细化整个模型。成本函数的最小化是一个迭代过程，每次迭代都会在成本函数上拟合局部二次近似（高斯-牛顿近似），或者在这些模型提供不准确拟合时使用梯度下降法（即 LM 算法）。LM 算法可以从各种初始值迅速收敛。然而，由于有许多相机并且每个相机有多个未知参数，光束平差法的参数空间迅速变得高维。可以将这个过程想象成一个复杂的拼图，试图不断调整拼图的每个部分，以使整个拼图与实际照片更好地吻合。这需要通过数学方法来寻找最佳的拟合方式，而这个过程可能非常复杂，特别是当涉及多个相机和大量参数时。有一些现有算法可以缓解这种问题，比如稀疏束调整算法，通过考虑不同相机和 3D 点参数之间缺乏交互（即不同相机参数和三维点参数之间通常没有太多的相互关系；换句话说，改变一个参数通常不会显著影响其他参数）的情况，减轻了高维度问题所带来的无法解决的计算负担。

LM（Levenberg-Marquardt）算法用于解决非线性最小二乘问题，通常用于拟合曲线或解决参数估计等问题，它结合了梯度下降法和高斯-牛顿法，其中梯度下降法适用于迭

代的开始阶段参数估计值远离最优值的情况，高斯牛顿法适用于迭代的后期，参数估计值接近最优值的范围内，将两种方法结合起来可以较快地找到最优值。

LM 算法的关键是用模型函数对待估参数向量在其领域内作线性近似，忽略二阶以上的导数项，从而转化为线性最小二乘问题，不断迭代调整参数的值，使得拟合曲线与实际数据之间的误差最小化，它具有收敛速度快等优点。具体使用步骤是：首先给定需要优化的参数的初始值。再根据当前的参数值，计算拟合曲线与实际数据之间的误差，通常使用残差来表示。然后根据当前参数值，计算误差函数对参数的偏导数，得到雅可比矩阵。根据当前的参数值、雅可比矩阵（一阶偏导数以一定方式排列成的矩阵）和误差，使用 Levenberg-Marquardt 算法更新参数值，使得误差逐步减小。最后检查更新后的参数值与前一次是否有足够小的变化，如果满足收敛条件（比如当参数的变化量小于某个阈值，或者误差的变化量小于某个阈值），逐渐接近最优解，则停止迭代；否则继续迭代。

每次进行光束平差法优化后，包含重投影误差较高的关键点的离群轨迹（Outlier Tracks）会被删除。可以根据重新投影误差的概率分布、特定的像素误差阈值，或者两者的结合来定义哪些轨迹属于离群轨迹。然后，相机会接着逐个被添加到模型中，并且之前提到的处理过程也会重复执行。最后，当剩余的相机中，没有一个相机包含足够多的可靠的重构三维点，整个过程就完成了。

6.4.3　相机姿态估计方法

相机姿态估计（Camera Pose Estimation），即相机位姿估计，是指通过计算机视觉算法来确定相机在世界坐标系中的位置和方向。一般情况下，相机的姿态可表示为一个 4×4 的变换矩阵，即相机的位姿矩阵，这个矩阵包含了相机的位置、朝向等信息。相机姿态估计方法很多，主要包括基于关键点和直接法估计相机姿态。直接法是通过图像的像素灰度信息来估计相机运动和点的投影，这些点不是关键点，可以是随机选择的点。具体来说，直接法根据不同图像的明暗变化，计算像素光流，光流描述了像素在图像中的运动，由于直接法没有识别和匹配关键点对，无法知道不同图像中对应的像素，根据上一张图像的相机位姿来求下一张图像相机位姿的相对变换会产生误差，即光度误差，最小化该误差的过程就是优化相机的位姿，求解该优化问题就能得到相机的位姿。其中，计算部分像素运动的称为稀疏光流，比如 Lucas-Kanade（LK）光流（Lucas & Kanade，1981），计算所有像素运动的称为稠密光流，比如 Horn-Schunck（HS）光流，在不同情况下选择不同程度的光流来估计相机的位姿。直接法在光照变化、遮挡等情况下仍有效，但需要处理大量的像素点，计算复杂度较高；且单一像素没有区分度，当点较少时，每个像素对改变相机运动的意见不一致，只能少数服从多数，以数量代替质量，估计的效果可能误差较大。

基于关键点的相机姿态估计方法会更准确。根据前述有关图像特征检测和匹配的算法，可以得到不同图像中匹配的关键点对，通过对应这些关键点对，可以恢复不同图像间的相机运动。根据得到的关键点对的不同，所采用的方法也不同——可能是二维的关键点对、三维的关键点对，或二维与三维对应的关键点对。实际应用中，二维关键点对更常见一些，下面将对 2D-2D 位姿估计进行详细介绍，对其他两种方法进行简要介绍。

1. 2D-2D 位姿估计

2D-2D 位姿估计主要是采用对极几何和对极约束的方法。什么是对极约束呢？想象一下，你和你的朋友在一个大花园里玩寻宝游戏。花园里有一个非常特别的宝藏。你站在花园的一头，用你的相机拍了一张照片，上面有宝藏的照片。然后，你走到花园的另一头，又拍了一张照片，宝藏也在这张照片上。现在，你有了两张包含宝藏的照片，但是宝藏在两张照片中的位置看起来不一样，因为你是从两个不同的地方拍摄的。对极约束，就是一种计算规则，帮助你通过这两张照片找出宝藏的确切位置。这个规则说明，如果知道了你拍摄的两个位置，就能画出一条线，宝藏在第一张照片上的位置和它在第二张照片上的位置，都会在这条线上。所以，即使宝藏在两张照片上看起来的位置不同，对极约束也能帮助找到宝藏的真正位置。

接下来了解一下该方法中的几何定义，现有两张图像 I_1、I_2（图 6.4-2），需要求相机在这两张图像之间的运动情况。首先作如下定义：两个相机中心分别为 O_1、O_2，三维点 P 映射到两张图像中分别对应关键点 p 和 p'，那么 P、O_1、O_2 确定的一个平面是极平面，O_1 和 O_2 的连线与图像 I_1、I_2 的交点分别为 e 和 e'（这两点称为极点），连线 $O_1 O_2$ 是基线，极平面与两张图像之间的相交线 I 和 I' 是极线。

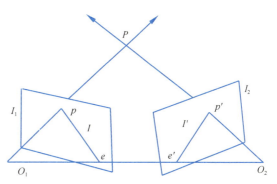

图 6.4-2　对极几何约束

根据针孔相机模型和三维空间中 P 的位置来表示两个关键点的像素位置，便可以得到对极约束。利用相机的旋转和平移运动，根据对极约束的公式可以得到基础矩阵（Fundamental Matrix，FM）和本质矩阵（Essential Matrix，EM），具体如下：

$$EM = t^R \tag{6.4-3}$$

$$FM = K^{-T} EM\, K^{-1} \tag{6.4-4}$$

其中，t 为平移向量，R 为相机的旋转矩阵，K 为相机内部参数矩阵。类似前述有关光束平差法中相机最初未知的内部参数采用自校准方法，这里同样也是如此。这样，求解问题就转化为先通过匹配的关键点对计算基础矩阵或本质矩阵，再计算出旋转矩阵 R 和平移向量 t，其中基础矩阵和本质矩阵间仅相差一个相机的内部参数 K，所以基础矩阵和本质矩阵计算一个即可。

本质矩阵默认使用的是规范化相机，而基础矩阵是对一般相机拍摄的两张图像的极几何关系进行代数描述，实际使用时规范化相机较少，所以基础矩阵更满足一般的情况。常常先估计基础矩阵，再展开后续的相机姿态估计。基础矩阵的估计常采用八点算法。这里再复习一下八点算法：首先选取 8 组匹配的关键点对。每对匹配点可得到一个对极约束线性形式，8 对点就可以构成一个线性方程组，基础矩阵有 7 个自由度，由该线性方程组可计算得到基础矩阵，但是该方法的精度较差。在该方法基础上，学者们提出了归一化八点法，先对每张图像进行平移和缩放的变换，再将坐标归一化，通过原始的八点法计算矩阵，最后逆归一化得到基础矩阵。再根据奇异值分解得到相机的旋转和平移情况。

但是当图像中的关键点都位于同一平面时，基础矩阵的自由度会下降（又称退化现象[①]），影响评估准确性。矩阵中多余的自由度主要受数据噪声影响，为避免该影响，学者们提出了单应矩阵（Homography Matrix，HM），它通常描述处于共同平面上的一些点在两张图像间的变换关系，具体公式如下：

$$HM = K'(R + t n_d^T) K^{-1} \qquad (6.4\text{-}5)$$

其中，K 和 K' 分别为两个相机的内部参数，n 为平面到第一个相机坐标系下的单位法向量，d 为坐标原点到平面 n 的距离，R 和 t 描述相机的旋转和平移运动。为了避免退化现象造成的影响，通常会同时估计出基础矩阵和单应矩阵，然后选择重投影误差比较小的那个作为最终的运动估计矩阵。之后再用三角测量来恢复场景的三维信息，读者应该还记得三角测量方法，此处的三角测量具体操作是相同的。

2. 2D-3D 位姿估计

2D-3D 位姿估计常采用 PnP（Perspective-n-Point）方法来求解，也就是在已知一些三维点坐标及其在图像中的对应像点位置时，如何估计相机的位姿。与 2D-2D 位姿估计需要 8 对匹配关键点不同，2D-3D 位姿估计最少只需 3 个点对，就可以估计相机运动，这种求解情况的估计方法很多，这里主要介绍 P3P 方法。

已知三维空间中的 3 对三维关键点与图像成像中的二维图像点，如图 6.4-3 所示，记三维点为 O_1、O_2、O_3，二维点为 o_1、o_2、o_3。先求解 O_1、O_2、O_3 三点在当前相机坐标系下的坐标，再通过 O_1、O_2、O_3 在当前相机下的坐标以及在三维世界坐标系下的坐标，估计相机相对于世界坐标系的旋转与平移。其中该方法建立的方程组有四个可能解，因此需要另一对点 O_4 来确定最终的相机运动情况。P3P 有其局限性，它只利用 3 对点的信息，当给定的配对点多于 3 组时，便难以利用更多的信息，且当选用点受噪声影响，或者存在误匹配时，算法很容易失效，这时可以增加点对的数量来提高算法的表现。

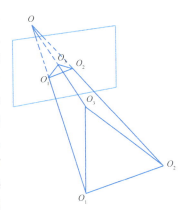

图 6.4-3　P3P 方法

3. 3D-3D 位姿估计

对于一组配对好的三维点，可以采用迭代最近点（Iterative Closest Point，ICP）求解相机位姿。ICP 方法的基本思想是通过迭代的方式不断调整一个点集的位置和方向，使其与另一个点集的位置和方向尽可能接近。该方法中不涉及相机模型，仅为两组三维点的计算，将距离最近的两个点认为是同一个。求解方法包括利用线性代数的分解[②]和利用非线性优化方式的求解。具体步骤如下：

（1）初始化：选择一个初始的变换矩阵来调整一个点集的位置和方向。

（2）最近点匹配：将一个点集中的每个点与另一个点集中距离最近的点进行匹配。

---

① 退化现象是指算法、数据结构或系统性能变得远低于预期或失去了原有的优势。另外，当一个数据结构的某些操作的复杂度远高于其期望的复杂度时，也可以说这个数据结构在这些操作上退化了。

② 线性代数的分解是对基于误差构建最小二乘问题来求解。非线性优化就是以迭代的方式去找最优值，只要能找到极小值解，这个极小值就是局部最优值。

（3）计算误差：计算两组点之间的误差，通常使用欧氏距离来衡量匹配的质量。

（4）更新变换：根据误差的大小调整变换矩阵，使误差最小化。

（5）迭代：重复进行最近点匹配、误差计算和变换更新，直到达到收敛条件。

6.4.4 算法优化与改进

前面几节讲解的方法都比较基础，实际上，已有大量研究对它们进行了不同方面的优化和改进。本节将对这些优化算法进行简单的介绍，方便读者利用参考文献开展更加深入的学习。

首先来看相机姿态估计的直接法和基于关键点匹配的方法。上文中介绍的方法各有其优缺点，学者们提出可以融合二者的优点，形成"半直接法"。该方法结合了基于特征点方法的优点（并行追踪和建图、提取关键点）和直接法的优点（快速、准确），具体分为两个线程：一个线程用于估计相机位姿，先通过直接法的光度误差得到初始的相机位姿，再基于匹配的关键点对，对其二维位姿进行优化以得到最小化的光度误差，实现半直接的相对位姿估计；另一个线程用于建图：为每一个潜在三维点对应的二维关键点进行概率深度滤波器的初始化，当深度滤波器的不确定性足够小（收敛）时，在地图中插入相应的三维点来实现地图更新，并用来估计位姿。

其次，P3P方法中使用信息较少的缺点，学者们提出了能够利用更多的信息且迭代优化的方式，以尽可能地消除噪声的影响，比如EPnP、UPnP等。EPnP是已知 n 个三维点的世界三维坐标和对应图像上的二维坐标，确定4个控制点建立新的局部坐标系，并将之前已知的三维点用新的坐标系表示出来。然后求解4个控制点在相机坐标系下的坐标，进而求解出 n 个三维点在相机坐标系下的坐标，再求解相机运动的旋转和平移情况。

现在还涌现出了很多基于深度学习的方法，比如训练一个随机森林或一个神经网络来直接预测像素的三维场景坐标。这样，图像中的二维点和场景中的三维点之间的对应关系可以在不进行特征检测和描述以及显式匹配的情况下得到良好的结果。比如PoseNet算法是先尝试学习整个位姿估计的步骤，基于一般视觉任务中的底层特征能够在位姿估计任务中仍然适用的假设，使用预训练好的深度卷积神经网络进行迁移学习来完成位姿估计预测。

思考与练习题

1. 请简要说明光束平差法和相机位姿估计方法的优缺点。

2. 假设相机1和相机2的内参矩阵为：$K_1 = \begin{bmatrix} 200 & 0 & 100 \\ 0 & 200 & 120 \\ 0 & 0 & 1 \end{bmatrix}$，$K_2 = \begin{bmatrix} 180 & 0 & 90 \\ 0 & 180 & 110 \\ 0 & 0 & 1 \end{bmatrix}$，相机1和相机2之间的平移向量为：$t = \begin{bmatrix} 15 \\ -8 \\ 6 \end{bmatrix}$，相机1到相机2的旋转矩阵为：$R = \begin{bmatrix} 0.866 & -0.5 & 0 \\ 0.5 & 0.866 & 0 \\ 0 & 0 & 1 \end{bmatrix}$，请计算本质矩阵 E 和基础矩阵 F。

3. 假设有两台相机A和B，它们拍摄了同一场景中的一组共线点 P、Q 和 R。已知

相机 A 的内参矩阵 K_A 和外参矩阵 $[R_A|t_A]$，相机 B 的内参矩阵 K_B 和外参矩阵 $[R_B|t_B]$。现在要利用光束平差法估计点 P、Q 和 R 的三维坐标，并同时估计相机 B 相对于相机 A 的位置和姿态。

4. 在一个建筑工程项目中，需要进行建筑物的结构监测。已知有三个相机 A、B 和 C，它们分别位于建筑物周围的不同位置，已知它们的内参矩阵 K_A、K_B 和 K_C 以及外参矩阵 $[R_A|t_A]$、$[R_B|t_B]$ 和 $[R_C|t_C]$。假设建筑物上有若干个标记点，这些标记点在三个相机的图像中都能被观测到。请利用相机位姿估计方法来确定建筑物的变形情况，即建筑物结构的变化和变形程度。

6.5 多视图立体匹配算法（MVS）

6.5.1 方法概述

SfM 过程产生了一个稀疏的点云和重建的相机位姿。例如在建筑立面重建、建筑施工监测等建筑工程领域的实践场景中，这个稀疏点云能够为部分工作提供参考和帮助。但对于更详细、更高质量的表面重建，需要进行进一步的处理，这其中大多数程序都会使用多视图立体匹配（Multi-View Stereo，MVS）技术来生成更加稠密的点云。

通过 SfM 生成的稀疏点云通常只是使用 MVS 生成稠密点云的一个中间步骤，之后还需要进行图像匹配和重建等步骤，在使用 MVS 方法前还有一些前置工作，如图像聚类减小 MVS 的计算复杂度。总的来说，MVS 的目标是用已知的相机内部和外部参数的图像集合，计算出完整的 3D 场景。与 SfM 生成的稀疏点云相比，由 MVS 生成的稠密点云在点密度上至少增加了两个数量级，如图 6.5-1 所示。这意味着 MVS 可以提供更多的详细场景信息。该技术可以应用在虚拟现实、增强现实、地图制作等领域，这项技术对于计算

图 6.5-1 SfM（上图）和 MVS（下图）重建图

机视觉和图像处理领域有着重要的意义，也是未来科技发展的重要方向之一。

6.5.2 地理配准与参数优化

在获得了完成匹配的大量关键点之后，地理配准是为没有已知坐标系统的栅格数据设置坐标系统，从而知道三维点在真实世界中的绝对位置，从而使得模型的位置和尺度能够与真实世界相匹配。SfM-MVS仅提供相机位置和场景几何的相对信息，因此其输出的点云是在一个任意的坐标系统中。无论使用多少个相机或点，相机之间或重建点之间的绝对距离永远无法仅从图像中恢复。点云的地理配准和缩放需要参考至少三个具有 X、Y、Z 坐标的地面控制点（Ground Control Points，GCPs），用于进行七参数线性相似变换。这七个参数包括三个全局平移参数、三个旋转参数和一个缩放参数。或者，可以从实时运动差分GPS（differential GPS，dGPS）测量（能够实时测量摄像机位置的技术）和惯性测量单元（一种用于测量摄像机方向和运动的设备）得出的已知相机位置执行"直接的"、不需要后期计算的地理配准和尺度标定。通常会混合使用这两种地理配准方法：先使用直接地理参考来提供近似的相机位置并初始化光束平差法，然后使用外部GCPs来更好地约束解决方案。

通常，使用dGPS或全站仪（Total Station，TS）对图像中清晰可见的目标进行测量，就可以找到所需的真实世界的绝对坐标。也就是说，先找到一个模型中的点，再去测量其在真实世界中的绝对坐标。由于直接在点云中识别小特征会很困难，许多SfM-MVS软件允许用户直接从图像中找到目标点。来自SfM-MVS模型的目标的任意坐标与GCPs的绝对坐标配对，并用于推导相似性变换，从而可以得到其他点的绝对坐标。但建议至少使用三个目标点来进行这一操作，这是得到唯一解的最低要求。

SfM-MVS过程中对内在和外在相机参数的估计误差可能会导致最终模型产生非线性变形，影响三维重建的精度和稳定性。在前述步骤中GCPs的输入提供了有关三维几何点的额外信息，可用于进一步优化相机参数和重建场景。已知坐标（以及点误差的估计）在光束平差法步骤期间的非线性成本函数最小化中提供了额外的误差来源；也就是说有一个新的"参考答案"被引入，可以用来调整点和参数。将这些外部信息包含在模型中后，可以重新进行光束平差法，从而根据这些新信息优化图像对齐。

一些软件（例如Agisoft PhotoScan）也会使用在缩放比例尺和地理配准这一步中提供的已知参考坐标，通过调整估计的内部相机参数和三维点来最小化重投影误差和地理配准误差的总和。这种优化可以将测量精度提高一个数量级，但很多软件的转换算法没有完全公开。GCPs的空间分布对于这个优化过程至关重要，如果GCPs不足以覆盖整个目标区域，优化步骤反而可能对整体测量精度产生不利影响。因此，在执行此步骤时务必要谨慎。

6.5.3 MVS图像聚类方法

在将MVS技术应用于点云之前，对于具有大量图像集的项目，可能需要进行一个额外的可选步骤，即对输入的图像集合进行分组，以便更有效地进行多视图立体匹配和三维重建。一些MVS算法依次求解每个图像的深度图（使用附近的图像），然后合并所有单独重建的结果。尽管这一步骤允许并行处理，但会带来嘈杂且高度冗余的深度图，需要进一步的后处理来清理和合并。

相比之下，许多性能极佳的 MVS 算法能够同时使用所有图像全局重建场景几何。随着图像数量的增加，这种方法的计算负担迅速增加，出现了可扩展性方面的问题，同时对内存的要求也提高了。这就形成了对可以同时匹配的图像数量的实际限制。

解决这个内存问题的方法是进行图像聚类，也就是将一个大型项目分成多个部分。有学者提出了一种称为"用于 MVS 的图像聚类（Clustering Views for MVS，CMVS)"的预处理步骤，这是一种将图像集分解成重叠视图聚类的方法，进而可以在这些聚类上分别运行稠密的 MVS 重建，减少了重建的次数。从 SfM 生成的稀疏点云将图像划分成重叠的视图聚类，以便每个聚类都包含一部分图像，且每个三维点至少由一个聚类重建。图 6.5-2 展示了图像聚类方法的基本思想。

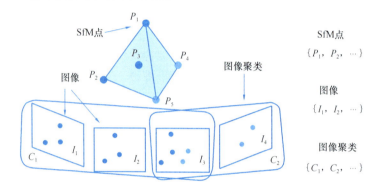

图 6.5-2　CMVS 算法采用图像 I_i、SfM 点 P_j 及其关联的可见性信息
V_j 来生成重叠图像聚类 C_k

通过图像聚类，总图像数量被大大减少，并且从重建中删除了冗余的图像，使得所有 SfM 的点已经至少在一个图像聚类中得到了良好的重建（由相机基线和像素采样率确定）。同时，还可以指定最大图像聚类的大小（每个聚类中图片的数量），使得每个聚类都足够小，能够顺利进行 MVS 重建。在应用 MVS 算法后，会对每个图像聚类生成的点云进行合并。在这个过程中，不同的聚类可能包含来自不同图像的、对应着同一个三维点的多个二维点；为了确保一致性（在不同的聚类中，同一个点的位置是一致的，并合并为唯一的一个点），还应用了进一步的点过滤器，最终只留下相对高质量的点。MVS 图像聚类方法提高了计算效率、匹配准确性和三维重建效果，从而更好地应对大规模的图像数据和复杂的场景。

同样，其他软件（例如 Agisoft PhotoScan）允许用户手动识别图像集合中的"块"，以便将 MVS 处理步骤分割开并减少内存需求。然后再将这些单独的块最终对齐到一个单一的点云中。

MVS 图像聚类方法很多，这里将介绍一些常用的图像聚类方法，具体如下。

1. K 均值聚类法（K-Means Clustering)

K 均值聚类是一种常用的基于特征的聚类方法，它首先随机选取类中心，将每个数据归到距离最近的类中心所属的类，计算该类均值，新的类中心代表了该类所有样本的平均值，这样重复操作使类的方差的总和最小，这样就将图像分成 K 类。其步骤简要说明如下：

(1) 选择类数（K）：首先，你需要决定要将数据分成多少个组。

(2) 选择初始中心点：从数据集中随机选择 K 个数据点作为每个类的初始中心点。

(3) 分配数据点：将每个数据点分配到离它最近的中心点所在的类中。

(4) 更新中心点：计算每个类中所有数据点的平均值，并将其作为该类的新中心点。

(5) 重复步骤（3）和（4）：重复步骤（3）和（4），直到中心点不再改变。

在 MVS 中，可以使用 K 均值聚类将图像根据它们的特征进行分组，比如颜色、纹理等。这种算法操作简单、容易实现，适用于大型数据集，可以进行很多类型的数据处理，但是设定的类的数量不合理会影响聚类的效果，同时对某些数据集，其聚类结果可能不稳定。

2. 基于密度的空间聚类法（DBSCAN）

DBSCAN 是一种基于密度的聚类方法，它首先从任意一个数据点开始计算，若该类领域内有足够的点来形成高密度区域，则建立一个新类，否则便认为是杂音，这样就能发现任意形状的类，并且对噪声数据具有较强的鲁棒性。因此，它不同于 K-Means 聚类，不需要预先指定类的数量。在 MVS 中，DBSCAN 可以根据图像在空间上的分布关系进行聚类，从而更好地利用图像之间的空间一致性信息。

3. 层次聚类（Hierarchical Clustering）

层次聚类是一种自底向上或自顶向下的聚类方法，它可以将图像按照层次结构进行分组，从而在 MVS 中可以更灵活地进行图像的分层聚类，以适应不同尺度和分辨率的图像数据。具体来说，层次聚类将先计算样本间的距离，将距离最近的点归并为一类，这样就得到了很多小类，再计算小类之间的距离，并将距离最近的小类合并为一个大类，这样重复计算后合并。该方法不像 K 均值聚类需要预设类数，而是根据类的层次关系逐步聚类，且距离计算简单，但是每个样本点和类之间都需要进行距离计算，计算复杂度高。

4. 谱聚类法（Spectral Clustering）

谱聚类是一种基于图论和特征空间的聚类方法，它可以发现任意形状的类，并且对噪声数据具有较强的鲁棒性。该方法首先将所有数据构造一个图结构，其中每个节点是一个数据，节点间的连线表示这两个数据点相似，在连线旁用权重标识数据间的相似度。再根据图结构对应的矩阵得到特征向量，最后用 K 均值聚类算法对图像进行聚类。这种算法可以以任意密度方式构建该相似性矩阵。在 MVS 中，谱聚类可以根据图像的特征相似性进行聚类，从而更好地利用图像之间的相似性信息。

5. 基于深度学习的聚类法

近年来，深度学习在图像处理领域取得了巨大的进展，可以使用深度学习模型，对图像进行特征提取和聚类，从而实现更精准的图像分组。现在的基于深度学习的聚类大多从两个角度出发：聚类模型和神经网络模型。聚类模型常基于基础的图像聚类方法，加入神经网络进行优化改进，比如基于 K-Means 的深度聚类、基于谱聚类的深度聚类等。神经网络模型的深度聚类侧重神经模型的构建，比如构建变分自编码器、生成对抗网络等。

MVS 图像聚类算法的选择取决于具体的应用场景、数据特点和算法需求，在实际应用中，通常需要根据实际情况进行实验和对比，选择最适合的图像聚类方法。

6.5.4   MVS 图像匹配算法

在对图像进行聚类之后，就可以用 MVS 对图像进行匹配重建了，MVS 算法经过不断发展，现在有很多种类型，通常可以分为基于体素、表面演化、深度图和块的四类方法。

1. 基于体素的方法

直接使用体素占用格来表示 3D 场景体积，这种方法的一个简单例子是体素着色算法及其变体，它们对体积进行一次扫描并计算成本，并在同一次扫描中重建成本低于阈值的体素。这一方法相对简单，易于提取，但精度受体素格的分辨率限制，且需要知道围起场景的边界框（Bounding Box），因此难以处理大场景。

基于体素的方法中一个重要的操作是划分点，可分为规则和不规则划分方法。规则划分方法是将在物体内部的点标记为 1，在物体外部的点标记为 0，介于 0～1 之间的点就是物体的表面。然后使用光度一致性约束[①]和可视性约束[②]来对物体表面的点进行计算，评估标定质量。不规则划分是在不同点云区域采用不同分辨率的体素，在点云较为稀疏的区域采用分辨率较低的体素，在点云较为稠密与细节比较精确的区域采用分辨率较高的体素，可以保证物体重建的精度，并能自适应调整四面体的大小，减少计算量。

2. 基于表面演化的方法

该方法使用可变形的多边形网格对物体表面的演化过程进行建模，从而逐步重建出物体的三维结构。通常通过迭代演化以最小化成本函数来描述表面演化的过程，这些表面演化的算法需要初始化（例如使用视觉外壳模型），这就限制了它们的适用性，尤其是在大型场景中。该方法通常能够在一定程度上处理输入图像中的噪声和遮挡，从而得到相对准确的三维重建结果。

3. 深度图合并方法

为图像选择邻域图像构成立体图像对，计算每个图像的单独深度图，然后将它们组合成一个单一的 3D 模型。深度图是表示从视点到 3D 场景对象的距离的图像（图 6.5-3），现在应用较多的方法包括全局立体匹配算法、局部立体匹配算法和半全局立体匹配算法（综合局部和全局算法的优缺点）。这些算法避免了在三维域上重新采样的需求，对于冗杂的场景会更加灵活，适用于大场景海量图像，且现在应用较多，但是较依赖邻域图像的选择。

(a) 由相机拍摄的图像　　　　　　　(b) 该图的深度图　　　　　　　(c) 该图的法向量图

图 6.5-3　从视点到 3D 场景对象的距离的图像

---

① 光度一致性约束是指同一个空间的点在不同的视角的投影应当具有相同的光度。

② 可视性约束要求图像上的点不能被遮挡，重建的点前面不能出现点，且不能出现在物体的内部。

4. 基于块的方法

通过小块（或面元）的集合来表示场景，小块的定义是每个块具有 25 个点，块的中心为点的位置，法向量为三维点邻域的法向量。具体过程是先检测初始关键点，再进行深入和法向量重建，然后按一定的规则来扩张，使小块覆盖物体表面，匹配三维点邻域，最后基于光度一致性约束和可视性约束用滤波去除噪点。这些方法既简单又有效，不需要初始化。

在以上介绍的 MVS 算法基础上，Furukawa 和 Ponce 描述了一种基于补丁的 MVS（Patch-based MVS，PMVS）算法，该算法被广泛使用，并且在比较 MVS 算法的测试中表现良好。PMVS 算法包括三个主要步骤，由于它使用广泛，在此对其简要介绍：①匹配特征；②扩展块；③过滤错误匹配。

首先，在匹配步骤中，使用高斯差分[①]和 Harris 算子[②]来检测角点和"斑点"特征，然后在多个图像之间进行匹配。通过归一化互相关来评估局部光度一致性（此步骤中通常使用其他光度差异函数）。由于块的生成步骤缺乏正则化[③]，PMVS 的稠密重建依赖于可靠的纹理[④]信息，这可能会导致不良纹理[⑤]表面上的稠密点云中出现间隙。其次，在扩展步骤中，从这些初始匹配（稀疏块）开始，考虑在投影块中的图像中选择相邻的像素以进行扩展。这通过扩展重建来创建稠密的块，且扩展不会发生在已经重建的相邻图像单元或深度不连续的地方。第三，在过滤步骤中，基于可见性约束来考虑模型中的遮挡以过滤掉不正确的匹配。通过滤除离群块来强制执行全局可见性、一致性，如图 6.5-4 所示。该过滤器强制执行全局可见性、一致性以删除异常值（红色块），其中的两个图中，$U(p)$ 表示可见性信息与 p 不一致的一组块。应用进一步的过滤器来删除仅在少量深度图上可见的块。

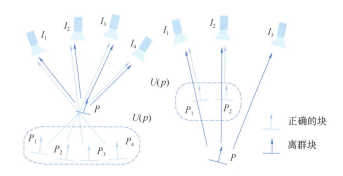

图 6.5-4　PMVS 中可见性和一致性过滤器示例

在 PMVS 中，扩展和过滤过程会重复多次（通常为 3 次）。其他基于块的方法用贪婪扩展过程取代了这种迭代扩展和过滤过程。但不管是什么方法，最后的产物都是一个稠密

---

① 一种用于检测图像中不同区域的变化程度的方法。它可以帮助找到图像中的边缘和纹理等特征。

② 一种用于检测图像中的角点的方法。角点是图像中尖锐的拐角或交汇点。

③ 正则化是指对数据或信息进行平滑处理，以消除噪声或不规则性，使其更加有序和一致。正则化有助于数据更好地适应模型或算法，以提高结果的准确性和稳定性。

④ 纹理则是指图像或表面上的可识别的、有规律的、重复的特征，就像一张布料上的格子、木头上的纹理或一块瓷砖上的花纹。

⑤ 不良纹理是指图像或表面上缺乏明显特征或细节的区域。

点云，其点密度与地面激光扫描仪数据相似。

MVS 算法匹配图像进行三维重建之后，需要评价 MVS 重建的效果，主要是从准确性和完整性两方面展开评价。首先，准确性是指重建结果与真值间的差距，一般是计算重建结果中的一个三维空间点和其对应真值点间的距离，最后统计所有点与真值的距离，以此评价重建结果的准确性。其次，完整性是指三维重建结果中包含了多少真值，计算方法与准确性类似，但是完整性是要计算真值中的点到重建结果中最近点的距离，统计所有真值点的计算结果来评价重建的完整性。需要注意的是，如果真值中的点距离重建结果中最近点的距离大于某个阈值，则认为是没有找到匹配点，也就是该真值点没有被覆盖。

MVS 的具体实施可借助 COLMAP（COL Laborative Mapping and Positioning），它是一个开源的计算机视觉软件，用于重建三维场景和定位相机。它使用图像序列作为输入数据，并通过结合多个视角的信息来生成高质量的三维模型。COLMAP 支持多种不同的相机模型和特征提取算法，可以适用于各种不同的场景和应用。读者可获取源代码，通过图形或命令行界面进行操作即可。

思考与练习题

微视频6-1 三维
重构动画演示

1. 建筑工程项目中，有多个相机拍摄了建筑物的图像，这些图像需要进行聚类以提取出具有相似特征的图像组。请说明图像聚类方法的基本原理，并给出一个建筑工程场景下的应用案例。

2. 请简要阐述 K 均值聚类、基于密度的空间聚类、层次聚类、谱聚类和基于深度学习的聚类方法的优缺点及适用场景。

3. 请举例说明四类 MVS 图像匹配算法：基于体素、表面演化、深度图和块方法在建筑工程中的应用场景。

4. 在建筑工程中应用 MVS 密集 SFM 点云结果时，如何利用建筑结构的特征信息来提高密集点云重建的精度和完整性？

6.6 三维模型重构应用

在这一部分，将使用开源工具对一个图像集进行处理，形成三维重建模型。三维模型建好后，读者可以探索更多的应用，比如长度、面积和体积的测量（可应用于土方测量），与 BIM 模型对比来分析形象进度等。

6.6.1 工具与数据的准备

这里使用开源工具 COLMAP 来帮助开展工作。COLMAP 是一个开源的计算机视觉软件包，十分简单易用。COLMAP 的安装有两种方法：第一种是直接下载提前编译好的安装包；第二种是下载源代码后，手动构建源代码，两种方法的文件都可以在 https：//demuc.de/COLMAP/下载，根据电脑系统和配置下载即可。其中，COLMAP 提前编译好的安装包有两种：一种是不需要 CUDA 支持的，该安装包在电脑 CPU 上运行，但是 COLMAP 中的稠密重建功能不能使用；另一种是需要 CUDA 支持的，该安装包在电脑

GPU 上运行，COLMAP 所有功能都可使用。这里以 Windows 系统为例介绍 COLMAP 的下载和使用。

COLMAP 提前编译好的安装包包含图形界面和命令行界面，直接下载解压后即可使用。双击安装包里的 COLMAP.bat 脚本，或通过 Windows 命令或 Powershell 运行即可启动 COLMAP 图形用户界面。Powershell 中的脚本会自动设置必要的库路径，可以访问命令行界面，列出可用的 COLMAP 命令即可。GUI 的操作简单直观，更推荐使用。COLMAP 源代码手动构建相对复杂，需要手动编译相关环境，比如 cuda、cmake 等的安装。这里更推荐非计算机专业的读者使用提前编译好的安装包的方法，后面的操作均以提前编译好的安装包的 GUI 为例展开。数据方面，COLMAP 不仅可以处理无人机航拍图像，也可以处理在地面拍摄的建筑物图像。读者可以下载 COLMAP 的数据集（https：//colmap.github.io/datasets.html），也可以使用自己拍摄的照片。

6.6.2　三维重建操作流程

第一步是创建一个项目文件夹 project，在该文件夹中创建 images 文件夹，并在其中存放原始图像，图像通过其相对文件路径进行唯一标识，本教程中的例子以 36 张原始图像进行重建，如图 6.6-1 所示，其中每张图像的命名都不同。COLMAP 假定所有输入图像都在一个输入目录中，并可能有嵌套子目录，它会递归考虑存储在该目录中的所有图像，并支持各种不同的图像格式。

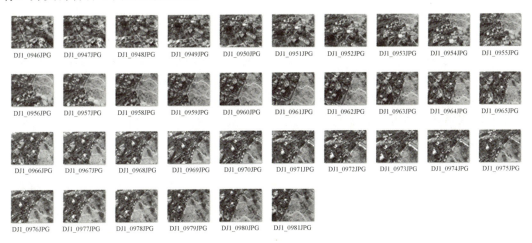

图 6.6-1　示例原始图像

然后点击预编译的 COLMAP.bat，启动 COLMAP 的图形用户界面，注意黑色的 cmd 终端不能关闭。然后选择 file 下的 New project 来创建一个新项目（图 6.6-2）。在此对话框中，必须选择数据库的存储位置和包含输入图像的文件夹（即为前一步创建的图像文件夹 images），图像文件夹不支持中文路径，图像的像素大小要一致（本例图像均为 4864 像素×3648 像素），数据库创建点击 New 即可，命名注意不需要加 .db，因为创建的数据库后面会自动带相应的标识，本例命名为 Database；若之前已创建了数据库，点击 Open 打开对应的数据库文件，之后点击 Save。为方便起见，选择 file 下面的 Save project，将整个项目命名为 Project 保存到配置文件夹中。

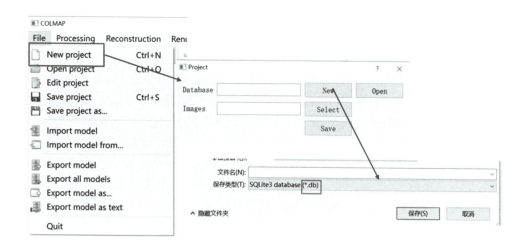

图 6.6-2　新建项目操作

1. 图像特征检测

这一步 COLMAP 一次读取原始图像后，默认采用 SIFT 方法检测图像特征点，并用描述子进行描述。具体操作是点击 Processing 下的 Feature extraction，在此对话框中，首先必须确定使用的相机模型（camera model）。COLMAP 可实现不同复杂程度的摄像机模型，具体模型介绍如下：

SIMPLE_PINHOLE 和 PINHOLE：这些相机模型适用原始图像没有先验失真的情况，它们分别使用一个和两个焦距参数。

SIMPLE_RADIAL 和 RADIAL：如果相机内部参数未知，且每张图像的相机校准都不同，例如网络照片，则应选择这种相机模型。这两个模型都是 OPENCV 模型的简化版本，分别用一个和两个参数对径向畸变效应进行建模。

OPENCV 和 FULL_OPENCV：如果校准参数已知，可以使用这些相机模型。如果共享多幅图像的固有参数，可尝试让 COLMAP 估算参数。但是若每幅图像都有一组独立的固有参数，那么参数的自动估计可能会失败。

SIMPLE_RADIAL_FISHEYE，RADIAL_FISHEYE，OPENCV_FISHEYE，FOV 和 THIN_PRISM_FISHEYE：这些相机模型用于鱼眼镜头，并注意所有其他模型都无法真正模拟鱼眼镜头的畸变效果。

为了获得最佳的重建结果，针对问题要尝试不同的相机模型。一般来说，当重构失败且估计的焦距值/畸变系数严重错误时，说明使用的相机模型过于复杂。相反，如果COLMAP 使用多次迭代局部和全局束调整（global bundle adjustments），则表明使用的相机模型过于简单，无法完全模拟畸变效果。在事先不知道固有参数的情况下，通常最好使用最简单的相机模型，其复杂程度足以模拟失真效果。

其次是相机参数的提取方式选择。图像中嵌入的 EXIF 信息可用于自动提取焦距信息（即选择 Parameters from EXIF），一般采集的影像是携带有 EXIF 文件的，所以会选上"Parameters from EXIF"，若相关参数已知，也可手动指定固有参数（即选择 Custom parameters）。如果图像有部分 EXIF 信息，COLMAP 会自动从大型相机型号数据库中查找缺失的相机参数。如果所有图像都是由具有相同变焦系数的同一物理相机拍摄的，建议在所有图像之间共享内部参数（即选择 shared for allimages），以获得更可靠的结果。注意：如果所有图像共享相同的相机型号，但并非所有图像都具有相同的尺寸或 EXIF 焦距，程序将自动退出。相机模型使用后，后续可以修改。之后还可以设置 Extract 下的其他参数，也可以使用 COLMAP 的默认值。

设置好所有参数后，点击 Run 即可进行图像特征检测。最后的输出结果为导入的摄像机和图像特征，可以选择 Processing 中的 Database Management，在打开的对话框中，可以看到已导入图像和摄像机的列表（图 6.6-3 和图 6.6-4）。单击显示图像和重叠图像可查看每幅图像的特征，双击特定单元格可修改数据库表中的各个条目。对数据库的更改必须在单击保存后才会生效。除了用 COLMAP 提取图像特征外，COLMAP 也支持导入已有的特征，每张图像旁边都配有一个文本文件即可。

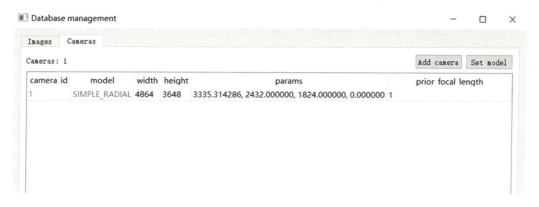

图 6.6-3　导入的摄像头

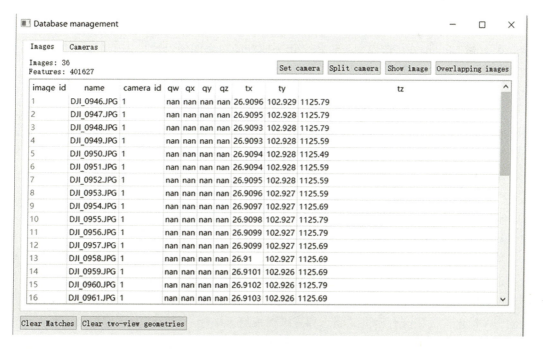

图 6.6-4　图像特征

2. 图像特征匹配

对图像检测到的特征点，进行特征匹配，首先描述每个图像中相同部分的重叠，度量对应特征点间的距离，进行基于外观的初步匹配。然后进行几何验证（Geometric Verification）来验证匹配是否正确，采用 RANSAC 进行误匹配筛选，最后输入匹配的特征点对应关系。选择 Processing 中的 Feature matching，出现选择框，里面有不同的选项，提供不同的匹配方式：

Exhaustive Matching：图像数量较少时（少于几百张），这个模式重建的效果较好且速度较快，该模式将每张图像与其他图像都会进行匹配。其中，block_size 表示从磁盘中同时读取的图片数量，默认值为 50。

Sequential Matching：该模式适用于图像是按照序列获取的（比如说一个录影机），这种情况的连续帧具有视觉上的重叠，就不用穷举匹配所有的图像对，只需匹配连续捕获的图像。这种匹配模式内嵌了基于词汇树算法的循环检测，其中每张图像都会与其视觉上最接近的图像进行匹配。需要注意的是，为了进行序列匹配，图片必须严格按照顺序来命名，如 img_01、img_02 等，文件夹中图片的位置不用按顺序存放。这个模式需要预训练好的词汇树，可以从相关网站下载。

Vocabulary Tree Matching：该模式中的每张图像都是基于具有空间重新排序的词汇树，与其视觉最相近的图像进行匹配，在大型图像数据集（几千张图像）推荐使用这种模式。

Spatial Matching：该模式将每张图片与空间中最近的图片相匹配，其中空间的位置需要人为设置，COLMAP 默认根据 EXIF 文件中导出图片的 GPS 信息来计算。该模式适用于先验的位置信息准确的图像集。

Transitive Matching：这种模式适用于已存在的特征匹配的传递关系，以便生成更完整的匹配图。

Custom Matching：该模式允许指定用于匹配的单个图像对或导入单个特征匹配。

选择匹配方式且所有参数设置完成后点击 Run，然后等待匹配完成或中间取消。匹配所需时间根据图像数量、每幅图像的特征点数量以及所选匹配模式的不同，这一步可能会花费大量时间。在特征匹配结束后，会自动生成场景图和匹配矩阵，即以不同视图之间同名特征数为权值，以不同视图为图节点的图结构，点击 Extra 下的 show match matrix 可以得到匹配矩阵（图 6.6-5）。从匹配矩阵中看出数据集之间相机的运动规律，若相机围绕物体呈圆周采样，匹配矩阵将有条带出现，且若图中各个条带的平行关系越紧致，则说明相机的运动控制越严格。本示例中的匹配矩阵的平行关系不紧致，说明相机运动未受到严格限制，只是简单的圆周运动。

3. 稀疏点云重建（SfM）

基于前两步提取的数据，可使用 SfM 技术进行稀疏重建。该过程是从两个最优的初始视角开始，进行初始化后，进行姿态估计（Pose Refinement Report），再进行光束平差法（Bundle Adjustment，BA）优化，之后进行三角测量（Retriangulation），进行迭代全局的 BA 优化，优化已有相机的姿态和三维稀疏点云坐标，后续逐渐增加视角重复上述过程，以恢复场景的稀疏表示和输入图像的摄像机姿态。该过程可在 COLMAP 中观察到，包括相机的位姿、稀疏点云、图像配准等。

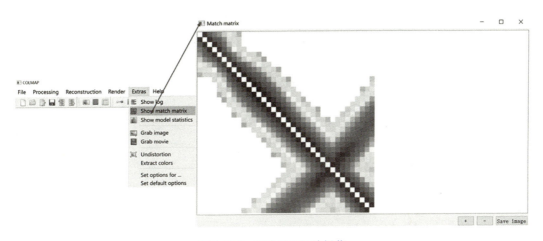

图 6.6-5　查看匹配矩阵操作

具体操作是选择 Reconst ruction 下的 Start reconstruction，即可开始重建。在重建时可设置每个步骤中的具体参数，点击 Reconstruction 下的 Reconstruction options（图 6.6-6），会有不同步骤的参数设置，请读者针对不同参数的名称回忆学过的知识，尝试使用不同的参数配置。

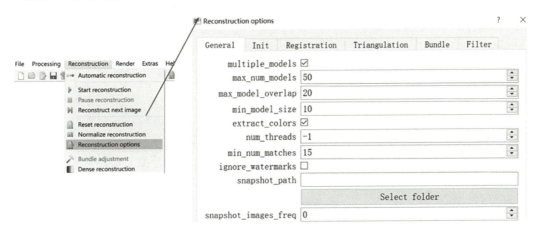

图 6.6-6　稀疏重建参数设置

点击 Start reconstruction 后开始整个重建的过程，可通过右边的 log 框查看当前进程。重建结果如图 6.6-7 所示。COLMAP 会为每个重建的模型导出以下三个文本文件：cameras. txt、images. txt 和 points3D. txt。文件中注释以"♯"字符开头，并被忽略，第一行注释简要说明了文本文件的格式。cameras. txt 文件包含数据集中所有重建摄像机的固有参数，每台摄像机一行，一个摄像机的固有参数可由多个图像共享，这些图像使用唯一标识符 CAMERA_ID 来指代摄像机。images. txt 包含数据集中所有重建图像的姿态和关键点，每幅图像两行。points3D. txt 文件包含数据集中所有重建 3D 点的信息，每个点一行。

如果重建效果不好，可进行以下两个操作来优化重建效果：第一是可进行额外的匹配。选择 Exhaustive Matching，并勾选 guided_matching 选项（图 6.6-8a），提高词汇树匹配模式中最近邻居的数目，或者提高 Sequential 匹配中 overlap 的值（图 6.6-8b）。第二

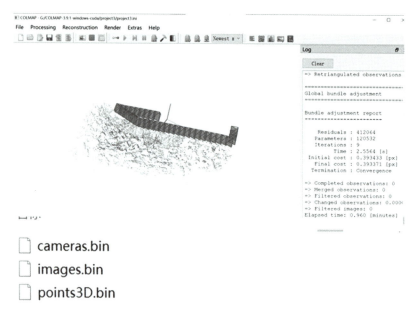

图 6.6-7　稀疏重建输出结果

是在 Reconstruction options 的 Init 中人为选择初始化的图像 id（用于初始化的图像对应该有尽可能多的好匹配）。

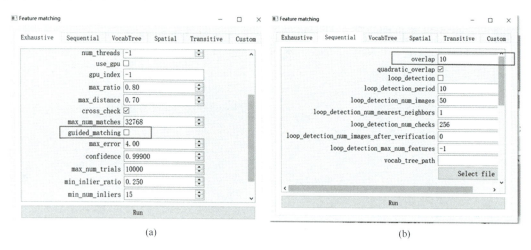

(a)　　　　　　　　　　　　　　　(b)

图 6.6-8　优化重建效果的两个操作

4. 稠密点云重建（MVS)

基于稀疏重建的结果和输入图像的摄像机姿态，MVS 可恢复更密集的场景几何图形。COLMAP 集成了密集重建流水线，可生成所有配准图像的深度图和法线图，将深度图和法线图融合为带有法线信息的密集点云，最后使用泊松（Poisson）或 Delaunay 重建从融合点云中估算出密集曲面。

具体操作是基于稀疏三维模型，选择 Reconstruction 下的 Dense reconstruction，在出现的选择框中，点击 Select 选择一个空的文件夹 dense，存放输出所有稠密重建结果。

　　第一步是点击 Undistortion 来消除图像失真，带有畸变的图像会导致边缘有较大的估计误差，因此在深度图估计之前，要使用光学一致性和几何一致性来联合约束匹配。Undistortion 操作也可单独操作，并设置相关参数（图 6.6-9）。

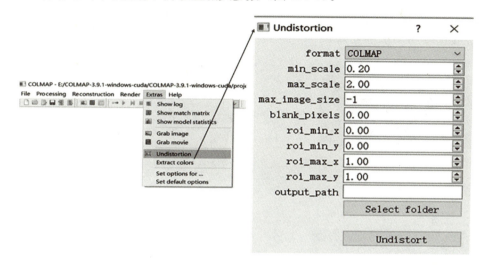

图 6.6-9　Undistortion 操作

　　第二步是利用光学一致性同时估计视角的深度值和法向量值，并利用几何一致性进行深度图优化，得到法向量图。设置参数后（可使用默认参数）点击 Stereo 即可进行深度图估计，这一步计算负荷很重，计算时间较长，显示屏可能会冻结，如果 GPU 不够强大，重建过程可能会意外崩溃。最后结果得到 photometric 和 geometric 下的深度图和法向量图（图 6.6-10），点击对应图像的 photometric 和 geometric 即可得到深度图（Depth Map）和法向量图（Normal Map），见图 6.6-11。

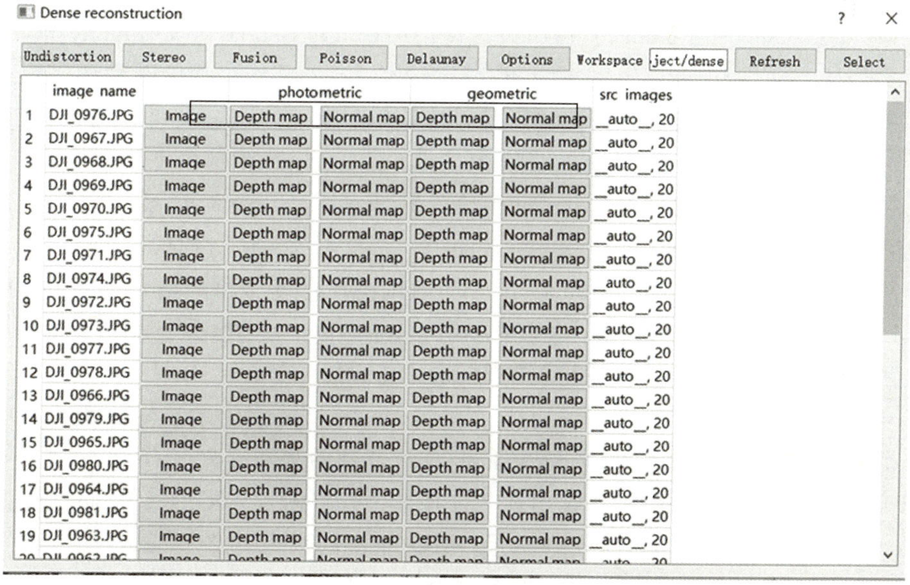

图 6.6-10　Stereo 输出结果

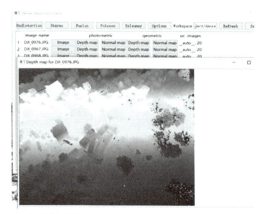

初始深度图photometric depth map

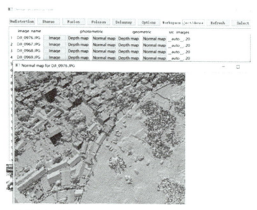

初始法向量图photometric normal map

优化深度图geometric depth map

优化法向量图geometric normal map

图 6.6-11　初始和优化深度图

　　第三步是点云融合（Fusion）。可以设置使用泊松（Poisson）或 Delaunay 重建参数，便于更好地从融合点云中估算出密集曲面。点击 Fusion 即开始将深度图和法线图融合为点云，进行基于深度图融合的稠密重建，最后结果会生成一个 .ply 文件，且在 COLMAP 界面看到稠密重建的结果，如图 6.6-12 所示。

　　稠密重建后的结果是存储在之前指定的文件夹 dense 中，具体包括以下内容：images 文件夹包含未失真图像，sparse 文件夹包含使用未失真摄像机进行的稀疏重建，stereo 文件夹包含稠密重建结果，point-cloud.ply 和 mesh.ply 是融合和网格划分程序的结果，run-COLMAP-geometric.sh 和 run-COLMAP-photometric.sh 包含执行稠密重建的命令行用法示例。整个稠密重建的过程可在右边的 log 中查看。

5. 自动重建

　　上述重建步骤可简化为 COLMAP 中的自动重建，即选择 Reconstruction 下的 Auto-maticreconstruction（图 6.6-13）。在出现的选择框中，点击 Workspace folder 下方的 Se-lect folder 选择一个空文件夹作为工作目录，存放重建的数据；点击 Image folder 下方的 Select folder 选择原始图像文件夹；点击 Vocabulary tree 选择词汇树数据文件，该文件可在下载 COLMAP 的界面下载，这个不是必选项；Data type 选择 Individual images；

图 6.6-12　稠密重建结果

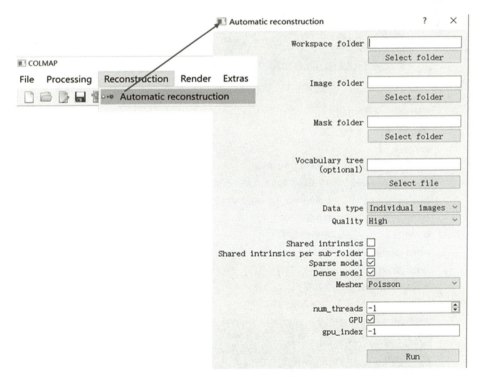

图 6.6-13　自动重建操作

Quality 是勾选重建的质量，可以先用 Medium 模式尝试，效果较好时选择 High 模式重建高质量结果；Shared intrinsics 即为特征点检测中共享内部参数；Sparse model 是稀疏重建，Dense model 是稠密重建，可根据需要进行勾选，最后点击 Run 即可开始自动重建过程。

6.6.3　模型的查看与导出

COLMAP 重建模型后，可以进行模型查看，具体查看操作如下：旋转模型可单击鼠标左键并拖动，移动模型是单击鼠标右键或按住 Ctrl 键同时点击鼠标左键，滚动鼠标的滚轮可进行模型缩放，鼠标左键双击特征点即可显示所有图像中该点的投影位置（图 6.6-14），鼠标左键双击相机即可显示图像的统计信息（图 6.6-15）。

图 6.6-14　双击特征点显示结果

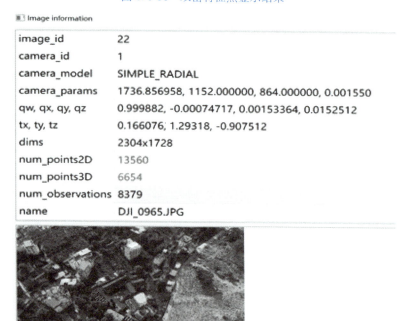

图 6.6-15　双击相机显示结果

通过 Render 下的 Render options 可设置模型的渲染，如投影、颜色图等；选择 Extras 下的 Grab image 可得到当前视点的屏幕截图（无坐标轴），该截图可保存为所选格式；选择 Extras 下的 Grab movie 可生成截屏视频。

重建结束后，点云重建后的法线无法直接在 COLMAP 中显示，但可以在其他外部软件（如 Meshlab）中进行可视化，这需要从 COLMAP 中导出模型文件。具体操作是选择 file 下的 Export model 或 Export all models 导出重建结果，该导出的结果可再重新导入 COLMAP。也可导出为其他模式，点击 file 下的 Export as 导出其他模式，比如 Bundler 等，可将该格式导入 Meshlab 中，再导入之前重建导出的 .ply 文件即可可视化重建模型（图 6.6-16）。

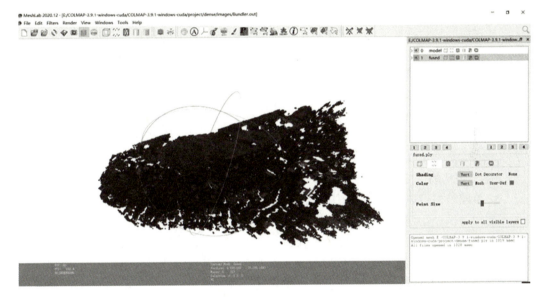

图 6.6-16　Meshlab 可视化

6.6.4　有关工程管理应用

无人机航拍图像或地面图像可以通过三维重建算法处理生成点云和三维模型，这一技术在建设工程管理中有大量的应用场景，这里将举例说明，也请读者开展思考，举一反三。

1. 机场工程前期勘测选址

机场工程前期选址的目的是确定最适合建设新机场或扩建现有机场的最佳地点，这项工作涉及对各种因素的全面评估，以确保机场安全、高效、经济和环境可持续。一般来讲，机场选址应远离人口稠密区、自然灾害易发区和军事设施，以最大程度地减少安全风险；选址应便于飞机起降、旅客和货物运输，并与其他交通方式连接良好，优化运输效率；同时应考虑土地征用、基础设施建设和运营成本，以确保在经济上可行；另外，越来越重要的一点是应避免对环境敏感区域造成重大影响，例如湿地、森林和受保护物种的栖息地；并且应考虑机场未来扩张和发展需求，以满足不断增长的航空交通量。

那么可以想象，很多时候选址工作都会在相对远离城市的地区开展。具体工作包括地形调查（确定地块的坡度、海拔和地质条件）、环境调查（评估地块的动植物、水资源和土壤质量）、地质调查（确定地块的承载能力、地下水位和地震活动风险）、水文调查（评估地块的排水能力和洪水风险）、考古调查（识别和保护任何具有历史或文化意义的遗址）、交通调查（确定地块的交通可达性，包括现有公路、铁路和航空连接）、公共设施调查（确定地块对电力、天然气、电信和废物处理等公共设施的可用性）、社会经济调查（评估地块对附近社区的潜在影响，包括就业、住房和基础设施需求）等。

使用无人机航拍图像以及三维重建技术则可以提供很多便利，比如在选址初期可以利用无人机快速高效地收集高分辨率图像，创建详细的地形模型，帮助识别坡度、海拔和地质特征，为初期决策提供有数据和可视化效果支撑的辅助工作。相比卫星图像，高分辨率航拍图像有更好的分辨率和实时性，能够更好地识别动植物、水体和土壤类型，帮助评估地块的环境敏感性；能够快速识别地块上明显的地质断层、滑坡和侵蚀区域，帮助确定地块的承载能力和地震活动风险。而到了基础设施布局规划阶段，实时地图与三维地形模型可以辅助规划道路、管道和电力线等基础设施的布局，优化土地利用并减少对环境的影响。实际上，这项技术不仅可以在机场选址工作中发挥作用，在很多大型基础设施项目的勘测与规划中也都可以提供便利，比如水坝、公路、铁路等。

生成三维模型后，还需要去掉植被，还原地形。感兴趣的读者可以去搜索相应的过滤算法（vegetation filtering）。

2. 施工现场的监控与管理

三维重建技术可以利用施工现场的照片生成三维点云。在本章的第一节已经简单分析了基于图像的模型重建与基于激光点云的模型重建的优缺点，已经知道图像三维重建模型在精确度上是一个劣势，那么在使用过程中，应该如何扬长避短呢？实际上，施工现场的管理有很多场景并不需要非常高的精确度。比方说，在进度管理过程中，三维重建模型可以提供施工进度的可视化展示，帮助项目团队成员和利益相关者清晰地理解施工现场情况和项目进展，结合项目的 BIM 模型，还可以进行点云模型与 BIM 模型的对比，分析实际进度与计划进度的差别，进而评估施工效率和调整后续计划。

这里需要收集和整理现有的主流三维重建工具的信息，看看这些主流工具都能够导出哪些三维点云文件格式，比如：

➢ ply：PLY（多边形）文件格式，是一种通用的三维文件格式，可以存储点云数据、网格数据和其他几何数据。

➢ pts：PTS（点）文件格式，是一种简单的文本文件格式，用于存储点云数据。

➢ xyz：XYZ 文件格式，是一种简单的文本文件格式，用于存储点云数据，其中每一行代表一个点，格式为 X 坐标、Y 坐标、Z 坐标。

➢ rcp：RCP（Reality Capture Project）文件格式，是 Reality Capture 软件专有的文件格式，用于存储点云数据、网格数据和其他项目信息。

➢ rcs：RCS（Reality Capture Scene）文件格式，是 Reality Capture 软件专有的文件格式，用于存储点云数据和场景信息。

➢ pcd：PCD（点云库）文件格式，是点云库（PCL）软件库使用的文件格式。

➢ obj：OBJ（波前对象）文件格式，是一种通用的三维文件格式，可以存储点云数据、网格数据和其他几何数据。

➤ stl：STL（立体光刻）文件格式，是一种用于 3D 打印的网格文件格式，可以从点云数据生成。然后收集和整理建设行业相关软件的信息，看看这些软件分别支持哪些类型的三维点云格式，比如 Autodesk 公司的 AutoCAD 3D、Navisworks 等，Bentley 公司的 Microstation 等，以及 Trimble RealWorks、Leica Cyclone、ArchiCAD、Tekla Structure 等。如果某款软件可以同时集成 BIM 模型与三维点云模型，只要坐标能够对齐，请读者思考是不是就可以开展各种对比工作了呢？读者可动手去尝试，并且思考其他可能的应用场景。

思考与练习题

1. 如何利用 COLMAP 软件对办公大楼外部进行三维重建？

2. 一家考古研究机构需要对大型考古遗址进行数字化重建和文物保护。利用 COLMAP 和其他技术，如何实现对大型考古遗址的高精度数字化重建和文物保护？

3. 如何结合 COLMAP 和机器学习技术，实现对三维模型的自动修复和优化，进而实现建筑施工进度和质量的更精确的管理？

4. 在进行户外场景的三维模型重构时，如何处理大范围视角变化、动态物体和遮挡等复杂场景因素，以实现精确的重建和拓展？

【本章小结】

本章介绍了 SfM-MVS 系统从一组图像生成地理配准的稠密点云的典型工作流程。尽管软件之间细节不同，但在三维重建的工作流程方面有许多共享的功能：图像特征检测、图像特征匹配、从运动中恢复结构（SfM）、MVS 图像匹配算法。SfM-MVS 处理步骤中，特征匹配、光束平差法和 MVS 算法的不断发展表明，随着计算机运行速度的增加、随机存取存储器需求的减少以及点密度和点精度的提高，SfM-MVS 将会有更进一步的细化和改进。应该意识到，SfM-MVS 工作流程中使用的参数，对数据处理速度以及所得点云密度和精度有很大影响。目前，开源代码包通常比商业软件为用户提供更多详细的、透明的工作流程。

本章参考文献

[1] ALAHI A，ORTIZ R，VANDERGHEYNST P. Freak：fast retina keypoint [C]．IEEE Conference on Computer Vision and Pattern Recognition，2012：510-517.

[2] ALCANTARILLA P F，BARTOLI A，DAVISON A J. KAZE features[C]．European Conference on Computer Vision，2012：214-227.

[3] BAY H，ESS A，TUYTELAARS T，et al. Speeded-up robust features（SURF）[J]．Computer vision and image understanding，2008，110(3)：346-359.

[4] CALONDER M，LEPETIT V，STRECHA C，et al. Brief：binary robust independent elementary features[C]．European Conference on Computer Vision，2010：778-792.

[5] ALCANTARILLA P F，SOLUTIONS T. Fast explicit diffusion for accelerated features in nonlinear

scale spaces[J]. IEEE transactions on pattern analysis and machine intelligence, 2011, 34(7): 1281-1298.

[6] FÖRSTNER W. A feature! Based correspondence algorithm for image matching[J]. International archives photogrammetry & remote sensing, 1986, 26(3): 150-166.

[7] HARRIS C, STEPHENS M J. A combined corner and edge detector[C]. Alvey Vision Conference, 1988: 147-152.

[8] KOOTTE R S, LEVIN E, SALOJÄRVI J, et al. Improvement of insulin sensitivity after lean donor feces in metabolic syndrome is driven by baseline intestinal microbiota composition[J]. Cell metabolism, 2017, 26(4): 611-619.

[9] LEUTENEGGER S, CHLI M, SIEGWART R Y. BRISK: binary robust invariant scalable keypoints [C]. IEEE International Conference on Computer Vision, 2011: 2548-2555.

[10] LOWE D G. Object recognition from local scale! Invariant features[C]. International Conference on Computer Vision, 1999: 1150-1157.

[11] LOWE D G. Local feature view clustering for 3D object recognition[J]. IEEE conference on computer vision and pattern recognition, 2001: 682-688.

[12] LOWE D G. Distinctive image features from scale-invariant keypoints[J]. International journal of computer vision, 2004, 60: 91-110.

[13] LUCAS B D, KANADE T. An iterative image registration technique with an application in stereo vision[C]. International Joint Conference on Artificial Intelligence, 1981: 674-679.

[14] MA J, ZHAO J, TIAN J, et al. Regularized vector field learning with sparse approximation for mismatch removal[J]. Pattern recognition, 2013, 46(12): 3519-3532.

[15] MA J, JIANG X, FAN A, et al. Image matching from handcrafted to deep features: a survey[J]. International journal of computer vision, 2021, 129(1): 23-79.

[16] MORAVEC H P. The Stanford cart and the CMU rover[C]. Proceedings of the IEEE, 1983: 872-884.

[17] ROSTEN E, PORTER R, DRUMMOND T. Faster and better: a machine learning approach to corner detection[J]. IEEE transactions on pattern analysis and machine intelligence, 2008, 32(1): 105-119.

[18] SEITZ S M, CURLESS B, DIEBEL J, et al. A comparison and evaluation of multi-view stereo reconstruction algorithms[C]. IEEE Conference on Computer Vision and Pattern Recognition, 2006: 519-528.

[19] SNAVELY N. Scene reconstruction and visualization from internet photo collections[D]. Washington, D. C.: University of Washington, 2008.

[20] SNAVELY N, SEITZ S N, SZELISKI R. Modeling the world from internet photo collections[J]. International journal of computer vision, 2008, 80: 189-210.

[21] STRECHA C, BRONSTEIN A, BRONSTEIN M, et al. LDAHash: improved matching with smaller descriptors[J]. IEEE transactions on pattern analysis and machine intelligence, 2012, 34: 66-78.

[22] VIOLA P, JONES M. Rapid object detection using a boosted cascade of simple features[C]. IEEE Conference on Computer Vision and Pattern Recognition, 2001: 1-9.